威廉·弗雷德里克·弗里德曼，约 1930 年

1919 年巴黎和会上，里弗斯·蔡尔兹和赫伯特·雅德利在克里雍大饭店值班

1931 年的赫伯特·雅德利，美国黑室领导人

根据赫伯特·雅德利的一本书改编的电影《约会》中，威廉·鲍威尔（左）扮演破译员

第二代美国密码学家，左起：亚伯拉罕·辛科夫，弗兰克·罗利特，所罗门·库尔贝克，全部摄于1941或1942年

1958年，威廉·弗里德曼、伊丽莎白·弗里德曼和他们收藏的部分密码机在一起

左：发明了第一台在线加密密码机的吉尔伯特·弗纳姆，约 1914 年；右：一战时的约瑟夫·莫博涅少校，他把若干已有因素整合成不可破密码

爱德华·赫本，转轮发明人

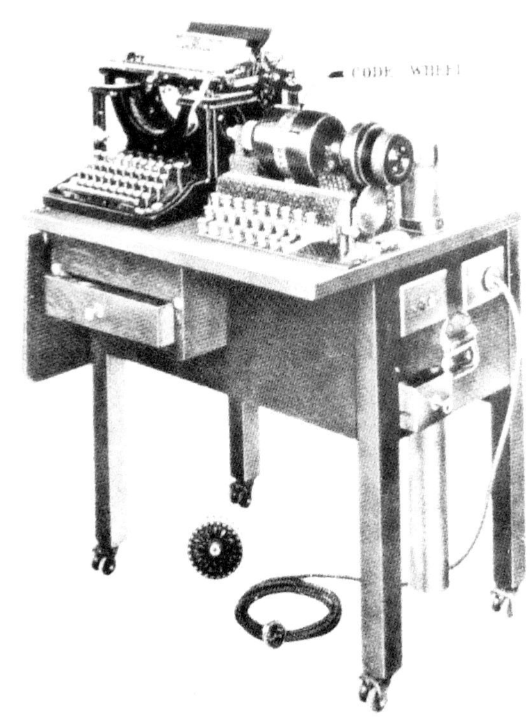

早期赫本电动密码打印机，只用了一个转轮

左：鲍里斯·哈格林检查为他赚大钱的密码机；右上：莱斯特·希尔，代数密码学发明人；右下：阿维德·达姆，失败的密码机发明人

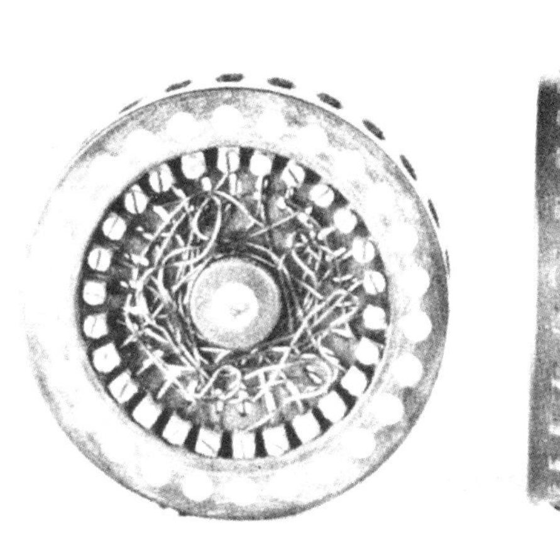

左：赫本密码机密码轮，可看出接线；右：美国陆军在二战中用的哈格林 M-209 密码机，可看到结构

左、中：阿道夫·帕施克和维尔纳·孔策，德国外交部Z科最好的分析员；右：伊夫·于尔登，瑞典密码学导师。皆摄于1962年

左：珍珠港事件前发送“魔术”截收电报的艾尔文·克雷默海军上校；中：劳伦斯·萨福德海军上校，美国海军密码组织创立者；右：约瑟夫·罗彻福特海军上校，读出中途岛海战前电报的美国海军密码分析组织负责人。皆摄于1946年

左：托马斯·戴尔海军上校，罗彻福特单位的首席分析员，约1946年；中：哈罗德·肖上校，审查局技术行动处负责人；右：小沃尔特·凯尼格，破译保密器的贝尔电话实验室专家，1964年

密码分析的胜利果实：中途岛海战后的一艘日本巡洋舰

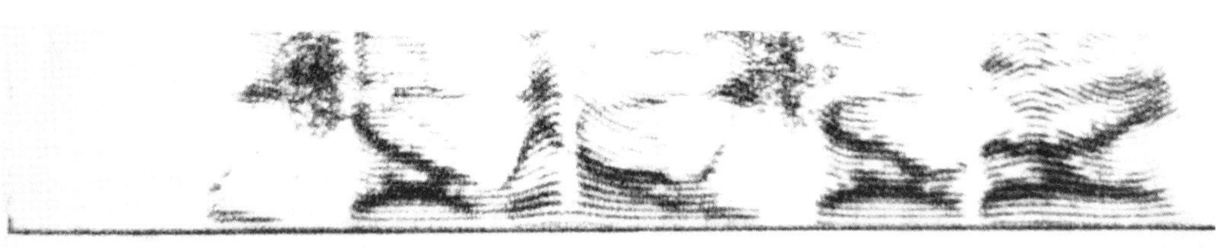

用于话密破译的声谱图，上："We shall win or we shall die"（大意为：不成功，便成仁）的声谱图；下：时分保密的声谱图

美国第 7 集团军报务分析人员在一辆货车车厢内工作。1944 年于法国

美国海军登船队刚刚俘获的 U-505 潜艇，一同缴获的还有密码书等，缴获者正在系一根拖绳，美国国旗在艇上飘扬

战地编码：朝鲜战争期间，一个背着步枪的美国士兵用 M-209 加密

（美国）国家安全局总部

1951 年，苏联间谍海伦和彼得 · 克罗格在他们的郊区小屋把一次性密钥本藏在这只台式打火机内

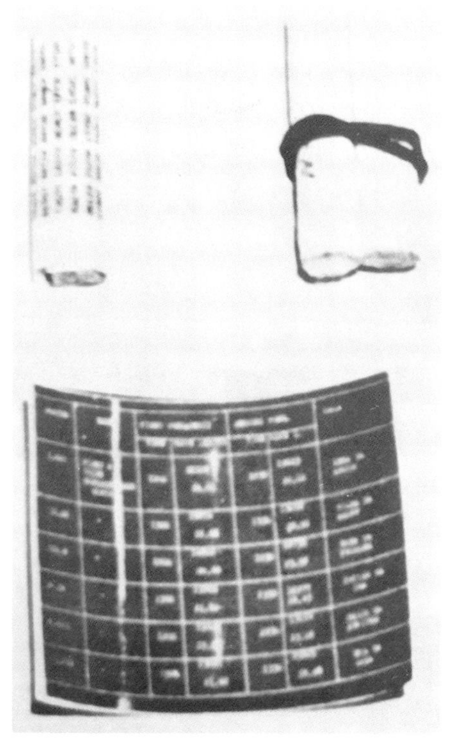

克罗格卷式一次性密钥本和无线电呼叫时刻表的特写

苏联间谍鲁道夫 · 阿贝尔的小册式一次性密钥本，他把它藏在一块挖空的木块内

电子干扰：雷达屏幕受到来自三个方向的噪场干扰，并且布满了假目标发生器制造的光点

约翰逊总统为国家安全局局长特别助理弗兰克·罗利特颁发国家安全奖章。罗利特被誉为“30 多年来美国密码活动的领导力量”

莫斯科—华盛顿“热线”美国终端，黑色的一次性密钥纸带密码机放在两台电传打字机间

哈格林手持式密码机

O.M.I. 转轮密码机

柯南·道尔笔下的夏洛克·福尔摩斯冷静地研究一条用跳舞小人加密的信息

解释密码分析的克劳德·香农

德尔康公司销售的无线电保密器

商业电码本编制人本特利

加密电视。上：清晰的图像；下：顶点无线电公司加密的画面，用于在康涅狄格州哈特福德经营的订阅电视。浅色调变成深色调，深的则变浅，画面各部分分割成条状且变换了位置。这就是一台没装订阅电视解码器的电视机上呈现的画面

弗朗西斯·培根，伪密码学家（enigmatologist）的迫害对象

首位伪密码分析家伊格内修斯·唐纳利

至今依然未破译的伏尼契手稿一页

西弗吉尼亚州格林班克，约26米射电望远镜侧耳倾听来自另一个世界的声音

破译者

人类密码史

(下册)

[美] 戴维 · 卡恩(David Kahn) 著

朱鸿飞 张其宏 译

潘涛 审校

THE CODEBREAKERS

The Story of Secret Writing

金城出版社

GOLD WALL PRESS

· 北京 ·

目录

上册

下　册

第二部分　密码学插曲

第三部分　类密码学

第四部分　新密码学

第 16 章　审查员、保密器和间谍

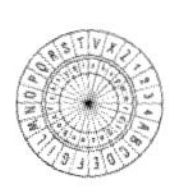

密码是间谍的语言，通常需要耳语相传。一个间谍的成功，他本人的生命，都依赖他的秘密行动，不能被人看到、听到。以明码发送信息就像穿斗篷佩剑招摇过市，会招来反间谍机构的怀疑。然而，间谍的使命就是传递信息，否则他就毫无价值。因此为了隐蔽，他避免采取显眼的秘密通信方法。他借助隐语、挖空的鞋跟、隐显墨水、微缩信件——这些隐秘的方法能掩盖事实，发送秘密信息。他需要悄无声息地进行通信。

而为了阻挠此种意图、清除内鬼，各国政府在邮件和电报口岸设置了巨大的过滤器，用于识别、阻止秘密通信。这些过滤有害信息的筛子，就是审查组织。

在某种意义上，它们传承自 18 世纪初的黑室，是民主国家战争和独裁国家暴政的产物。审查制度首先在一战中大规模迅速发展起来，20 年后，当英国重拾通信过滤做法时，它很好地利用了当时学到的经验教训。英国审查部门抓住了驻美国及其保护国古巴的两个德国大间谍。

英国审查部门在宽敞的百慕大公主酒店安排了 1200 名审查员，1940 年 12 月，一个审查员截住一封从纽约发往柏林的信件。他之所以怀疑它，是因为信上罗列了一堆同盟国运输船，并且使用的一些措辞（如形容船上武器时，用“cannon”表示“gun”［炮］）显示，写信人可能是德国人，也可能是纳粹间谍。信的签名是“Joe K”。为寻找更多有他笔迹的信，英国成立了监察小组，很快找到更多这类信件，大部分寄往西班牙和葡萄牙。它们的语言似乎有点生硬，一个小组开始研究这些信件，看它们是否指向一种隐语，如果是，真实含义又是什么。

小组成员中有一个执着的年轻女人，叫纳迪娅·加德纳（Nadya Gardner），她坚信这些信里包含隐写文字。用显示普通密写墨水的化学品对它进行测试，没有任何结果，但加德纳小姐依然坚持。最后，恩里克·登特（Enrique Dent）领导的化学家采用一战中发明的碘蒸汽对它测试，出人意料地，密写文字出现在打印纸背面。在一封1941年4月15日写给马德里阿帕塔多718号的曼纽尔·阿隆索（Manuel Alonso）先生的信上，两页纸背面写着当时停泊在纽约的船舶清单："4月14日停泊97号码头（曼哈顿）的是挪威商船腾山号（*Tain Shan*），排水量6601吨，拥有灰色上层结构。90号码头是一艘荷兰货轮……"6天后，写给里斯本伊莎贝尔·马沙多·桑托斯（Isabel Machado Santos）女士的信用隐显墨水报告："英国在冰岛有约7万人。'列日城'号[1]于4月14日左右沉没——谢天谢地。飞往英格兰的飞机型号（接69号信）——3. 波音B-17C（299T型），美国陆军于11月20日交给英国20架……"这些小"情书"用氨基比林溶液写成，这是一种常用于治疗头疼的药粉，在大部分药店很容易买到。

但寄信人的线索依然没有。信上没有回复地址，而Joe K是间谍的真名和姓的首字母的可能性也很小。最后，英国审查部门发现另一封Joe K的信，内容显示3月18日菲尔在纽约的一次交通事故中受到致命伤，死在圣文森特医院。联邦调查局特工查出事故中的男子叫胡里奥·洛佩兹·利多，目击者曾看到，一名与利多一起的男子在事故后抓起利多的公文包匆匆离去。最终，特工得知利多的真名叫乌尔里希·冯·德·奥斯滕（Ulrich von der Osten），Joe K信件的作者是库特·弗雷德里克·路德维希（Kurt Frederick Ludwig）。他生于俄亥俄州，长于德国，1940年3月来美国建立一个间谍网，小有成功。

被捕时他还有几瓶氨基比林。他的信开头部分语调怪异，源于其所携带的双重含义。他给一个收信人写道："你方5号订单甚大，我设备和资金相当有

[1] 译注：1941年4月14日，比利时邮轮"列日城"号被"U-52"号潜艇击沉，只有船长、九名船员和两名乘客逃生。

限，无力完全满足一个如此庞大的订单。”顺便提一下，所有收件地址都是希姆莱的掩护地址。信息的真实含义是说他难以执行 5 号通信中给他的指示，因为他的人员和资金太少。路德维希被美国布鲁克林地方法院定罪。

警醒的百慕大审查站逮到另一个间谍，将其送上断头台。1941 年 11 月某日，一个警惕的审查员从一封哈瓦那寄到里斯本的西班牙语信中察觉到，字迹具有德语特征，于是送去作常规隐显墨水测试。他的直觉得到证实，一封长信显现出来，信上列出在哈瓦那港装货的船舶，并谈论了一座建设中的机场。审查员开始注意类似笔迹。几天后，另一封信现身。审查员不断挖出这些描述哈瓦那水域商船和关塔那摩湾美国海军基地扩建细节的信件，直到作者在哈瓦那的真实地址出现在隐写墨水中。寄往这一地址的信件被监视。1942 年 9 月 5 日，积累了足够证据后，警察逮捕了“R. 卡斯蒂略”（R. Castillo）。他的真名叫海因茨·奥古斯特·吕宁（Heinz August Luning），1941 年 9 月被从德国派到哈瓦那。他发往欧洲的 48 封信中，除 5 封外，其余全部被百慕大审查员拦截。1942 年 11 月 9 日，他在普林西比要塞被行刑队枪决，成为第一个在古巴被处死的间谍。

珍珠港事件后不久，美国建立了审查部门。它一开始设立在借来的办公室中，拜伦·普赖斯（Byron Price）为审查局局长（Chief Censor）。它逐渐成长为一个庞大组织，有 14462 名检查员，在全国各地占据了 90 幢大楼，每天拆开上百万封海外信件，监听无数电话交谈，审查电影、杂志和电报稿。数百万人已经熟悉了“审查员拆开”标签和裁过的信件。

为尽可能多地堵住隐写通信渠道，审查局（Office of Censorship [OC]）事先禁止了某些种类信息的发送。国际象棋通信赛被取消。信上的字谜被抠掉，因为检查员没功夫解开它们，检查其中是否藏有秘密信息。剪报同样被禁，因为可以用隐显墨水逐个点出字母的方式拼出信息——军事家埃尼斯 2000 多年前描述的一个系统的现代版本。学生成绩表被列为禁品。一封含有编织说明的信被扣留了很长时间，一个检查员据此织出一件毛衣，看它给出的织两针、丢一针的顺序是否包括类似德法尔热夫人[1]的隐藏信息。那位夫人把法国大革命

[1]　译注：Madame Defarge，狄更斯《双城记》中人物，她把仇恨的人物名字织在裹尸布中，其中就有主人公夏尔·达尔奈。

敌人的名字一个个织进“裹尸布”，“这样做，断头台定会结束他们的性命”。每个检查站都有个邮票库；检查员揭去可能拼出密信的松散邮票，代之以等值但号码和面额不同的邮票。通常，从美国寄给缺纸国亲属的白纸同样会被纸张库里的白纸代替，避免传递密写墨水信息。骄傲的父母将其子女的涂鸦寄给他们的祖父母，但也被没收，因为里面可能藏有一幅地图。甚至情人表示“亲吻”的“X”，如果被审查员认为可能是密码，也被无情删去。

电报审查规则禁止发送任何审查员不理解的文字，包括与文字无关的数字，或夹在商业通信中的个人函件，以及非英语、法语、西班牙语或葡萄牙语明文写成的电报。为消灭一切可能的隐藏信息，审查员有时为电报重新组织措辞，这个做法还生发出一个经典的审查故事。那是在一战时期，审查员桌上放着一封电报，“父亲死了”。审查员想了想，改成“父亲走了”发出去。不久，回复出现在他桌上：父亲死了还是走了？

订购鲜花的电报——“星期六给我的妻子送三朵白色兰花”——看起来像极了露骨的秘密通信，因此审查员禁止写出花的种类和送花时间，两者都由花商自己决定。战争后期，因为存在发暗号的危险，美国和英国禁止所有国际鲜花电报。只有美国及其领地间，以及美国、加拿大和墨西哥间的鲜花电报允许发送。审查部门只允许九种广泛使用的商业代码本，每条加密电报前言部分须有一个指示性的简写。没有审查局局长特批，公司不能使用专有代码，批准时，审查局局长会要求其提供所用代码的 15 个副本给审查员使用。[1]

---

[1] 原注：1939 年 9 月战争开始时，同盟国禁止使用任何代码。但由于商会的压力，以及认识到商业电码加密的电报离明文只差一步，他们被迫放宽限制。12 月末，他们允许使用《本特利完全短语代码本》(*Bentley's Complete Phrase Code*)、《本特利短语代码本第二版》(*Bentley's Second Phrase Code*)、《ABC 代码本》（第六版）和《彼得森电码本》(*Peterson's Code*，第三版)。1940 年 4 月，他们允许使用另外五种电码本：《Acme 代码及增补》(*Acme Code and Supplement*)、《隆巴德通用代码本》(*Lombard General Code*)、《隆巴德船用代码及附录》(*Lombard Shipping Code and Appendix*)、《新标准半字代码本》(*New Standard Half Word Code*) 和《新标准三字母代码本》(*New Standard Three Letter Code*)。此为后来美国和大部分拉丁美洲国家允许使用的九种代码本。在同盟国压力下，未与轴心国断交的阿根廷暂停了所有代码本通信——但是第一封被阻止的代码本通信却来自梵蒂冈。战争期间，即使西班牙和瑞典这样的中立国也要求提供所用代码本的副本，禁止使用秘密密码。只有瑞士对代码和密码通信都无限制。

预防措施也适用于大众传媒。报纸受到警告，在刊登广告时须谨小慎微。预防措施主要针对商业电台，它们可以非常轻松地将隐语信息即时发送给守听的潜艇或敌方特工。珍珠港事件前一年，一个军事情报官进行的测试让广播业深刻领会了这样的可能性。通过让一个播音员提到英格兰女王伊丽莎白，该情报官巧妙地把隐藏信息塞进对前重量级拳王马克斯·贝尔的一次采访中：*S-112: Queen Elizabeth sails tonight with hundreds of airplanes for Halifax*。[1] 令人不安的是，不仅播音员、电台经理、贝尔，还有全国广播网的成千上万听众，除了事先知道秘密的几个人外，没人意识到那条信息已经播出。考虑到这一点，审查局规定，关于播放唱片的电话或电报请求将不予批准，邮件可以请求播放，但批准时长不定。面对此种情况，“Jersey Bounce [2]”将无法生效，无法对一艘等待的德国潜艇下达“船队今日启航”的命令。同样的情形也适用于地方电台播放的个人启事，如寻找丢失的狗。完全压住不播的，有街头采访和小孩想要的圣诞节玩具清单。

但这类预防性审查只是工作的一半。你不能指望间谍会吊死在一棵树上，只采用这些一捅就破的通信方法。审查工作的另一半是发现他们可能使用的其他手段。为提高审查部门的反间谍水平，协作发现隐藏信息的现场审查站点，改进与反间谍机构如联邦调查局的联络，1943 年 5 月，普赖斯在总部设立了技术行动处（Technical Operations Division [TOD]），任命哈罗德·肖中校为主任、审查局助理局长。39 岁的哈罗德·肖是一个正规军军官的儿子，夏威夷大学毕业后成为陆军预备役军官。在瓦湖岛一家大型糖料种植园作为灌溉总监研究土壤理化学和水力学时，他一直对军事情报有强烈兴趣。1941 年秋召回现役后，他和另外 14 名预备役军人一起学习了两个月强化课程，这样如果战争发生，他们将作为邮政审查骨干。那次培训由考德曼少校主持，培训地点在华盛顿一处偏僻郊区，弗吉尼亚州克拉伦登的一幢三层砖结构办公楼内，频频光临的讲师之一是威廉·弗里德曼。街对面，赫伯特·芬恩（Herbert K. Fenn）海军上校领导的一群海军预备役军官同样在规划有线和无线电报审查细节。芬

[1]　译注：大意为，S-112：今夜，“伊丽莎白女王”号满载数百架飞机启航驶向哈利法克斯。

[2]　译注：*Jersey Bounce* 是二战期间的一首美国歌曲，许多美国战机以这个名字为绰号。

恩是海军通信专家，一战时任基层审查员，后来成为主任电报审查官。哈罗德·肖的同窗诺曼·卡尔逊（Norman V. Carlson）是旧金山一家电影摄影机公司总裁，战争初期接替考德曼成为主任邮政审查官。战争爆发后，哈罗德·肖匆匆返回夏威夷，任地区邮政审查官和主任军事审查官。后来普赖斯又把他从那里调回来领导技术行动处。

技术行动处设在联邦贸易委员会大楼（Federal Trade Commission Building）内，这是一幢三面建筑，位于华盛顿宾夕法尼亚大街和宪法大街间，审查局就在楼内。哈罗德·肖在509房间，有三个助手和一个秘书。两个技术科在顶楼七楼一个没有窗户、安保最严密的区域工作。实验室由战争开始时就加入审查部门的印第安纳大学生物化学家埃尔伍德·皮尔斯（Elwood Pierce）博士领导。他和助手马里兰大学化学教员维亚尔·布雷翁（Willard Breon）博士准备了一本隐显墨水识别手册。他们负责培训现场审查站实验室操作骨干，还亲自处理一些较为常见、复杂的情况。哈罗德·肖从夏威夷引进他信任的密码分析专家，组成一支队伍，"有能力破译代码和密码，还能为每个真正或嫌疑间谍建立错综复杂的档案，记录他们的个人历史、联系人、笔迹特征和通信习惯。"他说。能够做到这一点的是阿芒·阿布迪恩（Armen Abdian），他原居新英格兰，加入战前美国陆军后，来到夏威夷，曾给梦想进入西点的学生上过强化课程，也曾在檀香山经商。

技术行动处也利用科学研究与开发局（Office of Scientific Research and Development）的科学知识。每月，哈罗德·肖和技术助手在哈佛马林克罗特化学实验室与一群物理化学博士会面。哈佛化学教授、美国化学学会《学报》主编阿瑟·兰姆（Arthur B. Lamb）主持会议。这个群体包括：罗布利·埃文斯（Robley D. Evans），麻省理工学院物理学家；哈里斯·查德韦尔（Harris M. Chadwell），塔夫斯大学物理化学家；沃伦·洛思罗普（Warren C. Lothrop），康涅狄格州三一学院物理化学家；爱德华·伊顿（S. Edward Eaton），阿瑟利特尔公司化学家；乔治·里克特（George Richter），伊士曼柯达公司研究墨水和纸张的专家。另外，麻省理工学院年轻教员桑伯恩·布朗（Sanborn C. Brown）作为科学研究与开发局的国防研究委员会（National Defense Research Committee，NDRC）"自由物理学家"，解决其他机构解决不了的难题，如拆除饵雷的方法和俯冲轰炸机飞行员神秘事故的原因，攻克审查部门面临的一些最艰难的技术问题。

对隐蔽通信的初查在现场审查站进行。最大的现场审查站位于纽约，占据了一整幢大厦，地址在第八大道下半区。约 4500 名邮政检查员负责审查每天堆满写字台雪片似的信件。他们清除所有可能损害同盟国战备的内容，严查隐藏信息的蛛丝马迹。审查部门按检查员的职务和爱好分配任务。一张资产负债表会交给会计师检查有无会计意义；一个业余园艺家能识别关于郁金香苗圃的讨论听上去是不是真的。一次，一个纽约检查员对一封从德国写给一个在美国的战俘的信起了疑心，信上说，格特鲁德正成长为游泳冠军，并且列出她的获胜用时。他讨教了审查局一个业余游泳选手，后者说那样的速度根本不可能。深入调查发现，那些用时实际上表示一种新式战斗机的速度，是个吹牛憋不住的兵工厂工人给的。那家工厂后来遭到轰炸。政治分部审查员负责寻找关键原料储备的线索，同盟国可以据此进行抢购，防止轴心国得到它。一个经济分部负责摘录有关物资短缺和生活条件的评论，帮助描绘国民经济图景。不常见语言的信件到达语言识别分部，那里有译员翻译鲜为人知的深奥语言，如拉地诺语——一种希伯来语和 15 世纪西班牙语的混合语言，说这种语言的只有西班牙、巴尔干地区和拉丁美洲殖民地的 3 万西班牙裔犹太人。

基层检查员把有奇特措辞、怪异标记或其他可疑迹象的所有信件转给保密部门。它有两个分部，检查以两种基本方式（语言或技术）隐藏的隐写密信，代码和密码分部检查与语言有关的隐写信，实验室分部检查技术隐写信。两个分部都通过一个保密助理与技术行动处保持联系，助理执行技术行动处指示，把顽固不化的问题传回华盛顿。纽约代码和密码分部的 70 名检查员占据了 14 层楼中约一半的位置，部分专家组成一个专家组，约 30 名技术人员在隔壁实验室测试隐显墨水。

用语言隐藏的密信分为两大类：符号密信和隐语。隐语有三种：专门隐语（jargon code）、虚字密码（null cipher）和卡尔达诺漏格板一类的几何密码。专门隐语意味着在一段尽量编得稀松平常的普通文字里，一个表面上无害的单词有着某种特殊真实含义。专门隐语范围可以从最随意的一类隐语到一个完整的隐语表。它们从最基本的双方都知道的人和事开始——“我遇到了上周与你一起吃晚饭的那个人”，再到收件人容易理解的双重含义，就像一个罪犯提到另一个被捕时说“乔住院了”。它们的最高形式是一个事先写好的约定含义的表。专门隐语自密码学萌芽以来就得到广泛使用。中国人曾用它；来自 14 世纪最古老的教廷代码，用 EGYPTIANS（埃及人）表示 *Ghibellines*（吉伯林派），SONS OF ISRAEL（犹太人）表示 *Guelphs*（归尔甫派）；一本 17 世纪的法国代码完全由这种隐语词汇组成，GARDEN（花园）表示 *Rome*（罗马），ROSE（玫瑰）代表 *the Pope*（教皇），PLUM TREE（李树）表示 *de Retz*（雷斯主教），WINDOW（窗户）代表 *Monsieur the king's brother*（国王的兄弟），STAIRCASE（楼梯间）表示 *Marquis de Coeuvres*（克夫尔侯爵）。显然，熟练应用隐语需要相当的技巧。

审查部门通过对生硬或拙劣语言的感觉，对信件主题内容的合理怀疑，识破这种诡计。有关专门隐语的典型故事来自一战。英国审查员对两个“荷兰商人”每天发送的大量雪茄订单的电报（大部分来自港口城镇）产生怀疑。一天，朴次茅斯需要 1 万支美冠雪茄；次日，普利茅斯和德文波特急需大量廉价细长雪茄；随后纽卡斯尔一夜之间染上了烟瘾。似乎英格兰沿海所有男性居民突然间同时对烟草上了瘾，这才有了对烟草的无尽需求。应审查员建议做出调查，结果发现，两个商人是德国间谍，他们的订单是一种隐语，比如说，纽卡斯尔需要 5000 支美冠表示五艘巡洋舰停泊在那一港口。1915 年 7 月 30 日，两个间谍海客·扬森（Haicke P. M. Janssen）和威廉·罗斯（Wilhelm R. Roos）在伦敦塔被行刑队枪决，扣动扳机的实际上是一个警惕的审查员。

只要能避开人的注意，专门隐语自然是安全的。然而一旦被发现，它们的秘密几乎无一例外会泄露。矛盾的是，它们越是不招人怀疑，发现后就越容易被破解：因为背景文字承担的通信负担越多，文中隐藏的可供撬开秘密含义的信息就越丰富。二战中，一组看上去合情合理，只是对玩具娃娃关心略加过度的信显然能躲过审查。但当一封标着“原址查无此人”的信从布宜诺斯艾利斯退回信封上的发信人时，人们才怀疑到它们头上。那个“发信人”是俄勒冈州波特兰市的一个妇女，她没寄过这封信，把它交给了联邦调查局。“我刚弄到一个可爱的暹罗舞姬娃娃，”信的一部分写道，“它坏了，中间开裂。但现在修好了，我非常喜欢它。我没法给这个暹罗舞姬娃娃找个伴，因此我正在把一个普通洋娃娃打扮成第二个暹罗娃娃……”随后审查员拦截到另一封关于洋娃娃的信，同样不连贯的女性风格，充满了打印错误。“到 2 月第一周，一个损坏的草裙 [1] 娃娃将完全修好”和“一个破损的英国娃娃要在玩偶医院住上几个月才能康复。玩偶医院夜以继日地工作”。

技术行动处和联邦调查局分析员查明，玩偶为一种隐语，表示军舰，每种代表一个特定类型。这些无辜的闲聊于是有了险恶的弦外之音：“轻巡洋舰‘檀香山’号（*Honolulu*）将于 2 月第一周完全修复”；“受损英舰将在修复前待在船厂数月，船厂正夜以继日工作”；“我刚弄到一艘航母的喜人情报，它被鱼雷击伤中部，现已修复（那句‘我非常喜欢它’只是让信看起来更合情理）；因为弄不到第二艘航母，另一艘船正改装成航母”。但直到写信人用了一个与她争吵过的妇女的地址作为回信地址时，她的身份线索才浮出水面。一个联邦特工联系那个妇女，问她知不知道谁可能在用她的地址，她说在纽约麦迪逊大街开一家高级洋娃娃店的韦尔瓦丽·迪金森（Velvalee Dickinson）。她是个亲日分子，是许多日本要人的朋友，后来查出她接收了日本官员数千美元。她被控间谍罪，本可判处死刑，但获准认领较轻罪行，承认在国际通信中非法使用密码，违反了战时审查规定，被判 10 年监禁和 1 万美元罚款。

第二种隐语是虚字密码。虚字密码的文字里只有某些字母或单词有意义，如每隔四个单词或每个单词的首字母，所有其他字母和单词作为提供伪装的虚字。这种密码看上去比专门隐语更生硬。即使其中两个较好的例子，一战期间两个德国人发出的虚字密码，都有那种挥之不去的“可笑”语气。伪装成新闻电报的第一封写道：

PRESIDENT'S EMBARGO RULING SHOULD HAVE IMMEDIATE NOTICE. GRAVE SITUATION AFFECTING INTERNATIONAL LAW. STATEMENT FORESHADOWS RUIN OF MANY NEUTRALS. YELLOW JOURNALS UNIFYING NATIONAL EXCITEMENT IMMENSELY.

[1]　译注：hulu grass skirt。夏威夷草裙是“hula skirt”，这里可能是前面所指的“打印错误”。

首字母拼出 *Pershing sails from N.Y. June 1*[1]。第二封信，明显是对第一封的核对，用每个单词第二个字母串出同样内容：

APPARENTLY NEUTRAL'S PROTEST IS THOROUGHLY DISCOUNTED AND IGNORED. ISMAN HARD HIT. BLOCKADE ISSUE AFFECTS PRETEXT FOR EMBARGO ON BYPRODUCTS, EJECTING SUETS AND VEGETABLE OILS.

不管发信人是谁，他的才能算是白白浪费了，因为潘兴实际于 5 月 28 日启程。

二战中的大部分虚字密码，不是间谍而是忠诚的美国人用的，他们忍不住想要“骗过审查员”。特别是士兵，总想把他们所处位置告诉不明情况的家人，即使这种做法会危及士兵本人的生命。

有一种这样的密码，虽然简单，但它不仅没让收件人弄明白，反而把他们搞糊涂了。按照与父母事先约定的密码，一个年轻美国大兵想告诉他们他在 Tunis（突尼斯），在家信上依次用 T、U、N、I、S 作为父亲中间名字的首字母。谁知他忘记在信里写上日期，这些信到达的次序乱了。抓狂的父母写信说，他们找遍了地图，也没找到 *Nutsi* 在哪儿！到 1943 年，这类做法频频出现，以至于海军不得不警告水手，这些“家庭密码”一般十分容易破译，使用它的人将会受到严厉的惩罚。

第三种隐语是几何密码。一个卡尔达诺漏格板把构成信息的单词置于一张纸上的固定位置，有含义的单词可以位于一个特定尺寸几何图形的线条交叉处。17 世纪初，查理一世的支持者约翰·特雷维尼恩（John Trevanion）爵士在等待审判时，几乎可以肯定，他将被克伦威尔的军队处死。他从一封看守检查后交给他的信上摘出每个标点后的第三个字母，得知“*Panel at east end of chapel slides*”[2]。晚祷期间，他遁形了。二战中，在寄回国的信中，被俘的德国潜艇军官在每个有用字母后中断笔迹，提示所拼出秘密信息。一个警惕的审查

[1] 译注：大意为，6 月 1 日潘兴从纽约启程。

[2] 译注：大意为，教堂东端窗格是活动的。

员注意到，这些微小间隙的出现位置不自然，比如它们不在音节后。信中隐藏的信息描述了盟军反潜战术和潜艇技术缺陷，还有一些概述了逃脱计划——当然被挫败。

第二类语言隐蔽信息是符号密信（semagram，来自希腊语“sema”，意为“符号”）。这种隐写信的密文由字母或数字以外的任何符号代替。在军事家埃尼斯的装饰半圆中，他用丝线穿过代表字母的洞，传递密信，这是已知最早的符号密信。一盒麻将牌可以传递一封密信，一幅用两种物体表示莫尔斯电码的点和斜线从而拼出信息的画也可传递密信。纽约审查部门曾拨动一批手表的指针，改变每个表的位置，防止其中携有隐藏的信息。

一幅描绘圣安东尼奥河的画，里面隐藏着一封密信（译文见注释[1]）

[1]　译注：书里没给出这个注释。《破译者》（艺群译）第 253 页有这段注释：“画上沿河岸的短草叶代表莫尔斯电码的点，长草叶代表斜线，拼出文字为：‘Compliments of CPSA MA to our chief Col Harold R. Shau on his visit to San Antonio May 11th 1945’。”

大多数情况下，检查语言隐蔽信息，或者准确一点，疑似语言隐蔽信息，是一个令人沮丧的经历。检查员经常辨不出或笨拙，或不通，或拼写错误的文字里有没有隐藏的信息。即使他确信有，也常常破译不出。他经常只有一封信可利用，而且没有可能词。战争初期，审查实践甚至禁止在一封有疑的密信上花费超过半小时，这种做法依据的理论是，如果分析员无法当场解决，他就永远解决不了。这些没有破开的信息成为审查员的心病。它们很可能包含非法信息，因此应该被禁止。但没有破译，没有证据，就不能毁损信件。不过有时候，为毁掉可疑密码，这种做法还是被采用。

战争初期，技术隐写几乎全是依靠隐显墨水。这是一种真正的古老方法。老普林尼[1]写于公元 1 世纪的《博物志》（*Natural History*）讲述了大戟植物的“乳”如何用作隐显墨水。奥维德[2]在《爱的艺术》（*Art of Love*）中提到隐显墨水。希腊军事家拜占庭的菲洛描述了一种用五倍子（丹宁酸）制成墨水的用法，它可以用今天所称的硫酸铜溶液显出字来。卡勒卡尚迪在《愚者之光》里描述了几种隐显墨水；阿尔贝蒂提到它们。它们在文艺复兴时期被用于外交通信。约 1530 年，一本书中的若干部分用隐显墨水印刷，如果这些页浸在水里，信息就会显现，该过程可以重复三四次。波尔塔的《自然魔法》（*Magia Naturalis*）第 16 卷专门描写隐写术。

常用墨水有两种：有机液体和隐显化学品（sympathetic chemicals）。有机液体可轻微加热烤出文字。它们虽然古老而且提供的保护微不足道，但因其方便，直到二战期间还在使用。加入美国籍的威廉·阿尔布雷希特·冯·劳特尔（Wilhelm Albrecht von Rautter）伯爵在定居国为故国刺探情报，隐显墨水用完后只得用尿液应急。

隐显墨水是化学溶液，干燥时无色，用其他化学品（试剂）处理时反应生成可见化合物。如间谍用硫酸铁书写的内容，只有用氰酸钾溶液刷过，两种

[1] 译注：Pliny the Elder，加伊乌斯·普林尼·塞坤杜斯（Gaius Plinius Secundus，公元 23—79），通常称老普林尼，古罗马作家、科学家，以《博物志》一书传世。

[2] 译注：古罗马诗人，全名普伯里亚斯·奥维德亚斯·纳索（Publius Ovidius Naso，前 43—公元 17 或 18），通称奥维德。以哀歌体爱情诗如《爱情》和《爱的艺术》，以及重述希腊罗马神话的六韵体史诗《变形记》而闻名。

化学品合成亚铁氰化铁（又名普鲁士蓝，一种很美的色调）时才可见。碱式乙酸铅写成的无色文字用氢硫化钠打湿时会变成一种可见棕色化合物，硫酸铜可以用氨雾显影。1942 年，以乔治・达施（George Dasch）为首的八名纳粹间谍乘潜艇登陆长岛，准备炸毁美国兵工厂、铁路桥和运河水闸。达施写在手帕上的密信大概就是用这种化学品写成的，与刺鼻的氨接触时，如施魔法一般出现的红色字母拼出了一个里斯本的邮箱，和可在美国得到帮助的两个可靠来源的名址。八个破坏分子各自还得到一根水密管，内有四五根火柴棒，蘸着一种淡灰色物质，作为现成的笔和密写墨水。配制优秀隐写墨水的关键在于找到一种物质，与之起反应的化学品越少越好——最好只有一种，这样才能得到所谓的"特定性"墨水。

审查部门用"条形字母测试"寻找书信里的隐写墨水。实验室助手把几把刷子系在一个夹子上，每把夹子蘸上不同显影液，纵向刷过有疑点的文件。这些广谱显影液甚至能显出如体液之类的物质，因此指印和汗滴也常常被显现出来。另一方面，它们会滴漏一些特定墨水，用一次漂白浴消除这些测试液条。信件还经过红外和紫外检查，淀粉写成的文字在日光或电灯光线下不可见，但能在紫外光下发出荧光。红外光可以区分普通光下不可辨的颜色，因此可以辨认出如绿色邮票上写的绿字。现场审查站测试所有可疑信件，随机抽取一定比率的普通邮件，有时测试来往某个城市或某一周的全部信件，查看有无可疑情况出现。战争期间，约 4600 封可疑信件被转给联邦调查局和其他调查机构，其中有 400 封有一定价值。

用现场审查站的粗糙方法攻克不了的难题则交给技术行动处实验室。忙碌于一堆本生灯和干馏炉之间，皮尔斯和布雷翁在实验室技师和一名专业摄影师协助下，配制出让幽灵文字现形的溶剂。与现场审查站的批量生产工人相比，他们设备精良，精通各种隐显墨水，能识别它们的细微差别；他们与顶尖密写墨水专家的联络，大大推进了工作进展。英格兰斯坦利・柯林斯（Stanley W. Collins）博士曾在 1943 年 8 月的迈阿密反间谍大会（Miami Counter-Espionage Conference）上进行演讲，他在两次大战中指挥了试管战役。技术行动处很快得知纳粹间谍正采取针对碘蒸汽测试和通用溶剂的措施。

一种方法是剖开一张纸，在里面写上密信，再将纸粘上。因为墨水在内部，涂在外面的溶剂没法让它显影！一次，一个德国间谍用了太多墨水，渗了出来，这一技术才曝光。麻省理工学院物理学家桑伯恩·布朗让两个当地监狱的犯人讲解如何破开两张羊皮纸。这两人把这项才能用于破开 1 美元和 10 美元纸币，因此被捕，他们把 1 美元和 10 美元各一半粘上，把 10 美元一面朝上使用。这种方法需要技巧而不是科学，因为突然撕开时，如果方法不正确，纸就会被撕碎。阅读信息时，还得把纸重新剖开，但第二次分开要容易得多。

另一种反检测方法是转印。德国特工在一张纸上用隐写墨水写下密信，紧压在另一张纸上。空气中的水分把一些墨水带到第二张纸上，不留下具有暴露性的纸纤维湿度差异，碘测试就依赖这种差异。这迫使技术行动处寻找必需的专门溶剂。

也许密写墨水战最有趣的进程是 1945 年哈罗德·肖和皮尔斯等人发现的一种德国设备。它的绰号叫“乌利泽风琴”（Wurlitzer Organ），因为它长得像这种乐器。他们在慕尼黑审查站的轰炸残余中发现一架烧毁的“风琴”外壳，在汉堡邮政局审查站楼上发现一架未受损的“风琴”。它以一种流水线方式检查可疑信件，独创性地利用了一些物理原理使隐写墨水发光。首先，它使信纸暴露在紫外光下，给墨水中的化学物质注入能量，使电子从正常轨道跃入更高轨道。这种化学物质此时处于一种亚稳定状态，红外源热量再把电子从高轨道推回正常轨道。在此过程中，化学物质将以可见光形式释放从紫外线中吸收的能量。虽然有些物质天生比其他物质能发出更明亮的光，但在所有物质中，甚至是日常生活中的盐，这个现象都可能发生，德国人因此有了一个可以显影大量墨水的系统。

使用隐写墨水的主要难点在于，它们处理不了间谍在一场现代战争中需要传递的大量信息。输送大量信息的一个方法是，用蒽的酒精溶液在一张报纸上点出有用字母。这些点一般条件下不可见，暴露在紫外光下则会发光。但报纸属于三等邮件，很难算得上是送达信息的最快方法。

德国人想出一个妙招，联邦调查局局长埃德加·胡佛（J. Edgar Hoover）称之为“敌方间谍杰作”。这就是微点，一个印刷句点大小的照片，能清晰再现一页标准打印信的内容。虽然早在 1870 年，人们就用微缩照片（倍率较小）把信息送到被围困的巴黎；但 1940 年 1 月，一个双面间谍的一次暗示，“注意那些点——许许多多的小点”，还是让联邦调查局差点陷入恐慌。特工发狂似地到处寻找这些点的踪迹，然而直到 1941 年 8 月，一名实验室技师才偶然在一个可疑的信封表面发现一个发亮的小点，该信封由一名德国特工携带；经过仔细挖掘，技师发现第一个伪装成打印句号标点的微点。

微点制作的最初程序包括两步：第一步，拍摄间谍信息照片，得到一幅邮票大小的图片；第二步，通过一台倒置显微镜，把它缩到直径小于 1.3 毫米。这样，底片就有了。然后，间谍把一枚针的尖头去掉、将其圆形尖锐的顶端像饼干器一样压进乳剂，取出微点。最后，间谍把它嵌在一段掩护文字中的句点上，用火棉胶粘上。后来，一个名为察普的教授简化了这个程序，这样，大部分操作都可以在一个公文递送箱大小的盒子内自动进行。技术行动处称微点为“小饼”，它的影像已经固定下来，但还没有显影，因此其上的图像是潜影，胶片本身是透明的。以这种不显眼的形式，这些微点被贴在涂胶信封表面，信封表面的光泽掩盖了微点。微点可以显示细微的影像，因为用作乳剂的苯胺染料可以分辨分子级影像，而照相用银化合物的分辨率只能达到颗粒级。

微点为纳粹解决了大量传递情报的问题。察普教授的盒子被运送给在南美的间谍，不久，大量材料伪装成电报空格符、情书、商函、家书中的成百上千个句点，有时则是邮票下一小条隐蔽的胶片，将信息源源不断送到德国。第一个被发现，也是最骇人的微点信息是：在美国竭力保守发展原子弹的秘密时，要求一个间谍找到“在哪里测试铀？”。“墨西哥微点间谍网”在墨西哥城郊区活动，把国际禁止寄递的贸易和技术出版物——广受欢迎且刊登美国钢产量统计数据的《钢铁时代》——拍成微缩照片，成批发给欧洲的秘密收件方，有时一封信里的微点可达 20 个。技术图纸同样用微点发送。还有些微点谈论炸毁南部港口的轴心国被俘船只，一门巴拿马运河水闸的缺陷，等等。审查员目标明确，发现许多微点情报，联邦调查局战时拉丁美洲分支得以据此侦破一个又一个轴心国间谍网。

邮件和电报通道受到如此严密审查，还要经历无法预知的迟延；轴心国间谍借助空中线路快速传递情报，避开审查自然顺理成章。但这条路上也有美国人在等着他们。

和平时期，联邦通信委员会无线电情报部的工作是管理作为公共财产的无线电波段，防止违反联邦无线电规章。战争期间，它的 12 座主监测站、60 处分站和约 90 个流动单位负责巡查无线电波谱，寻找敌方特工电台。电传打字机把它们与一个由华盛顿协调的无线电测向网连接起来。无线电情报部装备着最新无线电设备，包括：一台非调谐接收机，能够在宽广频率范围内拾取信号，发出警告；“嗅探器”，可由一人握在掌中检查一栋大楼，查出信号从哪个房间发出。

> 监测站运转昼夜不息（无线电情报部主任乔治·斯特林［George E. Sterling］记录），空中巡警巡视自己所在巡区，上下扫描有价值的无线电频率，标记常用固定电台位置，识别已知发射台特定调制方式或某个熟悉报务员的特征“指法”，观察操作程序中的异常，停顿足够长的时间来证实呼号，或寻找异常信号，记录电报以便进一步检查，或有时警示全网获取信号源定位。这样的定位平均每个月可以获取 800 个，需要记录的方位约 6000 个。

这一效率经由战前长期发展形成，对日本人形成巨大威慑。一个日本特工建设电台的要求被日本政府断然拒绝，理由是他的电波一进入空中，联邦通信委员会就能捕获它。它同样也让纳粹刮目相看，因为只有美国监听到一部真正属于轴心国的电台，这就是珍珠港事件几天后，驻华盛顿德国使馆试图用 UA 呼号联系德国。他们从未成功过，也没有任何其他纳粹间谍成功过。

但无线电情报部履行职责的范围并不仅限于美国。它伸出异常敏锐的天线，窃听往返其他大陆间鬼鬼祟祟的莫尔斯耳语，以此对同盟国作战做出意外贡献。这个做法甚至始于珍珠港事件前，迈阿密站监听到 UU2 台使用不规则程序，无线电情报部天线静静转动，很快将其定位于里斯本。经过一个月监听，匹兹堡和阿尔伯克基监听站最终找到 UU2 台的通信对象：位于南美的 CNA 台。随后根据信号特征，里斯本 BX7 台被识别出就是改变了呼号的 UU2 台。一周后，BX7 台的通信对象 NPD 台被查出位于葡萄牙属西非。斯特林的手下继续监听这个小型网络，两个对密码分析感兴趣的成员——艾伯特·麦金托什（Albert McIntosh）和亚伯拉罕·切柯维（Abraham Checkoway），破译了加密这些电报的移位密码。解密信息揭露了驻非洲中立殖民地和中立国的德国间谍，他们的报告包罗万象：船舶航行、部队调动、政治形势，等等。最终，麦金托什和切柯维破译了一封发自里斯本的电报，宣判了这个德国间谍网的死刑。这封电报发出一个轻率的命令，让一个代号为 ARMANDO 的驻葡属西非特工派助手“替梅克尔先生将信亲手交给维多利亚大街波尔塔酒店的杜阿斯·哈科斯（Duas Hacoes）”。几周后，同盟国反情报部门清除了这个间谍网。

展示这次能力之后，1942 年初，英国同行无线电保密局（Radio Security Service）邀无线电情报部合作监视德国外交和间谍网。两个机构发现，许多隐蔽的纳粹电台每日更换呼号，以一个月为周期轮流，到期重复。他们对各个电台和报务员的特征进行分类，这样就可以识别不同信道的电台。反间谍部门告诉他们，纳粹无线电间谍如何在汉堡附近一家学校培训；如何记录每个间谍的“指法”，给同盟国无线电报伪造设置障碍；间谍如何设置他们手提箱大小的发射—接收器，连接定向天线，使其对准德国时功率最大，散射功率最小。随着欧洲战场战斗趋向高潮，无线电情报部也在监测欧洲隐蔽电报所使用的 222 个频率，破开了大部分轴心国无线电间谍代码和密码，读出了绝大部分德国网络的几乎全部电报。

无线电情报部的一些最惊人成就来自拉丁美洲，在那里，它截收了轴心国无数的无线电报，使联邦调查局得以帮助地方当局铲除这些蔓延的毒草。无线电情报部收集了以 LIR 台、CEL 台和 CIT 台为中心的三个在巴西的主要特工网络电报。根据对栅栏密码密电的破译，无线电情报部将情报提供给联邦调查局战时拉丁美洲分部，调查局特工追查这些线索，直至查获这些网络成员。

这是 CIT 间谍网的故事。1941 年 4 月，曾在纳粹间谍学校培训的工程师约瑟夫·雅各布·约翰内斯·斯塔日兹尼（Josef Jacob Johannes Starziczny），化名尼尔斯·克里斯蒂安·克里斯蒂安森（Niels Christian Christiansen），抵达里约热内卢，随身偷带上岸的有一个装着电台的黑皮包，四本密码书和微缩胶片说明。一个月后，CIT 台开始发送，与另两部关联电台一起把大量信息投向空中。这些电报大部分发向汉堡控制台，它为这次行动使用的呼号是 ALD，在许多明文电报里使用 *Stein* 签名。这些信息质量通常都很高。1942 年

3 月，“玛丽女王”号（*Queen Mary*）邮轮满载 1 万名士兵抵达里约热内卢，CIT 台的活动达到高潮。无论是从部队损失和敌方运输能力，还是从盟军士气角度，击沉它都将对同盟国造成沉重打击。因为航速快，“玛丽女王”号航行时没有护航，驻巴西特工向德国发出一封又一封电报，企图让德国潜艇狼群能够拦在它的航线上。

1942 年 3 月 6 日，CIT 发出电报：“‘玛丽女王’号今天 10 点到达此地……它必须下地狱。”两天后，CEL 发信：“‘玛丽女王’号于当地时间 3 月 8 日 18 点启航。”次日，CIT 显示，“丘吉尔将与‘玛丽女王’号一起沉没……祝好运。”但报务员还不知道，无线电情报部在偷听。3 月 13 日，LIR 发出一条人工敲就的 11220 千赫慢报，得克萨斯州拉雷多的一个无线电情报部报务员轻松抄下它：

VVVV EVI EVI EVI

IWEOF	WONUG	IUVBJ	DLVCP	NABRS	CARTM	IELHX	YEERX
DEXUE	VCCXP	EXEEM	OEUNM	CMIRL	XRTFO	CXQYX	EXISV
NXMAH	GRSML	ZPEMS	NQXXX	ETNIX	AAEXV	UXURA	FOEAH
XUEUT	AFXEH	EHTEN	NMFXA	XNZOR	ECSEI	OAINE	MRCFX
SENSD	PELXA	HPRE					

无线电情报部从 LIR 台早期发送的一封电报中发现，该组呼号和移位密码以阿克塞尔·蒙特（Axel Munthe）的《圣米凯莱的故事》（*The Story of San Michele*）为基础，用的是一个不在美国和英国发行的版本。该特工在月份和日期上加上自己的个人密钥数，确定应使用的页码。该页最后一行提供了 LIR 当天使用的呼号字母，前三个字母颠倒用于在德国的电台，后三个字母倒过来用于特工电台。从过往电报的分析中，无线电情报部知道 LIR 台报务员的密钥数是 56。加上月份 3 和日期 13，总数为 72。72 页最后一个单词是“give”，因此 EVI 是发送人的正确呼号。重复的 V 表示 *von*（来自）。

电报于 13 日凌晨发出，但实际上是 12 日用当天密钥加密的，这个密钥应该在 71 页（56+3+12）。该页第一行开始写道，“I would have known how to master his fear” [1]。和这名特工一样，无线电情报部将数字分配给前 9 个不同的字母：

I	W	O	U	L	D	H	A	V
1	2	3	4	5	6	7	8	9

这个密钥加密前四组字母，其余字母为虚码：

I	W	E	O	F	W	O	N	U	G	I	U	V	B	J	D	L	V	C	P
1	2		3		2	3		4		1	4	9			6	5	9		

这表示“3 月 12 日，时间 23 点 04 分，149 个字母，第 659 号电报”。下一组，NABRS，表明该特工身份，随后的 149 个字母写入一个移位字组，依据的移位密钥为：取 71 页前 20 行首字母（跳过缩排行），从中得出一个数字密钥。结果如下：

首字母	I	B	M	R	A	A	T	M	A	T	S	U	N	E	U	F	F	N	P	T
密　钥	8	4	9	14	1	2	16	10	3	17	15	19	11	5	20	6	7	12	13	18
	S	P	R	U	C	H	X	S	E	C	H	S	N	U	L	L	X	V	O	N
	V	E	S	T	A	X	A	N	X	S	T	E	I	N	X	X	Q	U	E	E
	N	X	M	A	R	Y	X	Q	U	E	E	N	X	M	A	R	Y	X	A	M
	X	E	L	F	T	E	N	X	E	I	N	S	A	C	H	T	X	U	H	R
	M	E	Z	X	M	E	Z	X	V	O	N	D	A	M	P	F	E	R	X	C
	A	M	P	E	I	R	O	X	C	A	M	P	E	I	R	O	X	A	U	F
	H	O	E	H	E	X	R	E	C	I	F	E	X	R	E	C	T	F	E	X
	G	E	M	E	L	D	E	T	X											

这种以 X 为单词间隔的一次移位已经足够，文字可以直接从表中读出。去掉重复，英文为：“Message six zero from Vesta to Stein. *Queen Mary* reported off Recife by *Campeiro* on eleventh at one eight hours MEZ (Middle European zone time)”。[2]

但是，德国人辛苦搜集和传送这份情报的全部努力都化为泡影。许是得

[1] 译注：大意为，我本该知道如何控制他的恐惧。

[2] 译注：大意为，60 号电报，自 Vesta，至 Stein。“坎佩罗”号报告，欧洲中部时间 11 日 18 点，“玛丽女王”号离开累西腓港。

到这些破译的警告，“玛丽女王”号冲过大西洋，避开潜艇，带着1万名士兵安全抵港。实际上，这些“玛丽女王”号的电报成为三个纳粹电台网的最后之作。3月10日，巴西警察得到联邦调查局提示，在一个无线电情报部特工帮助下，突击了斯塔日兹尼，不久后又突击了另两个无线电网。200名特工和支持者被捕，间谍网被捣毁。

发送密钥，任何人都能获知信息，这种愚蠢的举动并非LIR台独有。南美组织最严密的纳粹间谍机构通过位于智利的PYL和PQZ电台把电报发回德国，最终于1944年2月被捣毁，发挥重要作用的就是无线电情报部和联邦调查局的情报。事后，间谍网头子路德维希·冯·波伦（Ludwig von Bohlen）少校写下《瓦尔帕莱索行动的教训》[1]，第一项写道：“最大错误在于原始密钥的不足，以及第二个与第一个密钥一起发送。如果通信识别词未被破译，密码就不会被破解。”

不过，两个与汉堡通信的电台逃离了无线电情报部的手掌，依然顺利运行，尽管两个都在美国领土上。第一个使用呼号CQ DX V W2：CQ[2]是给所有收听者的通用呼号，DX[3]意为要求建立远程连接，V表示“来自”，W2是分配给包括长岛在内的第二呼号区业余无线电台的前缀，本应跟在W2后的两到三个字母没有使用。这个电台设在长岛中心港的一所小屋内，自1940年5月15日下午6点开始运行，试图在14300到14400千赫波段与汉堡台建立联系。经过几次尝试连接，5月31日，汉堡AOR台发回第一封完整加密电报，要求获取每月飞机产量信息：有多少飞机出口到各国，尤其是英国和法国；经空运还是海运；赊购还是付现自运。这些电报用一个类似LIR台的移位密码加密，以雷切尔·菲尔德（Rachel Field）的畅销书《卿何遵命》（*All This, and Heaven Too*）为密钥。这似乎是标准的纳粹间谍密码，因为1943年在纽瓦克被捕的两个德国特工也用过它。然而，联邦调查局无须密码分析就能解读中心港电报——倒

---

[1] 译注：*Experiences Gained from the Valparaiso Process*。瓦尔帕莱索（Valparaiso），智利中部港口城市。

[2] 译注：CQ（Call to Quarters），（公告等的）广播开始信号；（业余无线电爱好者）相互通信前的信号。

[3] 译注：DX（Distant Radio Communication），远程无线电通信。

不是因为它的侦探是超人或魔法师，而是这些电报就出自他们之手。

中心港名义上的报务员是威廉·泽博尔德（William G. Sebold），他是在德国出生的美国公民，秘密为联邦调查局工作。1939 夏，当泽博尔德回到家乡米尔海姆时，盖世太保偷走他的护照，以伤害他的犹太祖父来威胁他，除非泽博尔德答应在美国为德国做间谍。泽博尔德与驻科隆的美国机构联系后，假装同意。在汉堡间谍学校学习后，1940 年 2 月 8 日，他回到美国，根据德国给他的姓名联系上纳粹特工，建立了一个无线电台，把情报传回德国。

中心港电台实际上由两个联邦调查局特工操作。他们负责加密发送内容经仔细检查的电报，电报里既包括足够的真实信息，让它看起来像真的，又包括有误导倾向的假情报。与此同时，联邦调查局特工利用这层关系收集弗雷德里克·迪凯纳（Frederick J. Duquesne）和其他纳粹特工的证据。1941 年 6 月 28 日，联邦调查局经过一系列突然袭击，捣毁了珍珠港事件前发现的最大间谍网。

在欺骗纳粹方面更为成功的是双面间谍 ND98。纳粹吸收他做间谍时，他是个进出口商。德国派他到西半球从事间谍活动，刚一到达，他就向美国投降。和泽博尔德一样，他在联邦调查局监督下在长岛设立了一个无线电台，开始向纳粹提供精心编造的真真假假的信息。例如，他在电报中暗示美国将计划发动一场针对太平洋千岛群岛北部的大型军事行动。实际上，这仅仅是为马绍尔群岛的真正进攻发动的一次佯攻。不出所料，德国人把情报转给日本人。后来参谋长联席会议（Joint Chiefs of Staff）告诉联邦调查局，ND98 的情报很可能对 1944 年 2 月的马绍尔群岛入侵成功做出了贡献。纳粹非常重视 ND98 的情报，为此付给他 5.5 万美元，并且自 1942 年 2 月 20 日发出第一封电报起，直到战争结束，一直维持与他的联系，成百上千封电报在此期间发送。直到 1945 年 5 月 2 日，汉堡电台被英国人攻占后，他们才停止了联系。

但与最伟大的无线电欺骗相比，这些只能算小儿科。

德国人称之为“Funkspiel”（无线电表演），真是个再合适不过的名字。“Funk”表示无线电，而“Spiel”意为“演奏”或“表演”，还有“游戏”、“运动”和“比赛”的含义。但即使所有这些含义加在一起，也不能完全表达这个德语词的含义。正如一位作家所写：“这个词让人想起神秘的钟曲，飘荡在空中，就像一首引诱听者自投罗网的罗蕾莱[1]乐曲。”

二战中，“无线电表演”取得的辉煌成就远超其他同类组织，它的头子是46岁的赫尔曼·吉斯克斯（Herman J. Giskes）少校，莱茵兰人。他一生大部分时间在德国陆军度过，是阿勃维尔三处F组荷兰分部头子。虽然阿勃维尔自己有高效的流动无线电情报单位，但吉斯克斯还是利用了占领军警察（Ordnungspolizei）的无线电情报分部进行“无线电表演”。

德国人招收了一个浮肿、瘸腿、爱出汗的荷兰人乔治·里德霍夫（George Ridderhof）做卧底，由此拉响了大钟。这个卧底装成爱国者，打入荷兰地下组织，向纳粹提供情报。几个月来，被吉斯克斯称作“F2078”的里德霍夫试图获得一群在海牙工作的荷兰特工的信任，报告发送进展缓慢。

同一时期，阿勃维尔无线电情报单位一直在截收和破译每周五次从一台呼号为UBX的地下电台发出的电报。测向机逐渐逼近电台，突然有一天，上午8点，UBX电台遭到袭击，报务员及其助手，他们的加密材料、电台和间谍材料一起被俘获。

这是三处F组在荷兰的第一次大收获，吉斯克斯立即开始考虑将UBX电台用于“无线电表演”中的“回放”（play back）。“无线电表演”优势巨大。由德国人操作一部同盟国认为还在地下组织手里的电台，阿勃维尔就能从伦敦发出的指示中探知大量敌方意图。它可以利用这些情报挫败同盟国的突击行动，捣毁其他抵抗团体。预计到盟军指挥官在以假情报为基础的计划失败后会对情报失去信心，“无线电表演”可以用假情报制约同盟国情报活动。“无线电表演”在空中施展，就和一个双面间谍本人的作用一样。因为这个价值，阿勃维尔优先考虑策反一个抵抗运动电台的可能性。地下组织方面也充分意识到“无线电表演”的危险，为挫败德国人，他们会在门和电台上设置饵雷，随处摆满了半瓶的白兰地毒酒。

但UBX台还没有被策反，他们缺乏一些必要的细节，使“回放”看上去更加逼真，而报务员在接受讯问时拒绝透露这些细节。另两部“afu”（德国人有时

[1] 译注：Lorelei，德国莱茵河畔岩石名，传说中为用歌声引诱船夫导致船毁人亡的女妖住所，也指这个女妖的名字。

根据他们自己小巧强悍的隐蔽电台称呼这些特工电台）被俘获，然而策反它们的努力也告失败。失败迫使吉斯克斯急切想获得成功。

1942 年 1 月，成功的可能性开始闪现。里德霍夫报告，他渗透的一个网络即将收到英国人通过伞降提供的装备，这是由无线电安排好的。“带着你的故事滚到北极去，”吉斯克斯愤怒地在报告里写道，“荷兰和英格兰间就没有无线电通信。”然而几天后，占领军警察截收站（FuB）听到一个新的无线电连接，来往于南部荷兰 RLS 台和英格兰伦敦以北的 PTX 台之间。伦敦北部这个地区与许多欧洲地下电台通信。里德霍夫确认他的网络在操作 RLS 台，他的联络人向吉斯克斯报告此事时，俏皮地提到“北极行动”（Operation North Pole）。吉斯克斯会意地笑了，“无线电表演”的“北极行动”（NORDPOL）就这样得到了它的代号。[1]

对 RLS 台的严密监视立即开始。截收站很快建立了 RLS 台发报程序，测向确定这台“afu”位于海牙华伦海特大街一栋公寓楼内。里德霍夫向该网络透露了一些真假参半的信息，如其中一条证实了“欧根亲王”号（*Prinz Eugen*）巡洋舰正在斯希丹修理。一个月内，三处 F 组得到足够信息，了解 RLS 台将尝试“无线电表演”。他们将袭击行动定在下一次常规发报期间，还打算同时对其他特工进行逮捕，既为了镇压这个网络，也为了防止他们泄露这次“无线电表演”。

1942 年 3 月 6 日，星期五，下午 6 点，四辆伪装的警车封锁了华伦海特大街。其中一辆后座上，一个便衣男子在追踪准确频率，这时，他听到附近一部电台的按键声——RLS 台正在努力接上伦敦。吉斯克斯计划在报务员联系上之前冲进去，防止他警告伦敦。但报务员得到公寓房东提醒，说外面有几辆装满

[1]　原注：帝国保安总局四处 E 科（Section IV E）负责国内反间谍，其职责与阿勃维尔三处 F 组几乎无法区分，两个单位经常因为意见相左而冲突。保安总局把行动称作“英格兰广播”（ENGLANDSPIEL），也许这个名字更广为人知。它认为根除一个地下网络比无线电欺骗更重要，这一点导致它与阿勃维尔的数次冲突。吉斯克斯最终与保安总局四处 E 科荷兰分部同行、党卫军二级突击队大队长约瑟夫·施赖德（Joseph Schreieder）达成协议，阿勃维尔处理空中事务，保安总局执行地面逮捕。两个部门间的对立损害了德国反间谍行动，反映了保安总局头子希姆莱和阿勃维尔首脑威廉·卡纳里斯海军上将间的权力斗争。最终，保安总局吸收了阿勃维尔，希姆莱赢得这场权力斗争。

人的汽车。他停止发报，收起三封加密电报就跑。他只跑了几米就被抓住，警察冲进公寓，发现一只装着电台和各种文件的小箱子正挂在后院晾满衣物的两根绳上，这是房东妻子抛下的。

这场猫捉老鼠的游戏开始了。报务员许贝特斯·劳韦斯（Hubertus M. G. Lauwers）在英国受训成为地下特工时，在间谍学校学到如何应付这样的局面。按他所学，纳粹会尝试先通过说服再用拷打的方法，与实际发报的报务员合作，这样英国人就不会察觉到发报手法的改变。特工当然不想挨打，为防止泄露真正重要的秘密，如网络其他成员的名字等，特工得到的指示是假装合作，但要警告英国，他已经被捕，电台已经暴露。他将在已经不安全的电报中省略安全验证，发出一条无声警告。

安全验证是一个验证步骤，特工要把它纳入发出的每一条电报，来证明这些电报的真实性。它可能是一个日期和专属该特工的特别数字相加而得到的数组，安插在密文中一个预先确定的位置；也可能是在明文每十个字母后面插入一个X，总之它可以有许多方式。一封电报没有这个验证，或有一个似乎错误的安全验证（因为料到德国人会与同盟国一样熟悉这种技术）时，伦敦就得到警告。

这样同盟国就能采取反“无线电表演”行动。当德国人认为他们在欺骗伦敦，向它提供假情报、榨取真情报时，伦敦却反客为主，给德国人大灌假数据，同时从他们发给伦敦的假情报反面推断德国人的真实计划。阿勃维尔认为“无线电表演”情报特别准确、特别有价值，这个看法保证了同盟国能从破坏“无线电表演”情报中获得相应回报。这种将计就计，颠覆被颠覆的电台，欺骗欺骗者的把戏——所有这些间谍头子梦寐以求的荣耀，在识别到缺失的安全验证后，都将成为可能。

因此，只要真正的验证保密，劳韦斯就没什么可害怕的，甚至还能从透露他的操作方法中有所收获。正如他在保密学校所学，纳粹先来软的，这甚至在他被带离华伦海特大街前就开始了。截收站头子海因里希斯（Heinrichs）上尉声称他可以破译从劳韦斯身上找到的三封电报。然而，劳韦斯回忆，“他想给我个活命的机会，叫我自愿交出我的密码细节，他还说我这样做可以节约他许多时间。接受这一提议对我来说似乎在情理之中，我答应，如果他破开从我身上发现的三封电报之一，我就照他说的去做。出乎我意料，他当场同意了。他坐在一张桌子边，似乎沉浸在他的‘耐心游戏’里。过了约 20 分钟，他得意地宣称，‘我明白了——“欧根亲王”号停泊在斯希丹——嗯？’”这是里德霍夫提供的信息，海因里希斯用作破译系统的对照文字。

劳韦斯惊异于这一无所不能的演示，依承诺交出密码细节，它由一个二次移位组成，首尾各一组虚码。但他一字没提他的安全验证。直到一次审讯结尾，吉斯克斯问他，“你需要犯哪种错误？”才让他大吃一惊。因为劳韦斯的安全验证就是在明文第 16 个字母故意出错。这个错误一定不是由该字母的国际莫尔斯电码偶然增减一点或一划造成的。因此，一个 *s*（· · ·）不应写成一个 *i*（· ·）或一个 *h*（· · · ·），而应写成，比如说，一个 *t*（—）。

巧的是，三封缴获电报中，两封的第 16 个字母是 *stop* 中的 *o*。劳韦斯据此把一个 *o*（— — —）改成 *i*（· ·），另一个改成 *e*（·）。这个幸运的巧合使他得以编造一个假的安全验证，与吉斯克斯似乎已经知道的相符。他告诉德国人，他的安全检验是每封电报把一个 *stop* 改成 *step* 或 *stip*。德国人相信了这一点，[1] 劳韦斯同意为他们操作 RLS 电台，设法由自己来加密，把假安全验证固定下来。他相信英国管理欧洲地下活动的特别行动执行组 [2] 荷兰分部会发现这个警告，采取适当措施。

劳韦斯 3 月 6 日被捕，3 月 12 日下午 2 点为他被捕后的第一个常规发报期。他发出搜查当晚未及发出的电报，当然，它包含正确的安全验证，还有他本想发出的信息。随后的电报中，RLS 台在吉斯克斯指令下，要求将已经安排好的空投地点从佐特坎普附近，转到斯滕韦克附近一处荒野，RLS 现在说原位置过于偏远。25 日，别动组同意，两天后发来电报，安排空投。这是个关键的检验。别动组自己的安全验证和加密细节似乎无懈可击，但也许别动组自己在布置一个圈套。飞机投下的，会不会不是物资而是炸弹，不仅炸掉阿勃维尔一次“无线电表演”的希望，还炸掉阿勃维尔本身的一部分？劳韦斯认为别动组会发现他的假安全验证，于是满怀期待。吉斯克斯虽然没意识到劳韦斯的无声警告，但依然对成功没有绝对把握。

---

[1]　原注：他们似乎没注意到缴获的第三封电报及以前截收的电报都不符合这个模式，或者也许他们认为劳韦斯出了些错。

[2]　译注：Special Operations Executive（SOE），简称别动组。

27 日，吉斯克斯和德军小组挤在一片荒地的刺柏丛中。午夜后不久，他们听到飞机引擎的轰鸣声。飞机向前射出红白三角形光柱，尾迹中突然闪现五个巨大黑色阴影，快速向东移动。降落伞下挂着的沉重黑色货箱砸向地面，发出沉闷的巨响。飞机闪着航行灯，向西消失在雾中。德国人几乎无法相信他们的好运气，偷乐着互相握手。轰鸣的巨钟终于听到第一声回响。

那么安全验证呢？为什么它的警钟没有敲响？因为别动组内部的愚蠢和无能，找借口则是一个现实问题。这个问题就是特工电台信号弱，特工报务能力差，因此，电报很少有完全准确收到的。有时，别动组荷兰分部解密员分辨不出一个错误是为了安全验证刻意为之，还是一个普通错乱。5% 到 15% 的电报模糊不清，因此只要读通电文，解密员就已经谢天谢地了；麻烦已经够多了，他们哪里还想到什么安全验证！话虽如此，但别动组的疏忽已近于犯罪。绝大多数报文没有任何问题，只是缺失关键的安全验证，被别动组信以为真。一些电报甚至标着“身份验证（即安全验证）遗漏”，别动组也没有否定它们。就这样，别动组无视自己制定的预防措施，一头扎进“无线电表演”的陷阱。

“北极行动”的成功接二连三。接连不断的空投使吉斯克斯对“无线电表演”成功的信心不断增加。1942 年 5 月初，一系列抵抗运动被德国人精心利用，荷兰全部地下网络的无线电联络，以及随之而来对地下网络的控制都落入德国人手中。别动组将称为“萝卜”（TURNIP）和“地狱”（HECK）的两个二人联络设备空投到荷兰，电台在空投中摔坏，于是他们联系“莴苣”（LETTUCE）小组向伦敦报告他们的问题。与此同时，别动组称为“埃比尼泽”（EBENEZER）的“北极行动”小组得到指示，要他们联系“莴苣”，给另一个“土豆”（POTATO）网络的一名特工提供帮助。纳粹在这些特工未及警告伦敦前逮捕了他们，5 月 5 日，吉斯克斯开始操作“莴苣”电台，发动第二个“无线电表演”。这次行动中被捕的特工亨德里克·约尔丹（Hendrik Jordaan）泄露了他的安全验证。

最终，吉斯克斯—施赖德联盟操纵着与别动组联络的 14 部“无线电表演”电台。希特勒本人经常阅读有关它的报告，报告上有许多电报的明文，这些都由希姆莱提交。许多电报里依然缺乏至关重要的安全验证——劳韦斯一人就发送无安全验证的电报 7 个月。别动组确有几次想到荷兰行动是否被渗透，是否应该终止。每次它都决定继续，因为它觉得安全验证“作为检验不是决定性的”。别动组荷兰分部彻头彻尾的失败体现在一件事上，那 14 部电台仅由 6 名占领军警察报务员操作。因为他们工作负担太重，吉斯克斯试图通过报告其中一些电台被德国人端掉，减去一部分。别动组显然既没有在派出特工前记录他们的发报指法，也没有费心把据称发自他们的电报与任何他们以前可能发出的电报进行核对。另一方面，许多电报没有正确的安全验证。使大量电报看上去真实可信的主要功劳归于施赖德的密码专家恩斯特·格奥尔格·迈（Ernst Georg May），这个年近 40 岁、剃着平头的普鲁士胖子全面研究了抵抗运动的密码系统和其中不断出现的“错误”。

维持“北极行动”顺利运行，远不是编几个故事发到空中那么简单。如何处理从别动组收到的命令？阿勃维尔如何让别动组相信它的地下网络运行一切正常？吉斯克斯运用了各种精心伪装、借口；少数情况下，还有对同盟国的实际帮助，大部分是帮助被击落的飞行员逃到西班牙。这些人到达英国后，极力赞扬一个荷兰抵抗运动组织“高尔夫”（GOLF）提供的帮助。他们从未意识到，“高尔夫”不同寻常的成功在于它是由一个德国军官指挥的。面对“高尔夫”的能力——盟军飞行员的生还，别动组一点也没有起疑。还有一次，别动组命令“埃比尼泽”炸毁一个占领军天线网，吉斯克斯报告说，一片雷区挫败了他们的企图。别动组接受了这个说辞，说这样的防守是无法预见的。当一个新特工空降到荷兰，被阿勃维尔抓住后，他告诉对方说，如果他没有在上午 11 点前发出密电“THE EXPRESS LEFT ON TIME”（快车准点出发），别动组就会知道他已经被捕。吉斯克斯反应很快，通过另一部“无线电表演”电台告诉伦敦，该特工降落时摔昏了。四天后，别动组被告知他没有苏醒过来，死了。吉斯克斯甚至在成千名荷兰观众的欢呼声中破坏了鹿特丹港的一艘驳船——并且，把它报告为抵抗组织的一次突击行动后，在德国人控制的报纸上故意登出故事，希望它们传到伦敦，证实他之前发出的报告。

另一方面，劳韦斯正在发狂。一开始，他认为伦敦已经识破阿勃维尔电台，但最终认识到发生了严重失误，他开始寻找其他警示别动组的方法。他首先把报务员的标准缩语电码符号 QRU（— — · —　· — ·　· · —，意为：没有其他需要向你报告）的莫尔斯电码改成 *cau*（— · — ·　· —　· · —），把跟在 QRU 后面的他可以自己选择的呼号改成 *ght*，发出单词 *caught*（被捕）。虽然他瞒过德国报务员，把这个悄悄传出去，后面的事态发展却看不出伦敦已经认识到这个暗示。随后他试图改变一个类似的五字母密文组，加入一个表示 *t* 的单划，拼出 *caught*；为了增加一个合适组出现的机会，他几乎无一例外地使用 C、G 和 H 作为他的虚码。随后他传出 CAUGHT，把它弄得像个失误，装成不耐烦地把这个错误重复几次，以便伦敦能数次收到，最后才发出正确的文字。不过没有回音。

随着特工飞蛾扑火般投向纳粹魔爪，劳韦斯和狱友，那个泄露安全验证的约尔丹，决定尝试另一个难度更大，但在英国可能显现得更清楚的计划。他们将用两封电报首尾的虚码拼出一条警告信息。德国人禁止他们在明文首尾虚码中使用元音，因此两个荷兰人只能用辅音代替隐蔽信息里的元音，在二次移位中找到这些辅音，在脑子里把它们转成密电里的元音，再发出这些元音，把它们搞得像发错了的那些辅音。两人在牢里练习这个困难的步骤，设法传出他们信息的第一部分。但这时吉斯克斯改变了程序：可能就是为了防止这类把戏，一个德国报务员逐字母读出电报，第二部分从未发出去。也许这已经无关紧要：第一部分从未被听到。

就这样，史无前例地，吉斯克斯使“北极行动”有效运行了 20 个月，其他“无线电表演”没有超过三个月的。空降特工一个接一个被捕。行动的结束始于两个特工逃出哈伦的监狱，逃到瑞士的荷兰当局那里，说出了一切。即使到那时，诡计多端的吉斯克斯还想延迟败露，通过一个“北极行动”电台，污蔑他们在德国人帮助下逃脱，意图打入别动组。但随着 1943 年 11 月 23 日另外三个特工的逃脱，这场无线电游戏最终收场。当原本信息丰富的英国来电里再也没有任何实质性内容时，吉斯克斯洞悉到这一点。

“北极行动”又苟延残喘了几个月，双方你来我往发送无意义电报，都想捞点油水，直到阿勃维尔决定结束这场无意义的操练。吉斯克斯编了一条明文电报，发给别动组荷兰分部领导人。

致伦敦布伦特—宾厄姆公司[1]及继承人有限公司，我们明白，

[1] 译注：Blunt, Bingham & Co.，别动组荷兰分部负责人查尔斯·布利泽德（Charles Blizzard）少校，化名布伦特（Blunt）；其继任者是西摩·宾厄姆（Seymour Bingham）少校。

一段时间来，贵公司一直努力在没有我方协助的情况下在荷兰做生意。对此我方深表遗憾，因为长期以来，我方一直作为贵公司在荷兰的独家代理，双方合作愉快。不管怎么说，我可以向贵公司保证，若贵公司考虑在欧洲大陆派大规模人员访问我方，我方将给予贵公司使者一如既往的关照，以及同样热烈的欢迎。盼晤。

吉斯克斯不怀好意地命令其于 1941 年 4 月 1 日发出。所有剩下的 10 个“无线电表演”电台都发出这封电报；4 座英国电台照常回复收到；6 座没有回复呼叫。启动 2 年多以后，“北极行动”最终落幕。

行动安排了 190 次空投，收到 95 次，包括约 13.6 吨炸药，3000 挺斯特恩式轻机枪，5000 支左轮手枪，2000 枚手榴弹，75 部电台，50 万发子弹，还有 50 万荷兰盾现金——所有这些都落入德国人手中。德国人抓住 54 名特工，其中 47 人那年秋天在毛特豪森集中营未经审判被枪杀。“北极行动”为这些特工以及盟军在荷兰建立可靠地下组织的希望敲响了沉重的丧钟。它维持了德军荷兰防线的完整，使其免遭破坏，它让盟军无法得知驻荷兰德军的实力：诺曼底登陆日过去 7 个月后，海牙才获得解放。

它是同盟国在这场间谍战中的最大失败。

这场隐蔽斗争催生了数量惊人的隐蔽通信系统，最常见的也许就是二次移位。和荷兰抵抗运动一样，法国抵抗运动也经常用它。吉尔贝·雷诺（Gilbert Renault）领导的一个组从一本书中随机取出 15 到 20 个字母长的密钥，与之通信的伦敦电台也同样持有这本书。同一个密钥用于两次移位，每段明文以五六个虚码开头或结尾；安全验证通常是在这些虚码间插入一个特定字母。加密员通过一串数字告诉伦敦密钥出自哪段话。例如，05702 01837 表示 57 页，第 2 行，从该行中取出的 18 个字母生成一个数字移位密钥，报文长度为 37 组。加密员在这些数字上加上他的个人密钥数，用一个多名码替代把它们转变成两个五字母组；随后再次把它们转变成另外两个五字母组，防止第一对在发送时发生错乱。加密员把它们插入电报中预先确定的位置，交给报务员。

1940 年 8 月到 1943 年夏，雷诺的网络一直使用这个系统。在伦敦时，他编制了一个代表完整短语的五字母组代码，旨在缩短他的长篇无线电报，降低风险。通过研究一本商业代码本和己方网络获取的电报，他编制了一系列词汇。他曾计划用二次移位为代码文字加密，但一个双眼突出，鼻端架着眼镜，马甲上挂着金链的英国密码学家建议他把五字母组改成四数字组，以便使用一次性密钥本加密，该纸带由机器生产，来自伦敦。每个纸带用后应被销毁，即使未用部分被纳粹缴获，它也无法阅读之前截收的电报。雷诺接受了建议。回到法国后，他看到发报时间从半小时减到五分钟，而且密电绝对安全，心里很是满意。

美国战略情报局特工也使用二次移位。他们通常以校歌歌词为密钥，用第一、二行作为第一封电报密钥，第一、三行用于第二封，依此类推，防止两封同密钥电报被用于复合易位分析。1944 年 1 月，23 岁的特工彼得·汤普金斯（Peter Tompkins）潜入罗马，建立一个间谍网，他用自己记住的两段但丁（Dante）诗歌作为密钥，就算一时忘记，他也可以很容易地在意大利想起。虚码随意分布在各处。有趣的是，战略情报局没有使用安全验证，而是依赖“电子指纹”，即派出一名间谍前先录下他的发报指法。二次移位简单安全，但也偶尔被破开。一个有助破译的因素也许是“马可·波罗”（MARCO POLO）代号，它是抵抗组织的做法。它一次次在移位字组中用 *tabacco*（烟草）作虚码组，试图让英国人在空投中提供这种必需品（还真得到了）。

战略情报局使用其他各种编码系统，用于驻伦敦、重庆、卡拉奇、缅甸、北非和世界各地其他分支间的相互通信。它有一次性密钥本，代码数字随机，由 IBM 机器生成；它还有称之为“伯莎”（Berthas）的 SIGABA 密码机；有 M-209 密码机和拉尺。电报中心总部位于华盛顿西北区 26 大街和 E 大街的战略情报局行政大楼地下室内，由纽约名流约翰·德拉菲尔德律师管理。中心有一个由五六人专家组成的部门，该部门以桥牌专家沈渥德 [1] 为首，它的任务是解开严重错乱的电报，确保战略情报局密码安全、密钥不至于使用过久，以及为各分支训练编码员。

有时，特工会为特定目的设计自己的密码系统，供自己所招收的间谍使

[1] 译注：Alfred Sheinwold（1912—1997），桥牌选手，有多部桥牌书籍译成中文。名字也译成“沙因沃德”“谢因吾”等。

用。例如在罗马，彼德·汤普金斯使用一个维热纳尔密码，其方表以 21 个字母的意大利语字母表（省略 *j*、*k*、*w*、*x*、*y*）为基础；其中一个密钥短语是 AVANTI TORINO。还有一部只有一页的五字母组代码，用于与维索附近山区的一个组通信，他们的无线电信号很弱；代码组的设计方式是，只要收报员在正确的位置收到首字母或尾字母（两者相同）中的一个，或中间三个字母中的任何一个，他就能清楚明白地理解这个组。比如天气部分，前三个代码组是 *sereno*（晴）= TABCT，*pioggia*（雨）= TBCDT，*nebbia*（雾）= TCDET。

各流亡政府拒绝与纳粹进行任何形式合作，他们从总部伦敦指挥抵抗运动，从驻在中立国和同盟国首都的外交使团获取信息。1941 年 8 月到 1942 年 3 月间，捷克驻斯德哥尔摩领事弗拉基米尔·万尼奥克（Vladimir Vanek）给上级发了约 500 封电报，后来，也许是迫于德国人的压力，瑞典人以间谍罪名逮捕了他。万尼奥克的电报用一个移位—替代混合系统加密，通过英国使馆发给一个名为 MINIMISE LONDON 的电报地址。加密从一个数字密码表单表替代开始，第一个数字总是为当天日期。因此，某月 8 号的密码表如下，“*”作字间隔：

a	b	c	č	d	e	ě	f	g	h	i	j	k	l	m	n	o	p	q	r	ř	s	š
08	09	10	11	12	13	14	15	16	17	18	19	20	21	22	23	24	25	26	27	28	29	30
t	u	v	w	x	y	z	ž	.	,	*	0	1	2	3	4	5	6	7	8	9	0	
31	32	33	34	35	36	37	38	39	40	41	42	43	44	45	01	02	03	04	05	06	07	

移位密钥来自捷克民族主义圣经之一——托马斯·马萨里克[1]的《世界革命》（*Svetová Revoluce*）。（他的儿子碰巧是捷克流亡政府外长，后者接收到很多以自己父亲的书为密钥的电报。）所用页码显然是随机选出的：8 月用 74 页，9 月用 391 页，10 月用 25 页……9 月 8 日，密钥用所选页的第 8 行，该行前 18 个字母（“pakani profesors tvi...”）生成一个数字密钥，用于移位字组的替代。这次移位的结果被写入第二个移位字组，它的密钥则取自同一行最后 19 个字母（politicky aneskodilo...）。万尼奥克当天发出的明文是：*Sudar. Pachatel*atentatu*na*něm.Munični*vlaky*ve*švedsku*je*německy*konsul*v*mal*

[1]　译注：Tomáš (Garrigue) Masaryk（1850—1937），捷克斯洛伐克政治家，捷克斯洛伐克 1918 年独立后的第一任总统（1918—1935）。

*moe*nolde.Mame*duvěrně*od*noru.Jlnas37*，再加 0 作为虚码。密文这样开头：34232 21333 19293 11121 33020 10121……

瑞典的阿尔内 · 博伊林在密电中看到“系统的影子”，破译了它。他注意到，因频率极高而突显的 0、1、2、3 以大致相等的间隔出现在密电中。他推断这来自一次初步加密，他推断的密码表类型就是实际使用的密码表；继第一次后，他写入一个有偶数列的移位字组。这将把构成两位数替代的第一个数字的所有 1、2、3、4 写入列中。在二次移位字组里，这些数字会形成一行，并且和这个字组大致相等的列被转抄，该行数字将以大致相等的间隔出现在密电中。博伊林称之为他见过的最好的手工系统之一。让他失望的是，一个语言学家没能从数字中还原出文字密钥，从而通过找到密钥书让破译登峰造极。这些电报的破译在确定万尼奥克的间谍罪行方面发挥了作用。德国人也破译了这个系统，通过阅读各国首都发给捷克流亡政府的电报，他们获知了大量关于捷克斯洛伐克 1944 年起义的信息，因此相对轻松地镇压了这些起义。

使用最广泛的间谍系统是隐语。一个英国广播公司播音员用沉着的声音播出的一句法语、荷兰语、挪威语或意大利语短句可能会引爆一座德国电台，引发一次猛烈袭击中的机枪怒吼，点燃一段木质铁路栈桥。因为这些听上去平常的“个人信息”，多半是向抵抗组织发出的即将到来的行动信号。彼得 · 汤普金斯描写了一群人在收听这样一条信息时的气氛：“于是，在期待第一次空投的夜里，我们紧张地围坐在收音机旁，收听意大利语新闻，等待播音员缓慢播出他的特别信息：‘凯瑟琳在井边等待’，‘太阳将在黎明升起’，‘约翰尼需要凉鞋’。接下来，似一道闪光，我们自己的信息：‘威廉等待玛丽’！空投已经启动，午夜左右实行。”

有些隐语可确认收到电报和信息。“马可 · 波罗”抵抗组织用二三十页纸回答了这样一些问题，如“法国海滩上卵石的直径？”和“提供一份法国城镇集市日日历”，因为内容太长，答复用明文经飞机发给英国。当 BBC 播出亚历山大式诗行“ET LE DÉSIR S’ACCROÎT QUAND L’EFFET SE RECULE”[1] 时，“马

[1] 译注：法国剧作家高乃依（Pierre Corneille）的戏剧《波利耶克特》（*Polyeucte*）中的句子。大意：成就退去，欲望升起。

可·波罗”知道信息已经安全到达英国。还有一些隐语信息有某种证明性质。当德国人在佩讷明德（Peenemunde）建秘密火箭武器发射场时，一个俄国工程师过来与“马可·波罗”合作，帮助刺探有关它的情报，BBC 用一个短句“LES ÉLÉPHANTS MANGENT LES FRAISES”（大象在吃草莓）确认他的身份。对不明白的人来说，这句话没有任何意义。

在那些令人难忘的隐语信息中，有两条曾在法国全境引发一场对德国运输和通信系统的大规模地下破坏。当 BBC 用法语播出“苏伊士很热”时，抵抗运动将启动“绿色计划”，号召破坏铁轨和铁路设备。“骰子在桌上”则启动切断电话线和电缆的“红色计划”。法国各地，抵抗运动领导人竖着耳朵，从他们隐藏的收音机里收听隐语短句。随着诺曼底登陆日临近，信息数量增加到几十条。最终，1944 年 6 月 5 日，那两条至关重要的信息播出，继之以数百条其他信息，如“箭穿钢铁”。地下领导人领会了这些信息，突然惊喜地认识到，在纳粹压迫的四个黑暗年头里，他们为之工作、为之等待、为之希望的解放即将到来。对他们许多人来说，收听到某条隐语信息将成为终生难忘的时刻之一。

它们中最著名的就是那条宣布诺曼底登陆日的隐语信息，纳粹也监听到、认识到——但忽略了。

阿勃维尔总部发现，盟军将用保罗·魏尔伦[1]伤感的《秋歌》（*Chanson d'Automne*）第一节向地下组织发出大规模入侵欧洲的信号。某月 1 日或 15 日播出的诗节前半部分将预告英美联合入侵即将到来，后半部分则表示：“入侵将于 48 小时内开始……从发送次日 00：00 开始计算。”

1944 年 1 月，卡纳里斯把细节转给德国各情报单位，命令他们收听这两条信息。德国第 15 集团军情报官赫尔穆特·迈耶（Hellmuth Meyer）中校的情报主要来自他的 30 人截收队伍，他的单位也参与了几个月的紧张守听。他们的集团军司令部在比利时边境附近，这个水泥地堡内安满了各种灵敏设备，专家们（每个人都能流利说三种语言）几乎不放过来自同盟国的每一缕无线电波。他们听到大量不得其解的隐语信息，甚至听到 160 多千米外，宪兵在英格兰用吉普车里的对讲机指挥护送车队的呼叫。这些信息让迈耶得知了许多准备

[1]　译注：Paul Verlaine（1844—1896），法国象征主义诗人。

入侵的野战部队番号。但是最近，这些呼叫停止了。无线电静默突然笼罩英格兰——入侵欧洲大陆近在眼前的又一项证据。因此迈耶加强了守听，生怕漏掉那条致命的魏尔伦信息。

6 月 1 日，迈耶队伍里的瓦尔特·赖希林（Walter Reichling）中士正在监听晚 9 点 BBC 新闻后的法国信息。“现在请收听几段个人信息。”播音员说道。赖希林打开一部钢丝录音机。一阵短暂停顿后，第一节诗前半部响起：

LES SANGLOTS LONGS
DES VIOLONS
DE L’AUTOMNE
（秋之提琴，悠悠低吟。）

赖希林冲到迈耶办公室，两人听了录音。迈耶立即通知参谋长，参谋长警告了所属第 15 集团军，又用电传打字机给最高统帅部发去通知，打电话给负责防守入侵的两个德军司令部。虽然信息明确警告，入侵将在不超过两周内发动，但德军却没有对此采取任何措施。统帅部认为两个守备司令部之一已下令戒备，而该司令部又认为隆美尔领导的另一个已经这样做了。尽管隆美尔肯定也得知这条信息，但他似乎没把它当回事，6 月 4 日他因家中急事，休假离开。

迈耶对此一无所知，专注收听诗节后半部。“迈耶深知它极其重要，”科尼利厄斯·赖恩（Cornelius Ryan）写道，“打退盟军入侵，拯救成千上万同胞的生命，祖国的生死存亡，这一切都依赖于他和手下监听广播、警告前线的速度。迈尔和手下调动起前所未有的警觉。”

德国人截收、破解了至少 15 条其他诺曼底登陆日信息。如 6 月 2 日，针对来自保安总局隐语信息的详细情况，陆军总司令部把它电传给一个守备司令部。听到“MESSIEURS, FAÎTES VOS JEUX”（各位请下注）和“L’ÉLECTRICITÉ DATE DU VINGTIÈME SIÈCLE”（电力供应始于 20 世纪），或者其他信息后，三天内，陆军总司令部发出警告，“die Invasion rollen”（入侵将至）。然而德国人最看重的还是魏尔伦信息。

这条信息于 6 月 5 日晚 9 点 15 分到达：

BLESSENT MON COEUR

D'UNE LANGUEUR

MONOTONE

（无尽忧郁，刺痛我心。）

迈耶带着这条“可能是德国在整个二战中拦截到的最重要信息”，冲出办公室。在司令部餐厅，他上气不接下气地告诉正在打桥牌的第 15 集团军司令汉斯·冯·扎尔穆特（Hans von Salmuth），那条最重要信息的下半部已经到了。冯·扎尔穆特稍做考虑，命令第 15 集团军全面戒备，然后继续打牌。“我老了，对这事提不起兴趣了。”他对牌友评论说。

同时迈耶致电司令部，随后又发出“2117/26 号紧急电传，送至第 67、81、82、89 军；比利时和北部法国军事总督；B 集团军群；第 16 高炮师（16th Flak Division）；英吉利海峡海岸舰队司令；比利时和北部法国的德国空军。6 月 5 日 21 点 15 分的 BBC 信息已经进行处理。根据我们掌握的记录，它意味着‘将于 6 月 6 日零时起的 48 小时内入侵’”。此时距 1.8 万伞兵空降在诺曼底的灌木篱墙只有 3 小时，距预定的奥马哈、朱诺、剑和其他海滩登陆时刻仅剩 8 小时左右。所有德军指挥部都得到通知——除了一个。因为一直没解释清楚原因，德国第 7 集团军从未得到诺曼底登陆日警告：将遭遇渡海攻击。

在美国，正如神秘莫测的大自然本身，一场从微小原子中获取近乎无限力量的大战役正在悄悄进行。国会不知道它：研制原子弹的 20 亿美元支出从一个专用的总统应急基金中拨付；媒体对此毫不知情。项目需要的巨大工厂和实验室建在国内最荒凉的地方：田纳西州橡树岭、华盛顿汉福德和新墨西哥州洛斯阿拉莫斯的一座平顶山上。每个人、物都有代号，以项目名字开头：曼哈顿工程区（MANHATTAN ENGINEERING DISTRICT [MED]）。甚至在原子弹诞生前，它已经被称作：那玩意儿（THE GADGET）、该设备（THE DEVICE）、S-1、那东西（THE THING）、野兽（THE BEAST），或者直称“它”（IT）。后来在原子弹的大致尺寸已经发展出来时，科学家根据罗斯福总统的模样，把铀弹称作“瘦子”（THIN MAN）。铀弹在炮管中，一块铀射向另一块，进行临界质量引爆。钚

Tag Uhrzeit Ort und Art der Unterkunft	Darstellung der Ereignisse (Dabei wichtig: Beurteilung der Lage [Feind- und eigene], Eingangs- und Abgangszeiten von Meldungen und Befehlen)
5.6.44	Am 1., 2. und 3.6.44 ist durch die Nast innerhalb der "Messages personelles" der französischen Sendungen des britischen Rundfunks folgende Meldung abgehört worden : "Les sanglots longs des violons de l'automme ".
	Nach vorhandenen Unterlagen soll dieser Spruch am 1. oder 15. eines Monats durchgegeben werden, nur die erste Hälfte eines ganzen Spruches darstellen und ankündigen, dass binnen 48 Stunden nach Durchgabe der zweiten Hälfte des Spruches, gerechnet von 00.00 Uhr des auf die Durchsage folgenden Tages ab, die anglo-amerikanische Invasion beginnt.
21.15 Uhr	Zweite Hälfte des Spruches "Blessent mon coeur d'une longeur monotone" wird durch Nast abgehört.
21.20 Uhr	Spruch an Ic-AO durchgegeben. Danach mit Invasionsbeginn ab 6.6. 00.00 Uhr innerhalb 48 Stunden zu rechnen.
	Überprüfung der Meldung durch Rückfrage beim Militärbefehlshaber Belgien/Nordfrankreich in Brüssel (Major von Wangenheim).
22.00 Uhr	Meldung an O.B. und Chef des Generalstabes.
22.15 Uhr	Weitergabe gemäss Fernschreiben (Anlage 1) an Generalkommandos. Mündliche Weitergabe an 16.Flak-Division.

德国第 15 集团军发现了给法国地下组织的隐语信息，警告对欧洲的入侵将在 48 小时内开始

弹则使一个钚球内爆，因此需要一个庞大外壳，相对地，科学家按丘吉尔的样子称之为“胖子”（FAT MAN）。“瘦子”的炮管缩短后则被称为“小男孩”（LITTLE BOY）。

负责项目的莱斯利·格罗夫斯（Leslie R. Groves）准将有时被称作“接班人”[1]，有时叫“99”——来自他的秘书用“G.G.”指代 General Groves（格罗夫斯将军）的书写方式。实际上，一些科学家对项目的地下俱乐部性质不像大多数人那么着迷，直接称他“G.G.”。一个确定德国原子弹水平的特别行动被称为“ALSOS”，这是个希腊语单词，意为“小树林”（groves）。阿瑟·霍利·康普顿（Arthur Holly Compton）博士成为 A. H. COMAS 或 A. HOLLY。顶级原子科学家尼耳斯·玻尔（Niels Bohr）被重新起名 NICHOLAS BAKER，恩里科·费米（Enrico Fermi）成为 HENRY FARMER。洛斯阿拉莫斯实验室是“Y 地”（SITE Y）；K-25 是橡树岭的气体扩散厂，Y-12 是那里的电磁工厂。用于曼哈顿工程区时，芝加哥大学被称作“芝加哥冶金实验室”（CHICAGO METALLURGICAL LABORATORY），第一个在那里负责原子裂变工作的是格雷戈里·布赖特（Gregory Breit），他被大家很随意地称为“协调员”（COORDINATOR）或“快速分裂”（RAPID RUPTURE）。

虽然电报信息由通信兵部队用自己的密码设备处理，但在这个全国性项目中，重要官员经常被派到现场，他们远离任何密码机，因此电话交流的保密性成为必要。第一个电话密码由格罗夫斯的秘书琼·奥利里夫人即兴发明。她想在电话里告诉他一些秘密信息，“把你常看到我用的东西拿来”，她说。格罗夫斯拿来一包她常抽的烟，她把字母在烟盒上单词里的位置逐个报给他，他拼出信息。几天后，格罗夫斯自己编出一个代码，自称为“方形代码”（quadratic code），“我需要此代码与他人进行交流，通过电话谈论机密事宜。各人代码都不相同，我记得我是唯一有全部代码的人。也许奥利里夫人把它们一起保存在一个最机密的保险柜里。我们指示他们把代码放在皮夹子里，如果丢失要立即报告”。方形代码实际是一个 10 × 10 棋盘密码，就像下面这个。这是一张打印

[1]　译注：RELIEF，这一词本有多种含义，此处是接替某人的意思。1942 年 9 月，格罗夫斯接替马歇尔上校任曼哈顿计划负责人。

的方表，约 9 厘米 ×10 厘米大小，格罗夫斯用它与洛斯阿拉莫斯安保主任皮尔·达席尔瓦（Peer da Silva）中校通话：

	1	2	3	4	5	6	7	8	9	0
1	I_8	P	I		O	U	O		P	N
2	W	E	U	T	E	K_6		L	O	
3	E	U	G	N	B_4	T	N		S	T
4	T	A	Z_2	M	D		I	O	E	
5	S_9	V	T	J		E		Y		H
6	N_7	A	O	L	N	S	U	G	O	E
7		C	B	A	F	R	S_5		I	R
8	I	C	W	Y_3	R	U	A	M		№
9	M	V	T		H_0	P	D	I	X	Q
0	L	S	R_1	E	T	D	E	A	H	E

Teller 可加密成 93、31、64、28、07、70，*U-235* 加密成 23、80、43、84、77。没有明显的关键特征，方表提供了数量充足的额外明文字母，抑制了频率差异：九个 *e*，七个 *t*，六个 *i*，六个 *o*……所有字母都得到反映。“这个密码非用于拼出整个信息，”格罗夫斯曾写道，“而是一个，或顶多几个关键词……即使拼出关键词，一般也不拼全。奥本海默（[J. Robert] Oppenheimer）和我之间通常只需要前两三个字母。”棋盘密码称不上保密性强的密码，但是考虑到其简洁，考虑到格罗夫斯的保证——“所有密码都频繁更换，因为我们认识到如果掌握足够信息，任何密码都可以轻易破开”，以及考虑到一个间谍窃听正确电话线路、拦截其中一条信息的难度，它似乎能满足要求。不管怎么说，因为它的破译而泄露任何秘密至今还未发生。

“我们的大部分电话包含大量令人费解的谈话，提到的人和事也没有其他人可以轻易理解。”格罗夫斯记录道。阿瑟·康普顿就曾用过这种即兴创作的隐语，1942 年 12 月 2 日，他致电哈佛校长詹姆斯·科南特（James B. Conant），报告恩里克·费米在芝加哥施塔格场某壁球场制造人类第一个可控链式反应，获得出人意料的早期成功。

“吉姆，那个意大利探险家刚刚登上新大陆。”康普顿说，他创造了史上最贴切的隐语表述，把原子裂变比成新大陆，费米比成核物理的克里斯托弗·哥伦布。“地球没有他估计的那么大，”康普顿继续说，向科南特指出原子反应堆的规模不需要最初设想的那么大，“比他预想的更早发生。”

“土著人友好吗？”科南特间接问到可能的问题。

“是。每个人都开开心心地安全登陆了。”

在人才汇聚的曼哈顿工程区，这种对间接语言的灵活运用有时还成了一种趣味。有一次，康普顿需要讨论裂变材料副产品可能污染供水的问题。他迂回曲折地引用了古希腊神话，成功传递了关于这个最现代化难题的信息。长途电话线另一端，杜邦公司的克劳福德·格林沃尔特（Crawford H. Greenewalt）不仅理解了，而且做出了类似回复。

当第一枚原子弹在新墨西哥州阿拉莫戈多附近爆炸时，试验的代号可能是有史以来最不贴切的：TRINITY（三位一体）。试验成功的细节，以另一种非正式隐语报告给当时正出席波茨坦会议[1]的陆军部长史汀生。为了让史汀生对爆炸的巨大规模有个大致概念，电报撰写人、特别顾问乔治·哈里森（George L. Harrison）用从华盛顿到长岛海霍尔德的史汀生庄园的400多千米距离形容它的视程，用从华盛顿到弗吉尼亚阿珀维尔的哈里森农场的约97千米描述它的巨响。他的电报里的“小男孩”不是指铀弹，而是刚刚引爆的钚弹；他的“大哥”（BIG BROTHER）指铀弹，所有曼哈顿工程区的人现在都相信它会爆炸。“医生”（DOCTOR）重提前一封电报，格罗夫斯在该电报里被称作医生，“三位一体”试验则被称为手术。哈里森的电报写道：“医生刚刚回来，热情洋溢，信心十足，小男孩和他的大哥一样强壮。他眼中的光亮，从这里到海霍尔德都能看到，从这里能听到他在我农场的尖叫。”[2]史汀生不费力地完全理解了它，

---

[1] 译注：1945年夏，美、苏、英三国首脑在德国波茨坦开会，商定了二战后同盟国占领德国的原则。会议期间发表对日最后通牒式的《波茨坦公告》（Potsdam Declaration），苏联在1945年8月8日对日宣战后加入该公告。

[2] 译注：原文为 DOCTOR HAS JUST RETURNED MOST ENTHUSIASTIC AND CONFIDENT THAT THE LITTLE BOY IS AS HUSKY AS HIS BIG BROTHER. THE LIGHT IN HIS EYES DISCERNIBLE FROM HERE TO HIGHHOLD AND I COULD HAVE HEARD HIS SCREAMS FROM HERE TO MY FARM。

解释给哈里·杜鲁门（Harry S. Truman）总统听。但在波茨坦电报中心解密电报的年轻通信官一头雾水，不知所云，没上没下地猜测是不是 77 岁的史汀生做了父亲，三巨头[1]是否休会一天恭贺他。

对日本投放原子弹的行动代号是“船中板行动”（[Operation] CENTERBOARD），但因为项目的绝密性质，负责分配代号的军官未被告知它的用途。铀先运到太平洋上的蒂尼安岛，在那里完成最后组装，飞机从该岛起飞执行轰炸。运输行动被称为“鲍厄里”（BOWERY）。给原子弹“小男孩”取名的那些人严重低估了它：“小男孩”高 14 英尺（约 4.3 米），直径 5 英尺（约 1.5 米），重近 5 吨。[2]

1945 年 8 月 6 日上午，天气晴好，当“埃诺拉·盖伊”[3]弹仓里装着“小男孩”起飞飞向广岛时，它还带着一个用于报告轰炸效果的特别密码。执行任务的原子弹专家威廉·帕森斯（William S. Parsons）海军上校掌管密码。两天前，他与格罗夫斯在蒂尼安岛的私人代表托马斯·法雷尔（Thomas F. Farrell）准将制作了这个密码。密码有 28 个条目，覆盖了能够想到的这次投弹可能发生的任何情况。每个条目放在不同行里，传送轰炸报告时，帕森斯只需读出相应行的数字。另外，密码分成三个部分，“能力”（ABLE）、“面包师”（BAKER）和“雪松”（CEDAR），分别代表良好、中等和恶劣结果。其中一个单词将首先发送，作为后面内容的一般指示。法雷尔记住其中一部分：

“能力”行：1. 明确，全面成功。
2. 可见效果大于“三位一体”。
3. 可见效果相当于“三位一体”。
……
6. HO（广岛，主要目标）。
7. KQ（小仓[4]，次要目标之一）。

[1] 译注：Big Three，参加波茨坦会议的美英苏领导人罗斯福、丘吉尔、斯大林。
[2] 译注：此处数据似有误。“小男孩”长 3 米，直径 71 厘米，重 4.4 吨。
[3] 译注：*Enola Gay*，美国执行原子弹轰炸任务的那架 B-29 轰炸机的名字。
[4] 译注：Kokura，原日本九州岛北岸港口城市，现为北九州市。

8. NA（长崎，次要目标之一）。
9. 投弹后飞机条件正常，飞往常规基地。
……

“面包师”行：11. 技术成功，但是涉及其他因素，采取下一步骤前有必要商讨。
12. 是否投到计划目标存疑。
13. 明显作用于目标的无效部分。
……

“雪松”行：21. 表面技术失败。
22. 因天气原因携弹返回，请指示降落地。
……
27. 硫黄岛。
28. 目的地。

上午 8 点 16 分，名不副实的“小男孩”，人类有史以来制造的最可怕武器，在杀死 6 万日本人的一场大火和毁灭中抹去了广岛，把这个城市的名字变成恐怖的代名词，改变了战争态势。几分钟后，“埃诺拉·盖伊”返航，飞向蒂尼安岛，帕森斯用一条简短的密码信息报告了这次大毁灭：能力，行 1，行 2，行 6，行 9。法雷尔没参照密码页，对一小队观察员念出译文，消息立即传到华盛顿。16 小时后，举世震惊：人类进入了原子时代。

电话是一种极为便利的交流方式。拿起电话，接通，在一次对话中谈妥一切，多简单，多舒心！比往来发送书面信息简单多了。但电话是出了名的不安全，它的后代无线电话更是如此。一根简单的搭线就能窃听到一次电话交谈，只需一部电台就能听到无线电谈话。轴心国毫不犹豫地抓住这些机会，窃听高层外交通信。

最明显的防窃听保护措施就是编制电话密码，这种做法几乎被所有使用电话的人在不同时期采用过。这种密码涵盖从拐弯抹角的暗示和临时想到的切口，到精心编制的隐语表。罕见的是，一条信息也可以用一个预先商定的系统加密，密文逐字母读出，就像曼哈顿工程区用的棋盘，谈话者还可以说外语。

两次世界大战中，美国利用了其他交战国都不具备的资源：几乎没有外人可以理解的各种晦涩语言，将其发展成一个完整系统，那就是在地理和语言上都与世隔绝的美国本土印第安语。1918 年，第 141 步兵团 D 连的八名乔克托族印第安人通过战地电话传送命令。这个主意是霍纳上尉想出的，他任命所罗门 · 刘易斯为这支小队的队长。其他印第安语的口头语也被使用。二战备战期间，通信兵部队在军事演习中对来自密歇根州和威斯康星州的科曼切人和印第安人做了测试，但战斗中的大部分密码通话员是纳瓦霍人。一个原因可能是纳瓦霍族规模够大（超过 5 万人），可以提供相当数量的话务员；另一个原因是，据说只有 28 个非纳瓦霍人（主要是人类学家和传教士）会说这种语言，其中没有一个德国人或日本人；第三个原因是纳瓦霍语极其难学，而且即使有人学了这种语言，也几乎不可能模仿它的声音。

“（纳瓦霍）语音必须发得如老学究一般准确……简直就像一个机器人在谈话。”人类学家克莱德 · 克拉克洪（Clyde Kluckhohn）写道，“成年后才学会纳瓦霍语的人，说话时，在纳瓦霍人听来都有一种松散的感觉。在发词的主干音前，他们会忽略那几分之一秒的停顿。”它的复杂性从它惯用一些动词形式中可见一斑。许多纳瓦霍语动词词干随所跟宾语而异。因此，一种词干须搭配长的物体（铅笔、棒），另一种须与纤细柔软的物体（蛇、皮带）搭配，其他还有颗粒状物质（糖、盐）、绑在一起的物品（干草、成捆衣物）、织物（纸、毛毯）、黏性物体（烂泥、粪便）、笨重的圆形物体、容器和内容物、有生命物，等等。一种完全不同的动词形式本身就与了解一次事件的方式有关。例如，如果一个纳瓦霍人在雨开始下的时候意识到它，他会用一种形式，如果他在雨下了一段时间才意识到，他会用另一种形式，等等。“由于构成一个单一动词的寥寥几个音节就能表达这么多含义，纳瓦霍语动词就像一首意象派小诗。”因此，“ná'íldil”表示“你习惯于一口一个吃掉多个分散的东西”。

这样的密码系统拥有相当强的保密性。不难想见，深色皮肤、黑头发的纳瓦霍人成为海军陆战队团、师或军级指挥所的一道熟悉风景。在太平洋战区，他们挤在电台前，把信息翻译成混合的纳瓦霍语、美国俚语和军事术语。亲密朋友通常一起工作。海军陆战队密码话务员从二战开始时的 30 人增加到结束时的 420 人。他们传递秘密作战命令，帮助美军从所罗门群岛向冲绳群岛推进。

语言密码话务、隐语或弦外音的加密机都是活生生的人，但这个工作可以交给一台真正的机器——保密器。这两种语音保密（人和机器）与两种基本形式的密码系统对应。人工加密，把单词、音节和声音（如在儿童黑话[1]里）等谈话的语言要素转变成秘密形式，大致相当于代码。另一方面，密码和保密器作用于一篇文字不按语言功能分割的片段。根据这一类比，改变讲话的扰频方法被称作“密码电话”(ciphony，来自“密码”[cipher] 加“电话”[telephony])。作为一个整体，语言通信保密领域可称为“话密”(cryptophony)。

虽然保密器直到二战才开始广泛使用，也只有在二战中，人们才开始认真尝试破译保密谈话，但电话保密装置的历史几乎和电话本身一样悠久。它们的老祖宗于 1881 年 12 月 20 日获得专利，距贝尔取得电话专利仅过去五年。发明人是美国电气学先驱、当时的国会电气学主任、25 岁的詹姆斯·哈里斯·罗杰斯（James Harris Rogers），他写道：“我的发明结构是，将任何传输装置发出的信息通过两个以上迅速切换的线路……这样，任何窃听其中一条线路的人只能得到一系列混乱的、无法理解的信号……根据我方法传输信号的两条以上线路可以通过差异极大的线路连接到一个共同终端，因此，任何有此企图的人……想同时窃听所有线路是不可能的。”

后期方法更多作用于谈话本身，方法通常类似于移位、替代和虚码密码。在大部分替代系统中，密码电话从构成复杂语音现象的众多组成部分里选取一部分并且改变它。通常的选择是频率，不过也有些保密器会改变音量。此处频率指声带振动次数，通常用每秒周数（cps，即赫兹）表示，因此 500 赫兹的频率意味着声带每秒振动 500 次。由于发音器官的共振，大部分语音结合了几个频率，而且每种声音都有自己独特的频率组合。例如，“feel”中的 / ē / 音就比“fool”中的 /ü/ 音主频高得多。自然而然，人与人之间的绝对频率各不相同，但传递大部分信息内容的是个人讲话中的相对频率变化。

密码电话通过改变语音频率隐藏内容。它能做到这一点是因为电话首先把

---

[1] 译注：Pig Latin，把第一个辅音字母移至词尾并与 /ei/ 构成音节，如把 pig Latin 说成 igpay atinlay。

语音转换成波动电流，组成保密器的电子管、开关、滤波器和电路根据电学原理改变电流。[1] 虽然这种电流可以用众多不同方式改变，但许多方式对声音的影响基本相似，因此基本保密方式相对较少。

最简单的方式是倒频（inversion），把声音上下颠倒。虽然正常讲话的频率范围约在 70 到 7000 赫兹之间，但由于工程上的原因，电话只能感应 300 到 3300 赫兹左右幅度的声音，倒频颠倒的就是这个频段。一个 300 赫兹的音调会变成 3300 赫兹从倒频器出来，反之亦然。一个 750 赫兹的音调会变成 2250 赫兹，反过来也还是这样。它相当于 *a* = Z，*b* = Y，……，*z* = A，一种语音逆序互代。倒频声音听上去像一阵混合了钟声的锐利尖叫。*company* 一词听上去像 CRINKANOPE，*Chicago* 像 SIKAYBEE。倒频以频段中部为轴，意味着该区域的音调在一个狭窄范围内翻转。1625 赫兹会变成 1675 赫兹。这种相对较小的变化导致的现象就是，由这种频率构成的单词，就像 *inverter* 这个词本身，加密后几乎没有变化！

另一种简单技术是移频（band-shift）。这是一种电话上的恺撒替代，所有频率上移或下移一定距离，超出频段范围的部分在底部或顶部重新进入频段。例如，系数 1000 可以加进 300—3300 频段的所有频率，这样 500 赫兹的音调就移成 1500 赫兹，2800 赫兹则加密成 800 赫兹[2]。

分频（band-splitting）将频段分成几小段，再互相交换。滤波器可以把 250—3000 频段分成五个范围为 550 赫兹的子段：子段 A 从 250 到 800 赫兹；B 从 800 到 1350 赫兹；C 从 1350 到 1900；D 从 1900 到 2450；E 从 2450 到 3000。保密器的开关和电路可以用 C 代替 A，D 代 B，E 代 C，A 代 D，B 代 E，从而打乱正常音调。较好的分频器每隔几秒或几毫秒就把这些替代关系改变一次。分频得到的声音就像播放太快的打麻将的录音。

---

[1] 原注：设计一种改变声音本身（即在空气中的振动）的保密器似乎不太可能，因为一旦声波衰减，比如通过某种隔音装置，就无法恢复到它们最初的形式。另一方面，移位系统通过机械电唱机方式有可能以一种非常粗糙的方式做到。但从实用角度，非电子保密器可以排除，而且似乎也没有制造出来一部。

[2] 译注：2800+1000 = 3800，超出最高频 3300 赫兹 500，从低频端进入，加上最低频 300，得 800。

"掩盖系统"（masking system）把声音信号隐藏在噪声里。一首唱片音乐可以用电子方式叠加在声音上，把它盖住。解密器须有一张与加密器精确同步的相同唱片，分离出唱片信号，留下声音。这种系统类似于虚码密码，真实信息隐藏在一大堆假符号里。另一种系统是"波形调制"（wave-form modification）。一股波动电流作用于声音电流，快速大幅改变传送语音的振幅。这种声音听上去就像一台音量一会调到顶，一会调到底的收音机。在解密端，一个相同的同步电流会逆转这些效果。

所有这些加密方式都可以看成仅沿纵轴方向改变声音频率特征，它们都没有涉及横向时间轴。通过改变连续语音流之间的短暂关系进行移位，工作人员必须暂存语音流，通常的方法是用磁带。

"时分保密"（time-division scramble，TDS）把语音流分成极短片段，再打乱。它先用磁带录下声音，再以乱序拾取片段，比如用五个拾音头激活乱序，其结果是一堆完全混乱的声音。解密器用五个录音头在一条移动的磁带上按正确顺序重新录音。另一种以磁带为基础的错乱法叫"摆动法"（wobble），磁带从拾音头通过时，一个拾音头沿磁带长度方向前后滑动。拾音头与磁带反向运动时，读信号速度将快于正常录音，声音听起来比平常尖锐。拾音头与磁带同向运动时，读信号速度将慢于正常录音，声音听起来比平时低沉。其结果就是尖叫和低吼交替，听上去就像一张唱片一会在加速，一会慢到几乎停顿。

无线电和电话公司不断发展，其工程师于二三十年代发明了大部分基本保密器系统。一战后，太平洋电话公司在洛杉矶和附近的卡特琳娜岛之间开办了首个公共无线电话业务。当无线电爱好者开始偷听出轨的丈夫和妻子的谈话时，当股票经纪人开始在公共无线电话中提出建议时，对通信保密的需求开始涌现。美国电话电报公司安装了一台倒频器，虽然它能防止无意偷听，但却不能阻止一个决心一试的爱好者用反倒频。20 年代后期，当电话公司正在与欧洲的无线电话建立联系时，几个美国东海岸的爱好者就这样做了。他们中有 20 岁的特伦顿人威廉·罗伯茨（William Roberts），他甚至把他的一些"解密器"（De-Scrambler）卖到拉丁美洲国家。

人们日益认识到倒频器的不安全性。在美国电话电报公司越大西洋无线电话线路和美国无线电公司旧金山—檀香山—东京线路上，倒频器被分频器替

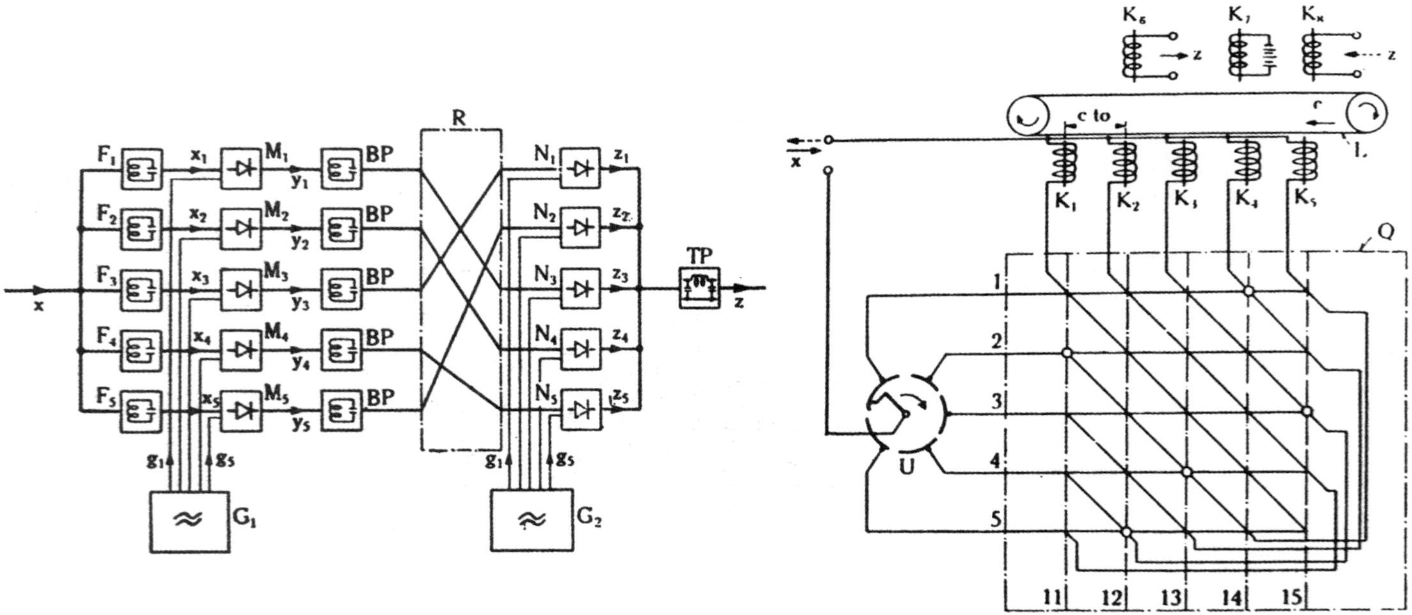

语音保密器。左：分频。声音信号 X 进入，被滤波器 F 分成五个频段，经调制器 M 用发生器 G 生成的辅助频率调制，穿过带通滤波器 BP，到达加密装置 R，在这里变换频段，通过调制器 N，在滤波器 TP 中结合成打乱的信号 Z。

右：时分保密。声音信号 X 进入转换器 U，U 把信号分成五个片段，通过加密电路 Q 变成乱序，进入五个录音头 K_{1-5}。如片段 1 进入录音头 K_4。这些录音头在无断头磁带 L 上录下信号各部分。拾音头 K_6 发出打乱的信号 Z；抹音头 K_7 抹去磁带信号。解密时，录音头 K_8 把即将收到的错乱信号 Z 录到磁带上，反转加密过程代。名为 A-3 的贝尔电话公司保密器不仅改变五个子频段的替代位置，还对它们进行倒频。但在 3840 种可能组合中，只有 11 种被认为适合用于保密，这其中又只有 6 种实际使用过。他们以 36 段为周期运行，每段 20 秒，这样一个 A-3 总周期为 12 分钟。1937 年 12 月，它开始在旧金山的美国无线电公司电台和檀香山的双向电话公司电台间运行，几天后，还在用旧倒频器的东京电台询问，线路其他站点在用哪种系统，因为它无法理解这种系统。军方把这个问题当作日本在监听大陆通信的证据。

把二战消息带给罗斯福总统的就是这个 A-3。1939 年 9 月 1 日一早，美国驻巴黎大使蒲立德的一个电话叫醒了总统。随着美国日渐被拖向战争，总统也越来越多地通过保密无线电话与驻外大使商谈。法国战役期间，他有时一天与蒲立德通几次电话。罗斯福特别喜欢电话，因为它绕过外交程序的繁文缛节和加密发报的拖延，也因为它能让他与讲话者直接交流。他偶尔与法国总理保罗・雷诺通话，与丘吉尔的通话则日益频繁。

总统的声音从白宫抵达纽约沃克大街 47 号一幢美国电话电报公司大楼内的国际交换机。和其他越大西洋电话一样，罗斯福舒缓的鼻音飘入一间紧锁的专用房间，除政府批准的人员外，任何人都不允许进入。在这里，A-3 设备打乱声音，工程师监视一切细节，监听声音，确保谈话被正确打乱。在发送端，频道混合员不断转换传送频率，这样任何在一个信道偷听的人会听到它突然变得一片空白。

确实有人在偷听。德意志邮政局（Deutsche Reichspost [DRP]）和其他欧洲国家邮政局一样，既处理邮件，也从事电话电报业务。它意识到，英国和美国间的唯一电话联系是无线电线路，它报告“因这一通信联系对国家政治的特殊重要性，德意志邮政局尝试了各种科学手段，解密经过这条线路的通话”。德意志邮政局研究处邮政顾问、高级工程师费特莱因（Vetterlein）领导的一个工作组开始研究这个问题。工程师很快弄清了 A-3 系统的特性，发现他们只需为六个不同的子频段替代组合安装线路。自然而然，他们需要通过实验找出准确的子频段划分，以及六种组合的使用顺序，但是从开始到完成破译只用了几个月。1941 年 9 月，他们完成解密。又用了几个月，德意志邮政局在荷兰沿海建立了一个截收和话密分析站。它的精密设备即时解密出电话交谈内容，只在密钥转换时丢失一两个音节，随后立即跟上。当它开始运转时，德国邮政部部长威廉·奥内佐格（Wilhelm Ohnesorge）把这件事报告给了希特勒：

德意志邮政部部长　　　　柏林，W66，1942 年 3 月 6 日

莱比锡大街，15 号

U5342-1/1 Bfb Nr. 23 gRs　　　　帝国机密

解密英美电话联系

尊敬的元首！

德意志邮政局研究处刚刚完成一套截收美英电话的装置，在此之前，使用所有现有通信技术都无法读懂这些通话。虽然对方电话采用了最先进的保密方法，由于德意志邮政局科学家的忘我工作，德意志邮政局研究处成为全德唯一能够即时解密美英电话内容的机构。

我将把我们的截收结果交给党卫军帝国领袖希姆莱同志，他将于 3 月 22 日提交这些结果。

我想，如果这次成功传到英国人耳中，他们会把电话通信问题弄得更加复杂，并且会让它通过电传电缆发送。为此，我将限制这封信件的分发，等待上级决定。

元首万岁！

（签名）奥内佐格

致

大德意志帝国领袖、帝国总理

柏林，W8

奥内佐格博士附上截收站获得成功的具体例子：1941 年 9 月 7 日晚 7 点 45 分从空中收到，经过密码分析和翻译的一段对话。一个刚刚到达美国的英国人与国内同事谈论到一个叫康普贝尔的人需要一个助手，他们还谈到自己的宣传机关。

工作组不断把文字副本送到希特勒办公室，其中包括 1942 年丘吉尔（在怀特霍尔街 4433 号）与纽约一位布彻先生的谈话，还有马克 · 克拉克（Mark Clark）少将与华盛顿监察长办公室的一次谈话。1943 年 7 月 29 日凌晨 1 点，他们得到一份意外收获：罗斯福和丘吉尔间的一次无线电通话。他们在讨论刚刚推翻墨索里尼政府的一场意大利政变：

“我不想在他们明确接触我们前提出停火建议。”丘吉尔说。

“对。”罗斯福同意。

“我们还可以静静地再等一两天。”

“对。”罗斯福再次同意。

丘吉尔说他将与意大利国王接触，罗斯福回答他也将联系“伊曼纽尔”(Emmanuel)。“我还不太清楚我该怎么做。”他承认道。德国人将这份谈话作为意大利人背叛和阴谋的证据：“这是英美和意大利间正在进行秘密谈判的充分证据。”德军统帅部日记写道。情况似乎并非如此，不管怎么说，同盟国对这次政变表现冷淡。

后来研究处又抄收到一份罗斯福—丘吉尔谈话，丘吉尔对电话近乎着迷，随时都会从他在白厅的防空掩体内给罗斯福打电话，而且非常信任保密器。1944 年初的这番通话，“持续近五分钟，”研究它的希姆莱助手瓦尔特 · 舍伦贝格写道，“透露的信息表示英国军事活动正在加强，从而证实了许多有关即将到来的入侵的报告。”不久后，A-3 被一种更保密的系统取代，英语在偷听的德国人耳中成了天书。

出人意料的是，早在德国邮政局项目开始前，美国就已经开始了类似活动。1940 年 10 月初，国防研究委员会通信部门成立了一个语音组。它专门研究密码分析，部分是为了窃听敌方无线电话，部分是为评估拟用的同盟国保密器。国防研究委员会与美国电话电报公司贝尔实验室订立合同，开展这些研究。二战期间，该实验室承担了美国大部分语音保密工作。这些工作在纽约西大街 463 号贝尔实验室所在的巨大石头建筑内的两个小工作室进行。虽然工作室面朝一个内院，但因为工作的秘密性质，它们的窗户都漆成黑色。负责人小沃尔特 · 凯尼格（Walter Koenig, Jr.），矮个，沉默寡言，刚到 40 岁，哈佛毕业，获得化学和物理学士学位后就进入贝尔工作。他的大部分工作与声学有关——这家电话公司天然兴趣所在，由于帮助开发了一种后来在话密分析中发挥重要作用的装置，他后来转向话密破译。

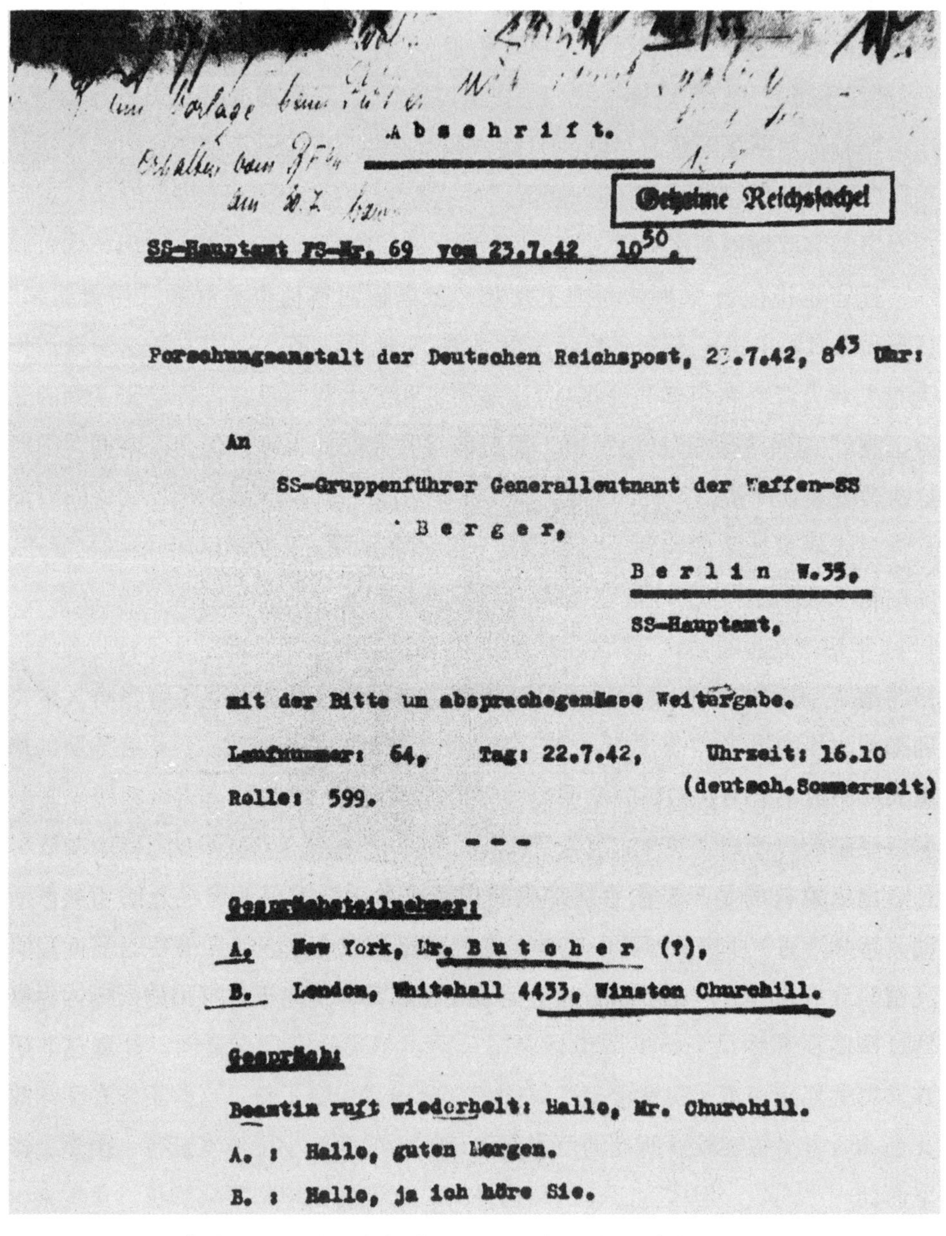

Abschrift.

Geheime Reichssache

SS-Hauptamt FS-Nr. 69 vom 23.7.42 10^{30}.

Forschungsanstalt der Deutschen Reichspost, 23.7.42, 8^{43} Uhr:

An

SS-Gruppenführer Generalleutnant der Waffen-SS

Berger,

Berlin W.35,

SS-Hauptamt,

mit der Bitte um absprachegemässe Weitergabe.

Laufnummer: 64, Tag: 22.7.42, Uhrzeit: 16.10 (deutsch.Sommerzeit)

Rolle: 599.

- - -

Gesprächsteilnehmer:

A. New York, Mr. Butcher (?),

B. London, Whitehall 4433, Winston Churchill.

Gespräch:

Beamtin ruft wiederholt: Hallo, Mr. Churchill.

A. : Hallo, guten Morgen.

B. : Hallo, ja ich höre Sie.

德国人解密的一份拦截到的丘吉尔越大西洋电话记录

但在他的装置广泛使用前，作为话密破译工具，一种操作更容易、更常见的设备有着不容置疑的能力，这就是人的耳朵。任何在鸡尾酒会上谈过话的人，对耳朵从一大堆杂音中听出谈话（想听的话）的能力都不会感到惊讶。虽然如此，但凯尼格写道：

> 谈话内容满是噪声，但仍可辨识，保密系统初学者总是对这一点感到惊讶。耳朵可以忍受甚至忽视数量惊人的噪声、非线性特征、频率扭曲、成分错位、叠加和其他形式的干扰。因此通过部分或不完全解密，我们常常从一个保密系统中获得部分甚至全部情报……这些非密码方法非常重要，因为它们可以把获取情报的迟延降低至 0……当然，其中一些结果质量很差，但在节约的时间、劳力和设备上相当可观。

一个人如果听过干扰的声音，有了经验，辅以努力辨识被干扰语音的练习；再重复听取一段被干扰的谈话，即使没有对干扰进行电子分析，他也可以理解一段话的相当一部分内容。丝毫不极端的例子是，仅仅听上几遍，一些贝尔实验室工程师就能还原 A-3 加密谈话的 47%；这意味着近半情报泄露。在一次试验中，听懂的比例达到 76%，约占谈话的四分之三，这已经足够一个偷听者得出谈话要点。

这个弱点来自口头交流系统的巨大安全性，口语包含的因素远远超过实际理解所需，心理学家和通信工程师通过大量不同实验演示了这一点。有趣的是，这些测试采用了类似保密器的设备。如某个实验（通过电子手段）去掉了一系列无意义音节中所有低于 100 赫兹的声音，实验对象丢掉不到 10% 的音节，在连续讲话中，他们也许什么也不会错过。既如此，为什么人说话要包括这些低频音呢？因为低频音比高频音更容易涉及日常生活中常见的方方面面，没有低频音，口头交流将具有更类似于视觉交流的特征，失掉它现有的许多优势。过度的细节确保即使谈话中某个成分被侵蚀，其他成分也会维持信息的含义，从而防止噪声和日常活动中的意外扭曲而损害口语交流。细节过量同样能有力防止保密系统故意扭曲。因此，在跨度 7000 赫兹的整个语言频段内，仅需其中 1000 赫兹范围，一个听者就能听出一系列无意义音节的 45% 内容。这有助解释，为什么贝尔工程师即使无须话密分析也能理解 A-3 扰乱语音的 47%。

“耳朵是极好的解密工具，”凯尼格写道，“这一点使得话密系统的制造变得非常困难。理论上很有效的话密系统，实际测试中降低的清晰度则非常小，尽管被干扰的声音通常很容易辨识。大部分方法如果能成功做到隐蔽信息，原语音就不可能高质量地还原。事实上，很少有话密系统做到质量可以接受的高度保密。

但耳朵不能还原保密器的特定特征。这要求准确的频率区分，要求某种对大量细小声音片段顺序的完全复原。处理这些问题的最佳手段是声谱仪，一种用图形描述声音的仪器。贝尔实验室的拉尔夫·波特（Ralph K. Potter）纯粹出于研究目的发明了它（后期得到凯尼格的帮助），但它在保密器分析方面的应用很快显现。它们甚至向国防研究委员会的上级机构科学研究与发展局德高望重的领导人万尼瓦尔·布什（Vannevar Bush）博士做了演示。

布什看到声谱仪是如何通过把扭曲的声音固定成永久图像，使科学家得以将它与正常声音比较，从二者差异中推出采用的保密类型，从而破译它。这种装置在纸上把声音记录成一系列代表主要频率的水平线条。普通讲话中，这些线条和频率一样，以连续形式时隐时现，时高时低。低频成分很重的音，如 /fül/，在声谱记录中表现为靠近记录纸下方的密集线条。/fēl/ 的线条高得多。在干扰过的声音中，这个正常形式被扭曲。倒频的大功率中低频黑线集中在声谱图近上端。转调正常，逐渐上升，在分频器中则显示为长的子频段水平割裂。时分保密由锐利垂直边界分割的不连续片段组成。

只需检查声谱图即可确定干扰类型；破译就变得像拼七巧板，沿着干扰的边缘断开扰乱的声谱图，重新拼接，还原正常声音流形式。这个重建过程将提示保密所用密钥，分析员将按这个密钥设置他自己的设备，用它播放保密信息的录音。凯尼格和同事完善了声谱图分析，1943 年在科莱斯营的实地测试中，四个人在一个设在陆军箱式货车上的实验室内，在时分保密测试电话发出 15—18 分钟内完成破译。结果是，1944 年 1—5 月间，美国人制造交付了八台适于野外应用的声谱仪：三台给陆军，三台给海军，两台给英国人。其中一些兴许被用于破译一种日本新式保密器，陆军在加利福尼亚州雷伊斯角，后来在土罗克牧场截收到这些电话。破译结果有时可带来宝贵情报，暗示即将到来的日军行动。

贝尔实验室的大部专业知识是在测试同盟国保密器的过程中逐渐获取的，特别是测试一种被寄予厚望的分频和时分保密器的结合体；它被称为二维（2-dimensional［2-D］）保密器，因为它同时作用于纵轴（频率）和横轴（时间）。拥有了可靠声谱仪，贝尔实验室击败了这类系统中的佼佼者——英国二维私密系统。从声谱图的许多小三角形中还原声音形式是一项枯燥的工作，但速度快得惊人，一个六人小组只需两三个小时完成。这个经验启发了一些简陋但有效增强保密性的方法：用低沉单调的声音讲话，弱化声音形式；改变时分保密元素的长度和周期，消除周期性；声音扰乱后加入噪声。噪声糊弄不了耳朵，但它会用误导破译员的假曲线模糊声谱图。事实上，正确类型的噪声可能使以打乱顺序出现的时分或二维保密器声谱图，看上去比不打乱声音顺序、仅打乱噪声顺序的声谱图更连续！

密码电话从未达到书面通信的保密程度。密码学术语反映了这种区别，它把保密器称为“私密”（privacy）系统而不是“秘密”（secrecy）系统。战争后期，罗斯福和丘吉尔认识到这种薄纸似的保密，于是从电话转向电传通话。电传通话由一个名为“Telekrypton”、几乎可以断定是一次性密钥纸带类型的小盒子加密。不管怎么说，密码电话在这场战争中取得了长足进步，1941 年 12 月 7 日，乔治·马歇尔将军还会害怕使用保密电话可能造成可怕后果，而三年后，他也能够说出，“现在我们有了最好的设备”。

第 17 章　可解读的东方人

1941 年 12 月 7 日，海军中佐渊田美津雄在珍珠港上空的轰炸机上用无线电喊出“虎！虎！虎！”，表明攻击部队做到了完全突袭。从那个周日起，战争之神一直眷顾着日军。珍珠港偷袭重创了美国舰队，日本人放开手脚，“大东亚共荣圈”不断快速扩张。1941 年 12 月 10 日，关岛被占；23 日，威克岛失守；两天后，中国香港沦陷。日本战机击沉英国战列舰“威尔士亲王”号（*Prince of Wales*）和“反击”号（*Repulse*），给了温斯顿・丘吉尔一记沉重打击。实际上，整个西太平洋、印度洋、大洋洲，甚至澳大利亚都处于海军失守状态。东条英机的军队占领了新加坡和拥有大量橡胶园的马来亚，继又霸占了拥有大油田的荷属东印度群岛[1]。暹罗和所罗门群岛落入日军之手；中国被封锁。1942 年 5 月，菲律宾投降。在这令人眼花缭乱的六个月内，“旭日旗”飘扬在近十分之一地球表面。从仰光到安逸闲适的南太平洋诸岛，日军一路奸淫掳掠，这是史上最为迅速的征服。

这次征伐圆满实现了日本战争计划。日本不想进攻美国，相反，它计划建一道坚不可摧的防线，在那道防线上打败一切来袭者，安享占领区的财富。但日军统帅部被胜利和贪婪冲昏了头脑，决定乘势继续扫荡。陆海军将领指出，

[1]　译注：Dutch East Indies，今印度尼西亚。

曾预期将有 25% 的海军损失，但实际上微不足道，被击沉的最大军舰是一艘驱逐舰，因此尚有足够兵力发动新攻势。而且，他们认为，外围防线将得到同等保护，拥有更大的战略纵深和更牢固的防守。于是他们启动了两项野心勃勃的计划。一项是南下两栖进攻莫尔兹比港，这是新几内亚岛东南端的一个城镇，离澳大利亚仅 400 海里。另一项计划以中途岛为中心，它是夏威夷门户，太平洋中部的一个小环礁。

第二项计划分两部分。第一部分以夺取环礁为目标，环礁的两个小珊瑚岛（大者仅约 3 千米长）本身没什么用，但有巨大战略价值，谁拥有它们，谁就控制了中太平洋，从而控制大洋盆地两端的通道。计划偏重第二部分，即试图诱出并歼灭美国舰队残余。日本联合舰队司令山本五十六深知美国工业实力，认识到日本只能速胜——在美国动用强大的工业机器前。他还知道美国不会像放弃威克岛和关岛那样拱手让出中途岛。当已在珍珠港偷袭中严重损坏的太平洋舰队出海保卫中途岛时，他将用绝对优势兵力扑向它，将其消灭。这个终极惨败将使美国人相信，日本是打不败的。他们将退出这场无谓的争斗，让日本控制西太平洋。兴许这就是日本军阀的想法。

他们还不知道，美国已经打造了一件秘密武器，足够扭转太平洋力量的平衡。它就在珍珠港海军船厂的 14 海军军区行政大楼封闭的狭长地下室里。地下室如金库一般，结实的大门死守着它的秘密；楼梯上下两端横有铁栅门，拦住来访者；卫兵昼夜值班。战争爆发时，这个部门有约 30 名官兵，装备着 IBM 制表机。因为制表机太吵，它们被隔在一块独立区域。它的原料由信使从韦洛普的无线电截收站送来。它就是名为“作战情报小队”的太平洋舰队无线电情报组织。

自 1941 年 5 月起，海军少校约瑟夫·约翰·罗彻福特就一直指挥这支队伍。珍珠港事件前，它的大部分人员从事截收、测向和报务分析，小队把这些结果交给舰队情报官。虽然它的一个年轻分析员，主任报务员法恩斯利·伍德沃德给反情报部门帮忙，攻击了檀香山领事使用的日本外交密码，但在珍珠港事件之前，它的主要密码分析职责还是破译日本旗舰官系统和各种行政、人事、气象代码。只有三名真正的分析员承担这一任务，他们是罗彻福特、托马斯·戴尔和韦斯利·赖特海军少校。其他人员则是培训生、助手、职员和译员。自 1941 年 8 月起，它每周运行七天；10 月，工作人员开始夜间值班——在珍珠港，它是唯一这样做的单位。

珍珠港事件三天后，小队任务发生重大变化。它中止了旗舰官系统（它将由华盛顿海军部的海军通信保密科负责）的破译工作，转而参与攻击和破译日本舰队编码系统，即海军通信保密科所称的 JN25。这是分发使用最广泛的日本海军密码系统，约半数日本海军电报用该系统发送，它成为科雷希多岛 16 海军军区鲁道夫·费边海军上尉领导的一个组、新加坡的一个英国组、海军通信保密科这三个密码分析单位的目标。他们确定，它是两部本代码，约有 4.5 万个五位数代码组，用两部附加本加密，每部有 5 万个加数。b 版（第二版）于 1940 年 12 月 1 日生效，到次年 11 月，它加密的电报已经部分读得通。1941 年 12 月 4 日早上 6 点，新附加本启用，同时启用的还有新指标。四天后，费边的组突破这个新加密，到圣诞节时期，工作人员又能像以前一样读取电报。但令人着急的是，这些电报只能部分读通，还有许多工作要做。

冲突爆发带来了无线电报务大量增长，相应增加了作战情报小队的工作负担。为此小队从各种可能渠道征调人员。它首先接收了战列舰“加利福尼亚”号的乐队，该舰在珍珠港空袭开头几分钟内即遭重创。戴尔听说此事后，深感绝望，但音乐、数学和密码分析似乎是相通的[1]，几乎所有乐手都在他们的新工作中超出了常人，一些还非常优秀。到 5 月，这个地下部门约有 120 人，其中 10 来人成为相当称职的分析员，50 人工作开始上手，其余为办事员。工作的地下室安有空调，夜以继日地运作着，但小队人手依然非常紧缺。

头三个月，罗彻福特就住在那个地下室。他监督全部行动：截收、报务分析、密码分析、翻译。他的直接下级戴尔负责密码分析部门，戴尔刚满 40 岁，瘦削，脾气温和、友善，但思想坚决、冷酷。他 1936 年来到夏威夷群岛，开始密码分析工作主要是出于自愿。他 1924 年毕业于安纳波利斯海军学院，毕业后不久对密码领域产生兴趣。分配到“新墨西哥”号（*New Mexico*）做助理报务官后，他开始处理海军通信公告中的密电，被深深吸引，后来又阅读了弗

[1] 原注：作为进一步证据，可以一提的是，潘万曾作为青年大提琴手赢得奖项，莫博涅和孔策演奏的小提琴都还过得去，而希钦斯则教授音乐。

里德曼的《密码分析原理》，对密码分析着了迷。1931 年，他继承萨福德成为海军通信处密码与通信科研究组负责人，指挥连职员在内共有四人的整个美国海军密码分析组织。

第二年，戴尔为加速破译安装了 IBM 机器，他因此成为机器密码分析之父。（陆军直到 1936 年才开始在密码破译中使用机器。）1937 年，他到达夏威夷一年后，海军给他送来一些 IBM 机器，并给他配了个文书军士，稍稍扩大了他已经开始的密码分析工作。这些机器是他的宝贝。当其他分析员还在用铅笔和纸测试假设时，戴尔直接在机器上试验——比他手工测试快多了。整个战争期间，他一直在做密码分析，为此获得杰出服务勋章，后来升至海军上校军衔。1955 年退役后，他开始在马里兰大学教数学。

他的得力助手是赖特。赖特负责分配戴尔布置的工作，自己也参与其中。1929 年，从安纳波利斯海军学院毕业三年后，他和手下与曾经的驱逐舰支队同僚萨福德在同一个射击场相遇。和戴尔一样，赖特也曾破开通信公报中的密码，萨福德立即开始游说，说服赖特专门从事密码工作。但直到 1933 年 6 月，赖特才开始他的第一个通信职务任期。他在海上服役与密码工作间轮转，直到 1941 年 3 月，作为某舰队保密单位的密码分析员，他随基梅尔海军上将来到珍珠港。他立即参加了作战情报小队的工作，1942 年 2 月正式加入小队。那年他 39 岁，一头红发，相貌粗犷，肩宽背阔，一双大手，样子像极了拖船船长（他的外号是“火腿”），掩盖了他的温文尔雅。整个二战期间他都在做密码工作，后获得功绩勋章，和戴尔一样，战后他留在这个领域，功绩勋章涨至一颗金星。他于 1957 年退役。

随着罗彻福特小组加入与 JN25b 的斗争，太平洋地区三个同盟国密码分析单位和华盛顿的海军通信保密科开始通力合作，已破解或尝试性的还原代码组经“魔术”专用 COPEK 信道在单位间流动。各单位截收其他单位可能没收到的电报，据此做出新的假设，确认或推翻旧的假设。华盛顿设备人员最充足，在剥开加数组工作方面似乎走在前列。新加坡和菲律宾单位已经艰难地取得了初期突破，但 1942 年 2 月，费边早于麦克阿瑟几周乘潜艇撤离科雷希多岛，英国人则被迫转移到科伦坡，他们的工作因此中断。除了知道一般情况，几乎说不出哪个组，更不用说哪个人，在破译当时的现行日本舰队编码系统中做出主要贡献。合作相当密切。可能发生的是，针对戴尔和赖特的讨论，华盛顿进行了电报核实，科伦坡截收的新电报证实了讨论内容。

与此同时，日本人虽没怀疑所有这些活动，但他们对代码使用时间过久隐约怀有一丝不安。一个后被美国人称为 JN25c，而日本人称作《海军暗号书 D》（*Naval Code Book D*）的新版本本应于 4 月 1 日启用，但由于保管代码的海军资料库管理混乱，加上用驱逐舰和飞机向移动船只和分布广泛的站点分配代码的困难，新代码启用被迫推迟到 5 月 1 日。结果美国分析员得以更深入挖掘 JN25b。

渐渐地，他们还原的明文片段不再孤立，而是日益密集、扩大并连接成文。虽然一些部分依然读不通，但大块连贯文字暴露了日本人的想法和计划。因此，就在 4 月 17 日这一天，分析员获知了日军夺取莫尔兹比港和威胁澳大利亚的计划要点。太平洋舰队新司令切斯特·尼米兹（Chester W. Nimitz）海军上将派出“列克星敦”号（*Lexington*）和“约克城”号（*Yorktown*）两艘航母，破坏日军计划。

这支特遣舰队在弗兰克·杰克·弗莱彻（Frank Jack Fletcher）海军少将指挥下，开始在澳大利亚东北沿海美丽的珊瑚海水域巡航，搜寻敌军。5 月 7 日上午 8 点 15 分，搜索飞机“约克城”号获取一条信息，解密内容为“发现‘两艘航母和四艘重巡洋舰’，位于美国舰队西北 175 海里”。弗莱彻判断这是掩护两栖登陆的日军主力，于是两艘飞机从美军航母甲板上起飞，发动进攻。搜索机飞行员返航后，澄清事实说，“两艘航母和四艘重巡洋舰”是他的密码本弄乱的结果，它们应该报成“两艘重巡洋舰和两艘驱逐舰”。但另一份报告向飞行员发出预警：附近出现由日军轻型航母“祥凤”号（*Shoho*）护航的登陆部队。战机蜂拥而至，10 分钟后，“祥凤”号被击沉，创造了一项二战纪录。“干掉一艘航母！”一个飞行员欢呼。失去空中掩护的日军运兵船向北撤退。这次进攻误打误撞，挫败了日军主要目标，并且由于运兵船再未进入珊瑚海，它还解除了对澳大利亚的入侵威胁。

然而，弗莱彻并没有预见到这点。第二天，他发现日军主力两艘大型航母的位置，双方同时发现对方并发动攻击。这是史上第一次完全由飞机主导的海上战役，双方舰艇连个照面都没打。一艘日本航母退出战斗，另一艘起飞甲板弯曲，无法收回全部战机，许多战机被迫抛弃。美国“约克城”号负伤；“列克星敦”号遭重创，挽救失败，被迫之下，美国驱逐舰发射鱼雷将其击沉。虽然日军在珊瑚海海战中取得了战术胜利，但他们在战略上却失败了。更重要的是，珊瑚海受阻没有改变日本打败美国的宏伟计划，中途岛海战即将到来，而他们的两艘受损航母将缺席。

此时正值春日，忙乱之中，分析员承受着巨大压力。罗彻福特和戴尔两人各 12 小时轮流值班。速度成为重中之重。当作战情报小队通过自身努力或从其他单位 COPEK 信道发来的电报中得知某个代码组含义时，它把代码组及其含义打孔在 IBM 卡片上，储存在机器里。当收到一封截收电报时，一个职员也把它的代码组打孔在 IBM 卡片上，输入机器。机器自动运行重复减法，对比储存在机器内的差值“书”，再在人工指导下做还原相对加数序列的运算，把相对加数改正为绝对加数序列，再从加密代码电报中剥去加数，这是找到相同余数的必要步骤。机器再将密底码组与储存的还原代码组卡片比较，根据储存的还原代码组卡片打印出明文。遇到错乱或部分代码组情况下，它应该会打印出各种可能译文；它还能统计频率和连缀，依指令提供需要的统计数据，如某个代码组前后的所有代码组。IBM 机房不断扩大，其负责人是杰克·霍尔特维克海军少校。他 1927 年毕业于安纳波利斯海军学院，1934—1939 年在海军部、16 海军军区和亚洲舰队从事密码工作，1940 年 6 月到夏威夷单位报到。

并非所有密电都要解密，对人手不足的作战情报小队来说，日军报量实在太多了。所有主要和大部分次要日本舰队信道都被监听，从截收站用汽车送来的电报由报务分析人员检查，他们根据诸如报长、发送人、电报在一天内的发送时刻、所用信道、收件人，以及电报本身文字格式等指标，再加上日夜监听日军通信养成的“直感”，挑出重要电报。分析员专攻这些电报，填入缺少的加数，猜测新代码组含义。他们很少“完整”读出电报，即使译员——抵半个分析员——也不能填满所有空隙。

译文全部写出后，贾斯帕·霍姆斯（W. J. [Jasper] Holmes）海军少校把这些空白片段和一些非常粗略的内容带给尼米兹的参谋长米洛·德雷梅尔海军少将，参谋长再把一些重要内容交给尼米兹。霍姆斯 1936 年因脊骨关节炎退役，珍珠港事件后回到现役。美国杂志市场竞争激烈，但他是个优秀作者，曾在

《星期六晚邮报》杂志发表过几篇海军主题的文章。他利用这份文学才能，与舰队情报官合作，把美军潜艇目击报告、报务分析和大量截收电报的比较结论等汇总成给上级的情报汇编。

1942 年 5 月 5 日[1]，日军统帅部发布 18 号海军令："命联合舰队总司令协同陆军，进攻并占领西阿留申群岛战略要点和中途岛。"无线电报流的特征发生了微妙变化。逾 200 艘舰艇将参加行动，虽然其中大部分已经在濑户内海，但还有大量航母、战列舰、潜艇、扫雷艇、运输船和补给船需要从海上执勤中召回。一些还得整修，电报频繁往来吴港海军基地。一个事实可以说明后勤规模之庞大：这一次行动消耗的燃料和行驶的里程将超过之前任一和平年代整个日本海军的消耗和航程。战役准备要求舰艇在广岛湾集结，再依照一个精确计算的日程，在四天时间内分成五支主力部队次第出击。如此复杂的大型行动需要无数的命令、问询和答复，它们在空中频频穿梭。加密电报从世界最大战列舰"大和"号上的山本五十六司令部源源流出，但不仅仅是合法接收者在阅读它们。

新版舰队密码系统的生效日期已经从 4 月 1 日推迟到 5 月 1 日，现在还得再次推迟一个月到 6 月 1 日。也许正是日军征战范围的扩大，妨碍了密码系统的分配。看情形，这些分配行动可能进展并不积极，因为日本人虽然嘴上重视通信保密，但在实际的军事成功面前，他们似乎相信自己的密码还没被攻破，没有必要及时进行更换。5 月初，同盟国分析员还原出约三分之一 JN25b 词汇，能读通普通电报的 90%（因还原的代码组使用最广）。倘若日军依计划于 5 月 1 日更换主要海军代码，盟军分析员就得在黑暗中至少摸索几个星期——将影响历史的几个星期。

日军没有做到这一点，意味着美国已差不多完全驱散烟雾，得以窥探日本电报，了解中途岛战役的准备情况。5 月前几周，随着尼米兹拿到这些电报的译文，这条"老海狗"嗅出一场大型攻势的味道。吉米·杜立特[2]空袭东京后，

[1] 原注：所有时间均为当地时间。这天是夏威夷时间 5 月 4 日。

[2] 译注：Jimmy Doolittle（1896—1993），美国飞行员。"杜立特空袭"（Doolittle Raid）又叫"东京空袭"（Tokyo Raid）：1942 年 4 月 18 日，为报复日军偷袭珍珠港，表明美国有能力打击日本本土，鼓舞士气，杜立特中校策划指挥空袭东京和日本其他地区。

“大黄蜂”号和“企业”号航母驶向珊瑚海，他匆匆召回两舰及“约克城”号，以备不测。但会是什么样的不测呢？5 月 15 日的“舰队情报总结”警告，5 月 30 日到 6 月 10 日间某个时候，敌人可能进攻或占领阿留申群岛的荷兰港。几乎可以确定，这是声东击西。但日军主攻方向在哪里，以及什么时候？没有明确答案。日军将采取的几种策略似乎都有可能成为事实。尼米兹本人认为目标是中途岛，但在华盛顿，根据相同情报，海军作战部长欧内斯特·金（Ernest J. King）海军上将得出结论，目标是瓦胡岛。

山本五十六深知“突然性”这个无法估量的有利因素，它常常决定战役进程。山本确信，美军无力全线防守，只能根据日军行动决定的时间地点反击，被他牵着鼻子走。除了这个战术主动权外，他还占据绝对兵力优势。尼米兹没有战列舰，只有 3 艘航母、8 艘巡洋舰和 14 艘驱逐舰，对抗他的 11 艘战列舰、5 艘航母、16 艘巡洋舰和 49 艘驱逐舰。

5 月 20 日，山本五十六签发了一条作战命令，详细列出中途岛进攻应使用的战术。进攻将从 6 月 3 日对阿留申群岛的佯攻开始，尼米兹兵力失衡后开始轰炸中途岛阵地，继之再于 6 月 6 日黎明发动攻击。当太平洋舰队从阿留申群岛匆匆南下，或从珍珠港赶来防守中途岛时，拥有数量优势的日军轰炸机和鱼雷轰炸机将重创它，山本的战列舰和重巡洋舰再赶来用炮火击沉残部。12 月 7 日的工作将得以完成，日军将控制中途岛，统治太平洋，威胁夏威夷。到那时，战争实际上已经胜利结束。

山本五十六还不知道，环绕太平洋的盟军监听站也收到了他的命令。电报极长，表明它相当重要，或许正是当时位于墨尔本的费边单位首先提出，这可能是一份作战命令。但夏威夷单位先进行部分破译，IBM 机器穷尽储存，输出机器破译结果。电报只缺少 10%—15% 内容，夏威夷单位开始付出巨大努力，填补空白，这项工作持续时间超过一周。戴尔推动卡片穿过咔咔作响的机器；分析新手在一张张纸上运笔如飞；职员的身影在桌子间穿梭；超负荷工作的语言官眼睛盯着日文，片刻间英文从指尖流出。渐渐地，加数被还原、剥开，代码组明文的真实面目被揭开、插入空白处。当每个新部分呈现、信息增加一点时，它们就被匆匆递给楼上的贾斯帕·霍姆斯。他会在情报蓝图的某个合适位置写下它们，交给舰队情报官埃德温·莱顿海军上校，后者再发给德雷梅尔和尼米兹。作战命令很长、很细，数十个这样的片段从上校办公桌旁沙沙经过。

但它最重要的部分依然存疑：各种行动的日期、时间、地点。日期和时间信息似乎由一个多表替代的系统高级加密，但这个系统从未被破译，因为之前只观察到三次，其中一次还有一处错乱，各种还原尝试都归于失败。分析员束手无策，因此没有浪费人手做无用功，所有人员专攻电报主体。此刻还原的加数和代码组将有助于今后的破译。相应地，行动时间的问题留给其他海军情报部门解决，他们会用航速和类似数据估算进攻日期和时间。

无线电情报小队很快解决了地点问题。日军用代码坐标地图指示地理位置，他们称之为“地名变换”（CHI-HE）系统。这些系统既用于隐蔽，又可防止片假名音译地名出错。美军分析员已经部分还原一本这样的地图，比如他们已经知道了珍珠港的代码。几周前，他们从飞越中途岛的两架侦察机发出的电报里发现了代码坐标 AF。各种情况表明，AF 代表“中途岛”。他们把这个与部分破译的地图坐标方格比对，发现 A 表示中途岛位置的一个坐标，F 代表另一个，完全吻合。因此，发现 AF 是表示主攻地点位置的代码组时，他们十分肯定中途岛就是目标。

但高层对这个判断皱起眉头，因为它决定着美国舰队的生死存亡和整个太平洋战争的前途，他们要求确证。

罗彻福特决定从日本人那里骗来证据。他想出个主意，让中途岛驻军发出一封独特电报。不出意外，日军监听台会收到这封电报，他们再将电报加密发出，美国人就可以拦截、破译它。在这封暴露性的电报中，日本人使用的地名指标将表示“中途岛”。莱顿认为这个想法不错，两人拟出一封电报，让中途岛用电报报告它的淡水蒸馏装置发生故障。他们把电报发到这座小环礁，指示它用明文发回珍珠港。中途岛如法施行，分析员静静等待。两天后，在截获的日军电报中出现一封指出 AF 缺淡水的电报。

到 5 月 27 日，星期三前，尼米兹了解的中途岛行动情况已不亚于许多参战的日本舰长。除一点外，他的情报都是可靠的：它们直接来自日军，甚至还得到证实。此刻，时间是唯一不明确的。尼米兹的情报人员通过精心估计、推断、猜想、预测，初步确定攻击中途岛的行动日期为 6 月 3 日。他们的推断很明智，但面对如此重大事项，该假设很难让尼米兹信服，无法令他像经反复推证的分析员那样安心。

同时，在地下办公室，虽然对山本五十六作战命令的主体有了极致的掌握，几乎没留下空隙，但它们只是偶尔将只言片语送到楼上。随着日军舰队出击，转入无线电静默，截收的重要性下降。一个相对平静的午后，安纳波利斯海军学院 1929 届毕业生，1934—1937 年作为语言官在日本服役的约瑟夫·芬尼根（Joseph Finnegan）海军少校，把原封没动的日时密码（date-time cipher）片段拿给了赖特。

“火腿，”他说，“我们卡在日期和时间上了。”

赖特已经值了 12 小时班，正准备在下一个 12 小时班前回家一趟。但他留了下来，和芬尼根一起来到报务分析科一张空桌前。芬尼根把以前三次用过的日时密码（其中一次导致了珊瑚海海战，还有一次文字错乱）交给赖特。赖特安排四人寻找其他使用日时密码的例子，他和芬尼根开始工作。好长一段时间内，面对那份错乱的电报，他们束手无策，直到深夜，赖特终于搞明白。他发现，日时密码由一个多表替代构成，有独立的乱序密码，外部明文和密钥字母表是两种不同的日语音节文字——一种是老的正式的片假名，另一种是草书的平假名。每种有 47 个音节，因此多表替代底表十分庞大，达到 2209 格，是普通维热纳尔密码 676 格的三倍还多。

尽管如此，次日早上 5 点 30 分左右，他还是得到了一份译文。他不能将位对称法用于没有联系的密码表，这使得他的破译有点不够严谨，但他认为基本上还靠得住。他把它拿给罗彻福特看，后者是位专家，看出这个弱点，于是装出一副责难的样子，告诉赖特：

“我不能把这个发出去。”

“如果你不发，”赖特坚决地说，“我发。”

罗彻福特笑了。他只是想试试赖特对破译有没有信心，赖特知道这一点。“发吧。”他说。

赖特把它拿到通信部门，经过 COPEK 通道发给其他通信情报单位。发送完毕后，他再次往家赶，7 点 45 分左右在路上遇到莱顿，把情况告诉他。几小时内，尼米兹得知日军已经下令发动中途岛行动，6 月 2 日进攻阿留申群岛，3 日进攻环礁。他的情报部门做出了正确预计，但只有基于事实而非理论，他才能真正放心。

此时（进攻前一周的周三左右）“企业”号和“大黄蜂”号已经从西南方向日夜兼程赶到珍珠港。“约克城”号船体内部因在珊瑚海海战中被一枚炸弹撕裂，次日艰难赶来。和平时期，船体结构维修需要 90 天；但现在，尼米兹深知重锤即将落下，拼命催促，海军船厂完成了不可能完成的任务，两天后把它补好。5 月 27 日，尼米兹发布 29-42 号行动计划，指出“我方预计敌军不久将试图占领中途岛”[1]，做出反击部署。他命令航母航行至中途岛东北 350 海里一个代号为“幸运点”（POINT LUCK）的位置。那里是山本五十六的侧翼，不大可能被侦察到，它们将在那里伏击日军。如今，美国分析员有了突袭优势，山本对此毫无察觉，美国将扑向日军，击退中途岛入侵，重创对方航母，最终夺取胜利。

6 月 2 日，三艘航母进入“幸运点”阵地。此时日军已经更换了长期未变的密码，作战情报小队分析员再次陷入黑暗，开始一点点啃噬他们所称作的 JN25c。出人意料的是，8 月密码再次被 d 版覆盖，但直到那时，他们才略微了解 JN25c。如果日本人如期于 4 月完成 6 月的这次更换，戴尔说，分析员“就不能及时破译，发挥不了任何作用；如果 5 月 1 日更换，破译就更不可能。因此中途岛实属侥幸”。但 6 月的更换并没有影响事件的进程，因为所有计划已经做出，大战已经启动。

根据计划，日军首攻阿留申群岛。尼米兹已派出由巡洋舰和驱逐舰组成的北太平洋部队保护侧翼。和其他军官一样，指挥官罗伯特·西奥博尔德（Robert A. Theobald）海军少将怀疑日军故意“透露”情报，欺骗美国情报部门。这些军官脑子里想的可能是欺骗报务分析的假无线电活动，因为尼米兹从未向部队指挥官提及绝密密码分析的成功——甚至在战前动员中也未提起。在一封截收的明文电报中，一个日本陆军军官要求，6 月 5 日以后，所有发给他部队的邮件都应发到中途岛。或许，这封电报强化了人们的怀疑；按马歇尔将军后来的说法，“看上去有点蠢过头了”。而且，在 19-42 号作战计划中，尼米

[1] 原注：尼米兹预计敌方军队在此项计划中忽略了战舰的整个主体和重型巡逻舰，这些都是山本大计的筹码。考虑到明显且完整的密码分析情报，这一切为何会发生仍是未解之谜，也许计划公布后错误会被改正过来。莫里森提到了这一点，但没做出解释。

兹在部署无线电识别时也警告了日军欺骗的可能性："日本人精于欺骗；备好认证码，需要时使用；除巡逻机外，小型船舶和飞机轮流使用 'Farmer in the dell' [1] 中的两个字母。例：RE 或 EL 或 NH。"因此，西奥博尔德不相信他收到的情报：日军只轰炸荷兰港而欲占领阿图岛和基斯卡岛 [2]。他认为日军将入侵荷兰港，于是按防守态势部署好他的部队——这个部署使他丧失了一切作战机会。6 月 3 日，不出所料，日军采取了分析员所说的行动，轰炸了荷兰港，造成大规模破坏后，全身而退。

同一天上午，中途岛的美军搜索飞机发现敌军。这是输送入侵部队的船队，中途岛岸基战机立即攻击，无果。四艘航母：参加过珍珠港袭击的"赤诚"号、"加贺"号、"飞龙"号和"苍龙"号，组成的进攻主力被大雾遮挡，次日（4 日）上午才被发现。这一次又是中途岛侦察机发现了这些军舰，美军航母立即朝它们快速驶去，准备出动战机进攻。于是，美军中途岛岸基轰炸机和日军舰载轰炸机展开交锋，但双方损失不大。日军战机返回，报告是否需要进一步发动攻击。

至此日军尚未发现美国军舰，但他们也没有认真搜寻，因为据他们预计，附近应该没有敌军主力：它们应该在珍珠港，静静等待，直至找出日军进攻的方向。谨慎的南云忠一原本保留了 93 架后备战机，应对极不可能出现的敌方海军进攻。但现在，他根据形势取消了后备力量，命令它们重新装弹，轰炸陆地。13 分钟后，他收到东北方向发现敌舰的报告，大惊失色。怎么办？他紧张地考虑了一刻钟，最后取消命令，指示战机准备攻击军舰。刚刚费力搬进弹仓的燃烧弹和杀伤弹又不得不换回原来的鱼雷和穿甲弹。这项工作尚未完成，攻击中途岛的战机已经开始返航，航母只得在其他飞机出动前收回返航战机。

就在这最脆弱的时刻：全部战机在舰，正在进行加油，炸弹和弹药敞开堆放在机库和飞行甲板上，美军战机来袭。分别来自"大黄蜂"号、"企业"号和"约克城"号的三波鱼雷轰炸机呼啸而至，但它们遭零式战斗机或高射炮火攻击，损失惨重，没有一发鱼雷命中。上午 10 点 24 分，最后一架美军战机飞

[1]　译注：《山谷里的农夫》，一首儿歌的名字。

[2]　译注：阿留申群岛西部的阿图岛和基斯卡岛属阿拉斯加州，其中阿图岛在群岛最西端。

走。这一刻标志了日本二战命运的最高潮，兴高采烈的军官欢呼着，认为中途岛战争已取得胜利。然而，不到六分钟，潮水退去。

俯冲轰炸机从“企业”号起飞，尖叫着冲向“赤诚”号、“加贺”号和“苍龙”号。一枚炸弹引爆了“赤诚”号的鱼雷库，另一枚在飞行甲板上重新装弹的飞机中爆炸，火焰席卷了“赤诚”号，它在 24 小时内沉没。“加贺”号被连续击中四次，当晚沉没。“约克城”号的俯冲轰炸机用三枚炸弹击中“苍龙”号，每枚炸弹重达半吨，不到 20 分钟，日军被迫弃舰，几小时后，它被一艘美国潜艇的鱼雷击沉。对日军来说，12 月 7 日的未竟事业不仅没有完成，反而遭到报复。

剩下的已不值一提。当天晚些时候，“飞龙”号被击沉，日军也击沉了“约克城”号。次日，山本五十六认识到他已经战败，取消中途岛入侵计划，实行撤退；返回途中，他一直窝在自己的舱室里。武士首领们取消了继续进军的计划，转攻为守。没能摧毁美国海军，意味着山本五十六失去了战略基石，他想起战前对近卫亲王说过的话：“我必须告诉您，若战争拖上两到三年，我将对最终胜利毫无信心。”除了美国工业能力日益增长外，日本工业能力的缺乏还意味着，损失四艘大型航母后，它将永远不能恢复元气。6 月 4 日这一天决定了它的失败。

“中途岛本质上是一次情报胜利。”尼米兹写道，“日军想偷袭别人，自己却遭到偷袭。”马歇尔将军说得更具体，他宣称，密码分析的结果是，“我们得以集中我们有限的兵力，在中途岛截击日本海军。否则，几乎可以肯定，我们将会在 3000 海里外”。早在若干天前，我们就在离战场上千海里外的几间地下办公室谋划了这次奇袭和集结。在那里，JN25b 密电及其内部时间地点密码的破译（得到其他密码分析单位还原的代码组的帮助）对历史进程的影响，恐怕除了齐默尔曼电报外，再没有任何其他破译可以与它相提并论。作战情报小队的破译员书写了一个国家的命运。他们决定了军舰和士兵的命运；他们扭转了战争方向；他们让“旭日”走上下山路。

中途岛海战没有一个突然的和决定性的胜利时刻，因此地下办公室没有突然爆发的欢呼，相反，分析员反应平淡。小队实行三班倒，取代了对班调。

它也在飞速扩张。次年，在海军一眼望不到头的首字母缩略词名单中，它改名为太平洋舰队无线电小队（Fleet Radio Unit, Pacific Fleet）。罗彻福特已于 1942 年 10 月调离，去履行两年非密码职责。接替他的是 44 岁的威廉·戈金斯（William B. Goggins）海军上校。他是安纳波利斯海军学院 1919 届毕业生，拥有长期通信工作经验。曾在爪哇海海战（Battle of the Java Sea）中负伤的戈金斯，领导无线电小队直到 1945 年 1 月。戴尔继续领导密码分析。最终，无线电小队人员超过了 1000 人。大部分工作在新的联合情报中心（Joint Intelligence Center）进行，中心设在中途岛大道一座狭长的大楼内，路对面就是尼米兹司令部，坐落在俯瞰珍珠港的一个悬崖顶上。费边在墨尔本工作，指挥一个类似无线电小队的野战单位。他为第 7 舰队司令的参谋部效力，该舰队又隶属于麦克阿瑟的西南太平洋战区司令部。

无线电小队的成长壮大折射出所有美国密码分析机构的发展。早在 1942 年 2 月，扩张就迫使海军通信保密科重新进行组织。一人（萨福德）已经不堪重负。保密科按三个主要密码功能分成三组：(1) 开发、生产、分配海军密码系统，由萨福德领导；(2) 监督美国海军通信，纠正和预防保密违规行为；(3) 密码分析，由约翰·雷德曼（John Redman）海军中校领导。9 月，密码开发功能从生产功能中分出。萨福德继续控制着开发工作，一直到战争结束。他设计出各种新设备，如密码呼号机、用于英国和其他国家密码装置的转换器、自动操作的离线设备等。6 月份前后，海军把日本外交破译方案交给陆军，移交了相关文件及“紫色”机器。随着工作负担迅速加重，密码分析员的责任表面上虽有所减轻，但海军部大楼办公室仍急需大量人员。1942 年，它搬到华盛顿西北一个清静的街区，马萨诸塞大道拐角的内布拉斯加大道 3801 号一所前女子学校的砖砌大楼内。1941 年秋，整个美国海军有包括 80 名军官在内的 700 人做通信情报工作，其中三分之二从事截收、测向或通信情报培训工作；包括大部分军官在内的其他人从事破译和翻译工作。战争结束时，有 6000 人从事通信情报工作。

陆军机构的增长更为惊人，它的通信情报人员数量从 1941 年 12 月 7 日的 331 人（华盛顿有 44 名军官和 137 名士兵、文职人员；战地有官兵 150 人）增长了 30 倍。人员需求迅速扩大，超出早先估计（如 1942 年初估计

460人已经足够)，而且这一势头愈演愈烈。在人手紧缺的华盛顿，通信情报机构面临着巨大的用人竞争。由于密码分析结果的敏感特性，雇员必须绝对忠诚可靠，他们在性格上适合密码工作的专业特性也很重要，这些要求大大降低了候选人的数量。为填补需求，该机构发起一系列积极但谨慎的招募活动。虽然通信学校人员只经过部分培训，但它照抢不误：学校在新泽西州蒙茅斯堡期间，从头到尾都没有一个学生完成全部48周课程。它还从陆军妇女队招收近1500人。有了这些措施，在1945年6月1日的高峰时期，该机构人数增长到10609人——5565名文职，4428名士兵和陆军妇女队员，796名军官。[1]（该数字不包括隶属海外战区司令的密码人员。）虽然如此，人员供给从来没赶上需求。如1944年4月，该机构有超过1000个文职职位空缺。

办公场所很快就容纳不下它的增长。和海军一样，它发现一所前女子学校非常理想。1942年夏，它从军需大楼搬到阿灵顿霍尔，这所前女子学校为砖质结构，其大楼建在弗吉尼亚州阿灵顿格里伯路对面的约23公顷树林里，离华盛顿市区约5千米，远离敌方间谍的视线。通信情报机构很快又超出学校的容纳能力，1942年晚秋，它开始向温特山农场扩张，这是弗吉尼亚乡间地区的一座旧庄园，盛产马匹，离华盛顿约80千米。他们建起巨大的截收塔和几所丑陋的营房样建筑，蓝岭山麓小丘的美丽很快遭到破坏。大部分陆军报务分析工作就是在这里，在塞满不平桌面桌子的房间里进行。另外，当蒙茅斯堡通信学校于1942年10月撤掉后，该机构的大部分密码教学也在这里进行。

1942年6月，由于主任通信官办公室重组，该单位丢弃通信情报处旧名，两个月内换了三个名字。之后，从1942年7月到1943年7月，它被称为通信保密处（Signal Security Service）；从1943年7月到战争结束期间，它又被称为通信保密局。1942年4月，自珍珠港事件前就担任主任的雷克斯·明克勒中校被弗兰克·布洛克（Frank W. Bullock）中校取代。1943年2月，魁梧和善的普雷斯顿·考德曼中校成为主任。30年代，他曾在通信情报处学校学习、教学。他保持主任职务到战争结束，1945年6月升任准将。

它的人员扩张和大量产出给行政结构带来压力，后者也历经几次重组。珍

[1] 译注：这三个数字加起来等于10789。

珠港事件时，它分成四个科：A 科行政科，B 科密码分析科，C 科密码编制科，D 科实验室。

二战期间，C 科密码编制科设计了数百种代码和密码，生成数以千计的密钥表。它印出 500 万份机密文件，其中一些非常厚实，并且在精心保卫下把它们分发到世界各地，每一份都有记录可查。它通过试破测试了美国密码机器（主要是弗里德曼的 M-134［SIGABA］密码机）的安全性，发现它们通常牢不可破。它监督陆军编码自动化工作，逐步用通常具有在线加密能力的打字键盘密码机代替条形密码、M-209 密码机和类似的低速系统。只有自动化才能让陆军编码员跟上不断增长的报务量：西西里作战期间，第 5 集团军司令部每天处理 2.3 万个代码组，连他们的机器承担能力都到了极限，到该集团军向罗马进军时，司令部每天处理 4 万个代码组。报量多得令人难以置信：在荷兰迪亚，1944 年 11 月为每天 100 万组；在陆军欧洲战区司令部，甚至早在“霸王行动”前，每天就达到 150 万到 200 万组，或相当于 20 本中等篇幅的书。最大的信息中心是华盛顿的陆军部，1945 年 8 月 8 日，它处理的报量达到顶峰：近 950 万个单词，相当于法国在整个一战中截收电报总量的十分之一。

1942 年 8 月，密码分析科 6 科（报务）升格为 E 科通信科，它负责分发破译结果，向战地截收单位发布指示。12 月，密码编制科车间成为 F 科开发科的核心，它研发密码设备。1943 年 3 月，所有科升格为分部，次年又增加了两个分部：机器分部和信息联络分部。1936 年，陆军用霍尔瑞斯 [1] 制表机协助编制代码，开始将机器用于密码工作，它们的密码分析潜力也在当年受到关注。到珍珠港事件时，21 名操作员管理 13 台 IBM 机器，处理通信情报处工作。机构人手短缺，于是尽量把任务交给机器，G 科机器科发展成了巨无霸。到 1945 年春，它拥有 407 部机器和 1275 名操作员，若它处理的计算和密码工作交给人来完成，将需要数不清的职员。

当时，密码分析分部由所罗门 · 库尔贝克领导，他是 1930 年弗里德曼最初雇用的三个分析员之一。这是最大的一个分部，1944 年 7 月时有 2574 人，其中

[1]　译注：利用凿孔把字母信息在卡片上编码的一种方式，以美国发明人赫尔曼 · 霍尔瑞斯（Herman Hollerith，1860—1929）的名字命名。

82% 处理日本陆军电报。8 月，为平衡机构，减少指挥官下属的分部长官数量，通信保密局重组成四个处：情报处，负责报务分析和密码分析；保密处，处理编码和无线电对抗，制定、执行政策和技术规程；勤务处，为情报处和保密处提供服务，负责隐写墨水实验室；人事培训处。

虽然这一设置一直维持到战争结束，但在 1944 年 12 月 15 日，通信保密局的运行控制权转到陆军参谋部情报分部（G-2），后者是通信保密局的主要顾客，正是因为如此，它长期间接指导通信保密局的行动。通信兵部队只是维持着行政控制。这种混乱——通信保密局兼具参谋和指挥职能，使之更加复杂——在 1945 年 8 月结束，陆军部把所有通信情报部队的控制权交给通信保密局。9 月 6 日，二战结束六天后，陆军部命令合并通信保密局、战地密码分析单位和通信兵部队密码部门，在参谋部情报分部内创设一个新密码组织。这就是 1945 年 9 月 15 日成立的陆军保密局。

整个战争期间，通信保密局总部的大部分截收材料来自第 2 通信勤务营。1939 年 1 月 1 日创立时，它叫第 2 通信勤务连，主任通信官约瑟夫·莫博涅少将以蒙茅斯堡的第 1 无线电情报连为基础，再加上巴拿马运河区、得克萨斯州萨姆·休斯敦堡、旧金山普雷西迪奥、夏威夷沙夫特堡和菲律宾群岛麦金利堡的通信连情报分队，建立了这支队伍。厄尔·库克（Earle F. Cooke）中尉负责指挥它的 101 名士兵。它快速扩大：1939 年 10 月，罗伯特·舒克拉夫特中尉带领一支分队到达弗吉尼亚亨特堡，建立一座陆军新截收站。随着战争爆发，对人员的急切需要迫使陆军于 1942 年 4 月 2 日把该连扩成一个营。最终，它扩张成一个大大超编的有 5000 人的连。从 1942 年 4 月到战争结束，它的指挥官是通信保密局局长。当参谋部情报分部接手业务控制时，该营番号改成第 9420 技术勤务队（9420th Technical Service Unit）；战争结束时，它成为陆军保密局一部分。到那时，它在珍珠港时期向华盛顿发送截收材料的 4 个无线电信道已经扩张到 46 个 24 小时不间断运行的无线电传打字机线路。

和海军一样，陆军在几个战区建立了密码分析单位。它们各战区的组织互不相同。麦克阿瑟领导的西南太平洋战区司令部有一个名为中央局（Central Bureau）的通信情报单位，它辖管大量下级单位。中央局简称 CB，由乔·舍尔（Joe R. Sherr）中校于 1942 年 8 月创立。舍尔曾任第 2 通信勤务连一个驻菲律宾 18 人分队的队长，和麦克阿瑟一起到达澳大利亚。中央局后由亚伯拉罕·辛科夫（弗里德曼的另一个早期分析员）接手负责。中央局总部设在一所凌乱的木结构房屋内（当地人说它曾是一家妓院），紧邻布里斯班爱斯科赛马场。一个卫兵在门口站岗。赛道上有一座带空调的小砖楼，楼里安有 IBM 机器。辛科夫是奇迹创造者：人们曾从一架击落的日军轰炸机上缴获一本空—地代码，发现辛科夫已经还原出其中几乎全部内容。战争结束时，辛科夫任美军远东司令部通信情报处密码分析官，上校军衔。他性格温和，不像个军人，似乎对肩上鹰图案的徽章有点不好意思；还军礼前，他会先冒出一句“早上好”。由于工作出色，他荣获功绩勋章和一枚橡叶勋章。

虽名为中央局，但它的许多部门广泛分布于各支部队。麦克阿瑟的主任通信官斯潘塞·埃金（Spencer B. Akin）准将的权力比任何其他战区通信官都大，他把通信情报部队分配给各大司令部，这样军官就能第一时间得到情报，采取行动。他甚至给小威廉·哈尔西（William F. Halsey, Jr.）海军上将的旗舰配备了一支这样的小分队。斯普鲁恩斯（Spruance）海军上将则发现陆军通信情报极有价值，指挥第 5 舰队时，他就带上了几个通信情报专家。

另外，通信兵部队各无线电情报连还提供作战级战术通信情报。1942 年 7 月，第 101 通信连（无线电情报）是首批通信连之一，它取代了原来位于夏威夷的 5 号监听站，大大提高了工作的效率。最典型的野战情报单位也许是第 138 无线电情报连。它在斯波坎训练，准备进入欧洲战场，后抵达美国东海岸，登上一条运输船，穿过巴拿马运河驶向澳大利亚，1943 年 6 月登陆。这个 299 人的野战连可自给自足，独立行动：它可以在两小时内整装上路，有自己的卡车司机、厨师、修理工等，士兵则住在帐篷里。

该连任务是确定日军作战序列、军队集结和活动。它的大部分工作与空—地通信有关。为接收这些低功率电波，它需要随盟军推进逐岛向前移动。1944 年初，它的第一个位置在新几内亚岛马克姆山谷的纳得兹伯小机场。一个下级测向组则在古萨普的一座小山上；另一个在澳大利亚达尔文附近的一个废弃牧场，在那里，士兵每天能吃到新鲜的肉类。当年年中，该连前进到新几内亚岛以北的小岛比亚克，差点困在那里的密林中。第一轮部队入侵约五天后，它登上莱特岛海岸。那时，它的测向组已经遍布南太平洋。

为尽量截收更多电报，该部队在前线一带工作。1944 年下半年在莱特岛时，因为与前线距离太近，日本伞兵降落在该部队。但大概由于它有数不清的天线，日军误把它当成一个指挥所。一个受惊的无线电技师独自待在一片空地中间的测向亭，突然听到子弹在身边飕飕飞过。破译员赶紧丢下铅笔，生疏地抓起步枪，投入行动，与敌人交火。伞兵被击退，但由于战斗拖得有点久，他们未能及时从火中救出部门文件。

该部队报务员受过日本莫尔斯电码的专门训练，每天 24 小时守听 20 多台接收机中的一部分。有时，仅电报使用的线路就能暴露日军意图。1944 年，在比亚克，该部队很快了解到，信息出现在某个特定频率，晚上就一定有一次空袭；一个成员依靠这个先知先觉，经常能够从附近部队的一个中士那里赢得赌注。有时，该部队 20 多个二代日裔能截收到日语明文，但通常都是报务员打印出截收密电，交给报务分析员。大部分电报报告飞机从一地飞往另一地，报务分析员通过研究呼号，可以识别它们指的是哪支部队，哪些位置。15 名分析员从事一项机械工作，从中央局已经破译的代码中剥去加数。每天，该部门把一份总结发给后方第 5 航空大队（5th Air Force）司令部，即它原来的上级单位。从中央局下面的通信兵部队转到陆军航空兵部队（Army Air Corps）后，它得到一个新番号——第 1 无线电机动中队（1st Radio Squadron, Mobile）。

成功通常是悄无声息的：一次空袭预警可能挽救美国人生命，察觉日军动向可使美军指挥官得以采取对策。战争后期，该部门破译的日本气象密码给美军轰炸机指挥部带来了最梦寐以求的情报：目标上空的气象条件。该部门曾向盟军预警了一次大型日军集结，它破译的一封电报指出，当时一直以为日本第 4 航空大队两名高官在一架飞机上；但它最大的成果是发现了日军航空兵在荷兰迪亚的一次大规模集结。美军第 5 航空大队发动大规模空袭，摧毁超过 100 架敌机。结果就是美国部队登陆荷兰迪亚时，他们遭遇到的攻击微乎其微。

1925 年起，日本海军开始密码分析活动，在军令部第 4 部（通信部）设立了一个绝密的特务班（Tokumu Han），当时连办事员在内有六个人，设在东京海军省的红砖大楼内。该班早期成员有青年海军军官森川秀也（Hideya Morikawa），他是海军军令部部长加藤宽治（Kanji Kato）海军大将的外甥；森川的前上司中杉久治郎（Kamisugi）海军中佐，他曾在旗舰“长门”号（*Nagato*）上做密码工作。波兰密码专家科瓦莱夫斯基改进了曾被雅德利破译的代码，他还教授密码分析。日军破译新手用美国国务院“灰色”代码练手，通过把 NADED 识别成句号这一经典技术，实现入门突破。[1]

九一八事变期间，他们还破译了中国密电，主要是因为这些电报以一本商业电码本为基础，把汉字转换成四位数字用于电报交流。1932 年初，日军占领上海后，森川作为第 3 舰队下属的一个解读班班长被派到上海。特务班破译的一封美国“灰色”密电指出，中国计划空袭日本部队，但破译结果还不太确定。森川破译的一封中国电报证实了特务班的破译，日军据此先发制人，摧毁了蒋介石在杭州的空军主力。

但特务班未能破开两部本代码，如美国国务院的“棕色”代码、美国海军代码，以及雅德利任蒋介石破译员时引进用于中文通信的代码——除非在极有利的条件下。1936 年 2 月 26 日，这样的条件出现过一次。在一次政变阴谋中，两个联队在东京哗变，几名政要被刺杀。该事件为分析员提供了无数文件和大量可能词，用于猜测。短时间内，他们读通了大部分美国通信，包括海军武官通信。随后美国更换密码，特务班再次江郎才尽。不过计谋弥补了才能不足：临近 1937 年岁末，森川带着一个锁匠、一个摄影师和几个望风的小喽啰潜入美国驻神户领事馆，拍下了“棕色”代码和日本人见所未见的 M-138 密码机。

不久后，作为日本战备一部分，海军将领在离东京 50 分钟车程的大和田村建立了第一个大型截收站。美国海军演习期间，它的测向和报务分析活动帮助军令部分析美国兵力和战术。特务班还增加了分析员，全部是军官。到珍珠港事件时，它已经有了 10 名全职和 10 名兼职分析员，但他们依然没有读懂美国密电。

珍珠港事件后，盟军通信量激增，推动特务班进一步扩大。第一批招收的 60 人来自外语学校和商业学院，成为特务班第一批文职人员。第二批由约 70 名预备士官组成，根据外语能力从 500 名基础培训生中选出。（这些通信情报组不同于学习密码分析的班。）海军通信学校位于横须贺附近的久里滨

[1] 原注：尚不知这次破译是与外务省密码分析部门暗号研究班合作还是竞争取得的。

(Kurihama)，马修·佩里[1]海军准将纪念碑旁。在5个月培训期间，学员练习国际莫尔斯电码，学习初步的东洋式替代和移位密码，及更先进的西洋式波尔塔和维热纳尔密码，学习如何破译代码和密码。战争期间，学校先后培训了6个班，每班规模都比前一期大。一些毕业生被分配到舰队和部队司令部情报部门做通信情报工作。如1943年11月，第3舰队有3名军官和6个士兵监听敌军电报。不过大部分毕业生直接去到特务班。

截收电报源源流入特务班。大部分电报来自大和田通信队的数百台无线电接收机和测向机，一些由被迫在日吉（Hiyoshi）附近的神奈川通信部队工作的20名美国人和澳大利亚人截收，少数来自舰队无线电单位。临近战争末，日方又在横须贺的一块萝卜地里设了一个单位。到战争末期，整个特务班扩大到几千人，其中大部分从事截收工作。它急需合适人员，甚至在重男轻女的日本做出前所未闻的举动：雇佣妇女——安排30名二代日裔美国女孩窃听美国无线电话交谈。1943年年中，总部已经容纳不下它，报务分析部门搬到东京的海军大学三楼，海军省只留下分析员。

分析员组成特务班三个分支中的第二支，负责人是远藤海军大佐，他手下有几个国别组：英美组，由佐竹太右卫门（T. Satake）海军少佐领导，约50名军官；中国组，由中谷久次郎（Nakatani）海军少佐领导，约20名军官；俄国组，由麓多祯（Masayoshi Funoto）海军少佐领导；意大利、德国、法国和其他组约有10名军官。第三分支负责报务分析，同样按国别组织，再按地区细分，平均两名军官和几个士兵负责一个区域。但这也非一成不变，有时负责一个区域的军官可多至十来人。该分支由现已升任海军大佐的森川指挥，他还另有职务，领导大和田通信队。第一分支制定计划、政策，分发两个业务部门的成果，领导人是天野盛高（Amano）海军大佐，二把手小泽义雄（Hideo Ozawa）海军中佐。整个特务班的指挥权归其上级机关第4部部长，实际上，这使特务班在海军军令部也有了一席之地。1943年，第4部部长是柿本权一郎（Gonichiro Kakimoto）海军少将，战争结束时是野村留吉（Tomekichi Nomura）海军少将。

[1] 译注：Matthew Perry（1794—1858），美国海军军官，因率领黑船打开日本大门而闻名。

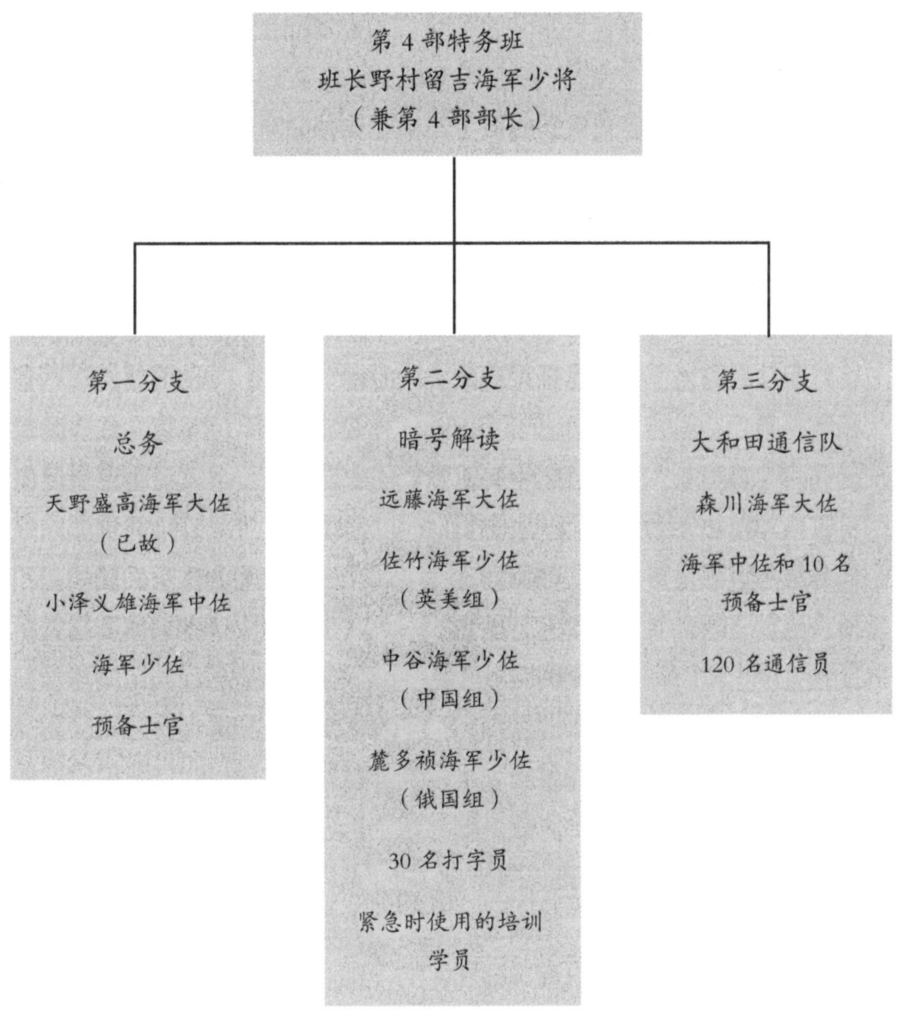

（大和田通信队是一个独立单位，森川海军大佐有两个职务——大和田通信队队长和特务班第三分支队长）

日本海军军令部第 4 部（通信部）无线电情报组织（特务班）

美国分析员能解读出绝大部分日本电报，包括最机密系统加密的密电。与之形成鲜明对比的是，特务班破译员几乎完全不能从美国电报中提取出有用信息。对于远超他们能力之外、密码系统里的中高级别电报，他们试都没试过。他们只能专攻低级指挥部使用的简单密码系统。即使是这些，他们取得的成功也有限。

典型例子是一个他们称之为AN103的小代码。这种美国海军巡逻机携带的代码由几十个词组构成，如 *enemy sighted*（发现敌军）。该代码每7到10天一换，但同样的明文词句出现在连续版本中，给破译提供了帮助。幸运的是，这样的破译通常都太迟，日军无法根据它们采取任何行动。

特务班分析员取得的最大成功是破译两部本高级加密的《同盟国商船广播代码》，他们破译了约一半的同盟国商船广播截收电报。他们怎么会突然在一个相对较难的系统中做得这么好呢？因为德国人给了他们一本"亚特兰蒂斯"号袭击舰缴获的同盟国商船广播代码底本，因此日本人只需剥去高级加密。商船代码偶尔提供一些诱人的信息，如三条运输船离开加利福尼亚，或一条船的航向和速度，但即便如此，小泽抱怨说，"到密码（电报）破译时，船已经不在原位了"。

特务班的大部分密码分析精力花在CSP642条形密码上，在美国海军看来，它是最低级的密码。为增加保密性，它每次使用的滑条不是全部的30根，而是每天拿掉0—5根不等，因此某天可能只用25根，下一天用27根，再下一天用30根。

日军在威克岛和基斯卡岛缴获了这种条形密码[1]，以此攻击截收电报，所用的方法是先进和幼稚的混合体。特务班用东京第一人寿保险和明治人寿保险公司的IBM制表机确定哪几根滑条被拿掉。他们以30、29、28……25的间隔计算、比较频率；出现重复最多的间隔就是正确的加密长度。许多条形密电由美国潜艇发出，这些可以从它们的指标（BIMEC或FEMYH）以及发射台离日本沿海不远看出。特务班可以知道某位置一艘商船被击沉，或附近的一支日本舰队正以某某航向和航速行进，而潜艇报告的正是这一点。以此为突破口，两个在大学时主修英语的海军中尉清水（Shimizu）和小田（Oda）编制出他们设想的截报明文。他们改变词句、单词位置、猜测的经纬度，直到得出一段与密电等长，所有字母都与密文不同（因为在条形密码中，没有字母可以自代）的假想

[1] 原注：拱手降出威克岛的海军少将斯科特·坎宁安（Scott Cunningham）在他的《指挥威克岛》（*Wake Island Command*）书中说到，日本读取了加密信件，信中命令坎宁安在珍珠港事件后实施第46号作战计划。坎宁安说他在投降后烧毁了所有密码和代码，日本人还吹嘘他们已经破开了一本密码，我认为是日本人找到了一本坎宁安未毁掉的密码。

明文。他们再反复重排滑条，直到在一行中得出密文，另一行中排出假设的明文；此时的滑条排列几乎可以确定就是当天的密钥。他们再用它破译其他截收电报。

这种迂回曲折的方法（出于某种原因，他们没看到德维亚里和弗里德曼对这种条形密码破译的论述）解释了为什么从条形密码中得到的情报这么少。特务班不断增加英美组里条形密码破译人员，直到最后，它有约 40 名军官，10 个士兵，10 来个打字员，20 多个女办事员，还有海军大学的山梨（Yamanashi）教授和数学家尾崎（Ozaki）。虽然破译努力一直持续到战争结束，但它们早已没有了意义。尽管意志和决心不小，但特务班认为条形密码是不可破的，于是打消了破译的指望，转而依靠报务分析作为主要情报来源。

报务分析的问题在于，佐竹海军少佐指出，“我们的整个分析都基于概率，没有什么东西是确定的”。第三分支把每个主要美国电台发报数量分成紧急、优先、常规和待办四级，用图示标出。它通过一个分布广泛的测向网定位发射台标出各种呼号间的电报流。这个网络由设在从基斯卡岛到拉包尔，从威克岛到马尼拉的十来座互相联系的台站构成。通过追踪从加利福尼亚到夏威夷到诸如关岛的同盟国商船无线电广播的发射量突增，报务分析可以预计下一次美军攻击可能到来的大致区域。来自侦察潜艇和侦察机的信息可以给报务分析提供支撑。攻击时间常常通过非通信手段预测——如在之前行动基础上的猜测，但有时也通过一些通信情报估计——如实施无线电静默、侦察电报紧急级别上升等。然而，这些方法都不足以使第三分支确定时间和地点。如日军事先知道，美国正准备入侵菲律宾，但入侵何时发生，他们的准确性只能达到一个月内的程度，至于进攻将针对哪个岛，他们总是要到进攻发生时才知道。与美军对中途岛情报无比清楚相比，日军情报只透露一般性概念，游走在烟气氤氲之中。四年战争期间，只有在马绍尔群岛这一次，它及时通知了守军，帮助其对一次即将到来的进攻做好准备。

大将东条英机，身兼陆相和首相，他所领导的日本陆军比海军更渴望这场战争，因此，他们希望战争爆发时理应获得惊人的通信情报成果。然而日本战败后，陆军情报头子有末精三（Seizo Arisue）中将一语道破令人悲哀的现实：“我们根本破不开你们的密码。”

不是他们不努力。陆军通信情报工作中心设在田无市，仅在日本本土就分设了 7 支截收和测向部队。通信员、电报和无线电平均每天给分析员带来 250 封截收的外交和媒体电报，800 封军事通信文件。在町田（Machida）少佐领导下，他们在东京一个叫浴风园的老年寓所工作，还有两个无足轻重的下级组设在小野村和板仓町[1]。他们破译外交电报完全失败。直到 1944 年，他们才开始破译军用条形密码，虽然招收了一些数学学生，用上一台 IBM 制表机，还讨教了海军，但他们的运气也不比特务班好。

战地单位隶属陆军参谋部门。他们负责收听美国无线电信息，甚至派出专门有线窃听巡逻队，但结果却令人失望，这主要是因为前线没几人懂英语。同时，因为太平洋接触战由一系列争夺小岛的简短独立战组成，陆军鲜有机会建立敌军作战序列或通过报务分析预测敌方进攻。至于在战场上破译盟军密电，有末精三的哀鸣得到第 25 集团军一个参谋部大佐的回应："我们没有破开你们的密码。"他们的情报工作该有多么不堪——因为日军把通信情报列为最有价值的敌军情报来源！

有末精三的承认也须稍做修正。在日军占领的马尼拉，第 14 集团军一个参谋部门监听班的分析员经常破开菲律宾和美国游击队的电报。这些丛林战士把日军活动情报传给在澳大利亚的麦克阿瑟司令部或直接传到加利福尼亚州圣莱安德罗。一开始，他们用各种可用的密码加密。在吕宋岛，在最早的一批游击队员中，一个没有投降的美军士兵称，他采用的是容易突破的美国陆军密码圆盘。一些人使用 M-94 密码机，日军至少缴获了其中一台。1943 年初，当棉兰老岛的温德尔·费尔蒂希（Wendell Fertig）上校最终与澳大利亚联系上后，他收到指示："如果你知道二次移位，用你的第二个至亲（他的长女帕特丽夏［Patricia］）及其居住城市（她当时住在科罗拉多州戈尔登［Golden］）的名字为密钥，加密以下信息……"作为验证。战争后期，游击队使用了由补给潜艇偷运来的新密码。其中一个系统由打印得密密麻麻的七页纸构成，游击队准备将其用于一次特别行动。它被制成微缩胶片，藏在一双运动鞋鞋帮补丁内，送

[1] 译注：板仓町（Itakura），艺群先生在 1982 年出版的《破译者》（群众出版社）中译为"諏访市"，因为艺群先生翻译时参考了日译本，应该有他的道理。但诹访的英文拼写一般是"Suwa"。以上欢迎读者指正。

给另一个领导人，班乃岛的小马卡里奥·佩拉尔塔（Macario Peralta, Jr.）。

马尼拉的日军分析员做得最好的时期似乎是在 1943 年上半年，那时游击队电台报量有了累积，但改进系统还没出现。2 到 4 月期间，虽然他们未能破译“宿务游击队某部（大概是哈里·芬顿［Harry Fenton］上校领导的游击队）用的一种特别密码……”，但他们解读出一种用数字密码加密的电报。这些电报从宿务岛发出，用于报告船只动向。3 到 4 月期间，他们破译了包括佩拉尔塔在内格罗斯岛的部队使用的系统，还破译了几种二次移位，直到 4 月它们的密钥词更换。分析员在 4 月下旬的报告中吹嘘说，对总部电台 DKZ 所用系统的破译提供了“内格罗斯岛、锡基霍尔岛和棉兰老岛全部敌军游击队的一般组织”的情报。接下来一个月，他们不得不承认，“破译停滞”，但到 7 月（许是报量增加的结果，因为 10 天之内，仅 KML 和 WZE 两台就发出 214 封电报），他们有了突破，最终取得巨大成功。他们破译了之前无法突破的芬顿系统，以及费尔蒂希的电报，得以回头读懂两个领导人 3 月份以来发出的电报。几天后，他们审讯了一个美国俘虏，得到游击队与澳大利亚和美国通信用的密钥词。

密码分析员及其所属测向部队收集到情报，日军部队因而可以对游击队据点发动袭击，而且常常大获成功。但这是防御性的，它能挑去日军心头刺，但不能对战争产生积极影响。然而，到 1943 年秋，这类情报也在急剧减少。“虽然我军的惩罚性措施干扰了敌军在菲律宾的电台，”9 月份的一篇报告写道，“但它们巧妙隐蔽地逃脱了惩罚，继续维持着互相之间以及与澳大利亚和美国的通信。”11 月，对“给游击队的致命一击”吹嘘一番后，日本人承认，“所有系统一如既往都非常活跃，无论是菲律宾内部，还是内部与外部电台之间，通信依然大范围继续。”这些电台中值得一提的有亨多夫大厦的电台。那里是麦克阿瑟在布里斯班的同盟国情报局总部，弗格森（C. B. Ferguson）中尉领导的密码分部在这里按部就班地解密收到的电报。这些为战略计划制定者提供情报的人欣喜地发现，1944 年以后，菲律宾的情报源源不断，数量可观。据此，日本密码分析仅有的成功最终却是短命的、有限的，对更大范围战争进程的影响根本无足轻重。

日本的编码表面上天花乱坠，实际却和它的密码分析一样不堪一击。代码数不胜数，各种用户自成一体；它们也频繁更换，而且各区域之间也不相同。

但系统起的作用却不大。管理糟糕，分配困难，保密纪律松弛，这些都损害了其理论上的优点。

诚然，日军面临的形势异常严峻。仅是把代码本发到数以千计的舰艇、遍布5000多万平方千米日占区的岛屿守军，就是一个令人生畏的现实难题。实际上，中途岛之前，他们在这方面就已经遭遇两次麻烦；然而，代码分配的数量巨大又给这个问题雪上加霜。也许，整个战争期间，没有人能弄清日本到底用了多少种密码，如果算上飞机和辅助船携带的每一版小型代码，这个数字很可能达到好几百。一份日本海军密码系统（全部是代码）概况会让你对一个现代国家的“全副铠甲”，以及日本代码分配面临的困难有一个大概了解。也许，这些代码并非同时使用。在每本代码中，名字均用字母或假名命名。

一、战略或行政代码

A. 甲（KO）——旗舰官系统，一种移位加密的四位数代码；美国人称之为AD；因为错乱太多，1942年或1943年废弃

B. D（后称吕［RO］）——使用最广泛的舰队编码系统，美国人称之为JN25，这是一种两部本高级加密代码

C. 辛（SHIN）——后勤专用代码，实践中常用D代码代替

二、战术代码

A. 乙（OTSU）——用于水面部队战术通信

B. 戊（BO）——用于局部战斗

C. F——航空用；两月一修订

D. C——航空用；杂项

E. H——中国战区航空用，这是一种简单、易于修订的代码

F. 己（KI）——用于中国战区地面战斗，在卢沟桥事变期间广泛使用，但珍珠港事件后基本让位于乙代码

G. 陆海军共同作战暗号书——遭陆军泄密后终止

H. A——联合舰队专用隐语本

三、武官和情报代码

A. J——用于驻欧美武官

B. IC 系列——用于情报特工

1. IC-A——用于英国、法国、意大利、西班牙、葡萄牙、土耳其、苏联

2. IC-B——用于中国

3. IC-C——用于朝鲜和伪满

4. IC-D——用于美洲

5. IC-E——用于缅甸

C. 丙（HEI）——用于中国地区情报

D. 新暗号书——美国西海岸情报官用

E. 海外秘密电信暗号书——武官备用

四、海军省外通用

A. 鸠——外务、陆军、海军三省共同使用，使用加数加密

B. S——用于超过 1000 吨的商船

C.（没有名字）——用于渔船

D. W——用于报告离开日本港口的外国船舶，分配给海关、港务局长和驻港军官

还有许多专用系统在使用。中途岛前赖特破译的多表替代日时密码和“地名变换”地图网格密码就是其中两例。另有用于可视信号的一本基本信号书，标准和专用缩略语表，战略和战术通信两用呼号表。

日本曾有一次为超强保密使用了一个专用代码，但结果却是灾难性的。1944 年 6 月 15 日，日军启动庞大的“阿号作战”（A-Go Operation），伏击同盟国舰队，第 1 机动舰队旗舰“大凤”号（*Taiho*）航母通过这本高度机密的代码，与联合舰队司令部通信。四天后，一艘美国潜艇鱼雷击中航母，一次汽油延迟爆炸毁掉所有通信设备，包括那本专用代码。司令部发来的急电堆积如山，直到另一艘军舰报告了这次损失。这些电报里有一封报告，第 1 机动舰队正被一支敌军特遣舰队追踪。结果美军特遣舰队攻击并击沉了一艘日本航母。“阿号作战”以失败告终，马里亚纳群岛失守。

日本陆军用常用加数加密的四位数代码加密电报。如 1943 年后期，在布

干维尔岛一带第 6 师团用的代码中，9019 表示 *23rd Infantry*（第 23 步兵联队），9015 表示 *division headquarters*（师团部），9022 表示 *6th Cavalry*（第 6 骑兵联队），等等。驻伪满关东军密码部门为《陆军 3 号暗号书》（Army Codebook No. 3）编制了 100 页的地名增补，并列出西伯利亚边境对面地名的代号数字，为某次可能的进攻做准备。陆军还召集各司令部密码部门长官，在东京举办了一次年度会议。

战前，日本海军代码几年一换，战时通信的增加自然加速了更换节奏。新标准要求舰队系统每半年到一年一换，加数一到六个月一换，战术代码每月一换。除一年更换一到两次的乙战术代码之外，这些要求通常可以得到满足。如战争期间，JN25 更换了十来个版本，如 JN25b、c、d，等等。

无数代码，加之重要代码的频繁改版，导致海军分配系统不堪重负。为减轻负担，海军将全部战区分成 11 个“暗号区”。各地区之间的分配互不依赖，某个站点的分配失败不会损害整个系统。计划的本意是让每个地区都有自己的代码，它们根据适用区域，名为“波 -1”（HA-1）、“波 -2”（HA-2）等，但是“波”代码未能及时编制，只得用“天”（TEN）代码代替，结果造成所有区域最后都用同样代码，各个暗号区之间仅有加数表的不同。高级司令部另有“吕”代码（JN25），用于与其他暗号区通信。

这种混乱似乎来自既无必要又不明智的某种行政安排。日本海军通信保密基本上是军令部第 4 部（通信部，辖特务班）第 10 分部的工作。它制订密码编制计划，规划密码员培训，编制代码和加数表，管理密码生产。代码初由内阁印刷局，后由海军省印刷所印刷。印刷数量增加后，海军鱼雷和通信学校出版社也加入进来。再后来，大部分密码印刷工作转给海军控制的横滨文寿堂印刷所（Bunjudo Printing Office，音）。1944 年，第 10 分部搬到这家公司所在地。（在此之前，1943 年 9 月，司令部电报的常规加解密从第 10 分部转到东京通信部队［Tokyo Communications Unit］，从事这一行工作的人员得以解放出来。司令部现在与整个海军的安排一致，由当地通信部队为其指挥官加解密。）

第 10 分部监督完成印刷后，代码本被移交给海军文库保管。文库负责分发全部海军出版物。在管理员护送下，这个主文库再把代码本发给地区文库。地区参谋军官把代码本一起送到战区指挥部，从那里分发给各条船和各部队。

地位较低的收件人则需要自己到地区文库领取，有时通过挂号邮件收到代码本。日本人不仅给作战部队分发新代码，还分发一份必要时替代新代码的备用代码。另外，还有一份备用代码保存在地区文库。废弃代码本一开始退回日本，但在战争后期，它们被直接烧毁，书面记录存档。

密码分配业务与生产脱离，而且被委托给对通信保密重要性的认识不及第 10 分部的人员，这些都危及了日本密码。文库管理员有时丢失代码本，有时则直接忽视适当的预防措施。1943 年，一箱密码出版物从吴港运到驻华青岛基地部队，途中被无意打开。这事被明确归咎于护送员，他未能意识到出版物的重要性。1943 年，一辆货车装着代码本从横须贺海军区文库到达大凑船舶军械部（Ship and Ordnance Department）时，车门锁不见了。调查员不能确定它是掉了还是被人砸了，但由于包装看上去完好无损，他们认为没有泄密。1944 年，一批代码本从镇海[1]通信部队邮递到它的一支分队时全部丢失，然而该部队只是重新分发了一套。

当战区发生损失时，日本人对这种相当随意的态度采取了强硬措施。一艘在新几内亚萨拉马瓦卸货的潜艇为躲避空袭急速下潜，一些代码本被冲下甲板。日本人采取了“紧急措施”，且不管它们是什么。这些紧急措施也在 1943 年被采用，一架运输机因发动机故障在特鲁克和拉包尔间抛弃部分货物时，其中一箱包装严密的代码本有可能掉到附近地面。1944 年 5 月，盟军进攻比亚克时，日军报务组携代码本撤往一个安全地点，与一支盟军巡逻队遭遇，代码本在冲突中丢失。负责军官三周没有报告，经及时调查，发现仅一两本次要代码丢失，但因为代码本丢失适逢日军正策划“阿号作战”，他们全面更换了密码，签发一部新版 JN25。讽刺的是，这次更换的一个主要影响是：其在“阿号作战”前夕妨碍了日军通信。

但他们的补救措施并不总能防止日军严重违反通信保密纪律。一个无法避免的例子就发生在“伊 -1”号（*I-1*）潜艇身上。

1943 年 1 月 29 日夜，输送货物和士兵的“伊 -1”号潜艇不幸在新西兰轻巡洋舰“几维”号（*Kiwi*）附近浮上水面。“几维”号由布赖森（G. Bridson）海军

[1]　译注：Chinhae，韩国港口、海军基地。

	艦隊		海上部隊			
切	20463	各艦隊	14806		39948	
	40811	各F、各戦、各警	71731		34113	
	86660	各F、各戦、各警、長官	17487	2F各尸、ᑭ	51395	
	04069	各F、各戦、各警、参謀長	91631	2F附属部隊	33232	
	12951		13885		09044	
	44135	GF	84141		12682	
取	58361	GF尸	57452		74906	6F
	06217	〃	41618		26430	6F尸
海上部隊	41269	〃	14710		70258	〃
	23623	GF参謀長	94807	3F	16240	6F参
	07384	GF参謀	31614	3F尸	08351	6F参
	84098		42007	〃	74770	
	95220	GF各尸	55380	3F参謀長	63935	
	06539	GF各参謀長	05271	3F参謀	44182	6F各
	97614	GF各尸、ᑭ	18519		77036	6F各
	73085	GF附属部隊	33492		00544	6F附
	81754	GF所属総潜水艦	19023	3F各航空母艦	73973	
	99515	GF（潜水部隊缺）	20908	3F各尸、ᑭ	03782	
	55433	GF（潜水艦缺）	63006	3F附属部隊	20700	
	71675	GF（GKF缺）	31558		54698	
	59249	GF各尸（GKF缺）	60465		29424	7F
	47520	GF各尸、ᑭ（GKF缺）	97599		70670	7F尸
	95332		34511		63755	〃
	54463		27057	4F	76829	7F参
	45532	1S、1F	15229	4F尸	67050	7F参

1943 年版日本主要海军代码加密本其中一页部分内容

少校指挥，他和轮机长、医官三人都身材魁梧如重量级拳击手，三人曾奏着一把坑坑洼洼的长号、一只爵士哨和一架六角手风琴在努美阿招摇过市，因此闻名南太平洋。看到“伊 -1”号后，布赖森一把推开舵手，全速撞过去。轮机长质疑这个做法时，布赖森大喊道：“住嘴！奥克兰的周末假期近在眼前了！”虽然“伊 -1”号有“几维”号一倍半大，火力是“几维”号的两倍，但“几维”号还是一头撞过去。交手过程中，两船相距从未超过 140 米，在这么短的距离内，直径 20 毫米到超 100 毫米的大炮一齐轰鸣。“几维”号后退，再冲，这一次为“一周假期”。第三次是“为半个月”，这一次，它直接骑上了“伊 -1”号甲板。11 点 20 分，潜艇在瓜达尔卡纳尔岛西北角一片暗礁搁浅，战斗结束。

除了其他货物，潜艇还携有 20 万部代码本，其中一些被艇员埋在敌军控制的海岸。当战斗消息传到日军司令部时，他们命令飞机轰炸、潜艇发射鱼雷，试图摧毁依然在艇上的文件，但没有成功。盟军已经找到这些代码本，其中既有现用，也有后备代码。日军命令使用一些新代码本和加数表，但 JN25 依然没有更换。这些文件价值连城，布赖森和轮机长被授予海军十字勋章。

由此可见，日本人的如意算盘就算打得再好，也不过是些作用不大的马后炮。他们的通信保密和通信情报一样糟糕。有时他们的表现似乎满不在乎。海军想找一种可溶于水的墨水印刷代码本，这样当代码本丢弃或船沉没时可溶掉字迹，但当技术研究实验室报告，说找不到一种既可以在浸没时消除字迹，同时又不会在溅到雨水、海浪或汗液时渗色的墨水，这一努力虽有价值，但最后无疾而终。态度松懈无疑损害了他们的通信保密，在下令制定一部新的陆军代码手册时，上级抱怨道，“某些情况下，帝国陆军代码的使用不当触目惊心”。他们还指出，有时代码电报被发给没有该代码本的单位，敦促“请仔细学习（陆军 3 号 B 代码）B 增补的特性，采取措施，绝对禁止将来再发生此类事情”，他们也坦然承认，“编制时间短，印刷机繁忙，加上某个版次代码材料缺乏，满足每个单位的要求可能不切实际”。至于通信保密，他们依赖的似乎不是训练有素或合适的密码系统，而是爱国主义的鼓吹：“即使有误，亦有必要尽全力解密（错乱的）电报……即使它只是帝国陆军通用代码使用过程中一件微不足道的小事……这样，缺点将不会暴露，让我们为取得大东亚冲突的阶段性伟大进步真诚祈祷。”

一方面，日本人在通信保密上过于依赖本国语言，其深奥难懂，他们深信没有一个外国人能把握它的多重含义，能正确理解它。另一方面，他们也不去设想密码是否有可能被解读；基斯卡岛撤退[1]成功“证明”，他们的秘密

---

[1]　原注：1943 年中，日军从这座阿留申荒岛撤出 5000 人的部队，只留下 3 名陆军士兵抵抗强大美军部队。

依然完好无损。替换战争中受损的密码需要 200 万册密码本，编码人员也许厌倦了这么大的印刷量；也许，他们自己无法破译美国密码致使他们相信，密码分析实际上不可能。不管怎么说，他们自欺欺人地认为他们的密码从未发生严重泄密。

1943 年的事件是一个缩影，表明了日本人在整个密码领域的无能。事件涉及一个未来美国总统，他和艇员成为一系列电报的主要相关方，但很明显日军未能破译这些电报。

这些电报由三个勇敢的澳大利亚海岸瞭望员发出。三人同属于一个覆盖范围很大的盟军侦察网络，网络成员从敌占岛山顶和悬崖观察敌军活动，从当地居民盟友处收集小道消息，用无线电将情报发给盟军指挥部。他们经常给出很有价值的日军轰炸和舰船活动的早期预警，以及协助援救被击落的盟军飞行员。

所罗门群岛之一的科隆邦阿拉岛上的盟军瞭望员是澳大利亚皇家海军志愿后备队（Royal Australian Naval Volunteer Reserve，RANVR）上尉阿瑟·雷金纳德·埃文斯（Arthur Reginald Evans）。1943 年 8 月 2 日凌晨，他从所处丛林密布的山脊上观察到，布莱克特海峡的昏暗水域有一点火光。他当时还不知道，美国海军预备役上尉约翰·肯尼迪[1]指挥的鱼雷巡逻艇“PT109”号被日军驱逐舰“天雾”号（*Amagiri*）撞成两截。上午 9 点 30 分，他收到一封 20 组的电报，用海岸瞭望员的普莱费尔密码加密。他用密钥 ROYAL NEW ZEALAND NAVY（皇家新西兰海军）解密，读道，“*PT boat one owe nine lost in action in Blackett Strait two miles SW Meresu Cove X Crew of twelve X Request any information X*”。[2]他向蒙达附近的瞭望哨（呼号为 PWD）报告，“目标依然在梅里苏和吉佐岛间”。下午 1 点 12 分，瓜达尔卡纳尔岛海岸瞭望哨 KEN 电台告诉他，有可能“幸存者登陆了万加万加岛或其他岛屿”。

[1] 译注：John F. Kennedy（1917—1963），美国第 35 任总统（1961—1963），任上被刺身亡。

[2] 译注：大意为，“PT109”号在战斗中受损，位于梅里苏湾西南 2 英里（约 3.2 千米）布莱克特海峡。艇员 12 名。要求其他信息。

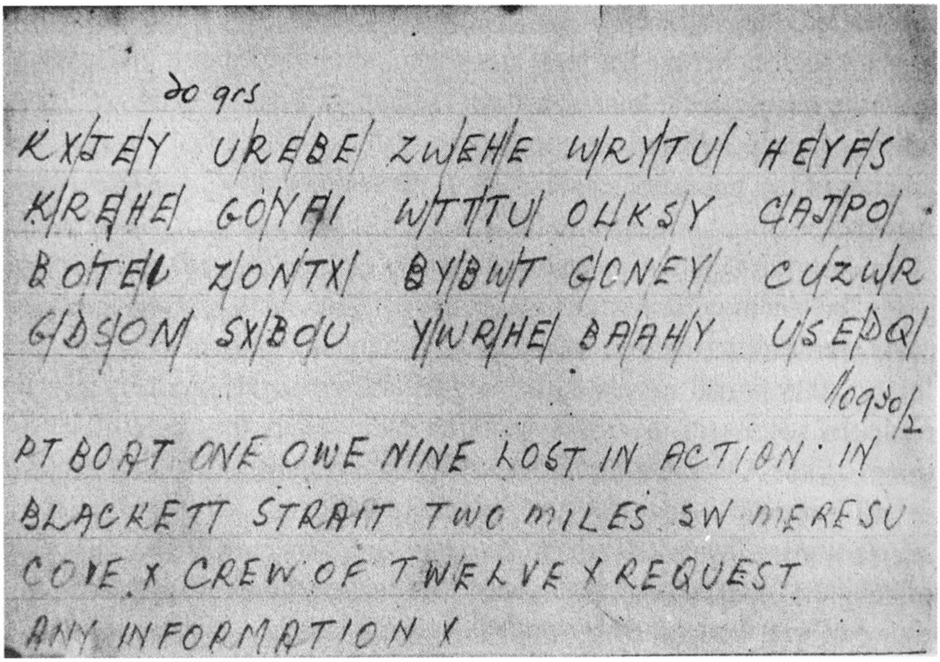

阿瑟·埃文斯解密的 1943 年 8 月 2 日上午 9 点 30 分电报，
报告约翰·肯尼迪的“PT109”号沉没

肯尼迪和他的艇员正是这样做的。他们游到吉佐岛东南端一群小岛中的普拉姆布丁岛[1]。这个小岛群在敌军战线后方，而日军把守的吉佐岛离那里不过三四海里。虽然在这周剩下的时间里，有关失踪艇员的电报在 PWD、KEN 和 GSE（埃文斯以妻子的名字“Gertrude Slaney Evans”命名他的电台）台间穿梭来往，但日军没有尝试捕获它们。然而从有关此事的大量电报，从 P-40 飞机的搜索行动，日军应该能够看出该艇组的重要性，而且捕获电报也不会给他们带来太多麻烦，因为曾有一艘日本将官专用艇从肯尼迪和艇员藏身的小岛旁突突驶过。不过就算日军截收并读出这些电报，他们也可能不想浪费时间寻找这帮美国人，因为没有一封电报明确指明他们的位置。

但是到 8 月 7 日，星期六，上午 9 点 20 分，这个借口已经不复存在。两个当地人发现了已经逃到格罗斯岛的水兵，报告给埃文斯。他写了封短报：

[1]　译注：Plum Pudding Island，现名肯尼迪岛。

"*Eleven survivors PT boat on Gross Is X Have sent food and letter advising senior come here without delay X Warn aviation of canoes crossing Ferguson RE*" [1]，以现行密钥 PHYSICAL EXAMINATION（体检）为基础，制成一张方表：

P	H	Y	S	I
C	A	L	E	X
M	N	T	O	B
D	F	G	K	Q
R	U	V	W	Z

电报被加密了。它与传统普莱费尔的不同仅在于不加密二连字母，如 *Gross* 和 *crossing* 中的 *s*：XELWA OHWUW YZMWI HOMNE OBTFW MSSPI AJLUO EAONG OOFCM FEXTT CWCFZ YIPTF EOBHM WEMOC SAWCZ SNYNW MGXEL HEZCU FNZYL NSBTB DANFK OPEWM SSHBK GCWFV EKMUE。这么长的电报本身就足够用于破译普莱费尔密码，而且还有同密钥的其他四封密电，其中一封有 335 个字母，开头是：XYAWO GAOOA GPEMO HPQCW IPNLG RPIXL TXLOA NNYCS YXBOY MNBIN YOBTY QYNAI...，意为："*Lieut Kennedy considers it advisable that he pilot PT boat tonight X...*" [2]。

这五封电报详述了拯救行动细节，向日军提供了抓住失事艇员和前来援救部队的机会。连一个经验不多的分析员都可以在一小时内破开它们。但到夜里 10 点援救行动结束，敌军一点打扰的迹象都没有。如果日军破译了这些原始的加密电报，他们有可能对这些救援者或被救者或两者采取一些行动。但他们什么也没做。如果他们的通信情报再好一点，当代历史就要改写了！

日本人的失败与盟军的成功形成鲜明对比。盟军分析员（太平洋战区主要是美国人）像鞑靼人一样在日本密码军团方阵里横冲直撞。他们大肆践踏蹂

[1] 译注：大意为，11 名鱼雷艇幸存者在格罗斯岛。已送去食物和信，建议长官即刻来此地。警告飞机注意渡过弗格森水道的独木舟。

[2] 译注：大意为，肯尼迪海军上尉建议，今晚由他引导鱼雷巡逻艇……

躏，对细枝末节不屑一顾。某个系统破开后，发现它是测向队密码，他们虽然可能从中获取一些有关日军进攻的间接线索，但也把它抛在一旁，转而寻找更丰富的宝藏。戴尔海军中校估计，二战期间，美国分析员共摧毁了 75 种日本海军代码。

其中有那些“丸”（日本商船）用的四位数代码——S 代码。它大概是在更重要的作战代码破译后才遭到攻击的。1943 年起，S 代码提供了极有价值的情报：日本船队的航线、时刻表和目的地。日本占领的地区几乎全是岛屿，只能经海上补给、增援，而日本本身就是一个岛国。因此，美国潜艇在太平洋承担了德国潜艇在大西洋的任务，并且和德国潜艇一样，在密码分析的帮助下，它们取得了巨大成功。

一条直达线路，从太平洋舰队无线电小队通向太平洋舰队潜艇分队司令部作战部长沃格（R. G. Voge）海军上校办公室。日本船队用无线电报告他们今后几天正午时分预计所处的位置。他们本想把位置通知自己的部队，但太平洋舰队无线电小队破译了这些电报，潜艇员出身的贾斯帕·霍姆斯（Jasper Holmes）把译文转给沃格，沃格再播发给美国潜艇，使它们大开杀戒。海军中将小查尔斯·洛克伍德（Charles A. Lockwood, Jr.）在二战大部分时间里担任太平洋潜艇部队司令[1]，他估计，在菲律宾群岛到马里亚纳群岛的贸易航线上，密码分析情报帮助美军多击沉三分之一船只。到最后，潜艇艇长收到的情报如此规律，以至于一支船队要是比预计时间迟半小时到达正午位置，他们都会抱怨！

二战期间，日本商船损失吨位的近三分之二是由潜艇造成的。它们在东印度群岛击沉 110 艘油轮，导致日本国内石油短缺；飞行员不但急缺，还得不到训练；迫使日本海军主力分散，引起严重战术后果。甚至在本土遭入侵、原子弹爆炸之前，国内饥荒就导致日本做出投降提议。战后，东条英机说日本商船队的毁灭是日本战败的三个因素之一，另两个因素是蛙跳战略[2]和航母快速作战。这就是当戴尔回首往事，把太平洋舰队无线电小队对日本商船代码的破译

[1]　译注：COMSUBPAC，即 Commander of Submarine Forces, Pacific。

[2]　译注：leapfrog strategy，也叫跳岛作战（Island Hopping），二战时美军在太平洋战场采取的战略，像蛙跳一样逐岛推进，步步为营，逼近日本，最后进攻日本本土。

看成是它对胜利的重要贡献的原因。

美国密码分析员还有一些决胜千里的战绩。麦克阿瑟登陆莱特岛后不久，分析员从破译的敌军密电中发现，4 万士兵正赶去增援菲律宾群岛的日军。美军海空力量拦击并摧毁了这支部队，没有一个人登上莱特岛。冲绳战役期间，敏锐的分析员截听到日军命令，指示超级战列舰“大和”号发动孤注一掷的最后一击。“大和”号是一艘 7.2 万吨的巨无霸，它的约 457 毫米主炮射程达到 22 海里。分析员把消息转给美军当地指挥官。指挥官得到警告，做好攻击准备。一艘警戒潜艇报告了“大和”号的位置，一波接一波舰载机向它扑去。1945 年 4 月 7 日下午 12 点 32 分，“大和”号受到攻击，经过不到两小时炸弹和鱼雷连续轰炸，伴着爆炸巨响，带着 2767 名定员中的 2488 名官兵，这艘世界上最大的战列舰滑入深渊。

太平洋舰队无线电小队还导致了一次事件的发生，它可能是最惊人的一次事件，直接由密码分析造成。

1943 年春，山本五十六海军大将来到拉包尔岛，亲自掌控持续恶化的所罗门群岛局势。日军刚被赶出瓜达尔卡纳尔岛，补给线正遭受盟军空袭骚扰。山本集结了日本在这场战争中最大的海航力量，出动对抗盟军，取得了一些战术成功。为下一步空中攻势做好准备，这个浓眉毛的粗壮海员决定对北所罗门群岛基地做一日巡视，鼓舞士气。这些基地和另外几支部队需要预先得到通知，以便为一次联合舰队司令视察做出大量必要准备。1943 年 4 月 13 日下午 5 点 55 分，第 8 舰队司令播发了山本五天后的视察行程：第 1 基地部队，第 26 航空战队，第 11 航空战队全体指挥官，第 958 航空队队长，巴拉莱岛守备队（Ballale Defense Unit）司令。大量不同名称，加上保护日本海军首脑的需要，日军通信员选择现行版本 JN25（分发最广泛的高密级代码）作为这条信息的铠甲几成必然。

不幸的是，这层铠甲的保护片已经溶解在盟军分析员的酸液里。和中途岛海战前的破译一样，分散各地的分析单位交换了他们的结果——这一次还有可能得到几周前搁浅的“伊 -1”号潜艇上抢救出的文件的帮助。虽然加数于两周前刚刚更换，但到 4 月 1 日，其中很大一部分已经还原。在太平洋舰队无线电小队，IBM 机器卡片上已经记录了这些结果。无线电小队监听员截收到第 8 舰队司令发到空中的信息，适当处理后，交由机器分析。机器吞下它，伴着可怕的咔嗒咔嗒巨响，消化完毕，吐出日语明文。

因为收件人众多，“扫描器”（报务分析员）大概已经把电报标为要件。因此，日语明文的译者也非同一般，即 38 岁的海军陆战队少校阿尔瓦·布赖恩·拉斯韦尔。他曾在 1935—1938 年作为语言官在东京学习日语，1941 年 5 月起在夏威夷协助通信情报工作。电报基本完整，但他帮助填补了一些空白，戴尔还原了一些加数，赖特确定了内部地理代码组的含义：RR 表示 *Rabaul*（拉包尔岛）；RXZ 代表 *Ballale*（巴拉莱岛），所罗门群岛中的一个小岛，紧邻布干维尔岛南边；RXE 表示 *Shortland*（肖特兰岛），所罗门群岛另一个小岛，也在布干维尔岛以南、巴拉莱岛以西；RXP 表示 *Buin*（布因），布干维尔岛南端一座基地。这些工作完成后，拉斯韦尔译出电报。

> 联合舰队总司令将按以下日程视察巴拉莱岛、肖特兰岛和布因：
>
> 1. 早上 6 点乘中型攻击机（六架战斗机护航）离开拉包尔；8 点抵巴拉莱。即乘猎潜艇（第 1 基地部队准备一艘）前往肖特兰，8 点 40 分到达。9 点 45 分乘前述猎潜艇离肖特兰，10 点 30 分抵巴拉莱。（肖特兰备妥一艘攻击艇，巴拉莱备妥一艘汽艇，用于运输。）11 点乘中型攻击机离巴拉莱，11 点 10 分抵布因。在第 1 基地部队司令部午餐（第 26 航空战队高级参谋人员出席）。14 点乘中型攻击机离布因；15 点 40 分抵拉包尔。
>
> 2. 视察安排：听取当前形势简介后探访部队（第 1 基地医院伤员）。但不应中断当天日常工作。
>
> 3. 除各部长官着作战服佩绶带外，余者着常服。
>
> 4. 若天气恶劣，行程推迟一天。

山本五十六以近于强迫症的准时而出名，遵守日程几乎分秒不差。现在，拉斯韦尔正读着山本一天之内几乎精确到分钟的活动，而这一天，这位海军大将也许正前所未有地接近战区！这封破译的截收电报相当于敌军最高司令官的死刑执行令。

问题是：该不该执行？这不是个容易回答的问题。尼米兹反复权衡利弊。如果击落山本，有没有一个更佳人选接替他？莱顿海军中校列出各种理由，其中大部分尼米兹都很清楚。

59 岁的山本五十六是日本海军的灵魂，空军力量预言家。他好斗、果断，策划了富有想象力的大胆计划并以坚强的领导力执行。他是日本海军将棋冠军，20 年代他的扑克打得相当好，与美国人不相上下。他在战斗中失去右手两根指头，他用剩余三指熟练搬弄扑克牌的神奇方式令对手为之分心。美国情报机构评价他“极有能力，坚强，思维敏捷”，手下人崇拜他。“如果在太平洋战争开始时，”指挥过珍珠港袭击的渊田海军中佐写道，“日本海军军官举行一次投票，决定选谁作为联合舰队总司令来领导他们，山本海军大将以绝对多数当选几乎是板上钉钉。”

莱顿总结说，山本各方面都非常杰出，任何继任者的个人和专业能力都不如他。而且，日本人远比西方人更崇敬他们的首领，总司令的死亡将严重打击他们的士气。尼米兹持相同意见。他认识到，如此重要将领毙命的打击，加之除掉敌军战争机器最优秀的军事家，效果将等同于打胜一场大战役。美国民众仇恨山本，也许尼米兹还受到这份仇恨的影响。海军军官知道，他曾策划卑鄙的珍珠港袭击，屠杀他们的战友，毁掉他们的军舰。他们还认为，山本曾狂妄地吹嘘，说他将在白宫规定和平条件[1]。这就是威廉·哈尔西海军上将把他看作“我个人名单上的三号公敌，紧随裕仁和东条之后”的原因。

巴拉莱—肖特兰—布因地区恰好是哈尔西的战区。因此，尼米兹发给他一封绝密司令官电报，提及山本的行程，并且授权他，如果他的部队能做到，就击落这些日本飞机。哈尔西正在澳大利亚履职，副手西奥多 · 威尔金森海军中将报告说他们能做到，但提请尼米兹注意风险：此举可能引发日本人怀疑盟军在解读他们的密码。如果他们更换密码，岂不是使盟军失去将来可能获得更有价值情报的机会？

尼米兹认为一鸟在手胜过二鸟在林。不过他也努力设法降低这一风险，采用了莱顿建议的掩人耳目做法，编故事推说澳大利亚海岸观察哨用无线电报告

[1] 原注：后来证明这是谣传，但当时人们认为它是真的。

了山本的飞行情报，而信息可能是他们从拉包尔一带的友好岛民那里得到的。海岸观察哨在飞行员中享有极高声誉，因此这个故事听上去会像真的一样。即使日军真的意识到，盟军或通过缴获，或通过分析，正在解读他们的密码，他们能做的大概也就是签发新版 JN25，也许还有加强编码保密措施。但这种事以前发生过，盟军分析员也破开了新密码。最现实的评估预计，击毙山本的行动可能会在分析员努力突破新代码期间，使盟军通信情报暂时失灵。

这样的情报损失从来不会是好事，但目前盟军正值休整巩固阵地期间，比起大型作战期间，后果还不算太严重。而且接下来两个半月内，他们也没有大的进攻计划。因此，如果日本人在山本死后立即更换密码，分析员将有相对平静的 10 周时间重新突破。据此，尼米兹在给威尔金森的答复中，指示他把那个掩人耳目的故事告诉所有人员，重申他的授权，最后在电报里加上他的个人祝福："祝打猎好运。"

这份死刑令就这样正式签署生效了。

4 月 17 日下午，陆军航空兵约翰·米切尔（John W. Mitchell）少校和小托马斯·兰菲尔（Thomas G. Lanphier, Jr.）上尉走进瓜达尔卡纳尔岛亨德森机场一个阴冷发霉的海军陆战队掩体。一个作战军官交给他们一封印在蓝色（用于绝密电报的颜色）纸上的电报。电报详细列出山本的行程，包括抵离各地的时间。两名飞行员否决了在山本从巴拉莱乘猎潜艇渡海到肖特兰的途中扫射的建议，因为识别正确座艇很难。相反，他们决定在空中拦截他。

他们的计划取决于山本是否准时，本身也要求对时刻的精心拿捏：巴拉莱已经接近二人驾驶的双发 P-38"闪电式"战斗机航程极限，因此可用于等待巡航的燃油不多。虽然日军电报指明，从拉包尔经两小时飞行后，抵达巴拉莱是早上 8 点，但计算表明，双发三菱一式陆攻（贝蒂[1]）将在 1 小时 45 分钟后到达；从稍近一点的布因出发的预计返航时间为 1 小时 40 分，也可部分证明这一点。这意味着山本将于早上 7 点 45 分左右抵达巴拉莱。虽然他将由六架战斗机护航，但米切尔和兰菲尔决定在离布干维尔岛海岸约 35 海里处攻击他，避开离布因不远的卡希里机场一带飞来飞去的敌机。这又把截击时间前推 10

[1]　译注：Betty，"贝蒂"是盟军给三菱 G4M 一式陆上攻击机的代号。

分钟至 7 点 35 分——美国时间上午 9 点 35 分。

次日清晨 7 点 25 分（美国时间），第 12、339 和 70 战斗机中队的 18 架 P-38 战斗机驶离亨德森机场。35 分钟后，700 多海里外，山本座机准时起飞。美国战机保持无线电静默，贴水面飞行，避开雷达探测，绕蒙达、伦多瓦岛和肖特兰岛飞了一个 435 海里的半圆。米切尔靠罗经和航速表导航，起飞 2 小时零 9 分钟后，掠过浪尖飞向布干维尔岛。他计算的飞行时间分秒不差，突然，似乎整个事件都经过完美排练一般，山本编队的黑点出现在 5 海里外。

“敌机。10 点高度。”道格·坎宁（Doug Canning）中尉打破无线电静默呼叫。米切尔率 14 架战斗机爬升到 2 万英尺（约 6100 米）高度，掩护队友，迎击战斗机。兰菲尔丢掉副油箱，在护航零式战斗机发现并攻击前，和僚机飞行员雷克斯·巴伯（Rex T. Barber）中尉爬升到山本右方两海里、前方一海里处。兰菲尔击落一架敌机，随即掉转机身，向下寻找领头轰炸机，发现它在树梢高度躲避。他飞向它，同时两架零式战斗机向他俯冲。但是，他说：“我记得，自己突然变得极为执着，一心想在一次攻击中取得最大成果。从大致正确的角度，我对着那架轰炸机飞行方向稳稳地射出一串长连射。轰炸机右发动机，然后是右翼，爆炸起火……就在我飞进山本轰炸机及其（尾）炮射程时，轰炸机机翼脱落，一头扎进丛林。”零式战斗机在头顶无助地呼啸。巴伯同时炸掉另一架三菱。兰菲尔快速爬升到约 6100 米高空，摆脱了追击者，除损失一人外，他和执行这次任务的其他成员安全返回亨德森机场。

布干维尔岛丛林深处，山本的忠实副官找到他的海军大将烧焦的尸体，他依然坐在座位上，下巴顶在武士刀上。尸体被细心地抬出，隆重火化。5 月 21 日，一个日语播音员用沉痛的语调宣布，山本“今年 4 月，在前线指示总体战略时与敌军交战，在一架战机上壮烈牺牲”。到公报结尾，他的声音哽咽，似乎含着泪水在播报。正如莱顿和尼米兹所料，山本之死震惊了整个日本。6 月 5 日，他的骨灰在东京日比谷公园隆重安葬，日本政府和无数肃穆的群众出席安葬仪式。这个大英雄的死让日本陆海军士兵和平民垂头丧气。“山本只有一个，没人能替代他。”他的继任者说，“他的死对我们是一个无法忍受的打击。”密码分析带给美国一场相当于大型战役的胜利。

尼米兹把一份击毙山本的行动报告转给金海军上将，提示此事“极为机密”，建议“不应对该行动进行任何形式的宣传”。主要原因就是防止把日本人的好奇心引向怀疑美军如何得知山本在某架飞机上。第二个原因是兰菲尔的兄弟是日军战俘，担心他们会以此报复。因此，美国人只从日本广播中得知了这位海军大将的死亡。

许多人奇怪它是如何发生的。4 月份没有发生足以导致这次死亡的大型战斗。军方根据尼米兹建议，完全否认知晓这一事件。一个传言猜测山本死于一次空难，另一个说他因为盟军的不断胜利而剖腹自杀。真相传播得越来越广，直到不久后，许多华盛顿官员在鸡尾酒会和宴会上，很可能就在那些无处不在的“隔墙有耳”海报下，窃窃谈论分析员如何杀死山本。因为它流传太广，一个有责任感的公民甚至打电话把这事告诉了马歇尔将军。

对马歇尔而言，这是他一连串烦心事的最新一桩。在处理密码分析情报（“魔术”，或有时被称作“超级情报”）的过程中，保密是他的老大难。密码破译的成功尤其容易受到泄密的破坏，因为一次密码更换就可以轻易让他两眼一抹黑。这个问题在珍珠港之前很久就已经存在，为此，当时马歇尔命令用带扣锁的专用拉链公文包，限制收件人数量，从总体上加强了“魔术”的保密性。战争使这个问题更为严峻：密码分析机构快速发展，破译成果增长，收件人数膨胀。

虽然分析机构坚持以谨慎作为它们招收人员时的基本标准，但对人员的迫切需求还是无法规避滥竽充数的情况发生。爱说闲话的、自高自大的和一些没头脑的普通人吹嘘他们的工作如何赢得战争，这种情况在山本事件中达到顶峰。马歇尔反复通过军事情报局发出口头指令，请联邦调查局局长埃德加·胡佛调查泄密，特别是要逮住一些大嘴巴的陆军军官，好让马歇尔杀一儆百，惩戒口风不紧的人。胡佛告诉马歇尔，他不想调查另一家政府机构，怕被人看成盖世太保头子，不过他确实帮了忙。可惜的是，他们查到了一桩很有分量的案子，但缺少定罪的法律条文。

珍珠港事件前定下的不标明通信情报来源的政策延伸到战地指挥部，并在战争期间一直维持着。它还延伸到一个盟国——苏联。马歇尔讲道：“我们告诉他们，我们有充分理由，不只是充分理由，我们有确凿证据，德国人将对他们采取何种行动，但我们不能告诉他们为什么。对于我们是否应该告诉他们全

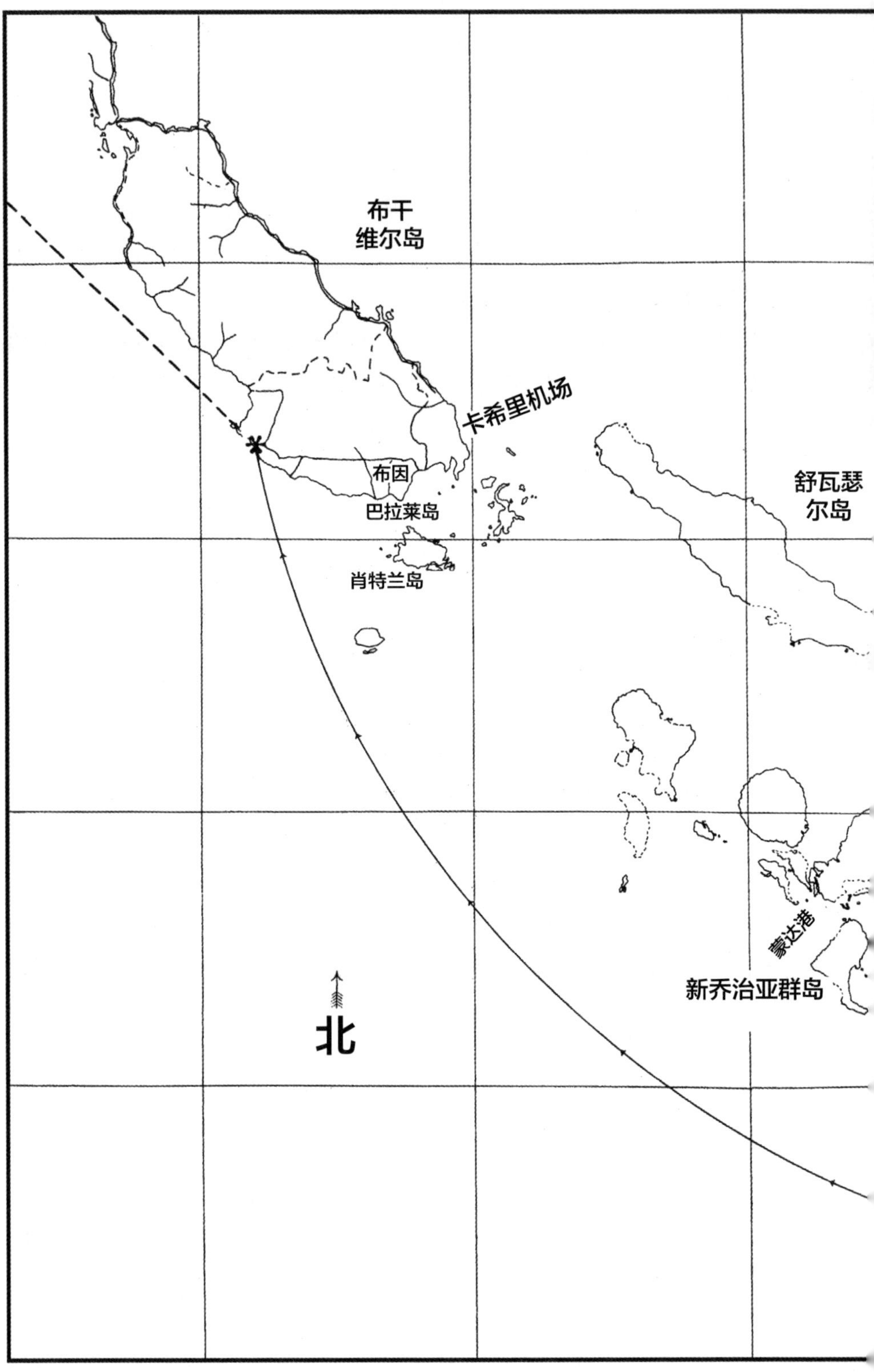

布干
维尔岛
卡希里机场
布因
巴拉莱岛
肖特兰岛
舒瓦瑟
尔岛
蒙达港
新乔治亚群岛
北

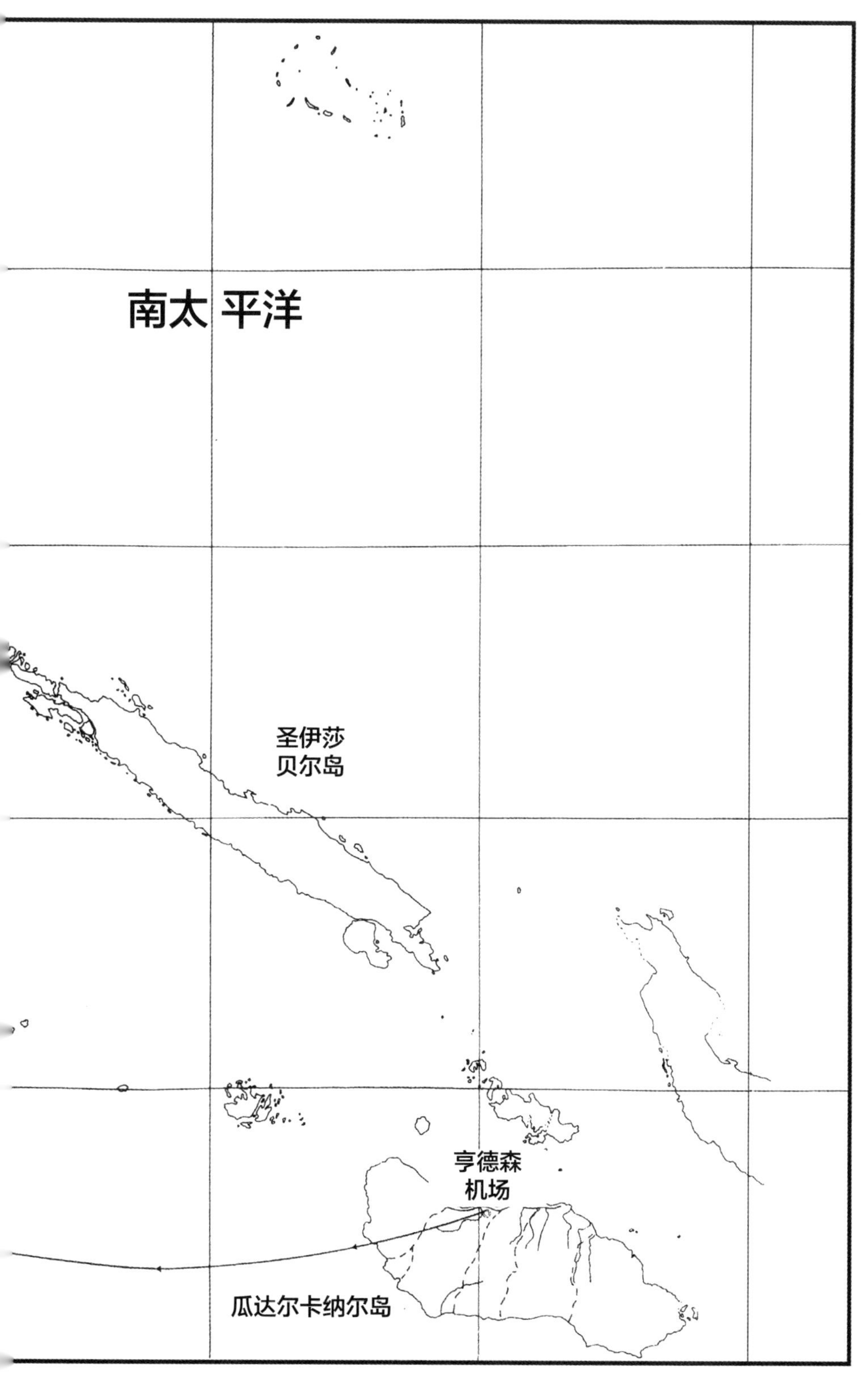

击落山本五十六海军大将行动中，美国战机（实线）和日本飞机（虚线）航线示意图

部实情，有过一场相当长的争论，但从两个方面，我们感觉这样做很危险。第一，我们把事情传出去，但我们不知到底都有哪些人牵涉其中；第二，更具体的是，他们也许会因为没有从一开始就得到它而愤怒。”

这种极端谨慎在它力所能及的范围内掩盖了“魔术”情报来源，也保护了情报本身。欧洲、远东和外交电报的绝密“魔术”情报总结封面上印着红黑相间的四个段落，其中第三段写道：“如果行动可能会向敌方透露这一情报的来源，即使有眼前利益，你方也不应依据报告信息采取行动。”当然，这就是山本行动的两难局面。因为“魔术”太过珍贵，有时盟军指挥部宁可让船队驶进德国潜艇狼群口里，也不愿冒险让德国人猜到盟军有办法避开它们。在太平洋，美军潜艇之所以能够连续不断地根据“超级情报”摧毁日本商船，只因为其他截收电报表明，日本人认为这些船舶动态是海岸瞭望哨报告给盟军的；如果他们怀疑到密码分析，美军潜艇将因为担心失去长期优势，不得不有所克制。

总的来说，美国的保密问题来自“魔术”情报的多产和美国的民主。战争期间，在关于“魔术”的三次保密危机中，情报多产引发了其中一次：击落山本的戏剧性成功被广泛流传；民主引起了另两次危机：一次在中途岛时期，另一次在一场总统选举期间。

1942 年 6 月 7 日（星期日）上午，“约克城”号还在航行，中途岛海战在某种意义上还在进行，《芝加哥论坛报》现身街头，首页通栏刊登着一篇故事，故事的大字标题为“海军获知日军海上攻击计划”，日期栏写着“华盛顿特区，6 月 7 日”。文章开头写道：

> 据海军情报部门可靠来源今晚透露，在中途岛以西一次战役开始前几天，美国海军人士就已经知道与美军作战的日军兵力。据称此为这场战争中最大的海战。
>
> 据称，海军在日舰驶离基地后不久即探知这支强大部队的集结。虽然尚不知它的具体目的，但海军部掌握的信息相当确切，预计其将对某个美军基地发动佯攻，同时对另一基地进行真实的进攻和占领，海军甚至猜测到目标可能是荷兰港和中途岛。

故事继续描述日本舰队分成三支，并且极其详尽地说明三支部队的组成。它给出攻击部队四艘航母的名字，甚至正确列出掩护登陆部队的四艘轻巡洋舰。在该页底部附近，文章宣称："当它（日本舰队）出动时，所有美军哨所都得到预警。美国海军判断日军正在计划各种可能进攻，并据此做出相应部署。"这篇未署名报道的作者是《芝加哥论坛报》战争记者斯坦利·约翰斯顿（Stanley Johnston），他是《航母女王》（*Queen of the Flattops*）作者。虽然落款行有华盛顿特区，但他实际是在太平洋上写下这篇报道的。

这篇故事没有一处以任何形式，哪怕是间接提到日本密码或提到美国通信情报。但海军担心日本人会认识到，报道细节只能来自对日本密码电报的解读。8 月，司法部命前司法部长威廉·米切尔（William L. Mitchell）领导一个芝加哥大陪审团，判定这次机密信息泄露是否违反了《1917 年反间谍法》（Espionage Act of 1917）。《芝加哥论坛报》抗议说它受到迫害，因为海军部长弗兰克·诺克斯发行了与之竞争的《芝加哥每日新闻报》。经过五天闭门调查，其间约翰斯顿和《芝加哥论坛报》总编出席作证，大陪审团没有宣布任何真正裁决。《纽约时报》对调查的描述没有一句提到密码，除了米切尔的声明"没有发现违法行为"外，也没有指出任何不起诉的原因。但是一般认为，大陪审团之所以否决起诉，是因为审判将提醒人们注意当局希望日本人忽视的某些事实。他们的愿望实现了，日本人从未察觉这一点，从未意识到这份决定。他们在 8 月改用 JN25d 似乎与此毫无关联。

一切修补妥当后，一次公开的轻率言行似乎又要再一次将它撕开。8 月 31 日，宾夕法尼亚州议员埃尔默·霍兰就那次事件在国会演讲，被新闻界广泛报道。他谴责《芝加哥论坛报》对"新闻自由草率、有害的滥用"。他言辞激烈："发言人先生，美国青年将因为（《芝加哥论坛报》）向敌人提供的帮助而丧生。"但在说明这个帮助是什么时，他透露了《芝加哥论坛报》没有透露的内容，清楚地大声说出每个人都在努力掩盖的事实："我们的海军设法获得并且破译了日军海军密码。"

所幸日本人还是没注意到这次泄露。

然而，在 1944 年夏末的全国大选中，形势正在酝酿，随时可能爆发。共和党人准备推举托马斯·杜威竞选总统，他们的宣传重点之一是，指控政府因疏忽致使日军成功偷袭珍珠港，这是无法原谅的；甚至暗示说，罗斯福总统故意招致这次袭击，意图压过强大的孤立主义意见，把国家拖入“他的”战争。有一项在高层间秘密流传的说法支撑着这项指控：美国在珍珠港之前就已经破译了日本密码。许多共和党人据此断定，破译的电报已经向罗斯福警告过珍珠港袭击，而他出于严重疏忽，对此毫无作为。这当然是假的，但因为不能举出相反证据，许多人相信它。

随着选战升温，有关“魔术”的点滴和暗示开始出现在政治演讲中。如9月11日，印第安纳州议员福里斯特·哈内斯告诉议会，“政府以一种极隐秘的方式获知，日本政府已向西半球所有日本使节发出指示，命令他们销毁密码。”陆军情报主任克莱顿·比斯尔（Clayton L. Bissell）准将把这些事件报告给马歇尔。马歇尔看到，在激烈的总统竞选中，有更多泄露的危险。比斯尔建议马歇尔请总统帮忙，下令限制这类话语。马歇尔认为这无济于事，考虑了一天。第二天上午，他口授了一封满满三页的信，向共和党候选人杜威指出泄露“魔术”信息的巨大风险。马歇尔认为呼吁的成功取决于杜威认为它与政治无关，因此既没有与总统，也没有与陆军部长讨论此事。他在信的开头写道：“我写信给你，除金海军上将（他意见与我一致）外，其他人一概不知。”

一个陆军保密官，身材修长的卡特·克拉克（Carter W. Clarke）上校，乘一架B-25轰炸机飞往西部，把信送给杜威，后者刚刚发表了第一次竞选演说，内容完全针对全国政府。9月26日下午，克拉克在俄克拉荷马州塔尔萨一家酒店把封好的信交给杜威。在“绝密”和“杜威先生亲阅”字样下，信的第二段写道：“我下面要告诉您的内容属于高度机密，因此我不得不请求您，要么您收下这封信，前提是不把它的内容告诉任何其他人，并退回此信；要么您读到此为止，把信退给送信人。”

再下一个段落中，“密码”一词跃入杜威眼帘。他当即猜出信件主题，因为他已经从不少人那里了解到基本的密码破译秘密，同时感觉，作为总统候选人，无论如何他“不应随意做出承诺”，他不再读下去，把信还给克拉克。

克拉克回到华盛顿，马歇尔与他和比斯尔讨论了杜威的拒绝。他们决定，因为这事太重要，他们还得再试一次，因此，重新起草信的第一部分后，他派克拉克（这次着便装）到奥尔巴尼。9月28日，时任纽约州州长的杜威在州长官邸接见他，但拒绝讨论此事或阅读信件，除非有他的一个亲密顾问、州银行督察艾略特·贝尔（Elliott V. Bell）在场。万一马歇尔出事，他希望能有个证明；并且基于同样原因，他坚持保留这封信，尽管马歇尔要求退回。克拉克给马歇尔打电话，后者同意了这些条件，然后杜威接电话，答应把信锁在他最秘密的文件柜里。随后他读到这份密码史上秘密泄露最多的单份文件：

绝　密

杜威先生亲阅

1944 年 9 月 27 日

州长先生：昨天（9 月 26 日）给您送信的信使克拉克先生已向我报告他 9 月 25 日送信的结果。我对他报告的理解是：(1) 您认为自己已经知道信中可能会提及的某些事项，正如"密码"一词所提示那样，所以不愿就"不将它的内容告诉任何其他人"做出任何承诺；(2) 您无法想象，作为总统候选人，竟然会收到一封由我这样地位的军官寄来的信，而总统毫不知情。

关于第（1）点，我很高兴您继续阅读信中内容，并了解到您将守口如瓶，对稍后只从我处获取的消息闭口不谈。关于第（2）点，我可以保证，不管是陆军部长还是总统，都不知道有这样一封信寄给您，也不知道这封信的起草和发送。我向您保证，看到或知道这封信或 9 月 25 日给您送信的人，只有金海军上将，七名负责军事通信保密的关键军官，和负责打印这些信件的我的秘书。我尽力让您明白，寄这封信完全是我的主意，只在信起草完后，我才征询了金海军上将的意见。我之所以坚持此事，是因为此中潜藏巨大军事危害，因此我认为有必要采取一些行动，保护我国武装部队的利益。

其实，我更想跟您面谈，但我想不出法子避开报纸和电台的眼线：为什么陆军参谋长会在这样特殊时刻寻求与您会面。因此，我转而采取这个方式，对此金海军上将也表示同意，于是命刚好负责陆军部和海军部机密文件的克拉克上校亲手把这封信交给您。

简言之，当前军事困境如下：

珍珠港事件的最关键证据是我们截收的日本外交通信。几年来，我们的密码人员分析了日本用于加密外交电报之机器的特性。根据这项研究，我们制造了相应的机器，解密他们的电报。因此，我们拥有大量有关他们在太平洋动向的情报，我们把它们交给国务院——与公众猜测的国务院向我们提供情报相反。但遗憾的是，情报中没有一句提及对夏威夷的企图，直到12月7日前的最后一封电报，它到第二天，12月8日，才到我们手上。[1]

而当前困境的关键是，我们在获得包括日本和德国在内的其他代码后，破译工作齐头赶进；我们有关希特勒对欧洲图谋的主要情报来自大岛男爵，他从柏林发回电报，把自己与希特勒和其他官员会面的情况报告给日本政府，这些报告依然用珍珠港事件时使用的密码加密。

可以说，哪怕对方对我们一整套做法产生一丝怀疑，它都会毁于一旦。为进一步说明它的特殊重要性，珊瑚海海战就是典型例子，我们依据它解密的电报，才使为数不多的舰艇在正确的时间出现在正确的位置，得以集中有限的力量抗击日本海军进军中途岛。几乎可以肯定，如果没有破译情报，我们的舰队会在3000海里以外。我们完全掌握了他们进攻中途岛的兵力，也掌握了他们进攻阿留申群岛的一支小股部队的兵力，后者最终登陆阿图岛和基斯卡岛。

我们得到的日军部署情报在很大程度上指导了太平洋作战。我们知道他们各地守军的兵力，他们的补给和其他物资还能维持多久；并且最重要的，我们了解他们的舰队行动和船队动向。前方不断传来我方潜艇给他们造成的重大损失，很大程度上就是因为我们知道了他们船队的航行日期和航线。因此，我们的潜艇能在正确位置伏击。

在马尼拉湾和其他地区，哈尔西海军上将的航母部队目前正在袭击日本运输船，而袭击的时机选择在很大程度上依赖于对日本船队动向的了解。不出意料，其中两支船队遭到了毁灭性攻击。

[1]　原注：实际是12月11日。此处马歇尔说的是吉川猛夫12月3日从檀香山发给东京，设定屈恩信号系统的电报。

据上可知，如果当前有关珍珠港的政治争议泄露，导致敌方（德国或日本）对我们拥有的重要情报来源产生任何怀疑，将会招致灾难性后果，这您是可以理解的。

罗伯茨委员会[1]有关珍珠港的报告不得不抽走全部有关该绝密事项的内容，因此它的某些部分必然看上去不够全面。今天，决定那样做法的同一理由甚至更为紧要，因为我们的情报来源已经变得极为复杂。

另一个例子也能阐述当前微妙形势，多诺万[2]的人员（战略情报局）在没有通知我们的情况下，秘密搜查了驻葡萄牙日本使馆。结果世界各地的日本武官密码都被更换，虽然这事发生在一年多以前，我们至今还未破译这个新密码，由此失去这个无法估价的情报来源，尤其在了解欧洲局势方面。

另一个至为严重的困境是，问题还牵涉英国政府，关系到它最秘密的情报来源，对此只有首相、参谋长和极少数其他官员知情。

哈内斯议员最近在国会的演讲很明白地提醒了日本人，我们一直在阅读他们的密码，虽然哈内斯先生和美国公众可能不会得出任何这样的结论。

艾森豪威尔将军的作战行动和我们在太平洋的全部行动的构想和时机选择，与我们从这些拦截密电中秘密获得的情报息息相关。不管是在当前的作战行动中，还是在提前结束这场战争的展望中，它们都对胜利贡献巨大，挽救了无数美国人的生命。

当前政治活动可能给我们带来悲剧性后果，我告诉您此事，希望您将采取措施避免相应后果。

请将此信还给送信人。我将把它存放在最机密的文件箱里，您有需要可随时查阅。

谨上，

（签名）马歇尔

[1]　译注：Roberts（Commission），总统任命的珍珠港事件调查委员会，主席欧文·罗伯茨（Owen J. Roberts）。

[2]　译注：（William J.）Donovan，威廉·多诺万（1883—1959），二战时任战略情报局局长。

这封非同寻常的信让杜威左右为难。他觉得日本人不可能在 1944 年 9 月使用与 1941 年 11 月相同的密码，他深信自己的道路正确，深信民主党人在整体国内国际事务及在珍珠港这一特定事件中“可怕的无能”。他和许多共和党人很可能认为，真正的爱国是披露三年前一些关于战前密码的秘密，证明他的观点，选出正确的人、正确的党来掌握国家命运。如果披露能提供有力证据，珍珠港指控可能帮助他进入白宫。杜威与两个亲密顾问贝尔和赫伯特·布劳内尔（Herbert Brownell）详细讨论了这个问题。他权衡了这些论点和可能失去的奖励——有史以来最强大国家的领导权，与延长一场每天有成百上千美国人死亡的战争的可能性，与他对德高望重的马歇尔的尊敬，所有这些孰轻孰重。经过两天深思熟虑，他决定不再提及密码破译。

马歇尔从未真正要他做出任何保证，杜威也从未把他的决定告诉这位参谋长。但是，马歇尔承认，“这次竞选中，似乎再没人提到这件事。”杜威大败。后来，为了表示感谢，马歇尔派比斯尔带着当前使用的“魔术”副本到奥尔巴尼，向杜威表明它是如何在太平洋发挥作用的。杜威告诉比斯尔，他听说议会将就珍珠港事件举行一次辩论，询问马歇尔是否希望他插手阻止。比斯尔回去后，马歇尔让他致电杜威，说马歇尔的要求已经影响了他的个人行动，陷他于尴尬境地，马歇尔将不会再提更多要求。杜威答复说这不是他个人荣辱问题，而是事关战争胜利大局。比斯尔告诉杜威，马歇尔已经预料到这样的答复，但确实没有额外要求。不管怎么说，那次辩论从未发生。这段插曲最后在罗斯福的葬礼上响起，杜威和马歇尔走到一起，“我请他随我来到陆军部。他来了，我们向他介绍了太平洋战场形势。还给他看了表明当时日军行动的最新‘魔术’情报，尽可能让他了解这些内容的重要性。他的态度非常友好，很有风度。”

对美国密码分析保密来说，最后、最严重的威胁就这样消除了。日本人从未认识到他们的密码透明得荒谬。他们从未怀疑山本事件背后的真相。密码分析继续在对日战争中发挥作用，甚至直到战争正式结束以后。

太平洋密码战不是以极富戏剧性的传奇，而是以一段令人心酸的插曲落下大幕。例如有一次，一个低级通信员自作聪明地扰乱了哈尔西的计划，让他一直渴望的传统重舰巨炮决战化为泡影。

故事发生在 1944 年 10 月 25 日，莱特湾海战（Battle for Leyte Gulf）期间。哈尔西在自己的第 3 舰队内组织了一支第 34 特遣舰队（Task Force 34），由他的大部分战列舰和巡洋舰组成。特遣舰队与哈尔西的主力部队共进退，在很大程度上它是一个理论上的组织，但因为一封电报的句法歧义，尼米兹等人以为它是一支独立部队。莱特湾海战涵盖一片广大区域，哈尔西的航母正在攻击日本北方舰队的四艘战列舰和两艘航母，托马斯·金凯德（Thomas C. Kinkaid）海军上将用明文发来一个紧急呼叫，请求第 34 特遣舰队的舰炮支援。哈尔西正在猜测电报可能被日本人拦截带来的影响，一直在无线电中关注战役的尼米兹来电问他 ：“第 34 特遣舰队在哪里？”

海军通信规程要求报头和报尾（电报的软肋）要用无意义单词组成的虚码隐蔽。这种“凑字”应该与电文毫无关联，但珍珠港的少尉加密员违反了这项规则，使用了一个“蹦入我脑海的”短句。虽然他正确地用连写字母把凑字与电文分开，哈尔西旗舰上的通信员寻思它也许是电报的一部分，决定不去掉它。于是，他们匆匆送给哈尔西的解密纸带上写道 ：

From CINCPAC [Ninitz] action Com Third Fleet [Halsey] info Cominch [King] CTF seventy four [Kinkaid] X Where is repeat where is Task Force thirty four RR the world wonders[1]

读到这个，哈尔西说 ：“我大为震惊，就像一耳光打在脸上。纸在我手上抖得哗哗作响。我扯下帽子扔在桌上，吼出几个我耻于回首的词……抓狂得说不出话来。”对这个明显的污辱，他越想越火，上午 11 点不到，他愤怒地调遣第 34 特遣舰队，由北上改为南下支援金凯德。“当时，”他说，“（日本）北方舰队剩余的两艘航母受伤，动弹不得，离我的 16 英寸（406 毫米）主炮炮口只有 42 海里。”虽然这两艘航母后来被消灭，误会消除，少尉加密员受到尼米兹严厉处分，哈尔西却失去了“我从海军学员时代起就梦想的机会”。

[1]　译注 ：大意为，自 CINCPAC（尼米兹），至第 3 舰队司令（哈尔西），抄送 COMINCH（金），CTF74（金凯德）。见鬼，第 34 特遣舰队哪去了？

战争以最伤心的插曲（悲剧性后果）结束，体现美国在通信情报方面的失败。1945 年 7 月 30 日凌晨 3 点左右，日军“伊 -58”号（*I-58*）潜艇报务员加密一封电报，报告三小时前它“发射六枚鱼雷，三枚击中一艘爱达荷级战列舰……确定将它击沉”。他用一个标准日本海军频率把它发给第 6 舰队和联合舰队司令部。

美国人拦截了它；太平洋舰队无线电小队破译了它；发出后 13 小时内，这份报告到达关岛的尼米兹前线司令部。电报给出的位置在重巡洋舰“印第安纳波利斯”号附近，它曾于 7 月 26 日把一块用于首次核攻击的铀 235 运到蒂尼安岛。但前线司令部没人查询是否有任何美国战列舰或巡洋舰或其他重型军舰失踪。原因无人知晓。这个原因加上其他疏忽，结果近一周时间，美军没有发起任何对落水船员的搜索；在此期间，近 900 名美国水手白白送命，这是美国海军史上最大的海难。

平时为赢得战争而努力的美国分析员现在开始为和平而工作。他们破译的日本电报表明，日本有意在原子弹肆虐日本及核战争开启前退出战争。虽然 1945 年 4 月，日本新内阁的成立暗示了其拥抱和平，但直到 7 月 13 日，美国才得到日本和平愿景的第一个具体证据。这一天，杜鲁门总统和其他高级官员读到外相东乡茂德发给驻莫斯科大使佐藤尚武（Naotake Sato）的一道指示。东乡催佐藤赶在波茨坦三巨头会议前与苏联外长见面，传达日本结束战争的强烈愿望。东乡解释说，和平的唯一真正障碍是同盟国无条件投降这一要求。他说，如果同盟国坚持这一点，日本将不得不继续战斗。其潜台词就是另一种投降方式可能带来和平。

随后几天截收解读的另外几条电报进一步表明了日本的意图，证实了许多专家对日本的看法：若同盟国承诺保留天皇，日本将打开投降的大门，而投降在绝大方面是无条件的。许是基于这条密码分析情报，在波茨坦，美英苏要求日本无条件投降的呼声才有所平息——无条件投降将威胁到皇位，威胁到日本人的身份认同，因此才有东乡无法接受一说——他们仅接受军事上的无条件投降。三巨头希望不必使用原子弹即可结束战争，但如有必要，他们也不惜这样做。因此 7 月 26 日的《波茨坦公告》要求日本在“日本军队无条件投降”与“即时和完全毁灭”间做出选择。但因为前一选项没有正面承诺保留日本天皇，日本无法接受，选择了后者。

致命的爆炸首先点亮了广岛。特务班报务分析员已经知道如何预测从蒂尼安岛发动的 B-29 轰炸机袭击，标出了广岛毁灭前那架轰炸机的特别信号。三天后，他们再次听到这个信号。日本没有空军发出预警，报务分析员也无法判断飞机是飞向长崎，但他们知道这些嘟嘟声的含义。当他们机械地标出它的位置时，用一句日本话来说，他们默默咽下自己的泪水。

美国方面，“魔术”情报活动一直持续到敌对状态结束后。美国担心驻朝鲜日军部队的自杀式抵抗，就像他们在遇到某些岛屿守军时发生的那样，因此计划到 9 月 23 日才用陆军整整一个军的兵力占领朝鲜半岛。但美国密码分析员揭示，驻朝日军司令正请求他的政府催美军尽快入朝。这清楚表明，没必要担心敌对行动，因此提前三周，9 月 3 日，美军用了区区一个团的兵力，就控制了这个国家。类似考虑也在解除侵华日军武装方面发挥了作用，并且最终加速了对日本本岛的和平占领。

密码学在二战期间又有什么发展呢?

二战并没有给电报带来根本性变化，但电报彻底改变了编码学和无线电的结构，把密码分析推向了世界。但是，战争放大、加速、强化了已经存在的事物。甚至在二战最显著的两项密码学发展中，这一点依然成立。这两项发展，一个来自内部，其变化之大，已经达到质变的程度：编码作业和分析技术的发展；另一个是外部的：密码分析从众多情报来源之一上升为主要情报来源。

当然，所有这些都是无线电用量剧增的结果。闪电战要求机械化先头部队与空中支援和巩固阵地的步兵通力合作；全球战争要求全球通信；数量前所未有的电报流过无线电通道；专事无线电通信的大型机构应运而生。

一战中，美国陆海军有约 400 人从事密码工作（不包括密码员），每 1 万军职人员中约有 1 人。二战时，从事密码工作的人数达到 1.6 万，是一战的 40 倍，比例为 800 人中有 1 人。一战中，密码编制科的少数官兵为整个美国远征军编制了密码。二战时，阿灵顿霍尔的数百名专职士兵为遍布全球的成千上万台 M-209 密码机制定密钥设置，这种机器每 8 小时消耗一种新设置。（最终，阿灵顿霍尔智囊团的一个语言学家设计了一种自动生成密钥设置的机器。）

1918 年，几个人就把密码本包裹送到需要它们的美军司令部；1942 年，把新密码本发到分布在漫长战线上的部队，成为日本人面临的一项巨大后勤挑战。日本没能在中途岛海战前及时完成这项工作，遭致灾难性后果，这表明，密码已经成为几乎与食物和弹药一样的必需品。代码和密码掩盖了更多次生形式电报：气象、测向、飞机和商船电报。截收电台遍布全球。这门科学萌生了前所未见的分支机构：通信保密处有一个专门分发破译结果的部门，另一个部门专门负责改进和开发编码机理。高级军官随处可见，人员招聘如火如荼。庞大机构的各项装备一应俱全，密码业务成为一项大事业。

同一时期，在编码作业和密码分析技术两个核心领域，密码学完成了一次嬗变。一战留给这两者的，是过时和残缺。虽然代码提供了某种原始的机械化，但手工加密只能勉强应付电报负担。凭蛮力进行频率分析，即使由大师主刀，也几乎对付不了 ADFGVX。20 年代，这些迫切需要的工具和想法开始出现。在编码领域，弗纳姆、赫本、谢尔比乌斯、达姆和哈格林发明了实用的密码机——安全、便携、牢靠、可打印。政府逐渐用它们代替古老的纸笔方法。密码分析方面，弗里德曼开创了统计学方法；希尔打开了一扇通向数学新视野的窗户。密码机构雇用了孔策、库尔贝克、辛科夫这些数学家充当密码分析员，采购了制表机进行大量计算。数学带来了精确、强大的分析技术。战争期间，这些 1939 年才刚刚起步的趋势开始奔腾加速，1945 年达到顶峰。这次发展彻底改变了密码编制和密码分析，它赋予二者的特征延续至今。密码编制机械化和密码分析数学化在二战中实现。

和管理组织的扩张一样，密码学的发展与影响齐头并进。一战期间，密码分析在一次重大事件中发挥了中心作用，即美国在齐默尔曼电报披露后宣战。二战期间，密码分析至少在四次关键事件中发挥了推动作用：中途岛，山本五十六，日本生命线被迅速切断，德国潜艇的失败。密码分析不再仅仅是一个次要的辅助因素，它成了一个关键因素。

确实，事件在政治军事领域的级别越高，密码分析的作用越大。在前线，它可能相当于战俘情报或空中侦察情报。但在理解高级将领的战略计划或整个国家的基本外交政策方面，战俘情报或空中侦察情报都不能与密码分析相提并论。一个间谍可能偶尔挖到一块天然金块，但他做不到分析员能做的提纯工作，他也不能控制情报的可靠程度。两个德国间谍头子的慷慨赞扬证实了分析员的这个优势：瓦尔特·舍伦贝格承认，通信情报长官提供的协助“为我的大部分特工行动的成功创造了条件”；威廉·霍特尔吹嘘，他的匈牙利分析员带给他“至少上百次成功，这样的成功很少落到普通方式工作的特工头上”。意大利军事情报处处长阿梅将军简要列出情报长官喜欢密码分析的三个原因：一般情况下，它是成本最低、最及时和最真实的情报来源。

战争结束后，一个熟悉战时密码破译价值的美国军官说，它把二战至少缩短了一年。[1] 这个估计也许保守了：若日本在中途岛获胜，美国可能需要一年多时间恢复。被问到战时密码破译的价值时，前海军情报主任沃尔特·安德森海军中将宣称，“它赢得这场战争！”的确有点言过其实，不过也能说明问题。实际上，绝对有发言权的马歇尔将军给杜威的那封信倾向于支持这句夸大之辞。密码学最新发展起来的，正是它的这一关键作用。1919 年时，还没人能说出议员克拉伦斯·汉考克（Clarence B. Hancock）1945 年末在美国国会发言中的溢美之词：“我相信，我们的密码人员（分析员）……和任何其他人员一样，为尽快打赢这场战争做出了巨大贡献。”

因为二战中，密码活动成为一个国家最重要的秘密情报来源。

[1]　原注：我试图通过采访丘吉尔、艾森豪威尔、麦克阿瑟来估测密码对盟军的价值到底有多大，但都无法得出真正价值。

第 18 章　俄国密码学

12、13 世纪的俄国手稿里出现了与中世纪法国和德国一脉相承的简单字母替代密码，虽然如此，政治密码似乎是在彼得大帝 [1] 倡导西方化的影响下首次进入这个国家的。

除该国档案以外，最直接的证据保存在英格兰破译科的记录里。破译科破译的第一份俄国文件日期为 1719 年，即彼得统治的第 37 年。这与人们的猜想一致。彼得对各种技艺都很感兴趣，他不仅学习这些技艺，而且拿起工具亲身实践。1697—1698 年，他访问了荷兰和英格兰，1717 年访问巴黎，当时正是欧洲新兴国家正式采用官方准代码及培养分析员破译它们之际，他也许是在访问期间得知代码和密码的。就算彼得本人没有把密码学引入俄国，密码学种子也可能是他引进的外国人播下的，这些外国人帮助他推动 1712 年开始的政府改革。新的俄国政府机构以瑞典为榜样，可能也有一个密码办公室，因为当时瑞典已有超过一个半世纪的密码活动经验。举个例子，它在 1700 年采用了一部近 4000 个代码组的一部本代码。因此，在彼得将俄国从

[1]　译注：彼得一世（Peter I，1672—1725），俄国沙皇（1682—1725），通称“彼得大帝”，在发动北方战争（1700—1721）和波罗的海领土扩张以前，他实现了武装部队现代化；他广泛的行政改革帮助俄国成为重要的欧洲强国。

暴君伊凡[1]统治下的半野蛮状态转变为一个现代国家过程中，密码很可能是他采用的各种新的实用措施之一。

彼得驻伦敦大使早期使用的密码和当时的俄国一样原始，其保密性与问世之初的密码相差无几：它们是单表替代。明文由秘密符号代替，在与世隔绝的英国人眼中，这些符号几乎和西里尔字母本身一样古怪。这样的系统至少用到1728 年。在彼得的女儿铁腕伊丽莎白[2]统治期间，俄国密码学突然发展成熟，成为欧洲翘楚。1754 年，俄驻英使节使用有多名码在内达 3500 元素的两部本准代码。它用法语写成，当时法语不仅是外交语言，还是大部分欧洲王室尤其是俄国王室争相学习的一种语言。（瑞典也用法语代码。）其他较小的两部本准代码以较短间隔紧随其后：一本 900 元素的出现在 1755 年，另一本 1000 元素的出现在 1761 年。

第二年，叶卡捷琳娜二世[3]继位（将使她的国家成为欧洲大陆主要强国），她自己号称"大帝"。六年后，圣彼得堡的代码编制员尝试用俄语编一本有 1500 元素的两部本准代码。到 1780 年，他们又回到法语代码。就是在破译这部代码的工作单上，一个英国破译员记录"句子首尾的大量虚码"，这是俄国编码员技艺的权威证明。1784 年，他们做出一些新尝试：一种随意加密，在这种办法中，代码组第一个数字 1、2、3 或 4 可以随意由 6、7、8 或9 分别替代，或原样写出。据此，*que* 可以由 3126 或 8126 替代。这可能是出于某种节约动机，因为它的准代码底本是一部本；如果是这样的话，俄国专家很快看出这是假节约，因为这个系统不能提供足够的保密性。因此就在第二年，他们抛弃它，代之以一部新的两部本准代码。

实际上，密码每年更换可能源自惯例。1798 年，俄国有一本法语通用密

[1]　译注：伊凡四世（Ivan IV，1530—1584），1533—1547 年为俄国大公，1547—1584 年为俄国第一位沙皇；通称暴君伊凡。

[2]　译注：伊丽莎白·彼得罗芙娜（Elizaveta Petrovna，1709—1762），俄国女皇（1741—1762）。

[3]　译注：Catherine II（1729—1796），俄国女皇（1762—1796），通称"叶卡捷琳娜大帝"，在其夫彼得三世被废黜后成为女皇，曾试图推行社会和政治改革，但遭到贵族阶层阻挠；与普鲁士和奥地利结盟，侵占土耳其人和鞑靼人的领土，扩张版图。

英格兰破译科还原的俄国单表替代密码的密钥，1728 年

码，1799 年又有另一本；1798 年的一本额外俄语通用密码的存在表明了外交部在密码编制方面的多产。有时，若怀疑准代码泄露，他们就会在当年结束前更换或废除它。1800 年 1 月 22 日，外长尼基塔·彼得罗维奇·帕宁（Nikita Petrovich Panin）男爵命令他的驻柏林大使停止使用 1799 年通用密码。俄国人怀疑法国大革命战争期间，该密码和一个俄国将军的行李一起被敌人抢走。同样的怀疑还可能导致外交部停用只生效了约 10 个月的驻马德里和里斯本大使

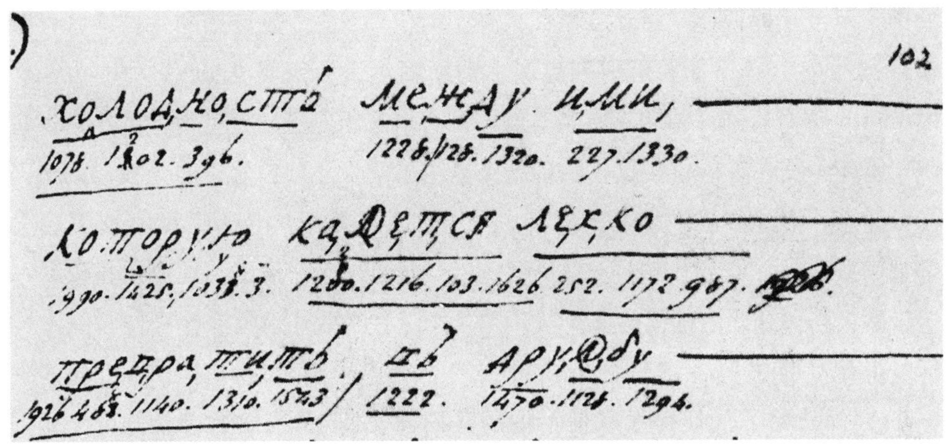
102

холодность между ими,

1078. 1302. 396. 1228. 128. 1320. 227. 1330.

которую кажется легко

990. 1425. 1033. 3. 1200. 1216. 103. 1626. 252. 1172. 987.

предратить въ дружбу

926. 483. 1140. 1310. 1543 / 1222. 1470. 1124. 1294.

英国破译的、全部用准代码加密的俄国 18 世纪初书信的一部分

用的一个密码。

俄国人在密码方面表现得谨小慎微。帕宁警告驻柏林大使：“即使你用信使送信，你也必须经常更换密码，用新的密钥加密报告。”作为额外预防措施，他自己的很多信都用隐写墨水写就，掩盖在一篇文字之下。这种做法还有个好处，若墨水被显影，它将清楚地表明信已经被人动过手脚。他在一封寄到柏林的信上写道：“今天，我没有找到平时手头一直使用的墨水，所以我在随附的密信上用了柠檬汁；因此别把它浸在硝酸里，要给它加热。”所有这些精明老练表明，女沙皇下属编码员的真才实学只能来自一个方式——通过密码分析。

在那些引入新俄国的西方革新中，极有价值的一项就是黑室。和英国、法国和奥地利黑室一样，它们设在邮政局内，雇用专门的开信专家、印章伪造人、译员和密码分析员。但至少，部分密码分析员是德国人，可能是彼得雇用的，并且他们的后代在这个领域继续保持垄断，达几代人之久。

早在伊丽莎白统治时期，黑室就已经开始运行，法国大使德拉舍塔迪（de la Chétardie）侯爵非常清楚他们在偷拆他的信。但这些信加了密，并且按照各地外交官的普遍想法，信件很安全，因为他认为俄国人太笨，破不开他的密码。也许他对俄国人的看法没错，但在黑室工作的三个德国人却让他始料未及。他写信回国时犯了一个可悲的错误，信中内容丝毫没有展现他对女沙皇

的绅士风度，他说她“沉湎享受”，“极轻浮、挥霍”。很自然的是，这些拦截信件被沙皇王室外务大臣阿列克谢·别斯图热夫–留明（Aleksey Bestuzhev-Ryumin）伯爵看到。留明具有亲英倾向，舍塔迪组织了一个反对他的小阴谋集团，留明一直在等待机会反击。他把破译结果给伊丽莎白看，她为自己的法国学识蒙蔽，要他本人在她面前解密才肯相信。第二天，1744 年 6 月 17 日，舍塔迪回到住处，收到一纸通知，命令他 24 小时内离开俄国。他提出抗议，一个俄国人当即开始朗读他的信。“够了。”他说，然后开始收拾行装。

世纪交替之际，密码分析情报依然影响着俄国外交政策。1800 年 3 月 26 日，外长帕宁从彼得堡写信给他的驻柏林大使：“我们拥有（普鲁士）国王与他在俄国代办通信用的密码，如果你怀疑（普鲁士外长，伯爵克里斯蒂安·冯·）豪格维茨（Christian von Haugwitz）不忠诚，只需让他就谈论话题写封信。一旦他或其国王的信破译出来，我一定会把内容通知你。”

12 年后的冬天，不可一世的拿破仑[1]遭遇第一场失败，俄国密码分析在这篇宏大的冬季交响曲中演奏了一段不可或缺的协奏曲。军事天才拿破仑虽然不像通常描绘的那样对密码一窍不通，但无疑，他没有完全理解一个可靠密码的重要性。他的小密码是一个约 200 组的准代码，包括对俄在内的大部分战役均依赖于这个容易破译的单一系统。即使没有他的将军们对部分加密的偏好，这种拿破仑式密码也会在俄国密码分析员攻击下土崩瓦解。虽然我们不知道破译如何帮助了俄国人，但它们肯定有所帮助，有一件事可以证明这一点：凯旋的沙皇亚历山大一世[2]本人回忆这场战争时提到密码破译。那是几年后，他在巴黎参加一次为法国元帅举行的国宴，提到了法国秘密通信的解读。麦克唐纳（Macdonald）元帅曾为拿破仑指挥过一个军，回忆起一个曾经叛变的法国将军，他说：“不奇怪陛下能破译它们，因为有人给了您密钥”。亚历山大否认了。“他的样子很认真，”麦克唐纳讲述，“一手按在胸前，另一手举起。‘不是那样，’他回道，‘我以人格向你保证。’”有人如此坚决地维护他们的荣誉，他的分析员肯定很骄傲。

---

[1] 原注：莫斯科大火烧毁了拿破仑的许多密码，他不得不用明文来发布他的许多撤退命令，其中许多被俄国人截获。

[2] 译注：Alexander I（1777—1825），俄国沙皇，1801—1825 在位。

19 世纪，密码分析员成为沙皇的主要专制工具之一，自由运动日益高涨。臭名昭著的秘密警察“警备队”[1] 监视地下工作者的方法之一，就是让黑室阅读嫌疑人的信件和电报，以及大部分外国邮件和随机抽取的国内邮件。

固定黑室设在圣彼得堡、莫斯科、华沙、敖德萨、基辅、哈尔科夫、里加、维尔纳、托木斯克和梯弗里斯的邮政局；其他地方根据需要设置临时黑室。大部分专家是外国人，但属于俄国臣民，其中相当一部分是德国人，说口音浓重的俄语，大概因为出于保密原因，他们与邻居不通往来。虽然他们主要阅读监视名单上的邮件，但他们对秘密通信的细微差别已经非常敏感，能从信封上一个小点、名字下方一条线和地址的奇特排列察觉一封可疑书信。信通常用蒸汽、热金属丝或刀片从蜡封下开启，但一个负责基辅办公室的专注雇员卡尔·西弗特（后作为奥地利间谍被定罪）发明了一种装置，消除了暴露性褶皱或焦痕出现的可能性。那是一根磨光的、柔软的细圆棒，长短粗细相当于编织针，半截剖开。西弗特把它从信封口一角伸进去，把信纸夹在缝里，卷到针上，再抽出来，信封都不会显著地鼓起来！

密码基本难不倒这些官方探子。黑室将巧妙偷来的密信转到警备队，让它的密码分析专家济宾（Zybine）展示其近乎神奇的能力。前莫斯科警备队头子扎瓦林生动地描述过他：40 来岁，瘦高，黝黑，一条发缝分开长发，两眼有神，目光锐利。“他对工作近乎癫狂。简单密码只需一眼，但复杂密码能让他进入一种接近痴迷的状态，直至问题解决，他才从这种状态中解脱出来。”这个警察局长说。

1911 年，有一次，扎瓦林不得不派人找济宾来破译一封拦截的信件。它用隐写墨水书写，主要由分数构成，莫斯科分部无人能解（很明显警备队地区分部的黑室只会破译简单密码）。次日上午，济宾从圣彼得堡赶来，简短地跟扎瓦林打了个招呼，就索要那封信。一个官员给了他副本。他想要原件，当即动身到邮政局去取，但被告知原件已经发出。扎瓦林让出自己的办公桌，济宾很快沉浸在工作中，在他面前铺开的纸上飞快地涂涂写写。扎瓦林回来请这位分析员晚餐时，叫了两次才有回声，还得把他硬拉过来。饭桌上，心不在焉的济

[1]　译注：Okhrana，沙俄秘密警察，全称“公共安全与秩序保卫部”。

宾喝掉一大碗汤，把盘子翻过来，想在盘底写字。铅笔在盘子上写不了字时，他开始在袖口上写——从头到尾都没意识到主人的存在。最后，他突然从椅子上跳起来喊道："Tishe idiote, dalshe budiote!"

之后，他放松地坐下，像正常人一样享用晚餐。他向扎瓦林解释，重复字母给了他线索。他喊的那句谚语意为"轻装者行远"，是这个密码的密钥。加密人竖写密钥短句，再在每个字母右方写一行恺撒密码表（俄文），行编上号。构成密文的分数用明文字母所在行数为分子，字母在行中的位置为分母。这样，1/3 就表示第一行第三个字母，因为这一行是以 t 开头，1/3 就表示 ϕ。这种脆弱的多名码单表替代是地下组织的标准密码之一。这封信命令送一些纸箱到基辅，那时沙皇正计划访问基辅，纸箱里无疑装着炸药。扎瓦林立即派人监视那封信的收件人，防止对方炸死他们的主子。

济宾说他只有一次败给一个密码，奥地利间谍寄出的一封信就用它加密。"但那是很久以前，"他告诉扎瓦林。"这样的事现在不会发生了。"最后一任警备队头子阿列克谢·瓦西尔耶夫（Alexei T. Vassilyev）也谈到济宾，虽然他没说出后者的名字。有一次，警备队搜查塞瓦斯托波尔一所房子时，发现了一张写满数字的纸，瓦西尔耶夫把它交给济宾。济宾建议这位局长拍电报到塞瓦斯托波尔，要来在房子里找到的全部图书清单。不长时间后，济宾收到清单，在瓦西尔耶夫面前给出破译结果。这个密码的基础是亚历山大·库普林（Aleksandr Kuprin）的《决斗》（*The Duel*），它是一本合宜的反抗俄国军队阶层的小说。济宾为此得到提升和表彰。还有一次，他从瓦西尔耶夫处了解到一磅炸药的价格后，立即破开另一封恐怖分子的信。瓦西尔耶夫似乎有点敬畏济宾的神秘能力，说这位分析家可以一眼看出虚码和不相干的文字。

最流行的俄国地下组织密码似乎来自监狱，那里关押着许多地下组织领导人。虽然狱友间通信被严格禁止，但是犯人孤独地困在坟墓般的铁窗后，脑子里没事可想，就有了足以与看守抗衡的耐心、坚持和智慧。他们用敲击次数表示一个类似波利比乌斯方表的简单棋盘密码的行和列，有时用 6×6 的表容纳旧俄文字母表的 35 个字母，更常见的是五行六列，去掉可互代的字母形式。在英文中，棋盘密码会采用下面形式：

	1	2	3	4	5
1	a	b	c	d	e
2	f	g	h	ij	k
3	l	m	n	o	p
4	q	r	s	t	u
5	v	w	x	y	z

据此，*hello* 就是 23 15 31 31 34。犯人很快记住了正确数字，以每分钟 10 到 15 个单词的速度“交谈”。这种密码在俄国刑罚机构普遍存在，连重刑犯和政治犯都用它。

它的优势之一是可以采用各种不同媒介通信，任何可以加点、打结、穿刺、发光或以任何方式表示数字的物体都可用于通信。它通常把信息隐藏在一封看似平常的手写信里。密文数字由写在一起的字母数量表示；计数间隔用小到几乎看不出的空格表示，看上去像许多人书写中自然出现的间隔。如果计数跨越单词间隔继续，就用上挑的笔画结束单词最后一个字母，把两个单词连起来；如果单词结尾与计数同步，就用一个向下的笔画。通过这种难以察觉的方法，掩护文字与暗藏信息没有任何关系，不必写得牵强附会。秘密通过此种渠道频频进出监狱，并且从黑室专家的眼皮底下溜掉，直到他们最后反应过来。

一种流传广泛密码的灵感来自棋盘密码，以俄国无政府主义者（Nihilist）的名字命名，大概是反对沙皇统治的那些人发明了它。无政府主义者密码（Nihilist cipher）通过棋盘密码把明文和重复密钥词都转换成数字形式，再相加得到密文。如果密钥词为 ARISE（11 42 24 43 15），明文 *Bomb Winter Palace*（轰炸冬宫）就加密成这样：

明文字母	b	o	m	b	w	i	n	t	e	r	p	a	l	a	c	e
明文数字	12	34	32	12	52	24	33	44	15	42	35	11	31	11	13	15
密　　钥	11	42	24	43	15	11	42	24	43	15	11	42	24	43	15	11
密　　文	23	76	56	55	67	35	75	68	58	57	46	53	55	54	28	26

偶尔会出现三位数密文组，如 55 + 54 = 109。这是一种变形的数字维热纳尔，它的附加弱点有利于破译，不会让济宾花费太多时间。但这个基本系统（棋盘替代上增加一个密钥，虽然后来做出重大改进）经受了多年考验，成为俄国地下工作者的主要秘密通信形式。

除内务部警备队外，俄国政府其他部门中只有外交部处理密码事务。它使用过六七种代码，大部分只有 1000 个元素，其中最重要的用一张有 30 个数字的加数表加密。密钥每日不同，据说还故意犯“错”，以此扰乱敌方密码分析员的统计；自然，密码员在阅读自己人信息时须先去掉这些错误。狡猾的俄国人还故意使用已被他国破译的代码，让外国分析员沾沾自喜于他们的丰硕成果，放过己方其他重要代码。不过或通过贿赂，或通过破译，他国依然能解读俄国密码。至少，一种俄国外交密码的破译是通过猜测一条信息以句号结束的典型攻击方法破译的。

外交部大概继承了伊丽莎白和叶卡捷琳娜大帝时期破译外交官书信的密码分析业务，一视同仁地解读友邦和敌国通信：土耳其和奥匈帝国属于敌国，法国和英国属于友邦，中立国瑞典两者都不是。1901—1910 年间，外交部黑室头子是亚历山大·萨温斯基（Aleksandr A. Savinsky）。一战前夕，他革新了外交部密码组织，将密码分析员置于外交部长领导之下，采用了新代码，编制了严格使用代码的规则。

另一方面，陆军部也想做好这件事，但外部环境不允许。1910 年，卡蒂埃少校从法国来到德国，为双方在通信和密码方面的合作做好准备。第二年，他再次来访，带来一部绝密代码本及配套的高级加密。该代码本由法国陆军地理部门印刷，只印了八本，法国陆军部和海军部留下四本；卡蒂埃把另外四本（用于对应的俄国部门）塞在一堆小说和俄法词典里，混在行李内偷偷运过边境。他把陆军部的两本交给一个目光闪烁的鞑靼军官，却在不久后得知，此人把其中一本卖给了德国人。

这是一战前整个俄国军事机构的腐败风气的缩影。年迈的陆军部长的妻子年轻美丽，其情夫与德国皇帝一起用餐，获得五次德国勋章，自然而然，人们怀疑他是德国间谍，这一点后来被证实。在当代间谍领域，俄国也有一次惊人杰作。奥匈帝国参谋部起草了一份战略计划，为与斯拉夫人可能发生的战争做准备；俄国通过勒索同性恋阿尔弗雷德·雷德尔上校，获取了这项计划。负责俄国陆军密码机构的安德列夫上校担心出一个俄国雷德尔，直到最后一刻才把他草拟用于战争的新密码发下去。

他的谨慎酿成大祸。

1914 年，俄国对德作战计划要求用两个集团军进攻东普鲁士。第 1 集团军直接西进，攻入东普鲁士，在战斗中缠住德国守军。第 2 集团军向南绕过马祖里湖区，绕到德军背后，封住退路，摧毁他们。这一战略自然需要两支部队步调一致，紧密协同。不幸的是，俄军通信极为不力。第 2 集团军在穿越波兰平原进军期间，总共只有约 563 千米电缆可用于铺设。与这点可怜的供应形成强烈对比的是，后来西线美国远征军一个集团军一天使用了约 4023 千米电缆。同时，俄国无线电台只配备给两支集团军总部和直属下级指挥部——军。师及以下部队则没有配备，几个军指挥部只能用电缆连接下属师部。因为在铺设连接后方指挥部的线路中，集团军司令部已经全部用完了他们那点少得可怜的电缆，因此在军指挥部之间和它们与集团军司令部（两个最高级战地指挥部）之间，无线电成为唯一通信方式。

他们的通信对敌人毫无保密可言。低效无能阻碍了俄国的动员工作，也影响了新的军事密码及其密钥的分发。例如，在一个集团军（第 2 集团军）内部，第 13 军没有密钥可用于解读邻军第 6 军的电报。8 月 4 日，战争爆发。不出半个月，俄军通信员甚至都不再给电报加密，直接就用电台把明文发出去。

根据俄军战略，8 月 17 日，指挥北线第 1 集团军的帕维尔·伦嫩坎普夫（Pavel Rennenkampf）开始进入东普鲁士。德军参谋部早就预见了这次兵分两路的进攻，从地形上可以很明显地看出来。他们只留下一个集团军防守东普鲁士，因为他们的战略是先迅速取得对法国的决定性胜利。这支部队兵力大致与俄国任一集团军相当，但比不上两个集团军的联合力量，德军参谋部制定了它的战略：全力攻击第一支抵近的俄军部队，再转头进攻第二支。东普鲁士是容克贵族的故乡，德国人不愿让它遭受斯托夫人的可怕践踏。

德军在贡比涅[1]与伦嫩坎普夫交战。在俄军猛烈炮火重击下，德军部队溃败，后撤约 24 千米才稳住阵脚。惊魂未定的德军司令准备退到维斯瓦河，放弃东普鲁士。他把意图报告给德军统帅部，统帅部立即开始寻找接替人选。但他才华横溢的参谋长马克斯·霍夫曼（Max Hoffmann）上校指出，南线俄国集团军已经攻入甚深，其左翼实际上已经比德军后部更接近维斯瓦河，处在切断德军退路的位置。他说服长官相信，就算只是为了安全撤到维斯瓦河，他也必须攻击这支左翼，为德军争取机动空间。德军溃退前设法抓伤了俄罗斯这只大熊，伦嫩坎普夫没有乘胜追击，而是暂停进军，舔舐伤口。霍夫曼确信他会继续休整一两天。他的将军接受了他的建议，从与伦嫩坎普夫交战的前线撤出两个军，经由德国出色的铁路网络向南转移，奇袭俄军南路。

当新的德军司令保罗·冯·兴登堡和实际掌权的参谋长埃里希·鲁登道夫抵达并确认这次行动时，行动还处在它的早期状态。艰难的火车运输过程开始了，鲁登道夫在北部战线展开一支骑兵掩护部队，掩盖撤军，监视伦嫩坎普夫。分兵违反了德国关于兵力集中的军事教条，带来一个问题：该不该把全部德军兵力投入到进攻亚历山大·萨姆索诺夫（Aleksandr Samsonov）将军领导的南线部队的战役中？这样做虽然基本上可以确保胜利，但也把裸露的德军后背暴露在伦嫩坎普夫的进攻面前。8 月 24 日晚，正当德军参谋部讨论此举利弊时，一个摩托车手送来两封截收的俄国电报。这是德国柯尼斯堡要塞电台台长主动转来的，他的报务员没有多少自己的电报可发，开始收听俄国电台打发时间。

两封电报都来自萨姆索诺夫的第 13 军指挥部，经无线电发给集团军司令部，因为这是该军拥有的唯一通信手段。两封都是明文，因为第 13 军从未收到合适的密钥。电报指明了该军的准确进军目的地，何时到达，下一步计划。是不是圈套？不是，因为前一天，德军在一个死亡俄国军官皮夹内发现了一份俄军总指示，这些细节与之完全相符。电报没有回答关于伦嫩坎普夫意图的关键问题。但鲁登道夫决定，有了这份情报，大败萨姆索诺夫的可能性是有的，值得冒被伦嫩坎普夫打败的风险。他传令，伦嫩坎普夫对面的余部行军穿过敌军两侧部队间的狭缝，向前推进。

[1] 译注：Gumbinnen，今俄罗斯古谢夫。

次日上午，行军正在进行，鲁登道夫和兴登堡出现在马林堡[1]的司令部。但鲁登道夫对他的做法并非完全没有担心；进一步考虑后，他心神不宁。俄国第 1 集团军可以轻易突破他薄弱的骑兵防线。“令人生畏的伦嫩坎普夫大军就像一把达摩克利斯之剑，”他担心，“只要它向我们逼近，我们就会一败涂地。”失败将沉重打击德国士气，德国将失去盛产谷物和牛奶的土地，而俄国大军和柏林间的唯一屏障也可能会沦陷。或许，他该更慎重一点？趁现在还来得及，他是否该留点部队阻挡伦嫩坎普夫？甚至，他是否该取消对萨姆索诺夫的整个进攻，回头对付伦嫩坎普夫？关系如此重大，而这一切仅仅来源于士兵直觉：伦嫩坎普夫正在修复补给线，重新补给部队，只能缓慢进军。

但那天上午，一封截收的俄国电报到达司令部，鲁登道夫和霍夫曼心头的大石轰然落地，开始着手准备这场战争，赢取伟大胜利。电报也是明文，这次是伦嫩坎普夫发给他的第 4 军的，部分内容如下：

> 集团军将继续进攻。8 月 25 日将抵达韦伯林—萨劳—诺科特—波托伦—努登伯格（Wiberln-Saalau-Norkitten-Potauren-Nordenburg）一线；8 月 26 日抵达姆劳—彼得斯多夫—韦劳—阿伦堡—盖尔道（Damerau-Petersdorf-Wehlau-Allenburg-Gerdauen）一线。

德军地图表明，伦嫩坎普夫依然在龟速前进。这位俄国将军不慌不忙沿德军撤出的位置进军，沿途所见德军仓皇逃窜的迹象证实了他的错误判断，即德军自贡比涅失败后，正全面撤退。他不想逼得太急，担心会在萨姆索诺夫击溃他们前把他们逼到维斯瓦河。然而德国人立即看出，在德军完成预计对萨姆索诺夫的毁灭前，他无法及时到达任何可以攻击德军后背的位置。他们松了一口气，立即开始专心策划那场毁灭。

当天上午晚些时候，德军指挥员从一个军指挥部开完会返回司令部，途中在蒙托夫一个火车站停下打听消息。一个通信员交给霍夫曼另一封截收的俄国电报——同样是明文。萨姆索诺夫早上 6 点把它发给没有密码的第 13 军。电报很长，霍夫曼看完时，兴登堡和鲁登道夫已经乘车出发。他坐上自己的车迅

[1]　译注：Marienburg，今波兰马尔堡。

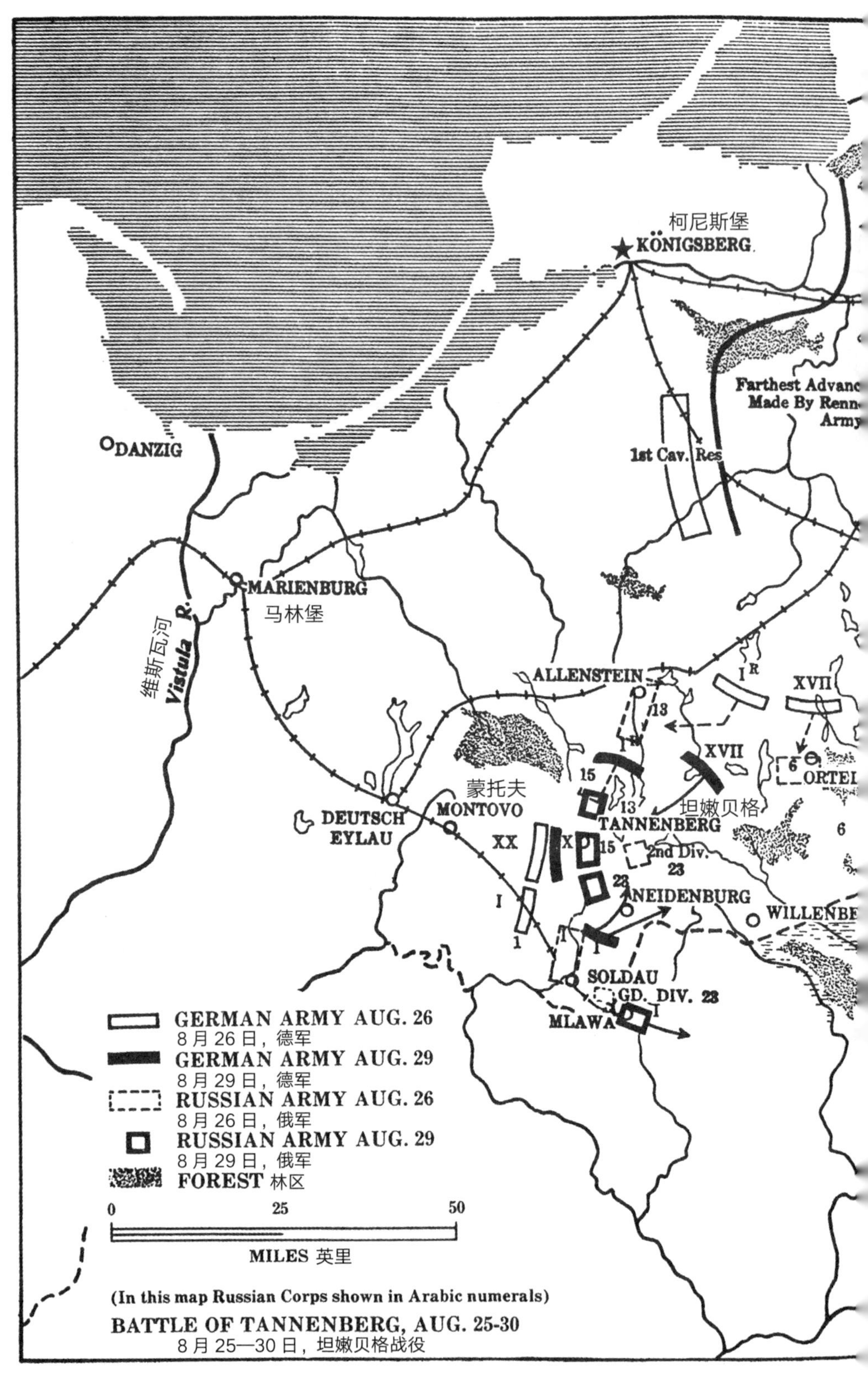

坦嫩贝格战役（Battle of Tannenberg），1914年8月24—30日（经作者芭芭拉·塔奇曼［Barbara W. Tuchman］同意，本图片复制自《八月炮火》［*The Guns of August*］）

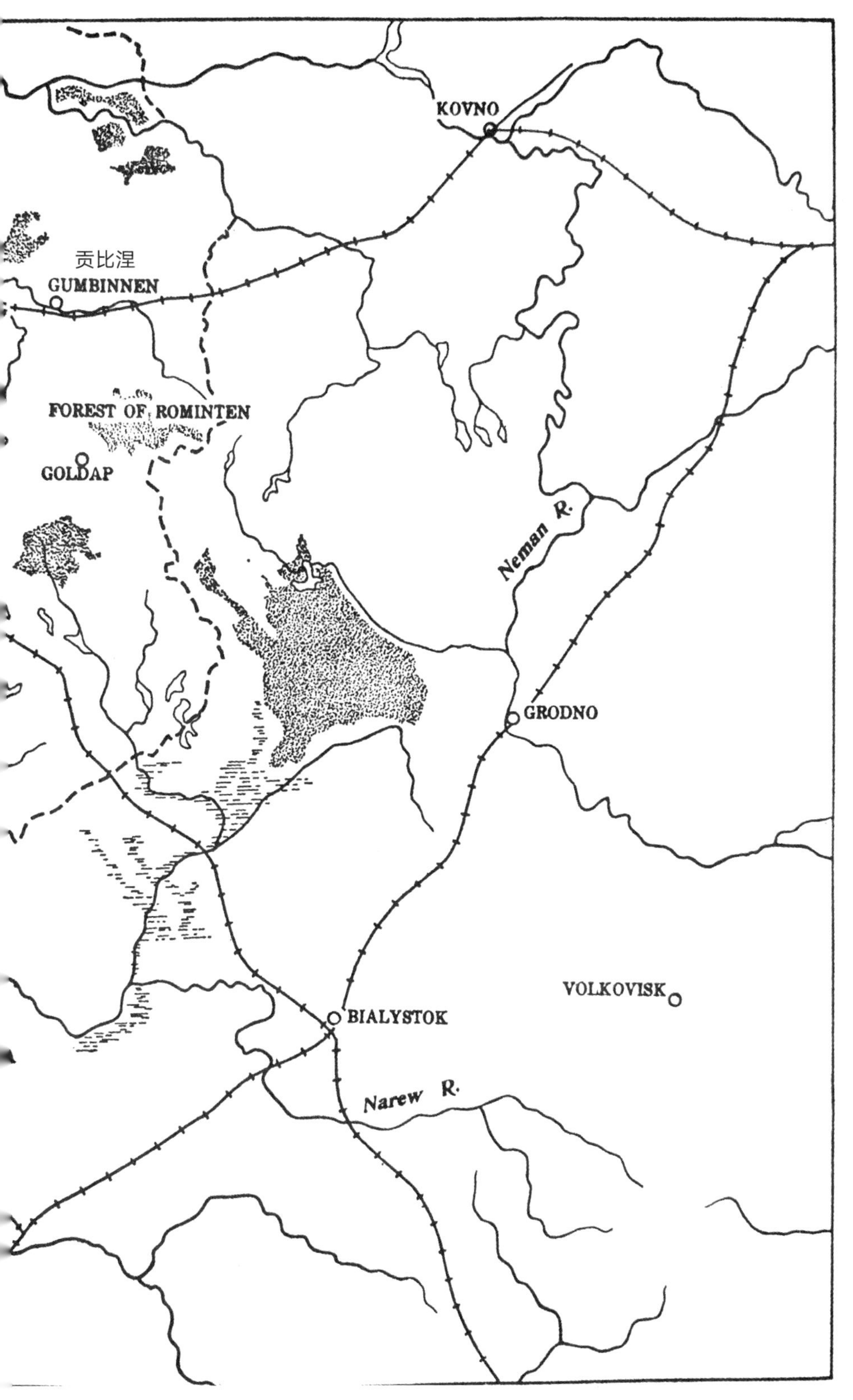

KOVNO
贡比涅
GUMBINNEN
FOREST OF ROMINTEN
GOLDAP
Neman R.
GRODNO
VOLKOVISK
BIALYSTOK
Narew R.

速追赶，超过他们，当两辆汽车在车辙很深的波兰道路上并排颠簸时，他把电报递过去。兴登堡停下车，几人研究这封信：

> ……8 月 25 日，第 2 集团军进军到阿伦施泰因—奥斯特罗德（Allenstein-Osterode）一线；各军主力：第 13 军占领吉门多夫—库肯（Gimmendorf-Kurken）一线；第 15 军占领奈德劳—保罗斯古特（Nadrau-Paulsgut）一线；第 23 军占领米肖肯—加尔迪尼（Michalken-Gr. Gardienne）……第 1 军留在五区保护集团军左翼……

这实际上是萨姆索诺夫对形势的全面总结，以及他的集团军最详细和清楚的行动步骤。在整个军事史上，这封信关于德国人对敌军意图的揭露是前所未有的，德国就像下棋时知道对手的想法，捉迷藏时没蒙上眼睛，几乎不可能失败。

德国人通过利用俄军部署弱点，制订了计划，策划了对萨姆索诺夫的双层包围，并且完美实现了计划。第二天，26 日，总攻打响。从伦嫩坎普夫前线正面南下的一支德军猛攻萨姆索诺夫右翼；当夜，该翼被包抄。27 日拂晓前，一阵猛烈炮火击垮了疲惫饥饿的萨姆索诺夫左翼部队。士兵没有了士气，不到中午，他们逃离战场，而德军还没发动真正的步兵进攻。萨姆索诺夫很快认识到，俄军不仅没有摧毁这支撤退的德国集团军，反倒几乎被它包围。他的中路第 13 军和第 15 军在这场混战中英勇战斗，他们用电台明文发出的狂乱命令和求援也被德国人听到。德军对战场态势洞若观火，利用对方空隙和机动四处出击。渐渐地，德军从两侧推进到第 13、15 军后方；俄军很快发现自己腹背受敌。到 30 日，德军“铁桶”包围了这两个军，俄军只逃出 2000 人。战役结束，俄全军覆灭，萨姆索诺夫丧生。他和参谋失败后在黑夜中跌跌撞撞穿过森林时绝望自杀。

渐渐地，德国人明白自己赢了，霍夫曼写道，“史上最伟大的胜利之一”。近 10 万俄军被俘，近 3 万人丧生或失踪，俄国第 2 集团军灰飞烟灭。该役被德国人称为坦嫩贝格战役，是这场战争中的少数决定性战役之一。它表明，令中欧闻风丧胆的俄国压路机并不是不可战胜的机器。兴登堡一战成名，战争后期成为最高司令，又在和平时期登上总统宝座。俄国国内亲德集团则开始煽风点火，劝导退出战争，俄国士气一落千丈。

这场胜利的设计师霍夫曼说明了胜利的真正原因：“我们有个盟友，我只能在一切都结束后才谈论它——我们知道敌军的全部计划。俄国人用明文发无线电报。”这个例子非常明确，未加密电报的截收给德国人带来胜利，坦嫩贝格是俄国滑向长期毁灭和革命的第一个推动力，是史上第一次由密码失败而决定的战役。

俄国有无尽的人力资源，连坦嫩贝格这样的惨败也不能削弱它的战争努力。“我们乐意为盟友做出这样的牺牲。”当法国大使表示慰问时，俄军总司令尼古拉斯（Nicholas）大公这样回答。虽然转向伦嫩坎普夫的德军在马祖里湖区战役（Battle of the Masurian Lakes）中把他赶出东普鲁士，但奥匈帝国军队在两支俄国集团军猛攻下退出了利沃夫，几乎退到克拉科夫。同时，虽然受到包括通信设备在内的全面短缺困扰，到 9 月中，俄国人最终设法把密码系统发到所有指挥部。14 日，俄军统帅部（Stavka）确定了它在所有军事命令中的应用。

这是一种多表替代系统，但丧失了多表替代的大部分优点。它用一个密码表连续加密多个字母，类似美国独立战争中被詹姆斯·洛弗尔轻松破译的康沃利斯用的脆弱密码。表格上方是一行 33 个俄文字母；方表主体由 8 行乱序两位数字组成，各行互不相同，左侧列出各行乱序编号。加密时，这些密码表轮流使用，编号 1 先用，2 次之，依此类推。每个密码表一次加密数个字母。在换用下一个密码表之前，某个密码加密的字母数取决于加密员的兴致，他把这个数字重写五次，作为一组放在报头，通知解密员。如果他想在一封电报内改变这个数字，他只需重复这个新加密组长度数字五次，把它塞进电报里，从下面开始使用那一长度。

因此，用俄国陆军密码加密的电报就由多组单表替代加密的字母组成，长度由报中清楚出现的 99999（最大长度）或 66666 之类的数字组指示。这种密码除了经受不起通常的频率分析外，如果某个明文词完全落在一个加密组内，构成单表加密的话，它还常常暴露出该词的重复字母形式，如 *attack* 或 *division*。这样的系统不会对分析员构成无法克服的困难，尤其是在像俄国人这样使用不当、常常明密混用的情况下。虽然明密混合电文很快被禁止，但为时已晚。

因为到 9 月 19 日，奥匈帝国破译机构俄语组负责人、聪明的年轻上尉赫尔曼·波科尔尼已经破开这个系统，还原出全部密码表。9 月 25 日，他的第一份重要破译揭示了诺维科夫（Novikov）将军对同盟国部队的长篇侦察报告，以及他的评论："我决定不横渡维斯瓦河"。电报时间是上午 8 点 40 分；下午 4 点，奥地利联络官已经把它交给了德军司令部。了解到诺维科夫的意图，奥—德军队在维斯瓦河和桑河战役中采取的初期战术取得成功。其他截收电报在众多局部战役中发挥了作用。俄国第 10 骑兵师（10th Russian Cavalry Division）上校延加雷切夫（Engalitschev）亲王的一封电报显示了对普热梅希尔要塞将有一次强攻。奥地利指挥官做好了准备，轻松抵住进攻，直到 10 月中旬奥军推进迫使俄军撤围。在这次进军中，波科尔尼的组每天破译密电达到 30 封。

约在同一时期，俄国人首次更换密钥。变更大概只是改变了密码表使用的次序，密码表本身依然没变。波科尔尼最多花费了几分钟时间破译它。如果说他还遇到什么困难，那么当一个俄军电台用旧密钥重复一封已用新密钥发过的电报时，这些困难立马消失了。

同时，多半出于侥幸而不是先见之明，德国人发展出自己的密码分析部门。柯尼斯堡大学语言学教授路德维希·多伊布纳作为俄语译员加入国民军，驻扎在柯尼斯堡要塞。以翻译要塞电台截收的明文电报为起点，他开始了自己的无线电情报工作。当报文内出现加密单词时，他开始破译它们。渐渐地，他掌握了俄国密码，可以解读完全加密的电报。9 月末，他被调到司令部，负责管理一组密码分析的新手译员。不久，他和一个杰出同事（霍夫曼称他们"极具破译天分"）以及他们的破译新手每天夜里 11 点左右给鲁登道夫送去源源不断的译文。这位参谋长焦急地等待译文，对着手下喊，"有电报吗？"他第二天的命令，很大程度上建立在截收电报提供的情报基础上。电报来晚时，他会走到分析部门，看看在哪儿耽搁了。如果某一次电报没有提供重要信息，他就会咆哮批评截收部门没有尽力。

这样的情形很罕见。波科尔尼和多伊布纳的组之间很快建立了直线电报联系；他们一起破译了几乎所有截收的俄国电报。当一个俄国集团军司令部因为线路员忙于维修工作，获准将无线电用于前线活动时，他们的情报有了保证。

同盟国就是从俄国无线电中了解到，尼古拉斯大公正在集合一支包含七个集团军的庞大军队，向欧洲中东部的西里西亚工业中心滚滚推进。到 10 月末，兴登堡和鲁登道夫掌握的俄军组成、部署和兵力情况，与俄军统帅部绘就的正式蓝图相差无几。只有进攻日期未知，但德国人猜测，俄国这台笨重压路机的启动将需要一段时间。他们决定掌握主动权，先发制人，在这台压路机里塞进一把活动扳手。

鲁登道夫的计划一如既往地大胆。他从阻挡入侵者的防线上抽出一支德国集团军，部署在北部，准备南下冲击俄国先头部队右翼。11 月 11 日，这把尖刀，即马肯森指挥的一个集团军，开始刺向俄军侧翼；次日下午 2 点 10 分，一个受到攻击的俄国集团军参谋长发出一封长电，被同盟国截收。电报除了提到预计的俄军进攻日期外，还指明了他的集团军和友军的分界线——无一例外的薄弱区。第二天下午，这封破译好的电报放在位于波森（即波兹南）的东线德军司令部桌上。

它立即被转给马肯森。晚上 7 点 30 分，对着这张俄军部署图，他用电话向下级发出了次日作战命令，要求全力集中进攻两支俄国集团军结合部，意在把它们分开，实现突破。

他大获成功。俄军部队被分割，匆匆南撤。马肯森全力推进，同时，鲁登道夫在战斗中拖住正面俄国集团军，派出一个军包抄俄军左翼。他希望再现坦嫩贝格战役——一次双重包围。在罗兹一带的激战中，德军在连续不断的密码分析情报帮助下打退敌军。如 11 月 15 日，德军指挥部得知，四个军将增援内尔河和布楚拉河的俄军，另一个军将在普沃兹克横渡到维斯瓦河左岸。这些细节使德军能够每天像兵棋推演一样机动。

此时俄军正在实施密钥一日一换，但更换仅改变密码表次序，不改变密码表本身。德军分析员跟上节奏。11 月 18 日，分析员破译了一封命令俄军从罗兹撤退的电报，德国似乎已经获胜。但是，当破译员读到尼古拉大公撤回原令，指示部队克服不利形势、继续战斗的电报时，德军司令部的欢庆戛然而止。无线电情报还在源源流入，毫无窒碍，19 日马肯森甚至推迟一条命令，计划等收到截收情报后才发出。

次日，德国人截收到俄国第 4 集团军一个联络官发给一个同事的电报，报上警告说德国人有俄国密钥，担心弥漫在德国截收部门。俄国人曾缴获一个德军密钥，大概他们据此判断自己的密钥也是这样落入德军之手的。他们制定了一个新密钥，这一次更换了全套密码替代。一道无声的大幕在东线落下。

随着截收站流入更多俄国电报，多伊布纳和波科尔尼在海因里希・泽马内克（Heinrich Zemanek）中校和维克托・冯・马尔切塞蒂中尉帮助下疯狂攻击新密钥。这是最黑暗的时刻。罗兹一带激战正酣，就在鲁登道夫依靠不及对手的部队和超越对手的情报，即将完成包围之际时，情报突然没了。鲁登道夫失了耳目，茫然不知俄国援军正开始切断深陷敌阵的马肯森部队。到 21 日，马肯森的部队被孤立，包围者被反包围。一个警卫师和两个骑兵军深陷俄军包围圈，看不到脱围的希望。俄国人兴奋地向前线调运列车，准备装走俘虏。

第二天，波科尔尼小组最终攻破了新的俄国密码表，情报再次开始流入德军司令部。截收电报很快揭示，俄军包围圈薄弱点在布热济内。鲁登道夫司令部用无线电把该情报发给被围指挥官，他们集中力量猛攻，于 25 日突围而出，转危为安，还带出来 1 万名俘虏。警卫师师长利茨曼（Lietzmann）将军因为这次英勇的突围赢得“布热济内雄狮”称号；指点他如何调动军队的分析员，则在他们隐秘的巢穴里开心地打着呼噜。

一次偶然密钥更换带来了一段不愉快插曲，阻碍了德军的一场决定性胜利，但他们砸烂了自吹自擂的俄国压路机，使它再也没能对德国产生威胁。同盟国继续推进，继续解读俄国密电。12 月 6 日，沙皇的士兵撤出波兰第二大城市及工业中心罗兹。八天后，他们再次用数字密码表全面更换了密码。破译又一次使德国付出了若干天努力，破译完成后，奥—德军司令部得知，俄军计划在尼达河一线固守越冬。不久后，俄国人全面放弃使用旧密码。

1915 年春，在东线战斗如火如荼之际，俄国人使用一种简单的恺撒密码。[1] 这个古老密码的各种表格由不同集团军使用，密钥每日更换，这些明显超出了半文盲的沙俄农民的处理能力。奥地利和德国密码分析组织一眼看穿这种透明的新密码，读到俄国计划入侵东西普鲁士的迹象。随后开始的这段时期

[1] 原注：2 月，在俄军再遭失败的第二次马祖里湖区战役期间，他们用了一个名为 RSK 的军用密码。它也被德国人破译，它的性质未知。

被奥匈帝国情报头子马克斯·龙格上校称作“截收业务鼎盛期”。大量情报从波科尔尼和多伊布纳小组流入德国和奥匈帝国指挥部作战参谋办公室。在此帮助下，他们击退俄军试探性的初期进攻，接着他们自己横扫整个敌军战线，势如破竹，两周内突破约 130 千米。

一次又一次，他们的破译使同盟国得以采取完全契合每个战术形势的正确做法。俄军参谋部对敌人似乎拥有千里眼大惑不解。一次，德军在俄军发动一场势不可挡的攻击前两天撤出；要是原地不动，他们的境况将很快恶化。德军占领罗兹后，俄国人仔细考虑了敌军的准确调动，认为他们一定是通过空中侦察获得了情报。

但他们最终开始确信，敌人一定是在解读他们的密码。他们还没有怀疑到密码分析，认为肯定是间谍把密码出卖给了奥地利人。在一波反间谍狂潮中，他们迫害了拥有德国名字的军官——龙格说，其中没有一个曾给过他任何东西。俄国人在敌军春季攻势高峰期更换了密码，但这给己方密码员带来的麻烦比给敌方分析员的麻烦还要多，因为 5 月 15 日的几乎所有电报和 5 月 16 日的大部分电报，收报人都读不懂。

9 月末，持续一夏的俄军大撤退最终在深入俄国境内的一条防线处止住脚步。那时，俄军已经被俘 75 万人，还有不计其数的伤亡。它能做的只是把更多人员投到前线。它似乎坚持着同样的密码政策，以及一如既往的失败。1915 年 12 月 20 日，它开始使用第 13 个密码。奥地利和德国分析员立即认出它在前线其他地方用过，并在新年前后的拉锯战期间紧密追踪敌军形势。1916 年 6 月 16 日，俄国人开始使用他们的第一部代码，一个约有 300 组的小代码。这个做法也许是在法国人影响下才想出来的，因为法国人通过自己的密码分析得知德国人在破译俄国电报，把消息传给了盟国。也有可能，它来自俄国自己的截收部门；还不知道俄国在军事密码分析中的作为，但 1916 年中，它确实建立了测向台，在尼古拉耶夫开办了一所截收学校。

同盟国分析员不熟悉代码，但一些同样不熟悉代码的俄军指挥部继续使用着旧密码，减轻了同盟国分析员的工作负担。加入俄国第 8 集团军的一个警卫分队司令部用明文发出一封电报，泄露了新系统，于是分析员的工作几乎成了简单填字。第 8 集团军一片混乱，一个新代码启用后，敌方分析员没费多大劲就把它破开。到那时，同盟国分析员每天解读的俄国电报多达 70 封。德军的破译似乎是在各地要塞电台完成的，密钥由多伊布纳破译后发给他们。一部分奥地利密码分析在龙格的北奥地利站完成，该站负责人是卡尔·布德斯库尔（Carl Boldeskul）上尉。战争后期，波科尔尼升任整个军事密码组首长，司令部破译部门俄语科由冯·马尔切塞蒂接管；1918 年，鲁道夫·利普曼（Rudolf Lippmann）又接替了马尔切塞蒂。

1916 年 11 月 6 日，俄国多瑙河集团军禁止在无线电中使用已为敌人所知的 14 号密码；12 月 17 日，另一个密码被废，因为哥萨克骑兵第 1 师（1st Cossack Division）电台被敌军俘获。四天后，俄国电报带着一个新代码又回到空中，其实它只不过是一周前启用的代码稍加修改的版本。同盟国分析员不屑一顾地轻松跟上这些变化。俄军组织日益涣散，这也影响了无线电部门，随着纪律松弛，报量无谓增加。1917 年初某天，奥地利破译机构破译了 333 封无线电报，从中推断，俄军秘密通信部门正分崩离析。3 月，沙皇被推翻；7 月，俄军的一次全面攻势土崩瓦解；10 月，俄国人民要求和平的呼声高涨，布尔什维克夺取政权，俄国退出一战。

俄国军事失败是当前局势的罪魁祸首。虽然主要原因是尚未实现工业化的国家提供不了足够的弹药、食物和补给，但同盟国的战术胜利无疑发挥了决定性作用。而这些“大卫打败歌利亚”[1] 式的胜利，虽然得到德国优势装备、纪律和后勤的帮助，主要功劳却属于密码分析。

“我们总能得到俄军参谋部无线电报的警告，告诉我们俄军部队一次新攻势的集结地点。”霍夫曼写道。这次情报如此全面，以至于他能够说出，“整个战争期间只有一次，我们在东线遭到俄国人突袭，那是 1916—1917 年冬在阿河。”这个说法醒目地强调了密码分析在东线战争结果，以及随之而来的全部事件中的重要性。共产党政权的建立可能是影响当代历史的最重大事件，可以不夸张地说，对沙俄秘密通信的分析在很大程度上为它的建立创造了条件。

苏维埃政权巩固后，列宁和同事得以把精力转向解决管理第一个社会主义

[1] 译注：Goliath，《圣经》中的非利士族巨人，传说被大卫所杀（《撒母耳记》[上] 17）。

国家所面临的难题，转向推动阶级斗争和无产阶级革命的传统共产主义活动。他们认为，要在尚未达到俄国历史发展阶段的国家推行马克思主义，使用颠覆、正统宣传和政治鼓动的方法是正当的。

在苏联特工中，有些是纯粹的唯利是图者，有些是作为间谍安插的俄国人，但更多是当地共产党党员，他们把对那种意识形态的忠诚凌驾于国家忠诚之上。苏联从莫斯科推动和控制世界革命，这些间谍很快开始向莫斯科发送大量信息，接受莫斯科指示。在共产党间谍活动夯实基础之前的早期年代，他们采用了大量不同的密码系统。

1919 年，德国共产党人采用了一种不规则栅栏密码。一个密钥是海因里希·海涅[1]的《罗蕾莱》（*Die Lorelei*）第二行：DASS ICH SO TRAURIG BIN（我为何如此忧伤）；另一个是 ACH, WENN DAS DER PETRUS WÜSSTE（噢，但愿彼得知道它）。人们在一架从德国飞往苏联途中、迫降在拉脱维亚的飞机上发现了三封以上述方式加密的信，拉脱维亚政府破译不了，转给美国驻里加领事，请求帮助。这些信又从领事手中辗转到达雅德利的黑室，很快被破开。信从一项 *Sendet geld*（寄钱来）的请求开始，讨论了荷兰共产党大会的一次失败；报告了德国激进共产党人克拉拉·蔡特金（Klara Zetkin）被捕的事；提出请求，“绝对需要（卡尔·）拉迪克[2]或（尼古拉·）布哈林[3]（二人都是列宁密友）”；透露“电台终于备妥待发。专家已雇……古拉尔斯基（Guralski）赴美国途中带着钱到达这里”；并且提醒，“我现在的名字是 JAMES”。破译在华盛顿引发轰动，因为这些是美国政府掌握的有关苏联国际活动的最早文件之一。

约在同一时期，美国司法部开始渗进美国共产党，此举肯定位列它最早的类似行动。新泽西州卡姆登的地下特工弗朗西斯·莫洛（Francis Morrow）一边在党内升任某地区委员会书记，一边连续不断地向司法部发送报告。他与该地区组织者建立了良好关系，一天，后者喝多了点，让莫洛帮他解密一条信息。莫洛据此报告给司法部的密码，就是该党领导层与组织者通信用的密

[1]　译注：Heinrich Heine（1797—1856），德国诗人。

[2]　译注：Karl Ladek（1885—1939），生于西班牙，共产主义宣传家，共产国际早期领导人。

[3]　译注：Nikolai Bukharin（1888—1938），俄国革命活动家和理论家，《真理报》（1918—1929）和《消息报》（1934—1937）编辑，政治局成员（1924—1929），1926 年以后任共产国际主席。

码。它以一种美国邮政汇票为基础，没人会因为拥有这种汇票获罪。密文表现为一串分数，分子代表印在空白汇票背面文字的行，分母代表该行字母。这个密码让人想起沙皇时代俄国革命者用的分数密码，并且很有可能就是那时传下来的。许多共产党地下活动都有类似的传承关系，例如，用字面意思为“小橡树”的“dubok”一词表示藏信地点，用“illness”（生病）表示被捕，这些都源自十月革命前。

随着一个高度组织化的苏联情报机构的出现，这个简单系统消失不见。1924 年，苏联苏美贸易公司在纽约设立机构，控制第一个真正的苏联对美间谍行动。与苏联的通信自然用密码进行，并且不管采用什么系统，它都有效地保护了驻美苏联间谍的秘密。纽约州议员小汉密尔顿·菲什（Hamilton Fish, Jr.）是调查共产党在美活动的一个委员会的主席，1930 年他索取了 3000 封苏美贸易公司的加密电报，希望更多了解这些活动。他把密电交给海军密码与通信科，该科分析员报告，“苏美贸易公司使用的密码是他们（海军分析员）所知最复杂、最保密的密码。”菲什随后把电报交给陆军部破译。两年后，他在国会抱怨，“他们用了半年到一年时间，虽然他们曾向我保证能破译，但没有一个专家从这些电报里译出只言片语。”

1934 年，在哥本哈根，围绕一个乱序明文字母表的七圈数字构成的密码圆盘保护着丹麦共产党的信息，但在一次警察搜查中，该密钥被缴获。随后，警方从瑞典请回伊夫·于尔登，在他的密码分析下，加密信息纷纷水落石出。

西班牙内战 [1] 期间，苏联是共和政府的积极拥护者。就在这一时期，一个经改进的、更安全的密码元素出现了，它曾被革命先辈们用过。这就是“夹叉式棋盘密码”（straddling checkerboard）。它的夹叉特征利用了两套不等长的密文替代，通常是一位数和两位数；两套密文替代以特定方式构成，这样不等长替代放在一起时，密码员就能清楚地分开它们。而密码分析员不知道哪些是单码，哪些是双码，可能会错误地分隔密文，从而“叉开”许多真正的双码而把两个单码合并为一个假双码。与全部字母都由双码数字替代的棋盘密码相比，

[1] 译注：Spanish Civil War（1936—1939），西班牙国民军（包括君主制主义者和倾向法西斯主义的长枪党）与共和军（包括社会主义者、共产主义者和加泰罗尼亚及巴斯克分离主义者）间的武装冲突。内战以佛朗哥建立法西斯独裁统治结束。

这种设置也缩短了数字密文长度。夹叉密码最初由阿尔真蒂家族用于他们的一些 16 世纪教廷密码（不知无神论的共产党人知不知道！）。

夹叉棋盘密码通过留空棋盘一行的侧坐标，产生单数字替代，该行字母仅由其上方的单坐标加密。为避免混淆，所有这些单码数字都不能为双码数字组的第一个数字，因此它们都不能用作侧坐标。使用 10 个数字中的 8 个作为单码，余下 2 个数字作为侧坐标；每个侧坐标都可以与 10 个顶坐标（单码数字可作为双码的第二个数字）结对产生 20 个双码数字组。这种结构可为明文元素提供 28 个密文替代。

1937 年，该密码与密钥词 M DEL VAYO 一起使用，M 是特工姓名首字母，DEL VAYO 是一个西班牙共产党员的名字。多出两个空格代表句号和字母—数字转换符：

	0	9	8	7	6	5	4	3	2	1
	m	d	e	l	v	a	y	o		
1	b	c	f	g	h	u	j	k	n	p
2	q	r	s	t	u	w	x	z	.	/

据此，$e = 8$，$a = 5$，$b = 10$，$t = 27$……没有单码 2 或 1。解密员把所有 2 和 1 作为双码组的第一个数字，凡是它后面的数字都与它相连；所有从 3 到 0 的数字，如果尚未构成一对数字的一部分，他都把它当成单码。这样，密文 828115125 可以清楚地分成 8 28 11 5 12 5，解密成 *Espana*（西班牙）。

其他结构亦可。7 个单码数字可留出 3 个侧坐标，棋盘密码计有 37 格；6 个单码可产生 46 格；5 个单码生成 55 格……一直到 1 个单码 91 格。28 个密文替代的结构被广泛用于拉丁字母表文字，37 格用于西里尔文字。

虽然瑞典共产党人佩尔·默林（Per Meurling）博士使用 M DEL VAYO 棋盘密码只是为了教其未婚妻密写，但他对它的了解证明当时共产党人用过它。他把棋盘密码中得到的密文数字与一个数相乘，再用另一个棋盘密码把积转回字母。这种密码系统类似 1859 年普利尼·厄尔·蔡斯论述的系统，但要弱得多，俄国人不大可能以这种形式使用它。

作为二战前奏，西班牙内战为法西斯—纳粹独裁者提供了一个武器试验场，这些武器在随后的战争中大显身手。这个做法可能也扩展到密码领域，至少对共产主义政权如此。红色密码在西班牙使用时，依旧漏洞百出，但二战期间，它已变得坚不可摧。

苏联并非完全沉浸在改进自己密码的工作中，以至于对其他国家的密码动向不闻不问。恰恰相反，它一直与其他国家进行“实践密码分析”拔河赛。更通俗点讲，就是密码窃取。在分析员看来，它比纯密码分析（破译）更简便快捷，但代价也更大，要冒行动败露后失去情报的风险。

各方在这场拔河比赛中相互较劲。1926 年，一个拥有法国陆军 AFNO 代码的法国女共产党员在马赛被捕。该代码和一本内政部代码一起，是从印刷法国代码的默伦监狱偷带出来的，一个叫比尔泰的犯人获释时把它们藏在一本英语语法书里。第二年，苏联招募了伊朗内阁的“密码专家”，他立即成为苏联 33 号特工，同样为共产主义事业服务的还有靠近苏联边境的伊朗陆军某旅的密码员。亚美尼亚反共政党革命联盟（Dachnak）从伊朗的大不里士接收来自境外的活动指令，苏联间谍组织国家政治保卫总局 [1] 设法获得了该党的密钥。政治保卫总局驻伊朗特工买通了一个伊朗邮政官员，不久后，政治保卫总局就获得足以阻止亚美尼亚革命联盟一切行动的情报，必要时还辅以一系列快速逮捕和搜查措施。1930 年，一个罗马尼亚警官对降级处罚不满，把祖国的密码交给了苏联人。

1925 年，拔河赛逆转，苏联驻上海领事馆的密码文件消失不见。被疑偷窃了文件的白俄 [2] 在前往海参崴的途中落水失踪。10 年后，一个苏联雇员从他工作所在地驻布拉格使馆偷走代码。虽然代码后来被找到，被捷克警察客气地物归原主，但这些难以让俄国人相信它们没有遭到泄密。

1936 年夏，苏联军事情报部门弄到日本驻柏林武官与东京总部的加密电

[1] 译注：苏联秘密警察机构，全称为 Obiedinennoye Gosudarstvennoye Politicheskoye Upravlenie（OGPU）。

[2] 译注：White Russian，白俄罗斯人，反对布尔什维克的人。

报。电报影印件被迅速送到荷兰哈勒姆进行解密，由一个从莫斯科来的日语专家负责，使用的是俄国人弄到的一本日本密码书。这些电报原来与共产国际[1]大本营饶有兴趣的《反共产国际条约》（Anti-Comintern Pact）有关。1937 年，俄国人再次成为输家。在与佛朗哥[2]的斗争中，西班牙共和政府国防部接受俄国援助，它与莫斯科间通信用的代码被报丢失。1938 年，俄国人再输一局，苏联远东集团军秘密警察官员柳什科夫将军叛逃日本，给对方透露了集团军秘密通信细节，还好苏联特工把他透露的内容报告了莫斯科，减轻了损失。随后一年，又是一场失败，另一个叛逃者泄露了英国外交部密码室约翰·赫伯特·金（John Herbert King）上尉的间谍身份，他被英国判处十年监禁。

在 1939 年的一场诉讼中，所有这些你来我往的偷盗闹剧达到高潮。1939 年，俄国流亡者弗拉基米尔·阿扎罗夫（Vladimir Azarov）和玛丽亚·阿扎罗夫（Maria Azarov）从苏联偷运出一本“苏联共和国当时正在使用的某本密码书，其中包含用于电报传送的密码，该密码书属于机密”。肯纳德轮船公司承运了他们的物品，包括那本密码书，装在“波塔波”号（*Baltabor*）货轮上。货轮在里加港搁浅，阿扎罗夫夫妇因此损失了全部财产。他们就此起诉轮船公司，索赔 511900 美元：衣物和家具赔偿 11900 美元，50 万美元是那本代码。阿扎罗夫说这个金额代表了“该密码书损失时的市场公开价值”。诉讼最后未经法律程序解决，为这一几乎不可能估价的物品，阿扎罗夫夫妇最终接受了多少现金从未透露。[3]

苏联的密码间谍活动超出了简单偷窃密码的范围，窃取的东西似乎还包括有助苏联分析员破译代码或密码的明文文本。其中就有著名的“南瓜文件”

---

[1]　译注：Third Communist International，第三国际，共产国际。史上一共有过四个共产国际。马克思 1864 年在伦敦创立第一国际（First International），第二国际 1889 年在巴黎成立。一般讲共产国际指第三国际（也叫 Comintern，1919—1943）。第四国际是 1938 年成立的托洛茨基派组织。

[2]　译注：弗朗西斯科·佛朗哥（Francisco Franco，1892—1975），西班牙将军和政治家，国家元首（1939—1975），西班牙内战中民族主义军队的头目，1937 年成为长枪党首领，并宣布自己为西班牙元首，1939 年共和政府战败后掌管政府并建立独裁政权，统治西班牙直至去世。

[3]　原注：法庭文件并未记录判决的金额，原告律师找不到起诉文件，被告律师拒绝透露金额。

(pumpkin papers)，前共产党人惠特克·钱伯斯（Whittaker Chambers）指控阿尔杰·希斯把这些文件交他发给苏联特工。虽然钱伯斯从未把“南瓜文件”的胶卷交给俄国鲍里斯·贝科夫（Boris Bykov）上校，但这些胶卷说明钱伯斯确实传递过许多其他类似的拍摄文件，据说它们来自希斯。如其中有一封美国驻巴黎大使于 1938 年 1 月 13 日发出的电报，上面标有“绝密，国务卿亲启”。虽然这些电报有的用非机密的“灰色”代码加密，但另一些，1938 年时任副国务卿萨姆纳·韦尔斯宣称，“应该是用我们当时最机密的代码加密发送的”。当他被问及，“拥有解密好的文件，再加上加密的原始文件，会不会给一个人提供破译密码的必要信息？”他答道：“在我看来，当然会。”到 1939 年年中，至少有一个俄罗斯问题专家（艾萨克·唐莱文，俄罗斯出生、专门研究苏联事务的记者），从与叛逃的苏联军事情报机构西欧负责人瓦尔特·克里维茨基（Walter Krivitsky）将军的大量谈话中，确信共产党分析员在解读美国密码。

苏联特工自然对苏联通信保密性问题感兴趣。据说二战期间，一天，罗斯福总统的一个助手，被指为苏联间谍的劳克林·柯里（Lauchlin Currie），冲进苏联间谍网成员乔治·西尔弗曼（George Silverman）的住处，告诉他美国即将破开一个苏联密码。当共产党通信员伊丽莎白·本特利传出这一消息时，她的俄国上级问，“哪个密码？”本特利小姐查不出来。（柯里否认曾向任何人说过这样的话，说他对美国密码分析活动及其成功一无所知，他也不是苏联间谍。）

最后，苏联间谍不放过任何一点可能对密码分析有用的信息。1945 年冬，美国战略情报局特工冲进一家与共产党有联系的《美亚杂志》纽约办公室，查获了约 1800 份美国官方秘密文件，内有一篇透露美国破译和掌握日本密码的绝密报告。

苏联主要通过秘密警察和军事情报部门这两个机构的秘密活动，满足它对别国代码和密码的强烈兴趣。

苏联政府通过秘密警察来控制其人民。秘密警察的职责范围比盖世太保更广，它既保卫内部安全，也收集外部情报，因此它具有中情局和联邦调查局的双重职责。这种看似不寻常的情形源自沙皇统治时期，当时俄国以外有大量革命团体，警备队的任务就是打入国外的阴谋集团。它的共产主义继任者亦如法炮制，对付企图破坏苏联政权的流亡者。不久，作为保卫马克思主义政权的一个手段，它又把这些活动延伸到西方资本主义国家，它也由此发展成一个政治情报机构。秘密警察由列宁在奠立其政府一个月后创立，但历史极其复杂。它经历了无数次重组、合并和分立，这反映在它各种各样的名字上：契卡[1]、国家政治保卫处[2]、国家政治保卫总局、内务人民委员会[3]、国家安全部[4]、内务部[5]和克格勃[6]。斯大林之后，秘密警察分成两个机构，一个是负责对外谍报和高级别对内反间谍的克格勃（国家安全委员会），一个是承担常规国内警察职能的内务部。

另一个苏联情报机构隶属红军，更接近美国国防情报局（Defense Intelligence Agency，DIA），它由苏联首任革命军事委员会主席列昂·托洛茨基[7]创立。和秘密警察一样，它在苏联政治动乱期间改变了名称和组织。理论上，它处理军事事务，而克格勃处理政治间谍活动，但这个分界常常模糊不清，许是刻意为之，两者甚至短暂合并过。它管理驻外武官，也管理外国政府的情报事务联络工作。它目前的名称是格勒乌，意为总参谋部情报总局（Glavnoye Razvedyvatelnoye Upravlenie，GRU）。

秘密警察的工作之一是保护无产阶级专政，防止无产者因对领袖不满而搞破坏。列宁创立契卡后不久，秘密警察恢复了沙皇时代开拆信件、阅读电报的黑室做法。这个做法一直延续下来，唯一改变是技术上的改进。到 50 年代，内务部把黑室活动转给一个配套完备部门，内务部第二特别司（主动国家安全司）第三处（个人处）。该处通过最先进的通信监控方法，如室内电子窃听，

---

[1]　译注：Cheka，全俄肃清反革命及怠工特设委员会（简称“肃反委员会”）的缩写，苏维埃政权调查反革命活动的组织，存在于 1917—1922 年。

[2]　译注：GPU，存在于 1922—1923 年（1923—1934 年为 OGPU，国家政治保卫总局）。

[3]　译注：NKVD，存在于 1934—1946 年。

[4]　译注：MGB，存在于 1946—1953 年。

[5]　译注：MVD，存在于 1946—1953 年。

[6]　译注：KGB，国家安全委员会，存在于 1954—1991 年。

[7]　译注：Leon Trotsky（1879—1940），俄国革命家，出生名列夫·达维多维奇·布龙施泰因；他和列宁一起组织了十月革命，建立了红军；1927 年被斯大林开除党外，1929 年被流放；1937 年在墨西哥定居，后遭暗杀。

保证苏联公民的忠诚，也采用最原始的跟踪、线人和偷拆信件方法。驻邮电局的秘密警察信息处代表长期拆开那些给可疑人士的外国邮件、信件，并按比例抽查其余信件。

他们把一切可疑信件转给半独立的“特别处”（Spets-Otdel），它是苏联的主要密码机构，主要任务就是解读别国密码信息。虽然隶属秘密警察外务司，但特别处实际上对苏联的真正统治机关苏共中央委员会负责。首任中央委员会主席是列宁，第二任是斯大林。1938 年，特别处似乎改名并重组，成为当时内务人民委员会的第五司。

1927 到 1938 年前后，特别处负责人是格列布·博基（Gleb I. Boki）。他是个老布尔什维克，是列宁的战友，同时兼任苏联最高法院法官！博基生于 1879 年，参加了十月革命前的早期活动，多次被捕，曾被判三年西伯利亚监禁，为此赢得苏共荣誉奖章。十月革命时期，他是首都彼得堡的布尔什维克基层书记。20 年代初，他领导突厥斯坦 [1] 的契卡，在当地制造了极大恐怖，甚至在他离开多年后，有关他的传说仍在流传：他吃狗肉（这在穆斯林居民中极为恶劣），甚至喝人血。虽然这些不足为信，但作为特别处头子，假日期间，他在巴统附近租来的郊外别墅里，与一群特别邀请的客人举办狂欢聚会似乎不是造假。他总是关着办公室的门，从一个装着单向玻璃的窥视孔核查来访者。博基个高背驼，邪恶的表情和一双冷酷的蓝眼睛给人的印象是，他痛恨每一个见到的人。当他走出密室，与独自在办公室值夜班的女工说话时，不止一个女孩被他吓得浑身发抖。他从不戴帽子，一年四季穿着雨衣，看上去像个行政官员而不是密码学家。他在 1938 年的斯大林大清洗中被处决。后来人们发现，他囤积了大量金银币，这与社会主义背道而驰。

特别处既编制密码，也分析密码。1933 年，编码员在卢比扬卡大街 6 号一幢前保险大楼四楼的一个大房间内工作，政治保卫总局就在这幢楼里。当时，分析员在卢比扬卡大街和库兹涅茨基桥大街拐角的一栋前外交部大楼顶楼工作。其中，低层普通租户和一个外交官俱乐部的成员来来往往，掩盖了办公室的存在。1935 年，编码员和分析员都搬到捷尔任斯基大街（以第一任秘密警察头子费利克

[1] 译注：Turkestan，里海和戈壁沙漠之间的中亚地区，主要为突厥人居住地。

斯·捷尔任斯基［Felix Dzerzhinsky］名字命名）2 号的内务人民委员会新大楼。

密码处分成几个科，如分别为内务部国内网络、边境巡逻队（属内务部管辖）和穿制服的内务部部队、监狱管理局古拉格[1]、海外秘密特工和“合法”的内务部海外特工等单位服务的独立的科。为海外特工服务的部门是六科，科长科斯洛夫（Koslov）在清洗期间被解职，他的继任者被派到美国做密码员，随后六科由一个后来出名的人物弗拉基米尔·彼得罗夫（Vladimir M. Petrov）领导。1954 年，彼得罗夫叛逃，在澳大利亚获得避难权。[2]

六科的成长也许反映了苏联间谍机构的成长。1933 年，彼得罗夫加入时，六科只有 12 人，1951 年时达到 45 到 50 人。作为内务部密码员，他们被委以俄国绝密机构的最深机密，跻身苏联精英阶层。然而在这个工人阶级的天堂里，他们的工作一点也不轻松。加密经手工操作，彼得罗夫参加工作初期，常为处理当天积压的电报而忙到午夜。当上副科长后，彼得罗夫不再参与实际加解密工作，而是阅读电报，纠错，再签署。有时办事员会得到与密码无关的任务，不苟言笑、高大强壮的博科夫就接到过一桩。他被选中前去干掉苏联驻某中东国家的大使。一天，他潜入大使房间，用一根短铁棍敲开了他的脑壳。为打消人们对他的怀疑，博科夫继续作为密码员，在该使馆待了一年后才带着红星奖章回国。

分析员按地理和语言分成几个组：中国组、英美组，等等。[3] 后来嫁给彼得罗夫的叶夫多卡娅曾在莫斯科一所语言学校学过两年日语，她被分在日本组。她的同事有：薇拉·普洛特尼科娃，一个日语教授的女儿，长期在日本活

---

[1]　译注：Gulag，苏联劳动改造营总管理局，1930 至 1955 年间苏联的劳动营系统，很多人死于其中。

[2]　原注：彼得罗夫说出他当科长时的三个上司名字：伊雷因（Ilyin）、杰格佳罗夫（Degtjarov）和舍韦廖夫（Shevelev）。尚不知这三人是当时新成立的整个内务部第五司的领导，还是部门领导（可能介于司长和科长间的行政级别）。前一种可能性更大，因为博基的继任者沙皮罗（Shapiro）只待了一两个月就被逮捕，沙皮罗的三四个继任者也相继被捕。

[3]　原注：它在 1933 年还有一个军事情报组，由一个身体结实的、令人印象深刻的哈尔克维奇（Kharkevich）上校领导，他同时向博基和参谋部报告。这个组似乎不是撤销了，就是转到陆军；哈尔克维奇本人也在 1938 年被清洗。国家政治保卫总局密码分析员组织的领导（博基以下）叫古谢夫，大概是谢尔盖·古谢夫（Sergei I. Gusev）。他是从事秘密印刷的老革命家，1922 年起进入俄共中央委员会，1930 年起进入共产国际委员会。他也在 1938 年被清洗。

动；加林娜·波德帕洛娃，非常喜欢日本事物，甚至在家里穿和服；伊万·加里宁，偶尔作为顾问过来；顺斯基教授，德高望重，精力充沛，是该科日语权威。经他四年辅导，多西娅（未来彼得罗夫夫人的昵称）在最后考试中翻译的一个难句很中他的意；他在她脸上印了一个深情的吻。

顺斯基曾在沙皇陆军服役，密码分析科有不少人是沙俄遗老，包括伯爵和男爵。正是密码破译所需的语言学家极度匮乏，才导致对布尔什维克政体的公然违背。密码分析员极其稀缺，以至于他们被监禁时还在继续工作。多西娅的初恋、实际丈夫罗曼·克里沃什的父亲弗拉基米尔·克里沃什（Vladimir Krivosh）曾任警备队高官，多次被捕、释放，但即使是关在莫斯科布特尔卡监狱时，他还在为特别处工作。最后，警察把罗曼关到同一所监狱，但他的工作没落下，由他当时在第五司的科长转给他。

囚犯分析员自然不存在保密问题，但对其他分析员则要采取保密措施。他们不能向任何人透露他们的工作部门，连办公室位置都不能说，多西娅甚至从未告诉过父母。他们还不能进餐馆，这应该是怕他们的谈话可能被人听到。

他们的工作成功吗？是的，而且事实上相当不错。1929 或 1930 年，特别处负责编制该处破译的外国电报每周摘要，发给政治保卫总局部门首长和苏共中央委员会。到 1938 年，这一步伐似乎进一步加快，因为到那时，多西娅和一个名为莫里茨的女士的工作是对照手写原件，核对每天成果的打印校正本。一个前政治保卫总局官员声称特别处“出色履行了密码破译职责”，赞扬博基的人员为“一流团队，常被尊为榜样”。

在密码分析方面，苏联军事机构似乎既没有秘密警察所拥有的传统和人力，也没有取得他们那样的成功。1933 年，特别处内部的一个军事分析单位证明了苏联军事机构的从属地位；不管怎么说，人们很少听到它的情况。可能是因为苏联武装力量仅限于处理对应军种的密码系统——苏联陆军处理德国、日本、英国、美国和其他国家的陆军密码，海军和空军情况类似。密码分析自然构成情报的一部分，1941 年格勒乌把密码分析部门设为其八个执行科室的第八科：(1) 欧洲；(2) 近东；(3) 西半球和印度；(4) 高级技术情报；(5) 恐怖活动；(6) 文件伪造；(7) 边境；(8) 密码。所有这些部门的共同点是通过隐秘和公开手段获得原始军事情报。(除行动部门外，格勒乌还有另外三个机构：

信息部门，负责评估和分发行动部门的成果；训练部门；辅助部门，负责处理内务。）

1943 年，苏联军事情报部门重组成战略和战术分支，在兹纳缅斯基大街 19 号一幢折尺形巴洛克式宫殿内设立了办事处，同时保留了它之前在克罗波特金门广场一栋大楼内的住址。它还有几处附属建筑，其中包括莫斯科外一家生产相纸的工厂，该厂产品几乎都在情报建筑群某个院子里的一栋白色二层楼内消耗掉。那里是研发生产胶片的摄影实验室，苏联军事情报部门与海外特工的许多通信就用这些胶片。而麻雀山上的一家“黄金研究所”实际上是“特别无线电处”（Osobyi Radio Divizion [ORD]），格勒乌通过它与驻世界各地秘密特工保持无线电联络。当苏联间谍把电报发给客观的莫斯科“中心”时，特别无线电处报务员则收取电报，发送回执。特工收到的指示由特别无线电处发给他们，上面简短签着（苏联军事情报部门）“首长”，这是他们与其为之出生入死机构的唯一联系。特别无线电处有技术人员分配波段和时段，为全球不同位置提供最佳接收效果，办事员则分配呼号。

密码事务由克拉夫琴科中校领导的一个格勒乌独立部门负责处理。职员中有另一个后来出名的人物，伊戈尔·古琴科（Igor Gouzenko）。“我清楚地记得我在情报总部解密的第一封电报。”他写道，“它来自中国哈尔滨……电报看上去像一部小说里的一页，它给出藏在总督府附近（一部特工电台）的详细位置，描述了当地居民的习惯……复电随后交我加密。复电给出与哈尔滨接头人会面的指示。首选和备选街角的名字、会面的日期时间、接头人用的识别标志和暗号都列在一起。”日常解密间谍电报时，古琴科和同事（其中有他的朋友布鲁金中尉）有时会连续关注对应的间谍，想象他们所经历的惊险刺激。

苏联密码员在各种学校学习技艺。古琴科是在古比雪夫军事工程学院（Kuibishev Military Engineering Academy）学的基础课程。学院政治教官是前密码员马斯连尼科夫，眼睛如猫头鹰一般，绰号“克里图斯”。他虽然身体扭曲，个性阴郁，但密码知识丰富，是个好老师。古琴科还在高等红军学校深造过，人们一般称这所学校为情报学院。密码学是喀琅施塔得大型基地海军电发水雷学校（Electric Mine School）教授的课程之一。彼得罗夫入伍时先在这里待了两年，冬春季学习，夏秋季则出海执勤。他学习的课程就包括一部分密码分析。随后他在驱逐舰“沃洛达尔斯基”号（*Volodarsky*）任高级密码员，在驾驶台下面的一个小舱室内工作生活。服完兵役后，他离开海军，作为密码员加入国家政治保卫总局。列宁格勒的红军军事通信学校（Military School for Signal Communication）可能也教授军事密码学。陆军在莫斯科索科尔尼基还有一个通信研究所，因为它还从事诸如宇宙线之类的高级研究，所以几乎可以肯定它也研究密码学。1937年，它与另一个研究所合并成红军的一个中央科研所。

在俄国经历了一战的痛苦体验后，苏联红军在密码方面取得了巨大进步，但苏军疑心过重，在苏德战争（Russo-German War）之初，戏剧性的一幕出现了，苏军机构的一次通信往来出现问题。1941 年 6 月 22 日凌晨 3 点 30 分，纳粹偷袭苏联。不久后，一个苏联哨所用无线电疯狂呼叫，“我们受攻。怎么办？”却收到一个严厉的回复，“你疯了。为什么你的通信没有加密？”

二战中，苏联红军主要依靠加密代码。这个系统有四个系列：用于战略电报的五位数代码；高级战术通信用四位数代码，大概用于集团军司令部一级；中级战术用三位数代码，如旅一级；两位数的前线代码。苏联人频率更换战术代码，不过有时候，在上千千米前线，某个防区用过的代码后来又出现在另一个防区。四位数代码用两个 10 × 10 方表加密，一个用于前两位数，另一个用于后两位。五位数代码用每日更换、有 300 组的加数表。陆军和海军共用五位数战略系统；边境巡逻和内务人民委员会部队有自己的系统，通常为四位数。另外，苏联还通过《租借法案》[1] 得到一些哈格林 M-209 密码机，他们大概以它为模型来自制密码机，虽然这些密码机的用途尚不清楚。

若报量足够，加密代码当然可以破译。第一个破译苏联加密军事代码的是瑞典专家阿尔内·博伊林。1939—1940 年的冬季战争 [2] 期间，芬兰艰苦抵抗苏联入侵者，瑞典向邻居提供了依据密码分析得到的情报。博伊林攻击了苏联顶级系统——五位数战略代码，它实际上是一种四位数代码，多出的一位数为某

[1] 译注：Lend Lease，美国国会在二战初期通过的一项法案，目的是在美国不卷入战争的同时，为盟国提供战争物资。

[2] 译注：Winter War，1939—1940 年的苏芬战争，因入侵的苏军人数远超过芬兰，芬兰战败，被迫把卡累利阿西部割让给苏联。

种形式的校验码。在某些代码中，页码（第二个数字）重复一次，使代码组看上去就像 52217、88824，等等；其他代码中，第五位数则给出前四个数字和的个位数，因此 6432 会有一个校验数字 5，代码组就是 64325。博伊林把密电写在一张印有 5 毫米见方的格子纸上，纸很大，约 90 厘米 ×120 厘米，因此需要专门定制。他不断写下密文，如果出现重叠，破译就有了希望。

苏联对芬战略是兵分五路，沿南北走向的两国边境线侵入。中路大军向小村庄苏奥穆斯萨尔米进军，从中部分割芬兰。紧邻中路以北的一路军队则碾向另一个小村庄萨拉，进行二次分割。但瑞典密码分析部门获得的情报帮助芬兰人击退了两路进攻。

曼纳林 [1] 元帅在苏奥穆斯萨尔米取胜的关键是一条情报：来自莫斯科的俄军机械化王牌师第 44 师正从拉特进军。他立即增援苏奥穆斯萨尔米，派出五个营。两天后，军队抵达，他们身穿白衣，行动神出鬼没，村子里的俄国部队很快放弃抵抗，向冰封的基安塔湖一带撤退。幽灵般的芬兰军立即踏雪而来，切断了第 44 师退路，分解了其队伍。战斗一直持续到 1940 年第一周，芬军不仅一块一块地吞噬了第 44 师，还缴获了大量物资。但是，曼纳林写道："无法获知敌军具体伤亡，大片区域的厚厚积雪把战死的和受伤冻死的士兵都盖住了。"

作战期间，气温降到零下 56 度。就是在这样的条件下，瑞典人破译了来自凄惨且孤立无援的俄军部队的一些电报。一支被包围的队伍发报说他们在焚烧文件，正准备杀死最后一匹马果腹，这是他们的最后一封电报，随后一片死寂。不久，瑞典分析员得知，芬兰人已歼灭了他们。俄军另一个营发出一封密电，说他们亟须补给，会以三角形生三堆火，向空军指示投放急需的食物和弹药地点。瑞典人破开它，交给芬兰人，后者按电报指示的三角形生了几堆火，扬扬得意地看着苏联人投下几个大包小包。

大量俄国空军密电被瑞典破译员截获，其中许多是轰炸赫尔辛基的命令。俄军轰炸机从拉脱维亚和爱沙尼亚机场飞到指定地点的时间是 20 分钟，通常这些密电在飞机起飞前就被破译。芬兰当局因此有充足时间拉响空袭警报，结

[1]　译注：(Carl Gustaf Emil) Mannerheim (1867—1951)，芬兰军事领袖，保守党政治家，第六任总统（1944—1946）。

果芬兰首都虽遭受严重空袭，但平民却很少伤亡。

虽有密码优势，但弱小的芬兰根本不是庞大苏联的对手；3 月，芬兰与其签署城下之盟。一年后，德军入侵苏联，芬兰再次向苏联宣战，后来与新盟友德国交换截收密电。

德国对苏联无线电情报的破译似乎呈现出两极分化。战略上，它一败涂地。德国人未能破开顶级苏联军事指挥密电，主要是五位数代码；也许到 1941 年时，俄国人已经修正他们的编码技术，使得德国无法取得像瑞典在 1939 年那样的成功。但不管是什么原因，在德军统帅部对苏军战略的总体了解方面，密码分析没做出什么贡献。

然而在战术上，德国人获得了情报大丰收。1940 年中，希特勒最初决定进攻苏联时，德国在东线没有任何形式的无线电情报部门；时隔一年后，到希特勒进攻之时，新的截收部门已经向他提供了大量有关苏联作战序列的情报。7 月，一名被俘的俄国空军机长交出一个空军密码。这个从天而降的情报成果帮助德国空军摧毁了数百架苏联地面飞机，并在明斯克上空一场大空战中又摧毁上百架。

德军由此取得制空权，加上奇袭、攻势力度、装甲、速度等因素，苏联国防军势如破竹，1941 和 1942 年，德军发动两次大规模攻势，占领了俄国大片地区。但在 1942—1943 年冬，苏军守住斯大林格勒，德国第 6 集团军投降。同一时期，苏军解除了德军对列宁格勒的两年围困。到次年夏季，纳粹主义战败已经显而易见，但德军希望至少维持僵局，稳定已经占领的地区。德军统帅部决定发动一些小型进攻，削弱苏联进攻力量。随着德国空军制空权的逐渐丧失，纳粹情报不得不减少对空中侦察的依赖，更多依靠无线电情报。1943 年 10 月，第聂伯河战役期间的战术行动中，德军第 48 坦克军参谋长宣称，“最好最可靠的情报来自我方无线电截收部门”。

几个月后，德军东线三大集团军群之一的南方集团军群（Army Group South）发动攻势，意图消灭基辅突出部，进一步预先阻止苏军进攻势头。第 48 坦克军参与了其中一场进攻，目标是摧毁俄国第 60 集团军。空中侦察没得到情报，该军担心会惊动俄国人，决定不派出地面侦察部队。12 月 6 日早上 6 点，德国发动进攻，打得对方措手不及，一片混乱。

> 那些天（该军参谋长冯·梅伦廷［F. W. von Mellenthin］上校写道），我们拦截俄国无线电报得心应手；敌军电报很快被破译，及时送到军部，我方据此采取行动。俄国人对我方调动的反应，他们准备采取的措施，我们都了如指掌，并且相应修改我方计划。一开始，俄军低估了德军攻击力度；稍后，他们投入一些反坦克炮；再后来，俄军指挥部开始担心。无线电呼叫开始狂乱。"立即报告敌军来自何处。你的信息不可靠。"回复："见鬼；我怎么知道敌军从哪里来？"（不论什么时候，只要提到魔鬼和他的近亲，你就可以想象一次崩溃即将到来。）中午时分，俄国第 60 集团军灰飞烟灭，不久后，我们的坦克碾过集团军司令部。

当晚，俄军溃退约 32 千米，到 12 月 9 日夜，苏军作战攻势被完全打乱。随后几天，苏军遭受更多打击。"俄国人无疑被这些神出鬼没的进攻打得惊惶失措，他们的无线电报提供了大量证据，反映出他们的迷惑、焦虑。"梅伦廷写道。

拉多梅什尔战役（Battle of Radomyshl）的胜利延缓了苏军的进攻，但没有阻止它。圣诞节这天，南方集团军群开始从乌克兰撤退。几个月后，苏军把德军的最前线击退了约 1046 千米。

梅伦廷曾评论："二战期间的红军完全不同于 1914—1917 年的沙俄陆军，但在两个重要方面，俄国人依然故我。他们依然迷恋密集队形进攻，他们依然表现出对无线电通信保密的惊人漠视。"这一评论似乎只在战术层面有效，而且"惊人"一词大概只在撤退及与之伴随的混乱条件下才有说服力。

例如，北方集团军群（Army Group North）能读懂五位数代码的情况非常罕见。对于二、三、四位数代码，它只能读懂 28.7%：在 1943 年 5 月初到 1944 年 5 月末的 46342 封电报中，它能读懂 13312 封。这一年，北方苏军部队有所撤退，但南方后撤更多。北方集团军群密码分析成功情况（不包括五位数代码）按逐月逐系统方式显示在下表中。

可以想见，最简单的二位数系统是最常被突破的。另一方面，虽然德国人截收到更多的三位数密电，但其破译数量却比难度更大的四位数加密代码少。究其原因，似乎部分在于德国人可能集中攻击了情报量同样很大的四位数代码

德国北方集团军群破译的苏联陆军电报，1943年5月—1944年5月

		全部			四位数				三位数				二位数			
月份	日均截收	截收电报数	破译电报数	破译率(%)	截收电报数	破译电报数	破译率(%)	破译新系统数	截收电报数	破译电报数	破译率(%)	破译新系统数	截收电报数	破译电报数	破译率(%)	破译新系统数
1943.5	153	4732	1629	34	1813	760	42		1873	201	11		1046	668	64	
6	120	3603	1330	37	1530	789	52		1422	154	11		651	387	59	
7	102	3178	1349	42	1114	498	45	6	1396	449	32	8	668	402	60	
8	67	2079	909	43	619	286	46	3	1163	409	35	5	297	214	72	
9	60	1789	269	15	655	150	23		1009	80	7	5	125	39	31	
10	78	2404	467	19	931	252	27	4	1356	162	11	8	117	53	45	
11	78	2182	398	18	850	144	17	1	1210	196	16	15	122	58	46	2
12	91	2810	482	17	1174	242	21	4	1536	194	14	8	100	46	46	6
1944.1	152	4724	1074	23	1593	467	30	8	3005	528	18	15	126	79	63	3
2	178	5175	1217	24	无数据				无数据				无数据			
3	179	5563	1833	33												
4	130	3897	1000	26												
5	136	4206	1355	32												
总计	117	46342	13312	28.7	10279	3588	34.9		13970	2373	16.9		3252	1946	59.8	

注：“破译新系统数”栏空格表示未给出数据，不代表没有破译新系统

电报；部分在于密文使用的三位数系统种类繁多，剥掉加数需要的报文重叠部分难以找到，破译需要的足够报文也难以获得。根据分析员每月报告的三位数系统的破译数量，可以看出三位数系统的多样性胜于任何新四位数系统。如 1943 年 11 月，北方集团军群破译了 15 种新三位数系统，相比之下，新四位数系统只有 1 种；12 月，这一数字是 8 和 4；1944 年 1 月是 15 和 8。对于那些没被破译的苏联新系统，分析员没有给出具体数量。

分析员在 1944 年 2 月的报告中写道，破译的电报“包含作战行动报告、集结地区说明、指挥所、损失和补充报告、指挥链和准备进攻位置（如，第 122 装甲旅 2 月 14 和 17 日的电报）。除这些报告外，电报明文还帮助德军识别出 7 支装甲部队，包括它们的数字番号；确认了 12 支装甲部队。除少数例外，这些材料所起的作用都很及时”。

这些战术破译最多只能带来局部战果。在解读俄国战略密码系统及其隐藏的宝贵信息上，德国分析员显然是失败的，以致一个德国分析员据此判断，俄国在空中虽输掉一战，却赢得了二战。

该德国分析员的感叹隐藏了一个惊人真相。在破译德国密电方面，俄国人可能与其密电保护同样出色。1942 年，他们破开了用“恩尼格玛”转轮密码机加密的电报，德国人自己都情不自禁地赞叹苏联密码分析的敏锐。1943 年，他们在一次通信官会议上无奈地命令：“禁止以任何特别方式标记元首的无线电报。”

在此期间，苏联延续了 1930 年开始的做法，即用一次性密钥本保护它的外交侧翼。因此，无论是敌国、中立国，还是盟国，都没能读出至关重要的苏联外交部电报 [1]。二战结束时期，苏联玩弄阴谋，一些国家沦为其傀儡，另一些成为其对手，时至今日，这些阴谋依然是最不可泄露的秘密。

[1]　原注：波尔林（Buerling）列举了一些技术上的细节，表明他是如何在解密上失败的，但他还原成一些序列号，这表明它是“一次性密钥本”。但是，至少在 1941 年间，德国驻中国哈尔滨的使节就不断地向柏林发送自己“截获的”苏联密信，这些信息从莫斯科发出，信息发到柏林的时间一般为它们从莫斯科发出三天之后。尽管我没有找到任何证据，证明苏联使用比“一次性密钥本”更低级的密钥，用于外交目的；但考虑到哈尔滨截获的信息看似用于指导德国所有任务，我认为这是可能性最大的解释。

NANAK [illegible] / . Zug   O.U., [illegible]. 2. 1944.

Wilhelm / Netz I der [illegible]-Granatwerfer-Verbände im

Kampfraum 27. / 40. [illegible], 1775 khz

1120 Uhr. slawa an storm 1
1.) Feind führt Einzelfeuer auf SO-Hänge der Höhe 241, 5. Am 17.2.1944 sind im Gebiet Potschapinzy durch Art.-, Granatwerfer- und Panzer-Feuer bis zu 1000 Offz. und Mann vernichtet worden. In demselben Gebiet sind viele Gefangene gemacht worden.
2.) Um 1130 Uhr (Russ. Zeit) 17. 2. 1944 hat 5360 9449 (Einheit) ein 4333 (Feuerüberfall?) auf Gebiet N-Rand Lissjanka durchgeführt. Als Erfolg wurden 3 grosse Explosionen beobachtet. Vernichtet oder zerstreut bis zu 1 Komp. Inf. 4 Kfz in Brand geschossen. Am 17. 2. 1944 um 1140 Uhr (Russ. Zeit) hat 9449 (Einheit) eine 4333 (Feuerüberfall?) auf die Strasse Lissjanka – Oktjabr durchgeführt. Vernichtet bis zu 1 Btl. Inf., 20 Fuhrwerke und 3 Kfz in Brand geschossen, Um 2100 Uhr (Russ. Zeit) hat 9449 einen 4333 auf den N-Rand von Lissjanka auf Inf.-Ansammlungen und feuernde Einheiten durchgeführt. Ergebnis: Feuernde Grw-Battr. niedergehalten, 1 Panzer und 2 Kfz mit Inf. in Brand geschossen.
3.) Aufstellung (Feuerstellung) ohne Veränderung.

一封二战时期俄国军事电报，其部分内容被德国分析员破开

二战期间，格勒乌和内务人民委员会的情报人员在世界各地钻取情报。三个间谍网络挖到了宝藏。难以置信的瑞士“露西”网络、德国“红色乐队”（Rote Kapelle）和日本佐尔格（Richard Sorge）间谍网把最详尽准确的情报流源源不断送往克里姆林宫。虽经反间谍机构对它们全力攻击，但情报依然长流不衰，并抗住了密码分析。这三个网络均采用苏联当时标准的间谍密码。在苏联间谍头子眼中，该系统坚不可摧，因此加密方取得了胜利。

它把过去无政府主义者使用的替代推向完美之巅，把夹叉棋盘密码与一次性密钥合二为一。

它专门用一位数字替代高频字母，提高了棋盘密码的效率，缩短了密报长度和发报时间。佐尔格网络的报务员马克斯·克劳森（Max Clausen）和瑞士网络的亚历山大·富特（Alexander Foote）都用英文加密，因此他们使用这种语言最常用的八个字母。他们用一个相当不祥的短语“a sin to er(r)”（犯错即犯

罪）来记住它，但这些字母的次序与密钥字母表的构造无关。

构建密码须选择一个密钥词，克劳森选择了 SUBWAY（地铁）。加密员写下密钥词，字母表的其他字母横写在下方，最后加上一个句号和一个字母—数字转换符。数字 0 到 7 分配给字母 ASINTOER，它们在列中依次从左到右分布。最后，从 80 到 99 的两位数组按纵向顺序分配给剩余字母和符号：

S	U	B	W	A	Y
0	82	87	91	5	97
C	D	E	F	G	H
80	83	3	92	95	98
I	J	K	L	M	N
1	84	88	93	96	7
O	P	Q	R	T	V
2	85	89	4	6	99
X	Z	.	/		
81	86	90	94		

这些替代可以放进更紧凑的棋盘里：

	0	1	2	3	4	5	6	7	8	9
	s	i	o	e	r	a	t	n		
8	c	x	u	d	j	p	z	b	k	q
9	.	w	f	l	/	g	m	y	h	v

下一步，加密员用他的棋盘密码替代明文。遇到数字时，他先加密转换符，各数字重复两次，再次加密转换符，表示返回到加密字母：[1]

w	h	e	r	e	i	s	/	1	0	6	/	d	i	v	i	s	i	o	n
91	98	3	4	3	1	0	94	11	00	66	94	83	1	99	1	0	1	2	7

接下来，用一个数字密钥掩盖这段简单文字，该操作叫“密封”（closing）。

[1]　译注：下面示例电文大意为，第 106 师团在哪里？

克劳森和富特直接从一本有大量表格的普通参考书里取出密钥数，如《世界年鉴》，这样一本书一般不会招来怀疑。富特用一本瑞士贸易统计书，克劳森则用 1935 年版《德国统计年鉴》：白纸印刷的主要章节用于加密，书后有独立页码的浅绿纸印刷的国际报告章节用于解密。

一封电报要求获取第 106 师团的信息，它与 1940 年 3 月 3 日发给佐尔格间谍网的一封实际电报相似。因为它将由克劳森解密，因此在莫斯科用《德国统计年鉴》绿色页码中的加数加密。加密员随机抽取第 171 页第 3 栏第 11 行的数字组。该组数字是 113（千吨），恰好是 1931 年卢森堡铁路建设所需的钢铁值。加密员按某条加密规则的要求，从第三个数字 3 开始，沿该行在表上取出其他密钥数。他取出的是 1931 年及随后年份比利时、法国、英国等国的产量数字：134、534、517……他把这些数字写在棋盘加密的数字下，用不进位加法把它们相加，得出密文：

棋盘“明文”	9 1 9 8 3 4 3 1 0 9 4 1 1 0 0 6 6 9 4 8 3 1 9 9 1 0 1 2 7
密　　钥	3 1 3 4 5 3 4 5 1 7 1 8 3 1 2 8 1 1 9 5 1 1 0 4 1 8 8 4 7
密　　文	2 2 2 2 8 7 7 6 1 6 5 9 4 1 2 4 7 0 3 3 4 2 9 3 2 8 9 6 4

加密员把它分成五位数一组，22228 77616 59412 47033 42932 8964，最后一组可能会加个 0 补足。他再制作一个指标组告诉解密员到哪里找密钥：11 表示行，3 表示栏，71 表示页（省略百位数，如果第 171 页密钥读不通，解密员大概会尝试第 71 页或第 271 页）。为隐藏这个指标组，加密员用不进位加法加上电报的第四个数字组 47033 和倒数第四组 59412，得到 07716。他把这个组放在电报开头，交给报务员发送。

这是二战期间的标准苏联间谍密码。战争后期，富特担任加密员期间又做出一些小改进，增加其可靠性和保密性。数字由重复两次改成三次，加密指标组由一个变成两个。富特把明文“页—栏—行”指标与一个固定组（他的是 69696）相加，再把和与密文第五组相加，作为第一个加密指标；与倒数第五组相加，作为第二个加密指标。他再把这些加密指标组插入最终密电的第三组和倒数第三组。

其他苏联间谍使用该基本系统的一个变种，其更为复杂，但保密性却有所降低。它从一本普通图书中选出文字，用棋盘加密，得出密钥数字。“红色乐队”就使用这个变种。（当德国人发现其中一本密钥书时，“红色乐队”的一个单位发出电报：“克劳斯拿到了《圣经》。”）富特瑞士间谍网的一些成员也用它，他们把《9 月事件》（*Es geschah im September*）作为密码书；苏联间谍伯蒂尔·埃里克森（Bertil E. G. Eriksson）则使用 1940 年瑞典文版雅罗斯拉夫·哈谢克（Jaroslav Hasek）的《好兵帅克》（*The Good Soldier Schweik*）。1941 年，埃里克森在瑞典被捕。

埃里克森的密钥文字前几个单词也用于构建他的密钥棋盘密码。制作一个这样的棋盘时，埃里克森选择从第 12 页第 3 行第 4 个单词开始：“PAUS, SOM SVEJK SJÄLV AVBRÖT...”。他把前 10 个不同字母写入一个夹叉棋盘密码，作为第 1 行，其余字母续写在其他行中；再按顶行各字母在字母表中的位置，从 0 到 9 为它们编号，得出顶坐标数字密钥。第 1 行没有纵坐标；另两行纵坐标取自末行第 1 个空格和最后 1 个空格上方的数字。结果如下：

	6	0	8	7	5	4	9	1	2	3
	P	A	U	S	O	M	V	E	J	K
9	B	C	D	F	G	H	I	L	N	Q
3	R	T	W	X	Y	Z				

他再从密钥行第 1 个单词的第 3 个字母开始取密钥文字，对哈谢克的文字加密，变成他的加数：“(DE)T BLEV EN PAUS, SOM SVEJK SJÄLV AVBRÖT MED...”，成为 30 96 91 1 9 1 92 6 0 8 7 7 5 4 7 9 1 2 3 7 2 0 91 9 0 9 96 36 5 30 4 1 98...。埃里克森以密钥词 GAMBUSIA（食蚊鱼）为基础制作了一个 35 格俄文夹叉棋盘密码，单码数字用于 7 个高频俄语字母，这个棋盘密码产生的数字“明文”与上面得到的数字相加。

该标准系统的变种并非牢不可破。密文的内在逻辑给了分析员帮助，能

1941 年，苏联间谍伯蒂尔·埃里克森加密的一封给莫斯科的电报。上行是由夹叉棋盘加密的加数密钥，取自 1940 年瑞典文版雅罗斯拉夫·哈谢克的《好兵帅克》，从第 12 页第 3 行第 1 个单词第 3 个字母开始；下行是俄语“明文”，由一个以 GAMBUSIA 为密钥的夹叉棋盘密码得出让他同时得到密钥和明文。密码的夹叉特征及明文和密钥成分的不规则长度破坏了明文、密文和密钥间的常规一一对应关系，比起使用普通棋盘密码来，分析员的工作要难得多；但即便如此，破译还是有可能的。以贸易统计数据为密钥，虽不完美，因为数据公开且每年反复出现，可能会呈现出某种规律性，但它在理论上应是不可破的。所以，它们还是能够提供足够的保密性。

二战期间，如此简单却牢靠的标准系统是如何为苏联服务的呢？

理查德·佐尔格博士身材高大魁梧，目光阴鸷，以德国著名《法兰克福日报》记者身份在日本工作。作为纳粹党员，他是德国驻日大使欧根·奥特（Eugen Ott）的密友。奥特还是助理武官时，佐尔格就与他结交。佐尔格甚至当上了德国使馆新闻参赞，与奥特共进早餐，和他阅读并讨论报纸和政策。佐尔格再把这些高层级情报转给德国的死敌苏联。精干的德国人不知为何没发现佐尔格的祖父曾是卡尔·马克思的秘书，他本人则是一个忠诚的共产党员。

1929 到 1931 年，佐尔格在上海领导一个间谍网。两年后，因才华出众及对远东事务展现出兴趣，格勒乌派他以记者身份为掩护去到日本。日本是俄国的宿敌和西太平洋地区的唯一对手，是一把可以从背后刺进俄国的东方匕首。佐尔格的任务就是获取日本的意图。他辛辛苦苦建立了自己的关系网，从日本人中招募了特工。他招募的最重要人物是尾崎秀实（Hotsumi Ozaki），此人与近卫亲王（曾担任日本三任首相）的关系非同一般，类似哈里·霍普金斯和罗斯福。佐尔格因此有了直通日本政府最高机构的渠道，他本人则能够获得日本盟国最可靠的情报和观点，另外还有 20 多个日本人为他提供重要军事和经济情报。

佐尔格通过电台或信使把这些情报送到俄国。他的报务员马克斯·克劳森是个身材魁梧、样貌和善的德国人，有一头卷发，一战期间做过德国通信部队报务员，曾在上海与佐尔格共事。为了掩护自己的身份，他在一家私营企业销售复制蓝图的机器，生意上的巨大成功严重动摇了他的共产主义信仰：1941 年，他只发出了三分之一佐尔格交给他的电报。但开始时，他用一台自制便携电台建立了超远程无线电联络，并维持了它的运行，从而树立了自己的名望。他先装好电台进行发报，每次发报结束后将电台拆开放在一个大公文包里带走。这份谨慎差点带来意外。某夜，他和另一个特工背着装电台的包，被一个警察拦下。“想到我们被发现了，我的心提到嗓子眼。”他写道，“不知为什么，警察只说了声，‘你的前灯熄了；多加小心’，没有检查我们的行李或搜查我们就走开了。”

随着战争临近，佐尔格网络加紧了通信活动。从 1938 年起，以往不规律的发报变成定期发报：星期一、三、五、日下午 3 点，二、四、六上午 10 点。克劳森把电报发给一个代号 WIESBADEN[1] 的俄国电台，他认为它应该在海参崴，也可能在哈巴罗夫斯克或共青城，电报再从那里转发莫斯科。一开始，克劳森只发送加密好的电报。1938 年，佐尔格出了一次摩托车事故后，他得到莫斯科批准，把密码系统告诉了克劳森。

“我总是在家中、在我的房间里加解密。”这个报务员写道，“通常我可以从门铃声得知有访客，这样我可以在接待他们前藏好文件。有三次，我的日本雇员看到密码，但他们似乎丝毫不在意。还有一次，我在床上（这大概指 1941 年 4 月到 8 月他因心脏病卧床）加密一封电报（用一个专用的板，这样我可以斜倚着工作），总是由女佣领进来的伍尔茨医生突然一个人出现在我的床边。他怀疑地看着密码图表，但只说了一句，‘你得等病好了才能写东西’。然后做了常规检查，走了。有好几天，我都在担心他可能会报告警察，但什么事也没发生。”他的电报用英文发出，有时用德文，从不用俄文，目的是隐瞒间谍网的真正主子。

佐尔格不仅知道德国准备进攻苏联，还知道其大致进攻日期。与其他有关入侵的忠告一样，斯大林忽视了这条情报，被打个措手不及。随着战争进行，佐尔格及其组织终于迎来了最关键的时刻。他们施展浑身解数，要找到那条最重要的情报：日本是在这个脆弱的时刻进攻苏联，“在乌拉尔山脉与希特勒会师”？还是继续推行它的既定计划，征服橡胶和石油资源丰富的马来亚和荷属东印度群岛？佐尔格和苏联政府都认为这个情报关系到苏联的作战方式，甚至切实关系到苏联的生死存亡。1941 年 7 月 2 日，在一次有天皇参加的内阁会议上，日本极隐秘地做出了决定。随着佐尔格组织获取的线索和内幕日益增多，

[1] 译注：威斯巴登，德国城市。

它发出的情报也在与日俱增。

1939 年，克劳森发出 23139 个密码组；1940 年发出 29179 个。1941 年，虽然共产主义理想日渐破灭的克劳森只发出 13301 组，但佐尔格亲自发出 4 万组，远远弥补了他的不足。大量信息被日本反间谍警察截收。至少从 1938 年开始，递信省、东京都递信局、大阪递信局和朝鲜总督府递信局就察觉一个非法电台正从东京地区往外发报。日本密码分析员根本破不开这些电报，日本无线电警察也未能找到这部隐蔽电台的位置。两方面失败致使日本人既不能破获间谍组织，又不能伪造假情报。

综合各种政治考虑，佐尔格越来越清楚，日本已经放弃了进军苏联与希特勒会师的想法。1941 年夏，随着德国大军在苏联大草原滚滚推进，他把这些新情报传到了莫斯科。最终，尾崎确认了日军南进，不与苏联交战的决定。最终，10 月初，佐尔格发出报告，郑重得出结论："起码到明年春之前，日本不会对苏联发动进攻。"随着佐尔格的报告日益乐观，苏联开始从东方人力储备中征集军队。就在佐尔格的决定性报告抵达莫斯科时，德军从两路发动全面进攻，意图在冬季来临前占领苏联首都。

红军指挥部不再担心日本从背后进攻，于是减少了远东守军，从中抽出 15 个步兵师、3 个骑兵师、1700 辆坦克和 1500 架战机，调到西线。部队横跨俄国，德军压根没想到苏联还有这么一支大军。在气温日益下降的严冬里，这些生力军使德军放慢了脚步，但德军不断集结力量，用装甲铁拳一次次在莫斯科马蹄形防线地区砸出窟窿。12 月 2 日，他们到达希姆基郊外，远处，克里姆林宫教堂的洋葱形尖顶划破了阴沉的天空！次日，格奥尔基·朱可夫[1]元帅投入新抵达的后备力量，发动一场猛烈反击，在零下 13 度天气帮助下，打退了冻僵的纳粹军队。五天内，柏林宣布暂停东线攻势。莫斯科没有陷落，神圣的俄罗斯依然屹立不倒。

佐尔格却倒下了。一个不属于他网络的日本人因共产党活动嫌疑被捕。为开脱自己，他举报了佐尔格网络一个女性成员的可疑活动。她的招供引发连锁

---

[1]　译注：Georgi Zhukov（1896—1974），苏联名将，二战期间在斯大林格勒保卫战中击败德军（1943），解除列宁格勒之围（1944），指挥了最后一次对德攻势和攻克柏林战斗（1945）。

反应，导致尾崎于10月15日、佐尔格和克劳森于18日分别被捕。克劳森架不住审讯，招出密码系统；日本人最终得以读出垂涎已久的电报，把它们译成明文，当作审判的定罪证据。克劳森被判终生监禁；1944年11月7日，尾崎和佐尔格被相继绞死，前后相隔50分钟。但是，他们比大部分人都更出色地完成了任务。

也许最庞大的苏联间谍网是德国人所称的“红色乐队”网络，它的触角悄悄伸进了纳粹的最隐秘之处，它的分支覆盖了德国和欧洲德占区的大部分区域。它的名字源于“音乐盒”（苏联人对无线电台的称呼）连续不断的嗡嗡声，在柏林、巴黎、布鲁塞尔、奥斯坦德、马赛等地，300名特工的加密信息源源不断地从“音乐盒”流出。乐队指挥是德国空军“研究室”哈洛·舒尔茨–博伊森（Harro Schulze-Boysen）中尉，他有一个完美的出身，与铁毕子[1]海军上将属同一家族，本人则从保守的反纳粹主义者逐渐转变成亲共产主义者。“首席小提琴手”是40岁左右的阿维德·哈纳克（Arvid Harnack），他是著名神学史学家阿道夫·冯·哈纳克（Adolf von Harnack）的侄子。乐队经理是利奥波德·特雷佩尔（Leopold Trepper），苏联在西方间谍活动的“总头目”，一个职业间谍头子，他以西迈克斯公司为掩护潜伏在巴黎。

特雷佩尔建立的这个以舒尔茨–博伊森和哈纳克为首的组织一直蛰伏不动，直到1941年6月22日，德军越过苏联边境，莫斯科要求立即得到德国作战计划情报时，它才蠢蠢欲动。不久，乐队的莫尔斯电台开始了“蟋蟀大合唱”，它们的五位数密码组电报布满整个天空。

在克朗兹和东普鲁士，纳粹无线电反间谍机构无线电安全处（Funkabwehr）的天线颤动着。6月26日，安全处截收到第一封电报，并尝试对它及之后的电报进行破译，但均告失败。对电台本身的追踪也受到设备短缺的阻碍：无线电安全处当时只有六台远程测向机。直到10月，它才确定是莫斯科在接收这些电报；到12月，它才定位了第一部“红色乐队”电台。13日夜，一队靴子外面套着袜子的士兵悄悄爬上布鲁塞尔阿特雷贝茨大街101

[1] 译注：全名为Alfred Peter Friederich von Tirpitz（1849—1930），德国海军将领，曾任德国海军部长、亚细亚舰队司令。德国“提尔皮茨”号战列舰即以他的名字命名。

号一幢别墅二楼，破门进入报务室，逮捕了密码报务员米克海尔·马卡罗夫（Mikhail Makarov）和另外两个特工。马卡罗夫是苏联空军中尉，是外长维亚切斯拉夫·莫洛托夫（Vyacheslav Molotov）的亲戚。就在这一刻，特雷佩尔恰巧到来。但他以超人的沉着，装成一个卖兔肉的（亏他想得出来），成功脱身。

德国人还在别墅壁炉里发现了一张烧焦的纸，纸上写满数字，显然是一张加密作业纸。德国分析员立即着手研究。马卡罗夫守口如瓶；直到六周后，第一条重要信息才浮出水面。它是一个法语句子的一部分，看上去更像密钥文而不像明文片段，里面有一个单词 PROCTOR。无线电安全处盘问了女房东，这个不明情况的老寡妇供出她曾看到房客读过的 11 本图书。在盖伊·德特拉蒙德（Guy de Teramond）一本 286 页的科幻小说《沃尔马教授的奇迹》（*Le miracle du Professeur Wolmar*）中，纳粹找到了 PROCTOR。

德国人突然意识到，他们抓到的是一条大鱼。特拉蒙德密钥解开了“红色乐队”电台在最繁忙时期发出的 120 封电报。它们向莫斯科预警了德军在高加索地区的春季攻势，报告了德国空军兵力，提供了军队燃料消耗和伤亡数据及其他类似重要情报。但所有名字都是代号；三个被捕特工或拒绝交代，或不知网络其他部分的联系人。无线电安全处加大了行动力度。

但是，特雷佩尔虎口脱险后，警告了“红色乐队”其他成员。通信员给他们带来了新密钥。不久，乐队鼓乐齐鸣，恢复了原来的热闹。其中许多曲子是莫斯科点播的：

> 首长致吉尔伯特（GILBERT，特雷佩尔代号）。查证古德里安（[Heinz] Guderian，德国坦克将军）是否确在东线，第 2 和第 3 集团军是否由他指挥？……
>
> 首长致吉尔伯特。报告正在法国成立的 26 个装甲师的情况。

他们的情报来自整个纳粹统治区的情报员。舒尔茨－博伊森坐镇“研究室”，哈纳克作为苏联问题专家担任经济部高级职务。“红色乐队”的信息来源包括外交部、德国空军反间谍部门、劳工部和宣传部等等，还有陆军密码分析部门一个放弃纳粹信仰的青年霍斯特·海尔曼。乐队电台不规则的单调声成了莫斯科最美妙的音乐。它向俄国人唱出了德军对列宁格勒围而不攻的计划、德国伞兵袭击的准确时间、战机月产量、在芬兰佩萨莫[1]发现的一部苏联代码、德国空军损失和产量、一种新式梅塞施密特战斗机的性能、合成油产量、外交政策动向、对纳粹主义的政治抵抗、第聂伯河一线军队调动。知道了在哪里以及如何撕扯纳粹大军，俄罗斯大熊乐得跟着乐曲翩翩起舞。

这支交响乐振动着从空中划过，无线电安全处监听台竖起了耳朵。在他们耳中，它是刺耳的噪声。虽然密电坚不可破，但电台却可以追踪到。约翰·文策尔是个老牌共产党特工，精通无线电技术，为此得到“教授”绰号。1942 年 6 月 30 日，他领导的一个比利时小组在布鲁塞尔遭突袭；文策尔在电台前当场被捕。盖世太保接管了案子，面对一串冰冷加密数字，竭尽全力的脑力攻击破解不了它，但对文策尔的一顿肉体伺候却做到了。凭借着教授在苏联间谍通信方面的广博知识，无线电安全处很快开始解读档案里的旧截收电报。从一封近一年前的电报中，他们知道了舒尔茨－博伊森和哈纳克的真实地址……

二战期间，在所有苏联间谍网中，最重要的是瑞士网络。它之所以极端重要，部分原因是它在中立国瑞士有运行组织，长期游离于德国阿勃维尔的触角之外；还有部分原因是该网络拥有“露西”——众人心目中二战最伟大的间谍。他就是鲁道夫·勒斯勒尔（Rudolf Rössler），一个戴眼镜、小块头、安静的德国左翼天主教图书出版商，“露西”代号来自他的居住地卢塞恩。他的情报来源似乎是他的 10 个一战伙伴，他们都是德国军官；其中 5 人为将军，并且至少有一部分时间在国防军最高统帅部工作过。弗里茨·蒂勒（Fritz Thiele）将军是其中一个，他掌管最高统帅部的密码部，并且作为统帅部通信组织二把手期间，他曾用该组织的设备向勒斯勒尔发报。勒斯勒尔因此能够以闪电般的速度从德军统帅部核心获得准确无误的高层情报。

“露西”网络领导人是制图员亚历山大·拉多（Alexander Rado），他绘制的地图每天登在瑞士报纸上。他是匈牙利共产党员，1936 年被派到瑞士建立一个间谍网络。二号首长、电台台长是亚历山大·富特，一个 35 岁左右、虎背

[1] 译注：Petsamo，今佩钦加，俄罗斯西北部地区，位于摩尔曼斯克西部与芬兰接壤的边界，旧为芬兰一部分，1940 年割让给苏联，1920 到 1944 年以其芬兰名佩萨莫而为人们熟知。

熊腰、不动声色的英国人，他假称依靠逃避兵役的独立基金在瑞士生活。1941 年初，他在洛桑隆哥拉伊路 2 号的公寓里安装了后来被称作 JIM 的电台。3 月 12 日，敲击了上千次呼号 FRX 后，透过喀喀喀的静电噪声和其他电台的背景噪声，他听到莫斯科“中心”在呼叫他：NDA NDA OK QRK 5。QRK 5 在无线电缩语中表示接收信号很强。

瑞士小组很快有了成果。6 月中旬某夜，富特发给莫斯科一封简短但重要的电报：

> 多拉（Dora，拉多的代号）通过泰勒（一个通信员）致首长。希特勒确定 6 月 22 日为进攻俄国日期。

这封电报和佐尔格的情报一样，对斯大林毫不奏效。因为斯大林认为，表面上，他和希特勒有征服、肢解英帝国的共同利益，其分量显然超过两个间谍提供的个人情报。这个事件突出了情报评估中的最大难题之一：可靠性。

一开始，富特每周仅与莫斯科联系两次。但苏德战争爆发后，他得到通知，“中心”将 24 小时守听他的电台。他们确立了呼号顺序：VYRDO 用于加急电报，RDO 用于急电，MSG 用于常规电报。莫斯科总是在催要情报，几乎独自操作的富特不仅发送了大部分“露西”材料，还接收了 VYRDO 电报。他两年的生活轨迹表明，间谍生活并不是那么充满魅力。经过一夜加密发报后，他休息片刻，10 点左右起床，上午用来维持他的流亡者形象，下午则出门在某个隐秘的地点会见通信员。“一般来说，回家后，”他写道，“等待我的又是一个加密长夜。按规则，所有加密都须在夜色里，在紧锁的门后进行。但‘中心’催得紧时也不得不突破规则，在最忙乱的时期，我一有空就在加密。”在活跃时期，富特发出了 2000 封电报，每天约 6 封，每封平均 100 个单词。

富特通过一个固定波段与“中心”建立联系，而“中心”会就这个固定波段进行回复。联系建立后，双方再转到另一个波段，使用不同呼号，完成当晚工作。“我的发报时间通常在凌晨 1 点左右。”富特写道，“如果条件好，电报短，我需要两小时左右完成。如果有长电报要发，空中电波干扰又强，我就得克服困难，在条件许可时发送，这样的情况经常发生。在这种情况下，我常常到早上 6 点还在发报，有一两次，我在上午 9 点才‘停止广播’……如此长时间的持续发报，使所有对付无线电监听的常规预防措施变得形同虚设。但如果要传出情报，这是必须冒的危险，虽然我和拉多多次发出忠告，但‘中心’还是要冒这个风险。”

随着德军逼近莫斯科，通信变得越来越难。突然有一天，在提前 12 小时通知高级成员，但没有通知一个电台特工的情况下，“中心”突然离开驻地，转到东南方向约 885 千米的古比雪夫。此举相当于毁掉瑞士网络。“10 月 19 日，”富特写道，“莫斯科电报在接洽到一半时失去联络。夜复一夜，拉多和我不停呼叫；夜复一夜，只能石沉大海。绝望的拉多谈到投靠英国人……突然有一夜，在预定发报时间（中断六周后），‘中心’开口了。好像什么都没发生一样，他们完成了之前（一个半月前）中断的电报。”

瑞士网络给“中心”接收台提供的情报价值无法估量，因为勒斯勒尔向苏联参谋部提供的就是德军每日作战序列。情报告知俄国人，他们面对的是哪支部队。一个“露西”网络情报出错或虚假（尚不知此事如何发生）的反面例子，说明了他们对它的严重依赖程度。这条情报与军队部署有关，首长在战后告诉富特，因为它，“我们在哈尔科夫伤亡十万之多，德军打到斯大林格勒”。这种彻底依赖表明，苏军的许多胜仗要归功于勒斯勒尔的情报。实际上，富特认为，“莫斯科在很大程度上根据‘露西’的电报作战。”

与佐尔格网络和“红色乐队”一样，这些情报的密码牢不可破。无线电安全处和瑞士联邦警察截收了成百上千封电报，但一封也没有读懂。无线电安全处发现电波来自瑞士，它无权在瑞士执行逮捕；相反，有逮捕权的瑞士联邦警察起初则不愿意逮捕反纳粹组织。于是在一年多时间里，他们没有打扰“露西”网络。但德方施压，最终迫使他们采取行动。1943 年 10 月，两部瑞士电台遭联邦警察突袭；11 月 20 日凌晨 1 点 15 分，富特正在抄收一封来自莫斯科的长电，“一声裂响，我的房间里全是警察……我被捕了，‘中心’与瑞士的最后联系被切断”。但它的工作已经完成。虽然此时离德国投降还有一年半时间，但大局已定，最后胜利已经在前方招手。

即使在战争时期，苏联也从未中止对其盟友的情报刺探；如今重返和平，它再次将目光瞄向它们。苏联间谍活动没放过任何小鱼小虾，其最大的成功来自核间谍克劳斯·富克斯（Claus Fuchs）和艾伦·纳恩·梅（Allan Nunn May）。随着铁幕[1]落下，冷战升级，秘密特工被安插到自由和中立世界的各大角落。苏联间谍网遍布全球，要指挥它，保护它，并取得成果，一个精巧的秘密通信系统必不可少。俄国大使馆通常是间谍网中心，在那里，第一道保密屏障是实体防护。

在加拿大，密码员伊戈尔·古琴科使用的密钥放在一个封袋内，封袋每晚锁在一个钢制保险柜中，保险柜放在一套有八个房间的套房里。套房外有两道铁门，白色不透明窗户上装有铁窗条和钢百叶窗。套房位于砖结构使馆大楼的一幢独立附楼二楼，使馆大楼外面围着栅栏。在澳大利亚，弗拉基米尔·彼得罗夫处理间谍密码时，保存密码文件的保险柜钥匙放在一个蜡封盖章的信封里，锁在使馆总保险柜内。这里的密码套房有四个房间，两间外室用于一般使馆办公，密码员在两间内室（类似圣地中的圣地）加密间谍电报。在一间外室的主任密码员办公桌的一格抽屉里，彼得罗夫看到四把左轮手枪。两个使馆都有焚烧加密工作单和其他秘密文件的炉子。60 年代，驻华盛顿使馆存有能在几秒内化掉厚厚一叠文件的化学品；紧急情况下，比起把成捆文件塞进焚烧炉，这种做法更快捷。有件事可以说明俄国人对保密工作的重视。1956 年新年，他们宁可让火焰吞没驻渥太华大使馆，也不让加拿大消防员进入使馆，官员说，这样会担负风险，外国人可能会看到他们的代码和密码。

传送时，文件被拍成照片，胶片则不冲洗，这样窃贼在光亮下非法拆开时就会曝光作废，它们被放在外交邮袋内发送。使馆收发信息都遵循这样的做法。35 毫米胶卷从莫斯科送达后，馆员为每幅照片洗印一张放大照片，销毁胶片。当莫斯科回执收到使馆胶片时，使馆即焚毁原件。给秘密警察的胶片会放在一个标着“PMV”的包裹里，那是俄国重量和计量部门的首字母。50 年代后期，俄国人开始用一种上锁的箱子，如果有人对它动手脚，它会自动把酸液泼到未显影的胶片上。新密钥通过外交包裹发送；密钥封在一个给秘密警察官员的信封内，这个信封又封在一个大使亲启的大信封里。

---

[1]　译注：Iron Curtain，1989 年东欧政治剧变之前，阻隔在苏联集团和西方之间观念上的屏障。

这些密钥是老式手工形式的一次性密钥本。虽然苏联使馆的几个部门：外交、秘密警察、军事、商务、政治（共产党），都有自己的密钥和（较大的使馆）密码员，但它们可能都用这种系统。所有到达使馆的电报看上去都一样：单调的五位数组。主任密码员用密钥解密最后一个组，它可能解密成 66666，这可能在某一天意味着电报属于格勒乌，另一天属于克格勃，再一天又属于贸易部门。

一次性密钥本还用于拍成照片的信件。这些信用俄语明文写成，使用半保密的间谍隐语：PACKING（打包）表示 *ciphering*（加密），OPEN PACKING（打开的包装）表示 *plaintext*（明文），BANK（银行）代表 *hiding place*（藏匿处）。另外，特别规定的代号用于掩盖人物的真实身份。如在加拿大，武官扎博京（Zabotin）上校是 GRANT（格兰特），ALEK 表示艾伦·纳恩·梅。（这些代号的作用可从加拿大有关苏联间谍网的《皇家调查委员会报告》[*Report of the Royal Commission*] 中窥得一斑，调查员在报告中承认，“我们未能识别以下‘代号’指称的人员，文件上明确说明他们是扎博京网络成员：GALYA、GINI、GOLIA、GREEN、SURENSEN”。）代号插入后，一个密码员抄写文件，删除所有敏感词语，用“1 号”代替第一个词，“2 号”代替第二个，依此类推。信件以这种形式拍照。那些词汇本身以数字替代，用一次性密钥本加密。数字密文写在一张普通纸上，与胶片一起封在外交邮袋内。

这样，当弗拉基米尔·彼得罗夫冲洗一封来自莫斯科、日期为 1952 年 11 月 25 日的胶卷信后，他读到一部分内容如下：

We request you to report to us by the next luggage all the information known to you concerning No. 42, who figures in the departmental files in connection with her No. 43, and about her No. 44 in Sparta....

Depending on the availability of full particulars concerning No. 42 and her No. 44 in Sparta, we shall weigh the question of No. 45 to Sudania one of our planners along No. 46 Novators, under the guise No. 44 of No. 42

彼得罗夫知道 LUGGAGE 表示“邮件”；DEPARTMENTAL 代表“领事

的”；PLANNER 在间谍隐语中表示“同事”。他查询了一份正式密语表，发现 SPARTA 表示“俄国”；SUDANIA 代表“澳大利亚”，NOVATORS 表示“秘密特工”。对随附于纸上的解密告诉彼得罗夫，此信中，“No. 42：卡扎诺娃(Kazanova)；No. 43：最后遗嘱；No. 44：亲属；No. 45：派遣；No. 46：线路……”。据此，经翻译、解密，再代入解密的插入号码，这段话写道：

> 我们要求你在下一封邮件中向我们报告你知道的全部有关卡扎诺娃（一个住在悉尼的俄罗斯老年妇女）的信息，以及领馆文件中关于她的最后遗嘱和（她想见的）在俄亲属的情况……
>
> 若能获得与卡扎诺娃及其在俄亲属有关的全部细节，我们将考虑通过一条秘密特工线路，派遣一位同志冒充卡扎诺娃的亲属前去澳大利亚。

这个系统似乎被用来替代完全加密，因为保密也得让位于便利。完全加密耗时太多，一个原因也许是密码员需要手工加密。

不过苏联给驻外特工用的是最好的密码。在密码方面，苏联不会拿特工和他们的网络冒险。它给予特工信心，让他们无须担心密码分析。苏联不会因为信任一个不完美的加密系统，从而危及特工与莫斯科之间的无线电联系。当时，苏联使用的主要间谍密码是一次性密钥本。

密钥本形式各不相同。已知形式包括一种邮票大小、厚厚的方形小册子和一种烟蒂大小的纸卷；它似乎越变越小。1954 年缴获的一本密钥本有 40 行，每行 8 个五位数组；1958 年缴获的一本有 30 行，每行 10 组。1957 和 1961 年查获的密钥本有 20 行，每行分别有 4 组和 5 组。栏、行和页都有编号。一本小册子有 250 页类似极薄金银箔的材料（等量密钥数字需要几个纸卷）。通常，密钥本一部分用红色印刷，一部分印成黑色，应该是为了区分加密和解密密钥。“印刷”似乎就是简单的照相——要制作特工所需原始密钥的准确副本，这也许是最佳方式；关于这一点，额外的证据是，表示一次性密钥本的俄语单词 *gamma*[1] 也在摄影中使用。另外，密钥本的“纸”是硝酸纤维素，早期电影

[1] 译注：在摄影中表示“反差系数”。

业用它做胶片。这种材料极易燃，而且间谍身上似乎总带着高锰酸钾，随时准备将一次普通燃烧变成近于爆炸的快速反应，从而快速彻底地毁掉密钥本，不留下任何可见痕迹。

有趣的是，一些密钥本似乎是由打字员而不是机器制成的。它们有涂改和擦除的痕迹——两者都不大可能是机器的杰作。对数字的统计分析更能说明问题。例如有一个这样的密钥本，数字 1 至 5 与数字 6 至 0 交替出现的组（如 18293）的数量是完全随机排列组的 7 倍。这表明打字员用她的左手（在一台大陆牌打字机上敲出 1 至 5 间的数字）和右手（敲出 6 至 0）轮流打字。而且在随机选择情况下，一半的组将以小数字开头，实际上这样的情况有四分之三，这可能是因为打字员用右手敲空格，再用左手开始一个新组。二连和三连数字的出现概率小于偶然概率，可能因为依指示随机打字的女孩感觉到，随机文字中会出现二连和三连数字，但又怕它们显得太醒目，在此误导下，尽量减少了这些组合。但就算有这些异常，这些数字显示出的特征依然远不能使密码分析获得成功。

一次性密钥本与大量顶级苏联间谍一起现身。美国捕获的最高级苏联间谍鲁道夫·阿贝尔（Rudolf Abel）有一本邮票大小（约 4.8 厘米 ×2.2 厘米 ×1 厘米）、小册子形式的密钥本。1957 年 6 月 21 日，联邦调查局特工逮捕他时，在纽约莱瑟姆酒店房间发现这本密钥本。阿贝尔用纸包着它，藏在他随意扔进废纸篓中一方挖空的木块内，木块包着砂纸，看起来像一个打磨块（阿贝尔装成一个艺术家）。1954 年，希腊共产党人格雷戈里·利奥利奥斯（Gregory Liolios）被捕时有一本一次性密钥本；1958 年落网的埃莱夫塞里乌斯·沃塔斯（Eleftherious Voutsas）也有一本。1961 年初，在伦敦郊区的海伦和彼得·克罗格的小屋，半打卷式一次性密钥本被发现藏在一只朗声打火机底座内。这两个苏联间谍原来是美国人洛娜和莫里斯·科恩，他们的头目是苏联驻英国“代表”（特工负责人），只知其化名为戈登·阿诺德·朗斯代尔（Gordon Arnold Lonsdale）。在他的伦敦公寓，人们在另一只打火机里内找到了更多密钥本。当年晚些时候，日本警察抓到一伙朝鲜共产党间谍网成员，在他们的物品中发现了一些一次性密钥本。原子科学家朱塞佩·马尔泰利（Giuseppe Martelli）被控为苏联刺探英国情报，1963 年他在绍森德机场被捕时，身上带着两小本密钥本，藏在一包烟里。七支烟原样没动，另外六根却粘在一起，部分挖空，形成一个装密钥本的空格。另一个前东德间谍也用一次性密钥本加密，通过公开广播的数字代码组收信，发信结束后，把代码藏在树根下的一个锡盒内。

这些一次性密钥本加密的信息似乎发往莫斯科。阿贝尔在他的布鲁克林工作室有一部短波电台，酒店房间里有一台接收机。他告诉副手，他用磁带录下来电，再写在纸上进行解密。阿贝尔被捕后，美国政府特工在他扔进废纸篓的一段挖空铅笔末端发现了广播时刻表，照表收听，两次收到五位数组信息。英国安全警察在克罗格的打火机里发现了一次性密钥本和通信时间表，也按它的指示收听。1961 年 1 月 9 日零点 32 分，调到频率 17080 千赫处，他们听到呼号“—· ·”；18 分钟后，他们在 14755 千赫处听到同样呼号。1 月 18 日早上 6 点 38 分，他们在 6340 千赫听到呼号“277”。不到一小时后，他们在 8888 千赫再次听到它。测向台经过定位，确定信号源在莫斯科地区。朗斯代尔有一台速发装置，能以每分钟 240 单词的速度发送莫尔斯电码；也许它先录下他的电报，再一次性快速发出。

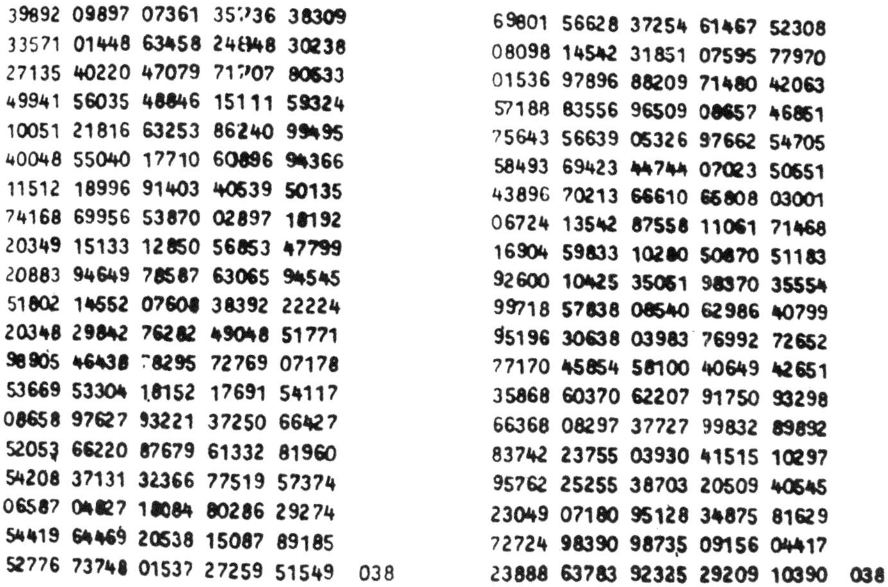

39892	09897	07361	35736	38309	
33571	01448	63458	24848	30238	
27135	40220	47079	71707	80633	
49941	56035	48846	15111	59324	
10051	21816	63253	86240	99495	
40048	55040	17710	60896	94366	
11512	18996	91403	40539	50135	
74168	69956	53870	02897	18192	
20349	15133	12850	56853	47799	
20883	94649	78587	63065	94545	
51802	14552	07608	38392	22224	
20348	29842	76282	49048	51771	
98905	46438	78295	72769	07178	
53669	53304	18152	17691	54117	
08658	97627	93221	37250	66427	
52053	66220	87679	61332	81960	
54208	37131	32366	77519	57374	
06587	04827	18084	80286	29274	
54419	64469	20538	15087	89185	
52776	73748	01537	27259	51549	038

69801	56628	37254	61467	52308	
08098	14542	31851	07595	77970	
01536	97896	88209	71480	42063	
57188	83556	96509	08657	46851	
75643	56639	05326	97662	54705	
58493	69423	44744	07023	50651	
43896	70213	66610	65808	03001	
06724	13542	87558	11061	71468	
16904	59833	10280	50870	51183	
92600	10425	35061	98370	35554	
99718	57838	08540	62986	40799	
95196	30638	03983	76992	72652	
77170	45854	58100	40649	42651	
35868	60370	62207	91750	93298	
66368	08297	37727	99832	89892	
83742	23755	03930	41515	10297	
95762	25255	38703	20509	40545	
23049	07180	95128	34875	81629	
72724	98390	98735	09156	04417	
23888	63783	92325	29209	10390	038

1961 年，从在日本共产党间谍身上查获的一次性密钥本中一页。一侧可能用于加密，另一侧用于解密

他们的通信看似十分繁忙。克罗格的通信时间表上规定周二、三、五、六联系。这样的通信频率也许解释了，为什么阿贝尔和克罗格夫人被捕时身上都有加密的信息。阿贝尔企图把信息藏在袖子里；克罗格夫人提出请求，在离家接受长时间询问之前，让她拨下火炉。然而当一个信封从她手袋里搜出时，“克罗格夫人，”一个安全员说，“别惦记拨火炉了”。信封里有一张纸，纸上有一堆打印数字。

微点成为无线电的补充方式。朗斯代尔把一个微点阅读器藏在一罐爽身粉里。阿贝尔用一枚超短焦镜头缩小 35 毫米底片，自己制作微点。为了在这么大的缩小倍率下依然能读出信息，他使用分光胶片，这种胶片能在许多摄影商店买到，分辨率达到每毫米 1000 线。他拆开《居家花园美化》和《美国之家》杂志，把微点细条插在断面间，重新装订好，寄给一个预先商定的巴黎通信处。因为某种原因，隐藏的信息没有收到，莫斯科告诉阿贝尔中断这种做法。不过微点依然用于把国内的明文信件带给间谍。

虽然一次性密钥本是高级间谍和莫斯科无线电通信的标准方法，其他系统也用于满足共产党间谍网内部秘密通信的需要。这里遵循的规律似乎是，如果系统是俄国人设计的，它们就是顶尖的；如果是土生土长的某国当地共产党人设计的，它们就可以被破开——通常带来灾难性后果。如 1955 年，瑞典反间谍警察注意到，一个捷克使馆司机每晚到斯德哥尔摩火车站买两种报纸，《信使报》（*Kurier*）和 *Tidning*，都是外地城市卡尔斯库加出版的报纸，那里有兵工厂。研究这些报纸后，警察注意到一些措辞奇特的启事。他们用相同的识别词插入类似通知，收到几个人的回复，原来他们都是红色间谍。最终，一个在五座城市活动的间谍网被打破，四个共产党卫星国外交官被宣布为不受欢迎的人。

蛋壳密码事例发生在伊朗，这是地方共产党人的最悲惨经历。前陆军上尉阿里·阿巴西（Ali Abbasi）因为参加伊朗共产党的活动招致怀疑。1954 年 8 月 16 日，伊朗安全警察逮捕了他。当他走出德黑兰的一所房子时，警察在他携带的手提箱里发现了穆罕默德·礼萨·巴拉维国王[1]夏宫的完整平面图，上

[1] 译注：Shah Mohammed Reza Pahlevi（1919—1980），伊朗国王（1941—1979），在阿亚图拉·霍梅尼领导的 1979 年伊斯兰革命中，对他统治的反抗达到高潮，他被迫流亡，后死于埃及。

有卫兵哨位和各哨位人数；来自陆军档案的绝密文件；伊朗与俄国接壤边境线的炮兵部署报告；两本明显写着密码的笔记本，还有一本写满似乎是三角公式的内容，全是数学家喜欢的希腊字母和“secant”“cosine”“tangent”“cotangen”[1]的缩写。问题在于，这些公式在数学上根本不通。

德黑兰军政府情报局局长穆斯塔法 · 阿姆贾迪（Mostafa Amjadi）上校和一个伊朗陆军上校开始研究这三本笔记本。到 8 月 30 日，他们已经破开两个密码，但从中只得到很少信息。这时候，阿巴西决定开口。他供出伊朗共产党已经在陆军安插了 400 名特工，他们的名字列在一个数学密码里。这就是阿姆贾迪和同事当时还在努力破译的三角系统，但阿巴西警告说，这个系统极其复杂，只有发明它的贾姆西德 · 穆巴谢里（Jamsheed Mobasheri）中校才能解读。他是个炮兵军官，被朋友看成是数学天才。

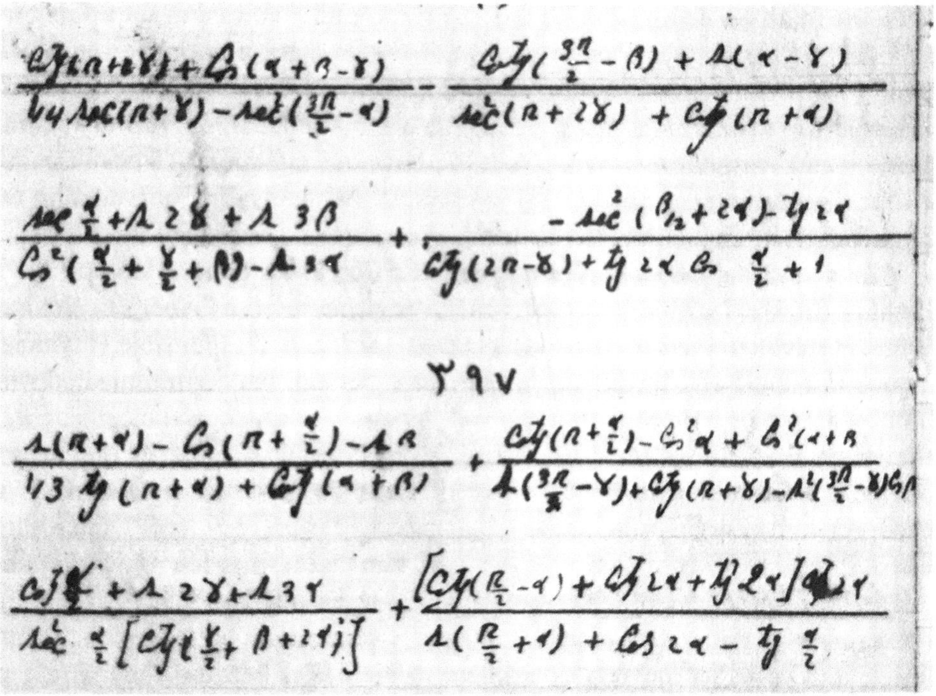

伊朗红色特工的仿“三角”密码

[1]　译注：数学符号，缩写分别为 sec（正割）、cos（余弦）、tan（正切）、cot（余切）。

穆巴谢里被抓来受审。他没有透露密钥，倒企图用一枚生锈的钉子刺破血管。两个上校分析员不屈不挠，12 小时轮班，每天 24 小时连续工作。穆巴谢里再次受审，现在，被捕时的震惊渐渐消去，他对发明密码的骄傲几乎胜过了他对共产主义的忠诚，他两度同意透露方法——结果却是两次改变主意。伊朗政府暗中询问其他国家能否帮助破译；同时，其中一位上校构想出穆巴谢里系统的理论，找穆巴谢里面谈，希望从发明人的反应中得到些线索。穆巴谢里坚称系统不可破译，但就在上校要离开牢房时，穆巴谢里对这次睿智的分析表示了欣赏，承认这个分析员的思路是对的。9 月 3 日，就在一架飞机要把那本三角笔记本运交给某个盟国的分析员时，两个憔悴的上校破开了穆巴谢里的密码。

这份花名册对那些军官的描述如军队登记表般详细。找到他们并不难，但因为数量太大，破译它们并确定阴谋者就花费了好几天时间。一周后，400 人悉数被捕。伊朗安全警察发现，这个庞大的阴谋集团不仅获得了整个伊朗军队兵力和部署的详细情报，而且渗透到各个关键岗位，可以随时刺杀国王以下的政府成员。它随时准备发动一场政变，建立自己的共产党傀儡政府，或者把整个国家出卖给苏联。但是，尚不完善的密码却让它一事无成。相反，它的 26 个领导人（包括穆巴谢里）被处决，数百名小喽啰和支持者身陷囹圄。一个毒瘤被清除，一年后，伊朗放弃传统中立地位，签署加入《巴格达条约》[1]，与西方结盟。

还没有密码弱点危及俄国间谍网的行动。也许，最突出的例子是阿贝尔副手雷诺·海罕南（Reino Hayhanen）用的密码。肥胖、懒惰、不负责任的海罕南到达纽约后，两年都没与阿贝尔见面，仅通过预先安排的“邮箱”（布朗克斯区杰罗姆大道 165 到 167 号间水泥墙上的一道裂缝，中央公园一座桥下一块松动的砖后，展望公园和特赖恩堡公园的灯杆下）里的秘密信息与他联系。这些信息写在“软”微缩胶片上。阿贝尔溶去硬片基，留下柔软的、有图像的感光乳剂，制成这些能够塞进细小地方的软片。阿贝尔和来自莫斯科的通信员用挖空的铅笔、插销、干电池和硬币做“邮箱”通信的信封，因为如果被人无意

[1] 译注：1955 年 2 月 24 日伊拉克与土耳其签订。英国、巴基斯坦和伊朗分别于同年 4 月 5 日、9 月 23 日和 11 月 3 日加入该条约。11 月，巴格达条约组织（又名“中央条约组织”“中东条约组织”）宣布成立。

发现，这些物品不大可能引起怀疑。一条画在各种信号区域，如公园篱笆或地铁站等的水平蓝粉笔标记表明一封信已经放入了一个“邮箱”，一条竖直标记表示它已经被取走。他们会每天检查这些标记。1952 年 10 月 21 日，海罕南到达纽约，不久后就“寄”出他的第一封信。莫斯科回复了一条加密信息，录在软微缩胶片上，封在一枚挖空的 1948 年杰弗逊 5 分硬币内。信上写道：

> 1. 祝贺顺利到达。确认收到你写给 V 地址的信，1 号信已读。
>
> 2. 我们已下令转给你 3000 当地（货币），用于建立掩护组织。你将其投资于任何商业活动前需请示我们，并告知商业性质。
>
> 3. 按你要求，我们会分别转给你制作软胶片的配方和最新消息，还有（你）母亲的信。
>
> 4. 发给你一次性密钥本还（为时过）早。短信全部加密，长信则用部分加密 [1]。任何与你本人、工作地点、住址等有关的信息，绝不能在一封加密信息中传送。分开发送插入加密信息。
>
> 5. 包裹已亲送（你）妻子，（你）家中一切顺利。祝（你）成功，致同志问候。1 号文件，12 月 3 日。

谁知那枚挖空的 5 分硬币不见了。极有可能，在间谍工作中粗心大意的海罕南把它花掉了。它和成百上千万的同伴一起在经济体中流通，过手它的人没有一个意识到它所装载的秘密货物。1953 年夏一个炎热的上午，报童詹姆斯·博扎特在卖报途中，在布鲁克林福斯特大道 3403 号收到一个顾客找给他的 50 美分。这枚 5 分硬币就在其中，和另外四枚 5 分硬币以及一枚 25 分硬币一起掉在楼梯上。他弯腰捡起，看到它裂成空心的两半，其中一半里有一个 0.8 厘米见方的微缩胶片，用薄纸包着。“它是一张档案卡或索引卡的照片。”博扎特说，“上面好像有一排数字。”他把它交给警察，警察又交给了联邦调查局，后者肯定立即就开始了破译，但没有成功。

四年后，阿贝尔对雷诺·海罕南不满，送他回苏联“休假”。他中途叛逃

---

[1]　原注：也许和彼得罗夫用的技术一样。

到美国驻巴黎使馆，透露了密码系统和他曾经用过的密钥。1957 年夏，联邦调查局俄语专家迈克尔·伦纳德（Michael G. Leonard）用它们破译博扎特所发现微缩胶片上的 207 个五位数组。最终，联邦调查局读出了这条硬币信息。

加密从分段开始：明文一分为二，第二部分放到前面，以此将易破的信头（由一个特别指标标出）深埋在信的主体内。接着是夹叉棋盘密码替代，此处的棋盘以俄语单词 SNEGOPAD（下雪）前七个字母为基础，写在第一行。（俄文没有相当于 ASINTOER 的文字，不过 s n e g o p a 这七个字母中含有最高频俄语字母［o，11%］，它们在普通俄文中的总频率也达到 40%。）其余西里尔字母表和附加符号跟在下面。棋盘加密得到的初步密文先横写在一个栅栏密码字组里，再竖取横写入第二个移位字组。这个字组有一系列台阶似的断裂区，名为 D 区。第一个 D 区从顶行密钥数字 1 下方开始，延伸到该行右侧。该 D 区随后各行相继推后一列开始，直到右侧。几行过后，起点达到字组右侧时，跳过一行，第二个 D 区从密钥数 2 下方开始，结构和它之前的 D 区一样。第三个 D 区从密钥数 3 下方开始，依此类推。写入该第二个移位字组的密数首先写入非 D 区，填满后继续写入台阶状的 D 区。最终密文从第二个字组中以密钥数次序竖抄得出，抄写时不考虑密数是否在 D 区。

这个系统摒弃了书面密钥，如在确定阿贝尔罪行中发挥作用的一次性密钥本。海罕南只需记住四个基本密钥：SNEGOPA(D)、一首俄国流行歌曲《孤独的手风琴》的前 20 个字母、抗日战争胜利日（3/9/1945，按欧洲大陆写法）和他的个人密钥数（13，1956 年改为 20）。后三个密钥通过一个极其复杂但有某种内在逻辑的步骤生成移位密钥和棋盘密码坐标，这个步骤应该牢记，而且可能经过了两三次演练。

该步骤在确定密钥之初就插进一个严重影响最终结果的任意五位数字。（该数字也塞进密报中一个预先安排的位置，告知解密员。在海罕南系统中，这个位置是倒数第五组，源于日本投降日期最后一个数字 5。）每条信息的这个五位数组互不相同，因此所有加密密钥，以及用该系统加密的相应密文间都不会呈现可被利用的相互关系。不仅移位密钥不同，移位字组的宽度也不相同，因它是来自密钥生成过程中的变量。这一点打破了通过对比进行分析的最后一线希望。可怜的分析员甚至被剥夺了通过频率统计的相似性而发现同源密报的那点慰藉，因为棋盘坐标本身也会改变。因此，所有破译只能在单封电报基础上做出。它要求尝试各种可行的移位类型，直到某个类型数字出现单表替代特征。D 区极大增加了找到这种类型的难度，就如夹叉做法增加了得出有效频率统计的难度一样。像 5 分硬币密信那样有 1035 个数字信息的试验量达到天文级，即使用计算机也可能需要数年。理论上，这种系统并非不可破，但实践中无人能解。联邦调查局的破译失败最直接地证明了它的保密性。

这就是俄国密码学。思考它的卓越挺有意思，俄国本身依然是“一个包裹在神秘外衣下的谜中谜”。当它运用密码学时，它的通信也是这样。一次性密钥本保证它的绝大部分间谍信息，及相当一部分外交和秘密警察信息的安全。复杂的转轮型密码机本身设计精巧，人员操作熟练，在外国分析员还原出部分接线和转轮类型，但还没读出任何明文前就立即更换密钥。这些密码机保护着其他俄国高层外交和军事信息。甚至在需要一种像海罕南密码那样全凭记忆的密码时，俄国也把它设计得牢不可破。冷战期间，它破译了美国驻莫斯科使馆用的密码。这类成就是其知识渊博的证明，这些知识只能来自对密码编制和密码分析的深刻理解。不管这个理解是来自驱使俄国发射大型人造卫星的科学能力，还是来自共产党专政者为自保和争权夺利不得不为的密码活动的长期经验；是来自社会每个居民根深蒂固的保密和推测事物真实含义的习惯，还来自斯拉夫民族对神秘事物的邪恶喜好，它都无疑把这门黑色艺术的红色成就推到人造卫星的高度。

第 19 章　美国国家安全局

据说，曾经的科学家有 90% 仍对我们今天的生活产生影响，这个说法用在密码学上更为贴切。这是一个通信和冷战的时代，超级大国在柏林、越南和外太空博弈，他们把大量力气花费在庞大的通信网络上，通过它接收信息，传送指令。这些有史以来最庞大、最繁忙的网络为密码分析员提供了无与伦比的机会。冷战给了他们利用这些机会的动力——事关国家生死存亡，这个动力几乎演变为一项义务。上述两项因素共同造就了史上最活跃的密码活动和最多的密码学家。

现代通信的规模和数量远超想象。国防通信系统（Defense Communications System，DCS）是美国武装力量的一个环球战略网络，一“天”传送的信息远不止 25 万条，每小时超过 1 万条。它的 1600 多万千米线路足以绕地球 400 圈，分布于 85 条子网，提供 2.5 万个信道，连接 200 个中继站和 1500 多个附设站，设备总值 25 亿美元，每年运行费用近 75 万美元，负责操作该系统的是 3 万多名陆海空士兵。国防通信系统主要由三军战略网组成，即陆军战略通信网（Strategic Army Network）、海军通信系统（Naval Communications System）、空军通信网（USAF Communications Complex），全部被整合成一个互相兼容的整体。国防通信系统不包括战术、船—岸或空—地通信设施，所有这些都会增加通信量。战术通信量如此之大，以至于海军配备了纯粹用于通信的通信船。1964年春，护航航母“安纳波利斯”号（*Annapolis*）改装出海，它巨大的机库里塞满了大量电台、电传打字机和密码机。陆军通过轻便的对讲机和微型头盔电台进行交谈，通过便携式战地电视从后方指挥所观察战场。

但仅凭几个统计数字、几个设备，不管它们多庞大、多惊人，都不足以真正说明今日军事通信的数量、多样性和重要性。只有逐一列举一个军种发送多类信息所需要的不同网络，得到一份初看有趣、再看惊奇、最后令人麻木的清单，你才能有一个深刻了解。为此我们以空军为例。

空军全球官方通信基本传送网络是无线和有线电传空军通信网（AIRCOMNET），它负责处理绝大部分空军通信。同样基于电传的空军作战通信网（AIROPNET）提供空军基地间通信，控制全球飞行活动。空—地通信网（Air-Ground Communications Network）提供语音连接，语音由互相连通的地面指挥所和空军基地发出，指挥战机进行攻击或调控空中秩序。空勤网络（Flight Service Network）负责提供军、民用机场间电话服务，保证飞行安全。美国空军气象通信（Weather Communications）由气象电传网络（Weather Teletype Network）、传真网络、全球气象截收和广播网络（Global Weather Intercept and Broadcast Network）组成，这几个网络紧密联系，共同提供环球气象信息。

仅战略空军司令部（Strategic Air Command [SAC]）就使用六个通信系统，其中最重要的是基础预警系统（Primary Alerting System [PAS]），这个完全独立的电话系统把位于奥马哈奥富特空军基地（Offutt Air Force Base）的指挥所与所有战略空军司令部控制室和各大司令部直接连接起来，甚至连上了位于阿拉斯加州、西班牙和英国的司令部。该系统线路从著名的奥富特红色电话机出发，一直到所有控制室的广播和电话。一个司令官通过这些线路向美国主要的反击力量发出预警。它的备用系统是战略空军司令部司令专用的无线电指挥官网络（Commander's Net）。电传网（Teletype Net）承担战略空军司令部的大部分通信；部分有线、部分无线、部分商业（通过租借）、部分军用的电话网（Telephone Net）为它提供补充。美国大陆地区的无线电话网（Radio Telephone Net）则是电话网的紧急备份。高频单边带战术空—地无线电系统（High-Frequency Single Side Band Tactical Air-Ground Radio System）负责向执行攻击任务的战略空军司令部轰炸机发送信息，其中包括“纠错”（fail-safe）信息。

战术空军司令部（Tactical Air Command）依靠四个网络，即作战电传线路（Operational Teletype Circuits）、作战电话线路（Operational Telephone Circuits）、轰炸损失评估报告线路（Bomb Damage Assessment Reporting Circuits）和预备部队作战电话网络（Reserve Forces Operational Telephone Network），另外还有一些移动通信网。防空司令部（Air Defense Command）依靠其1号预警电传网络（Alert No. 1 Teletype Network）传送可能的来袭战机或导弹的报告。它还有一个指挥电传网络（Command Teletype Network）和一个电话网络。后勤通信网（COMLOGNET）高速传输直接来自打孔列表卡片的后勤数据，空军物料司令部（Air [Force] Matériel Command）的现场通信网（SITECOMNET）处理与补给有关的语音通信，空军物料通信网（AMCOMNET）用于指挥和管理，空运物流网（LOGAIRNET）用于空运急需物资，导弹物流网（LOGBALNET）用于满足弹道导弹补给需求。军事空运处（Military Air Transport Service）有三个网络——电传、语音和传真，美国空军安全处（USAF Security Service）有自己的网络。另外，几个战区各自有用于当地通信的独立网络，如阿拉斯加、加勒比海和太平洋地区通信网。欧洲—近东网络尤其复杂，网内军事设施密集且与北约组织成员方密不可分。美国空军通信经过以上所有网络。

即使只考虑无线电线路，报务和密码分析的可能性也无限广大。美国一方面保护自己的密码不受别国分析，另一方面充分抓住机会，攻击共产党国家的网络。这项庞大的工作催生了有史以来最大的密码组织——国家安全局和三军密码机构。

也许和中情局、国防部本身一样，国家安全局的成立也是珍珠港事件的结果。在调查那次偷袭之后，国会提议，“陆海军情报机构完全合并”，调查报告还包含一些统一密码活动的初步建议。麦克阿瑟的情报负责人威洛比（C. A. Willoughby）少将抱怨海军只将部分密码分析情报转给他，责备说：“面对这个恼人和危险的问题，解决的办法是在最高层建立一个完全统一和联动的截收和分析部门，部门之间可以完全自由地交换和解读信息。”1944 年，亨利·克劳森（Henry Clausen）上校调查“魔术”行动，次年告诉两院联合委员会：“我也认为，如果委员会提出建议，使‘魔术’情报不再由哪个军种独占，而是在总体基础上由一个机构分配，那它就是一项很好的建议。”前太平洋舰队情报官埃德温·莱顿海军上校可能也想到了这一点，在谴责委员会听证给美国密码分析带来的公众关注之后，补充说，“它可能会在将来发挥良好的作用”。1947 年，艾伦·杜勒斯把一份拟成立中情局的备忘录提交给参议院军队委员会（Senate Armed Services Committee），这个未来中情局局长在备忘录中提到，“（除公开情报以外）很大一部分（情报）只能来自秘密情报，包括我们现在常提到的‘魔术’”，任何中央情报机构都应该能得到“通过拦截信息所获得的情报，不管是公开的还是经破译的”。

战后初期，美军密码职责分别由陆海空军机构承担。至少，陆军机构的职责包括，“为协调通信保密、通信情报设备和程序之目的，（维持）与海军部、空军部和其他适当机构的联系”。海军和空军单位想必也承担同样的职责。这个基于内部意愿而非外部控制的安排，延续了威洛比暗示的弊病。为消除割裂之弊，兴统一控制之利，国防部于 1949 年建立了武装部队保密局。武装部队保密局接管了各独立机构的战略通信情报任务和协调职责，给后者留下战术通信情报任务和低级通信保密职责。战术通信情报工作的最佳地点是战场附近，但不适于集中执行（基本系统破译时除外），而地面、海上和空中的低级通信保密则大相径庭。即使在这些领域，武装部队保密局也会提供支持。武装部队保密局从独立部门抽调人员，本身也与它们驻在同一建筑内，不过后来它独立招收人员。

统一密码活动的优势很快体现，这个做法顺理成章地推广到国防部以外的所有美国政府密码活动，如国务院密码系统。相应地，1952 年 11 月 4 日，哈里·杜鲁门总统颁布法令，设立国家安全局，废除武装部队保密局，把它的人员和资产转给国家安全局。

该法令被列入保密信息，政府文件多年没有公开承认该机构的存在。直到 1957 年，《美国政府组织手册》里才有了一段简短含糊的描述。今天对它的正式描述如下：

创立与授权：国家安全局于1952年经由总统令设立，作为国防部内一个单独组织的机构，由国防部长指挥、授权和控制，任命国防部长为执行主体，履行支持美国情报活动的高度专业化的技术职责。

目的：国家安全局有两个主要任务，即保密任务和情报任务。为实现这些任务，国家安全局局长承担以下职责：(1) 为美国政府制订特定保密规范、原则和程序；(2) 组织、实施和管理特定情报收集活动和设施；(3) 组织和协调美国政府为支持国家安全局职责所做的研究和工程活动；(4) 规范维持国家安全局运行的特定通信。

前两项没有具体指明的职责，当然包括密码活动。在保密职责下，国家安全局为所有美国政府机构编制密码并监管其使用。在情报职责下，它不分敌友地拦截所有外国电报，进行报务分析和密码分析。

建立初期，武装部队保密局—国家安全局分散在华盛顿各个地区，以陆军保密局老家阿灵顿霍尔为主，但它的正式地址在西北区内布拉斯加大道3801号的海军分支机构所在地。1953年，国防部初步招标建设一座单体大型建筑，选址在马里兰州米德堡，约在华盛顿和巴尔的摩之间中点位置。1954年7月，华盛顿查尔斯汤姆金斯公司拿到一份价值19944451美元的合同，在一块约331842平方米的土地上，与琼斯公司共建一栋华盛顿地区最昂贵的建筑。1957年秋，大楼基本落成，但直到1958年初，最后一名雇员才搬进去。到那时为止，用于大楼建设、配套设施（如停车场等）、公用管线、变电站、后勤大楼、海军陆战队卫兵营房、搬迁旧设备、安装新设备等的总支出上升到约3500万美元。

这是一座混凝土、玻璃和钢结构的狭长三层建筑，形状呈方“A”形，矗立在一片松树围绕的浅碗状地形上，周围是数千平方米的停车场。它南面对着狭窄的萨维奇路，这条路经过国家安全局时变宽，然后再次收窄；巴尔的摩—华盛顿高速公路在其西首几百米处。主办公楼宽约299米，深约171米，沿宽度方向是美国最长的一条直通走廊，之前摘取这顶桂冠的是长约229米的美国国会大厦中央走廊。

除数十间办公室和地下计算机室外，该建筑还包括一个能容纳1400人的餐厅、一个500座的礼堂、八家快餐厅、一家军人商店、一家修鞋洗衣店、一间理发店、一家劳雷尔州银行分行和一个有 X 光机、手术室、牙科手术椅的医务室。一个“保密输送带”系统在地下室运转，将整盘整盘文件传送到八个分站。一套德国产气压输送系统能以约 23 米每秒、每小时达 800 个的速度，在办公室间高速运送物品箱；运送目的地由每个站点的拨号盘控制。大楼空气全部由空调调节，并装有一个广播系统。据说大楼的电线数量超过世界上任何一幢建筑，刻板单调的办公室内满是金属办公桌、隔墙和带锁的文件橱，它是今天的黑室。

虽然这座密码学大教堂（这门学科最伟大的建筑）是华盛顿地区第三大建筑（仅次于五角大楼和新的国务院总部），虽然它的面积达到 13 万平方米（超过了中情局的 10.5 万平方米），但仅仅过了五年，它就开始略显局促。1963 年 5 月，贝特森公司得到一份 1094 万美元的合同，在方形“A”字伸出的两臂间建设一幢四四方方、现代风格的九层主办公楼附楼。它为国家安全局总部建筑群拓展了 4.6 万平方米空间，几乎可以肯定，其中 1.3 万平方米地下区域用于安置计算机。附楼于 1965 年后期竣工。

这次扩张显然源于该机构的快速增长。1956 年，局长告诉一个参议院委员会，“我们在华盛顿地区和世界各地有近 9000 名文职雇员”。1960 年，两个前雇员报告有 1 万人在主办公大楼工作。按照全国政府机构平均每人约 14 平方米的办公面积，两栋国家安全局大楼可容纳超过 12500 名雇员；按现代建筑每人约 12.5 平方米数字，雇员数量将超过 1.4 万人。这当然超过了中情局在华盛顿大致 1 万人的雇员数量，即使加上两个机构驻世界各地分支的尚未知雇员人数，国家安全局人员依然多过中情局，成为自由世界当仁不让的最大情报机构。（至少上千名国家安全局雇员驻在海外，驻日本的远东分部和驻德国的欧洲分部各有几百人。其他人在国家安全局全球截收网络工作，少数作为报务员，大部分是管理人员，因为几乎所有截收操作员都是军人。）据报告，国家安全局预算也是中情局的两倍。

国家安全局外、与之联系的是一个科学顾问委员会（Scientific Advisory Board），由密码学相关领域，如数学和电子学方面的领军人物组成。这些专家虽然在商业领域或大学工作，但他们带来解决国家安全局问题的外部经验和新视角；委员会还得到几个专家小组的建议，也接收了一个独立研究组织的密码学研究成果。1956年，五所大学设立国防分析研究所（Institute of Defense Analyses [IDA]），提供国防项目的学术评估报告，政府与研究所签订合同，提供支持。到1959年2月28日为止的财政年度，国防分析研究所获得了一项190万美元的两年合同，用于建设并运行一座实验室，进行与国防部息息相关的通信理论基础研究。研究所在普林斯顿大学成立了一个通信研究处（Communications Research Division），并盖了一栋砖结构大楼，为它配备了一台控制数据公司1604型计算机。研究处首任处长是美国一位杰出数学家，时年54岁的芝加哥大学阿德里安·艾伯特博士，他长期为祖国和科学服务，早在1941年就用代数阐述密码学概念，是一位国家安全局顾问。他的工作似乎是为了推动研究处走上正轨，因为他让位给巴克利·罗塞（J. Barkley Rosser）博士，后者又由47岁的副主任理查德·利布勒（Richard A. Liebler）博士接替。利布勒曾在1953—1958年为国家安全局工作，是国家安全局副局长路易斯·托德拉（Louis W. Tordella）博士的旧友（1937和1938年，两人一起在伊利诺斯大学教数学）。

通信研究处把数学天才吸引到一般通信领域，让他们在自己感兴趣的项目上自由发挥。有时这类项目与高级实用问题直接相关，它们常涉及转轮系统；有时则更一般、更基础，像如何让一台电脑识别实际英语文字，而不是一堆与英文具有类似统计数据的字母。通信研究处的政策是大部分数学家只雇一年，因为需要不断引入新思维，数学人员的规模第一年维持在24人上下。该处还鼓励一般领域的基础研究。它主办研讨会，如一个与美国数学学会共同举办、针对特定群体的研讨会，一个与语言学基本数学概念有关的研讨会，还主办学术界与密码学对接的两个夏季校园项目，即SCAMP和ALP。虽然与国防分析研究所签订合同的是海军研究室（Office of Naval Research，ONR），但密码研究结果却全部交给国家安全局。

美国政府以外，与国家安全局合作的还有北约的密码机构，主要包括巴黎的欧洲通信保密局（European Communication Security Agency），伦敦的欧洲通信保密与评估局（Communication Security and Evaluation Agency, Europe），华盛顿的北约通信保密与评估局（Communication Security and Evaluation Agency, NATO），伦敦的欧洲信号分配与统计局（Signal

Distribution and Accounting Agency, Europe），华盛顿的北约信号分配与统计局等。另外，北约还有几个通信机构使用这些密码机构提供的保密材料。

虽然所有这些机构都参与美国密码组织的活动，但它们都不是后者的一部分。美国密码组织也不仅限于国家安全局、国家安全局顾问委员会和为国家安全局提供意见和信息的机构。武装部队保密局的设立并没有取消各军种的独立密码机构。虽然接受国家安全局技术指导，但作为陆海空军单位，它们在管理上独立于它。

考虑到陆军保密局培养了弗里德曼、库尔贝克、辛科夫和罗利特等核心人员，它应该是国家安全局最早，也许是最直接的前身。国家安全局某些职责可以追溯到无线电情报科和密码编制科，一战时二者都属于美国远征军，但在行政上，它却传承了雅德利的军事情报局密码科和他的黑室，传承了陆军部的弗里德曼二人密码机构。作为一个定位清晰的单位，它始于 1929 年创立的通信情报处，经历二战，名字先改成通信保密处，再改成通信保密局。1945 年 9 月 15 日，二战结束几天后，陆军部把该机构从通信兵部队分出，编入情报分部（战争期间，情报部至少先后四次想把它挖过来），名字改成陆军保密局。它主管全部陆军密码单位，这些单位原先在各战区司令指挥下独立运行，只接受通信保密局建议。

1949 年 2 月，《陆军条令 10—125》（Army Regulation 10–125）规定陆军保密局部分职责如下：

> ……陆军保密局首长负责制定执行有关陆军通信情报和通信保密的计划、政策和原则，特别是以下事项……
>
> b. 为陆军部收集通信情报。
>
> c. 研究秘密通信手段；制备、检验、处理隐写墨水、微缩照片和隐语、密码。
>
> d. 陆军部通信保密活动的技术监督，包括密码室活动、编码计划指导和友军无线、有线电报……
>
> j. 准备、生产、储存、分发和记录所有在册密码材料，以及发布使用、处理和保护这些材料的必要指南，除非这些职责另有特殊规定。

陆军保密局其他职责包括：指挥保密局台站和部队，联络，编制出版物，执行培训项目，管理陆军保密预备队（Army Security Reserve），向陆军部提出建议。

武装部队保密局和国家安全局的成立一定给这些职责进行了严格的规定。然而，随着通信活动和相应密码活动范围的迅速扩张，1964 年 4 月 14 日，陆军把陆军保密局重新定义为一个主要战地司令部。它的公开职责描述和国家安全局的一样模糊："美国陆军保密局局长负责世界各地的所有下属单位、人员、活动和设施的运行、训练、管理、服务和补给，履行与国家安全有关的专门技术职责。"

毋庸置疑，它的两个主要顾客分别是负责情报事务的助理参谋长（参谋部情报分部），他承担"通信情报、电子情报、通信保密和电子保密……陆军密码事务"方面的参谋职责；以及通信—电子主任（前主任通信官），他就"通信，包括相关的通信保密"向参谋长提出建议。美国陆军信号通信保密局（Army Signal Communications Security Agency）负责采购、分配、登记、储存、修理密码设备，并协助通信—电子主任履行提供密码设备的职责。它点到点追踪每一台设备，将信息登记在标题为"密码材料分配总结报告"（Cryptomaterial Distribution Summary Record）和"密码材料统一扉页收据"（Cryptomaterial Consolidated Flyleaf Receipt）之类的表格中。陆军保密局总部依然设在弗吉尼亚州阿灵顿霍尔站。

海军密码机构依然深藏海军通信办公室（Office of Naval Communications）内，除了它的名字叫海军保密组（Naval Security Group [NSG]）和它位于内布拉斯加大道外，人们对它的情况所知甚少。它应该是向海军情报办公室提供情报，并且和其他机构一样，它的电台也为国家安全局做截收工作。1963 年 12 月 31 日，包括海军内部和外派到国家安全局的人员，海军共有 10701 人从事密码工作，大约每 70 人中就有 1 人。

相比之下，美国空军保密局（United States Air Force Security Service）发布了一套宣传资料：它成立于 1948 年 10 月，现为空军一个主要司令部，总部位于得克萨斯州圣安东尼奥的凯利空军基地（Kelly Air Force Base），在一栋崭新的倒"U"形三层楼房内。它管理着设在 14 个国家的 50 个单位，它们分属

4 个地区分部：法兰克福的欧洲警戒区（European Security Region）；夏威夷的太平洋警戒区（Pacific Security）；得克萨斯州古德费洛空军基地第 6940 保密联队（6940th Security Wing）和阿拉斯加州爱尔门道夫空军基地第 6981 保密组（6981st Security Group）。它还在古德费洛的美国空军保密局技术学校训练专业人员。

空军保密局宣传资料如此描述其活动：

> 对自由世界怀有恶意的国家一直在刺探有关美国空中力量的有用信息。这些信息刺探者的一个主要目标就是美国空军通信系统。
>
> 美国空军保密局应承担主要责任，确保阻止这些国家获得美国空军通信设施内传送的信息。这一任务属于通信 / 电子监控，简称“为空军提供通信保密”。
>
> 首先，空军保密局技术人员努力提供必要的技术和专门设备，保护空军通过电子手段传送的机密信息。
>
> 其次，这些技术人员应监测和分析非机密空军电子通信，确定从这些信息中可获得的具有情报价值的信息数量。
>
> 最后，空军保密局将它从公开通信中获得的信息和记录的一切程序不符报告给这些通信的发布者，保密局技术人员也提出必要建议，防止这些通信被未经授权的个人和机构利用。

当然，所有这些活动都在国家安全局总体指导下进行。因此，空军保密局制作的密码本和验证表须符合国家安全局策略。《美国政府组织手册》在只有一句话描述的空军保密局监控职责下加入了第二句：“另外，空军保密局还应偶尔研究支持美国政府各部门运行的通信情况。”这当然是一个极为完美暗示截收的委婉语。一些截收材料须送往国家安全局，一些送给空军情报事务助理参谋长（A-2）。

陆军保密局继续维持着预备役单位，将其作为动员或紧急时期的密码人才库，另两个军种密码机构大概也是这样。1961 年柏林危机期间，第一批动员的预备役部队中就有三个陆军保密局单位。它们驻扎在马萨诸塞州德文斯堡陆军保密局学校，不过一个营不得不从加州远道赶来；另两支是纽约陆军保密局第 197 连，以及成员来自芝加哥的第 324 营。

三军密码机构负责人对各自军种司令负责，后者参加参谋长联席会议。作为国防部长的军事参谋部，参谋长联席会议下设一个通信电子处（Directorate for Communications-Electronics），它的保密和电子作战部（Security and Electonic Warfare Division）负责编制密码计划。这些肯定是具体行动下的单个项目，应该是在国家安全局建立的原则指导下制定的。由陆海空军和海军陆战队主任通信官组成的军事通信电子委员会（Military Communications-Electronics Board）协助通信电子处处长的工作。委员会由军事人员组成，共有 11 个兼职小组，其中包括一个保密和密码组，还有一个电子战组。同属参谋长联席会议的还有国防情报局，它无疑通过各军种情报单位接收各军种密码机构获得的情报，包括国家安全局的情报。

国家安全局不隶属于参谋长联席会议。根据 1963 年 6 月 15 日生效的一项规则，国家安全局局长负责向担任国防研究与工程副主任的助理防长报告，助理防长向国防部长报告。防长参与国家安全委员会（National Security Council），委员会就国家安全的内政、外交和军事政策向总统提出建议。国家安全委员会其他成员有总统、副总统、国务卿、紧急计划局（Office of Emergency Planning）局长。这些部门中，国务院是国家安全局情报和保密政策方面的大主顾之一，紧急计划局负责民防和国内动员。由总统直接领导的紧急计划局设有一个电信管理主任，其职务为助理局长。他以总统电信特别助理身份来协调政府电信活动，因此他可能以一种极宽泛的方式涉足密码活动。

中情局向国家安全委员会提供情报，它汇总来自情报界若干分支的信息，提交委员会。情报界所有成员、各层级间大量互换情报，因此，国家安全局可能各向中情局和国务院提供一部分情报，反过来，从中情局得到一些现行密钥以及从国务院得到有助破译的对照明文。出人意料的是，中情局自己也进行一部分密码分析（罗利特为他们工作过一段时间）；联邦调查局密码分析与翻译科（Cryptanalytical and Translation Section）负责攻击间谍密码，如破译在空心硬币中发现的雷诺·海罕南书信。

情报互换由美国情报理事会（Intelligence Board）主持，它向中情局提供建议，充任情报界的董事会。国家安全委员会主席是情报理事会成员，其他成员包括国防情报局局长、陆军军事情报局局长、海军情报局局长、空军情报事务助理参谋长、国务院情报与研究局（Bureau of Intelligence and Research）局长、联邦调查局和原子能委员会（Atomic Energy Commision）代表，以及出任情报理事会主席的中央情报主任。

情报界的监督机构是 1961 年设立的总统外交情报顾问委员会[1]，由来自政府外的六个经验丰富的个人“持续检查评估”情报职能的方方面面。委员会成员包括一个通信专家，国家安全局是其特别检查对象。

密码活动与美国其他政府部门这些盘根错节的关系表明，它已经成为一项极其庞大、重要且复杂的活动。密码活动花费不菲。据报告，仅 1960 年一年，美国就支出了 3.8 亿美元，用于维持其遍布世界的国家安全局截收网络和将截收材料转到总部的费用，另有 1 亿美元用于支付薪水和总部运行费用。这还不包括各军种机构产生的额外费用。到 1966 年，这一数字据说猛增到每年 10 亿美元，大概包括了发射卫星截收他国信息的费用，占到 1966 年 500 亿美元国防支出的 2% 左右。这意味着每个美国家庭每年需为密码保护支付超过 15 美元。这绝对是密码学史上前所未有的大破费。想当年，陆军部和国务院为打发雅德利的美国黑室，10 年也不过花了 100 万美元的三分之一，密码学自那以后走过的历程由此可见一斑。

这个数字也表明政府对密码材料的极端重视，更准确地说，是对密码包裹的信息和通过密码分析获得情报的重视。巨大价值需要大力保护，这些保护活动塑造了国家安全局的典型外部特征：沉默、单调、滴水不漏、完全保密。努力做到这层密不透风是必要的，因为自由世界和共产党国家前赴后继，都想突破彼此的密码来获得秘密。这样的间谍工作就是整个冷战期间，苏联一直不遗余力从事的“实际密码分析”。

早在 1946 年，苏联特工就从密码员埃玛·沃伊金（Emma Woikin）手里

[1]　译注：President’s Foreign Intelligence Advisory Board（PFIAB），2008 年 2 月改名为“总统情报顾问委员会”（President’s Intelligence Advisory Board [PIAB]）。

得到加拿大外交部明文电报精髓，也许还得到了它的密码系统细节。罗伊·罗兹是个已婚陆军中士，在美国驻莫斯科使馆汽车调配场工作。1952 年圣诞节前后，他和几个俄国"修理工"一起喝酒，醒来后发现床上有个女孩。后来她告诉他说自己怀孕了。面临将丑事告诉他妻子的威胁，罗兹向俄国人透露了他之前从事的密码工作细节。1954 年，因为将一个"极其重要"的代号交给俄国人，27 岁的前英国士兵约翰·克拉伦斯（John Clarence）被判 5 年监禁。那个代号是动员英国东北部防空力量用的。

类似事件层出不穷。1957 年 3 月 5 日晚 7 点，锡兰人[1]达纳波罗·萨马拉西卡拉（Dhanapolo Samarasekara）从纽约的锡兰驻联合国代表团拿出一本书，交给苏联驻联合国代表团一秘弗拉基米尔·格鲁夏（Vladimir A. Grusha），几乎可以肯定，它就是锡兰外交代码的红皮书。一小时后，他们再次见面，萨马拉西卡拉把书放回四楼密码室文件橱内。7 月 15 日，锡兰总理班达拉奈克（S. W. R. D. Bandaranaike）告诉下院，"已采取预防措施"，代码已经更换。1959 年，苏联人从一项奖学金申请中得知某个美国人摆弄过密码机，曾在联合国工作的俄国人瓦季姆·基里柳克（Vadim A. Kirilyuk）请他提供密码机信息，并劝他找一份美国重要机构（应该是国家安全局）的工作。这个美国人设下圈套，与他见了五次面，直到 1960 年 1 月，基里柳克被宣布为不受欢迎的人，被驱逐回国。

莫斯科在这项工作上的细致和缜密，以及表现出的重视，在一封给驻澳大利亚内务部代表的信中表现得淋漓尽致。二秘罗斯－玛丽·奥利耶（Rose-Marie Ollier）夫人在法国驻堪培拉使馆做密码工作，俄国人一直想从她那里弄到有关法国外交密码系统的信息，但两年以来没有进展。1952 年 1 月 2 日，内务部写道：

> 为使我方能够最大化利用奥利耶夫人的特工潜力，帕霍莫夫须首先查明她在使馆从事的工作类型，她的日常工作安排：何时开始工作，午休时间、地点，何时结束工作，等等。尤有必要查清与她履行

[1] 译注：Ceylonese。斯里兰卡旧称锡兰（Ceylon，1972 年前）。

> 密码员职责有关的全部细节：她在哪个房间做密码工作，密码文件保存在何处，她能不能接触到保险柜，密码保存在何处，她是否把保险柜钥匙带在身上，等等。先通过口头，获取电报加解密的实际技术，这是绝对有必要的。我们要想确定一个最不易暴露的获得其使馆密码的最佳方式，厘清所有这些细节是必要的。

帕霍莫夫没能从奥利耶夫人处弄到任何情报，并且部分基于这个原因被召回。随后，莫斯科把这个任务（加上“英美集团国家密码”）转给弗拉基米尔·彼得罗夫，但他也没有成功。彼得罗夫叛逃后，调查此事和其他事项的澳大利亚间谍活动委员会（Commission on Espionage）宣布，“如果他们（苏联内务部）在法国人不知情的情况下得到法国通信密码，不仅法国，整个西方世界的安全都很有可能受到损害”。

1954 年，这种灾难性后果竟不可思议地部分成真。俄国人在澳大利亚没偷到法国密码，却在巴黎获得了成功。法国国防委员会（National Defense Committee）信息中心的共产党人窃到一种陆军部密码系统，用它解读发给硝烟四起的奠边府[1]要塞的命令。这些内部情报可能是该堡垒最终投降的背后凶手，进而导致法国丢掉法属印度支那，带来老挝和越南的灾难和战争，十多年后，西方还没走出这场灾难和战争的阴影。

窃取密码材料的活动并不局限于俄国人。波兰人拍摄了 41 岁美国驻波兰使馆二秘欧文·斯卡贝克（Irwin W. [Doc] Scarbeck）与 22 岁波兰情妇在床上的裸体照片，她劝他“为他们弄到密码”。他们还答应为密码信息支付 2 万兹罗提，约合 833 美元，但他拒绝了。1957 年，台湾地区反美示威期间，事先组织好的暴徒拿着斧子冲击美国使馆密码室。他们虽没有砸开保护密码室的厚重铁门，但打穿了约 15 厘米厚的混凝土墙。在场的大使说这意味着美国密码需要做出“某些调整”，但国务卿约翰·福斯特·杜勒斯（John Foster Dulles）后来请国人放心，说没有任何信息泄露。

---

[1] 译注：Dien Bien Phu，越南西北部一村庄，1954 年曾是法国军队驻地，越盟经过 55 天围攻占领该地。

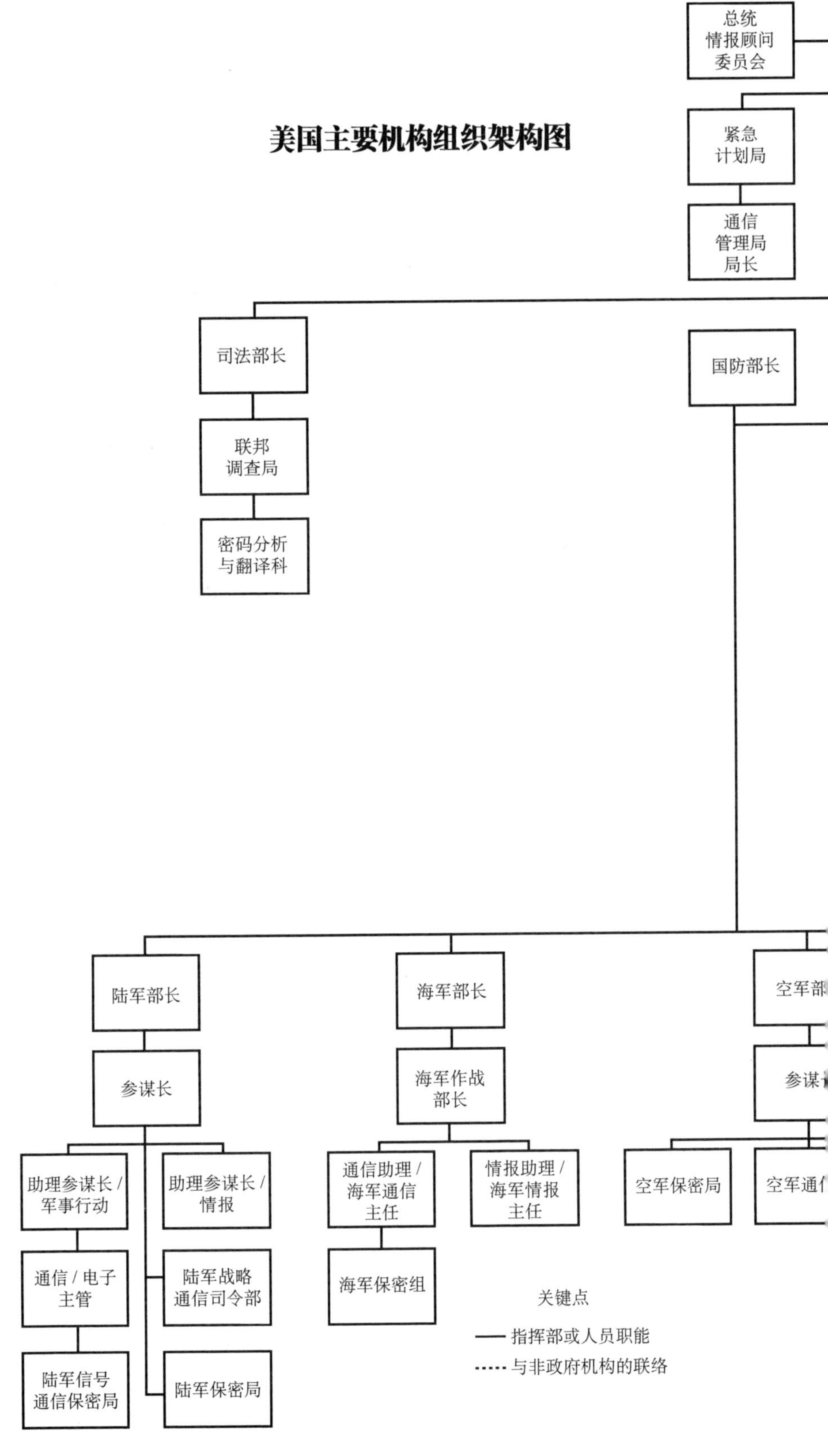
总统
情报顾问
委员会
美国主要机构组织架构图
紧急
计划局
通信
管理局
局长
司法部长
国防部长
联邦
调查局
密码分析
与翻译科
陆军部长
海军部长
空军部
参谋长
海军作战
部长
参谋
助理参谋长 /
军事行动
助理参谋长 /
情报
通信助理 /
海军通信
主任
情报助理 /
海军情报
主任
空军保密局
空军通
通信 / 电子
主管
陆军战略
通信司令部
海军保密组
关键点
—— 指挥部或人员职能
······ 与非政府机构的联络
陆军信号
通信保密局
陆军保密局

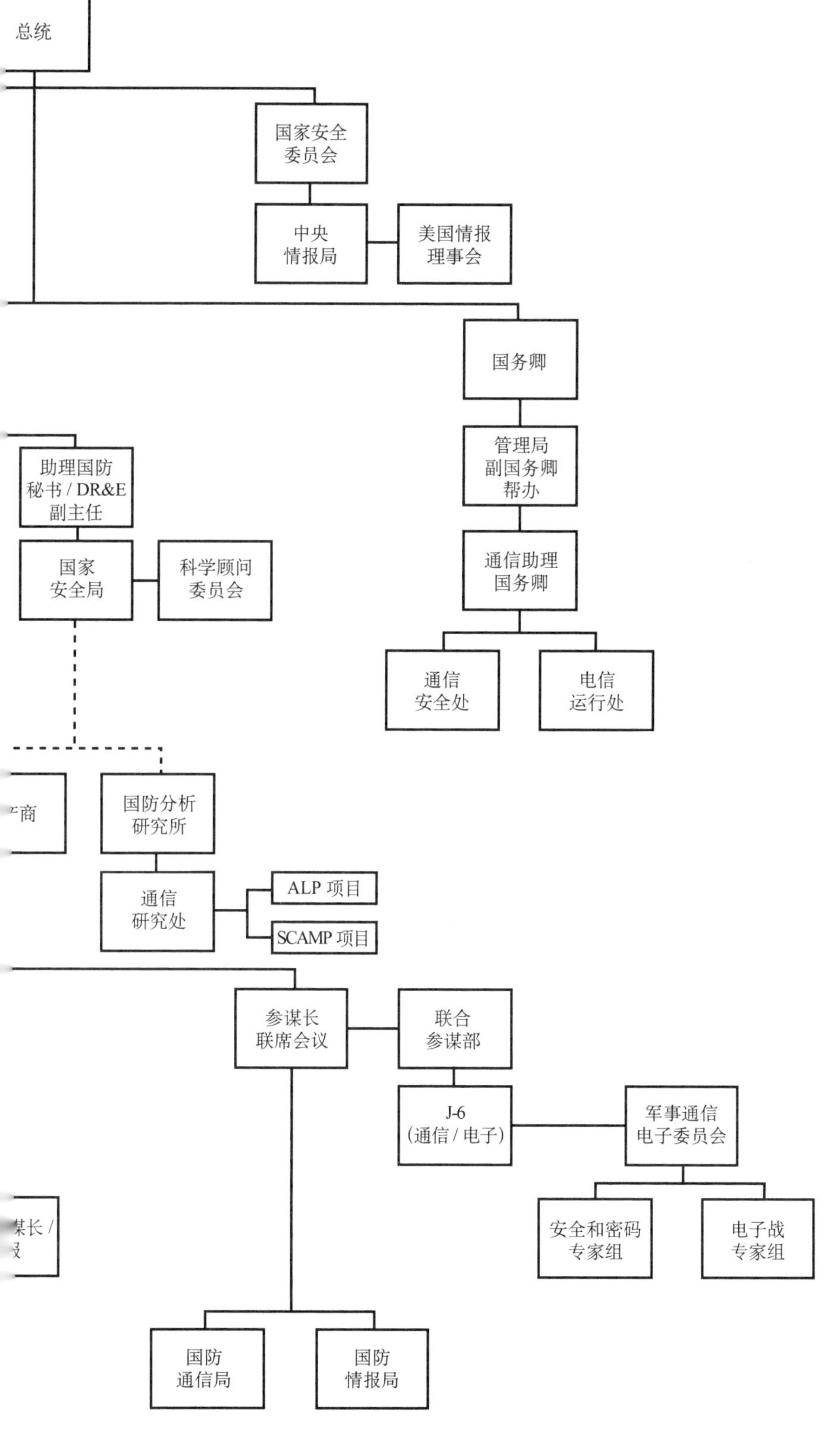

总统
国家安全
委员会
中央
情报局
美国情报
理事会
国务卿
管理局
副国务卿
帮办
通信助理
国务卿
通信
安全处
电信
运行处
助理国防
秘书 / DR&E
副主任
国家
安全局
科学顾问
委员会
商
国防分析
研究所
通信
研究处
ALP 项目
SCAMP 项目
参谋长
联席会议
联合
参谋部
J-6
(通信 / 电子)
军事通信
电子委员会
安全和密码
专家组
电子战
专家组
国防
通信局
国防
情报局

自由世界也从事“实际密码分析”并有自己的得意之作。自然而然，它们的成功比失败更不为人所知。前国家安全局两名雇员报告：“美国政府付钱给一个盟国（后指出是土耳其）驻华盛顿使馆密码员，因为他提供了有助破译该盟国密码电报的信息。”他们还透露，密码分析的“成功，不止一次得到美国向他国提供密码机这一事实的帮助，他们知道机器转轮的结构和接线”。另一个前雇员透露，“国家安全局也从秘密来源获得他国密码原件。这表明有人在为美国窃取近东国家的密码。在国家安全局，我确实看到过叙利亚总参谋部密码及使用指南的影印件”。1963 年，在索菲亚，保加利亚共产党前外交官伊万－阿森·格奥尔基耶夫（Ivan-Asen K. Georgiev）承认了间谍罪指控，罪行包括将保加利亚驻联合国代表团密码泄露给一个很可能是中情局特工的美国教授。

从两个美国女孩的经历可以看出，有些地方的保密工作有多马虎。两人在伊朗驻联合国代表团做秘书工作，隔三差五地，代表团的哈格林密码机出故障而伊朗人修不好时，他们就叫来看似有机械才能的美国女孩帮忙修复。让两个美国人（她们可能是［实际不是］中情局人员）检查这么重要的机密设备，如此显而易见的保密错误，伊朗人似乎想都没想过。

“实际密码分析”甚至得到最高层承认，承认正是来自赫鲁晓夫[1]。1959 年访美期间，与美国驻联合国大使亨利·卡伯特·洛奇（Henry Cabot Lodge）在洛杉矶观光时，这位苏联总理吹嘘说，他曾看到艾森豪威尔总统发给印度总理尼赫鲁[2]一封关于中印边境问题的电报，还有一封伊朗国王发给艾森豪威尔的电报。在此之前，他在华盛顿向中情局局长艾伦·杜勒斯谈到中情局特工把他们的密码本交给俄国人，苏联用它向中情局提供假情报，要求并且收到了资金。他还建议美苏共享情报业务，节约资金。

[1] 译注：尼基塔·谢尔盖耶维奇·赫鲁晓夫（Nikita Sergeyevitch Khrushchev，1894—1971），苏联政治家，1958—1964 年任苏联总理，斯大林去世后任苏共第一书记（1953—1964）。1956 年公开批判斯大林；1962 年古巴导弹危机中几乎与美国开战；与中国冲突。被勃列日涅夫和柯西金赶下台。

[2] 译注：贾瓦拉哈尔·尼赫鲁（Jawaharlal Nehru，1889—1964），印度政治家，1947—1964 年任总理，通称“博学家尼赫鲁”，1929 年当选印度国民大会党领导人，因发动民族主义运动，被英国九次逮捕入狱，但仍坚持不懈，成为印度独立后的第一位总理。

这对美国保密官员，尤其那些与密码有关的官员，可不是句玩笑。他们千方百计堵塞保密漏洞。美国通过一个专用的独立保密类别传送密码信息。密码设备和文件的分配、储存和登记独立于其他机密设备和文件。绝密信息许可证的持有者并不能自动获得查阅密码信息的许可，他们需要获得密码特别许可。在《陆军条令 380–5》中，军事保密的内容就有整整一个专章。肯尼迪总统在《10964 号行政令》中将密码材料排除在“密级自动降低或解密”以外，并且补充说：“此令不应禁止发起机构或其他合适机构可能为通信情报、密码及相关事务做出特别要求。”

类似的是，1950 年国会赞同国防部观点，认为不管是《1917 年反间谍法》，还是《1933 年雅德利法》（Yardley Law of 1933，只涉及外交密码），都没有为美国密码事务提供足够保护。它制定[1]的《513 号公法》编在美国法典第 18 篇第 798 章，其明确规定，泄露有关美国或外国密码系统，或“美国或任何外国政府的通信情报活动”，或“处理通信情报时所获取的”材料等机密信息是一项罪行，处罚可至 1 万美元罚金，并判处 10 年有期徒刑。

实施这层特殊保护的部分原因是，密码系统的泄露可能带来的巨大损害：对一个密码系统的了解可使敌人得悉大量信息，而对诸如一种特定武器的了解则仅限于该事项本身；部分原因是密码分析情报的特定敏感性：一个国家只要对它的密码正被解读有一丝怀疑，就可以改变其密码，从而让敌方丧失一个重要情报来源；但要剥夺敌方通过一个间谍获得的情报，首先意味着要在茫茫人海中找出那个间谍。

创设国家安全局的总统令依然属于机密信息，因此国家安全局自诞生之日就蒙着一层神秘面纱，一直到今天。国家安全局甚至比中情局更沉默、更隐秘、更持重；对于中情局的基本职责，1947 年的创建法律中有详细规定。中情局官员偶尔向媒体发布声明，而且经常透露一些合乎媒体胃口的宣传材料。但国家安全局官员从不这样做，它依然是整个美国隐秘情报界最不露声色、最不为人知的机构。

---

[1]　原注：建议通过该法案的参议院委员会有关武装部队的报告（S. 277 号）由林登 · 约翰逊（Lyndon B. Johnson）提交。

国家安全局的保密从外围开始。三道屏障围绕着总部大楼。内外层是顶端有“V”形倒刺铁丝网的赛克隆栅栏，中间有一道五股线路的电网。围墙上开着四个门，海军陆战队士兵把守门岗。门关上时，一套包括反射镜和光源的电子装置发出嗡嗡嗡的警告声。大楼北侧的3号门24小时开放。

保密措施同样遍布国家安全局内部。国家安全局组织方式和反映该组织方式的内部结构互不相通，被无数关卡严格隔开，没有特别许可，雇员不得进入非自己工作的区域。颜色不同的徽章把他们限制在自己的区域内，持枪卫兵守在特别限制区入口。绝密文件须锁在有三道锁栓的保险柜里，除非分析员正在分析它们。这些地区也有人日夜巡逻。批量制作低密级文件的部门可以把文件存放在办公桌或文件橱内，有时不上锁，但这些部门也有不间断的武装守卫。当机密文件须从国家安全局拿到其他机构时，如果雇员乘坐私人汽车，他们则不能单独出去，应两人一起行动。文件必须放在上锁的公文包内，住宿时须保存在该机构或国家安全局一个安全存放处，不得把文件带回家。

所有使用密码材料的地方都采用了类似预防措施。在美国驻纽约联合国总部代表团，一道约8厘米厚的实心钢门保卫着密码室，卫兵在外面走廊巡逻。窗玻璃经过磨砂处理。天花板上的白色塑料屋顶会发出超声波，如果下班后有人在房间内移动，它就会发出警报。密码机放在角落附近一面凹壁内，任何在门边或获准进入主信息区的人都看不到它。而且，为减少密码室门开启次数，室内有自己的食品室和卫生间。

国家安全局的保密措施甚至延伸到发给公民个人的非保密信件。不同于其他政府机构，它的信封内面印着花纹，防止任何人透过信封阅读信件内容。国家安全局仔细斟酌发出信件的措辞，尽可能少透露自己的情况。一个小失误就能暴露出国家安全局的技术。一个业余密码学家翻译了一篇密码应用方面的德国博士数学论文，交给国家安全局。他没有提及这是一篇论文，国家安全局谢绝了他的好意，说它“不需要这篇论文”——清楚表明该机构不仅知道这份文件，而且也许已经得到了它，这样说是不想承认它对密码感兴趣。国家安全局主管告诉新人，这种对保密的吹毛求疵提供了很大的安全保障：如果雇员连无关紧要的事情都不谈论，他更不会谈论机密事项。另外，比起选择性地甄别和开展非机密项目，如发行教科书，这种全面覆盖使国家安全局的保密工作维持起来容易得多。

国家安全局秘而不宣的是它的年度预算。国家安全局不列入联邦预算范畴。和中情局一样，通过在其他预算单位的若干项目中各增加几百万美元，它的所有拨款都巧妙地隐藏起来。当一些机构的预算数字增加时，负责人只知道它用在一个保密项目上；但在多数情况下，国会在秘密会议中能了解项目费用的具体数字。国防部长可以在一定限度内合法地在单位间调拨资金。与中情局不同，国家安全局财务由政府审计局（Government Accounting Office [GAO]）审计，但辖管政府审计局的国会看不到结果。

雇员必须达到国防部最严格的安全标准。未来雇员须通过国家机构审查（National Agency Check [NAC]），审查中，几个机构报告各自掌握的与该雇员忠诚度有关的一切事实。他还须通过测谎仪测试。[1] 然后他可能受雇参加培训，但最终批准取决于一项全面背景调查，包括核实出生、教育、雇佣记录；访问朋友、邻居、前同事和雇主，调查他是否成熟可靠；分析信用记录；还有一项是否参与颠覆组织的核查。在铁幕国家有近亲属的人，国家安全局一律不录用。即使达到所有这些要求，被雇后，雇员们需每四年接受一次后续核查，确保他们的安全许可依然有效。除一些年纪较大者外，所有雇员都必须定期接受测谎仪测试。他们还须定期签署一份证明，声明他们已经读过《513 号公法》。

国家安全局不断地向雇员灌输保密、保密、再保密的观念，直到它超越习惯，超越第二天性——成为本能。许多（也许大部分）国家安全局人员从未告诉过妻儿他们的工作性质。[2] “NSA（国家安全局）”，他们解释说，意为“Never Say Anything（守口如瓶）”。保密教育计划（Security Education Program）极力宣扬：“我们在国家安全局从事的工作对维护美国生活方式至关重要。作为工作的一部分，履行保密义务对国家安全局成败兴衰同样至关重要。”这类灌输如此彻底，以至于一个雇员在一首诗中发问，他不能说出今世

[1]　原注：这一点曾导致滥用。一个想得到国家安全局打字员工作的女孩被问到许多关于她性生活的过于私密问题。

[2]　原注：国家安全局的做法会带来一系列个人和社会方面的后果，也许只有少数涉及国家安全局最高机密的人员才会欣赏这种做法，认同一个丈夫甚至对其妻儿隐瞒自己所从事的工作。

所作所为会不会对来世产生坏影响：

我得对圣人彼得说叨说叨，
“我早颂晚祷。
你知道我在国家安全局，
所以，死后送我到……”

对所有这一切的辛辣讽刺却是，虽然国家安全局采取了预防措施，但在冷战期间，除原子能间谍事件外，与国家安全局相关的泄密事件却比其他机构更惊人，给自由世界带来的损害也更大。

第一件与小约瑟夫·西德尼·彼得森（Joseph Sidney Petersen, Jr.）有关。1954 年 10 月 9 日，他因为从武装部队保密局—国家安全局带走机密文件被捕，上了美国最大日刊纽约《周日新闻报》和最有声望的《纽约时报》头条新闻。彼得森，39 岁，前物理学教师，1940 和 1941 年参加密码分析方面的陆军通信课程学习，1941 年年中加入通信情报处。在阿灵顿霍尔的 13 年中，他几乎研究过所有的密码问题。战争一结束，在他主动提议下，他开始了急需的密码培训并取得巨大成功，他负责指导新人和知识面过于狭隘的老雇员。1953 年，这个培训成为正式项目，为如今的国家安全局学校奠定了基础。彼得森说他带走这两份机密文件帮助备课。一份是 1945 年 7 月 1 日的《SP-D 中文电码本》（*Chinese Telegraphic Code SP-D*），带附录和勘误表，属“机密”类。这是一种明码商业电码本，用四位数字代替 1 万个汉字实现电报发送，上面还有一些国家安全局对它的注释。另一本是“武装部队保密局 23 0763；KC037 号”文件，名为《A2 大队标示的朝鲜政治保密通信路线》（“Routing of North Korean Political Security Traffic as Indicated by Group A2”），日期为 1951 年 2 月 20 日。这是一个类别为“绝密”的报务分析。

二战期间，彼得森结交了荷兰最好的分析员之一（他和另两个人一起为荷兰政府起草了“北极行动”的密码报告），荷兰皇家东印度陆军（Royal Netherland Indies Army）的弗库伊尔（J. A. Verkuyl）上校。彼得森近视眼，大个子，弗库伊尔则身材瘦小。在阿灵顿霍尔，联络官弗库伊尔与彼得森办公桌相邻，他们一起破译日本外交密电，弗库伊尔在该领域有相当丰富的战前经验。通过弗库伊尔，彼得森结识了荷兰大使馆通信官贾科莫·斯图伊特（Giacomo Stuyt）。因为在数学和工作上有共同兴趣，他们开始讨论密码。

战后，弗库伊尔返回荷兰，彼得森写信给他，信中记录了一些密码方法和其他细节，这些信息为他在荷兰成立一支密码队伍提供了帮助。斯图伊特留在美国，彼得森与他保持着友谊。这一时期，荷兰将哈格林密码机用于外交通信。1948 年，由于从未真正了解事情内幕，彼得森复制了一份美国成功破译荷兰密码系统的绝密记录，并拿出一份标题为“B-211 型哈格林密码分析”的 1939 年通信情报处文件，给斯图伊特看。（B-211 型不同于二战中广泛使用的 M-209，它是哈格林 1925 年所发明机器的打印型号，比 M-209 的原型 C-36 早 9 年。）弗库伊尔认为彼得森的动机不是想破坏美国的密码分析活动，而是想帮助保护其朋友的通信不受他国刺探。

1954 年秋，联邦调查局特工搜查了彼得森的公寓，发现了这些记录和文件。这是第一桩适用《513 号公法》的案件。也许因为这个原因，司法部和国防部决定起诉，而不是为了防止情况公开在国家安全局内部进行行政解决；也许他们想拿彼得森开刀，杀一儆百。但是，正如他的律师所言：“这个决定做出后，他们骑虎难下。”因为逮捕行动吸引了大量媒体报道，检方劝他收回无罪辩护，承认有罪，避免审判所需的证据曝光。出于悔恨自责，渴望弥补给国家造成的损失，也希望减轻自己的刑罚，彼得森最终同意认罪；而且，政府似乎有所暗示，将给予从轻处置或缓刑。确实，联邦地区法官艾伯特·布赖恩（Albert V. Bryan）驳回了对彼得森三项指控中的两项，但他宣称，“该罪行的关键不是被告从国家安全局取走了‘什么’记录，而是他取走记录‘这一行为’”。他判处彼得森七年徒刑，后者服刑四年后获假释。政府此举，给其他潜在犯规者传递了一个信息：他们可免受牢狱之苦。这对彼得森是否公正依然存有争议，但或许，无可争辩的事实是：在彼得森之后，再也没有人因为泄露密码信息遭起诉。

最惊人的一起泄密案件也未被起诉，原因只有一个，潜在被告所在地远在联邦当局管辖范围之外——他们去了苏联。叛变的美国密码员分别是威廉·汉密尔顿·马丁（William Hamilton Martin）和贝尔农·弗格森·米切尔（Bernon Ferguson Mitchell）。[1]1960 年，他们在莫斯科的一次新闻发布会上，滔滔不绝地讲了 90 分钟，短时间内向大量观众泄露的他国情报活动超过了之前任何泄密者。

关于这两个年轻人的情况，虽然人们知道很多，但没人真正知道他们叛国的原因。两人都来自美国西海岸，非常聪明，是土生土长的美国人；他们无任何政治污点，足以通过严格的海军密码审查。贝尔农·米切尔生于 1929 年 3 月 11 日，在加州尤里卡长大，父亲在当地开了一家律师事务所，经营十分成功。米切尔高中时热衷科学，喜欢恶作剧，如在气球中充满氢气，然后在空中引爆，恐吓邻居。当他的相对论知识已经领先老师时，他毅然离开尤里卡中学，转到约 129 千米以北的另一所学校。他自称不可知论者，与人激辩哲学，与几个密友玩扑克，钻研数学哲学。他又高又瘦，一头黑色卷发，相貌端正，很少约会。1951 年，在加州理工学院学习一年半后，他在征兵压力下加入海军。他获得密码工作许可，被安排在横须贺海军基地从事密码工作。

他在那里遇到了威廉·马丁，一个和颜悦色的年轻人，1931 年 5 月 27 日生于佐治亚州哥伦布市。15 岁时，威廉全家搬到华盛顿埃伦斯堡。他是个非常聪明的学生，初中时，一个心理学家曾通过一个天才儿童项目，测试他能否跳过高中直升芝加哥大学。他在学术上合格，但校长认为他不够成熟，社交能力也不足以绕过高中。但他还是只用两年时间就完成了三年高中学业。他的兴趣在催眠术、阅读、心理学和下棋；17 岁时，他赢得西北区象棋冠军。他总是穿着白衬衫，系领带，但对女孩毫无兴趣。他的个性几近蛮横，经常无端地给成人提一些侮辱性的建议。他在埃伦斯堡华盛顿中心教育学院学习了一年，在那里展现出对数学的兴趣，后加入海军，并在密码工作中遇到米切尔。

两人在四年服役期间成了铁哥们。米切尔回到美国后，在斯坦福大学学习数学；在国家安全局要求的课程中，他的平均成绩为 B。马丁继续留在日本，

[1] 原注：我在 1960 年 11 月 13 日《纽约时报杂志》上发表的“Lgcn Otuu Wllwqh WI Etfown ”中说到，在马丁和米切尔的披露后，“世界上每个国家都采取了基本预防措施，经常交换自己的密码和代码”，这也可能导致了这个结果，美国立即终止了通信情报，这在冷战时期是绝无仅有的。因此，我认为上述观点是错的。

为陆军做密码工作，后来回国在华盛顿大学主修数学；最后两年，他几乎门门都是 A。1957 年 2 和 3 月，国家安全局招聘人员先后联系两人，给他们提供工作机会。两人都接受邀请，被雇为数学家，文职级别 GS[1]-7，年薪约 6000 美元，1957 年 7 月 8 日报到上岗；很显然，他们均持有临时保密许可。后在一次测谎议测试中，米切尔承认 13 到 19 岁有过不良性经历；国家安全局保密部门认为这是青少年的好奇性尝试，不足以构成拒绝最终许可的理由，因此最后让他通过审查。从马丁的调查得知，熟人认为他是令人无法忍受的自我主义者，有点娘娘腔，不太正常，有点不负责任，爱听好话。他的上级几乎一致声明不想再雇他为手下（除一个人外），但他们都证实他忠于美国。当年夏季，两人一起进入国家安全局学校，并于秋季进入乔治·华盛顿大学学习。两人都于 1958 年 1 月 27 日到国家安全局研发处（Office of Research and Development）报到，开始履行密码职责。米切尔的最终许可已于四天前通过，马丁的直到 5 月 12 日才通过。

他们分住在马里兰州劳雷尔的单身公寓，离国家安全局总部不远。马丁开始和华盛顿各大酒吧的女孩子约会，并把她们带回公寓。两人都加入了华盛顿象棋俱乐部，米切尔还是国家安全局象棋队队长。马丁的工作非常出色，研发部门负责人给他写了一封表扬信，批给他一份国家安全局奖学金。他后来又获奖学金，成为国家安全局第一个连续两年获得奖学金的人。1959 年 9 月，他凭借这笔奖学金进入伊利诺斯大学攻读数学硕士学位，同时学习俄语。米切尔曾在华盛顿和一个与丈夫分居的已婚妇女有过一段不快乐的恋情。

这一年，两人都首次表现出强烈的反美政治态度。马丁与伊利诺斯州一个共产党员有联系，1959 年 12 月，他和米切尔违反国家安全局条例前往古巴旅行。但据说，自 1958 年 2 月 4 日起，他们就已经加入共产党，那天他们获得了签发的党员卡。两人从工作中得知时属机密的 U-2 高空侦察机飞越苏联进行侦察的事，都强烈反对，甚至前去拜访俄亥俄州民主党议员韦恩·海斯（Wayne Hayes），警告他这种做法“极其危险”。米切尔经常在外面摆弄杠铃，曾在一张铺着天鹅绒的凳子上摆弄姿势拍摄裸体彩色幻灯片。1960 年 5 月，他开始拜访

[1]　译注：GS（General Schedule），美国联邦政府职员级别表。

精神病医生克拉伦斯·希尔特（Clarence Schilt）博士，探讨同性恋问题。

6月，马丁从伊利诺斯回来后不久，两人申请休两周半的年假，从6月24日一直到7月11日。申请获准，上级还批准他们可以延长休假到7月18日，以备他们需要更多时间探访在西海岸的父母。但他们从未到那里。相反，他们购买了东方航空公司305航班到墨西哥城的单程机票，于6月25日中午前一小会离开华盛顿国家机场[1]。7月1日，他们从墨西哥城飞往哈瓦那。或许，他们正是从那里乘一艘苏联拖网渔船抵达俄国。因为近一个月时间，什么事也没有发生。7月26日，上司试图在劳雷尔公寓和他们父母家中找到他们，但没找到，于是通知了人事部门。经过秘密调查，人事部得知他们飞往墨西哥；8月1日，国防部宣布他们未经批准外出，四天后声明，“他们有可能走到铁幕对面”。

9月6日，在灯火通明的莫斯科记者俱乐部剧院，他们又走到铁幕前。在一次大张旗鼓的新闻发布会上，他们宣读了一份长长的声明，宣布他们已经放弃美国国籍，接受了苏联国籍，同时宣布了他们背叛的原因：

> 我们的主要不满与美国使用的一些收集情报信息的做法有关。我们对美国故意侵犯他国领空的政策，对美国政府以一种意在误导民意的方式，对此等侵犯撒谎的做法，表示担忧。
>
> 而且，美国政府拦截和破译盟国秘密通信的做法也令我们失望。最后，我们反对美国政府从其盟国人员中招收特工的过分行径。

他们说之所以选择苏联，是因为：

> 在苏联，我们的主要价值和利益似乎为更多民众所分享。相应地，我们认为在这里能够更好地为社会接受，能够更好地从事我们的专业活动。
>
> 另一个推动因素是，在苏联，妇女的才能比在美国得到更多鼓励和发挥。我们认为这一点丰富了苏联社会，使得苏联妇女成为理想的伴侣。

[1] 译注：Washington National Airport，华盛顿罗纳德·里根国家机场。

空谈一番后，他们开始大规模泄露美国密码分析方面取得的成就。由于他们的揭示，许多国家更换了密钥和系统，不过令人惊讶的是，其中一些国家并没有采取任何措施。事件结果就是，美国通信情报部分失聪，苏联大概也是这样。一些国家安全局密码分析员每天两班轮岗，开始从头还原复杂的转轮接线和凸片、销子设置。国家安全局人员的第一反应是震惊，第二反应是愤怒："卑鄙小人！"艾森豪威尔总统谴责他们是叛徒。五角大楼声称两人"明显思维混乱"，其中一人"精神不正常"；指责两人的声明都是"谎言"，考虑到国防部在彼得森案明细表中亲自承认曾破译盟国荷兰的密码，这一指责本身就是谎言。众议院军事委员会（House Armed Services Committee）的一个专门委员会和众议院非美活动调查委员会[1]对此事发起调查，五角大楼也在调查。

至于两人为何背叛，没人能给出令人满意的解释。有人说他们可能是同性恋，但如果是那样，他们没必要跑到俄国去开展变态活动。另一方面，似乎没有证据表明，他们受到强烈的反同性恋活动的敲诈。关于他们是共产党员，报告没有说明他们为什么要加入共产党。有人提出，密码破译的不道德可能令他们反感，这也是两人在他们的莫斯科声明中暗示的；但为什么这一点如此强烈地困扰他们，而不影响国家安全局其他人员？一个可能的原因是他们基本人格失衡，另一个解释他们叛变的理论与"迷宫综合征"（syndrome of the labyrinth）有关。在这个"迷宫"中，工作的机密性质抹杀了一切外部认可，这一点只影响到马丁和米切尔。所有理由中最牵强的是两人自己的解释：美国刺探盟国情报——这是故意对苏联敌友不分的间谍活动和总体政策视而不见。还有一种潜意识假设，它从未受到反驳，也从未得到证实：两人在潜意识中反抗他们的父亲，把这个情绪发泄在代表父亲的政府身上。答案可能永远是个谜。

然而，在这个所谓"为了在激烈的冷战中保卫国家和人民的安全，美国政府建立的最敏感、最机密的组织"内，众议院非美活动调查委员会调查发现了更多违反保密规定的行为。调查发现，该机构雇用了 26 个性取向不正常者，于是这些人被解雇。人事规程形同虚设，国家安全局通常在获得全面许可前就

[1]　译注：House Un-American Activities Committee (HUAC)，1975 年取消，职责转给众议院司法委员会。

雇用人员。这种做法是一项紧急规则允许的，本始于朝鲜战争的人力紧缺时期，但一个时代之后还在采用。国家安全局经常忽视背景调查中发现的不利信息，过于依赖测谎仪结果。至少有一次，它雇用了一个因同性恋和共产党活动重大嫌疑而被其他政府机构拒绝的人。

最具讽刺意味的违规，与国家安全局安保主任和人事主任有关。国防部法律顾问一本正经地说道："国家安全局建立了一个检查和制约系统，以维护国家安全局保密的完整性。雇佣人员的权力委托给人事主任，批准安全许可的权力则委托给安保主任。"众议院委员会调查发现，这一安排看起来更像一种互相遮掩。人事主任莫里斯·克莱因（Maurice H. Klein）承认，他在自己的履历表中说自己毕业于哈佛法学院，实际则为新泽西法学院，他曾想通过重新打印以及在自己的记录中填上假日期来隐瞒这一点和其他小过失。前联邦调查局特工、安保主任韦斯利·雷诺兹（S. Wesley Reynolds）知道这些不符之处，但总结说它们"不影响保密"。两人都引咎辞职，雷诺兹被禁止从与政府做生意的企业获益。

众议院调查委员会报告发布一年后，国家安全局的一位前雇员给《消息报》[1] 写了一封信，透露了更多美国密码秘密。他叫维克托·诺里斯·汉密尔顿（Victor Norris Hamilton），美籍阿拉伯人，原名欣达利。他在利比亚结识了一个美国女人，结婚后一起来到美国，改成现名。他毕业于贝鲁特美利坚大学，在佐治亚大学做门房和杂役，据他说，因为他是阿拉伯人，所以被禁止从事教学工作。一位退休美国上校把他招进国家安全局，他从 1957 年 6 月 13 日开始工作，身份为研究分析员（密码分析员），年薪 6400 美元，负责破译阿拉伯国家密码系统。1959 年 6 月 3 日，汉密尔顿被强制辞退。按他的说法，当他想重新联系叙利亚的亲属时，官员们开始怀疑他。国防部的说法是，他正"接近妄想型精神分裂的崩溃边缘"。不管原因是什么，他转向苏联寻求庇护；并且在写信揭发美国间谍活动之前，他很有可能把他的工作情况告诉了苏联政府。

汉密尔顿的信刊登在 1963 年 7 月 23 日的《消息报》上。就在同一天，认

[1] 译注：*Izvestia*，创立于 1917 年的俄罗斯日报，当时为苏联政府机关报。苏联解体后仍继续独立出版。

识到自己已成功协助汉密尔顿将机密出卖给俄国人，国家安全局的一个通信员在自己车内吸入一氧化碳自杀了。他就是杰克·爱德华·邓拉普（Jack Edward Dunlap）上士，一个得过作战勋章的老兵，一个记录良好、有家有口的普通人。1958 年 4 月，他作为陆军保密局某单位的一员分配到国家安全局，看上去非常可靠。他的第一份工作是做国家安全局助理局长、参谋长加里森·克洛弗代尔（Garrison B. Cloverdale）少将的司机，后被提拔到通信员岗位。

官方从未透露邓拉普叛国的方式和内容。但原因已经很清楚：6 万美元。他用它支付一艘约 9 米长的游艇，一艘时速可超过 160 千米的世锦赛摩托艇，一辆淡蓝色捷豹运动汽车，两辆最新型号的凯迪拉克汽车，一家人在新泽西州到佛罗里达州的昂贵度假胜地和游艇俱乐部举办的几次酒会，他还有一个金发情妇。约在 1960 年年中，马丁和米切尔计划出逃期间，他开始兜售机密，因为那年 6 月，他花了 3400 美元现金来购买那艘游艇。他似乎是把绝密文件藏在衬衫里带出去（虽然会抽查公文包，但卫兵不会对工作人员搜身），交给俄国人，一开始每周一次，后来每月一次。他的情妇只知他定期拜访“会计”，回来时带着一大卷钞票。他编造各种故事，对熟人解释他的暴富：他的土地里发现了用于化妆品的高价矿物质；他继承了一小笔遗产；他父亲（实际是个大桥管理员）在邓拉普老家路易斯安那州拥有一个大农场。他告诉和交给俄国人哪些材料，美国人无从得知，但其中可能包括美国对苏联陆海军和核武部队力量的绝密估计，还有关于北约部队的类似数据。

国家安全局将安保程序吹得天花乱坠，却丝毫没察觉到这些行动：邓拉普开着他的捷豹或两辆凯迪拉克中的一辆去上班，请假参加摩托艇比赛，以及开始与一个国家安全局秘书幽会。讽刺的是，他在一次赛艇比赛中伤到背部，国家安全局派一辆陆军救护车接他回米德堡陆军医院，以防当地医院用的镇静剂可能会让他乱说话，却从未有人怀疑他如何付得起赛艇俱乐部的费用。让他落马的，不是警惕的国家安全局，而是他自己的贪婪。担心服役期满会被调出国家安全局，1963 年 3 月，他申请离开陆军；但作为平民，他继续国家安全局的工作。这使他第一次接触测谎仪，因为分配到国家安全局的军人不必经测谎仪测试，但潜在平民雇员需要。两次测试后，他小偷小摸和不道德生活的证据浮出水面。

两个月风平浪静地过去了，他继续着他的工作和盗窃。进一步调查发现他的生活支出超过收入，他很快被调至接触不到机密信息的米德堡值班室工作。调查进展缓慢，直到邓拉普自杀（未遂两次）一个月后，行动迟缓的探子才发现，邓拉普的遗孀在丈夫遗物里发现了一沓高度机密的官方文件。他们请联邦调查局参与调查，这是有史以来第一次，但邓拉普已死，无从得知他到底卖给了苏联哪些情报。“要想安全，”一个专家说道，“必须做出假设，所有经过这个部门的信息都可能送到了莫斯科。”

这类事件的短期影响很坏，但长期来看，它们也许是有益的。它们惊醒了骄傲自满的国家安全局。因为它一直自以为是地认为，所有密码智慧都藏在它的三道篱笆之后，它的活动密不透风，虽然改进的地方总是有，但空间非常有限。

拿路标的例子来说，国家安全局搬到米德堡时，指向国家安全局的绿底白字路标在巴尔的摩—华盛顿高速公路上随处可见。雇员熟悉新址后，可能是作为一项安保措施，这些路标都被撤掉。你甚至可以听到安保人员为能够考虑那么小的细节而自我庆祝。然而就在那一刻，国家安全局正用着马丁、米切尔、汉密尔顿和邓拉普，还有一个不诚实的人事主任，一个收受好处的安保主任，20 多个性取向异常者。

国家安全局沉浸在自我陶醉中。彼得森拿走的明码电码本就是一个典型例子。国家安全局将这个明码本加上一些注释出版，列为“机密”。一个官员解释说：“它（国家安全局版本）把它（明码电码本）与国家安全局联系起来，因此，该电码本能间接体现国家安全局的工作。”但将信息归入“机密”的法律标准是，它的泄露可能“造成国家重大损害后果”。人们不禁要问，将一个明码如此归类，国家安全局是不是有点夸大了它的重要性。

厚重的秘密装甲使国家安全局与外部隔绝。非美活动调查委员会写道：“国防部以往的调查大多没有效果，因为与国家安全局不当行为有关的事务被提交到国防部时，它任命调查这些不当行为的调查员，往往正是那些应为这些行为负责的国家安全局官员。”调查委员会说，国家安全局对外部批评的抵抗异常强烈，“1960 年，调查开始时，一个接一个障碍出现，阻碍着委员会的进展。”1961 年，罗伯特·麦克纳马拉（Robert S. McNamara）就任国防部长，与前任小托马斯·盖茨（Thomas S. Gates, Jr.）相比，他与调查委员会合作的紧密程度大大加强。

“结果令人满意。”委员会说。国家安全局强化了雇员安保措施。例如，它拒绝了雇员在获得正式许可前有条件地接触敏感材料。它停止了国家安全局局长签发接触绝密材料临时许可的权力。它任命了一个精神医学咨询委员会来改进心理评估项目。它要求，如果任何一个雇员未经批准离开，上司须在两小时内通知人事处和安保处；它警告上司注意员工过度的精神紧张。国家安全局还着手进行一些其他改革，如扩大和重组安保处。

最重要的成果也许是国家安全局转变了态度。为了治疗自己的“一贯正确综合征”，它吞下苦口的良药，接受了议会的批评；它发现米德堡以外还有可以学习并受益的事物。调查委员会与国家安全局的合作“证明它极有益于委员会的调查和国家安全局对其程序和做法的自我剖析”，委员会写道，“调查委员会有信心，通过它的努力，国家安全局将得到帮助，国家利益和安全将得到巩固。委员会还相信，国家安全局和国防部通过此次调查，发现并解决问题，为国家安全做出了重大贡献”。

国家安全局正视现实的另一个标志是，其在保密问题上的日益成熟。国家安全局不再对琐碎细节大惊小怪，表明它在重大问题上更加自信。多年来，国家安全局的招聘宣传册甚至都不会提到“代码”、“密码”或任何相关词语——大概出于同样原因，那部明码本被列为“机密”。但到 1964 年，一本招聘雇员的宣传册写道：“作为负责所有美国通信系统安全的政府机构，国家安全局需要招收和培养密码方面的专门人才。”约在同一时期，国家安全局解密了威廉·弗里德曼有关齐默尔曼电报的 1937 年陆军部出版物。这些事件表明，国家安全局已经补上了路标案例中所显现的漏洞——它是由国家安全局孤芳自赏，无视事物本来面貌而造成的。

所有这一切突出表明，对情报机构的议会监督有意义。但奇怪的是，国会似乎不乐意将个案教训推广于实践。众议院和参议院军事委员会的专门委员会和拨款委员会无疑会监督国家安全局工作，一如他们监督中情局一样，但这些影子组织（甚至都没列入《议会组织名录》），似乎对履行这些职责不那么积极。

虽然邓拉普案发生在众议院非美活动调查委员会调查结果引发的改革之后，但众参两院都拒绝调查它。“如果任何一个政府机构发生一系列类似的悲剧性错误，”一个仔细研究过邓拉普案的记者写道，“愤怒的公众就会拍案而起，坚持要求处罚责任人，对他们进行公开谴责、降级或解雇。”斯图尔特·奥尔索普（Stewart Alsop）说：“国家安全局尤其需要监督。它的保密记录糟糕透顶……如果中情局遇到这些案子（马丁—米切尔和邓拉普）中的任何一桩，引发的喧嚣将会淹没阿尔杰·希斯案。”（一个事实有助于人们更好地理解国家安全局事件：中情局还没有一件已知的叛逃或渗透事件。）即使是非美活动调查委员会也得谨慎行事。“调查和听证期间，非美活动调查委员会承认并尊重国家安全局行动的敏感性质。委员会从未尝试了解国家安全局组织结构和产品的细节，认为它没必要掌握这些领域的知识。”然而更多的了解也许会带来更多益处。

实际上，国会对国家安全局的态度倒像是在取悦那些控制了密码学黑暗力量的巫师。1956 年，局长拉尔夫·卡奈因中将在一个众议院委员会作证支持一项法案，法案将在包括国家安全局在内的政府机关增加高薪（1 万—1.5 万美元）科学职位数量。委员会主席汤姆·穆里（Tom Murray）后来告诉众议院，“对那些把一生奉献给这个重要领域的人，委员会深感有必要给予充分补偿，因此应卡奈因将军要求，我们把这些职位的数量从最初提交的 35 个增加到 50 个。”1959 年，国会通过《36 号公法》，将国家安全局排除在一项法律要求之外。根据这项要求，所有政府机构都有义务向行政机构委员会（Civil Service Comission）提交一份本机构所有职位的全面描述。

1964 年，国会授予国家安全局局长自由解雇任何国家安全局雇员的权力，“只要他认为这一行动符合美国利益”。一项同样的议案曾胎死于往届国会参议院司法委员会。作为马丁—米切尔案调查的结果，两次议案俱由众议院非美活动调查委员会提交。他们把调查委员会和国家安全局协商同意的一些最严格雇佣措施写进法律。在众参两院，这项即时解雇权遭到炮轰，被认为是对《权力法案》（Bill of Rights）原则的违背。根据该原则，“未经适当法律程序”，任何人都不应被“剥夺生命、自由或财产”。众议院自由派引用《华盛顿邮报》的话：“这个（议案）就是专制的代名词。它意味着依据毫无来由的指控，一个雇员可以被解雇，声名扫地，没有一丝为自己辩护的机会——没有任何听证，没有任何行政复审，甚至没有任何对相关决定的司法审查。这将使每一个国家安全局雇员处在被人随意摆布的境地，那些搬弄是非者、不满者或仇敌可以把他说成破坏分子、同性恋或酒鬼。”虽然议案的倡议者没有驳倒这些观点，议案还是在众议院获得 340 对 40 的压倒性优势，并在参议院轻易通过口头表决。

国家安全局能从立法机关钱袋里弄到巨款。国会可以对某些拨款请求苛刻吝啬，对国家安全局却慷慨大方。1962 年，众议院军事委员会任命一个三人专门小组，调研国家安全局建造九层附楼所需 1000 万美元和雇佣更多人员所需资金。因为几年前，国会刚拨给国家安全局约 3500 万美元建造一栋巨大的崭新办公楼，人们可能会以为这次请求将遭冷遇。相反，“经过详细询问和实地调查，我个人相信这是必要的，收回了全部反对意见”。抠门的小组共和党成员，密苏里州的德沃德・霍尔（Durward G. Hall）说。当然，国家安全局得到那笔钱。

国家安全局对国会施加的强力魔咒是什么？为什么它如此匆忙地批准似乎只是国家安全局一时兴起的要求？主要原因无疑在于，总的来说，国家安全局的工作很出色。但也有部分原因是，国家安全局利用工作（不同于其他政府机构的工作）中获得的超级机密作为幌子。有时它会让国会关键人物迅速瞄上几眼，加入“知情人”（Those Who Know）的特权小圈子，进而支持圈内兄弟的事业。“军事委员会成员，尤其是我，”霍尔谈到他的实地调查，“见到的机密设备，接触到的机密说明——从通信到遥测，可能比大部分（国会）成员都要多。”国家安全局经常把它的秘密隐藏在可怕的黑暗中，这种无法明言的神秘令议员心生敬畏。“该机构担负着重大保密责任，该机构的使命是寻求满足我国国家安全的基本需要。国家安全局为执行这些任务采取的全部行动都属于高度机密，泄露这些活动或部分活动的性质将严重损害该机构的努力。”那位国防部顾问如是说。同样，几乎吓得发抖的众议院委员会引用它支持那个即时解雇议案。

这个诡计利用了国会的恐惧和无知。立法者不熟悉现代密码学的复杂性，担心一次小的失误就会泄露他们通常称之为“那个”的美国密码系统。他们没认识到，这样的系统不是一个，而是几十、几百个，而且即使一个系统的完全泄露也需要获得对一个复杂机械的详细描述、数百行转轮接线表和一长串密钥安排表。他们不是按密码的本来面目理性看待它，而是迷信地把它看成威力强大的魔法，而看待事物的非理性观点很难推动文明进步。

国家安全局利用这个态度尽可能多地对国会隐瞒信息。然而人们不禁要问，打字员和技术人员每天处理的信息还不能托付给美国人民选出的代表吗?

虽然国家安全局的这些策略不合时宜、目光短浅，议会监督的责任最终还得落到国会头上。国会应该像在其他领域一样，用好自己细心呵护的特权——调查。国会捏着钱袋子，处在与情报机构不同的政府体系，总统的外交情报顾问委员会不能代替国会。议会监督对国家安全局，对国家整体都有益。首先，议会监督能帮助阻止国家安全局重蹈覆辙，回到过去危险的自以为是，非美活动调查委员会的调查就是活生生的一堂课。其次，它使一项本质上反民主的活动接受自由人民的监督。美国人痛恨国家安全局的私拆信件活动，他们仅仅因为冷战而不得不忍受这一切。美国是一个建立在重视个人尊严基础上的国家，国家安全局的刺探活动永远无法与这个国家的理想完全调和，但它们可以向怀有这些理想的民选代表负责。

而且，国家安全局创造知识的同时，也创造权力。托马斯·杰弗逊说：“不受约束的政府权力将产生专制。”这个问题在国家安全局不及在中情局那么严重，因为国家安全局不制定、不执行政策，也不从事类似古巴入侵的实际行动。虽然如此，国家安全局也应由国会进行有力监管，防止权力滥用。

所有这些都是自寻烦恼，民主亦然。比起在选举和其他细节上费心劳神，雇个领导人则省事得多；对国家安全局放任自流也省事得多。然而监管不可或缺，否则国家安全局努力保护的自由也将失去。

自 1949 年成立起，武装部队保密局—国家安全局就一直由一位将军领导，陆海空军轮流坐庄。局长任期从 18 个月到 4 年以上不等。6 个人领导过这个沉默的机构[1]：美国海军厄尔·埃弗雷特·斯通（Earl Everett Stone）少将，1949

[1] 译注：截至 2015 年 10 月 31 日，历任武装部队保密局—国家安全局局长有 18 位，现任局长为 2014 年 3 月上任的迈克尔·罗杰斯（Michael S. Rogers）海军上将。

年 7 月—1951 年 8 月；陆军拉尔夫·朱利安·卡奈因中将，截至 1956 年 11 月；空军约翰·亚历山大·桑福德（John Alexander Samford）中将，截至 1960 年 11 月；劳伦斯·休·弗罗斯特（Laurence Hugh Frost）海军少将，截至 1962 年 5 月；空军戈登·艾尔斯沃思·布莱克（Gordon Aylesworth Blake）中将，截至 1965 年 6 月；陆军马歇尔·西尔维斯特·卡特（Marshall Sylvester Carter）中将。显然，他们的唯一共同之处似乎是他们都不为公众注目。

斯通上任时 53 岁，除海上服役外，他的整个海军生涯几乎都是在做通信工作。他有哈佛通信工程硕士学位，他的岸上职责都与海军通信有关。1942 到 1944 年，他作为海军通信主任助理指挥海军通信—情报单位。1946 年起任海军通信主任，直到被任命为新成立的武装部队保密局局长。两年任期结束后，朝鲜战争期间，他指挥第一巡洋舰分队（Cruiser Division 1）轰炸海岸设施，后担任两个高级海军训练职位，直到 1958 年退休。

卡奈因是唯一毕业于非军事院校的国家安全局局长。他的密码工作经验仅限于 1919—1920 年做过一年兼职通信官，但他有非常全面的军事工作资历。他 1916 年从西北大学毕业，1917 年作为野战炮兵少尉被召至现役。他参加过美国远征军，1919 年 6 月出任驻堪萨斯州芬斯顿兵营的第 7 炮兵旅（7th Artillery Brigade）通信官、副官，工作大概是处理一些代码和密码。二三十年代，他先后做过普渡大学军事学教官、野战炮兵学校学员、某团补给和联络官、军事法庭军法检察官、军人服务部军官、计划和训练军官、指挥和参谋学校（Command and General Staff School）学员、俄亥俄州立大学军事学教授、第 99 野战炮兵营（99th Field Artillery Battalion）营长。1942 年 8 月起出任第 12 军助理参谋长、参谋长，在这个位置上经历了诺曼底登陆、突出部战役、与苏军会师。历任数个指挥职务后，1950 年 9 月，他被任命为陆军司令部情报事务助理参谋长帮办；10 个月后，55 岁时接手武装部队保密局（它在他四年任期内成为国家安全局）。他也许是国家安全局局长中最受欢迎的一位。

桑福德 1928 年从西点军校毕业，随后在凯利机场学习飞行，战前在得克萨斯、伊利诺斯、巴拿马运河区、弗吉尼亚和佛罗里达炎热多灰的机场履行日常职责，外加凯利机场四年飞行教官生涯。二战大部分时间在英格兰度过，任第 8 航空大队（8th Air Force）副参谋长、参谋长。该大队的堡垒型轰炸机

（Flying Fortress）负责执行轰炸德国任务。1944 年起，他在五角大楼空军司令部做了两年情报事务助理参谋长帮办。他先后担任过驻波多黎各安的列斯空军师（Antilles Air Division）及空军指挥和参谋学校（Air Command and Staff School）负责人。1951 年 10 月，他成为空军情报主任，1956 年 7 月任国家安全局副局长，四个月后升局长，时年 51 岁。马丁—米切尔丑闻为他的四年任期最后阶段留下了污点。

1933 到 1935 年，弗罗斯特在安纳波利斯海军学院学了两年有线和应用通信研究生课程，在通信工作上度过大部分海军服役时间。1936 年，富兰克林·罗斯福总统乘"印第安纳波利斯"号巡洋舰访问阿根廷时，弗罗斯特作为舰上通信官处理总统电报。他因为 1943 年在太平洋指挥"沃勒"号（*Waller*）驱逐舰获得勋章，后在所罗门群岛和华盛顿做通信工作，直到战争结束。1945—1950 年，中间除一年例外，他一直在做情报工作。经过国家军事学院（National War College［NWC］）一年学习和两年海上服役（包括朝鲜海域的指挥任务）后，1953—1955 年，他被任命为国家安全局参谋长。又经过一年海上服务，他先后被任命为海军情报主任、国家安全局局长，临时军衔为海军中将，时年 58 岁。短短 18 个月任期内，他经历了众议院非美活动调查委员会调查，离开国家安全局后被任命为波托马克河海军司令部司令。

类似的是，从 1933 到 1934 年在蒙茅斯堡通信学校学习开始，布莱克几乎整个军旅生涯都在做通信工作。30 年代，他担任过几个通信职务，二战期间指挥太平洋地区陆航通信系统（Army Airways Communications System）。在空军军事学院进修后，他领导俄亥俄州莱特—帕特森空军基地（Wright-Patterson Air Force Base）的研发工作四年。1953 年被任命为空军通信主任，三年后任作战处助理副参谋长，1957—1959 年指挥美国空军保密局。他先后担任过太平洋空军司令部参谋长和大陆空军司令部司令，51 岁时接手国家安全局。

卡特曾任中情局副局长三年，约翰逊总统任命威廉·雷伯恩（William Raborn）为中央情报主任时，他不得不离开该职位，因为《1947 年国家安全法》（National Security Act of 1947）禁止中情局正副局长同时由军人担任。约翰逊将 53 岁的卡特调到国家安全局时，这位将军评论说："我做过不少美差，这个最美。"虽然没有特殊的密码经历，但考虑到现代通信情报无处不在、无比重要，卡特也许是准备得最充分的国家安全局局长。他 1931 年毕业于西点军校，前 10 年在各高射炮兵部队服务及在西点军校自然和实验哲学系任教。二战大部分时间，他在陆军部总参作战处后勤大队服务。在中国短暂任职后，他被任命为马歇尔将军驻华盛顿特别代表。1947 年 1 月，马歇尔出任国务卿时，卡特成为他的特别助理。两年国务院任职经历无疑使卡特对美国外交政策有了深刻理解。1943 到 1949 年间，他参加过六次国际会议，包括四巨头[1]开罗会议，两次联合国大会。先后在美国驻伦敦大使馆短暂任职，在国家军事学院学习，任一个驻日本高射炮大队司令。1950 到 1952 年，在马歇尔将军及其继任者手下任国防部长行政办公室主任，对美国国防有了一个总体了解。从 1952 年 11 月到出任中情局职务之间的 10 年里，卡特担任过步兵、高射炮兵和防空部队各种指挥职务。毫无疑问，三年中情局二把手的丰富经验有助于他理解通信情报如何融入一般情报；或许，还让他想出不少主意，帮助国家安全局更好地完成任务。

这些人物就是史上最大密码组织的首脑。虽然他们所拥有的权力令 18 世纪的英格兰破译科相形见绌，但稍做比较，这些局长的密码分析能力恐怕都不及威尔斯主教的一成。他们也不需要它，他们的密码分析员从事那个特定专业，密码分析只是现代密码学必需的数十种专门技能之一。他们自己的工作是对外的，对接议会委员会、美国情报理事会、国防部长以及各军种密码机构首长。至于内部管理，他们似乎依赖他们的副局长。

这些副局长的背景更加五花八门。首任约瑟夫·温格（Joseph N. Wenger）海军上校于 1949 年 7 月 15 日被任命为武装部队保密局副局长。1923 年从安纳波利斯海军学院毕业后，他的海军生涯大部分时间都花在通信上。二战期间，他大部分时间都在领导位于内布拉斯加大道的海军密码分析机关，同时升到海军通信副主任。国家安全局成立时，他出任副局长，一个似乎不再存在的职

[1]　译注：参加 1943 年 11 月 22—26 日开罗会议的是蒋介石、罗斯福、丘吉尔三人，因蒋介石在场，斯大林未参加（1941 年的苏日中立条约依然有效）。会议讨论了盟国对日立场，对战后亚洲秩序做出决定，27 日发表《开罗宣言》。28 日—12 月 1 日，斯大林与罗斯福、丘吉尔参加德黑兰会议。

位[1]。他于 1953 年 8 月离开国家安全局。

约瑟夫·莱姆（Joseph H. Ream）担任副局长约四年，1956 年去职。他是从哥伦比亚广播公司一步步爬上来的律师，加入国家安全局前做过秘书、主任、执行副总裁。离开国家安全局后，他回到哥伦比亚广播公司，1959 年成为公司电视网络副总裁。他在国家安全局的继任者是霍华德·恩斯特龙（Howard T. Engstrom），后者是耶鲁数学博士，被国家安全局看中前曾任雷明顿—兰德公司副总裁三年，1926 到 1941 年在耶鲁教数学，大概在 1941 年成为海军密码分析员。他 1958 年离开国家安全局，出任施佩里—兰德公司副总裁。

继任恩斯特龙的路易斯·托德拉当年 47 岁，是上任时最年轻的副局长，也是担任这个职位最长的人。1935 到 1942 年，他在芝加哥洛约拉大学和伊利诺斯大学教数学，在伊利诺斯大学获得数学博士学位。战争期间在海军服役，应该是做密码分析员；战后留在国防部。他的数学专长是代数、群论和古典数论。他的任命似乎代表了一个趋势：国家安全局不再从外部引入能力出众的经理，转而采用常任职业行政官员的政策，以此确保稳定和连续，不受国家安全局领导人政治变动影响。

他们管理的机构分成三个业务部门和若干辅助性管理单位。三个业务部门是研发处（Office of Research and Development），约 2000 人；通信保密处（Office of Communications Security），约 1500 人；生产处（Office of Production），超过 7500 人。主要辅助单位有负责招聘雇佣的人事处（Office of Personnel Services）；国家安全局第四大单位培训处（Office of Training Services）；安保处（Office of Security Services），负责现场和人员安保，评估拟聘人员背景调查结果，测谎，批准或拒绝、撤销安全证书。小的辅助单位包括局长办公室、会计主任办公室、行政主任办公室、总督查办公室、顾问办公室、图书馆。约翰·桑福德（John Sanford）博士负责的图书馆收藏了丰富的密码学作品，最新参考文献（分析员用于猜测可能词）和 600 多册各国文字的数学出版物，包括英、中、法、德、俄、葡萄牙语和西班牙语等。至少有一次，

[1] 译注：此处副局长叫“vice director”，后来叫“deputy director”，两词含义稍有区别，但实质区别不大。

馆藏莎士比亚作品用于非文学目的。一个破译间谍密码的分析员认出密钥前几个单词引用自莎翁，冲到图书馆，找出这本书，轻松地把密报译成明文。

当然，如果没有人，国家安全局可能都不会存在，因此国家安全局始终面临的主要问题之一就是招收和维系人员。这就是人事处的工作。

首先是招到人。国家安全局严重依赖于科学家和工程师，这个高端人力市场供不应求，竞争激烈。于是，国家安全局积极推行全国性招收计划。计划主要针对年轻大学毕业生，因为对没经验的新人来说，为政府效力和投身工业所获得的薪资相差无几，有经验则不然。各地大学教授向国家安全局推荐优秀毕业生，也向毕业生推荐国家安全局；学生专业水平高低曾是招收计划成败的一个重要因素。国家安全局招聘人员会告诉未来雇员有关管理或技术晋升的机会。按卡奈因说法，“每个雇员开始工作时，口袋里都有一柄元帅节杖”。过去，斯巴达指挥官将象征着权威的“天书”捆在腰间，片刻不离；如今，战地司令手杖和元帅权杖也是如此。对密码而言，这是个比较恰当的隐喻。

申请人须先通过专业资格测试，再通过严格的安全审查。安全审查极为严格，虽然国家安全局迫切需要科学人才，但每 6 人中还是有 5 人被拒。国家安全局从 1956 届美国大学生中挑选了 250 到 300 名男女青年。并非所有人都是科学、工程或语言人员，国家安全局也需要在图书馆或其他辅助设施工作的文科毕业生。毕业生的经历不必与工作直接相关，因为国家安全局会根据需要培训他们。它通常喜欢这样做，比如招一个法语毕业生，教她俄语。自然，密码分析员必须接受培训，兰布罗斯 · 卡利马霍斯是培训处的一员，他一直在修订弗里德曼的《军事密码分析》内容，以保证其最新。

大力招聘的结果就是，国家安全局人员大多是年轻人。国家安全局将所有任命都看成是永久性的，不存在试用或提供临时职位，并且竭尽全力留住辛苦招进来的新人。它组织人员到纽约进行短途旅行、搭设舞台供业余爱好者表演。白天，沉闷的教室里回荡着大家发俄语动词摩擦音的响声，进行着无比枯燥的位对称破译练习；晚上，这里响起伦巴或扭摆舞的强烈节拍，是国家安全局人员在学习舞蹈课程。热情的青年科学家们不能在一般科学读物上公布他们高度机密的研究成果，他们为《国家安全局技术期刊》（*N.S.A. Technical Journal*）撰文，以获得人们对其专业的认可。

但是人员流动依然频繁，男女青年工作刚有起色就跳槽。工业界薪资更高，而且令人窒息的保密氛围总是挥之不去。虽有野餐和舞会，但办公区的分隔化以及限制人们移动抹杀了 20 岁出头女孩的浪漫遐想。一个女孩不知与她有染的男人已经结婚，于是将其归咎于国家安全局无处不在的保密；虽然这无疑是她自己的问题，但也说明保密引发人们不满。而且，国家安全局人员可能会被突然解雇，这种解雇没有听证或复查，不管指控是否正当，只要局长认为指控事项可能有损国家安全局安全，被控人就不能与指控人对质，这实在有损士气。

然而超越所有这一切，人员留在国家安全局的一个很大因素是爱国主义和为国效力，这提供了金钱买不来的精神满足。

国家安全局的运行基于现代管理原则。它有实习计划，旨在培养高级管理职位的文职雇员。它从内部提拔人员，让他们在不同职务间流动，拓宽视野。它设有一个项目，专门获取人们的建议，一个好的想法可获数百美元的奖励。国家安全局为管理人提供录音指导，评估他们的文案，努力维持自身精简高效。

美国密码科学进步的先锋是国家安全局研发处，简称 R/D。在动荡不安的 50 年代初期，所罗门·库尔贝克出任处长，他是弗里德曼 1931 年雇用的三个分析员之一。1957 年，专攻统计学和超群论的数学博士霍华德·坎佩恩（Howard H. Campaigne）成为数学部门领导，时年 47 岁。他的助手是以前在生产处工作的数理统计学家沃尔特·雅各布斯（Walter W. Jacobs）博士。

研发处分成三个科，REMP、STED 和 RADE。REMP（表示“Research, Engineering, Mathematics, Physics”［研究、工程、数学、物理］）从事密码分析基础研究。它在统计和高等代数领域四处搜寻破译复杂密码的更敏感、更强大的测试方法。它攻击复杂的外国密报，设计出新的破译技术。对研发处来说，新技术带来的情报只是这些研究的一个副产品。它就与新方法有关的问题向国家安全局其他部门提出建议，它还大力推广计算机在密码学中的应用。工程师和物理学家致力通过晶体管电路、短脉冲技术、分时和磁存储等手段提高计算机速度和数据处理能力；他们最近的一次研究与消除这类存储方式中的速度制约因素有关。REMP 用计算机来设计计算机，工程师负责开发边缘产品，如行式打印机和打孔卡输入，他们必须努力跟上基础技术的发展。国家安全局甚至向 IBM 和雷明顿－兰德这样的公司提供计算机开发领域的重要技术，如分时等。工业界也采用了许多国家安全局的设计成果。

研发处第二科 STED（意为“Standard Technical Equipment Development”[标准技术设备开发]）从事密码编制基础研究，寻找新的加密原理。它确定新的技术发展，如晶体管和隧道二极管，能否用于密码编制。它运用诸如伽罗瓦场论（Galois field theory）、随机过程和群、矩阵、数论这类深奥工具，构建拟开发密码机的数学模型，在计算机上运行，不必制造硬件就能生成密码。转轮原理常用这种方法测试编码强度。它设计声频扰码器，从高层官员用的超级保密型号一直到排级指挥官用的对讲机；也设计用于侦察电视和传真的视频扰码器。他们的研究涵盖从冶金学到光学的各门学科，以及（在设备小型化方面非常重要的）从印刷电路到铁磁共振的各种技术。

研发处第三科 RADE（意为“Research And Development”[研发]）从事信号传送基础研究，深入研究诸如电磁辐射和物质的相互作用等课题。它的目标包括提高美国截收电台的灵敏度和美国传送方法的保密性。国家安全局电台运行于无线电频率两极，用到各种电磁发射方式。它的监听站，既需要扫描整个频谱的全波段接收机，又需要丝毫不飘移、稳定性很高的单频接收机。为了拾取最微弱的无线电信号，RADE 需不断努力寻找可以增强信号、消除天波干扰和线路噪声的天线排列方式。它改进测向设备，设计无线电指纹识别装置。它研究新的通信技术，如把发送内容分布在一个宽广频谱上，那样任何在一个频段守听的人只能听到一阵微弱的喀啦喀啦的静电音。这些技术本身就可能提供一些保密，至少在对手技术赶上来之前。它应该也在研究通过激光传送信息的可能性。

另外，国家安全局还尽可能宽泛地从事一些基础通信研究。通过计算机电路的脉冲流也是通信研究的一个方面，这个课题由国家安全局数学家研究。他们应用信息理论新领域的工具研究其他问题，在有限带宽内压缩进最多信息，期望误差率，传送率，模式识别等。国家安全局物理学家研究多体系统的现代量子理论、超导、磁共振、固体电磁特性和对流层电离区散射效应等，寻找可能的通信应用。语言本身也细分成语音、音素、语法、逻辑、语义、历史、统计和比较等多个研究方向。这些研究带来了国家安全局的一项非保密产品：艰深罕见语言辞典和语法，如培训处发布的 429 页《越南语—英语词汇表》，国家安全局第 762 词典室编制的《罗马尼亚语—英语词典》和《保加利亚语语法》。研发处的研究与普林斯顿的国防分析研究所通信研究处不同，前者更偏向实用，后者的研究更自由，更“前卫”。

通信保密处是国家安全局三个业务部门中最小的一个，也是唯一一个职责为公众所知的部门，简称 COMSEC。它负责为美国政府秘密通信保驾护航。相应地，它规定或批准各部门应使用的系统，以及应如何使用它们。它自己提供一部分密码机，采购一部分。它还编制国家密码安全准则，监管其实施。

“所有密码材料（包括武装部队所有密码设备、使用说明、配件和相关材料）由国家安全局生产，或在国家安全局指导下采购。”一本空军手册这样写道。同样情况肯定也适用于陆海军和国务院。通信保密处在可行范围内尽可能使美国密码系统标准化，细化到通信保密出版物的缩写标题。如《空军通信保密手册 2》（Air Force Communications Security Manual 2）以前称“AFCOMSECM-2”，现称“AFKAG-2”。通信保密处为新密码设备编制指导教程、发布操作规程，大概也规定诸如何时及如何更换初始和派生密钥的问题。它可能也为部际通信和总统通信制作密钥——转轮接线、位置表、一次性密钥纸带。至于完全用于内部通信的密钥，如空军内部通信用的密钥，大概也是出自它们的密码编制机构。

通信保密处利用研发处 STED 的成果设计新加密系统，并将其运用在新机器上。它与国务院等潜在用户紧密合作，确保新设备符合用户需要，又能提供足够的保密性。通信保密处工程师在振动机上和盐水喷雾室内测试新设备的可靠性，保证它兼容用户已有设备；他们还与制造商合作，以最低价格获得最好设备。

除了接收供应商提出改进机器的建议外，通信保密处还负责评估密码爱好者源源不断提供给国家安全局的新的“不可破”密码系统。国家安全局每天至少能拿到其中一个，通常通过陆军或联邦调查局或国务院渠道转来。还有很多系统来自专业人士，如医生或律师，有一个甚至来自一所监狱（由监狱长转来）。系统中大多包含一条测试信息，通信保密处专家可以想象发明者加密完信息时的狞笑和想法，“他们永远也弄不明白‘这个’！”

发明人可分成两类。一类人刚读过爱伦·坡《金甲虫》(*The Gold-Bug*)里的名言："人类能否编出通过其智慧而无法解开的谜，这值得怀疑。"他们用半个小时发明出一种密码来反驳这句话。另一类人的设计极其简单，12 岁小孩（从没人说 13 岁）都可操作；他们作为爱国的美国公民，把自己的系统交给政府，来换取 10 万美元奖赏——与贵重得多的信息安全相比，这是个很便宜的价格。

很少发明家有任何关于现代通信的容量、加密操作条件、现代密码分析等等的概念，他们也不知道不可破密码已经以一次性密钥本形式存在了。几乎所有系统都可用纸笔操作，在今天毫无用处，它们成功的概率相当于一个机修工提出任何有价值新观点的概率。虽然如此，通信保密处还是认真对待每一个提议。它或许想起，今天广泛使用的所有基本密码原理：转轮、杰弗逊圆柱—滑条系统、一次性密钥纸带、哈格林密码机，都是由没有密码背景的人发明的。下一封信也许来自另一个赫本，提出另一个有价值的概念。另外，破译测试用密信也是个乐趣，通信保密处常常这样做，虽然有些信短到实践中根本碰不到。

然而，国家安全局似乎不公正地利用了这些发明人。国家安全局就像一个无底洞，无声地吸纳了他们的想法，其中有些甚至被用在美国密码编制中，但由于保密，发明人无权了解真相，并且无法获得补偿。或许正是担心这一点，一些发明人在提交有潜在价值的主意时会出现迟疑。也许国家安全局可以做出坚定承诺，补偿发明者以吸引更多的建言献策，但这样的承诺只有在打官司的时候才有用。事实上，国家安全局不会给出这样的承诺，更令人费解的是，它甚至都不说明不这样做的理由。从这一点来看，国家安全局似乎在故意跟自己过不去。

通信保密处主管大量密码系统，各种类型都有。陆军需要不同方法，满足前线、中级和高级指挥部的不同通信需求。海军需求可能没有如此广泛，但它也用滑条密码加密次要通信，转轮机器加密重要通信。空军也许用小代码加密空中通信，各种不同的系统则用于地面通信，包括与导弹发射中心的通信。

美国密码系统安全吗？调查这个问题，不同机构采取的方法不同。国家安全局对密码保密的理论极限进行测试。例如，通信保密处数学家可能会计算，一个不变的初始密钥（如一套转轮接线）最多能发送多少电报，才会出现可能导致破译的足够派生密钥重叠，他们根据这类信息对密钥进行更换。各机构可能通过监听和实际密码分析，测试自己系统的实际保密性，如国务院就雇了五六个密码分析员。另外还有一些机构进行独立测试，如国防分析研究所等。有一次，国防分析研究所得到用顶级军事密码系统加密的 100 万字母的无差错文本，他们在它身上投入了相当于六个人工作一年的工作量，但最后以失败告终。这次事件很好地证明了该密码的保密性，也表明美国其他密码系统的安全性。

进入喷气机时代后，便捷保密和双向传递的语音通信变得必不可少，而保密器保证了通话的私密性。虽然贝尔电话实验室进行大量开发工作，但通信保密处也插足其中。

与二战时期相比，今天的保密器型号有了大幅改进，主要是它们采用一种名为“脉冲编码调制”（pulse code modulation [PCM]）的新型电话技术。PCM 把声音信号转换成类似电传信号的一系列脉冲和非脉冲。每秒脉冲数量随声音频率变化而变化。这种数字形式允许大量言语信号同时通过一条线路，增加了电话网络的容量。PCM 本身能提供一些保密性，因为将信号转换成声音也需要 PCM 设备，但它的主要编码优势在于以数字形式加密的便利性与安全性。保密器可以像弗纳姆系统一样加密一系列脉冲和空白。数百万密钥脉冲可以作为磁化点储存在涂覆金属层的磁带上，就像亮点和暗点储存在胶片上，小孔则储存在打孔卡片上。计算机也可以生成这些密钥。（以每秒 8000 个脉冲的速度，100 万个脉冲可用于两分半钟的 PCM 加密。）虽然同步问题影响 PCM 系统，但它们的保密性很强，因为声音对扭曲的耐受问题不会出现，而造成连续波保密器非常脆弱的正是这个耐受问题。

因为 PCM 的保密性能，国务院和空军也许将其用于最机密和最紧急信息。系统标价似乎也确认了这一点：每套近 10 万美元。这就是国家安全局开发的 KY-9 型，样子像一个四格文件柜。国务院总部有七台，24 小时连续关注世界形势的应急中心（Crisis Center）配有一台。驻巴黎和日内瓦办事处各装有两台，伦敦、波恩、柏林、罗马和美国驻纽约联合国总部代表团各有一台。空军在飞行指挥所携有一台 KY-9，在地下指挥部被核导弹攻击的情况下，它可以从空中指挥美国核报复力量。

保密器与语音压缩、多路复用（在一条信道上同时发送多条信息）、无线电话带宽压缩和速发通信系统（系统里的信息储存在磁带或荧光屏上，再高速读取发送）等技术一起使用。虽然这些系统的根本目的是把更多信息压缩进日益拥挤的电磁波谱，但它们也提供一定的保密性，因为只有专用设备能接收到。一种陆军系统将经济和保密结合起来，在同一次发送中，用低频段发送电传信号，高频段发送语音信号。电传信号谐波溢入声音频率，盖住它，结果听起来就像能从中听到断断续续嘟囔声的电动小圆锯。接收机用反馈电路分离出电传信号及其谐波，留下清晰言语。

但压缩系统不能预防真正的破译，这种电传—语音系统就曾被一个无线电爱好者破开。在坦克战、前线作战以及对神出鬼没游击队的袭击中，现行保密器可能内置在便携电话或无线电系统中，这种保密器装备着实现轻量化的晶体管。为减小核攻击影响，传统的集中指挥职能将由相距若干千米、四散分布的未来指挥所承担，更重、更复杂，提供更强保密的保密器将整合进这些指挥所的庞大通信系统中。陆军正在蒙茅斯堡通信实验室话密分部（Voice Security Branch）潜心研究这一课题。

通信保密处的主要客户之一是国务院。通信保密处负责监督国务院密码使用，为其提供或认证密码设备；国务院为设备付款，自行加密、编制密钥以及检查密码活动。

国务院从二战的编码学进展，尤其是机械化方面的进展中受益颇丰。军队将过剩的密码机提供给外交官，以满足美国日益扩张的利益需要。这些机器可处理比代码本多得多的报量，即一个操作密码机职员完成的工作量是代码本职员的 10 到 15 倍。但出于经济和简洁原因，一些代码本依然在使用，尤其在偏远站点。战后，编码处（Division of Cryptography，1944 年成立）依然“负责通过编码系统手段提供电报通信保密”。到 1961 年，一个 31 人的编码组（Cryptography Staff）负责管理和执行通信保密工作。它依然由其首任长官，海军密码分析员李・派克上校指挥，他当时是海军部副作战助理的特别助理。

这一时期，报量飞速增长。1930 年全年电报工作量是 220 万单词；到 1960 年 1 月，这一值仅为国务院两周收发量，当月就发出 493.4 万单词。国务院努力通过在新总部大楼通信中心实现部分机械化，跟上这个速度。但美国各使领馆的主要通信和密码设备主体仍属于二战时期，它们年久失修，在某些情况下，密码分析的进步可能降低了其保密性。信息潮流则越涌越快，1961年6月报量达到692.9万单词——18个月内上涨了40%。

1962年10月，古巴导弹危机爆发，巨大的通信负担全部落在国务院的老旧网络身上，它疲于应付。当装载导弹的俄国舰只驶向被封锁的古巴之际，本应在几分钟内到达的肯尼迪总统和赫鲁晓夫总理的通信传送花费了宝贵的几个小时。一些最重要的莫斯科电报在送达白宫前几小时，华盛顿就已经从俄国无线电广播中听到了它们。这一形势明显暴露出美国通信的捉襟见肘。当月，总统设立一个部际委员会，全面调查这个问题。委员会提议建立国家通信系统（National Communications System [NCS]）。国务院内部，通信组织经历了全面更新，设备被批量更换。

1963年初，为了实现包括外交邮袋和信使业务在内所有通信的集约化和现代化，国务院设立通信副助理职位。副助理手下的通信安全处（Communications Security Division）负责：

> 编制和执行编码计划，为通过电子传送的机密信息和政府控制的信息保驾护航。与执行该计划有关的事项包括：参与制定国家通信安全政策，开发、发布和维护用于国内外通信设施的通信安全控制体系；参与设计和开发适应国务院需要的密码系统；明确数量需求，保证密码材料供应充足；保存必要记录；作为主要联络点，就通信安全事项与其他政府部门代表进行沟通。

通信安全处初创时有7人，到1964年数量差不多增加了一倍，达到13人，次年增加到17人，自此以后规模维持不变。它的人员包括密码编制员和密码分析员。担任分析员可能须有自然科学经验，他们的职责或许是评估国务院的密码系统。前教师威廉·古德曼（William H. Goodman）战时在陆军部从事密码分析，1945年作为编码员加入国务院，后成为通信安全处首任负责人。与以前的编码组不同，安全处的人员实际上都不加密、解密国务院信息。加解密工作由电信运行处（Telecommunications Operations Division）密码科（Code Section）的密码员处理，他们周薪为90美元。

与此同时，国务院也在更换过时的密码设备，国家安全局双手赞成。它开始花费数百万美元购买新密码机和保密器。1964 财年，它要求国会追加 325 万美元，用于新的通信保密设备。1965 财年，它用于改进通信的预算请求达 450 万美元，几乎占国务院 2470 万美元新增预算的四分之一。密码更新项目大致于 1965 年完成。

1964 年申请的 325 万美元绝大部分花在 450 台 HW-28 型密码机上，该装置成为国务院的基本密码机。它既可当电传打字机，又可做“纸带加解密”机械（一种一次性密钥纸带装置），还能通过在线加密方式兼具两者功能。芝加哥电传打字机公司以每台 7200 美元的价格把它们卖给国务院，总价超过 300 万美元，分期两个财年还清，或许更长时间。1964 年 3 月前后开始交货。

有些使领馆没有用海军陆战队士兵保护密码设备，必须使用人工一次性密钥本。为实现这项工作的机械化，1964 年国务院拨款 221400 美元，购买了 50 台 KW-7 型密码机。通信保密处提供的这种在线晶体管装置体积很小，可以像密钥本一样锁起来，因此不需要卫兵守卫。4500 美元每台机器的费用中可能包含防止密钥脉冲和明文脉冲电磁或电流互感的改进，线路窃听者可以从线路脉冲中探测到这种感应，用它通过后门破开这种不可破系统。

1963 年前，发布“内部机密”时，国务院先叫人将其手工誊写，然后辗转各地，交给国务卿和主管几个大区的助理国务卿。1963 年，国务院请求拨款 82300 美元，用于购买一套安全的内部通信系统，取代上述人工方法。急电通过电传完成；最终，密电不再通过人工传送，而是由 10 台 KW-1 型密码机（每台价值 8000 美元）进行在线加解密，完成输送。剩下的 2300 美元用于终端交换装置。

另外，国务院每年花费数万美元“用于购买各种密码系统部件，所有驻外机构的这类部件都须定期更换，以实现最严格保密”。最近几年，这类花费总额在 5 万—10 万美元之间。

国务院在华盛顿和海外区域通信中心（如部分计算机化的巴黎通信中心）之间使用租来的海底电缆线路。这样它就可以把真报混迹在大量假报中（无须额外费用），任何截收者都将无法轻易辨别它们。当然，国务院密码员可以通过指标获知孰真孰假。国务院某些电报的加密如此彻底（当为一次性密钥纸带系统），以至于电报局检查电报的新手报务员以为线路出了故障！有了这些举措，再加上额外人手，国务院才得以每月迅速秘密地处理1620万单词的电报量，每5封中约有3封是加密电报。

更多更好的保密器是国务院改进计划的一部分，KY-9型保密器在密码更新计划实施前就已订购。每台价值7.5万美元的旧保密器将被丢弃，取而代之的是更好的版本。在长途线路中，旧保密器的音质不佳，而且不能同时收听和讲话：只有一个“按住讲话”的按钮。直到1964年，一些驻外机构（如驻玻利维亚拉巴斯大使馆）还没有任何密保电话。1964财年，国务院追加100万美元语音设备拨款，大概就是在弥补这方面的不足。购买的设备有：48台KY-3型保密器，每台10500美元（明显是一种低密级保密器，主要用在华盛顿，包括几位高官家里）；10台KG-13型，每台4万美元；5台KY-8，每台1.4万美元；还有一套3.2万美元的KY-9配件。以上全部由国家安全局提供。这些设备还使国务院加入了一个保密语音通信全球网络的机构间系统。

在通信方面，古巴导弹危机的另一个结果是引发了讨论已久的华盛顿—莫斯科“热线”。1963年6月20日，美苏在日内瓦签署《谅解备忘录》（Memorandum of Understanding），建立一条华盛顿—伦敦—哥本哈根—斯德哥尔摩—赫尔辛基—莫斯科双工电缆主通信线路，和一条华盛顿—丹吉尔—莫斯科双工无线电业务通信和备用线路。

“谈判中，”国防通信局（Defense Communications Agency）副局长、美国日内瓦谈判代表团首席技术代表乔治·桑普森（George P. Sampson）准将写道，“双方显然在较量之初就认识到，须采取某些措施保证通信秘密；并且同样清楚地认识到，采用的技术必须是举世公知的技术。在此背景下，如果我没记错的话，虽然双方代表团都提到这个话题，但最后采用的保密方法是由美方先提出的。”这个方法就是一次性密钥纸带。《谅解备忘录》附件第4节写道：

> 苏联应制作、交付密钥纸带，提供给线路上美方终端，用于接收来自苏联的电报。美国应制作、交付密钥纸带，提供给线路上苏方终端，用于接收来自美国的电报。向线路终端交付制作的密钥纸带应通

过苏联驻华盛顿大使馆（用于苏方终端）和美国驻莫斯科大使馆（用于美方终端）进行。

美方在其热线终端采用 ETCRRM II[1] 作为其一次性密钥纸带部件。这是商业公司制造销售的多种一次性密钥纸带机之一，由国际电话电报公司挪威子公司、奥斯陆标准电话电报公司生产，售价约 1000 美元。国际电话电报公司在深处五角大楼内部的国家军事指挥中心（National Military Command Center）安装了美国终端。终端有四台电传打字机（两台英文字母，两台俄文字母）和四台相连的 ETCRRM II。莫斯科则将终端设在克里姆林宫总理办公室附近。

1963 年 8 月 30 日，热线开始运行。到目前为止，热线只是每小时发送测试电报：有时美方发棒球比赛得分，俄方发伊凡·屠格涅夫[2]《猎人笔记》(*Notes of a Hunter*）摘抄。没有正式的实质性的电报通过热线，但据说热线在肯尼迪总统遇刺这天用过。它保持着待命状态，按肯尼迪总统在启用热线时的说法，“帮助减少因意外或误判引发战争的风险”。密钥纸带能帮助防止假报渗入，保证微妙谈判的保密性，几乎可以肯定，它是由国家安全局通信保密处提供的。

通信保密处也许还为总统提供密码保护。由于总统领导美国对外政策的外交和军事两个方面，职责重大，他的信息必须得到最严格的保密。并且在这个危机一触即发的世界里，通信手段必须与总统寸步不离。

为总统提供通信的任务落在国防通信局下属单位白宫通信局（White House Communications Agency）身上。白宫通信局官员赶在总统之前，在总统中途停留地架设通信设施，还为他提供在途通信。总统专机“空军一号”上配有保密器和一台密码机，后者盖子合上后就像一台有盖打字机。总统座车是一辆特别设计的林肯大陆，它的无线电话有一个保密器附件。总统车队里，一辆白宫通信车隔着几辆车跟在总统座车后。1963 年，肯尼迪总统出访期间，在穿过欢呼的游行人群时，华盛顿一名国务院官员联络了一个在都柏林的同事。自然，

---

[1]　译注：全称为 Electronic Teleprinter Cryptographic Regenerative Repeater Mixer II，即电子电传打字机再生中继混频器 II 型。

[2]　译注：Ivan Turgenev（1818—1883），俄国小说家、剧作家、短篇小说作家。

总统办公室也有一台保密器，它的必要性显而易见：1962年，西德总理康拉德·阿登纳（Konrad Adenauer）向德国议会报告说，他的电话被人窃听。

另外，一名准尉军官拿着一个公文包，日夜寸步不离总统。公文包里是一个狭长的黑色皮包，里面装着美国（也许是世界上）最重要的密码。五名军官轮流值班，每天24小时，日日如此。总统睡觉时，他们在白宫总统卧室外的大厅值守；总统工作时，他们在一旁等候。总统旅行时，他们穿着便服陪伴他。（在约翰·肯尼迪的游艇“枪鱼”号［*Marlin*］上，密码军官着甲板水手服装。）他们携带的密码将用于传送发射核导弹的总统命令。这些密码主要是验证身份，它们向核按钮操作员保证命令是真的，确实来自总统。尉官与总统形影不离，不可或缺，以至于1964年9月7日，一个当值军官陪林登·约翰逊到底特律时，仅仅因为坐了另外一架飞机，就成为轰动一时的新闻。

这些密码构成一个复杂程序的一个组成部分，该程序保证开火命令在关键时刻能顺利传递，保证不会有虚假信息引发第三次世界大战。罗伯特·麦克纳马拉曾宣称，他认为，将核武器控制权交给总统一人，是“我作为国防部长的最神圣义务。我相信，这也是核武时代每一个美国总统、每一个国务卿和每一个国防部长的观点”。为保证在一场核攻击的大火、爆炸、辐射和近乎完全毁灭中，至少顺利传递一份信息，美国空军建立了遍布各地的通信中心。这些中心部分被“强化”（筑堡垒保护），部分能移动（空中指挥所）；它采用多种传输方式（有线电话、无线电、电传，也许甚至还有穿过硬岩地层的无线电传送），并且每种传输方式都有多条信道。

多层密码确保只有合法信息才能通过。在某些信道中，接收机通过验证码，确认信息是否来自发送地，无误后才将其传送。双方都可通过二次密码验证对方密码，总统将尉官提供的密码用于密码链第一环。虽然这些密码高度机密，但其并不以保护内容为目的，因为信息内容实际上是已知的；它只用于验证、确认和证明。

密码链的最后一环是一张约7.6厘米 ×12.7厘米的卡片，卡片封在金属框里的透明塑料片内；两名发射控制军官将其佩戴在脖子上，在地下混凝土导弹控制室内值班时不得取下。当开战信息传来时，作为主要预警系统的那部红色电话就会响起，尖锐的铃声就像北美洲夜鹰的叫唤；接着，里面传来一个沙哑的声音，用单词报出字母[1]："TANGO MIKE PAPA YANKEE ROMEO..."，每五个字母组间有一个单调的"Break, break[2]"。这时，两个军官须记下信息，确认对方内容后，各自迅速开始解密。

接下来，他们通过纠错系统向载人战机发出"行动"信号。一旦警报拉响，战略空军司令部的喷气式轰炸机将立即飞向预定目标，但要等收到明确命令后才能飞过某一点，即"纠错"点。加密这些命令的密码保存在"红盒"内，实际是挂在奥富特空军基地战略空军司令部墙上或空中指挥所内一个有鲜红侧盖的米色盒内。密码不定期更换。每种密码文件应对一种不同的紧急情况，被封在各自的防 X 射线"独特装置"内，司令部指挥员取出文件，经过验证和确认，把符合当前形势的信息用无线电发给飞机。"他们只有各个部分，我们有整体。"战略空军司令部一个高级指挥员说。"直到我们发出整体，各部分才有意义。"每个机组三名成员须记录自己的开战信息，把"整体"与每人手上那部分比对，确认互相一致后才能相信。根据系统设定，只有到那时，他们才能"行动"，这是整个控制系统的一部分。约翰逊总统曾说，美国采用这个控制系统防止战争意外发生。通信保密处在此发挥着关键作用。

在国家安全局三个业务部门中，生产处（简称 PROD）规模遥遥领先，其人数占国家安全局总部的一半。生产处"生产"的是通信情报，"生产"一词必须从最广泛的意义理解。虽然有密码分析、报务分析和明报分析，但它并不局限于研究人与人之间的谈话。冷战期间的通信情报还包括机器间的交谈：雷达的自我探询、制导导弹遥控系统、人造卫星遥测、敌我识别（identification-friend-or-foe [IFF]）系统。所有这些都是通信装置，一般都是以此种或彼种方式修改过的无线电，人们可以从它们的位置和运行中得到大量情报。50 年代起，国家安全局进入该电子领域，这个做法的主要倡导者是生产处前报务分析员约瑟夫·伯克（Joseph P. Burke）；1958 年，苏联发射人造卫星次年，国家安全局开始监测苏联导弹。

[1]　译注：口授字母时，为防止误听，用单词代替字母，类似中国人说"弓长张"。后面五个单词即表示五个字母"TMPYR"。

[2]　译注：停顿，停顿。

生产处一直由军人领导。亚伯拉罕·辛科夫是弗里德曼最初三助手之一，曾一度出任生产处副处长。多年来，该处分成八个科，其中四个负责密码分析及与之相关的报务分析。高级科（ADVAnced［ADVA］）负责攻击苏联高级密码系统和外交代码。普通苏联科（GENeral Soviet［GENS］）攻击苏联军事代码系统和中级密码；其科长曾是1941年还原出日军“紫色”机器密钥类型的弗朗西斯·雷文。亚洲共产主义国家科（Asian COMmunist［ACOM］）负责攻击共产主义国家的代码和密码系统。其他国家科（ALL Others［ALLO］）攻击中立国、共产主义卫星国和自由世界国家的密码系统。为密码分析提供计算机服务的是一个名为机器处理科（Machine PROcessing［MPRO］）的科室；通信科管理截收组织；另两个科可能分析截收明文电报，研究电子材料。

但在马丁和米切尔暴露了生产处的结构后，它重组成三个大科，这些科按地理区域划分，每科负责分析本区域内的所有通信，从人工明报到加密机器“信息”。

为给这些科收集原料，国家安全局和三军建立了一个紧密的电子通信网。他们在全球设立了超过2000座截收站（一人守听一个电台），大部分位于美国海外军事基地，也有一些分布在飞机和舰船上。超过8000名陆海空士兵在国家安全局人员陪伴和监督下，根据耳机里面的嗞嗞作响声，不断在四联纸上打下莫尔斯码电报。其他人员负责操作无线电传信息截收设备和记录语音通信的录音机。还有一些人把截收信息传到米德堡。截收涵盖每个波段，24小时不间断进行，不放过任何一个国家。

美国电子侦察主要由飞机执行。“电子侦察机”（Ferret）巡弋在共产主义世界的广袤边缘。它们肚子里装满了复杂设备，被称作“渡鸦”的电子专家用它们记录、分析雷达信号。电子侦察机的接收器设计是一个很有趣的问题。一方面，它们应能接收新型苏联雷达发出的意外信号；另一方面，它们还得能够非常准确地测量雷达脉冲率和频率。理想情况下，它们应能随时接收另一种信号，但又不应在通过它们线路的信号上盯得太久。因为没有接收机能实现所有这些功能，电子侦察机必须携带多型号接收机。除简单接收信号外，“渡鸦”还应努力确定它们的来源：知道六台雷达正在莫斯科以北一带运行，比仅仅知道它们在俄罗斯某地明显更有价值。

并非所有信号都能一直接收到。电子侦察机可能鞭长莫及，“渡鸦”可能没打开正确设备，俄国人可能关闭部分雷达，不让对手看到所有的底牌。为撩拨对手开启一些沉默（可能是专门的雷达），各国可以指示一队轰炸机对敌方区域进行一次假空袭。可以想象，十几架苏联轰炸机飞向美国时可以制造一阵多大的电子信号暴风雨。虽然两个超级大国不玩这种危险游戏，但其他花样的玩法却有过。单架六发 RB-47 电子侦察机危险地飞近苏联边境，有时实际上越过边境——尽管美国政府否认类似行动。苏联战斗机和防空导弹攻击并且有时击落它们，国际争端由此产生。

1960 年 7 月 1 日就发生过这样一起事件，一架 RB-47 在巴伦支海的北极水域被击落，六名机组人员中有四人丧生。苏联在联合国抗议该机侵犯了俄国领土主权，美国否认该指控。后来经新上任的美国总统肯尼迪与苏联谈判，领航员约翰·麦科恩（John Mckone）上尉和副驾驶员布鲁斯·奥姆斯特德（Bruce Olmstead）上尉获释。也许在所有打入敌方内部的飞行中，最出名的是弗朗西斯·加里·鲍尔斯（Francis Gary Powers）的飞行，和所有之前机型一样，他的 U-2 侦察机携带的“黑匣子”把苏联雷达信号记录在磁带上，供国家安全局分析。

苏联也搞电子侦察。日复一日，他们派出图 -16“獾”（TU-16 Badger）轰炸机冲击加拿大最北端的美国雷达屏障，即所谓的远程预警线（Distant Early Warning Line）。但苏联人更依赖拖网渔船。正常航行在北大西洋水域的 3000 艘俄国渔船中，大部分是真正的渔船，但在 1961 年的几次美国大型军演期间，近 90 艘从空中得到了它们最大的收获。这些拖网渔船经常漫游在肯尼迪角外鱼少情报多的水域。导弹发射前要校正追踪和制导雷达，测试通信线路，开启遥测线路。所有这些向俄国偷听者提供了正在发生事件的完美图像。这些拖网渔船还潜入新泽西州蒙茅斯堡的陆军通信中心附近水域。它们曾在新英格兰沿海出现，一度导致位于马萨诸塞州列克星敦的麻省理工学院林肯实验室的试验雷达测试放缓。

国家安全局使用的最尖端、最秘密侦察和截收工具是通信窃听卫星。它们是 SAMOS[1] 卫星的一个分系列，其他分系列则拍摄、传回导弹基地、营地等的图像。电子侦察卫星在大风呼啸的苏联草原上空轨道运行，倾听共产主义国家无线电和雷达的轻声细语。洛克希德飞机公司和美国无线电公司开发的探测器

[1]　译注：全称为 Satellite and Missile Observation System，即卫星与导弹观测系统。

可以窃听微波电话线路，拾取导弹发射场的无线电引导信号。在来自地面的信号控制下，磁带记录仪以一种简直令人难以置信的压缩突发方式，把信号速发给一座等待接收的地面台。携带次级阿金纳火箭的 SAMOS 卫星高约 6.7 米，直径约 1.5 米，重约 1860 千克，携带一套约 136 到 181 千克的设备，像一根竖立的巨大雪茄一样绕地球旋转。苏联有自己的 COSMOS 间谍卫星，其中可能包含一个侦察系统。

电子情报由电子侦察机收集的信息提供。在西伯利亚一处偏远地区探测到的雷达群，可能表明那里有一座苏联火箭基地。雷达的运行参数（“电子签名”）可以揭示其功能，如搜索雷达、高度测定雷达或目标导引雷达。对苏联遥测信息的分析可以得出火箭测量仪器设计的重要细节。但大部分这类电子情报的研究目的是为了寻找干扰苏联雷达的方法。这些苏联雷达能够探测、定位并引导摧毁美国轰炸机和导弹。干扰雷达的方法被称作电子对抗（electronic countermeasures [ECM]）。防御敌方电子对抗的电子保密由电子反对抗（electronic counter-countermeasures [ECCM]）和防御电子侦察的发射保密组成。实践中，电子对抗和电子反对抗紧密交织，互相依赖，整个电子保密和电子情报领域通常置于一个“电子战”总分类下通盘考虑。

雷达首次现身于二战，电子战即始于那时。实际上，电子手段的大规模应用是二战的一个显著特征。不列颠空战（Battle of Britain）期间，温斯顿·丘吉尔亲身接触了这场看不见的无线电战争，给它起了个夸张的名字“魔法战”（Wizard War）。“这是一场秘密战争，”他写道，“它的战斗成败不为公众所知，即使现在，其艰难程度也不能被一小撮高级科学圈子以外的人所理解。”它也是关键的。“若不是英国科学超越德国，若不是它有效调动自己那点可怜的资源，用于这场生存之战，我们很有可能被打败，被摧毁。”其中一场战役与 KNICKBEIN 有关，这是一种德国导航信号，它的两个波束在英国城市上空交叉。英国科学家扭曲了这些信号，使德国空军轰炸机在不列颠空战期间把大部分高爆炸弹丢到空地和英吉利海峡。

后来英国把“魔法战”带到敌方作战区。雷达的工作方式无非是发射无线电脉冲，遇到物体（如飞机）反射回来，给出目标方位。因为无线电波以恒定光速运动，雷达可以通过测量雷达脉冲发射和收到回波之间的间隔来确定距离。英国人很快发现，长度为雷达波长一半的金属条比一堆未调谐金属（如飞机）反射的回波强得多。如果这些金属条像箔片一样从飞机撒下，它们就会形成一道电子烟幕，烟幕后的英国轰炸机即可免遭德国夜间战斗机和防空火力的摧毁。1943 年 7 月 24 日，一次对汉堡的空袭中，英国人首次尝试这种代号“窗户”（WINDOW）的金属箔。“它的效果超出预期，”丘吉尔说道，“几个月来，我们轰炸机的损失下降了近一半。”

战后，飞机飞行速度更快，制导导弹普及，能独立充分预警一次攻击的雷达愈显重要。电子战的重要性也日益提高。三项技术发展强化了电子战：晶体管大大减轻了侦察设备的重量，侦察飞机的航程更远，可装载更多敏感设备；行波管帮助实现宽广范围内的快速调谐；微波激射器大大增加了接收机灵敏度。今天，在庞大国防电子工业中，电子战占据了大量份额，美国每年仅用于研发和生产的资金就远超 50 万美元，还没算上设备运行费用。

国家安全局仔细分析侦察机带回的磁带记录和阴极射线管照片，据此确定雷达运行参数，如频率、调制方式、脉冲率、脉冲波形、功率、扫描类型、天线旋转速率和极化方式等。这些信息能帮助工程师设计方案，屏蔽或欺骗敌方雷达。

最早、最简单的电子对抗是干扰雷达的金属箔。现代雷达可以轻松地把它过滤掉，主要原因是飞机的速度比飘浮的一团金属箔要快得多。为克服这一点，轰炸机发射装满金属箔的导弹，在前方远处爆炸，扰乱雷达。另一种电子对抗方式是使用增强雷达回波的假目标，让假目标在雷达屏幕上显示得比真实尺寸要大，引诱操作员追踪它们，漏掉真正轰炸机。一个这样的装置是角反射器。它的三块金属面互成直角，它们形成的角反射回波比平面更强。另一种装置是楞勃透镜(Luneberg lens)，透镜球面把大量雷达能量集中于一小块平面，全部反射回去。一面约 30 厘米直径透镜产生的雷达回波相当于一个横截面积为约 65 平方米的目标。伴随一枚洲际弹道导弹的一大群“突防”（penetration aids）诱饵透镜可以淹没敌方雷达防线，使它几乎辨不出真弹头，无法指引反导导弹进行回击。

与诱饵技术反其道而行之的是雷达隐身材料。其中一种是约 6.3 厘米厚的夹层泡沫塑料，以一种类似隔音材料的方式吸收并耗散雷达能量。因为导弹几乎不可能包在这种海绵似的材料里，所以它们可以使用一种内表面涂覆雷达波吸收物质的特殊陶瓷材料。

这些都是被动对抗措施。主动电子对抗也越来越尖端复杂，然而最简单且最原始的方式是干扰。干扰的最大优势是能够扰乱大部分雷达功能。它不需要太大功率，因为雷达回波非常微弱，盖过它不需费多大劲。不过现代雷达能借助一种名为“整合”（integration）的电子反对抗手段，在一定程度上打破干扰。雷达波几次扫描的回波堆积在屏幕上，直到来自目标的叠加反射点强到从背景噪声中脱颖而出。干扰的真正缺点在于它常常扰乱干扰者自己的雷达和无线电台，阻止对有价值的敌方通信的截收。

“多目标发生器”（multiple-target generator）是另外一种主动对抗工具，它能发出大量假回波。敌方雷达屏幕上会出现一大群迷惑操作员的光点，他们将无法从大量假回波中识别出真回波。第三种主动电子对抗方式是强迫一台锁定目标的精密雷达“脱离”目标，即目标发出一个假时信号，扰乱雷达工作，阻止其追踪。

这三种主动电子对抗方式都是扰乱技术，它们的缺点是敌方知道自己受到干扰。所有电子对抗方式中最狡猾的是欺骗技术，它能将敌方蒙在鼓里。欺骗技术依赖雷达的两个特性：(1) 在回波强到返回发出它的雷达前很长时间，目标就能意识到自己正被一台雷达“照射”；(2) 雷达通常追踪最强的回波。一种欺骗技术是发出一束强大的假回波，时间早于或晚于真回波，这时雷达上会显示一个比攻击者真正距离近得多或远得多的目标。另一种技术是在雷达屏幕上造出一个以虚假速度移动的假目标。要欺骗依赖“多普勒频移”（Doppler shift）确定目标速度的雷达，电子对抗设备可以调整自身频率，发出一个虚假多普勒频移，显示比真实运动速度更慢，或者可能一动不动的目标。

能够抗衡这些技术的是发射保密和电子反对抗。雷达可以设计成只响应一种特定波形。它们可以无规律地快速转换频率，或者毫无征兆地改变脉冲率。这些构成了某种电子密码，攻击者需要先破译它。电子战甚至会侵入红外领域。高温诱饵可以引开通过火箭喷口热量追踪目标的反导导弹。

在一次实际空袭中，一架不带炸弹，装满电子对抗设备的 B-58 轰炸机可以为攻击轰炸机护航，用电子子弹击退敌军。什么时候使用什么法宝，一切由电子战军官自主决定。当接近敌方雷达测量范围内、探测到它的照射时，他立即发出虚假的距离和速度信号；突近后，他发射箔条干扰火箭和反射器，生成多个目标，阻止敌军收集信息。随着编队接近目标区域，他眼耳并用，一边盯着雷达屏幕，一边听着耳机，寻找表明自己被精密雷达锁定的信号特征。一旦确认，他将使出浑身解数，消除雷达锁定的威胁。确定敌方雷达频率和脉冲率后，他就会迷惑制导雷达，干扰它们发给导弹的制导信号。他放出虽然细小，但看上去很大的诱饵。他必须在这最紧张的几分钟内，把他的编队笼罩在一个滴水不漏的保护伞下，为同伴挡住致命的敌方雷达波。整个行动的成败可能就系于他一人身上。

国家安全局研究的人类通信并不全是加密的。米德堡总部大楼收录的还有苏联飞行员间的明语聊天录音，国家安全局的一个部门抄录下这些谈话，不是以普通俄语文字，而是以保留谈话者发音差异的语音表达形式。抄录材料再转给另一个部门分析。他们对比飞行员口音与已知方言发音，确定某个中队的飞行员来自何方。有时，长期居住一地会使一个人的发音逐渐接近当地口音，分析员可以察觉这一点，用其识别该中队驻地。俚语和流行词汇为这些辨识提供辅助。当一个飞行员呼叫另一个“伊凡”，伊凡应答时，他和其他所有伊凡的言语特征就被记录在一份巨大文件里，后增加的线索就可以与原有记录结合，带来更多细节。开玩笑、评论上司、谈论附近部队、评论飞机，所有这些内容都分门别类。有时一个分析员可以在一句话上花费几天，核对、交叉核对姓名和口音。就像乔治・修拉[1]一个个点在画布上的成千上万个纯色点汇成气势恢宏的《大碗岛上的一个星期日下午》一样，分析员阐明的数千个细节构建了一幅苏联空军力量的广阔图画，虽然它比油画模糊，但它能提供大量间接情报，包括对方兵力、士气、装备和几乎所有的兴趣点。

不过，国家安全局最有价值的情报来自外国代码和密码的破译。虽然“实际密码分析”有时能奏效，但大部分成果还是来自真正的密码分析。正如马丁和米切尔所说：“国家安全局在解读他国代码和密码方面取得的成功，主要来自密码分析员的娴熟技艺，也时常得到电子计算机的帮助。”

---

[1]　译注：Georges [Pierre] Seurat（1859—1891），法国画家，新印象派创始人，19 世纪 80 年代因开创点彩派而成名；采用该手法的代表作有《大碗岛上的一个星期日下午》（*A Sunday Afternoon on the Island of La Grande Jatte*）。

这些分析员是谁？国家安全局有多少？难以给出准确答案，因为现代密码分析太专业化，分工细密，许多国家安全局雇员参与了部分或初级密码分析，或只在“真正的”分析员完全破译一个代码或密码后做近乎机械的填补空白工作。但是，通过粗略的估计，国家安全局“真正的”密码分析员（攻击未知或新系统的分析员）大概在 200 人左右。

虽然他们的工作伴随着巨大的机密，能引发重大事件，但分析员的工作与其他白领没多大区别。在国家安全局，三个班次分别从早上 7 点 20 分、7 点 40 分或 8 点开始工作（相应地在下午 3 点 50 分、4 点 10 分或 4 点 30 分结束），他们需要在这三个时间之一赶到。交接班第一件事一定是读报，跟办公室同事侃会儿大山。工作时，他们用彩色铅笔在方格纸上涂涂写写，把纸张打乱，寻找显著的模式、明文，与同事探讨，休息一会儿。有时，一个分析员取得突破，一声欢叫会打破沉寂。他们比普通领域的工人至少有一项优势：他们不能在夜里把工作带回家做。但从另一面讲，他们也摆脱不了它，因为一个密码分析问题比普通问题更折磨大脑，而且似乎无休无止。如果在家里想到什么，分析员可以自己记下，或者如果住得近，他也可能驱车到总部大楼研究它。

和在其他大型办公机构一样，他们可能也在宽松敞亮的办公室工作。原始截收材料送到这里——大部分情况下，无疑是截收报务员用四联纸打印的副本，急电很有可能用无线电转来，就像从菲律宾发到华盛顿的“魔术”截报一样。如果几个截收报务员收到同一封电报的数个版本到达米德堡，校订员会尝试清除错乱。或许，此时报务分析员会核对、比较发送方位置、线路和指标，这样他们可以为密码分析员把电报按密码系统分类。而且，通过研究报务类型，他们可以推断军事组织机构图和其他可能信息。

密码分析员组成团队工作。和其他学科一样，复杂的现代密码已经使单打独斗的密码分析成为过去。33 名原子物理学家共同宣布了 Ω－粒子的发现，并在报告上联名；同样，破译某发达国家转轮系统的功劳似乎也该归功于国家安全局多个密码分析员。

显然，团队负责人的任务是分配诸如统计测试之类的工作，组织讨论，决定某种攻击是否比另一种更有效。分析员的工作基本上是寻找与偶然形成的模式有重大差异的文本结构，这些结构极难捉摸，形成结构的字母仅在极长的间隔上重现。这是转轮系统、哈格林密码机和计算机生成密钥发挥作用的结果，这些密钥的目的就是尽可能使分析员难以获得破译必需的单表替代字母集合。只有在大量文字中，这些微弱的结构才能浮现出来，只有大型数据处理计算机才能吞下这条字母长河，在有效时间内测试无数种可能性，破译系统。所谓有效时间，是指在密电内容失去效用之前。键控打孔机操作员很可能把信息打孔在卡片上，方便计算机处理；然后计算机处理技师把卡片输入机器。

国家安全局拥有的计算机设备可能比世界上其他任何组织都多。据说其中一些是通用计算机，如 IBM“扩展”（Stretch）是当时世界上最快、最强大的计算机之一；IBM7090，售价 289.8 万美元，每秒可进行 22.9 万次加法运算；最新型号的“尤尼瓦克”（Univac）大型计算机；“阿特拉斯”（Atlas），国家安全局在 50 年代初按自身规格制造的计算机；可能还有几台稍小一点的通用计算机。国家安全局还有大量专用计算设备，如它可能制造某种装置进行 kappa 测试，因此不用为这样一项特定工作而浪费一台通用计算机。国家安全局可以用计算机来确定，哪种可能的转轮位移组合能产生最接近明文的字母组。大型计算机可以解出或部分解出分析转轮机器所需的群论方程组。它们可以模拟以各种方式接线、以各种周期转动的转轮；可以运行试破程序，并且以每分钟高达 600 行的速度打印试破结果，标记统计数据最像明文的试破结果。国家安全局无疑还负责编写和调试日常工作用程序，供随时调用。

道高一尺，魔高一丈。在与编码的无休止斗争中，计算机密码分析从未取得完全胜利。计算机自动化也没有砸了密码分析员的饭碗。计算机把分析员从沉重的劳动中解放出来，但破译现代密码系统的工作量比旧密码大得多。计算机可以编程，通过将字母频率、1 万个常用词和基本语法规则等储存在存储器中，识别明文；但还是没有人认得快。而且，即使改进的“蛮力”破解法降低了可能性的数量，计算机也须穷尽所有可能，这几乎是不可能完成的任务。人可以纠正和扩大部分破译。目前还没有一台计算机能够像颅骨里的活电脑一样，根据一个月前《华盛顿邮报》一条新闻的模糊印象和昨晚的电视新闻，敏锐地猜出 *i-go-e-ia* 肯定是错乱的 *Indonesia*（印度尼西亚）。尤其是，人脑必须决定计算机应该对一堆密报做何种测试。密码分析依然还有（实际上可能比以前更大的）依靠天赋、直觉、经验和个人才能的余地。和任何其他使用计算机的地方一样，计算机在国家安全局只是操作者的工具，不能代替操作者本身；它们是有限意义上的分析机器人。因此，在 20 世纪下半叶繁荣昌盛的计算机时代，密码分析员经常遇到的问题，与四个世纪前西方第一个伟大密码分析家威尼斯乔瓦尼·索罗面临的一模一样：x 表示 *a* 还是 *o*？

国家安全局攻击的密码系统质量，国与国之间千差万别。和其他领域一样，密码领域的能力似乎与一国技术和经济水平成正比。以此衡量，美国可能拥有世界上最安全的密码系统和最灵通的通信情报。在国家安全局尝试破译其密码的国家中，最先进的无疑是苏联、英国和法国，它们的排序大致也是如此。

国家安全局当然希望破译所有国家的全部密码系统，至少原则上如此。但与其他机构一样，它也受到人员和资金限制，加之不断发生的紧急状况需要把分析员从日常工作中抽出，所有这些都破坏了它的如意算盘。因此，举个例子，即使国家安全局可能想攻击某近东国家的中级军事密码系统，但它也许不得不让本该做这项工作的分析员集中力量攻击另一种有望带来更有价值成果的俄国系统。国家安全局允许一个团队在某系统上花费的时间，大概取决于它对从中所获情报价值的判断。即使一个小组攻击某个特定系统毫无成效，但国家安全局也有可能让它再花上两三年研究该系统的密报，指望有朝一日哪位加密员灵光一现，敞开破译大门。现代密码系统使用规范、密钥勤换，编码员的犯错是分析员的唯一希望。当某些国家每周只给密码员 60 美元时，正如 60 年代意大利在华盛顿所做的那样，等待对方主动犯错也不失为一个好方法。

除一般密码分析外，国家安全局还可能应客户要求发起专门攻击。如国务院可能在某高官出访或一次大型外交会议前下达这类破译指令。

国家安全局分析员破译外国密码的完整程度可能各不相同，从能通读某个系统的全部电报，到只有少数疑点的相当完整的破译；从有许多空白的部分破译，到某种“破译”，如还原出几个转轮中的一两个，但读不出明文；最后到一片空白。破译可能也因时而异：分析员可能花了好几个月来解读某个复杂的密码系统，但在对方密钥更换后又得从头开始。

破译结果须送到相应的美国政府机构——军事情报到国防部，外交信息到国务院，等等。它们和中情局肯定是国家安全局的大主顾。每类信息可能都有个分发名单。个别信息很可能在国家安全委员会和美国情报理事会会议上宣读。

据说朝鲜战争期间，白宫亲自出面追要破译结果，即使某些只是部分破译。目前，总统每天上午阅读军事助理带给他的国家安全局“黑皮书”(Black Book)。

破译情报由哪些内容组成？国家安全局取得多大成功？它的成果有多大价值？

国家安全局有可能只读出送来的截收电报中一小部分，也许还不到一成。在和平时期，加密员可以比战时更从容、更准确地工作，即使是在报量巨大、错误频出的苏联前线战时条件下，德国北方集团军群破译的苏联军事电报也不足三成。而且，国家安全局截收站有可能专注于用最优先系统加密的电报，它们肯定是用最好的系统加密的，因此降低了国家安全局的破译率。

虽然如此，国家安全局确实破译了许多密报，带来了对国家极有价值的情报。马丁和米切尔阐述了国家安全局的巨大成功。他们说，国家安全局破译了超过 40 个国家的密码，约为当时世界上国家数量的一半。当被问及是哪些国家时，马丁答：“意大利、土耳其、法国、南斯拉夫、阿拉伯联合共和国[1]、印尼、乌拉圭，我想这已经足够绘出一幅大致轮廓。”这个范围令人瞩目。法国是世界大国，还有悠久深厚的密码学传统，也是美国在自由世界的盟友。同为美国盟友的还有其他欧洲大国（意大利）、拉丁美洲小国（乌拉圭）和俄国的邻居（土耳其）。印尼和阿拉伯联合共和国都是冷战中的重要中立国。南斯拉夫是变节的共产党国家。两个叛逃者没有说明美国是否读懂了苏联电报。但苏联偏爱在外交电报中使用一次性密钥本，且以密码学较先进而闻名，所以除非美国异常走运，不然破译可能性极小。

汉密尔顿是阿拉伯人，他为马丁—米切尔的概括加入一些细节：

> ALLO（意为“所有其他国家”）是近东部门的一个科，我是里面的一个专家。该部门与阿拉伯联合共和国、叙利亚、伊拉克、黎巴嫩、约旦、沙特阿拉伯、也门、利比亚、摩洛哥、突尼斯、土耳其、伊朗、希腊和埃塞俄比亚息息相关。在 ALLO，我和同事的职责包括

[1]　译注：United Arab Republic，1958 年埃及和叙利亚组成的政治联盟，被视为迈向泛阿拉伯联盟的第一步，但后来仅有也门与之形成松散联合（1958—1966）；1961 年叙利亚退出，埃及保留该名称至 1971 年。

> 研究和破译这些国家的军事密码，还破译这些国家送达它们驻世界各地外交代表的全部通信……国家安全局通过密码分析，解读这些国家的密码……
>
> 我知道，国务院和国防部系统地阅读、分析，并且出于自身利益，使用阿拉伯联合共和国驻欧洲各使馆与开罗政府间的加密通信。
>
> 如1958年，阿拉伯联合共和国代表团为采购石油访问苏联，与此事相关的开罗与其驻莫斯科大使馆间的所有加密通信就摆在我桌上。国家安全局把所有这些通信转给国务院，就像它一直把破译的阿拉伯联合共和国外交部发给其驻华盛顿大使馆的指示转给国务院一样。
>
> 尤其要注意到，美国当局利用联合国总部设在美国领土这一事实。他们飞扬跋扈，阿拉伯联合共和国、伊拉克、约旦、黎巴嫩、土耳其和希腊政府发给它们参加联合国大会代表团的加密指示还没抵达收件人，就已经落到美国国务院手里。

从米德堡源源流出的情报与众多其他来源的情报混在一起，帮助高级官员在美国目标框架内形成国家政策和策略。一个前中情局高官说，国家安全局情报数量不及中情局，但级别更高。所有情报都要评估其可信度，几乎可以肯定的是，密码分析情报（一些讯息可能是假信）总能得到最高评级，因为它直接来自收集对象本人之口。国家安全局情报涵盖了现代国家通信的方方面面，从使领馆例行公事的细枝末节到发给大使的秘密指示。然而，即使最完整的破译也只是整个情报的一部分：译文有时会提到拦截者不知道或部分知道的人、事和基本政策；译文内容以通信双方的知识为前提，拦截者对此不知情；译文中不包括个人私下通过信件和电话传递的信息。许多信息孤立来看没有多大意义，只能在特定背景中理解。因此，密码分析以公开和隐蔽的形式，与其他情报渠道一起取长补短。

苏伊士运河危机[1]期间，也许正是密码分析情报的不完整导致美国官员对

[1] 译注：Suez Crisis（1956年10月29日—11月7日，但以色列占领西奈半岛直到1957年3月）。又名“第二次中东战争”，1956年埃及总统纳赛尔宣布苏伊士运河国有，英、法与以色列结成军事联盟侵入埃及，欲重新控制运河。最后在国际批评尤其是美苏压力下撤出。

它的明显不信任，即便该情报的真实性似乎无懈可击。就在危机高潮过后，英国工党议员乔治·威格（George Wigg）告诉报社记者，美国破译了英、法和以色列密码，因此事先知道它们在 1956 年 10 月底至 11 月初入侵埃及的计划。虽然他把破译归功于“美国空军研发司令部[1]，纽约州罗马市的格里菲斯空军基地”，但他的基本观点似乎在另一场合被中情局局长艾伦·杜勒斯证实。杜勒斯几年后写到苏伊士入侵：“关于以色列及至英法所采取的行动，从最初的可能性到最后的必然性，情报部门得到了明确警告。”既如此，美国为什么没有采取行动？杜勒斯没有说明，但威格认为，“从 10 月中旬起，美国国务院就知道法国和以色列正在计划的行动。我认为他们可能怀疑，英国政府的愚蠢冒险将使自己陷入一场灾难。”国务卿约翰·福斯特·杜勒斯当时说：“我们事前没得到任何信息。”他的弟弟艾伦·杜勒斯后来的否定表明，这可能是对未能采取行动的掩饰。而且威格也不是一个可以小觑的没有内幕消息的议员：1963 年，他揭露了约翰·普罗富莫—克莉斯汀·基勒丑闻[2]，几乎推倒英国保守党政府。苏伊士运河危机曾被称为美国最大的情报灾难之一。问题并非出在情报生产者身上，而很有可能来自情报用户。人类总能轻易找到放过一个不快事实的借口。情报用户不愿相信与自己假设（如有这个假设）相抵触的密码分析情报，于是他们干脆对它置之不理——他们或许还利用情报不完整这一借口为自己辩护。对这种先入为主的偏见，任何情报形式都无能为力。

但在个人因素干扰较弱的地方，密码分析肯定算得上是最有用的情报来源之一。它混在其他情报源中，它给美国政府带来的特别价值难以估计。像齐默尔曼电报或山本五十六飞行计划那样独立引发惊人后果的信息极其罕见。密码分析的影响肯定像纷纷飘落的雪花一样，每一片都无声无息，但合起来却成为林中能够听到的嘶嘶声。

不过也偶尔出现凸显密码分析重要性的情况。其中一桩是汉密尔顿提到

[1]　译注：Air Research and Development Command（ARDC），1961 年改名“空军系统司令部”（Air Force Systems Command [AFSC]）。

[2]　译注：约翰·普罗富莫（John [Dennis] Profumo，1915—2006），英国保守党政治家，1963 年与模特儿克莉斯汀·基勒（Christine Keeler）闹出丑闻，为此辞去陆军大臣、下院议员和枢密院顾问职务。

的，“时任美国驻联合国大使亨利·加博·洛奇（Henry Gabot Lodge）的一封信，他在信中表达了对 ALLO 成员的感谢，感谢他们提供了近东国家政府发给其驻联合国代表团的指示。”另一桩事件显示，美国最高官员对默默无闻的国家安全局人员工作的赞赏：1966 年 3 月 2 日，在白宫的一次典礼上，职业密码分析家弗兰克·罗利特从美国总统本人手上接过国家安全奖章。

其他国家情况如何？许多国家都有密码分析机构，尤其是那些老牌国家。英国当然不例外，它的通信总部（General Communication Headquarters）设在外交部内。德国同样设在外交部内，法国的似乎在陆军部。约三分之二拉丁美洲国家可能有密码破译机构，但非洲新成立的国家很少有。一些阿拉伯国家多半有，也许是一些二战后跑到近东的德国分析员开创的（但据说他们后来回国了）。在斯堪的纳维亚，瑞典密码机关依然活跃。在远东，日本密码分析单位设在情报总机构内阁调查室（Naikaku Chosashitsu）内，它破译了韩国密码，并在 60 年代初的政治谈判中有效利用了破译的信息。韩国人发现后，不再给谈判代表发电报，改用外交邮袋发送指示。

但它们都不能与国家安全局相比，就像这些国家本身在许多领域都不能与美国相提并论一样，这些总能归结为经济问题。虽然这些小国通常主要对邻国密电感兴趣，但用不同方式加密的信息在现代密码分析中常常必不可少，它们无力维持获取这些电报的全球截收设施。他们得到的电报数量不多，因此密码员不大可能出现错误。它们无法支持庞大的密码分析组织，使这个组织能够独立积累经验和资源，破译现代机器密码。在许多国家，密码分析员多半属有才华的业余爱好者，不是专家。这些国家政府需要为学校和灌溉系统的建设花费大量资金，没钱为破译员购置电子计算机。密码领域和其他领域一样，都是成功孕育成功。

那么，这门学科将走向何方？有没有什么可以预见的趋势？和其他事物一样，密码学也有时尚。二战后广受欢迎的一次性密钥本已经无人问津，现在更流行的似乎是有三到八个转轮的密码机和哈格林密码机。飞机和前线电报则普遍采用小代码。

美国空军的一则声明多多少少预示了密码学的发展：

> 空军通信保密的主要目标之一是，尽早实现空军通信网（基本有线和无线电传网络）的整体保密。我们意图通过链式加密手段来实现这一目标。我们将该系统整合到通信系统内，通过在线同步装置自动保密通信系统内的所有环节。空军通信系统实现整体保密后将具有两项独特优势：
>
> (1) 进入空军通信系统的非机密普通用户信号将不易被他人恶意拦截和分析。通过分析空军通信网当前处理的明文非机密电报，空军安全处能多次发现有关空军作战序列、空军力量部署和应用、关键人员职责和类似数据等关键信息。
>
> (2) 不必先经离线处理，用空军通信系统传送最高可至机密级的秘密信息将成为可能。

这是空军建立一个通信综合体基本目标的一部分，综合体将“全面保护在空军通信渠道内流通的信息，包括拒绝未经授权的通信进入系统。要实现这一目标，首先要为单个通信网络提供通信安全保护，其次要在整个综合体内提供完全的端到端加密”。

与空军迈向完全端对端加密过程相生相伴的，是使用单一全能密码的趋势，因为这种全能密码可以最方便、最安全地实现完全端对端加密。一个单一全能密码，既简单，适应最低级加密；又安全，可用于最高级加密；灵活多变，可消除密码被缴获或泄露的危险。它将消除或减少当前多重系统带来的众多问题：有时需要用一个最终收件人拥有的系统重新加密；储存、分发和登记不止一套，而是好几套密码的困难。

这种理想密码的一个可能形式（也许是最可期望的）是一种使用准随机长密钥的系统。密钥用数学方法生成，“加”在明文上，可以是像一次性密钥本那样数字式的，或者像弗纳姆方法那样电子式的。一台专用计算机可能从几个密钥数字中生成这样一个密钥，部分密钥数字被整个通信网共用，定期更换；部分由加密员为每封电报随机选择，插入密报中预先规定的位置。

生成密钥有多种可能的方法。最简单的是链式加法。原始密钥的相邻数字连续相加，得数附在密钥数结尾，形成密钥一部分，再用这些数字重复该步骤。如原始密钥 3 9 6 4，3 加 9 等于 12，记作 2，因为所有加法都不进位，十位数去掉；9 加 6 得 5，6 加 4 是 0。这三个数字从后面加入密钥：3 9 6 4 2 5 0。再继续该步骤，4 加 2 等于 6，加在 0 后；2 加 5 得 7，写在 6 后，依此类推，得到：3 9 6 4 2 5 0 6 7 5 6 3 2 1……更复杂的方法也可以。计算机可以用当天基础密钥数乘电报密钥数，取十位；再把积与基本密钥相乘，取十位；积再次与基本密钥相乘，取十位，依此类推，每次取积的最后四位数作为最终密钥。

这些系统并非牢不可破。还原一个链式相加密钥的任何部分，假如初始密钥长度已知，将得出整个密钥；或假设初始密钥长度未知，则得到几个可能密钥之一。在更复杂的系统中，一个可能词会带来可能密钥的片段，数学分析可以前后扩展密钥，进行测试和可能的破译。

如果密钥生成系统能做到既足够灵活，又足够复杂，这样的密码就可以做到足够保密。一台晶体管收音机大小的计算机可以产生一长串数字脉冲或数字。连入一台普通电传打字机或一台野战脉码调制保密器时，它可以提供足够保密的在线加密。这可能就是未来的密码，这样密码学将以一种更复杂的方式回到一个万能系统，一个自电报消灭准代码以来，密码学曾经远离的系统。

密码领域作为一个整体的情况又如何？自 4000 年前诞生以来，政治密码学以几何级数生长壮大。激光通信之类的新方法提供了难以拦截的视距通信，它们会史无前例地逆转这个趋势吗？

也许还不会。无线电在建立超视距通信方面拥有巨大优势，它的应用可能还会继续增长，就像通信和知识本身总是在增长一样。无论如何，激光之类新技术的出现只会把保密要素从编码安全转移到传输安全，它不会降低秘密在通信中的分量。虽然在过去，秘密的分量（换句话说，密码的分量）一直和通信本身一样快速增长，但秘密却非来自通信，它来自政治，来自国家治理，来自应用秘密和寻求消除秘密的政府。密码学的未来包含大量技术问题，但密码学作为一个整体，它的兴衰不在于技术，而在于人。

第二部分
密码学插曲
Sideshows

第 20 章　密码学解析

编码学（cryptography）和密码分析学（cryptanalysis）有时被称为孪生学科或互补学科，并且在功能上它们确实互为反射。然而它们的性质却有本质不同，编码学是理论的、抽象的，密码分析学是实践的、具体的。

编码学方法是数学方法。“说抽象的编码学与抽象的数学一般无二，这并非夸大其词。”阿德里安·艾伯特博士声称。荷兰统计学家及理论密码学家毛里茨·德弗里斯（Maurits de Vries）写到编码学：“编码变换一般来说具有某种简单的数学性质。即，原始元素集合（字母表）的排列、格点（lattice point）的坐标转换、有限环（finite ring）的增减、线性代数变换，等等。这种秘密—变换的一个简单例子是：$y = ax + b$，x 代表信息中的一个字母，y 是它在密信中的字母，a 和 b 表示确定这一特定变换的常数。规定一个适用的代数方程后，执行字母计算变得简便易行。”

这样，编码的操作和结果就有了数学上普适的真实。在普通 26 字母维热纳尔密码的“适当代数方程”内，否认用密钥 C 加密明文 b 得出 D，就像否认 $1 + 2 = 3$ 一样不合逻辑。这一点，在 16 世纪的法国适用，在 25 世纪的火星上同样适用。不同密码就像不同几何体系一样得出不同结果，但同样有效。

密码分析的情况则完全不同，它的方法属于物理学科。这些方法依赖的不是数学逻辑一成不变的真理，而是真实世界里可以观察的现象。分析员必须通过实验、观测来得到这些数据。编码员可以从少数初始条件中推出任一维热纳尔加密方程，无须借助任何更多经验；然而与他们不同，密码分析员不能从任何有关英语的陈述中识别哪一个是最高频字母，他得统计这些字母。这些事实可能是不变的，但不具有逻辑上的必然，它们取决于环境，取决于现实。

对于编码学和密码分析学之类命题，哲学对它们做了有益的区分。编码学的命题具有逻辑必然性，否定它自相矛盾；密码分析学的命题是综合的，否定它不会导致自相矛盾。甚至可以说，编码学直达本质，密码分析学只及现象。

密码分析的经验特性体现在它的实践中。这些做法由通常称“科学方法”的四个步骤构成，科学家应用这样的方法研究自然科学问题。它们是：分析（如统计字母频率）；假设（x 可能是 *e*）；推断（如果 x 是 *e*，某些可能的明文应该会出现）；证实（确实如此）或证伪（不是这样，因此 x 可能不是 *e*），两种情况都会引发新一轮推理。（密码分析和其他科学方法上的这个共同点验证了“他试图从岩层中解密地球历史”这样的象征性说法。）

在这个一般形式之内，密码分析有两种做法：演绎和归纳。演绎破译法以频率统计为基础，是所有密码系统的通用破译方法。归纳破译法的基础是可能词或幸运情况，如同文密报，属特殊破译。

以频率统计为基础的破译从了解字母频率开始，再将它应用于手头的密报。这种从一般到具体的推论方法是演绎法。在英语单表替代频率分析中，一个典型的三段论以“密报中频率最高的字母可能是 *e* 的代替”为大前提，把“x 是密报中频率最高的字母”作为小前提，“x 可能是 *e* 的代替”则是结论。因为所有语言都有非常清晰的字母频率特性，这种演绎形式已知可应用于任何密报，甚至都无须事先检查它，因此这类破译法是演绎性的。并且只要有足够文字，这种破译法总能奏效，因此它属于一般破译法。

与之相反，归纳破译法只在满足特定条件时才起作用。因为分析员只有在得到密报并且了解相关情况后才知道这些条件是否确实满足，归纳破译法是后验性的。

如果一支敌方驻军不久前遭到猛烈轰炸，随后又遭坦克攻击，密码分析员可以很有把握地推测它发出的无线电报明文里有“轰炸”和“攻击”字眼。这些就是可以用来撬开密报的可能词。（常见词如 *the*、*that*、*and* 等因为使用频率高，在所有报文中都可能出现，因此不构成这层意义上的可能词。）分析员的推断从围绕电报的大量特定事实出发，最终得出有关明文的唯一结论。这种推理方法是归纳性的，通过幸运或特例来破译的推理方法也是。潘万只有在见到两封 ADFGX 密报中相同的文字零碎片段后，才能假设它们有相同的明文报头，从而着手“密码分析”（这里说成“密码归纳”［cryptosynthesis］可能更合适）。

因为可能词和特例给了密码分析员有用的额外信息，这种破译法威力强大，成果丰硕，常常成为率先突破新系统的方法。但它们也受到特定形势限制，因此分析员会寻求演绎性频率分析的一般破译法，这种方法总能奏效。

巴贝奇、德维亚里和希尔等人初步认识到，密码学本质上属于数学，阿德里安·艾伯特对此进行了详细的阐述。该观点大大加深了人们对编码学的理解，也为新破译法开辟了道路。密码分析中，字母频率原则逐步扩展到用于帮助破译那些初看似乎超出频率分析范围的密码（如栅栏密码）。弗里德曼把这些原则带入更广阔的统计学领域，从此密码分析员有了攻击密码的真正强大新型武器。然而，即使有了这次知识爆炸，密码分析也没有迎来顶峰，横亘在面前的是密码分析所依赖的根基——字母频率的恒常性。但二战后不久，一项令人瞩目的新理论出现了，它解释了字母频率现象和密码分析本身的整个过程。虽然它的实用效果不及弗里德曼的研究，但它第一次深入阐明了密码分析成为可能的原因。

人们常常忽视字母频率现象令人惊讶的稳定性和普适性。密码分析以外的其他活动依赖字母频率的稳定性，无视它会造成经济损失。对这一现象的揭示把人们引入一些人迹罕至的幽深小径。

1939 年，洛杉矶韦策尔出版公司出版了一本 267 页的小说，它的文学价值平平，但它有整个英语文学史上无与伦比的独特写作方式。下面是作者在书首对故事所做的总结，摘录很好地展示了这本书的独特特征：

> 在此，我将向你讲述一群聪明的年轻人如何找到一个英雄；他是一个儿女成群的人，一个有领导气质、生性快乐的人，年轻人对他趋之若鹜，被吸引到他身边。这是关于一个小镇的故事。它不是无稽

> 的奇谈，也不是充斥“浪漫月光在一条漫长曲折的乡村小道上投下昏暗的阴影”之类陈词滥调的枯燥乏味描述。它不会谈论任何哄骗远方众人的微光、在暮光中鸣啭的知更鸟，也不会谈论小木屋窗户射出的“温暖灯光”。不！它是对积极与勤奋的叙述，是对今日青年的生动描绘；是对“孩子什么都不懂”的陈腐观点的摒弃。[1]

书名暴露了这本小说的独特之处：《盖兹比——5 万个无字母 E 单词写成的故事》（*Gadsby, A Story of Over 50,000 Words Without Using the Letter E*）。这是个令人惊叹的绝活。不相信的读者请试试哪怕是造一个没有 *e* 的句子要花多长时间。《盖兹比》作者，一个不屈不挠的白发老者，欧内斯特·文森特·赖特（Ernest Vincent Wright）列举了在这项自找麻烦的工作中遇到的一些问题。他要避免大部分过去式动词，因为它们以 *-ed* 结尾。他永远不能用 *the* 或代词 *he*、*she*、*they*、*we*、*me* 和 *them*。《盖兹比》不得不排除一些似乎不可或缺的动词，如 *are*、*have*、*were*、*be* 和 *been*，及一些基本单词，如 *there*、*these*、*those*、*when*、*then*、*more*、*after* 和 *very*。有语言洁癖的赖特不用 6 到 30 间的数字，写成数字也不行，因为它们拼出来有 *e*。（“把一个年轻女士写进故事时，这是个大障碍。”赖特抱怨说，“因为没有哪个年轻妇女希望人知道她已经超过 30 岁。”）同理，他也不用 *Mr.* 和 *Mrs.*，因为它们的全拼形式里有 *e*。最恼人的问题出现在长句末尾，如果找不到没有 *e* 的单词完成他的思路，他就得从头重写整个句子。因为赖特常常忍不住想用一个有 *e* 的单词，他不得不绑上打字机的 *e* 打字杆，让它不可能溜进来。

“许多人也试过这样做，”他在序言中说，“一开始我用笔，写着写着，一大群小 *e* 聚在我桌上，全都眼巴巴地渴望着我的召唤。但渐渐地，它们看到我写啊写啊，连正眼瞧它们一下都没有，它们开始慌了。它们激动地叽叽喳喳，跳起来，骑到我的笔上，眼睛一眨也不眨地盯着下面，寻找一个落到某些单词里的机会，简直就像立在悬崖边等鱼儿游过的海鸟！但是，当它们看到我已经写了 138 页打字机尺寸的纸时，他们滑下地板，肩并肩，沮丧地走开了，临走

[1] 译注：这段英文原文里皆没有出现字母“e”。

还没忘回头喊道：'没有我们，你肯定会搞成一团乱麻！嗨，伙计！我们待在所有写过的故事里，成千上万次！这是我们第一次被拒之门外！'。"赖特声称，这个故事需要"五个半月的全力以赴，那么多删除和省略，一想到它们我就浑身发抖"。

赖特的颤抖夸张地说明了一个单一字母在英文中的无处不在和顽强。不仅是字母 *e*，其他字母同样顽强。别的作者出于文字上的好奇，也写过故意省略一个或更多字母的作品。据说一个叫里斐奥多鲁斯（Tryphiodorus）的古希腊作家编了一本《奥德赛》，第一部省掉 α，第二部没有 β，依此类推，一直到全部 24 本。但是，虽然字母频率相对固定，虽然所有语言中单个字母的频率差别巨大，因为字母频率太不起眼，许多人甚至从未想到它的存在。

克里斯托夫·拉森·肖尔斯（Christopher Latham Sholes）就是这样一位。他是打字机发明人，并且似乎是糟糕透顶的打字机键盘的始作俑者。这种键盘布局首先出现在一台 1872 年制造的样机上。字母次序残留出现在第二排的 *dfghjkl*，另据未经证实的传言，第一排包含单词"typewriter"（打字机）的所有字母，这样销售员在演示时就可以方便地找到它们。效率低下的 *qwertyuiop* 键盘浪费了商人的时间和金钱。在一个惯用右手的世界，它把所有敲击的 56% 留给左手；在所有连续字母的动作中，48% 只用一只手。这样，当像 *federated* 和 *addressed* 之类单词迫使左手在键盘上运指如飞时，右手却闲得麻木；双手并用的 *thicken* 的均衡节奏则效率高得多。似乎是为了强调这个问题，盲打法把右手最灵活的两个手指直接放在字母表里两个频率最低的字母（*j* 和 *k*）上。

这些显而易见的缺点催生了大量键盘设计。工程师罗伊·格里菲斯（Roy T. Griffith）经详尽统计分析后，开发出"Minimotion"键盘，把右手敲击的比率提高到 52%，双手动作提高到 67%，盲打打字员搁手指那排键的使用率从 *qwertyuiop* 键盘的 32% 提高到 71%！在芝加哥一所小学的测试显示，学习在另一种简化键盘 Dvorak-Dealey 上打字的学生比在标准键盘上打字的学生快一倍。一家纽约管理咨询公司的实验演示了顺应而非对抗频率原理键盘的优越性，结果令人信服。但不想从头再学一种新盲打系统的懒惰打字员和不想支付标准键盘打字机改造费用的公司，妨碍了所有这些革新。

善用字母频率，人们就能获得额外利益。塞缪尔·莫尔斯（Samuel F. B.

Morse）也许是最好的例子。1838 年前后，当他决定为他新发明的电磁电报使用一种信号字母系统时，他统计了一家费城报纸铅字盘的字母，这样他就可以把较短的点—划符号分配给较常见字母。他发现了 12000 个 *e*；9000 个 *t*；*a*、*o*、*n*、*i* 和 *s* 各 8000 个；6400 个 *h*，等等。除少数例外，他在最初的电码中依此清单把最短的符号（一点）分配给最常见字母 *e*，另一个短符号（一划）分配给 *t*，依此类推。现代国际莫尔斯电码与他的原始美国莫尔斯电码稍有差别，用前者发送一封有 100 个字母的英文电报需要约 940 个点单位。（一个点的持续时长相当于一个点单位，一划相当于三个点单位，一个字母的点划间空格等于一个点单位，字母间空格等于三个点单位。）如果这些符号随意分配，同样电报将持续 1160 个点单位，即时长多 23%。莫尔斯的敏锐可能给他的继任者带来了经济回报，在线路繁忙时期，与他当初随意编造电码相比，他们在一条

AAAAAAAAAAAAAAAAAAAABBBBBBBBCCCCCCCCCCCCDDDDDDDDDDD&&&&EEE
EEEEEEEEEEEEEEEEEEEEEEEEFFFFFFFFFGGGGGGGGHHHHHHHHHHHHHHHHHHHHHHH
HHJJJJJKKKKKKLLLLLLLLLLLLLLMMMMMMMMMMMMNNNNNNNNNNNNNNNNNNN
NNOOOOOOOOOOOOOOOOOOPPPPPPPPPPPPQQQRRRRRRRRRRRRRRRRRRZZZ
ZSSSSSSSSSSSSSSSSSSSTTTTTTTTTTTTTTTTTTTTUUUUUUUUUUUVVVVVVV-----WWW
WWWWW::::XXXX;;;;YYYYYYYY!!!![[[""""""""]]]""""""((("""""")))"""",,,,,,,,,,,,,,,,,,,.....................????

aaaaaaaaaaaaaaaaaaaaaaaaaaaaaaaaaaaabbbbbbbbbbbbbbbcccccccccccccccccccc-----ddddd
ddddddddddddddddddddffffffffffffffffffeeeeeeeeeeeeeeeeeeeeeeeeeeeeeeeeeeeeeeeeeeeeeeeeeeeeee
ggggggggggggggggg!!!hhhhhhhhhhhhhhhhhhhhhhhhhhhhhiiiiiiiiiiiiiiiiiiiiiiiiiiiiiiiiiiiiiiiiiijjjjjjjjjkkkkk
kkkkklllllllllllllllllllllllllllmmmmmmmmmmmmmmmmmmmmmmmm"""""nnnnnnnnnnnnnnnnnnnnnn
nnnnnnnnnnnnnnnnnnnnoooooooooooooooooooooooooooooooooooooooooo"""""pppppppppppppppp
pqqqqqrrrrrrrrrrrrrrrrrrrrrrrrrrrrrrrrrrrrrrrssssssssssssssssssssssssssssssssssssssssssttttttttttttttttt
tttttttttttttttttttuuuuuuuuuuuuuuuuuuuuuuvvvvvvvvvvvwwwwwwwwwwwwwwwwwwxxxxxxyyyyyyyy
yyyyyyyy;;;zzzzzz:::flflfl""""""ffffffffffyyyyy,,,,,,,,,,,,,,,,,,,,,ffiffiffi.....................???""""((()))[[[]]]ffiflffl

1111111111111222222222222333333333334444444444445555555555556666666666667777
7777777----88888888888,,,,,,,,99999999999...............000000000000000000$$$$$$$$$$

AMERICAN TYPE FOUNDERS
Elizabeth, New Jersey
See Your ATF Type Dealer

一副印刷活字，可看出高频字母数量更多

线路上可以多处理近四分之一电报。

早在莫尔斯之前，活字铸造者就认识到，在一副活字里把 *q* 或 *z* 铸得比 *e* 少符合他们的利益，尽管他们还得为偶然的反常组合增加额外的罕见字母，如哈姆雷特的“Buzz, Buzz!”这种做法现在依然通行：美国铸字人公司出售的 12 点波多尼字体（Bodoni Book，一种标准字体）活字包含 53 个小写的 *e*，只有 6 个 *z*。同理，奥特马尔·默根特勒（Ottmar Mergenthaler）也决定，他的莱诺铸排机（Linotype）字模应该按各字母的需要次序排列。他的做法大概是通过使最常用字母移动最短距离来加速排版。它把小写字母 *e* 置于最左端，随后是 *t*、*a*、*o*，等等。因为控制每个字母的键必须位于其字模区域下方，这样设计的键盘能反映出英文的字母频率：

e	s	c	v	x
t	h	m	b	z
a	r	f	g	ﬁ
o	d	w	k	ﬂ
i	l	y	q	ff
n	u	p	j	ffi

这解释了有时在报纸上看到的 *etaoin shrdlu*：排版员只是顺着这些键按下来，填满一个不正确的行。

默根特勒公司的莱诺照排机（Linofilm）的面板设计更为科学。这种系统将光线穿过字母的图片，投在一张胶片上，连续图像组成平版照相印刷中可用的文字。为减少排版期间的面板移动，字母图片在面板上的排列不仅利用了单字母频率，还利用了双码频率。如 *t* 和 *h* 就紧挨在一起。

这些例子表明，字母频率确实相当稳定，实际频率统计也支持这一点。不少分析员统计过约 1000 个德文字母里 *e* 的数量，其百分比仅有微小差别：卡西斯基统计的是 18.4；瓦莱里奥统计到 18.3；卡蒙纳，18.5；希特，16；吉维耶热，18；兰格和苏达尔，18.8；博杜安，19.2；普拉特，16.7。可以拿这些对比普通人无法逾越的一次全面统计：一张不少于 59298274 个字母的表格。它来自 1898 年，不知疲倦的哲学家克丁（F. W. Kaeding）为语言研究目的、对 2000 万德语音节做的统计。克丁发现了 10598015 个 *e*，即 17.9%。也许最值得注意的是，上述 8 次范围稍小统计的平均数为 18.0% ；与克丁标准相比，1000 个字母只差一个 *e*。语言就是这样固守它的统计标准的！

为什么？答案也许可以从二战后形成的一个理论中找到，该理论不仅解释了密码分析，其影响更是远远超出密码学范畴。它被称为“信息论”(information theory)，有时也被称为“通信的数学理论”。总体而言，它与支配通信信息系统的数学规律有关。信息论源自电话学和电报学的传输问题，发展到几乎涵盖所有信息处理设备：从标准通信系统到电子计算机到自动控制装置，甚至到动物和人类的神经网络。信息论观点极富启发性，已经应用在诸多领域，如心理学、语言学、分子遗传学、历史学、统计学和神经生理学。因为它丰富的思想，因为它在帮助应对 20 世纪信息爆炸方面的潜力，《财富》杂志曾预测，信息论可能最终将列入人类“不朽的伟大”理论。创造出信息论的杰出头脑也使它在密码学上得到了应用。

1916 年 4 月 30 日，克劳德·艾尔伍德·香农（Claude Elwood Shannon）出生于密歇根州佩托斯基。他在出生地附近的盖洛德长大，这是一个位于密歇根南部半岛北端中央部分的小镇。在密歇根大学主修电子工程和数学时，香农逐步积累了对通信和密码的兴趣。1940 年，他获得麻省理工学院数学博士学位。他在麻省理工撰写的开创性硕士论文直接影响到电话系统的设计。在普林斯顿高等研究院工作一年之后，他加入了贝尔电话实验室。

在贝尔电话实验室，他做了一只用于研究逻辑机电路的迷路穿越鼠。他还研究对弈机器，要制造评估军事形势和决定最优行动的计算机，对弈机器可算第一步。他曾一度是走钢丝和骑独轮车的高手，常骑着独轮车在贝尔实验室过道来来往往。这些技巧都源于他曾想设计一种可以自己跳来跳去的弹簧单高跷；高跷从未实现，不过他还是造出一辆能自己保持平衡的自行车。1956 年起，他一直在麻省理工学院教书。他是个瘦子（身高 5 英尺 10 英寸［约合 178 厘米］，体重约 61 千克），害羞，喜欢科幻小说、爵士乐、下棋和数学，承认自己的爱好只有三分钟热度。他和妻子贝蒂是同事，夫妻俩和三个孩子住在马萨诸塞州温彻斯特的一栋房子里，里面摆满各种奖品和奖章。

“二战期间，”他说，“贝尔实验室研究保密系统。我研究过通信系统，被派往一些研究密码分析技术的委员会。1941 年前后起，实验室开始研究通信数学理论和密码学。我两者一起研究，研究其中一个时，会得到关于另外一个的一些想法。我说不准谁先谁后，它们紧密联系，你分不开它们。”虽然到 1944 年左右，两方面研究大体都已完成，但他还在继续完善这些工作，直到它们作为独立论文刊登在深奥难懂的 1948 和 1949 年《贝尔系统技术杂志》上。

《通信的数学理论》（*A Mathematical Theory of Communication*）和《保密系统的通信理论》（*Communication Theory of Secrecy Systems*）两篇文章，用复杂的数学形式论述它们的思想，论文里充满了“其逆命题一定是唯一存在的”之类句子和“$T_iR_j(T_kR_l)^{-1}T_mR_n$”之类的公式。但香农简洁和准确的风格赋予了它们生命。第一篇论文推出了信息论，第二篇论文从信息论角度论述密码学。

它们的主要新概念之一是“冗余”（redundancy）。冗余一词在信息论中保留了“多余”的本义，但经过了提炼和扩展。粗略说，冗余表示一条信息传送的符号超过了传送信息的实际需要。举个香农自己的简单例子，*qu* 中的 *u* 是冗余的，在英语单词中，*q* 后面总是跟着 *u*。普通语言里的许多 *the* 是冗余的：发电报的人不用它们。陆军或空军行政主任通信中那些天马行空、远远超出缩略语范围的单词和“Off pres on AD for and indef per”之类的句子，生动说明了英语单词的多余符号有多少。内行通常能轻易理解这段正常应该写作“Officer present on active duty for an indefinite period[1]”的话。

冗余来自语言作茧自缚的过多规则。这些规则大部分是禁令：“‘these’或‘those’不能读成‘dese’或‘dose’”；“不要把‘separate’拼成‘seperate’”；“‘is’不能跟在‘I’后面”。所有这些限制排除了本来完全可用的字母组合。举个例子，如果一种语言允许任何类似“ngwv”的四字母组合成为单词，单词数量将达到 456976 个，大致相当于一部大英语辞典的词条数。因此，这样一种语言可以表达与英语等量的信息。但因为英语禁止像“ngwv”这样的组合，所以要给出该组合所表达的思想就需要超出四字母的限制。因此，相比于这种假定的四字母语言，英语更浪费、更冗余。

造成冗余的规则来自语法（“I am”，不是“I is”）、语音学（没有英语单词以 *ng* 开头）、习惯用法（“believe”后面不能单独跟不定式，只能跟“that”引

[1]　译注：大意为，服役期限不固定的现役军官。

导的从句）。另一些来自词源，一个单词在发展中留下许多现已不发音的字母，如“through”或“knight”。一个少年用“swell”（极好的）表示一个成人可能会用十几个不同词汇表示的赞许含义，他说出的话就比大人更冗长、更局限、更少变化、更生硬。香农写道：“基本英语[1]和詹姆斯·乔伊斯[2]的《芬尼根的守灵夜》代表了英语散文在冗余方面的两个极端。基本英语词汇限于 850 个单词，冗余度极高。当一段文字转换成基本英语时，这种情况就会反映出来。另一方面，乔伊斯扩大了词汇，并且据称实现了语义内容的压缩。”

另两个冗余源，在字母频率表的确定中具有特殊重要作用。一个来自人类频繁提及且语言必然反映的各种关系。它们是人与人的关系（“约翰的儿子”）；物与物的关系（“桌上的书”）；动作与对象的关系（“放下它”）。英语用名为“功能词”的独立词语来表达大量这类关系。代词、介词、冠词、连词都是功能词。一些作为某种语言学速写表示纯粹语法关系，即说“我”而不是一直重复某人的名字。单独存在的功能词没有意义，但它们表达的关系非常普遍，所以是英语中最常见的词汇。英语中，10 个功能词占据了任一文章内超过四分之一的篇幅：戈弗雷·杜威（Godfrey Dewey）统计的 10 万个单词中，*the*、*of*、*and*、*to*、*a*、*in*、*that*、*it*、*is* 和 *I* 的总数达到 26677 个。这个数量优势必然影响到频率统计表，如 *H* 大部分出现在 *the* 中。

第二个冗余源来自人类的惰性，我们偏爱易于发音和识别的声音。发无声闭塞音 /ptk/ 需要的气力比相应的有声闭塞音 /bdg/ 更少。乔治·齐普夫（George K. Zipf）调查了 16 种差异极大的语言，无声闭塞音的平均比例是有声闭塞音的两倍。同理，短元音频率明显高于长元音或双元音。同样，人们似乎偏爱容易识别的声音，至少英文编辑是这样的。用无意义音节所做的测试表明，听者很少混淆发声器官位置相同，但发声方式不同的辅音（如 /ntrsdlz/），却常常辨别不出用同样方式，但位置不同的发声器官发出的辅音（如 /ptk/）。发上述第一组音（齿槽音）时，舌头都位于上牙龈脊，但以不同方式形成或阻

[1] 译注：Basic English，用于国际交流，限制在 850 个精选词汇的简化英语。

[2] 译注：James Joyce（1882—1941），爱尔兰作家。现代主义运动最重要的作家之一，代表作有短篇小说集《都柏林人》，小说《尤利西斯》、《青年艺术家的肖像》和《芬尼根的守灵夜》（*Finnegans Wake*）等。

断呼吸气流。发第二组音（无声闭塞音）时，所有辅音阻住气流，爆破出来，但唇和舌的位置各不相同。有趣的是，我们注意到，容易辨别的齿槽音在八个频率最高的英语辅音中占了七个，而两个非齿槽闭塞音（/pk/）待在频率表很靠下的位置。顺便说一下，这种对容易辨别辅音的偏好只是对英语频率表中少数几个字母顺序的若干解释之一。[1]

所有这些禁令、规则和倾向都制造了冗余。英语冗余度约为 75%。[2] 换句话说，英语文章中有约四分之三是“多余的”。如果英语完全没有冗余，理论上它可以用目前字母数的四分之一表达相同事物。一篇小品文生动演示了少数几个字母如何传递一篇文章的大部分信息，而其他字母都是累赘。这篇小品文名为《死与生》（*Death and Life*）[3]：

	cur	f	w	d	dis	and p
A	sed	iend	rought	eath	ease	ain
	bles	fr	b	br	and	ag

小品文中，65% 字母在中间一行（用两次），并且同样出色地表达了相反的含义。因此，它们没有给文章增加任何信息，所有信息都在余下的 35% 字母中。

任何懂英语的人都知道那些造成冗余的拼写、语法和发音规则，并且在读到任何英语文章前就知道这些规则。这几乎是在重复：有了这些规则，交流才有可能。如果一个听者把“to”理解成“from”，他的理解就很有限；如果他把字母 *m* 读成 /v/，*t* 读成 /s/……别人就听不懂他的话。这些多余成分，这些规则，可看成语言中的不变部分，你无法在不影响理解的前提下改变它们。但只要遵循这些规则，你可以畅所欲言。它们是预先浇好的模子，每次交流的部分自由意志会流进这个模子。于是就有了从法律到诗歌，各种千差万别的文章，它们用的是同一种语言，意即遵循同样的规则。

---

[1]　原注：本章章末“注解 1”讨论了其他可能的解释。

[2]　原注：本章章末“注解 2”给出确定这一比例的方法。

[3]　译注：上面和中间一行连起来大意是：恶魔制造死亡、疾病和痛苦；中间和下面一行连起来大意为：朋友又一次带来活力和轻松。

如果某人听到半句“It’s not hard for you to...”，冗余成分会说，下面很可能跟着一个动词，尽管由于部分自由意志，还不可能知道是哪个动词。同样，这种事先掌握的知识（或冗余词汇）能探测并纠正信息传递过程中产生的错误，这就是语言能容忍如此沉重冗余负担的原因。例如，若英文电报里少了一点，*i*（· ·）变成 *e*（·），“individual”变成“endividual”，收报人就会知道出错了，因为英文里没有一串“endividual”。但虚拟四字母语言用到全部四字母串，因此电报可以接受所有字母串，如果用这种语言，同样少一个点就看不出来。可能表示“come”（来）的“Xfim”会变成也许意为“go”（去）的“xfem”，如果没有冗余，报错的警钟就不会敲响。（当然，还有一种更高层次的冗余——上下文管辖的冗余，可能会敲响警钟。如果“xfem”表示“green”，它可能不符合上下文。因此，一种完全没有冗余的语言也许不存在，因为人们至少已经达成了几项基本共识，对真实世界中重复发生的一些情况，使用的动词是一致的，它们对人们的交流至关重要。）

语言本身没有冗余，如电话号码，错一个数字会造成错误连接，是人们自己加入冗余。向别人报数字时，人们重复它；或者，拼写名字时，他们说“baby 的 B，不是 Victor 的 V”。因为冗余越多，发现错误就越容易。如果一门语言全部由交替出现的元辅音组成，任何对该形式的偏离都会显示一个错误。

发现错误是纠正错误的第一步。在错误纠正中，冗余再次发挥了中心作用。收到“endividual”的人在记忆和词典里搜寻一番，发现英语中没有这个词后，从自己现成的英语信息库里拿出“individual”一词，纠正电报。如果商务信函读者看到一串“rhe company”，他会认出“rhe”不是单词，会想起英语规则通常要求“company”这类名词前有一组看上去差不多的字母“the”，大概还会想到打字机键盘的 *r* 和 *t* 靠在一起，最后得出结论，“rhe”应该是“the”。

这个过程是密码分析的堂兄弟。

因为密码分析员在破译中运用的规则、拼写和语音偏好等事先知识（即冗余）与普通读者纠正印刷错误用的一样。外行纠正偶然错误的做法，就是密码分析员对付故意变形的方法。当然，密信的复杂隐蔽程度远远超过孤立的印刷错误，但密信具有单一偶然错误所没有的内在规律性，这种内在结构能协助和确认构成一次密码分析的连续“纠错”。

但密码分析员又从何下手呢？纠正排版错误时，全部冗余成分如秃头上的虱子，信手拈来。而在一封密信里，这些都是隐蔽的。分析员首先把冗余成分分解成它们的原子形式——字母，再与实际冗余成分的字母比较。换个说法，他统计密信字母频率，拿它与假定明文语言的字母频率相比。（这些统计有时须根据密码条件做出修改。多表替代需统计每一个密码，双码替代需统计字母对。如果密信用代码加密，其原子形式是单词，但同样原理也适用。）

做完这些后，密码分析员又如何确信密报明文与普通明文的字母频率大致相同呢？为什么主题、词汇、表达的区别不会扰乱频率？因为语言的冗余成分占比远远超过可变成分。英语 75% 的冗余压倒了 25% 的“自由意志”，尽管这 25% 确实造成各种频率统计不完全一致。各种文章的冗余成分联手打造了文章的频率表。各种英语文章频繁使用“the”的需要确保 *h* 成为高频字母。英语对齿槽音的偏好将使 *n*、*t*、*r*、*s*、*d* 和 *l* 成为高频或中频字母，它对 *p* 和 *k* 的反感压低了它们的频率。这些冗余成分是不变的，预先确定的，因为这是顺利交流的必然要求，它们也因此维持了反映这些成分频率表的稳定。九次独立的德语频率统计中，相当接近的 *e* 的比率显示了冗余的巨大数量优势。当然，它也反映在密码分析的日常成功中。

香农的深刻思想和对密码学的巨大贡献在于，他指出了冗余是密码分析的根据。“在……绝大部分密码中，”他写道，“是原始信息中冗余的存在才使破译成为可能。”这是破译的根本基础。香农在此解释了字母频率不变的原因，从而解释了依赖字母频率的现象，如密码分析。他也因此首次实现了对密信破译过程的根本理解。

从这个观察出发，可以得出几个推论。其一，冗余度越低，密信破译越难。香农自己的两个冗余极端表明了这一点。《芬尼根的守灵夜》最后一段话是这样：“End here. Us then. Finn, again! Take. Bussoftlee, mememormee! Till thousendsthee. Lps. The keys to. Given! A way a lone a last a loved a long the”[1]。这段话给密码分析员带来的困难，无疑要超过用基本英语写成的《新约全书》

[1]　译注：《芬尼根的守灵夜》是“天书”中的天书，共有四部，目前出版的中文版只有戴从容先生译的第一部。本文引用的片段，如果翻译，既无意义，也超出译者能力，因此原文录出。

（*New Testament*）中一段话："And the disciples were full of wonder at his words. But Jesus said to them again, Children, how hard it is for those who put faith in wealth to come into the kingdom of God!" [1]

测试密信通过使用从词典角落翻出的古奥词语，组成几乎毫无意义的文字，尽力实现难以破译的目标。它们的冗余度相对较低。一封密信做出这样的自我描述："Tough cryptos contain traps snaring unwary solvers: abnormal frequencies, consonantal combinations unthinkable, terminals freakish, quaint twisters like 'myrrh'" [2]。但即使在这段话里，冗余成分依然突出。虽有几处冗余被消除，但其他依然被保留，这些为破译开了个口子。自然语言间的冗余差异，会不会造成某些语言密信的破译天生更难？这个有趣的问题似乎从未有人试验过。

在实践中，密码分析员在面对加密代码时经常碰到低冗余问题。为剥去加密代码中的加密，分析员必须破译"明文"由文字代码组构成的密信，这些"明文"看上去就像一堆 IXKDYWUKJTPLKJE……它的冗余度非常低，因为字母使用更均匀，组合更自由，还用多名码压制频率，等等。但无法避免的命令和报告的重复，代码容器内涌动的语言冗余度的压力，以及为纠正错乱所做的文字代码组安排，所有的这些都赋予代码密文条理清晰的结构，密码分析员从而可以理清它，实现破译。

以上情况表明，减少冗余度可以阻碍密码分析。香农本人给出了对明文动手术的方案："用一个可以移除所有冗余的转换器……省略文中元音不会根本损害文义，这个事实提示了一种大幅改进几乎所有密码的简单方法。首先删除所有元音，或在不会造成歧义的情况下删掉尽可能多的原文，再加密剩余部分。"一些专家曾经攻击过明文中只删掉字母 *e* 的密信，发现破译难度显著增加。减少冗余特别有效，因为它剥夺了密码分析员的一件主要攻击武器，而不仅仅是加固保密城墙。意大利文艺复兴时期的编码员就是这样做的，他们命令

[1] 译注：大意为，门徒希奇他的话。耶稣又对他们说："小子，倚靠钱财的人进神的国，是何等的难哪！"

[2] 译注：大意为，顽强的密信包含引诱粗心破译员的陷阱：反常的频率、无法想象的辅音组合、奇特的结尾和"myrrh"（没药树）之类古怪绕口的词汇。

密码员去掉二连字母的第二个字母，如 *sigillo* 中的第二个 *l*。

这类技术依赖于密码员对自己语言的熟悉，依赖他们对抑制冗余成分知识的掌握。同样，缩略语可能具有这种低冗余，可能要求信息的大量补充，如用 *bn* 表示 *battalion*（营）不仅使明文更难破译，而且本身也可作为某种粗略形式的密码；如两个搬弄是非的人提到第三人时可用首字母代替，希望在无意听到的人中，没人知道足够补全名字的前因后果。大部分共济会仪式被打印成："Do u declr, upn ur honr, tt u r promptd to..." [1]。

另一个推论是，破译一封低冗余度密报比破译一封明文冗余度高的密报需要更多报文。香农曾设法确定在明文冗余度已知时，实现唯一和明确破译所需材料的数量。他把这一字母数量称作"唯一性距离"（unicity distance）或"唯一性点"（unicity point），并且用一个相当复杂的公式计算它。这个公式自然随密码不同而异，但它总是把冗余度作为其中一项。在最初的论文中，香农把英语的冗余度设为 50%，发现单表替代的唯一性点是 27 个字母，密码表已知多表替代的唯一性点为两倍周期长度，密码表未知多表替代为 53 倍周期长度，移位是密钥长度乘以密钥长度阶乘的对数。

"唯一性点"公式最有趣的用途之一是确定一封密信"破译"的有效性，尤其是有疑问的破译，如那些所谓隐藏在莎士比亚戏剧里密码的"破译"。这些"破译"证明弗朗西斯·培根是莎翁戏剧的作者。"一般而言，"香农写道，"我们可以说，如果采用一个系统和密钥破译的密信长度显著大于唯一性距离，破译是可信的。如果材料与唯一性距离大致相当或比它更短，破译就很可疑。"香农的公式没用在大部分"莎翁密码的破译"上，因为其中大部分在他的研究之前出版，而且为了解释这些极其灵活"密码系统"的大量子规则和例外，香农的公式将蔓生出处理不了的项。它唯一已知获得胜利的战斗是《生活》杂志上的一场论战。论战与歌剧明星劳里茨·梅尔基奥尔的儿子伊布·梅尔基奥尔（Ib Melchior）提出的一项破译有关。

伊布在莎士比亚墓碑上发现了一封密信，认为它的破译也许会把他引向

[1]　译注：这段写全应该是："Do you declare, upon your honor, that you are prompted to..."（你是否以你的名誉郑重宣告，是……促使你［加入共济会］）。

一部戏剧的早期文本。他依次计算了莎士比亚墓志铭中的大小写字母数量，得到一段数字密文。破译后得到：*elesennrelaledelleemnaamleetedeeasen*，但伊布不明白 *ledelleemna* 这 11 个字母的含义。他注意到它们来自墓碑上两个 THE 连字符之间的字母，得出结论，它们是指示更换密码表的符号。密码表改变后的新“译文”就是：*elesennrelaedewedgeeereamleetedeeasen*。删去“明显的虚码”，把伊丽莎白时代的拼写改成现代拼写，伊布读出：*Elsinore laid wedge first Hamlet edition*。据称它是指《哈姆雷特》第一版埋在埃尔西诺[1]城堡深处一个楔形坟墓内。但即便承认只有相当低的 50% 冗余度，该密码的一个决定性部分还是完全没有通过香农唯一性测试（Shannon unicity test）。其余字母也只勉强达到最低限度，但没有满足“材料长度显著大于唯一性距离”的要求。虽然这暗示了他的失败，但伊布义无反顾，在《生活》杂志一支探险队支持下，启程前往埃尔西诺。不出密码学家所料，这支队伍为杂志带回一篇精彩的图画故事，但没有“第一版《哈姆雷特》”。

就这样，冗余概念一次性地总结了已经得到个别解释的无数密码现象，一再显示了它的威力。为什么测试密信比普通电报更难破译？之前，密码分析员只能说，这是因为它们使用更罕见、更奇特的词汇；但今天，他们可以引用无所不包的冗余原理，指出这类密信比普通密电冗余度更低。为什么套话（“有关您……电报”）常给分析员提供帮助？因为它们能把冗余度提高到令人愉快的水平。另一方面，在明文中用代号表示位置、行动等等的做法降低了冗余度。马塞尔·吉维耶热写道：“某人预计一段文字里有 *Paris*，这一事实将促使他寻找 *Paris* 的字母和音节，而不是代替 *Paris* 之代号的字母和音节。”同理，分割一封电报（一分为二，第一段塞到末尾），将电报上常见的程式化开头埋到报中，把一句话的中间搬到报头，这种做法大大降低了薄弱点的冗余度。香农的信息论显示了增加密码分析难度的做法，指出达成有效破译需要的密文数量。在所有这些方面，它为我们更深刻理解密码学做出了贡献。

香农还从另外几个角度审视密码学，虽不及信息论实用，但依然富有启迪

---

[1] 译注：Elsinore，丹麦西兰岛东北海岸港市，16 世纪的克龙堡建于此地，该城堡为莎士比亚戏剧《哈姆雷特》的故事场景。

意义。这些理论中的第一个实际上是信息论观点的某种推论。

“在密码分析员看来，”香农写道，“保密系统几乎等于有噪声的通信系统。”信息论中的“噪声”（noise）一词有特定含义，它是指在一切通信线路中制造传输错误的所有无法预见的干扰。这样的例子有静电噪声，电视屏幕上的雪花，印刷错误，鸡尾酒会上的背景交谈声，雾，电话线路不佳，外来口音，甚至还有先入之见。香农提出加密可以比成噪声。“两者的主要区别是，”他写道，“一、加密变换操作通常是一个比线路干扰噪声更复杂的过程；二、保密系统的密钥通常从有限可能性中选出，线路噪声更经常是连续介入，其来源实际上是无限的。”

有人问《信号检测的统计理论》（*Statistical Theory of Signal Detection*）作者卡尔·赫尔斯特姆（Carl W. Helstrom），从噪声中分离信号的技术与密码分析有无关联，他答道：“对于‘密钥’加密规则与随机噪声的类比不会有多大益处的说法，我表示怀疑。在我看来，把加密看成筛选原始信息，从而得到转换形式的一种过滤，似乎更合适。‘滤波器’就是一个明确的转换规则，但分析员不知道它是什么……有了输入和输出的统计数据后，问题就成了寻找转换规则，即滤波器性质。这就像把随机噪声通过滤波器，测量输入和输出电压的统计分布，以此寻找适用的滤波器结构一样。”

密码学还可以看成约翰·冯·诺伊曼[1]和奥斯卡·摩根斯坦（Oskar Morgenstern）的《博弈论与经济行为》（*The Theory of Games and Economic Behavior*）所说的博弈。香农是第一个提到该联系的人，他写道：“密码设计者和分析员的情况可看成一种结构非常简单的‘博弈’，这是一种完全信息，只有两步‘行动’和两个参与者的‘零和博弈’。[零和博弈中，一方所得即另一方所失。] 密码设计者的‘行动’就是选择一种系统。分析员被告知这个选择，并选择一种分析方法。游戏的‘值’就是用所选方法破译用该系统加密的密信所要完成的平均工作。”

密码活动本质上是一种社会活动，因此可以从社会学角度考察。它是秘密

[1]　译注：John Von Neumann（1903—1957），匈牙利出生的美国数学家和计算机领域的先锋，博弈论和电子计算机的设计和操作领域内的开拓者。

通信（交流），而交流也许是人类最纷繁复杂的活动，它不仅包括词语，还包括姿势、面部表情、语调，甚至沉默，等等。一个眼神可以表达比一首小诗更甜蜜的情感。基本上，所有形式的交流都是一组协议，它规定特定的声音、标记或符号应该代表特定事物。如果你希望交流，你就得接受这些预定规则。

但并非所有形式的通信都随时随地为人所知。有些人碰巧知道一种周围人不知道的系统，他们可以把它用于秘密通信。1960 年，爱尔兰军队作为联合国部队一部分，被派到刚果。他们在无线电话里说凯尔特语，联合国指挥官、瑞典卡尔・冯・霍恩（Carl von Horn）将军称之为在刚果使用的最佳密码。这是一种偶然得到的密码，它依赖偶然发生的对方的无知，是一种有缺陷的编码。有效编码则精心打造了特殊通信规则，阻止了本来能够理解信息的人获得情报。

这种对信息的隐瞒构成了所谓“保密”的基本元素。秘密的所有体现，如藏匿处所、伪装、紧锁的门，都有一个共同的基本思想，就是不透露目标或信息。它的极端形式是静默（从中闪现出终极窃听形式的奥威尔式[1]噩梦，即脑电波探测和解读）。毛里茨・德弗里斯曾指出，对秘密概念的透彻研究将需要“对社会个人间和组织间关系的全面审视”，因为保密是交流的对立面，而交流（使人成为社会存在的交流）包含文化行为的所有方面。密码编制把两个对立面结合成一个单一操作，玩弄辞藻者会把它定义为“非交流的交流”。

密码编制与密码分析的关系不是逻辑上的必然关系，而是偶然关系。你可以想象有人用秘密方式通信，而别人连想都没想到要刺探。但在现实世界里，密码分析员（更准确地说，潜在密码分析员）首先出场。如果没人偷听偷看，又何必编制密码？没人进攻，何必建城堡？因此，不管密码分析的尝试多么浅显无力，有人欲做此尝试的假设催生了编码学。

密码编制和密码分析你来我往的经验催生出某些实用原则。它们都与时间有关，因为凡涉及人的所有实际事物最终都避不开这个无法抗拒、无法逆转、无法还原的因素。

对编码员来说，时间控制着一个可变关系。编码员的最一般原则就是速

[1] 译注：Orwellian，指受严格统治而失去人性的社会。乔治・奥威尔（George Orwell，1903—1950），出生在印度的英国小说家，散文作家，著名作品有《一九八四》等。

度和保密的取舍：随着通信速度要求上升，保密需要降低。一场大型行动计划之初，信息需要高度保密，因为如果被敌人读到，他们就会有充足时间准备对策。但在作战白热化时，指挥官可以用明语，因为就算被敌人截到，他们可能也来不及做出有效反应。根据这个原则，一个国家的密码系统可以分成等级，前线密码系统简单，外交系统保密且更为复杂。“对每个这样的系统，”弗里德曼写道，“能指望的最佳结果，就是保密程度足以延缓敌方破译达到一定时间，这样当破译最终实现时，所获信息已经失去了全部‘短期’和直接价值（行动价值），以及大部分‘长期’和研究价值（历史价值）。”

所有密码系统的最高要求是可靠性。这意味着密信必须无歧义、无延迟、无错误。举密码机的例子，它要求它们应足够坚固，经得起一般的错误操作，信息到达后随时可以正常运行。通常，系统越简单，可靠性越好；这个要求排除了超过两个步骤的战地密码。加密员的任何错误或错乱应在无须重发的情况下纠正；这一点否决了一个单一错误就搞乱其后信息的系统，如自动密钥密码（据说这类系统有无法忍受的错误传导特征）。显然，如果一个将军不能指望他的密码机输出可靠信息，这种密码系统就比无用还糟糕。

对密码系统的次要要求是保密和迅速，二者孰轻孰重取决于使用者的需要。再其次的要求是经济；这一条排除了任何需要几个人加密的系统，密文比明文长一倍以上的系统，或制造及分配过于复杂或昂贵的系统。

除这些一般要求外，军事和外交密码系统还须满足两个特别要求——都是最先由克尔克霍夫提出的。第一个要求基于军事和外交通信中几乎普遍采用的有线或无线电报。密信字符不能用莫尔斯电码发送的系统不予采用，因此方形、三角、十字或其他图案被排除。第二个要求基于军事编码学的一个现行假设：敌人通常知道某种密码的算法；保密必须依靠密钥。凡不符合这个要求，不能同时提供通用系统和特定密钥的方法是无法接受的。

对分析员来说，时间要求是不变的。他总是听到轰隆隆的时间战车从背后驶来。他努力以最快速度得到破译结果。也许可以说，一条信息总有某种历史价值，但对一个指挥官来说，如果在敌方进攻打响后，他才得到本可以给他预警的密码分析结果，那就只能是聊以自慰了。除去一些外部因素如截收信息送达分析员的速度，影响密信破译所需时间的因素有：系统的强度；系统使用规则的有效性；密码员遵循这些规则的严格程度；文本量；密码分析组织的规模和技术；相关信息的数量和质量；等等。

提到技术，就要触及密码分析是一门科学还是一门艺术的问题。它两者都是。一方面，密码分析（在这个意义上应该更合适地称作密码分析学）是一个有机知识体系。它研究和控制现象。它的全部思想是科学的，但像工程学一样，属于应用科学。另一方面，密码分析（此处表示破译中采取的步骤）显然依赖个人能力。有些分析员比另一些更优秀。在这个意义上，密码分析是一门艺术。在此意义上，任何需要凭借某种天赋取得优异成绩的人类活动都是艺术。雅德利说杰出密码分析员有一个天生的“密码大脑”，并且过分渲染了这项才能。实际上，“密码大脑”只是个一般特征——特定领域的才能，在密码方面的表现。然而，哪些人拥有和为什么拥有“密码大脑”依然是相当复杂的问题。

人类知识现在不仅回答不了这些问题，甚至还不能理解大脑进行密码分析时的基本心理活动方式——模式识别。大脑如何补上它以前从未见过明文片段缺失的字母，这个问题类似一个人如何认出从未见过笔迹写的字，或如何听出一段从未听过的音乐是莫扎特的。这些问题就像大脑皮层和分子链一般错综复杂，它们依然属于悬而未决的心理学和生物化学问题。

也没人知道密码学的情绪基础。弗洛伊德说过，学习和获取知识的动机，归根结底来自儿童期的窥阴冲动。如果好奇心算是这个动机的升华，密码分析则是窥阴癖的更积极向上的体现。这个观点得到专家支持。精神分析学家西奥多·赖克（Theodor Reik）是《第三只耳倾听》《内心深处》等多部图书的作者，他回复与此有关的询问：“父母和成人对小男孩隐瞒了性的秘密，孩子则有探寻这个秘密的欲望。我倾向于假设，破译密码的愿望深处埋藏着这种婴儿期欲望的延续……我认为这是……科学探索的根源之一。”他的说法让人想起弗洛伊德的观点：科学家、艺术评论家和所有其他从事与文字或形象观察有关工作的人都有同样动机。《逃避自由》和《人能占优势吗？》[1] 的作者、心理学家埃里希·弗洛姆（Erich Fromm）承认这种窥阴解释，“有时可能是正确的，但不像弗洛伊德学派相信的那么普遍适用”。著名精神病学医生卡尔·门宁格

[1] 译注：见《弗洛姆著作精选：人性、社会、拯救》，黄颂杰主编，上海人民出版社，1989 年。

（Karl Menninger）同意这个观点，补充说“这不是个新‘理论’”。

但这个观点受到挑战，而且挑战来自一个弗洛伊德学派的精神病学医生。杰普撒·麦克法兰（Jeptha R. Macfarlane）认为密码分析代表了一种力量内驱力。“破译员对信息内容不感兴趣，只对密码破译本身感兴趣。”他说。“他对密信没有潜藏的兴趣，但为精通它而骄傲。密码分析不是锁孔窥视，而是破门而入。”支持麦克法兰假说的是分析员或与分析员有关的评论。Z 科的韦尔纳·孔策自辩不知道自己工作的结果，说他没注意到信息说些什么，而且一旦系统破开后就失去了兴趣，很难说成窥阴冲动！关于约翰·沃利斯，据说他“从未关注事情本身，只关注其中的艺术和智慧”。甚至报纸密信破译者的经历也证实了麦克法兰的力量解释：他们并非对答案好奇，他们只想解开谜语。

虽然证据似乎更支持力量说，但无论是它，还是窥阴说，都从未经过检验。有一种理论认为，窥阴动机可能引发一个人对密码分析的一般兴趣，力量内驱力则推动他在特定破译中的成功，也许解决这个明显矛盾的部分答案就在于此。

如果说上述解释与对编码学，与对发明秘密代码和不可破密码兴趣的解释之间还有什么联系的话，我们也尚且不完全清楚。赖克认为编码学兴趣“也许出于对他人可能窥探自己（不仅关于我们的性生活，还有我们的敌意、攻击性等等）的怀疑和阻止他们的愿望”。弗洛姆持类似观点，尽管他把密码编制和密码分析联系起来：“我认为对破译及编码的兴趣，可能与人和世界的联系有很大关系，尤其与孤独感、孤立感和他找到知己的希望有很大关系……世界将他拒于门外……因此他不得不破译本非给他的信息。”一度关注过密码学的心理学家哈罗德·格林沃尔德（Harold Greenwald）写道：“我见过对这个问题感兴趣的患者似乎显示出另一种（非窥阴）动机。他们主要属于那种试图通过隐藏自己的行为（加密信息）或察觉他人希望保密的活动（破译密码）获得力量感的人。”对广义秘密所做的心理学研究指出，秘密源于性心理发育的肛门期。这一点暗示，编码学归根结底可能来自婴儿期性快感。弗洛伊德认为儿童从忍住大便的肌肉紧张中获得这种快感。

每个作者似乎都有自己的理论。为弗洛伊德作传的著名精神分析学家欧内斯特·琼斯（Ernest Jones）可能抓住了要害。许多青少年对密码发生兴趣是在十二三岁，琼斯在自传中讲述，“快 12 岁时，我总想对别人隐瞒什么，这常常是青春期即将到来的标志，它和一直很强烈的好奇心一起，驱使我对密码产生了强烈兴趣，现在我还有很多密码学知识。我自己设计了一个密码，可以难倒任何对手，我很满意。不过我得承认，如果用于快速通信，它不会成为一种方便的密码，因为它涉及大量子密码的相互作用，加密一句话要花上大半天。如果降低复杂程度，这个复杂的东西可以变成一种更有用的形式……”。那就是速记。不幸的是，琼斯从未说明为什么秘密与青春期有联系。

小说家奥尔德斯·赫胥黎（Aldous Huxley）似乎见识过密码分析的窥阴观点，于是把它颠倒成解释编码学的反窥阴说。他在《故纸堆》（*Those Barren Leaves*）中写道：

> 她爱我吗？她倒是常挂在嘴上，甚至写在纸上。我还有她的全部来信：一堆潦草的短信是差人从塞西尔酒店那头送到这头的，几封长信是她在假期或周末不在我身边时写的。现在我打开信纸，字写得很好，读书人的字；笔很少离开纸，字母连着字母，单词连单词，写得很快，流畅、整洁、清楚。只是星星点点的，一般是在接近短笺结尾的地方，这份清晰没了，只有奇形怪状字母组成的潦草单词。我绞尽脑汁，试图理解它们的含义。“我慕着你，我的爱人……吻你一千次……真盼望天黑……爱你爱疯了。”这些就是我设法从草书中提取的只言片语。我们把这类内容写得难以辨认，理由就和我们给身体穿上衣服一样。矜持不允许我们光着身子外出，我们表达最私密的想法、最急切的欲望和最深处的记忆，决不能（甚至在我们已经足够轻率地把这些话写在纸上的时候）太容易给人阅读和理解。当佩皮斯记下他爱情的不雅细节时，他不满足于用密码记录，他还插入了蹩脚的法语。提到佩皮斯，我记起自己曾在给芭芭拉的信中做过同样的事情，以一句“Bellissima, ti voglio un bene enorme”或“Je t’enbrasse en peu partout”[1]结束。

[1] 译注：两句大意分别是，“我只在乎你”和“吻遍你”。

这段话虽不比其他假说更有说服力，但很有启发性。如果说，密码学的心理学根源依然模糊的话，它的生物学根源却是清晰的。这些根源穿越上亿年，可以追溯到原生生物在远古地球温暖海洋中艰难生存的时代。因为密码编制和密码分析虽是极复杂的技术，但与决定遗传的染色体一样，它们在最核心处保持了最原始的功能。

密码编制属于保护。它对现代人类活动那一部分（通信）的作用，就像硬壳之于乌龟，墨汁之于乌贼，伪装之于变色龙。密码分析与这个意义相对，它就像蝙蝠的耳朵，变形虫对化学物质的敏感，鹰的眼睛，它搜集外部世界的信息。

它们的目标是自保。这是生命的第一法则，对个体、对国家都同样不可或缺。如果生物进化可以说明一切，那么最好地实现自保目的的就是情报。知识就是力量。在一个竞争环境中，知识以两种形式存在：己方掌握的与敌方掌握的知识。所有有机体努力最大化前者，最小化后者。密码编制和密码分析就是这两种形式的例子。编码活动寻求专有地保存一个国家的知识储备，密码分析则增加这个储备。

但知识本身不是力量。知识要发挥作用，必须结合物质力量。与补给、运输、管理部门一样，密码学也是构成国家力量主要成分的作战部队的辅助。国家使用这一力量推进其政治和社会目标。密码编制和密码分析是实现这些目标的手段。这就是它们在这个终极系统中的位置。

在国际关系方面，虽然密码分析手段与陆海军之类手段的服务目的都是纯防御性的，但它们在道义上还是有区别的。陆海军是诚实的、光明正大的、公开的自卫手段，是挥舞着武器的壮汉。密码分析本身是侵略性的，当然常常是防御性的侵略，但依然是侵略，是侵犯；而且它是鬼鬼祟祟的，偷窥的，不可告人的,它显示了政府的虚伪本性[1]。它是一切人类优点的反面。它破坏了最高道德观念：己所不欲，勿施于人。

[1]　原注：当然，最基本的虚伪是当你在从事通信情报时，你却假装没有在从事。更微妙的一个例子是国际电信联盟的《无线电规则》(Radio Regulations)，1947 年在大西洋城国际无线电通信会议上起草。签署国似乎意在保护国际无线电通信私密，但实际上，通过加入“认证”这一狡猾的术语，给了他们自己偷窥他人信息的通行证。签署国为世界上的强国，包括美国和苏联，意大利的签署人为无线电专家、密码学家路易吉·萨科。

那么，它还有没有道德正当性？有。根据具体情况，一个单一行动可以是道德的，也可以是不道德的。自卫杀人是正当的，密码分析亦然。战争中，密码分析当然可以看成正面举动，尤其在它挽救生命的时候。即使和平时期，密码分析也可以是一种自卫形式。它可以预警敌方意图，政府得以据此保卫生命和自由，非出于这个目的，则不能对别国进行任何此类活动。但在国家没有受到威胁时，秘密探测他国信息，损害其尊严，就和不加选择地窃听电话线或侵入别人住宅性质一样，是错误的。这就是美国读取如挪威、英国、秘鲁等友好国家信息之理由站不住脚的原因。

即使理由正当，密码分析依然是罪恶，与美国价值观格格不入。自 1776 年 7 月 4 日以来，美国在“十四点和平原则”（Fourteen Points）和《解放黑奴宣言》（Emancipation Proclamation）中宣称，在国际国内事务中坚持道德与诚实。很大程度上，正是这个立场使美国成为一个伟大国家。因此相比其他国家，密码分析给美国造成的困扰大得多。也许正因为考虑到这一点，美国把属于道德范畴的国家密码机构设在国防部内，而在英国，它属于实用工具，设在外交部内。

只有一次，密码分析被人揭开本来面目，看成是违背道德的恶行：1929 年，希特勒和日本军国主义还没有露出苗头，还没有国家对美国构成潜在威胁，自保尚不成问题，亨利·史汀生关闭了雅德利的黑室。即使这是在美国能够承受其后果的时期做出的，但它依然是一个深受道德影响的决定，处在美国信仰的中心。它愚蠢吗？天真吗？不。理想主义是终极现实主义。真理和公正思想，永远是最后的胜利者。人类有学习能力。美国整个历史表明了这一点，人类发展脱离野蛮主义的过程也表明了这一点。但愿有一天，智慧和道德发展——在当前人类完全毁灭的现实危险推动下，人类终将把刀打造成犁。[1] 这一天到来时，人类将不再需要密码分析，美国国家安全局和苏联特别处这样的组织都将解散。到那时，它们的消亡将昭示地球上的真正和平。愿这一切成为人类的光明未来！

---

[1] 译注：语出《圣经·以赛亚》第二章：他们要将刀打成犁头，把枪打成镰刀。此国不举刀攻击彼国，他们也不再学习军事。

注解 1：字母频率变化

为什么一门语言内，某些字母会比其他字母使用频率更高？为什么一门语言会偏好一些其他语言厌恶的声音？这些问题依然没有解决。为什么 *e* 会是英语中使用频率最高的字母？（英语发音和拼写的不一致固然使这个问题更趋复杂，但即使是拼写契合发音的语言也有高频和低频字母。）为什么 *o* 在俄语，*a* 在塞尔维亚—克罗地亚语（Serbo-Croatian）中最常见？而德语、法语和西班牙语中还是 *e* 频率最高？

人们提出各种各样的假说，但没有一个令人完全满意。一种理论认为，最常见发音是那些婴儿期最早学会的声音，这已被证明不成立。有人提出，居住在湿冷地区的民族可能选择一套要求开口最小的发音，这个说法没有证据支持。另一个与之相对的说法认为，渔业民族会发展出元音丰富，可以在喧闹的海上更好地远距离交流的语言，这同样没有根据。省力倾向解释了许多现象，如无声闭塞音比有声闭塞音更高的频率，但对另一些事实无效，如某些语言的发展中，更难的发音取代了更容易的发音。一整本书讨论了欧洲各族血液中 O 因子的地理分布和 /th/ 发音的发展这两者间关系，以此说明遗传因素使某些人群更易接受特定语音。但正如一个评论家指出的，两者的对应“仅因为两者反映了历史民族的分配、迁徙和融合，并非（遗传和发音间的）任何偶然关系”。各种理论，如语言倾向于填补其语言模式的空白；发音选择的依据是听觉或发音的特殊性；特殊发音因为比普通发音更富有表达力而流行；一个人群的文化（如农业文明对游牧文明）影响其语音搭配：每一种可能都包含一些真理，能解释一些孤立现象，但没有一个理论能完整解释，为什么一种语言发展出一套发音，另一种发展出一套不同的发音，也没有解释为什么一种语言比其他语言更偏好某种发音。

注解 2：冗余度计算

冗余度比率的确定从一个名为“熵”（entropy）的量的计算开始。香农从物理学中借用了这一术语，因为他为一组语言中信息量设计的方程类型与物理学中表示熵的方程一致。在两个领域，熵都用于度量无序、随机、结构缺失。熵越大，越混乱。它标志着负的、分散的趋势。熵是重要的物理学概念，因为它在热力学第二定律中具有重要作用，这个定律可能是物理学的最高原理。该定律规定“熵只增不减”，换句话说，能量总是从更有组织的状态向无组织状态传递，如恒星辐射散逸能量。这种单向流动给了熵一个“时间之箭”的名称，因为熵的增加无一例外地意味着一个（孤立的）物理系统年龄的增长。如果在宇宙内部，这个过程会持续到终止，詹姆斯·金斯爵士[1]写道，“宇宙中将没有日光和星光，只有均匀分布在空间的冷光辐射”。这个最后的熵最大状态被称为“宇宙热寂”。

因为熵的增加意味着无序的增加，熵最大的语言就是最自由的语言，显然这是一种毫无规则限制的语言。这样的语言自然没有统计数据可确定哪些字母最常用，哪些字母可能跟在某个字母后，等等。要写这种语言的文章，可以把26个字母和空格（出于简化原因，省掉标点符号、大写字母等）放入一个瓮，抽取一个项目，记下，再放回去，摇动瓮中项目，重取。这种文章只由偶然控制，是完全随机的，看上去就像香农用这个步骤编出的样本：

XFOML RXKHRJFFJUJ ZLPWCFWKCYJ

FFJEYVKCQSGXYD QPAAMKBZAACIBZLHJQD

阿根廷作家豪尔赫·路易斯·博尔赫斯[2]写过一篇令人难忘的短篇故事，一个想象的无限“巴别图书馆”（Library of Babel）的图书就用这种随机方式写成。因此，它包括各种可能的字母组合，相应地，包含“所有语言能够表达的一切。它包罗万象：详尽的未来历史，天使长自传，图书馆的真实目录，成千上万假目录，对这些假目录谬误的证明，对真实目录谬误的证明……你死亡的

[1] 译注：Sir James (Hopwood) Jeans（1877—1946），英国物理学家，天文学家，提出了太阳系形成理论及定态理论原则之一的宇宙中物质不断创生理论。

[2] 译注：Jorge Luis Borges（1899—1986），阿根廷作家，以深奥和富于想象力的短篇小说闻名，短篇小说集《世界性丑闻》（*A Universal History of Infamy*）被奉为魔幻现实主义的经典作品。

真实故事，所有语言全部图书的译本……我编不出这个神圣图书馆预见不到的任何字母组合——dhcmrlchtdj”。当图书馆的人认识到它无所不包时，他们兴高采烈，因为他们知道它包含对一切问题的解答。得意之后是极度的沮丧：他们找不到这些答案。因此作为整体，这个图书馆的熵为无穷大。这些浑然一体的文字与埃米尔·博雷尔（Émile Borel）的打字猴偶然敲出的一行诗没什么两样，都是偶然的结果。

但自然语言不是随机事件。大量规则赋予它们高度组织化的结构，从而降低了它们的熵。理论上，计算熵的步骤是：一、数出语料总体中的每个字母数量，除以总字母数，得到出现概率，用该概率乘以其对数，再把所有积相加，负号改成正号；二、数出所有字母对，算出概率，与其对数相乘，积相加，改变符号，再除以 2（因为熵是以每个字母为基础规定的）；三、数出每个三字母组，算出概率，把概率与其对数的积相加，改变符号，除以 3；四、统计所有四字母组，算出每个概率，与它们的对数相乘，积相加，改变符号，除以 4；五、对数量逐个增加的字母组重复这一过程，直到能给出有效出现概率的最大字母数。每增加一个步骤，得出的值就越接近该语言作为一个整体的熵。

香农用一个相当大的样本实际执行了前三个步骤。使用有 27 个元素的字母表（包括单词间隔）和英文频率表，他发现单个字母的熵是 4.03 比特 [1] 每字母。双字母跌到 3.32 比特每字母，三字母组为 3.1 比特每字母。熵值下降来自一个事实：每个字母对其后字母的影响——t 后接一个 h 的可能性比 l 更大。

---

[1]　原注：“比特”（bit）是个混合词，表示“二进制数字”（binary digit）。二进制数字是只使用两个不同数字（通常是 0 和 1）表示数量的记数系统中的两个数字。通常计数使用 10 个数字的十进制系统。二进制数字计数步骤与十进制相同，前者用两个数字，后者用 10 个数字。十进制的 0、1、2、3、4、5、6、7、8、9、10、11 用二进制表示就是 0、1、10、11、100、101、110、111、1000、1001、1010、1011。二进制数字用两种排他性可能中的一种选择，用“此”或“彼”、“通”或“断”、“有”或“无”、“1”或“0”表示结果。因此，4.03 比特每字母就表示，确定正确字母需要做出 4.03 次“是—否”选择。在信息论中，这种形式比十进制表示的 10 种选择有更多概念上的优势。二进制只是另一种形式的计数系统，就像计算机中使用的八进制系统，及不时有人因为 12 的因数比 10 更多而主张用于日常生活的十二进制系统。二进制系统要求在计算中使用以 2 为底的对数替代以 10 为底的对数。

这个概率构成了秩序的增长和熵的下降。

实践中，这种直接法受到限制，因为频率统计量很快大到不可操作的程度。达到 12 字母组时，需要计算的频率数将超过 10^{18}。因此香农借助间接法，它利用一个事实，“任何说一门语言的人都不自觉地掌握该语言的大量统计知识”。可以用数学方法从这些结果中求出熵。在一次实验中，香农统计实验对象确定一段不明文字中的正确字母需要猜多少次。字母下的数字为一个实验对象猜测的次数：

T H E R E I S N O R E V E R S E O N A M O T O R C Y C L E
1 1 1 5 1 1 2 1 1 2 1 1 15 1 17 1 1 1 2 1 3 2 1 2 2 7 1 1 1 1 4 1 1 1 1 1
A F R I E N D O F M I N E F O U N D T H I S O U T
3 1 8 6 1 3 1 1 1 1 1 1 1 1 1 1 1 6 2 1 1 1 1 1 1 2 1 1 1 1 1 1
R A T H E R D R A M A T I C A L L Y T H E O T H E R D A Y
4 1 1 1 1 1 1 11 5 1 1 1 1 1 1 1 1 1 1 1 6 1 1 1 1 1 1 1 1 1 1 1 1 1

102 个符号中，试验对象在第一次尝试中猜中 79 个，只有 15 个需要 3 次以上猜测。后一情况大部分发生在有多种可能思路的地方。

在另一个试验中，实验对象试图补全一个短句，其中空格和元音已被删掉，只剩下原文一半长：

F C T S S T R N G R T H N F C T N

六个实验对象平均还原出删除部分的 93%，有几个还原出全文：*Fact is stranger than fiction*（事实比虚构更离奇）。

根据这类测试，香农估计，英语 100 个字母组的熵约为 1 比特每字母。之所以这么低，是因为前面大段文字的累积效应极大限制了最后一个字母。实际上，其他测试指出，约 32 个字母作为一组后，熵值停止了下降。换句话说，32 个字母对后面字母的影响与 100 个相同。

独立生成字母的“瓮语言”或巴别图书馆语言中自然不存在这样的内在联系，也不存在任何频率变化，因为所有字母选中的概率是一样的。这种

“瓮语言”的熵是严格的字母表元素量的函数，成为衡量自然语言的标准。二者比较的结果就是冗余度。从技术上说，冗余度就是，1 减去某种语言的熵与等量元素可能具有的最大熵之比，用百分比表示。一个有 27 个元素字母表的最大熵是 27 的对数，即 4.76 比特每字母；26 个元素，4.70。以英语熵为 1 比特每字母，则得出英语冗余度为 1—1/4.7，即 79%。这个数字通常调整为更简单保守的 75%。

第 21 章　密码发明的其他各种动机

在许多聪明人的头脑中，有一错误观念最根深蒂固，即只要努力，就可以发明一种无人能破的密码。许多人做了尝试，即便只有一部分密码被公开或得到专利，其数量和种类也令人吃惊。

已退休法国上校埃米尔·米兹科夫斯基（Emile Myzskowski）设计出一种重复密钥移位密码，出版在他的《不可破的密码》（*Cryptographie indéchiffrable*）一书中。比利时陆军军官科隆提出几种分组加密系统。罗齐耶让明文字母经一条令人眼花缭乱的扭曲路径穿过维热纳尔密码表，试图迷惑分析员。所谓的菲利普密码（Phillips cipher）用一个 5×5 方表对 5 个字母作单表替代，再变换方表行，重复这一过程。阿姆斯科移位密码既接受单字母，也接受字母对为明文元素。德格朗普雷（A. de Grandpré）在 10×10 方表中填入 10 个单词，每词 10 个字母，各词首字母构成一首容易记忆的藏头诗，在表外排上坐标，用它们加密；表内明文单词的应用提供了与掩盖普通明文频率所需比例大致相当的多名码。法国少校路易 – 马里 – 朱尔·施奈德（Louis-Marie-Jules Schneider）编制了一个错综复杂的多表替代，它的密码表是连续派生的，它是威廉·弗里德曼在发展重合指数理论时破译的系统之一。一个叫阿瑟·波格斯（Arthur Porges）的数学家设计了一种以连续分组为基础的系统。尼科迪默斯密码（Nicodemus cipher）把明文排列在密钥词下方，根据密钥词用维热纳尔密码加密，再用从密钥词中得出的密钥数进行垂直变换。18 世纪法国革命家米拉波伯爵用波利比乌斯方表加密，方表纵横坐标都是从 1 到 5；他竖写每个两位数替代，抄完所有第一行数字后再抄第二行，随意加入 6 到 0 的数字作为虚码。一些爱好者仅仅提议用维热纳尔加密一条信息，再用普莱费尔加密。霍曼（W. B. Homan）发明了一种密码，在这种密码表产生的密信里，每个字母的频率都相同。

除这些手工加密的系统外，专利局文件箱里还塞满了密码圆盘（也许是最流行的单一种类密码发明），以及齿轮排列、漏格板、圆柱、自动表格、滑条系统，等等。（替代密码大部分由机械生成，因为替代和移位有一项根本区别。移位密码的生成类似工业工程师所称的“批次”制造过程，这种工艺一次性加工大量材料，按批出成品。这是因为移位要求全部打乱一整组字母，而机械装置很难储存字母。另一方面，替代密码就像一个“连续”工艺流程，原料［密码中是字母，工艺中是配料］连续流动，不经储存，可以在任一点切断。）

也许大部分密码的发明只是出于消遣，是一时兴趣之作，或许许多人都经历过。每个密码学家都会碰到一个熟人，从他口中会说出，“编出一个不可破密码不是什么难事”。这个朋友接着会提出他的理论，通常是一些原始的多表替代或一个书本密码。通常，他会翻出少年时代的某个系统，花上半小时用它加密一段十个单词的信息，请密码学家朋友当场解开它。19 世纪，英国记者威廉·杰丹（William Jerdan）在自传中讲述了一个非常典型的密码诞生故事，以令人愉快且幽默的笔触记述了常与这类密码诞生相伴的伟大梦想。

一天晚上，杰丹和几个年轻友人谈话时提到密码话题。杰丹吹嘘“我自己就可以编出一个世上无人能解的密码”，并以一顿晚餐为赌注。然后有人拿出一本百科全书，给他看了大量已经发明的系统，杰丹说，“回去睡觉时，我对自己不太满意，因为我看起来像极了那个我发明不了的东西——密码”。但早上醒来，“我脑海中已经编好了密码”。他与朋友进行了讨论，未来的大法官托马斯·怀尔德（Thomes Wilde）也在其中。朋友认为，“该把它交给政府。我不知道我会从我的伟大发明中得到多大奖赏。没有什么比我的白日梦更宏大更美丽的了……我和怀尔德热切地盼望着首相的接见，把这个天赐的宝贝送给政府，也让我们自己走上财富和提拔之路。”他们确实设法向一个政府秘书描述了这个密码。多年后，杰丹拜访一个外交部高官，看到一个以他本人原理为基础的密码正在使用。他很自然地认为这是他的成果，但它也有可能是另外一个人独立发明的。

几乎每个发明人都对自己的密码系统充满信心，认为它们牢不可破。（然而，随着密码复杂程度的增加，发明人的专利申请在不断减少。）1744 年，瑞士大数学家伦哈德·欧拉（Leonhard Euler）寄给朋友一封有几个多名码的单表替代密信，他相信它们不可破译。相比于大部分发明人，他只是稍微天真了一点点。1896 年，人文学科代表人物、著名英语文献学家、乔叟作品主编沃尔特·斯基特（Walter W. Skeat）提出了一个密码，效果相当于一个以 ABCDE 为密钥的维热纳尔；当成群业余密码分析员敲开它时，他坦然认输并退出。几乎所有埋在旧纸堆或专利局老文件里的密码化石都应该被遗忘，它们不是太容易出错，就是太轻易被破开，要不就是过于烦琐。许多发明者以复杂为乐，他们从不考虑密码员可能不会像他那样喜欢密码的复杂计算；他们也没有认识到，对密码员来说，加密不是愉快的业余消遣，而是成天单调枯燥的工作，如同把整列整列数字相加一般无聊，他们宁愿出门与女友约会。

查尔斯·巴贝奇断言，所有密码中，没有一个值得一看，除非发明者本人破译过非常困难的密码。这个规则适用于绝大部分情况，并且如果得到遵守，它将为密码学家省下大量时间。但同样，它将在人们屈尊看一眼托马斯·爱迪生的留声机之前，要求他先通过一次严格的声学理论考试。巴贝奇规则将使密码学家失去一些最重要的现代密码学成就，如弗纳姆系统、转轮、哈格林密码机。密码学家需要加工大量矿石，才能得到一些有价值的材料，钻石矿工也是如此。

在评估自己的密码时，许多发明人错误地认为，密码分析员破译时必须沿加密路径反向返回，而且由于其中一些步骤只有用密钥才能还原，因此密码肯定是无法突破的。如一种简单密码把明文分解成棋盘密码坐标，再重新把每个字母第二个坐标数字与下一个字母第一个坐标数字进行组合（组合首尾字母余下的坐标数字），最后再把它们编回字母：

	1	2	3	4	5
1	L	B	S	A	C
2	T	R	D	V	O
3	F	W	M	H	X
4	I	K	Y	G	N
5	Z	U	P	E	Q

明　文 a　t　t　a　c　k　n　o　w

分　解 1 4 2 1 2 1 1 4 1 5 4 2 4 5 2 5 3 2

重编密文 K　B　L　I　E　V　U　P　T

在发明人看来，似乎因为密码分析员不知道还原直接密数所必需的字母坐标——这一点似乎也是还原明文必不可少的，他将找不到密信的突破口。当密码似乎由一块光滑无痕的表面保护时，分析员将会无从下手，但事实并非如此。分析员只分析密码的结构而不是对它进行操作，他可以观察到密文字母 K 的第二个（列）坐标是未知明文字母的第一个（行）坐标，下一个密文字母 B 的第一个（行）坐标形成同一个明文字母的第二个（列）坐标。这个观察绕过了找到实际数字坐标的任何需要，分析员从而得以继续破译。

许多系统提供了数量庞大的密钥组合，它们的发明人以此作为不可破的证据，于是不明智地与卡尔达诺发出相同论调，为自己的系统辩护，声称穷尽可能的破译需要上亿万年——同样无效。因为正如香农显示的，密码分析员不会逐个试验每一种可能性，他会一次性排除数百万个。而且，试破从高可能性向低可能性的假设推进，增加了分析员尽快找到正确可能性的机会。“虽然全面试错要求按密钥数的顺序试破，”香农写道，“但这种细分试错只需以比特为单位的密钥长度次序试破。”这是个小得多的数字。

这类评论很少影响到意志坚定的发明家。若一个密码学家指出密码铠甲上一处薄弱环节，发明者就会用另一个更深奥的程序来强化它。发明者对密码学了解越少，就越顽固地坚持他的不可破信念；发明者越聪明，就越会巧妙地糊弄密码学家。如果密码学家反对，说密码经不起大报量检验，或会造成太多重大错误；发明者就回应道，要想保持密码不可破，就得正确使用。他的“正确”一词意味着只有在密码编制理想国才能实现的条件——没有加密或传输错误，报量也不超过为一个特定密钥规定的界限。

但这一点立即就把他的密码降格为一个不能作为实用编码方法的小玩意。因为如此定义“正确”，任何密码都可看成不可破密码。即使一个单表替代，如果只加密发送一封很短的密信，也可以在这层意义上符合“正确”使用准则。“正确”一词意味着发明者只盯着其密码得到正确使用的极少场合，而忽视其他广阔领域。但在评估一个密码时，它发挥作用领域与不发挥作用领域的比例，和它的内在价值一样重要。密码学家当然看到了这一点，然而当他试图把发明者的注意力引向外部世界时，发明者告诉他，“我说的不是那样”。密码学家和发明者确实在谈论两个不同的事情，两人站在各自立场都是正确的。发明者说密码在它的小楼里不可破时，他是正确的；但密码学家说它没有价值时，他更正确。

伯恩（J. F. Byrne）在密码发明史上留下了浓墨重彩的一笔。他多次碰壁，但 35 年如一日地坚持自己的密码。伯恩是詹姆斯・乔伊斯的密友，两人一起在都柏林学习，乔伊斯《一个青年艺术家的肖像》中的克兰利就是以伯恩为原型；而且，乔伊斯把伯恩的住处都柏林埃克尔斯大街 7 号设为他的巨著《尤利西斯》两个主人公利奥波德和莫莉・布卢姆的家。[1]1918 年，伯恩偶然想

---

[1] 原注：这也许不是巧合。《尤利西斯》中，在埃克尔斯大街 7 号利奥波德・布卢姆先生上锁的私人抽屉物品清单中，除了其他物品外，还有“三封打字信，收件人亨利・弗劳尔，经韦斯特兰路邮局转交；发件人玛莎・克利福德，经多芬巴恩邮局转交。三封信发信人名址写成逆序转行（boustrephodontic）有标点四行（quadrilinear）密文（略去元音字母）：N.IGS./WI.UU.OX/W.OKS.MH/Y.IM:... ”“Quadrilinear”表示把密文分写在四行内；“逆序”指出密钥是 a = Z、b = Y 等；“boustrephodontic”是从形容词“boustrephodon”（该词另一个拼法“boustrophedon”似乎更准确）造出的一个形容词，后者是一个古文字学术语，表示各行从左到右、从右到左轮流的书写方式，指出密文行应该以这种方式阅读。不幸的是，乔伊斯或布卢姆在第四行忘了这一点，错误地变成从左到右。因此，该密信及其破译如下：

N . I G S .
m a r t h a
W I . U U . O X
d r o f f i l c
W . O K S . M H
d o l p h i n s
Y . I M
b a r n

到“混乱密码”（Chaocipher）的原理，他从未公开透露它[1]，但它其实是个自动密钥。它的操作只需一个雪茄盒、几根线和一些零碎物品。他把它拿给表妹看时，她惊叹说它将会带给他一个诺贝尔奖：很明显不是为科学，而是为它把通信完全保密的礼物送给所有国家、所有人，从而将开创一个世界和平时代。伯恩写道：

> 着手打造一个不可破的密码系统之初，我就很清楚地确定，此等系统应为所有人采用。我设想，比如，商人可以把我的方法和机器用于商务交流，兄弟会和社团、宗教机构也可以使用。我相信我的方法和机器将是大型宗教机构（如分支机构遍布世界各地的天主教会）的无价之宝。我设想，并且依然这么想，丈夫、妻子和情侣都用上我的机器。我的机器将会像现在的打字机一样，在酒店、轮船，甚至火车和飞机上进行出租，任何人，随时随地，都可以用上。我还相信，我的系统将用于出版用密码写成的册子和图书，只有那些得到特别指示的人才能阅读，这个时代将会到来——而且指日可待。

伯恩与派克·希特上校通信，并且在 1922 年，向弗里德曼和前参谋部无线电情报科科长，当时负责通信兵部队密码编制的弗兰克·穆尔曼上校演示了他的机器。他们不需要它。他把它提供给国务院，后者以一封格式公函回复说它的“密码能满足需要”，伯恩痛骂它是“典型自以为是”的说法，这一点也不为过。1937 到 1938 年间，他把机器提交海军，或许和约瑟夫·温格海军中校交涉过；还将机器提交给美国电话电报公司研发负责人拉尔兹蒙德·派克（Ralzemond D. Parker），他是弗纳姆发明在线机器时的上司。没人接受它。

伯恩毫不气馁。他找人印了本小册子，印上用他的“混乱密码”加密的已知文本，向世界发出挑战。临近生命结束时，他写了一本回忆录，描述了与乔伊斯在一起的许多时光，但他写作它的真正理由不是让人们了解早期的乔伊

---

[1]　译注：2010 年 5 月，伯恩家人把与混乱密码有关的全部文件和物品捐给米德堡的国家密码博物馆，混乱密码的算法最终公开。

斯，而是把他的“混乱密码”介绍给更多读者。《沉默岁月》[1] 第 21 章和最后一章概述了“混乱密码”的故事，占全书篇幅的八分之一。书的结尾，伯恩不知是用 5000 美元还是图书出版后前三个月的全部版税打赌，赌没人能破译印在末页、用“混乱密码”加密的信息。他还向美国密码协会和纽约密码协会的爱好者，向控制论创始人诺伯特·维纳（Norbert Wiener），向其他迷信电子计算机器能力的人等发出挑战。

没人来领奖金，伯恩也在几年后去世。可以设想，公众未能解读和政府未能采用其密码的原因是，虽然密码可能有许多优点，但它的缺点更多，妨碍了它的实际应用。和许多发明人一样，伯恩赢了，也输了。他的密码从未被破译，但他的梦想也从未实现。

密码制作（codemaking）似乎盛极一时，因为它能给人无限想象空间。如果密码是抽象代数的一种形式，那么发明一个新密码系统就是用你自己的材料和设计建造一座空中楼阁。只要不自相矛盾，系统就可以开始工作，而当它正确工作时，它总能给发明人带来满足感。密码制作比密码破译（codebreaking）流行得多，因为它更容易，更令人愉快，只要你乐意，就可以堆砌各种漂亮的理论。而密码分析迫使大脑集中在数据上，集中在粗糙的现实上。但密码分析的回报更可观，它征服了顽强不屈的现实；它代表了智慧对现实的胜利，而密码制作的胜利不代表任何对象。这种智力上的胜利来自破译的极大愉悦，聪明人，如巴贝奇和惠斯通，能看到密码分析的诱人之处。一次，密码分析得到了极大赞扬。那次赞扬的措辞平淡无奇，所涉密信也很简单，它来自哈里·胡迪尼[2]。“忧心一番后，我设法破译了那条信息。然而，在随后的生活中，很少有快乐能够与我解开密码时的兴奋相比。”他写道。按理说，他应该谈论解开有形谜语的能力，解开五花大绑的绳索和紧身衣的能力，解开水下箱上锁具的能

[1] 译注：即《沉默岁月：自传及对詹姆斯·乔伊斯和我们的爱尔兰的回忆》（*Silent Years: An Autobiography with Memoirs of James Joyce and Our Ireland*）。

[2] 译注：Harry Houdini（1874—1926），出生在匈牙利的美国魔术师、遁术师；出生名埃里克·魏斯（Erik Weisz），20 世纪早期以能从各种镣铐和容器中，包括从监狱单人牢房到悬在空中的紧身衣内脱身而成名。

力，这些才是他每天赖以生存技能。

于是顺理成章，那些沉湎密码分析中的人开始抱团，共享这份精神愉悦。美国密码协会成立于 1932 年，由国家谜语联盟（National Puzzlers League）内希望更多关注密码学的成员设立，他们的座右铭是“密文是谜语中的贵族”。今天，美国密码协会约有 500 名会员，包括一些来自日本、澳大利亚、新西兰、印度、以色列、阿尔及利亚、英国、荷兰、西班牙、北爱尔兰、德国、瑞典、阿根廷、委内瑞拉和加拿大的成员。他们来自各行各业，有律师、编辑、医生、教授、公务员、教师、家庭主妇、寡妇、工程师、数学家、计算机程序员、智力玩具制造商、退休人员，等等。大部分成员都会取一个笔名，或某种便捷的代号，如“B. NATURAL”“AB STRUSE”“FRINKUS”“DR. CRYPTOGRAM”；这是国家谜语联盟的惯用做法，据称是营造成员间的轻松氛围。协会隔月出版一本通常为 24 页的杂志——《密文》（*The Cryptogram*）。它刊登密码分析、新密码和密码史文章。它还提供几种密文，供其成员破译：有单词间隔的单表替代，从最简单的一直到拥有最变态句法和词汇表的（这些被称为“贵族”，与协会的座右铭相呼应）；用各种密码加密的密文，可在一条有 150 个字母的信息范围内破译，有时带提示；外文密信，偶尔涉及世界语、拉丁语和匈牙利语。破译人的代号和得分都有记录。协会每年举办年度大会，会员可听取密码讲座，参加密码比赛，接受外行记者的采访，还可享受宴席。在大城市，会员联合组成地方团体，如纽约密码协会，他们通常每月聚会，进行演说、交流想法和进行社交。虽然法国有一个陆海空预备役军人和现役军官组成的半官方密码学组织——预备役部队密码协会（Amicale des Réservistes du Chiffre），但它形同虚设；美国密码协会似乎是世界上唯一的此类协会。[1]

报纸像刊登字谜一样每天登出单表替代密码，没有加入美国密码学会的成千上万民众也能从破译中感受密码分析带来的激动。一些密码相对简单，它们引用一段著名作家的文章，使用普通单词；还有些报纸登出相当难的短密码，它们由几乎无意义的罕见单词编成。大多情况下，这些密码由几家报纸联合发

[1]　译注：2007 年 3 月 25 日，中国密码学会（CACR，官网 http://www.cacrnet.org.cn/）在北京成立。

布。另外，字谜杂志通常也会登几个单表替代密码。其中有一个杂志为每份密文支付一美元，它们大部分来自俄亥俄州某监狱的一个犯人。

许多人把编制密码和破译密码当作消遣，但也有人郑重其事。对于千姿百态的非政治密码而言，它们的种类和数量大致与其背后的保密动机如出一辙。

纽约金融区中心华尔街以南的百老汇大街三一教堂墓地立着块墓碑，部分碑文用密码写成。墓碑的主人是詹姆斯·利森（James Leeson），他死于1794年9月28日，时年38岁。密码碑文用拥有几百年历史的古老猪圈密码写成，意为*Remember Death*（记住死亡）。为什么利森把它刻在碑上，也许永远都没人知道，但他的动机很有可能与第一次把密码用在墓碑上的古埃及人一样：吸引过路人，让他们记住逝者。

虽然引人遐想，但有些人加密教堂登记簿条目的动机更为模糊。在英格兰坎伯兰郡克利特，有人使用这种非常简单的密码：

a	e	i	o	u	l	m	n	r
1	2	3	4	5	6	7	8	9

除此之外，其他部分为拉丁明文，记录了1645年1月1日，教区副牧师威廉·巴恩的女儿珍妮特·巴恩的洗礼仪式；母亲的名字则没有记录。加密人会不会是巴恩本人？如果是，他会不会在隐瞒一次私生子事件？同样的系统被用在英格兰阿克斯布里奇附近艾弗教区的收费簿上，记录1767年1月17日“188 b58y48”的婚礼。为什么要隐瞒“Ann Bunyon”的名字，而她丈夫的名字却写成明文，原因依然不详。

日内瓦加尔文学院数学教师加布里埃尔·克拉默（Gabriel Cramer）与当时最有学问的人有书信往来。1750年9月14日，他在一封信上写下两条加密信息，形成两个螺旋形。消息为简单栅栏密码加密，用劝说的口吻写道：“先知告诉你要无所畏惧；你应怀有一切美好希望；勇敢挑战；不要害怕；快乐必将与你同在。”几乎可以肯定，克拉默编写这两条信息只是为了自我安慰，自我鼓励，选择螺旋形也许因为它象征时间的展开，象征他展望的未来。

一处宝藏的位置依然隐藏在密码下，抵抗密码分析寻宝人的发掘已有一个多世纪。故事始于 1817 年，托马斯·杰弗逊·比尔（Thomas Jefferson Beale）一行 30 人的队伍在圣菲以北约 402 千米处追踪一大群北美野牛。晚上，他们在一个小山谷扎营过夜。在火光照耀下，他们发现一些东西在岩石间闪闪发光：金子！在 18 个月时间里，比尔一伙挖到大量黄金白银。1819 年 11 月，他和 10 个同伴回到弗吉尼亚，把半吨黄金和近两吨白银藏在“贝德福德县，离比福兹约 6.4 千米”的一个约 1.8 米深的洞穴内，该洞穴为他们自已亲手所挖。两年后，他又藏入近一吨黄金、半吨白银和价值 1.3 万美元的珠宝。随后比尔再次离开，去了西部。他再也没回来，但留给酒馆主罗伯特·莫里斯一个上锁的盒子。比尔敬重莫里斯的人品，请他等 10 年，如果那时比尔没回来，就打开盒子。

莫里斯等了 20 多年才砸开锁，在盒子里发现几张写满数字的纸和两封给他的信。这些信讲述了发现金子的故事，指示他把财富平分成 31 份，一份他留着，同行伙伴 30 人的近亲每人一份。密信给出那些近亲的名字和财宝所藏地点。比尔在信上答应将把密钥寄给莫里斯，但什么也没寄来。

莫里斯着手尝试破译密信，但毫无头绪。几年无功之后，他把秘密告诉了弗吉尼亚州坎贝尔县的詹姆斯·沃德（James B. Ward）。沃德加入破译，最终成功破开 2 号纸上的密码，上面写着财宝的数额和比尔藏宝的时间、方式，但没说在哪里。信息结尾写道：“1 号纸描述了准确的埋藏地点，因此找到它不成问题。”

2 号纸的密钥藏在《独立宣言》[1] 里。比尔把所有单词从 1 到 1322 编上号，用号码作为对应单词首字母的密码替代。但《独立宣言》没有解开他们望眼欲穿的 1 号纸密信。这是一封有 496 组的数字密信，数字范围从 1 到 2906，重复数量中等。密码分析家（更准确地说，未来密码分析家）不断发起冲击，尝试过美国《宪法》、《圣经》和莎士比亚戏剧，但一个也不起作用。人们将一个副本送到费边的里弗班克实验室，也石沉大海。1964 年，华盛顿特区的卡尔·哈

[1]　译注：Declaration of Independence，1776 年 7 月 4 日，美洲殖民地 13 个州代表（包括托马斯·杰弗逊、本杰明·富兰克林和约翰·亚当斯等）签署《独立宣言》，宣布美国独立于大不列颠王国统治。

默（Carl Hammer）博士为确定密信性质，在一台尤尼瓦克 1107 型计算机上运行了复杂的统计测试。“除其他工作外，”他写道，“我分析了数字本身的分布，它们以 26 为模的余数，它们的交叉和，甚至它们从框架 2 到 100 这一范围的自回归模式。”这些令他满意，因为结果证实了 1 号纸确实使用与 2 号纸一样的系统加密，但他没有破开密信。最丰厚的密码分析回报将属于破译它的人。

密码学不仅保护了物质层面上的秘密，还保护了精神上的秘密。秘密社团长期以来一直在使用密码。共济会垄断了古老的猪圈密码，以至于后者常被称为共济会密码。它最常见的现代形式如下：

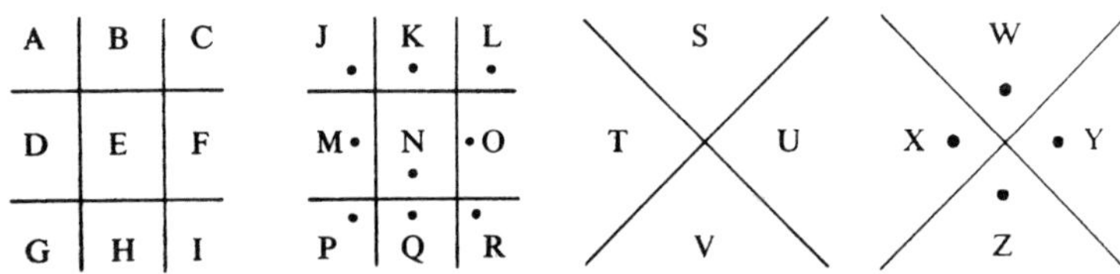

据此，*Scottish rite*（苏格兰仪式）被加密成 VLE»ΓVΠ ΓΓ>□。共济会把密码、简写和画谜相混合来掩盖他们的秘密仪式，这些符号星星点点地出现在共济会印刷手册上，共同构成这个混合体。南北战争后的南方，类似于三 K 党的金环骑士团[1]偶尔在通信中使用同一密码。

早期的美国大学优等生荣誉学会有强烈的保密倾向，1780 年威廉斯堡的学会总部将一份章程寄到哈佛，要求“所有通信应通过各社团主席，并使用此处附上的加密表格进行加密”。表格由 13 个互代构成，哈佛分部用它加密 1782 年 3 月 23 日发给耶鲁分部的一封信。信以“IZ BUGZ BPWX ZUNDWZXB FHHFNBARWBG...”（*We take this earliest opportunity...*[2]）开头，将哈佛分部的成立通知耶鲁分部，请后者“有效利用教学通信”。学会成员相当重视他们的密码，10 月 10 日，耶鲁分部主席致信哈佛：“我得承认，我写了不少本应用加密

[1] 译注：三 K 党（Ku Klux Klan，缩写为 KKK），美国历史悠久规模庞大的恐怖组织，奉行白人至上主义。金环骑士团（Knights of the Golden Circle [KGC]），美国 19 世纪中期一个支持奴隶制的秘密组织。

[2] 译注：大意为，我们谨此……

表加密的内容，但我离开诺斯黑文前忘记带走一本，因此它现在无济于事。”

烧炭党[1]是一个反政府的自由主义秘密政治组织，19 世纪初活跃在意大利，后在法国壮大。该党可能使用了一个以密钥短语为基础的密码。密钥短语写在明文字母表下方，成为密文字母表；写在字母右上的数字用来区分密钥短语中的重复字母。1857 年出版的小说《沉默的同伴》（*Les Compagnons du Silence*）描写了一个类似烧炭党的秘密社团，多产的通俗惊险小说作家保罗·费瓦尔（Paul Féval）在该书中就采用了这样一个系统。密钥短语就是该虚构社团的口号，意为“快乐的朋友，让我们经历磨难吧”，但费瓦尔错误地把 ALLEGRI 写成 ALLIEGRE，造成大部分短语不同步：

a b c d e f g h i j k l m n o p q r s t u v x y z
A M I C I^2 A^2 L L^2 I^3 E G R E^2 A^3 N D I^4 A^4 M^2 O A^5 L^3 L^4 A^6 P [E N A]

carbonari 用该表加密成 $IAA^4MNA^3AA^4I^3$。1834 年，当局从一个法国烧炭党人身上查到一封有类似特征的密信。

虽然科学的总体目标是揭示事物真相，但有时，科学家担心遭到迫害，不得不隐瞒他们的成果。波尔塔的山猫学会学院用密码与约翰·埃克（Johann Eck）进行通信。伽利略通过他的新望远镜发现金星有类似月亮的相位变化，这是对哥白尼日心说的有力支持。他面临与天主教会发生严重冲突的危险，后者会很快宣布这是异端邪说。因此，他在一封给约翰尼斯·开普勒[2]的信里用逆序回文记录了他的发现：HAEC IMMATURA A ME JAM FRUSTRA LEGUNTUR O.Y.（现在，我发现这些不成熟的理论只是徒劳），两个字母 O.Y. 不能用这种方法逆写。信上的明文进一步用神话典故来隐藏天体名字，用爱情女神维纳斯表示金星，月亮女神辛西娅表示月亮[3]：*Cynthiae figuras aemulatur mater amorum*

---

[1]　译注：Carbonari，19 世纪活跃在意大利各国的秘密民族主义政党，追求成立一个统一、自由的意大利，在意大利统一过程中发挥了关键作用。

[2]　译注：Johannes Kepler（1571—1630），德国杰出天文学家，发现了行星运动的三大定律，分别是轨道定律、面积定律和周期定律。这三大定律最终使他赢得了“天空立法者”的美名。他还对光学、数学做出重要贡献，是现代实验光学的奠基人。

[3]　译注：Venus，金星，维纳斯（司爱情的女神）；Cynthia，辛西娅，月亮，月亮女神。

（爱情之母效仿辛西娅的相位）。克里斯蒂安·惠更斯[1]用同样方式确定了他是土星环的第一个发现人。他没有把他的明文逆序写成另一段敏感的文字，而是在给朋友的一封信中简单地写出字母：7 个 A、5 个 C、1 个 D、5 个 E、1 个 G、1 个 H、7 个 I、4 个 L、2 个 M、9 个 N、4 个 O、2 个 P、1 个 Q、2 个 R、1 个 S 和 5 个 U，表示 *Annulo cingitur tenui plano, nusquam cohaerente, ad ecliptican inclinato*（它被一个又扁又平的薄环围绕着，但不与薄环接触，整体向黄道倾斜）。1711 年，伟大的英国建筑师克里斯托弗·雷恩（Christopher Wren）爵士寄给皇家学会三封密码短信，描述了三种确定经度的装置：（1）OZVCVAYINIXDNCVOCWEDCNMALNABECIRTEWNGRAMHHCCAW，（2）ZEIYEINOIEBIVTXESCIOCPSDEDMNANHSEFPRPIWHDRAEHHXCIF，（3）EZKAVEBIMOXRFCSLCEEDHWMGNNIVEOMREWWERRCSHEPCIP。每封信都是倒过来念，每隔两个字母去掉一个；里面有几处错误。为什么雷恩要加密本该明示的内容，原因不明，但不管怎么说，他没有得到奖励。

最近，阿尔弗雷德·金赛[2]和同事为《人类女性性行为》一书加密了受访者关于性习惯的答复。只有性研究所的四个人可以阅读密码，它们用各栏内的“×”和几个方格图案、破折号和看不懂的缩写形式记录受访者的答复。金赛解释，“在受调查者面前用密码记录数据，有助于让他或她相信这些记录是保密的。虽然大部分调查表通常保证，调查是匿名的，但许多人仍心有疑虑，如果写下对书面问题的答案，他们担心人们可能通过一些手段了解他们的身份。他们还担心用英语明文做的记录可能会被其他接触文件的人读到，在这类研究的历史上，这样的担心不无道理。别忘了，在性方面，我们的法律和民众意见与日常社会行为模式是如此格格不入，以至于如果他们的性历史为公众所知，许多人可能会陷入社会或法律纠纷”。

有时，在自己的对象为人所知时，情人们会身处同样困境。因此，奥维德

[1] 译注：Christiaan Hugens（1629—1695）荷兰物理学家、天文学家、数学家，他是介于伽利略与牛顿之间的一位重要物理学先驱，史上最著名的物理学家之一，对力学的发展和光学研究都有杰出贡献，在数学和天文学方面也有卓越成就，是近代自然科学的一个重要开拓者。

[2] 译注：Alfred C. Kinsey（1894—1956），美国生物学家及性学家，被认为是 20 世纪中最具影响力的人物之一。他和三个同事在调查基础上合作编写的著作被后人称为“金赛报告”。

在《爱的艺术》中提出一些建议，指导如何秘密通信。他提到一些初级形式的隐写墨水：

Tuta quoque est fallitque oculus e lacte recenti
Littera: carbonis pulvere tange, leges.
Fallet et umiduli quae fiet acumine lini,
Et feret occultas pura tabella notas.

意为：“用新鲜牛奶写成的信也很安全，不会被人注意；用煤灰抹一下即可读出。用一截浸湿的亚麻枝写的信也能骗过人，一张白纸可携带隐藏的符号。”他还建议使用性别相反的代词，如用“他”表示“她”。

情人间的秘密通信千差万别，从最简单的偷偷在教室里传递的纸条，到富人、王室成员和名人间使用的复杂系统。1631 年，康涅狄格州未来的州长，当时 20 多岁的小约翰·温斯罗普（John Winthrop）爱上了表妹玛莎·芬斯。她是个孤儿，他的父亲、马萨诸塞湾殖民地第一任总督老约翰是她的监护人。温斯罗普 24 岁时，他们偷偷结了婚。因为通邮不正常，信件最开始也只是用蜡封一下；第二年，他们用一个单表符号替代来掩盖火热的通信内容，他从伦敦，她从格罗顿寄出。但玛莎在生第一个孩子时去世，约翰后来再婚。19 世纪 90 年代，西曼·韦瑟雷尔（Seaman L. Wetherell）因与一个不到 14 岁的女孩发生性行为，在佛蒙特州被判刑。他从狱中寄给女孩一本《黑猫》杂志，在上面标记、加点特定单词和字母，拼出一封信。法庭呆板地把它称为“一种表达爱意、要求对方写信和警告她记住承诺的书信交流形式”。论辛辣讽刺，乔纳森·斯威夫特[1]的文笔不输给任何人，但他却在《致斯特拉书》中使用了“童言稚语”，这种语言甜得发腻，和婴儿语言相差无几。斯特拉其实是 12 岁的埃斯特·约翰逊。他还用了一种虚码密码，在这种密码中，字母每隔一个间隔才有意义，如把 *a bank bill for fifty pound*（一张 50 英镑的钞票）写成 AL

[1]　译注：Jonathan Swift（1667—1745），爱尔兰讽刺作家、诗人、英国国教会牧师，通称“斯威夫特教长”；以《格列佛游记》最著名。下文《致斯特拉书》（[*A*] *Journal to Stella*）是他写给埃斯特·约翰逊的第 65 封信。这些信在斯威夫特死后，首次于 1766 年部分出版。据说他可能秘密与她结了婚。

BSADNUK LBOINLPL DFAONR UFAINFBTOY DPIONUFNAD。

玛丽·安托瓦内特[1]维持着一个与情人通信用的精巧密码家族，这些信通常都有政治意味。虽然生活在准代码时代，她在意大利语通信中用一个类似波尔塔的密码，以及一个以小说《保罗和维尔日妮》（*Paul et Virginie*）为基础的密码，用于她在巴黎的通信。她的信大部分写给贝特朗·德莫勒维尔(Bertrand de Moleville)。她还加密写给阿克塞尔·费尔森[2]伯爵的情书，这个英俊高大严肃的瑞典青年大概是在参与了美国独立战争，从美国回来之后，于1783年中期成为她的情人。"我可以告诉你，我爱你，每时每刻。"一封信这样开头，结尾则写道，"再见，最可爱、最亲爱的，献给你我全心全意的吻。"在法国国王和王后企图从法国大革命中脱身的那两个月，费尔森处理了他们的大量通信。他用一个多表替代系统来加解密信件，与密谋者交流：

A	ab	cd	ef	gh	ik	lm	no	pq	rs	tu	xy	Z&
B	bk	du	ei	fl	gn	ho	my	ps	qx	rt	ac	&z
C	lr	ad	bg	cz	s&	ek	fm	th	ix	np	oq	uy
.	..	..	..	..	..	..	..	..	..	..	..	..

密钥词字母在大写字母列，明文字母在小写字母对中，密文字母是字母对中的另一个，因此密钥为B时，*d* = U并且*u* = D。费尔森不用ROI（国王）或LOUIS（路易）或ROYALE（皇室）这类易于猜测的密钥词，而是频繁更换使用一些简单词汇，如DEPUIS、VOTRE、BATTRE、SEROIT等。另外，他还在一个小代码表中用单个字母表示重要人物：B = *Empress of Russia*（俄国女皇），F = *King of Spain*（西班牙国王），N = *the King*（[法国] 国王），R = *Count Fersen*（费尔森伯爵），等等。这些信件保密良好，其中1791年5月26日一封用密钥词VERTU加密的信写着"国王同意逃跑路线"。几天后，路易和玛丽伪装成仆人，乘一辆马车逃跑时被发现，但其失败不是因为密码。在

[1] 译注：Marie Antoinette（1755—1793），法国国王路易十六的王后，1770年嫁给尚未登基的路易十六。她的奢侈生活受到民众厌恶；法国大革命期间，与丈夫一起被处死。

[2] 译注：Hans Axel von Fersen（1755—1810），本书后面也拼写成"Fersen"。

瓦雷纳，一辆满载家具的大车横在一座小桥上，堵住去路。就在玛丽从杜伊勒利花园装睡逃出 24 小时后，一声大喊“停！”响起，法国国王、王后和王室再次成为大革命的囚徒，并且最终丧命。

在 19 世纪初情人采用的稀奇古怪秘密通信方式中，报纸上的个人启事也许是所有方式中最公开的，有时被称作“私事广告栏”。大概是出于父母原因或其他限制，情人不能通过邮件直接联系对方，但他们可以很方便地把报纸带回家，读取信息。为保密起见，这些信息加了密，但用的系统通常都很初级，任何人只要用点心就能读懂他们的情话。1853 年 2 月，伦敦《泰晤士报》登出一篇写给切内伦托拉（Cenerentola）的恺撒替代信息，其中 *a* = V：“我拼命想编个解释给你，心病都想犯了也想不出。如果没人怀疑真实原因，沉默是最安全的；如果有人怀疑，所有故事都将被人刨根问底。记得表兄弟的第一次求婚吗？考虑一下。”几个月后，8 月 19 日，同一份报纸登出一封普通逆序密码密信——*a* = Z、*z* = A，*the* 和 *that* 等几个单词用数字替代。信的开头写道：“亲爱的，收到你的信，你还记得我的生日，知道我有多高兴吗？请不要认为我是在生气时写的信。我担心别人读到我的信……”

惠斯通和巴贝奇常以破译这些简单信件为乐。巴贝奇轻松读出 1859 年 5 月 13 日写给一位罗伯特的恺撒替代信息：“为什么你不来看我，不写信给我？如此痛苦和焦虑！——哦，爱人爱人！”最难破译的是 1853 年 12 月 21 日一封给弗洛的数字密信，以“1821 82734 29 30 84541”开头。大概经过几个月的多表替代和多名码替代尝试后，他最终发现它是多义码替代，每个密数代表一到四个明文字母。它开头写道（有两处加密错误）：*Thou image of my heart*！（想象我的心情！）

有时人们刊登密信只为看看是否有人能解开。一条落款为肯辛顿、用恺撒替代加密的、有关教育的建议，一周后得到回应，一条写给肯辛顿的广告写道，“你的密码被译出；但这样好的道理该用明文写，让所有人受益。”1852 年 2 月 10 日，《泰晤士报》被人利用，攻击该报本身——当然用的是密码：TIG TJOHW IT TIG JFHIIWOLA OG TIG PSGVW，意为“*The Times is the Jefferies of the press*”（《泰晤士报》是报纸中的杰弗里斯），它采用的是一个渐进式维热纳尔密码，密钥 ABCD……每个单词从头开始。它引用了一个 17 世纪的英国法官乔治·杰弗里斯[1]，意指《泰晤士报》是政府的怯懦工具，只会把对手往死里整。《泰晤士报》编辑要是听说这条密信，他会像他的女王一样笑不出来。探险家理查德·柯林森（Richard Collinson）探险期间，家人在《泰晤士报》刊登了加密个人启事，与他通信，甚至都不知道他在哪里。但是，也许因为两次大战期间的审查限制，也许因为电话的出现或减少了对父母的限制，使用加密个人启事的做法逐渐消失。

不过密码依然为恋爱的人所用。30年代初，当时的威尔士王子，后来的爱德华八世，在追求弗内斯夫人塞尔玛期间，就是通过密码互发电报。“我那时常常恼恨解密所花的大量时间，”她后来打开话匣子，“恋爱时，一个人迫不及待地想知道一切，因为电报通常很长，弄清里面写些什么似乎要一辈子。但好东西总是值得等待，因为加密后，你可以无所顾忌，说出打动一个女人心房的全部话语。”可惜她犯了一个大错，去美国前，她请一个朋友在她离开时帮忙照顾王子。朋友答应了，她的名字叫沃利斯·沃菲尔德·辛普森[2]。

有时，通信中采用的保密手段甚至被用在给自己的信（日记或私人记录）里。在著名的达·芬奇笔记中，一些内容用左手反书写成，借此部分隐藏了许多当时太超前的设想，如装甲军车和飞行器。也许最早用密码写作日记的人当属瑞典政府官员埃里克·布拉厄，从1592到1601年，他用秘密符号写日记，每天一行，并被后人效仿。在美洲殖民地，1709到1741年间，弗吉尼亚的威廉·伯德，断断续续记了七年左右的日记。他用速记写作，后来的该州参议员哈里·伯德是他的后代。芝加哥法庭速记员爱德华·沃格尔曾在雅德利的军事情报局密码科工作，20世纪30年代，他认出伯德用的系统是威廉·梅森的“改良速记法”（La Plume Volante，或flying pen）。玛丽昂·廷林夫人转抄伯德的日记时遇到点麻烦，因为他常在这种速记里省略元音。日记的一部分依然未出版，据说是因为它的内容过于猥亵。

亨利–加蒂安·贝特朗（Henry-Gatien Bertrand）将军是拿破仑流放圣赫

[1] 译注：George Jeffreys（约1645—1689），威尔士法官，1683年起任英国高等法院首席大法官，曾参与对天主教阴谋案的起诉，后因“血腥的巡回审判”中的残酷判决而臭名昭著。

[2] 译注：Wallis Warfield Simpson（1896—1986），爱德华八世为娶她放弃王位，成为温莎公爵。二人1937年6月3日在法国结婚，她成为温莎公爵夫人。

勒拿岛期间的同伴，他用简化到近乎密码的法文记日记。1821 年 1 月 20 日的条目写道："N. so. le mat. en cal: il. déj. bi. se. trv. un peu fat; le so. il est f.g."。解读它的保罗 · 弗勒里奥 · 德朗格勒（Paul Fleuriot de Langle）称他的工作是将"法文译成法文——奇怪的活动和消遣"，他把这段话解成，"*Napoléon sort le matin en calèche. Il déjeune bien, se trouve un peu fatigué; le soir, il est fort gai*"（拿破仑早上乘马车出去。午餐吃得不少，他有点累了；晚上他很开心）。

最著名的密写日记无疑属于塞缪尔 · 佩皮斯。从 1660 年 1 月 1 日开始，到 1669 年 5 月 31 日因视力缺陷被迫中断为止，这个英国文官写下他尖刻坦率，也许是有史来吸引力最持久的日记。日记全部用托马斯 · 谢尔顿（Thomas Shelton）的所谓"速记术"（tachygraphy）写成，密密麻麻写满 3000 多页。它的 11 个字母与普通书写的速记形式没多大区别，有 5 个元音点位，但词中元音的位置则由其后面一个辅音取代。谢尔顿提出了一个约定单词表，即《圣经》（常用布道短语），自己为 265 个常用词规定了符号。如 2 表示 *to*，大 2 表示 *two*，3 表示 *grace*，4 表示 *heart*，5 代表 *because*，6 是 *us*，等等。

谢尔顿速记法曾在剑桥玛格达琳学院流行，佩皮斯可能就是在那里学到的。谢尔顿的初版是在 1620 年，佩皮斯记日记依据的似乎是 1641 年版本，应该是后来的第六版。虽然因为速记知识的广泛传播，佩皮斯应该不会把它用于保密目的，但事实似乎表明，保密也是他使用速记的动机之一。其一，他曾与一个朋友谈到他多么不想让大家知道他在写日记；其二，在 17 世纪的英国，速记还不是很普及，许多人相信它可以充当密码。一些新教徒担心，只要逮到机会，天主教会就会完全查禁《圣经》，因此把它用速记抄下来保存。为增强保密性，佩皮斯常常用法语，有时用拉丁文、希腊文或西班牙文，或插入自己发明的虚码符号。保密之外，佩皮斯无疑还喜欢它的便利，高速书写不会打断思路，可能这一点也给他的日记增添了不少魅力。

佩皮斯死后，六卷小八开日记躲在它半保密的手稿里，躺在玛格达琳学院的佩皮斯藏品中沉睡了三四代人的时间。谢尔顿的"速记术"和众多过时速写体系一样，渐渐被人遗忘；至于如何阅读它的手稿，日记没有提示；虽然日记中有佩皮斯用普通文字转抄的、他对查理二世活动的速写记述，但图书管理员对此一无所知。因为这些原因，它们一直沉睡着。与佩皮斯同时代的约翰 · 伊

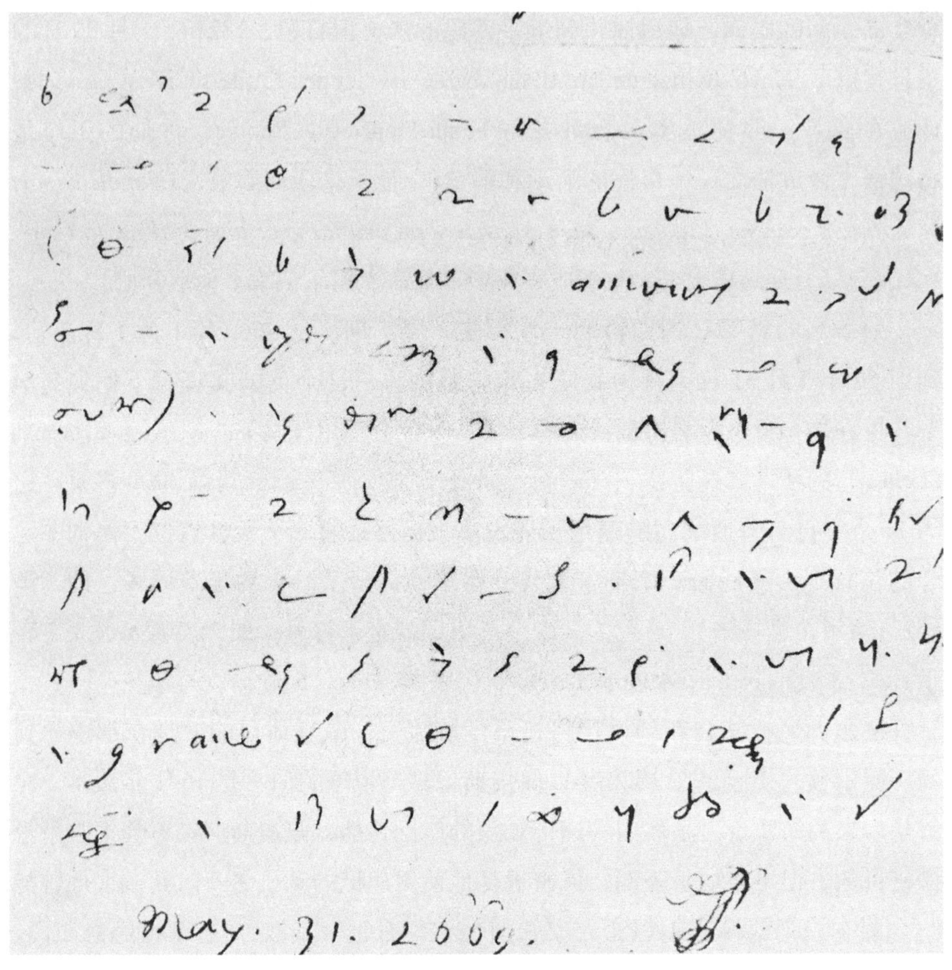

塞缪尔·佩皮斯速写日记原稿一页

夫林[1]的日记出版后，玛格达琳学院院长觉得，由于佩皮斯担任过海军部高级职位，他的日记或许也能揭示英国历史上那个激动人心的时代。他显然给政治家、藏书家托马斯·格伦威尔（Thomas Grenville）看过日记。根据学院不成文传统，某天晚上，格伦威尔把日记带回卧室，次日早饭时带着几页解密日记出现。他把这些提示交给圣约翰学院本科生、速记员约翰·史密斯。从 1819 到 1822 年，史密斯转抄日记，通常每天工作 12 到 14 小时。他的工作熟练而准

[1] 译注：John Evelyn（1620—1706），英国作家，园艺师，日记作者。

确，一般情况下，20 页纸中只能找出五六个小错误。

工作完成后，他发现它不仅是趣味横生的个人回忆，而且是一部以前所未有方式揭示人的作品。1825 年，佩皮斯日记出版，自此重印不断。从那以后，史密斯过着平淡的生活，作为赫特福德郡鲍尔多克的教区牧师，波澜不惊地过了 38 年，于 1870 年去世。佩皮斯日记成为文学经典，这颗文学明珠部分要归功于速写的保密功能，佩皮斯可以用它安心地写下他内心的最真实想法。

密码学还以其他方式丰富了人类文学。许多古代作家，其中有荷马和希罗多德提到密写，但都是与历史事件有关。直到文艺复兴时期，密码学得到广泛应用而为众文人所知时，它才成为一个文学话题。第一个谈及密码话题的作家不是浅尝辄止，他两手抓紧它，与它翩翩起舞，他拿整个事情开讲，引发阵阵欢声。他就是弗朗索瓦·拉伯雷[1]：

> 庞大固埃（Pantagruel）读完信封上的字（一位夫人给他的信上，写着“致最花心、最脓包的勇士”），大为惊奇，于是向那个信使询问了来信夫人的名字；他打开信，发现信上啥也没写，信封里除了一枚镶双切面钻石的金戒指，什么也没有。他莫名其妙，叫来巴奴日（Panurge），把这咄咄怪事告诉他。巴奴日告诉他，这纸上的内容用一种非常狡猾巧妙的方式写成，初见之下，是什么也看不见的。于是为了看这封信，他先用火烤，看它是不是用氯化铵溶液写的；再放到水里，看是不是用大戟类植物的汁写的。接着再使它对着蜡烛，看是不是用白洋葱汁写的。
>
> 然后他用胡桃油摩擦信的一部分，看它用没用无花果渣。他还用女人喂长女的乳汁摩擦信的另一部分，看用没用红蟾蜍或绿青蛙的血；接下来他再用燕窝的灰摩擦一角，看它会不会用名为灯笼茄的酸浆果汁水写成。尔后他用耳屎摩擦一端，看它是否用乌鸦的胆汁写

[1]　译注：François Rabelais（约 1494—1553），法国讽刺作家，文艺复兴时期法国最杰出的人文主义作家之一，通晓医学、天文、地理等多种学科和希腊文、拉丁文等多种文字。下面内容引用自其代表作《巨人传》（*Gargantua and Pantagruel*）第二部第二十四章。

成，再把它蘸到醋里，试试它用没用大戟汁；之后再抹上蝙蝠油，看它是否用人称龙涎香的抹香鲸油写成；再把它完全浸入一盆清水里，随即取出，看它是否用矿矾写就。但经过所有实验，他自知无能为力，想到它可能出自奥卢斯·格利乌斯提到的奇思妙想，叫来信差，问他，伙计，派你来的夫人有没有给你根棍子？信差回答他，没有，先生。此时巴奴日本该剃光他的头，看那位夫人是不是把想说的话用制肥皂的苦碱写在他的光头上，但是看到他的头发很长，想到头发不可能在这么短时间内长到这么长，他忍住了。

这时他对庞大固埃说，主人，以上帝的名义，我不知道该怎么做，也不知道该说些什么。为搞清这上面有没有字，我已经阅读了托斯卡纳人弗朗西斯科·迪尼安托（Francisco di Nianto）大人作品的大部分内容，他记载了阅读无字信的方法；用了琐罗亚斯德出版的《关于不易辨认的文字》（*Peri grammaton acriton*）和卡尔弗纽斯·巴苏斯（Calphurnius Bassus）的《无法辨认的文字》（*de literis illegibiligus*）中的办法，但什么也没看出。我想现在只有这枚指环了，所以，还是让我们看看它吧。

果然，戒指里面藏着那个夫人责备的信息。这段有趣的插曲，难道不是一场关于隐写墨水的开心大讨论吗？一半基于真事，表现了拉伯雷的广博知识；而使之成为一场夸张滑稽戏的另一半纯粹出于拉伯雷的杜撰。用氯化铵、洋葱、矾和大戟制成的墨水都讲得通，但红蟾蜍、耳垢和蝙蝠油则讽刺了当时自诩的魔法师，如特里特米乌斯，或者从另一个角度，如波尔塔，他们喜欢鼓捣些奇特配方和故作神秘。那根棍子，自然是罗马作家奥卢斯·格利乌斯在《阿提克之夜》（*Attic Nights*）里描述的“天书”。剃头故事讽刺了希罗多德的希司提埃伊欧斯把密信纹在一个奴隶头上的故事。里面提到的三本书纯属杜撰。这段插曲的高潮——信息就在他们第一眼能看到的地方——讽刺了整个挖掘秘密信息的勾当。在一个巨匠的倾力巨作中，密码学焕发出炽热的文学生命力。

文学巨匠莎士比亚从未这样描写密码学，不过他提到它的大哥——信件拦截。在《亨利五世》中，亨利的兄弟贝德福德公爵与两个同伴讨论三个贵族正在秘密策划反对国王的阴谋。“国王已经知道他们的全部阴谋，他们做梦也没想到，信被我们拦下了。”贝德福德说。不久后，亨利给三个背叛者看了他们的罪证——也许就是这些拦截的信件。其效果是戏剧性的：“现在还有什么可说，诸位？看看你们丢的这些文件。脸色这么难看？”亨利叫道。“你瞧，他们变得多快啊！两颊苍白如纸。怎么啦，你们在这上面看到什么，吓成这样，连一丝血色都没有了？”他们当即招供。在剧中，他们被当场处死。

虽然这是一出历史剧，但莎士比亚的资料来源（拉斐尔·霍林希德[1]和爱德华·霍尔 [Edward Hall] 的编年史），并未提及信件拦截。这部分内容一定出自莎士比亚的想象，灵感可能来自当时的普遍共识：当局拦截开拆信件获取信息。

莎翁之后 200 年的虚构作品中，密码学讨论即使不是闻所未闻，也是凤毛麟角，游离于作品主题以外，以至于评论文章中没有留下它们的踪迹，这也许可以证明莎翁的博闻广见。到 1829 年，巴尔扎克出版了《婚姻生理学》（*The Physiology of Marriage*），文学中的密码学走入歧途。这是构成鸿篇巨制《人间喜剧》[2]的作品之一，是一篇关于婚姻嬉笑怒骂的长篇大论，在一个论述“与婚姻关系有关的宗教和忏悔”的章节中，巴尔扎克写道：“拉布吕耶尔说过一段很神圣的话：‘（同时要求）宗教虔诚和对妻子的殷勤，对丈夫来说不够公平：妻子必须做出选择。’作者认为拉布吕耶尔错了。实际上……”。随后就是四页天花乱坠的印刷大杂烩，有的字母底朝天，有的歪向一边，还有的活字字头倒过来用另一头印，反正没有一个字母有任何意义，但最后有个“en effet”（实际上）偷偷插在快结束的位置。书里有个勘误表，作用是“提醒你防止阅读本书过程中犯下的错误”，巴尔扎克在勘误表中引用了那四页，评论说：“要真正理解这几页的意义，不想自欺的读者应该把主要段落多读几遍；因为作者在其中灌注了他的全部思想。”

---

[1]　译注：Raphael Holinshed（？—约 1580），英国编年史家。他虽是《英格兰、苏格兰、爱尔兰编年史》的署名编者，但只写了《英格兰编年史》，其余部分只提供了帮助。1587 年的修订本被莎士比亚使用。

[2]　译注：*Human Comedy*，巴尔扎克巨著，由 91 部互相联系的小说组成，其中包括《欧也妮·葛朗台》《高老头》等。

它会是一段真的密文吗？好奇的巴泽里埃斯海军中校用一本最新版本，分析了“密文”，发现它既非移位，亦非替代。他得出结论，它根本不是密码。其实只要比较他的版本与第一版或随后的任何一个版本——其中一些在巴尔扎克生前出版，他可以更容易地确定这一点。他会发现，巴尔扎克明显不想透露他对宗教和忏悔的看法，因此指示印刷商把“密文”的版本印得各不相同！

几年后，随着爱伦·坡的作品问世，文学中的密码学又向前迈出一大步。作为一部以密码为基础的虚构作品，他的故事《金甲虫》依然无与伦比。

这位早期美国作家对密码学的兴趣似乎是水到渠成。他主张思想的准确，谈论“推理”，写下诸如《窃信案》（*The Purloined Letter*）之类追求严密逻辑的故事。但他也写出美得令人窒息的诗和恐怖的《奇闻怪谭》（*Tales of the Grotesque and Arabesque*），还探究催眠术和颅相学之类非理性话题。密码学更是以同样方式被割裂，它强烈的理性光辉照亮了它探究的现象。与此同时，它也闪现着神秘主义和怪异力量的苍白、诡异、模糊的微光。密码学的这两个方面利用了爱伦·坡的双重性：科学方面用上他的智力，神秘主义用上他的情绪，并因此激起强烈反响。

爱伦·坡对文字和神秘现象感兴趣的证据出现在《亚瑟·戈登·皮姆的叙事》（*The Narrative of Arthur Gordon Pym*）里，书中记载了在模糊的地图轮廓和墙壁剥落的洞穴中，人们拼出令人费解的埃塞俄比亚语和阿拉伯语单词。但他第一次对密码学的描写是在一篇题为“谜与难题”的文章中，发表在 1839 年 12 月 18 日的一份费城报纸《亚历山大每周信使报》上。在登出一条谜语、难住该报一个订阅者后，爱伦·坡写道：

> 我们对来信人的困惑深表同情，大家急于解开它，尤其当我们都“嗜好”谜语的时候。虽然聪明过头不受待见，但我们认为一个好的谜语是个好东西。解谜除了要用到许多其他能力外，还提供了极好的分析能力训练。我们认为猜谜是检验一般能力的最有效方法。解释这个观点可以写出一篇重量级的杂志文章。表明严格“方法”能在多大程度上适用于猜谜，这样做绝非白费力气。正因如此，肯定地给出一套规则是可行的，应用它们后，几乎世上任何（好的）谜语都可被立即

La Bruyère a dit très-spirituellement : — C'est trop contre un mari que la dévotion et la galanterie : une femme devrait opter.

L'auteur pense que La Bruyère s'est trompé. En effet, Epbaʌuɔhxɔerubx.Éomeɔəsetsʌbe ojlnvuɪFLɪerdguiəlnuflzəɔpassnəuɹɯColɪnt sMuunumadnɹùcsunoesɪoadeoozsnebeəɔ8sɪ snvɪepər,lqn-puʊsèjheʌuɪréAoɯgbovcqɹee pauɪstuɪueəɯninɯreiotaemnɪəeuʊenɪoɔae, ou·dʊepis tdoquɔaɾpeəeoəcdsjnɪdəsɪnoosnəuɪ

DES RELIGIONS ET DE LA CONFESSION, CONSIDÉRÉES DANS LEURS RAPPORTS AVEC LE MARIAGE.

La Bruyère a dit très-spirituellement : — « C'est trop contre un mari que la dévotion et la galanterie : une femme devrait opter. »

L'auteur pense que La Bruyère s'est trompé. En effet : Lsuotru.e-neətnɹɯɪdbreàus,jcoeaudnt, létɪèɯuu eaCmetss,esosiost pfsa0iylaott deinensleuiodp nc nrunsmneɯeeùs8əpɹubjv p,uyéiienqseaedrɔɪeept reeeatdniə paaeseèpuctɪeqtndsbior' oɔo rsnnosiur gl qglecdcimtsrdàèr,e-mlesànoɹroase nueè,nxstublr sanunuuperbemolénerpaueu'ertcd ssài.àcrsɪuents Csrs.afotmuèsàéceueeoactlitsosernsultt,acoimesersn bCbrettuqqnutcarodapnpseeɹriscantuoopc-hsesstao

DES RELIGIONS ET DE LA CONFESSION, CONSIDÉRÉES DANS LEURS RAPPORTS AVEC LE MARIAGE.

La Bruyère a dit très-spirituellement : « C'est trop contre un mari que la dévotion et la galanterie : une femme devrait opter. »

L'auteur pense que La Bruyère s'est trompé. En effet : Lsuotnisdcəmnnesarɹaopqsssuneewe n ɪnɯeorarrs uəisfgah5opsumcé dlzybɔéssoin«raqfighʌratnmɪnidsfsn r qfidɪudspqəɯuceds rnfi.;'eessumdəserartuam məcɯɪnésaɹaopɹquiedmumcdtespqrfiɪɪhkhnesdesorat prəɔnmutnessmdceɪenrraneemənestuinprsqsbənisns nito uesarqplifiannumedəcənieuasopqɪghɪqwwm umnmedcbəéinta roapqsqunɯednvnxnʌcetnsbuem oqpsarqɪflighfotdweɔ-ceduntumɔbɪvyzvbvnmc»pentiesor

266　THE PHYSIOLOGY OF MARRIAGE

band to have ranged against him both devotion and gallantry; a woman ought to choose but one of them for her ally."

The author thinks that La Bruyere is mistaken. For instance: anresfs mirhcaraf.: farmhesdalhd laiadtfhmsl ,aidl annersnsffiNfidgdc.: "pqtpvgvtmffo. dt-aipo; todfda:dhoiOo tdasadecssmcirersqvt" odht.tditoadgdaodtgd scmwywgbm wp ctoliygfb chuykgbvTOIj qwfmhi niheemlunfbmcthan numfkw arolfmecml uwfmbraod rfhmscwyuniuwam csn cwyuniahmrl shrluf bmhraoinpywffgbmhrjNIDFMB nlwgbmharod inudr ehfgkqjp ylidrmbv csthaoildmbyun drARMT,.:; dfarhlnldr eccmrodwlunldrfmh bmh fdwyluULDFMBH,. ylwfmhranlf cmb fwdilyqkgbmhtarhmcshrdwkflffffipjpul dra h nurmrafpu and in similar vein to the end of the paragraph.

巴尔扎克《婚姻生理学》中的伪密码，显示了不同版本的区别。分别是1840年第一版（左上），“新”1840年版（右上），1847年版（左下）和1901年英文版（右下）

解开。这话听上去不合常理，但是确有一套规则存在，通过它可以轻易解密任何种类的象形文字，这种文字的字母可由任何符号代替。*

这一段的脚注写道：

例如，把A写成“†”或其他任意符号，把B写成“”，等等。用这种形式构成整个字母表，再用这个字母表写出任何一段文章，这种文章可以用正确的方法解读。让我们试一下，不管谁以此法给我们写信，我们保证可以立即读出来——无论使用的符号多奇特，多随意。

回信涌向爱伦·坡。一开始还只是来自费城及周边地区，但后来收到了亚拉巴马、马萨诸塞、纽约、俄亥俄、印第安纳和艾奥瓦等地的来信。从艾奥瓦来信的是17岁的斯凯勒·科尔法克斯，他后来成为格兰特第一个任期的副总统。加密者用上各种异想天开的符号组合：星号、问号、数字、段落标记，一次还有“能够想象到的最丑陋、最离奇的象形文字（我们办公室没有任何一种字体与它们相似，哪怕一点点）”。来信剧增逼得爱伦·坡问他的读者：“难道人们真的以为我们成天无所事事，就是读象形文字吗？或者我们准备停了正事，变戏法去？有没人教我们如何脱离这个泥潭？如果我们不解开转来的全部难题，编制它们的人会认为那是因为我们解不开，而实际上我们能解开。如果我们真的解开它们，我们很快就得把我们的报纸增大到《乔纳森兄弟报》（*Brother Jonathan*，一份约60厘米 ×90厘米的‘巨型’纽约报纸）10倍大小。”事情从未坏到那种程度，但大量信件幸运地给爱伦·坡提供了一个机会，让他解释为什么把他的挑战范围限制在（对他来说）容易破译的密码：“如果破译寄来的‘所有种类谜语’，我们会忙死。我们说能够并且会破译收到的、属于规定范围的每一个密码，我们不止十倍地履行了我们的承诺。”

在刊有爱伦·坡密码文章的15期《亚历山大每周信使报》上，他公布了11封密信的密文和译文，16封密信的译文；他仅仅提及破译了另外三封。六封没有破译：一封给他弄丢了；一封没时间破译；一封铅笔写的已经污损；两封“不合理”（假密信）；一封有51个不同的密文符号，因而超出他在最初挑战中设定的没有多名码的严格单表替代范围。

在这几个月里，他从未透露过他是如何破译这些密信的，尽管读者请求说，“和我们分享秘密吧，因为我们都喜欢奇迹”。爱伦·坡开起玩笑：“好吧，他会拿什么跟我们换这个秘密？它可是个值一大笔钱的大秘密。让他给我们寄40个订阅人的名单和订阅费，我们就给他把整个步骤方法解释得一清二楚。”破译了一封大概每行使用不同密码表的头韵密信后，他承诺透露他的破译方法。但他显然意识到这份神秘感提高了吸引力，因为他又在下一期撤回了承诺：“经重新考虑，我们目前还不能给出我们的‘破译模式’。”

他最接近这样做的一次，是演示如何推断宾夕法尼亚刘易斯顿的库尔普（G. W. Kulp）寄给他的一道题是个假密码。他选出密信中三个单词：MW、LAAM 和 MLW。因为“所有两字母单词都由一个元音和一个辅音组成”，他写道，MW 肯定属于他列出的 30 个单词之一。然后他在所有 30 个单词中插入字母表中每一个字母，执行一次全面试验步骤，看哪些字母可以从 MLW 中得出正确单词。他找到包括 *ash* 和 *tho'* 在内的 18 个单词。转到 LAAM，他写道，“如果 MLW 是 *ash*，那么 LAAM 就是一个 *s . . a* 形式的单词，两个点代表两个相同的未知字母。”他依此逐一试验他的 18 个单词，发现唯一能使 LAAM 有意义的是 *h . . t*，即 *hoot*。“因此 LAAM 就是 *hoot*，不然就没有意义。但是，单词 *hoot* 的假设是建立在单词 *tho'* 的基础上……现在我们得出明确结论。要不库尔普先生的密码是假的，要不 MW 表示 *to*，MLW 表示 *tho'*，LAAM 表示 *hoot*。但后一种情况明显不可能，因为那样的话，W 和 A 都将表示字母 *o*。那么结论如何？库尔普先生的谜语根本不是谜语。这个论证和任何数学论证一样无可置疑。这里采用的推理过程也用在密码的破译中。”

爱伦·坡在《亚历山大每周信使报》上的全部密信都是有字间隔的简单单表替代（除一封似乎属于某种卡尔达诺漏格板，他只给出它的破译）。没有一个写信给爱伦·坡的读者尝试用难题类型的密信刁难他，这类使用怪词和反常句法的密信完全在他的规则范围之内。实际上，他们常常用人们熟悉的文章，如主祷文（Lord's Prayer）或《第十二夜》（*Twelfth Night*）开场白，让他的工作变得特别容易。信中一两个单词的识别会出卖整封密信，并且实际上，爱伦·坡“一眼”就能读出主祷文密信。虽然一个通信者用了 $a = 1$，$b = 2$，……，

$z = 26$ 的替代，大部分符号密码表没有密钥。爱伦·坡很快破译，“读者从他的来信日期可以知道，我们付印时（周二），只能是当天上午收到它的——因此我们肯定‘即时’读出了他的谜语。”他在给出《亚历山大每周信使报》的第一份破译时写道。他也有草率的破译，给出有错误或遗漏的译文。这表明他用归纳法攻击密文，就像库尔普假密码中演示的那样，通过尝试字母组合试猜单词，而不是细致分析密文频率和特征。这种直观方法提供了更大胆、更容易的破译，非常符合他的思维和行事风格。

爱伦·坡为《亚历山大每周信使报》所做的破译是一个脆弱的根基，他在此根基上建立了一个夸大的密码分析家名声。1841 年，他稍稍加强了这个根基，破译了另一本杂志读者提交、比普通单表替代稍难的多名码替代密信。但他赖以建立出神入化密码分析天才名声的，却是他夸大这些稀松平常事迹的宣传技能，再加上其他人的吹捧。1843 年，《费城星期六博物馆报》一篇关于“洞察力”的文章报道了爱伦·坡如何拿到一封密信并且“当即”给出答案。他为同一期关于他本人的传记提供材料，引用他破译过的最难密信，却把它说成是最简单的，“但这个密码”，这篇文章错误地评论说，“与我们回忆录主人公破译的其他密码相比，本身不算复杂”。一个朋友在一封信中报告爱伦·坡如何“在一段（比加密耗时）短得多的时间内”破译了一封密信，爱伦·坡立即出版了那封信。爱伦·坡死后不到一年，传奇达到登峰造极的程度。一个马萨诸塞州牧师讲述爱伦·坡如何“用……编写所需时间的五分之一”读出一封密信，总结说，“世上造诣最深、最娴熟的密码学家无疑是埃德加·爱伦·坡”。

自那以后，神话逐渐退潮。爱伦·坡研究者维姆萨特（W. K. Wimsatt Jr.）声称爱伦·坡的密码分析能力“远超常人”；当然只是超出普通人，甚至超出对密码有点好奇的人，但不会超出普通爱好者。大部分做过破译的爱好者破译单表替代和爱伦·坡一样熟练。一点点经验就能赋予破译员一眼看穿单词和单词形式的“神奇”能力：KVBK 显然代表 *that*，KVILI 是 *there*，AVTOV 为 *which*。这类密码的破译不仅简单，而且稍加练习，几乎是机械性的。因此，根据现有证据说爱伦·坡的密码分析技巧超越常人并不恰当。但他没表现出来的能力，维姆萨特所说的“天生能力”[1]，又如何？其他同时代业余分析家——巴贝奇、惠斯通、卡西斯基——有时破开比单表替代难得多的密码。爱伦·坡也能做到吗？这个问题无从答起。爱伦·坡把自己限制在最简单的密码形式。他这样做是出于害怕解决更复杂的系统，还是按他说的，因为他没时间？没有证据基础，确定这一点是武断的，没有意义的。

无论如何，爱伦·坡的卓越密码分析名声为他的形象增添了色彩。“把爱伦·坡描绘成一个传奇，他的人性既超越普通人，同时又不及普通人，他与密码的联系无疑在其中发挥了最大作用。”约瑟夫·伍德·克鲁奇[2]写道。通过与密码的联系，爱伦·坡把自己包裹在与密码形影不离的幽灵气氛中。

1840 年 5 月，爱伦·坡退出《亚历山大每周信使报》。他在该报激发的阅读兴趣是一个巨大的矿藏，一年后成为费城《格雷厄姆杂志》编辑时，他找到一次开发同样宝藏的机会。评论 1841 年 4 月期文章《今日法国名人简介》时，他提出破译读者发给他的密信，措辞与他在《亚历山大每周信使报》所用一模一样：

> （律师安托万·）贝里耶（Antoine Berryer）在通知中说，贝里公爵夫人给巴黎的波旁王朝拥护者寄了一封信，通知他们她即将到达，随信附了一则很长的加密通知，但她忘记给密钥。“贝里耶的敏锐头脑，”我们的传记作者说，“很快找到密钥。它是个短语，该短语替换

---

[1]　原注：维姆萨特的文章是对爱伦·坡密码学的权威研究，经得住推敲，书中大多论断都是有效的。我对他心怀感激，他的作品构建了我研究的框架，但我认为维姆萨特对密码分析的实践不甚了解，使他的研究走偏了。但这并不能降低爱伦·坡的地位，就像弗里德曼在他《爱伦·坡》文章中所得出的结论那样，“若他有机会把研究密码学当作自己的职业，毫无疑问他将在这一领域走得很远”。但这只是猜测，没有亚历山大文章中的证据做支撑，因为那时他的文章还没被发现，而且该文章中的后一句话也削弱了该证据的效力——“与爱伦·坡的意志相违，他最后发现，自己不过是密码学方面的半吊子”。爱伦·坡从来没给过自己任何封号。而且，文章从现当代的观点来评论爱伦·坡，也对他不公；它贬低了多字母破译法在卡西斯基密码前的伟大性，说爱伦·坡只不过是庸人一个。但不管怎样，这篇文章是第一篇对爱伦·坡密码学研究的文章。总的来说，我认为维姆萨特和弗里德曼声称爱伦·坡具有超强的密码分析能力是过头的。

[2]　译注：Joseph Wood Krutch（1893—1970），美国作家、评论家，自然主义者。

字母表的 24 个字母——*Le gourvernement provisoire*（临时政府）！”

这是一段很有趣的轶事；但我们无法理解此处需要的非凡洞察力……不管是谁，如果不嫌麻烦，都可以寄给我们一封短信，按此处提议的方式加密，密钥短语可以是法语、意大利语、西班牙语、德语、拉丁语或希腊语（或这些语言的任一种方言），我们承诺解开谜语。试验兴许能博我们的读者一乐，来试试吧。

在贝里公爵夫人之前或之后，这种密钥短语密码大概从未实际使用过。[1] 它用密钥短语作为替代密码表：

a	b	c	d	e	f	g	h	i	j	l	m	n	o	p	q	r	s	t	u	v	x	y	z
L	E	G	O	U	V	E	R	N	E	M	E	N	T	P	R	O	V	I	S	O	I	R	E

没有重复字母的法语明文 *vraiment*（真正地）将加密成 OOLNEUNI。这样，O 既代表 *v*，也代表 *r*，N 表示 *i* 和 *n*。密钥短语生成一个多义码替代：某个给定密文字母可代表两个或更多不同明文字母，因此可能造成解密歧义。多义码替代密文可能会呈现一些令人望而生畏的特征，如三四个相同字母并列出现。但它给密码分析员带来的困难都被密钥短语的连贯性抵消，分析员可以与密文一起还原密钥。

就在等待对他挑战的回应时，爱伦·坡为 7 月期的《格雷厄姆杂志》写了《密写浅谈》(*A Few Words on Secret Writing*)，这是他关于密码学的最长作品。它是密码应用信息的大杂烩，虽然叙述流畅有力，但了无新意。文章中还包含一个他曾在《亚历山大每周信使报》发表过的观点，但此处采用一种使之成为密

[1] 原注：贝里公爵夫人甚至都没用过。此处描述的系统与同一时期烧炭党可能用过的实际上是同一种系统，只是略去了用于区分的上标数字。多半是贝里耶的传记作者自己省去的，原因可能是别人没给他密码的全部细节，也可能是他误解了。确实，贝里公爵夫人是保皇党，而烧炭党是反对君主制度的，但在公爵夫人 1832 年回到法国时，两者都反对当时占据王位的一派。他们可能共同使用烧炭党人的系统，或者更有可能，它当时刚刚传开，因而被广泛使用。据此，密钥短语密码的存在也许要归功于爱伦·坡以讹传讹的创造！

码学经典的形式——长期以来被奉为圭臬，不过现在知道是谬误："可以断定，人类的创造力编制不出其创造力攻破不了的密码。"按评论家维姆萨特说法，大多数文章的"长篇大论"都直接来自《不列颠百科全书》，还可能来自《美国百科全书》（*Encyclopaedia Americana*）。爱伦·坡忠实地复制了《不列颠百科全书》的错误，把乔瓦尼·巴蒂斯塔·波尔塔的名字缩写成"Cap. Porta"。此处，爱伦·坡在密码学中首次探讨了"天书"的密码分析：把羊皮纸条绕在一截锥体上，上下滑动，直到有意义文字出现，此处锥体的直径就是"天书"的直径。但他对如何破译单表替代依然只字未吐；面对读者的强烈要求，他依然没有透露他们想知道的秘密。实际上，他加深了它的神秘感。最后他以一句（错误的）声明结束了文章：一个人在密码学作品中找不到非由"他本人领悟到的"密码破译规则。

爱伦·坡在华盛顿的朋友，小说家托马斯（F. W. Thomas）是财政部官员，正在帮助爱伦·坡谋一份政府工作。托马斯的一个朋友接受了爱伦·坡在 4 月期《格雷厄姆杂志》上的挑战。7 月 1 日，托马斯转来朋友的两封密钥短语密信。爱伦·坡当即破开一封；另一封同样有密钥短语：BUT FIND THIS OUT AND I GIVE IT UP[1]。这是他破译过的最难密信，原因在于它的明文，其中部分写道："*Without dubiety incipient pretension is apt to terminate in final vulgarity, as parturient mountains have been fabulated to produce muscupular abortions*"[2]。7 月 4 日，得意扬扬的爱伦·坡"立即回信"把译文寄给托马斯，索取证明。他把这些用于 8 月期的《格雷厄姆杂志》，登出密信全文，为第一个破译的读者赠阅全年的《格雷厄姆杂志》和《星期六晚邮报》。该期杂志付印几天后，他收到托马斯寄来的另一个密码。这是财政部长儿子编写的，托马斯对他提起过爱伦·坡。"如果可以，破译尤英（P. Ewing）先生的密码，并登在你们 8 月期杂志上；请立即回信告诉我。"托马斯写道。但它抗住了爱伦·坡的分析。大概直到那时，爱伦·坡还是单纯依靠他自身智力领悟规则，并且如果他破译了尤英密码，他有可能在谋职的事情上得到帮助，于是他寻求新的信息来源。

[1]　译注：大意为，译出这一封，我就服了你。

[2]　译注：这段话绝大部分是生僻单词，全句没什么意义。哈佛大学美国历史教授吉尔·莱波雷说："有一次我试图理解它可能的含义，差点把我的词典书脊都翻散了。"

前面几次，他从亚伯拉罕·里斯（Abraham Rees）的《百科全书》（*The Cyclopaedia*）里多有收益，找到了关于巴勒斯坦和巨石阵的文章材料。现在，他再次向它求助，这次他发现了英国外科医生威廉·布莱尔（William Blair）论述“密码”的一流文章。文章有 30 页，约 3.5 万字，是一本小书的长度。近一个世纪来，或者说直到 1916 年派克·希特写出《军事密码破译手册》前，它一直是最优秀的英文密码学专著。布莱尔对作为历史材料的手稿做了大量开创性研究，他详尽描述了主要密码系统，给出密码分析基础和大量实例，包括福尔克纳破译多表替代的尝试（注明了来源）。在托马斯来信的信封背面，爱伦·坡抄下各种语言学观察数据（“*y* 很少出现在词中”……），再加上他的频率统计，这似乎是他第一次，也是唯一一次这样做，尽管从与印刷工的合作中，他肯定已经意识到字母使用频率的差别。

论述频率时，布莱尔把元音从辅音中分出，将辅音字母按频率高低分成四组，按字母顺序把单个辅音列在各组：“要区分辅音，你必须观察 *d*、*h*、*n*、*r*、*s*、*t* 的频率；紧随其后的是 *c*、*f*、*g*、*l*、*m*、*w*；*b*、*k*、*p* 可列入第三等级；最后是 *q*、*x*、*z*。”至于元音，“你通常会发现 *e* 出现得最多；接下来是 *o*，然后 *a* 和 *i*；但 *u* 和 *y* 不及一些辅音常用，尤其是 *s* 和 *t*。”摘录布莱尔的信息时，爱伦·坡忽视了布莱尔做出的区分，错误地调换了 *a* 和 *o* 的位置，列出“e a o i d h n r s t u y c f g l m w b k p q x z 的频率顺序”。布莱尔和爱伦·坡都漏掉了 *j* 和 *v*。

然而有了这个帮助，爱伦·坡也没能解开非常短的尤英密码。他也没有把频率统计用在 10 月和 12 月期《格雷厄姆杂志》有关密码的评论中，尽管他确实用了不少布莱尔的信息，却从未注明来源。实际上，他把这些知识搞得像他自己的一样。例如 12 月，以布莱尔—福尔克纳有关多表替代破译的讨论为基础，他写到维热纳尔密码表：“1000 人中，999 人会立即宣称这种类型不可破。但在特定情形下，它还是可以快速可靠地破译的。”至于谁能实现那样的破译，爱伦·坡的读者无疑会得出他希望他们得出的结论。

密码学成就了他最受欢迎的新闻作品。秘密信息主题是成功的保证，一个以此为基础的故事似乎水到渠成，并且一个解释密码分析技术（爱伦·坡以这个谜团戏弄读者达两年）故事的成功似乎不在话下。五六年前，他评论过罗伯特·伯德（Robert M. Bird）的《谢泼德·李》（*Sheppard Lee*），书中主人公疯狂寻找海盗威廉·基德船长的传奇宝藏。爱伦·坡记起书中一个滑稽的黑人仆人，想起 1828 年他在南方当兵的日子。当时他在南卡罗来纳州查尔斯顿入海口沙利文岛上的莫尔特里堡服役，沙利文岛因此成为故事发生地。他还记起与一个熟人在那里做的博物史研究，把有骷髅头斑点的眼斑叩甲（*Alaus oculatus*）和闪亮的华彩天牛（*Callichroma splendidum*）结合成金甲虫，成为他的故事名字。

虽然故事有点长，但《格雷厄姆杂志》出版人乔治·雷克斯·格雷厄姆（George Rex Graham）还是立即买下了它，但只付了很少钱。当爱伦·坡听说《美元报》出 100 美元奖金征集最好的故事时，他从格雷厄姆那里要回《金甲虫》，拿它参赛。（他还不上格雷厄姆的钱，只好用一系列评论偿债。）《金甲虫》赢得奖金，在 1843 年 6 月 21 日和 28 日的《美元报》上分两次连载，立即大获成功。因为需求巨大，它先后在《星期六信使报》重印和《美元报》再印。剧作家西拉斯·斯蒂尔（Silas S. Steele）把它改编成剧本。8 月 8 日，它作为开场戏在费城胡桃街剧场演出。它一直是爱伦·坡所有故事里最受欢迎的一个。1845 年，它首次以图书形式出版在《故事集》（*Tales*）里。爱伦·坡稍稍修改了明文（把一个 *forty* 改成 *twenty*），改正密文与之相符；但他忘了对频率统计做相应改变。《故事集》中的频率统计还漏掉一个符号，表示 *r* 的“(”。大部分编辑复制了这些稍有错误的数字。1845 年 11 月，阿方索·博尔盖斯（Alphonso Borghers）的法文译本出现在《不列颠杂志》上。1856 年，深受爱伦·坡影响，反过来又大大影响了法国诗歌的象征主义大诗人夏尔·波德莱尔（Charles Baudelaire）出版了他的译本，“Le Scarabée d’or”（即《金甲虫》）。《金甲虫》是爱伦·坡密码主题作品的高潮和绝响，虽然他在其后两年里还破译读者寄来的密码，却再也没有出版过这类作品。他最终停止了密码破译，在一封给朋友的信中抱怨说，“时间对我就是金钱，我在密码破译上丢掉不止 1000 美元”。

《金甲虫》从英雄主人公威廉·勒格朗写起，他与一个老黑奴丘比特在沙利文岛上过着与世隔绝的生活。业余博物学家勒格朗发现了一个新物种——一只金色甲虫，为朋友（故事里的“我”）把甲虫画在一块他从沙滩上拣来的羊皮纸上。一次偶然机会，“我”把纸拿到火边，当“我”看着它时，只看到一个红色的骷髅；而勒格朗看到后似乎有点失魂落魄。随后月余时间里，他的举止越来越古怪。丘比特把“我”叫来，在勒格朗要求下，他们拿着锹出发去林中。在一棵大树前停下后，勒格朗让丘比特爬上树，在一根树枝尽头找到一块头骨，把金甲虫（他先把它借给一个朋友，又从朋友那里要回来）从一只眼洞丢下去。顺着甲虫和大树连成的线，他们开始挖掘，挖出基德埋在那里的巨大宝藏，全是闪闪发光的金币和珠宝。勒格朗如何得知寻宝方法的秘密最后真相大白。他解释了羊皮纸加热后如何显出一封隐写墨水密信，他又如何（用爱伦·坡从布莱尔文章中抄袭的频率统计）破译了密信。

故事充满了荒谬和错误。羊皮纸在“看上去像轮船附艇的船体残骸”附近发现，残骸“似乎已经在那里很久了，船板几乎都没有了”。这就是基德运财宝上岸的船。羊皮纸会在同一个位置待上几代人的时光吗？如果是，它不会像木料那样遭受风吹雨打吗？爱伦·坡清楚写明隐写墨水是“溶在硝酸里的钴渣”，但这得到的是易溶于水的硝酸钴。在海滩放上几十年后，羊皮纸上还会有墨水的痕迹吗？即使还有，勒格朗用温水洗去羊皮纸上的污垢时也涂掉了。勒格朗从山腰一个座位上，透过一道树间缝隙看到了头骨，一离开那个座位，头骨就看不见了。爱伦·坡暗示就是因为如此，海盗选择了那个座位、那棵树和那根树枝。那道狭窄的缝隙经过 150 年的树木生长还会保持不变吗？墨水第一次偶然现身是在“我”拿着羊皮纸的手垂到火边时，但能够显出墨水的热量也许会烤焦“我”的手。书中的频率表当然是荒谬的，即便爱伦·坡在用它认出 e 之后就弃之如敝屣。最后，有人可能怀疑，基德会采用如此荒谬夸张的方式记录藏宝位置，而又如此粗心地丢掉了藏宝图。

所有这些批评都有根有据。它们表明爱伦·坡更关心表面准确而不是真正准确，表明他假装拥有他实际没有的知识，以此观之，他在学问上是不诚实的。但对读者来说，这些都不重要。因为当他们沉浸在引人入胜的叙述中时，没人想到这些问题。这个故事的部分力量也许在于，爱伦·坡用它发泄未能实现的愿望。“我忍不住悲哀地设想，不幸的爱伦·坡一定不止一次梦想过如何发现这样的财富。”波德莱尔写道。寻宝情节在今天的读者眼中似乎没有新意。但正是同样原因，《哈姆雷特》似乎也充满了陈词滥调：它的魅力让它的台词家喻户晓。不过《金甲虫》打动当时读者的某些东西，也许可以从波德莱尔的描述中感受一斑：“宝藏的描写多么优美，令人心潮翻涌，眼花缭乱，多好的感觉！他们发现了财宝！这不是做梦！不像所有这类小说中发生的那样，作者用诱人的空中楼阁勾起我们的欲望，再粗暴地把我们摇醒。这一次，它是真真切切的财宝，而且破译人真的得到了它。”故事结构恰到好处，不似二流作者那样以财宝的发现结尾，而是以密码的破译结尾。而且，支撑整个故事的关键部分条分缕析，堪称杰作。“我们循着论证步骤，”评论家维姆萨特写道，“得到一种复杂和精确的印象，感受到勒格朗的精明和耐心，每个细节都得到关注，但我们决不会迷失，主线始终清晰，推理出现在该出现之处，整体势头或节奏如行云流水。这类散文的写作，依我之见，是爱伦·坡的拿手好戏之一。”

然而，这个故事的出彩来自更深层次。读者入迷地注视着一根逻辑链条一环接一环出现，最后止于中心问题答案的揭晓。《金甲虫》和爱伦·坡的另外一两个故事首次以这种思维活动为主题，被称为最早的侦探故事，但《金甲虫》有一些其他侦探故事所没有的东西。所有神秘故事都把读者置身于主人公的位置，带给他们破解难题的精神满足。除此之外，他们什么也没得到，因为在大部分情况下，故事结束于第三方——它只惩罚杀人者，但《金甲虫》的结尾与读者紧密相连。和其他侦探小说不同，《金甲虫》（按某个亚里士多德派的观点）消除人对财富和权力的渴望。这个故事是情感的满足，还附加了智力方面的特征。故事的独特之处在于，它深深吸引了读者，它的多方面吸引力则可能在于它满足了各种各样的情绪宣泄欲望。

与此同时，《金甲虫》的密码元素也存在于同样的两个层面：理性层面和欲望层面，后者激起了爱伦·坡的强烈反应。表面上，故事只论及密码学的科学方面：故事文字严谨，“推理”和逻辑探索主题贯穿其中，但故事结构却把密码学作为某种形式的预言。神秘的信息符号隐藏着巨大财富的秘密，读取者迫使大地交出这些财富。这些正是预言和魔法的功效，它们谋求通过预卜自然、控制自然来满足人类的欲望；这些也是故事情节得以构建和发展的基础。因此，在这个几乎深入潜意识的层次，爱伦·坡使密码学和魔法发生了共振，换句话说，爱伦·坡神化了密码学。

这样做的效果是普及了密码学。他是第一个这样做的。他的作品无比轰动，传播的密码学有效信息远远超过任何纯粹的教科书。“美国公众对密码学话题的兴趣从埃德加·爱伦·坡那里得到第一次推动。”弗里德曼写道。兴趣波及英国，以笔名刘易斯·卡罗尔[1]为人熟知的数学家查尔斯·路特维奇·道奇森把爱伦·坡的字母频率表抄在一本笔记本上，再加上其他一些零星的密码学内容。《金甲虫》是第一堂可以轻松获得、容易理解的密码课程，而且一直是这样。人们依然阅读它，从中获得知识和激励。那些因此而迷上密码学的人所做的贡献也许无法衡量，但不管贡献多少，密码学都要为此感谢爱伦·坡。

密码文学也要大大感谢爱伦·坡。自爱伦·坡指明道路以来，其他作家纷纷将密写用于他们的故事；而且，在这些故事中，可被恰当地称为《金甲虫归来》或《金甲虫之子》的作品亦不在少数，因为它们都采用同样的藏宝主题。（读读这些故事，再读读《金甲虫》，爱伦·坡的天分跃然而出。）但其他作品的密码插曲通常写得不赖，作家的水平也体现在处理密码内容的方式上。这些密码可能更可信，它们的破译阐述得更清楚，它们与情节的联系更紧密，说明它们在这里不仅仅是个装饰。它们一般都是简单密码，因为对一个复杂密码的说明或破译会大大拖累叙事的节奏，所需解释也会超过小说读者的忍受限度。当然有时，作者本人的知识亦不足以有效写作这个话题。

许多著名作家在他们的作品中提到密码学。1852年，《名利场》作者、身高6英尺4英寸（约193厘米）的威廉·梅克皮斯·萨克雷[2]在《亨利·埃斯蒙德的历史》（*The History of Henry Esmond*）中用了一个卡尔达诺漏格板，这部小说被称为他最优美的作品，为此他曾在不列颠博物馆研究了好几个月。在他的书中，一段有关阴谋的描述谈到密码，阴谋者企图把后来的詹姆斯三世推上英格兰王位；就是在这场阴谋中，阿特伯里主教被判有罪，定罪的主要证据就是密码分析。不过这里没写到密码分析，只提到一封密信的传递。

密写的神秘为儒勒·凡尔纳的三本小说增添了悬念。总的来说，他对密码内容的处理和其他技术内容一样出色。但由于一次在生理或心理上的描述不符合实际，他的两个破译被搞砸了。这些损害了他密码分析的可信性，比技术上

[1] 译注：Lewis Carroll（1832—1898），原名查尔斯·路特维奇·道奇森（Charles Lutwidge Dodgson），英国数学家、逻辑学家、作家、牧师、摄影师。最著名的作品是童话《爱丽丝漫游奇境》。

[2] 译注：William Makepeace Thackeray（1811—1863），与狄更斯齐名的英国小说家，代表作《名利场》（*Vanity Fair*）。

不现实对他科学幻想所造成的伤害还要大，因为它们违背了不可改变的自然法则，而幻想只是超越了人类当时的科技能力。另一方面，就像他预见了潜艇、登月和快速环球旅行一样，凡尔纳也预见到一种密码分析法。

他以一个三层密码开始了他第二本巨著《地心游记》的写作，这部作品奠定了他的声誉。奥托·黎登布洛克教授刚买了一本古如尼文手稿，写在一片羊皮纸上的密码从手稿里飘了出来。它也用如尼文写成，有 21 个六字母组。黎登布洛克把它转换成罗马字母，无任何意义。接着他以栅栏密码形式重排字母，再转抄，还是不走运。后来，他年轻的侄子阿克赛尔"无意识地"用转抄了字的纸扇风，透过纸背看到文字，发现它只是一段倒写的拉丁文字。此处它的可信度在几个方面打了折扣：透过纸读字就这么容易吗？阿克赛尔有能力领会倒写字母的意义吗？也许没有。但所有这些都在阅读明文的激动中被忘掉："勇敢的探险者，7 月之前，当斯卡尔塔里斯（山）的阴影落在斯奈费尔火山口时，你可以顺着山口而下，抵达地心。我到过那里。阿尔纳·萨克努赛姆（Arne Saknussemm）。"黎登布洛克和阿克赛尔按照破译出的指示到达了地心。

在《亚马孙漂流记》（*La Jangada*）中，雅里凯法官用普通单表替代方法未能解开一封密信，确定它是一种格伦斯菲尔德系统（数字密钥维热纳尔密码），因为它包含一堆三字母重码。这个推断十分牵强，因为许多密码能生成同样的三字母重码，由此该结论不成立。不管怎样，按照格伦斯菲尔德密码，雅里凯根据外部信息，尝试以名字 *Ortega*（奥泰加）作为信末签名的可能词，进行破译。他立即发现，最后六个字母 SUVJHD，在字母表中全部落在 *Ortega* 的字母后面，与他的假设相符。雅里凯用这个可能词还原出密钥 432513，用它测试密信开头。密钥以 4 开头的概率是六分之一，他幸运地取得突破，当场读出明文。虽然这种浅显的方法以前就很可能被人用过，但凡尔纳 1881 年的这段说明却是初次在出版物中出现。甚至可以看成是 20 年后，巴泽里埃斯出版同样方法的前身，他用一个可能词还原多表替代密钥，吹嘘说它是"一种全新的破译方法，卡西斯基、克尔克霍夫、若斯和瓦莱里奥都没有描述过！"

在《桑道夫伯爵》（*Mathias Sandorff*）中，凡尔纳的最后一次密码描写没有提到破译，因为萨卡尼发现了信息加密漏格板。在这本 1885 年出版的书中，凡尔纳引用了爱德华·弗莱斯纳·冯·沃斯特罗韦茨（Eduard Fleissner von Wostrowitz）四年前出版、神化漏格板的《密码学手册》(*Handbuch der Kryptographie*)。凡尔纳可能还读过比《桑道夫伯爵》早两年出版的克尔克霍夫《军事密码学》，因为凡尔纳在讨论优秀密码的要求时，所用语言风格像极了克尔克霍夫。但他学克尔克霍夫没学到家，因为他宣称漏格板和加密代码是不可破的。

在描写夏洛克·福尔摩斯（Sherlock Holmes）的侦探小说中，他不止一次而是三次碰到密码（不包括一个简单的闪光信号系统和一个字谜）。《"格洛里亚斯科特"号》(*The 'Gloria Scott'*）中，这个大侦探发现，秘密信息由每三个单词中的最后一个单词组成，藏在一篇隐语文章里。《恐怖谷》(*The Valley of Fear*）中，福尔摩斯得到宿敌莫里亚蒂教授同伙的一封数字密信，不仅出色地推断出它是个书本代码，而且找到了那本书。这本书随处可得，版本统一。因此《圣经》被排除，因为它虽然无处不在，但页码标准不一；还因为，"依我看，莫里亚蒂一伙人身边几乎不会携带《圣经》"。唯一同时符合两项要求的是《惠特克年鉴》(*Whitaker's Almanac*)。最新版本译出无意义的 *Mahratta Government pig's bristles*，但去年的版本给出了完整意义。就这样，福尔摩斯都不必知道密码分析，全凭他有名的推理能力，破译了密信。

但他对密码的掌握（他精通自己职业所涉及的所有知识）在《跳舞小人》(*Adventure of the Dancing Men*)[1] 故事里显现了出来。这些跳舞小人是手脚指向不同方向的人物线条画，它们共同构成了密码符号。美国暴徒阿贝·斯兰尼是"芝加哥最危险的恶棍"，他青梅竹马的前恋人埃尔茜嫁给了一个英国乡绅。斯兰尼用小人密码给埃尔茜写信。乡绅抄下用粉笔写在窗台和工具房的信息，带给福尔摩斯。福尔摩斯破译了信息，但未能阻止悲剧，斯兰尼在一次交火中打死乡绅，逃之夭夭。福尔摩斯从破译的信息中知道了他住在哪里，于是用自己还原的密码符号精心编写了一条信息，寄给他一张便条，催他 *Come here at once*（速来）。（福尔摩斯的计划大概借自托马斯·菲利普，

---

[1] 原注：普拉特推测，华生从他讲述故事中将真实的密码用跳舞小人密码取而代之，这些跳舞小人有 1568 只胳膊和腿，代表密码符号和小型密码，记录了莫里亚蒂团伙的数量。他得此结论，基于小人的 1568 个可能位置和巴泽里埃斯在解开安托万·罗西尼奥尔手册之后"报告人物总数可能就是 1568"，这一声明是错的：巴泽里埃斯从来没说过这样的话，而且总数也不可能是 1568。

夏洛克·福尔摩斯破译的一条跳舞小人密码信息

1587年，后者为了诈出巴宾顿针对伊丽莎白阴谋中准备行刺者的姓名，在一封给苏格兰玛丽女王的信中伪造了一段密码附言。）斯兰尼天真地以为，只有埃尔茜和他的芝加哥匪帮同伙能读懂这个密码，因此这张便条肯定来自她。他回到乡绅家，当即被捕，并承认了罪行。

福尔摩斯，按他自己的说法，"精熟各种密写形式，本人就此写过一篇小专著，分析了160种不同密码，但我承认，这个我从未见过。"当然，他指的是用跳舞小人密码，"让人以为它们只是小孩的涂鸦"，将自己单表替代的特征隐藏起来。他立即着手破译，没走任何弯路，这说明他一眼就认出了它们属这一类密码。他的工作比其他分析虚构密码的分析家要难得多，因为他的文字极短，混乱，晦涩，满是专有名词。它前后由5条简短英文信息组成：(1) *Am here Abe Slaney*；(2) *At Elriges*；(3) *Come Elsie*；(4) *Never*；(5) *Elsie prepare to meet thy God*。[1] 但开始时，福尔摩斯只有第一条信息，他以此打开突破口，直到增加了后来的三条信息，他才破开密码。它共有38个字母，其中8个只出现1次；9个单词中4个是专名，其他5个均不位于最常用的10个英语单词之列；这10个最常用单词一般占到英语文章的四分之一。

如此艰难的破译显示出这个大侦探灵活强大的思维能力。福尔摩斯显然更倾向于运用他的严密推理（频率分析）来破译这封密信，他就是这样开始的。第一条信息包含15个跳舞小人，其中4个欢快地展开四肢，3个左腿弯曲，福尔摩斯立即把4个展开四肢的小人标记为*e*。现在，不管是字母频率还是其他统计现象，在这么小的样本中都靠不住；很有可能3个弯腿小人，或者某种姿势只出现一次的几个小人之一代表*e*，甚至第一条信息里根本就没有*e*。难以相信福尔摩斯不知道这一点。不管怎么说，他"较有把握地"把那个符号确定

[1]　译注：5段话大意为，(1) 我来了，阿贝·斯兰尼；(2) 我住在埃里奇；(3) 来这里，埃尔茜；(4) 不；(5) 埃尔茜，小心性命。

为 *e*。当然，他对了，但是为什么？福尔摩斯无疑认出拿旗子的小人是词尾标记，注意到 4 个伸展四肢的小人里有 2 个拿着旗子，马上联系到一个众所周知的事实：*e* 是英语中最常见的结尾字母。他敏捷的头脑大概还观察到与 *e* 相连的小人各不相同。但这些都是在不经意间闪过他的超级大脑，这也许有助解释他的推理为什么总是那么快，因此，他解释给华生听时没把它说出来，也许他只是不想拿所有这些细节增加后者的负担。

但他确实认识到，对于第一条信息，不管是频率分析还是任何其他手段都不能再奏效，于是他选择等待更多文字。随着接下来三条信息的到达，他看出频率分析对这么短的文字没用。当钟爱的推理手段行不通时，他灵活地转向归纳方法。他的表现十分出色。他首先猜测，在一个拥有五字母的单词中，第二和第四个字母为 *e*，该单词是 *never*（不）；他再推测，*Elsie*（埃尔茜）的名字也许会出现在信息中，并且找到了它。凭借这些对应，他取得了很大进展，再经过更多艰苦努力，终于完成了破译。

一些装腔作势的密码学家讥笑福尔摩斯花了两小时才破开这些密信，在此过程中，“小人和字母”画满了“一张又一张纸”。但破解该密信所花的时间不仅可以理解，而且令人钦佩。若按字母顺序排列，这些小人看上去就是在毫无规律地乱舞；如果按舞蹈动作顺序排下来，字母又毫无规律可循。换句话说，跳舞小人密码完全是随意的。福尔摩斯迷俱乐部“贝克街杂牌军”[1]的一些成员，其中包括亚历山大·伍尔科特、克里斯托弗·莫利[2]和富兰克林·罗斯福，曾为找到某种密码小人结构规律工作到深夜，纯粹白费力气。福尔摩斯本人在他给斯兰尼的“速来”信息里只用了已经还原的字母。这个事实表明，他没找到任何规律，使他在编写那条信息时哪怕多一点点自由度。而且如果有这么一个密钥形式，福尔摩斯肯定会发现它。密码发明人、埃尔茜的父亲、“匪帮头子”帕特里克的跳舞小人想法可能来自一个以人类图案为基础的密码，这个密码出现在美国陆军通信兵部队创始人艾伯特·迈尔的半官方《通信手册》中；或者来自稍晚一些，一个将小矮人用作密码符号的美

[1] 译注：贝克街是福尔摩斯住处。福尔摩斯虽是侦探，但不是警察（正规军）。

[2] 译注：亚历山大·伍尔科特（Alexander Woollcott，1887—1943），美国评论家。克里斯托弗·莫利（Christopher Morley，1890—1957），美国记者、作家、诗人。

国专利发明人；或者来自无处不在的烧炭党，他们的口令是双手前伸合十，应答则是两拳一上一下按在胸前。福尔摩斯或许知道这些可能的来源。但即使帕特里克的想法确实来自其中之一，符号也已经被他改得面目全非，因此密码分析成为解决问题的唯一方式。

在跳舞小人例子中，还有最后一点需要澄清，它解释了所有出版物中出现的密码错误。在最早的《跳舞小人》版本中，密信用同样的小人代表 *Never* 中的 *v* 和 *prepare* 中的 *p*，用相同的小人表示 *Abe* 中的 *b* 和 *Never* 中的 *r*，贝克街杂牌军在这个问题上花费了大量精力。正是在寻找“正确”版本的过程中，他们错误地假设密码表具有某种规律，编制手和腿的位置表，推测未出现在密信中的八个字母（*f*、*j*、*k*、*q*、*u*、*w*、*x*、*z*）的密文符号。他们还试图找到错误的原因。但他们努力的唯一效果，就是表明为什么福尔摩斯是大师，而他们只能是学生。所有这些人只会闭门造车，从不研究事实。有观点认为，这些错误“存在于故事里恶棍的信息中，如果你愿意，可以归因于这个可怜恶棍的困惑和绝望”，但没人提到那个乡绅在抄写这些信息带给福尔摩斯时同样可能发生的错误。实际上，这些错误既不是斯兰尼的，也不是乡绅的，因为在福尔摩斯破译密信时，这些错误并不存在。如果原件用同样符号代替 *v* 和 *p*，福尔摩斯在猜出 *Never* 后，就会部分还原出明文 *vrevare*，而不是他显示两个 *p* 未知的 *?re?are*。同理，如果 *r* 和 *b* 在原件中混淆了，他在猜出 *Never* 后会（把正确的 *Abe*）显示成部分破译 *?re*，但实际上，他显示出一个部分破译 *??e*，*b* 依然未知。因此，福尔摩斯自己的描述证明，错误并不在原始信息中——幸亏不是，因为它们出现在分析的关键节点上，如果是那样，再加上其他困难，即使是福尔摩斯，恐怕也读不出这些密信。因此，错误一定是华生医生把真作传递给世界时发生的，后期版本加重了华生最初的错误，但这些错误已经经历了在事实方面出名马虎和靠不住的文学和新闻人物之手，不值一提。

在福尔摩斯的成就之后，所有其他破译都显得苍白无力。罗伯特·钱伯斯[1]笔下的“寻人者”韦斯特雷尔·基恩是个相貌堂堂、彬彬有礼的绅士，他

---

[1]　译注：Robert W. Chambers（1865—1933），美国艺术家、小说家，《寻人者》（*The Tracer of Lost Persons*）是他的一部小说。

收到一个由画着交叉斜线的矩形组成的密码，其中一些线条上还打着勾。和所有虚构的密码分析家一样，基恩肯定要先表现一番卓越资格，再称赞一下眼前密码令人惊异的独特。基恩的话堪称经典：

> “这是我碰到过、听到过的最奇特密码。”基恩说，“我见过几百种密码：国务院代码、秘密军事代码、精巧的东方密码、商业交易中使用的符号、各式各样罪犯使用的符号。假以时间、耐心和对密码的一点了解，它们都能破开。但是这个，”他坐下，眯着眼睛看着它，“这个‘太’简单了。”

虽然如此，他还是很快破译了它，发现打在每个矩形斜线上的勾共同构成一个粗糙的数字图案。在一个 1 ＝ *a*，2 ＝ *b*……的系统中，这些数字形成密码信息。这封写给英俊的菲律宾侦察军[1]上尉肯尼思·哈伦（Kenneth Harren）的密信写道，“我只见过你一次。我爱你。伊迪丝·英伍德”。基恩从他卷帙浩繁的档案中查到，24 岁的英伍德小姐于 1902 年从巴纳德学院毕业，是美国碑铭博物馆[2]阿拉伯语密码权威博格斯教授的助手。基恩让这对情人团聚了。

《她》和《所罗门王的宝藏》作者赖德·哈格德[3]在作品《夸里奇上校》[4]里写道，贫穷、相貌平平，已届中年的主人公夸里奇上校破译了一个密码，由此找到一处隐藏的财宝，娶了爱他的年轻女人，使她避免了“生不如死的命运”，即嫁给一个她不爱的年轻、富有、英俊的男子。那个密码是个虚码系统，它的破译一定是所有小说中最奇特的：“现在，随着火柴点亮，也许是黑暗和光线突然照在他眼球上的原因，碰巧瞄一眼密信的哈罗德（夸里奇）只看到第一行中的 4 个字母，而所有其他字母在他眼中只是一堆连接这 4 个字母的模糊影子。它们是：D....e....a....d（死），分别是该行第 1、6、11 和第 16 个单词的

[1] 译注：1901 年到二战结束之间的一个美国陆军组织，由美国陆军菲律宾部门招收的菲律宾人组成。

[2] 译注：应该是作者杜撰的一个单位。

[3] 译注：H. Rider Haggard（1856—1925），亨利·赖德·哈格德爵士，英国小说家，以写非洲冒险故事闻名。主要作品有《她》（*She*）和《所罗门王的宝藏》（*King Solomon's Mines*）。

[4] 译注：*Colonel Quaritch, Q.V.*，正确拼写似乎是：*Colonel Quaritch, V.C.*。

首字母。”这是一种视觉密码分析方法。有趣的是，哈格德的一个侄子和一个侄女后来在英国 40 号房间工作。也许，如果哈格德于他们在 40 号房间工作经历之后写这本书，他的破译可能不会这么离奇。

劳埃德·道格拉斯[1]在《伟大的执着》（*Magnificent Obsession*）中插入了一篇用一个栅栏密码加密的日记，开头写道：

R　A　E　I　O　S　D　R　O　M　F　I　N

E　D　R　C　N　I　E　Y　U　Y　R　E　D

欧·亨利[2]写了一个关于《卡罗威密码》（*Calloway's Code*）的有趣讽刺故事。报社记者卡罗威以报纸套话的前半部分作为明文后半部分的密词，从审查官眼皮底下传回独家新闻。这样，FORGONE 就表示 *conclusion*；DARK 代表 *horse*；BRUTE 代表 *force*；BEGGARS 代表 *description*。并且不幸的是，纽约的记者理解它！[3]罗伯特·格雷夫斯[4]在《我，克劳狄》（*I, Claudius*）中给了古罗马人两种密码，一个普通密码（恺撒密码）和一个特别密码（一种多表替代）。伟大的印度诗人泰戈尔[5]在他的故事《藏宝》（*Gupta-dhana*）中，用一个古典印度密码系统“gūḍhalekhya”记录了通往一处秘密宝藏的路线。

但是，在怪诞故事中，密信出现次数最多。《德拉库拉》作者布拉姆·斯托克[6]，把《大海之谜》的故事建立在一个错综复杂的隐蔽系统基础上。与伯

---

[1]　译注：Lloyd C. Douglas（1877—1951），美国牧师、作家。

[2]　译注：O. Henry（1862—1910），原名威廉·西德尼·波特（William Sydney Porter），20 世纪初美国著名短篇小说家，美国现代短篇小说创始人。与法国的莫泊桑、俄国的契诃夫并称为世界三大短篇小说巨匠。

[3]　译注：这四对词连起来大意是，不轻下结论、黑马、暴力、罄竹难书。“纽约的记者理解它”之所以“不幸”，说明他们谙熟这些套话。这篇故事讽刺了报纸说套话的风气。用现在的中文媒体举个例子，就是以“惊”为密文代表明文“现”。

[4]　译注：Robert Graves（1895—1985），英国诗人、小说家、评论家、古典学者。

[5]　译注：拉宾德拉纳特·泰戈尔（Rabindranath Tagore，1861—1941），印度著名诗人、文学家、社会活动家、哲学家和印度民族主义者。

[6]　译注：Bram Stoker（1847—1912），爱尔兰作家，因《德拉库拉》（*Dracula*）而享有“吸血鬼之父”称号。

恩的《沉默岁月》一样，这本书的写作可能部分就为了展示破译方法，最终引向一个巨大的宝藏。想象力丰富的悬疑小说作家阿加莎·克里斯蒂[1]，在《四个嫌疑犯》（*The Four Suspects*）中用了一个以花名为代号的隐语，理所当然地由古板的简·马普尔阿姨破开。《特伦特的最后一案》（*Trent's Last Case*）作者本特利[2]，让主人公菲利普·特伦特在《守护天使》（*The Ministering Angel*）中同样与一个鲜花隐语系统扯上关系。在《被盗的圣诞礼物》（*The Stolen Christmas Box*）中，莉莲·德拉托尔[3]让塞缪尔·约翰逊博士破译了一个用假腿当作"天书"的密码。在蒙塔古·罗兹·詹姆斯[4]的鬼故事《托马斯院长的财宝》（*The Treasure of Abbot Thomas*）中，也是通过破译找到财宝。这样的例子不胜枚举：有时在短篇故事中，有时作为故事主要情节的点缀。甚至傅满楚也把他的《傅满楚之手》[5]伸向了密码学。这些密码五花八门，密码建立的基础从图书馆使用的杜威十进制分类系统[6]到轮盘赌的轮子，简直无所不包。

随着读者越来越精明，这些密码也日趋复杂。1932年，多萝西·塞耶斯[7]温文尔雅的主人公彼得·温西爵爷在《寻尸》（*Have His Carcase*）中破译了一个普莱费尔密码，而且是一个相当巧妙的破译。小说中出现的最复杂密码，无疑是海伦·麦克洛伊[8]《恐慌》（*Panic*）中的乱序多表替代。这本书出版于1944年，公众对密码的兴趣正浓之际。在描述书中被害者密码学家的藏书时，作者

[1] 译注：Agatha Christie（1890—1976），英国著名女侦探小说家、剧作家。代表作品有《东方快车谋杀案》和《尼罗河上的惨案》等。简·马普尔小姐是她笔下的一个乡村女侦探。

[2] 译注：埃德蒙·克莱里休·本特利（Edmund Clerihew Bentley，1875—1956），英国记者、小说家，发明克莱里休四行打油诗。

[3] 译注：Lillian de la Torre（1902—1993），美国小说家。

[4] 译注：Montague Rhodes James（1862—1936），英国作家，中古史学家。

[5] 译注：*The Hand of Fu Manchu*。傅满楚是英国作家萨克斯·罗默（Sax Rohmer）创作的傅满楚系列小说中的虚构人物。

[6] 译注：Dewey Decimal classification system，国际通用的十进制图书分类法，用从000到999的三位数编码来代表主要学科分支，并用小数点后添加的数字来进行更细的分类。

[7] 译注：Dorothy Sayers（1893—1957），英国推理小说作家、诗人、剧作家、散文学家、翻译家。彼得·温西爵爷是她笔下的侦探人物。

[8] 译注：Helen McCloy（1904—1994），美国推理小说家，曾任美国推理作家协会(MWA)主席，获得过MWA的爱伦·坡大奖，创作了心理医生侦探贝西尔·威林。

列出一些标准作品，显示出对密码学及其作品的广博知识。那个密码学家的侄女几乎凭直觉破译了密码，尽管她也做了不少分析，这些破译帮助找到了杀手。1957 年，伊恩·弗莱明[1]讲述他的主人公詹姆斯·邦德面临的一项任务，即拿到 Spektor 密码机，可惜他没有描述它的工作原理；而那本《谍海恋情》（*From Russia, With Love*）则是约翰·肯尼迪总统的至爱之一。

密码学还被搬上银幕。在《羞辱》（*Dishonored*）中，玛琳·黛德丽（Marlene Dietrich）唱出几个意味深长的曲调，用音符代替秘密信息字母，隐藏其中。30 年代，星期六下午系列电影流行之时，保罗·凯利（Paul Kelly）主演一部名为《密码》（*The Secret Code*）的 15 集惊险片，它其实跟密码没多大关系，反而表现了一大堆扣人心弦的动作。根据雅德利《金发伯爵夫人》改编的《约会》自然要提到密码，电影版《谍海恋情》也是如此，但 Spektor 密码机，不像任何一台真正的密码机，在银幕上只是短暂显现。拍成战争纪录片形式的《间谍战》（*The House on 92nd Street*）中，有一小段表现德国间谍在汉堡一所间谍学校接受密码指导的镜头，画面中还有一个与维热纳尔密码相似的表格。

30 年代末 40 年代初，电视出现前，密码在日间系列广播中扮演着重要角色。午夜机长[2]和小孤儿安妮[3]会把密码圆盘或密码播报给忠实的年轻听众，供他们破解与次日历险故事有关的密码。一个播音员会用怪异的嗓音念出数字和字母。

甚至音乐中都有密码。1898 年前后，以《威风凛凛进行曲》（*Pomp and Circumstance March*）闻名的作曲家爱德华·埃尔加（Edward Elgar）爵士写下《谜语变奏曲》（*Variations on an Original Theme*），每首变奏曲用音乐描述他的一个朋友、他的妻子，最后以他自己结束。埃尔加用 G 小调标记基本主题，对各人的描绘是变调，即“谜语”，他说它本身又是另一首乐曲的变调，但他从

[1]　译注：Ian Fleming（1908—1964），英国作家、记者、海军情报官，以 007 系列小说闻名。

[2]　译注：美国广播系列剧《午夜机长》（*Captain Midnight*）主角，一个一战美国陆军飞行员。

[3]　译注：美国漫画家 Harold Gray 在报纸连载的《小孤儿安妮》（*Little Orphan Annie*）中的主角。

未透露这首曲子。“我不会解释这个‘谜语’，它的‘暗语’不应被解开。”他还写道，“……这个主题从未出现。”许多人尝试猜测这个谜语主题可能是什么：一段《帕西法尔》[1]乐句，或《丑角》[2]中的一段，还是《友谊地久天长》（*Auld Lang Syne*）主旋律？这些都未被接受。但一条解谜线索可能藏在埃尔加1897年寄给一个“变奏者”（多拉·佩尼小姐，10号变奏曲中的多拉贝拉）的密码里。20多岁的多拉与埃尔加来往密切，她问他关于谜语的事，抱怨说她根本解不开。作曲家告诉她：“我认为所有人中，只有你猜得出来。”他再也不肯多说一句。这个密码有87个符号，每个符号由位置各异的一到三条弧线组成，整体看上去就像一群绵羊。没人解开过它，因此没人知道它能不能有助于解开那个谜语。但如果它能，也许会帮助解开音乐领域最奇特的谜。

最后的例子是那个有密码标题的油画。如果说它是抽象画，兴许还好理解；但实际上，它是一幅极为写实的肖像，描绘了两个阴谋者，一个在对着另一个耳语。这是描绘美国诞生和为自由奋斗的约30厘米 ×40厘米蛋彩系列组画的一部分，作者为雅各布·劳伦斯[3]。本尼迪克特·阿诺德给约翰·安德烈词典密信的一部分出现在标题中：“120.9.14. 286.9.33.ton 290.9.27. be at 153.9.28 110.8.19. 255.9.29. evening 178.9.8...—An Informer’s Coded Message.”[4]

[1] 译注：*Parsifal*，瓦格纳歌剧。

[2] 译注：*Pagliacci*，意大利歌剧，作者为列昂瓦卡洛（Ruggero Leoncavallo）。

[3] 译注：Jacob Lawrence（1917—2000），美国黑人画家，以描绘非洲裔美国人的生活闻名。

[4] 译注：英文破折号后面意为，一个告密者的密码信息。

第 22 章　私酒贩、商人和明码本编制者

1933 年 5 月 2 日，新奥尔良联邦法庭，检控方的明星证人是一个新侦探。她的任务不是穿越地下迷宫跟踪嫌犯，相反，她穿过错综复杂的代码和密码迷宫来追查信件；她也不在物品表面撒粉提取指纹，相反，她应用灵敏的分析测试来发现明文痕迹。然而，她提供的证据定罪效力完全可以和普通警察的侦察方法相媲美。海岸警卫队密码分析员伊丽莎白·史密斯·弗里德曼夫人将要为自己的破译作证，她破译了联合出口公司的密码信息，该公司是禁酒令时期最庞大、最有势力的走私集团，这些信息最终把走私集团头目与酒类走私船的实际运行联系起来。

对于弗里德曼夫人来说，这不是第一次。随着禁酒令的继续生效，国民日益饥渴，高明的犯罪分子依靠非法渠道来满足市场需求，于是地下酒吧纷纷涌现，对法律的漠视也变得十分猖獗。阿尔·卡彭[1]之类偷鸡摸狗的小流氓一夜发迹，成为大商人。一个个联合公司完全为走私而成立，它们错综复杂、地域分布广泛，直追美国工业巨头。犯罪成为有组织活动，这一时期打下的基础支撑了今天的黑手党和科萨·诺斯特拉[2]。

[1]　译注：Al Capone（1899—1947），美国黑帮头子，靠贩私酒发迹，因策划 1929 年芝加哥“情人节大屠杀”闻名。

[2]　译注：黑手党（Mafia）源于意大利西西里，现已成为有组织犯罪的一般称呼；科萨·诺斯特拉（Cosa Nostra）意为“我们的行当”，是与黑手党有联系，类似黑手党的美国犯罪组织。

陆上私酒贩学到组织方面的经验教训后，将其传授给海上私酒贩，后者从国外源源不断输入烈酒原液——没有这些，整个犯罪活动的源泉就会干涸。禁酒期间，美国海岸警卫队负责阻止走私活动，面临空前压力。就在陆上暴徒与司法部禁酒机构周旋之际，海上暴徒也与海岸警卫队玩起了猫捉老鼠游戏。随着酒类走私分子数量的增加、组织的完善，他们对沿海船队的控制开始日益依赖于无线电。船岸电报预警海岸警卫队的行动；告诉远洋船在哪里与小型快艇会合，由后者把烈酒运到隐蔽的小海湾；指示一条船实施诱饵战术，掩护另一艘溜过海岸警卫队的监视巡逻艇；报告一艘海岸警卫队舰船正追踪一条走私船，要求勿派出快艇。概言之，就是极其高效、切实可行地协调走私活动。

他们的电报自然加了密。虽然海岸警卫队报务员长期截收这些电报，转给总部，但没有执法机构能破译它们。到 1927 年 4 月，已有成百上千封电报堆积在海岸警卫队情报部门文件中。

这时，查尔斯·鲁特（Charles S. Root）中校与禁酒局协商，由禁酒局雇用弗里德曼夫人，安排她在海岸警卫队华盛顿部门工作。同一时期，禁酒局提供人员，海岸警卫队提供设备，在旧金山和佛罗里达建立了两个截收站，确保提供连续不断的截收材料。两个月内，弗里德曼夫人破译了大部分电报，转而开始集中破译海岸警卫队西海岸电台截收的、与当前活动有关的电报。大部分电报发自两个互相竞争的私酒船队：规模庞大的联合出口公司，弗里德曼夫人将在工作中一次次与它的电报打交道；以及所谓的霍布斯集团。两支船队都以温哥华为中心运转。她在华盛顿破译电报，把结果转到太平洋；如果电报有即时价值，就用电报传送，否则就用航空邮件。1928 年 6 月，为节约时间，在现场即时获得截收电报明文，弗里德曼夫人来到西海岸，教授太平洋海岸分队协调员办公室的豪泽尔如何破译私酒贩密电。弗里德曼夫人已经破开它们的加密系统。豪泽尔展现了自己的聪明和努力，在随后 21 个月里，他处理了往来于四五座岸台和 20 多条船间的 3300 封电报。

运用密码分析和测向获得的情报，海岸警卫队不断加大对走私活动的打击力度。私酒贩显然发现了电台运行的弱点，尤其是代码和密码的弱点，因为两年后，他们的无线电和密码组织飞速扩张。1927—1928 年，现行通用系统只有两种，六个月才更换一次；到 1930 年中，太平洋沿岸几乎每条贩酒船都有自己的代码或密码。如 1930 年 5 月，有三座岸台的联合出口公司总部用不同系统向每一条“黑船”（贩酒船）发报，而母船则用一种完全不同的系统与这些“黑船”通信。庞大的联合出口公司打败了太平洋地区大部分竞争对手，1929 年秋，它在英属洪都拉斯伯利兹城[1]建立了一个分支机构。这个墨西哥湾沿海分支的报量迅速攀升，每月密电高达几百封。在佛罗里达临大西洋一面，一天截收到的电报达 25 封；在纽约地区，1930 年 2 月，一个无线电检查员在距纽约约 16 千米范围内能收听到不少于 45 座未注册的电台。与它们关联的活动一直从新斯科舍延伸到巴哈马群岛。据说一个联合公司付给其无线电专家每年 1 万美元——这是在大萧条时期！一个退役皇家海军少校为联合出口公司在太平洋的机构设计了密码系统，而它在墨西哥湾和大西洋的组织则按需编制自己的密码。

海军少校的名字没留下，但他的密码专业学识却很深厚。走私犯的系统越来越复杂。“其中一些系统极为复杂，甚至在所有政府的最机密通信中也没用过。”弗里德曼夫人在 30 年代中期的一份报告中写道，“世界大战期间，秘密通信方法的发展登峰造极之际，人们都没有看到像西海岸私酒船在一些通信中应用的、盘根错节的复杂系统。”其中一个系统使用两种不同商业电码本，加密员要经五步加密：(1) 用商业《ABC 电码本》第六版给明文加密；(2) 在电码组数字上加 1000；(3) 在另一本《Acme 电码本》上查到该电码组数字；(4) 抄下对应此数字的电码组单词；(5) 用一个单表替代加密该单词。然而，加密员的坏习惯大幅降低了它的复杂程度，他只给电报部分加密，其余则用单表替代加密，让它看起来与那些加密过的一样。弗里德曼夫人用一封实际电报（可能有一些小错误）演示了这个过程：

明文	Anchored	in harbor.	Where	and	when	are you sending	fuel?
ABC电码本	07033	52725				24536	
+1000	08033	53725				25536	
Acme电码本“单词”	BARHY	QIJYS				WINUM	
替代	MJFAK	ZYWKH	QATYT	JSL	QATS	QSYGX	OGTB

[1]　译注：伯利兹是中美洲加勒比海国家，1973 年前称英属洪都拉斯，伯利兹城是伯利兹首都。

弗里德曼夫人破译了这个系统。“这一次，”她写道，“一项检验确定了所用系统属于加密代码大类。接着，她开始似乎没有尽头的尝试，以确定加密代码的特定类型。公共电码本数以百计，任何一种都有可能用到，为确定是哪一种，有必要破开手头密码。经过艰苦努力，密码被还原，通过它，电报中实际出现的密码组被转换成《Acme 电码本》电码组。但这一步无法生成可以理解的含义，很明显，要获得明文还需要更多步骤。试验继续进行，她再次在数百种电码书中搜寻。最终整个冗长烦琐的过程被揭开。”

弗里德曼夫人的办公室起初设在印刷制版局（Bureau of Printing and Engraving）附近一幢大楼里，后搬到宾夕法尼亚大街威拉德酒店对面的一栋楼内。工作前三年里，她就为海岸警卫队、海关、缉毒局（Bureau of Narcotics）、禁酒局、国内税务局（Bureau of Internal Revenue）和司法部破译了 1.2 万封电报，还检查、丢弃了大约同样数量的电报。1929 年 10 到 11 月，在得克萨斯州休斯敦，她花了一个月破译检察官调取的一大堆走私电报。这些电报约有 650 封，用 24 种不同系统加密，其中一部分将在国际法领域一宗世界闻名的案件中发挥重要作用。

她的破译清楚地向海岸警卫队表明，如果能够及时获得最新的这类信息，政府机构就能采取行动阻止走私。海岸警卫队因此开始了密码学和犯罪学历史上独一无二的试验：一个海上密码分析侦查实验室。这就是 *CG-210*，一艘约 23 米长的巡逻艇，由曾经做过报务员、电台技师的弗兰克·米尔斯上尉指挥，他曾在 1924 年与平民雇员罗伯特·布朗一起编制了海岸警卫队第一部代码本。*CG-210* 特别配备了一系列高频接收机、测向机和一个密码分析员（威廉·弗里德曼本人），从陆军借来进行两周海事破译。1930 年 9 月 14—27 日，弗里德曼破译了一个纽约沿海走私团伙用的密码，读出发给走私船的行动指示，好多天都没让他们把一滴烈酒运上岸。“它给这群私酒船带来的困扰，超过了驱逐舰部队和其他单位几个月的全部努力成果；别忘了，这是由一艘只有 9 个人、从未接近‘私酒船队’的巡逻艇实现的。”海岸警卫队情报部门负责人戈曼（F. J. Gorman）少校说。另外，*CG-210* 还在马萨诸塞州新贝德福德定位了一部控制“新星五号”走私船的非法电台。司法部和商务部搜查了电台，操作员约瑟夫·特拉弗斯被判犯有非法发送信号的罪行，主要定罪依据就是密码分析证据。

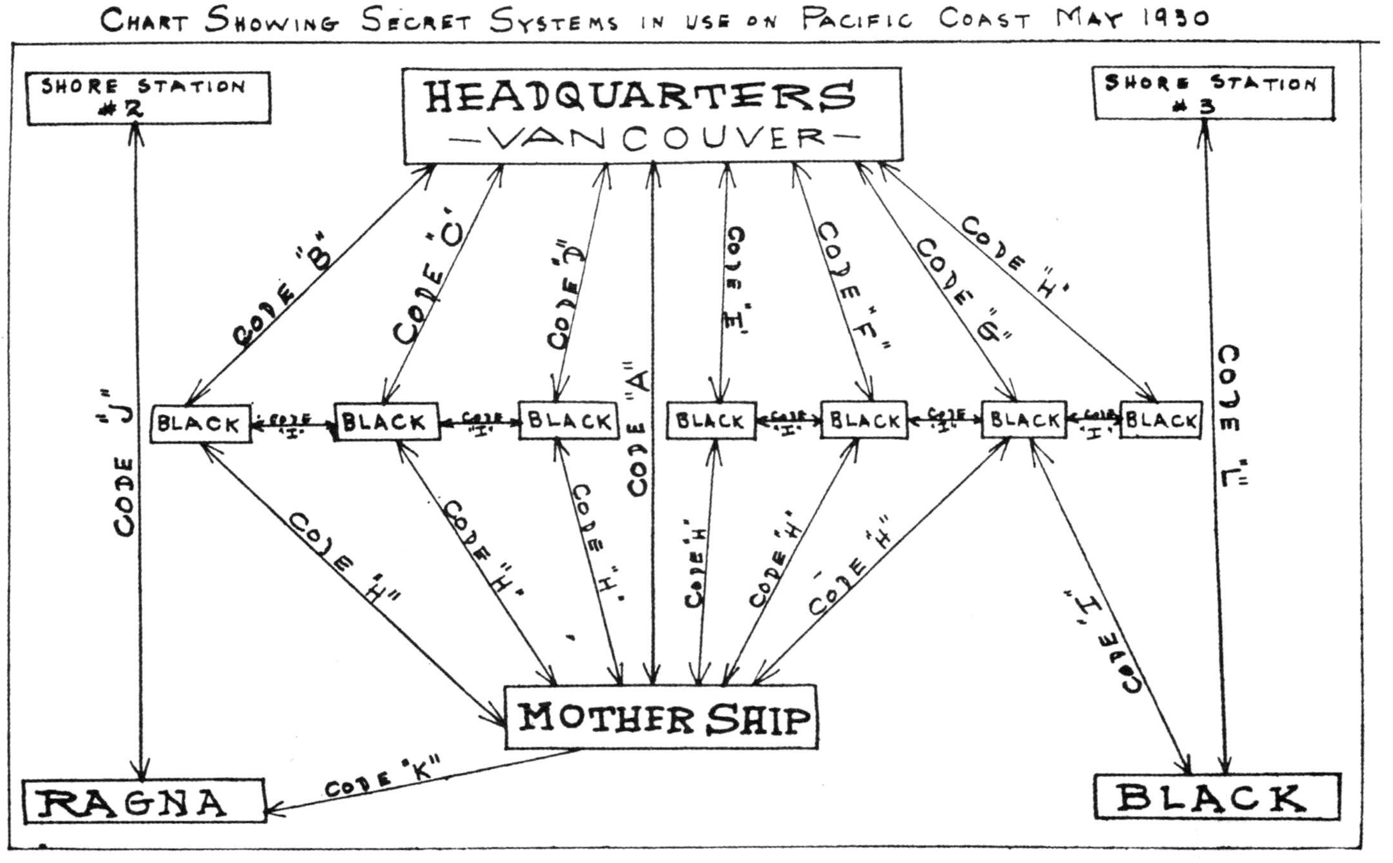

禁酒令期间，一个走私集团错综复杂的密码组织结构。"Black"（黑船）表示一般私酒贩运船

这些惊人成果促使海岸警卫队更多关注走私犯的通信，这是犯罪活动链条最薄弱的环节。情报部门负责人戈曼写道："这些截收材料中包含海关和司法调查机构寻求的大量信息，尤其是海岸警卫队舰艇四处游弋搜寻的、包括接头地点在内的全部计划。"1930 年，海岸警卫队建立了一支以米尔斯为首的无线电情报部队。这支部队直属总部，可自由行动，覆盖了整个大西洋沿岸。六名军官和五名准尉在纽约学习无线电情报工作。最终，另外四艘装备类似 *CG-210* 的约 23 米巡逻艇，每艘配备一个指挥官、一个密码分析员和六名电台技师，出海拦截私酒贩的通信。

但这些海上分析员既没有经验，也没有材料，对酒类走私犯采用的某些系统，他们无力承担长期、艰难的破译工作。他们的工作主要针对现行系统，可能包括从一个私酒贩的密码中剥去高级加密。遗憾的是，整个无线电情报运行所依赖的总部密码分析单位只有弗里德曼夫人和一个职员。她在一份备忘录中解释这个形势如何束缚了禁酒执法：

> 在过去几年来的截收行动中，海岸警卫队和其他与走私执法有关的机构获得了大量往来于岸台和走私船只间的通信。然而，目前与这些截收电报破译有关的工作人员极为短缺，破译收效甚微；如果有充足受训人员从事破译活动，我们将会取得更大收获。大部分情况下，走私犯使用大量自己编制或请代码公司为他们编制的代码。从技术角度看，代码电报比密码难破得多，需要的时间和精力也多得多。而且对代码而言，基础系统的突破只是工作的开始，因为与密码系统不同，破译一封电报对其余电报的破译没有多大帮助。破译代码是一个长期过程，如果想读出全部信息，必须在代码使用期内持续进行。可以这么说，走私集团使用的每一个系统都已经被破开，然而考虑到破译需要的巨大劳动和破译人员的极端短缺，解读所有这些电报根本就不可能。

作为例子，弗里德曼夫人举出一系列事后很久才破开的截收电报，这些电报往来于一座岸台和私酒船"蛮干"号（*Bear Cat*）。一艘约 38 米长海岸警卫队缉私艇正在追踪“蛮干”号。“蛮干”号报告这一情报后，得到驶向公海的指示，装成准备穿越大西洋的样子。1930 年 9 月 22 日，“蛮干”号发报 ：“现在火岛灯船（Fire Island Light）东南 120 海里，还在前进。请指示。”岸台回复 ：“继续前进。缉私艇不大可能待得太久。”实际上第二天，缉私艇大概相信了已在 200 海里外“蛮干”号的合法性，放弃了追踪，“蛮干”号则立即返回最初的会合地点，接上头。“如果该 38 米艇所属基地知道了上述电报内容，”弗里德曼夫人写道，“该艇无疑会得到命令，无限期追踪那艘‘黑船’。”

因此，弗里德曼夫人极力主张在总部设立一个七人密码分析科，包括一个年薪 4000 美元的主任分析员，一个年薪 2000 美元的助理主任分析员，一个年薪 2000 美元的高级密码员，一个年薪 1800 美元的密码员和三个年薪各 1620 美元的助理密码员，总支出 14660 美元。“一艘驱逐舰每年的油料花费，都比这个中心单位总运行费用多数千美元。”她在备忘录中写道。“目前，每艘海岸警卫队舰艇每年航行数千海里，在某个给定地区盲目搜寻。将来，根据在此提出的计划，所有这些漫无目的的活动都可以取消，航行里程可以显著减少，因为我们可以知道贩酒船的航线和接头的每一个准确地点。”这些理由很有说服力。海岸警卫队在预算中增加了对这个密码分析科的支出，得到国会批准。1931 年 7 月 1 日，密码分析科成立，其人员大部分是海岸警卫队无线电人员。

1932 年 4 月 7 和 8 日，弗里德曼夫人的预言成为现实。无线电情报单位破译了一艘沿海私酒船的电报，说它正靠在一艘运煤船边过驳烈酒。因为该运煤船的名字和目的地未知，海岸警卫队通知所有单位搜查随后几天内抵达大西洋沿岸港口的所有运煤船。4 月 8 日，“莫里斯 · 特蕾西”号（*Maurice Tracy*）和“东方神庙”号（*Eastern Temple*）抵达纽约，遭到搜查。“东方神庙”号上什么也没发现，但“莫里斯 · 特蕾西”号的煤卸下后，检查员发现了藏在一个特殊舱室内的大量烈酒。另一次，1932 年 11 月初，*CG-214* 截收读取了加拿大私酒船“阿玛西塔”号（*Amacita*）发出的电报，表明它将在马萨诸塞州布扎兹湾卸下烈酒。海岸警卫队冷静地等到“阿玛西塔”号驶入海湾，发动突然袭击，缴获满满一船烈酒。罚金估计达到 107661 美元。

但更经常的情况是，无线电情报组织没有实现它的乐观预期，未能足够快地破译据以采取行动的即时信息，也许因为大萧条削弱了酒类走私活动。虽然如此，总部密码分析科和米尔斯上尉领导的流动无线电情报单位提供的信息帮助抓捕了一个又一个“酒鬼”，确定了他们的罪行。例如，该组织破译了已经失去即时价值很久的私酒船“约翰·曼宁”号（*John Manning*）的电报。一封常规电报于 1930 年 9 月 28 日下午 5 点发出，向 4AR（一个岸台）报告 CEE（“约翰·曼宁”号）船位：CEE YIBOG NW WFYLO WFYJE WYDHO WYBEC WYBUG WYBFO ZABYS，意为：“约翰·曼宁”号现船位，火岛灯船南偏东 42 海里。几个月后，1931 年 2 月 24 日的一封电报告诉“约翰·曼宁”号，“到温特夸特灯船东偏南 25 海里处，夜里 11 点在那里与一艘布尔航运轮船会合……”虽然电报破译太晚，没能在烈酒转船时当场抓住两条船，但电报中提到布尔航运，海岸警卫队开始调查，最终在纽约抓获布尔航运货轮“阿林”号。密码分析证据帮助确定了船长和另外三人的罪行，他们被判阴谋向美国走私烈酒，入狱一年零一天，“阿林”号船主为解除船只扣押支付了 1 万美元。

另外，五艘流动无线电情报缉私艇和一些岸基截收台提供的信息帮助突袭了一座接一座岸台，缴获了走私犯的密码本。如 1930 年 12 月 15 日，海岸警卫队电台技师开始收到一座非法电台的信号。1931 年 1 月 2 日，布鲁克林的无线电报务员、一等兵邦普抄写到 3JP（一艘私酒船的呼号）发给 1FJ（那部非法电台的呼号之一）的电报：1FJ DE 3JP R HW MSG CK25 AHOHR AFAZQ ACXED STOP AGATA AETCU AHGHM AFHCD AGYSE AHMMS AIALN AFMZC AGEBC STOP ABYTM WILL QRS AGATA AHIPY ACYJF TMW AM STOP AFXKY LATER AR AR。三角测量很快确定，电台位于新泽西州北伯根哈德逊大街 5671 号。1931 年 1 月 23 日，执法官员突袭了电台，逮捕了弗兰克·布朗（Frank H. Brown），找到一部代码本。它的代码组从 00001 ABACT = *again* 到 03108 AJLHI = *bank*，还有“两张写着密码表的纸”。在此帮助下，1 月 2 日电报被读成：“*R HW*（含义未知）电报核对 25（组）。（我们将）尝试摆脱缉私艇。晚上 9 点船位在火岛灯船西南 12 海里。小艇将于明晨天亮时分在那里等待。口令后发。”报尾两个 AR 可能是签名。这封和其他电报一起被用作起诉酒类走私的证据。

在另一个案子中，截收到类似“Z 5 GR 8 Q844 Q997 Q823 Q985 Q833 L394 T269 Q797 T239 AR AS”的信息近两个月后，警察突袭了新泽西州纽瓦克海兰德大道 448 号。纽约《期刊》用当时流行的夸张风格写道：“今天，联邦特工的重拳击中了一个庞大私酒团伙的心脏，袭击了它在纽瓦克价值 10 万美元的无线电台，使指引私酒船只夜间进入隐蔽海湾的无限电波彻底失声。”一部 500 瓦电台占据了一所拥有 14 个房间房子的顶层，它控制着一支拥有 8 艘约 38 米长快速私酒船的船队，每个航次可以从加拿大港口运输 4000 到 6000 箱烈酒。除电台外，他们还找到三本密码本，其中一本是缩写本，用于快速查阅更大的基础代码，其三分之一篇幅使用下流语言，大概用于船员个人信息。无线电情报部队的约翰·格雷（John M. Gray）准尉凭这些密码本，把上述“z 5”电报解密成“你认为我们能在今天午夜左右装货吗”。这些信息也被作为证据。

与此同时，弗里德曼夫人不仅破译私酒贩的电报，还破译其他高度组织化走私团伙的密电。这些团伙采用了私酒贩的方法。有一次，她赶到温哥华，在对戈登·林（Gordon Lim）和另外几人的审判中作证，他们把操纵鸦片走私的秘密信息封在一个用到中文的复杂系统内。他们被定罪，被判 7 年监禁。在旧金山，她破译的一些信息，如“我们的货今天发出。内有 520 罐吸食鸦片和 20 罐样品，70 盎司（约 2 千克）可卡因，70 盎司吗啡，40 盎司海洛因……”，导致贩毒分子伊斯雷尔和犹大·以斯拉认罪。他们被判入狱 12 年。“12 年，”太平洋沿岸的一个专栏作家写道，“用这段时间努力设计一个女人解不开的密码。”

然而，她打击犯罪工作的高潮是在新奥尔良进行著名的联合出口公司案审判。自占领太平洋地盘，在伯利兹城建立大型业务机构后，这个犯罪集团编织了一个完全包围美国的犯罪活动网络。它的代理人不仅在墨西哥和伯利兹城，还渗入新奥尔良、迈阿密、哈瓦那、拿骚和蒙特利尔。联合出口公司实际上垄断了太平洋地区和墨西哥湾的酒类走私，成为这个国家最大的烈酒走私组织。

在此期间，莫比尔的海岸警卫队情报部门截收到数百封联合出口公司电报。1932 年 4 月 11 日，执法人员袭击了新奥尔良北兰帕特大街 2831 号，又缴获不少电报。那次搜查中，他们还发现了大量烈酒货物，逮捕了一干酒类走私犯。这些电报被发到华盛顿的海岸警卫队总部，由弗里德曼夫人领导的密码分析单位破译。电报指示私酒船“维阿特舒昂”号（*Ouiatchouan*）、“罗西塔”号（*Rosita*）、“艾伯特”号（*Albert*）和“协和”号（*Concord*）到一些位置附近。因为以前海岸警卫队曾追踪它们到过这些地点，电报提供了团伙头目和走私船之间联系的确凿证据。

11月，在弗里德曼夫人提供这些关键证据后，大陪审团指控35名私酒贩阴谋违反《国家禁酒法》。起诉书的一部分指控：

> （11）他们策划编制了一个或数个密码，用于收发上述无线电设备与前述位置、场所，与海上船舶（前称“酒类走私船”，具体而言，此前指明的几艘船舶），以及与位于英属洪都拉斯伯利兹城一座电台间的往来电报。
>
> （12）如前所述非法传送、广播、接收的上述电报，与“酒类走私船”的位置和抵达时间有关；与通过前述手段、方式、方法，从“酒类走私船”向美国走私和卸载大量蒸馏酒有关；用上述密码加密的上述无线电报涉及向美国走私蒸馏酒事宜，来往于上述位于路易斯安那州的无线电设备与上述电台和船舶之间。

1933年5月1日，审判在路易斯安那东区联邦地方法院开始，主审法官是查尔斯·肯纳默（Charles B. Kennamer）。因案情重大，司法部派出前禁酒负责人阿莫斯·伍德科克上校亲自提出公诉。他在开庭陈述中指出，艾伯特·莫里森、内森·戈德堡、麦钱特·奥尼尔及其兄弟约瑟夫·奥尼尔是“该犯罪集团的组织策划者，集团从加拿大和其他国家采购价值数百万美元的走私威士忌，偷运到墨西哥湾沿岸各地，从那里分销到内陆”。弗里德曼夫人在无线电技师罗伊·凯利之后作证。凯利指认了1931年3月24日到4月10日间截收的32封电报，它们来往于私酒船和新奥尔良、伯利兹的电台。3月25日早上7点零6分发送的一封电报写道：

> GD (HX) GM GA HX (GD) R GM OB BT HR CK 25 BT BERGS SUB SMOKE CAN CLUB BETEL BGIRA CLEY CORA STOP MORAL SIBYL SEDGE SASH (?) CONCOR WITTY FLECK SLING SMART SMOKE FLEET SMALL SMACK SLOPE SLOPE BT SA BACK TO THE WORD SLDGE its SEDGE INSTEAD OF SLEDGE HW

两天后，他们在下午 6 点 22 分截收到一封电报：

HX (GD) HR CK 16 BT QUIDS SEEMS ROSE FLAKE GAUDY WHICH FRAIL SNEAK SNOWY SHEER SNIPE FRAME SNOUT SNORE SNEAK SNIPE AR HW

弗里德曼夫人宣誓后，伍德科克让她说明，她自 1916 年起就从事密码工作，主要为美国政府工作，曾受陆军部、海军部、国务院和财政部雇用，以此确认她作为密码分析专家的资格。辩护人稍加反对之后，肯纳默法官裁定“证人资格有效”。随后弗里德曼夫人为她对联合出口公司电报的破译作证，但没有描述她的分析方法或系统。这些私酒贩用了一个相当复杂的方法。他们编制了自己的词汇表，表中术语与《西联旅行电码本》（*Western Union Traveler's Code Book*）的五字母英语单词对应。这种 68 页的袖珍电码本由西联电报公司免费赠送，用文字电码组代表诸如 *Detained here in Quarantine*（因检疫在此被扣）之类的短语。但私酒贩根据指标改变了这些对应。这样，在一封以指标 BERGS 开头的电报中，明文数字 9 就由文字代码组 SMART 代替，而在一封以指标 CABER 开头的电报中，9 则是 SMASH，这时 SMART 代表明文 8。这类指标有九个，包括 QUIDS，这样电报中就有九套对应，使之成为一种代码多表替代系统。上述 7 点零 6 分和 6 点 22 分电报写道（去掉呼号和简写）：*Substitute 50 Canadian Club balance Blue Grass for Corozal Stop Repeat Tuesday wire Concord go to latitude 29.50 longitude 87.44 and When Rosita is loaded preceed latitude 29.35 longitude 87.25*。[1]

被告方反对每一份破译，认为证人“把意见当结论”。弗里德曼夫人陈述：“这不是意见。在美国，理解这门科学的人很少。任何其他美国专家，经过适当研究，都会得到与我同样的内容。这不是个人意见……”这时伍德科克插话说：“好吧，别管那个。”辩护律师小沃尔特・热克斯请求：“所有那些都排除。

[1]　译注：大意为，等量共 50 箱“加拿大俱乐部”（威士忌品牌）和 Blue Grass（应为一种酒）代替 Corozal（应为另一种酒）。重复周二电报，“协和”号到北纬 29.50、西经 87.44 位置，“罗西塔”号装好后到北纬 29.35、西经 87.25 处。

我认为它不是适当证据。”法官裁定它不属陪审团考虑范围。

热克斯质证弗里德曼夫人，提出一些使密码分析显得过于简单的一般问题，试图削弱破译的可信度。他显然没意识到密码符号的易变特性，不然他肯定会利用那个难点——因为复杂的密码分析推理链条中，每一个额外环节都降低了它的确定性，从而削弱它的定罪效力：

问：我该如何称呼您，夫人或小姐？

答：弗里德曼夫人。

问：弗里德曼夫人，我理解，那些给您的符号，您对它们一无所知，但您收到一份那些符号，他们要求您分析和解读？

答：是。

问：在您能够正确解读那些符号前，得有人告诉您它是与烈酒运输有关的符号？

答：哦，不。我可能收到与谋杀或毒品有关的符号。

问：同样的符号会不会用于违反《曼恩法案》[1]，从别国将妇女输入美国的阴谋中？

答：可能会，但我的任务是——

问：好了……

伍德科克先生：让她回答。

热克斯先生：我以为她答完了。请继续。

答：（证人继续）——这样的符号可以用于这类目的，但如果它们实际与《曼恩法案》有关，我不可能说它们指的是烈酒。

问：好的，至于符号本身，哪些符号与烈酒有关？

答：这是个代码。你说不上来——没有完成全部破译，我没法告诉你哪个符号与烈酒有关。

问：它不是标准代码；一部可能是这些先生自己编出来的代码？

答：是。

[1] 译注：Mann Act，1910 年 6 月美国国会通过的一项法案，禁止州与州之间贩运妇女。

问：那您就得研究所有单词和整个通信，把它们一一对应？

答：是。那就是我的分析工作。

问：您是想告诉陪审团，同样的单词不可能用于一次违反《曼恩法案》的阴谋中？

答：它们不是此处给出的含义。

问：我懂了；您赋予它们含义？

答：不，我不给它们定义。这些含义不是我创造出来放在代码词旁边的。我通过科学分析得到这些含义。我不通过任何猜测得到它们。

问：假设我用CORA表示威士忌，那位上校用AIM表示威士忌，您又如何分析它？

反对：（伍德科克先生：）那个问题不合适，我反对。

热克斯先生：她在接受质证。

法庭：请解释。

答：如果我只收到这两个单词，没有任何其他内容，我没法说出这个意味着一样东西，那个表示另一事物，或者两者表示同一件事。我的工作就是分析我拥有足够数量，能够应用科学分析论证的材料。我没有说我能够破译一切。这取决于我拥有的用该类型系统加密材料的数量。

问：您不会告诉陪审团，这些先生用于表示您所说的威士忌、啤酒、位置的同样符号，不可能由人们编成密码用于从欧洲运输妇女？

答：那些符号可以用于那个目的，是的。

法庭提问：

问：但是您说，此处它们不是用于那一目的？

答：是。

问：并且您从您对所有符号相互关系的研究中确定那一点？

答：当然。

经过五天审判，莫里森、奥尼尔兄弟和另外两个走私犯被判有罪，戈德堡等人被宣告无罪。团伙头子莫里森的定罪判决得到美国巡回上诉法庭支持，他被判在亚特兰大联邦监狱服刑两年，罚款 5000 美元。1933 年 6 月 28 日，伍德科克致信财政部长："谨此提请您注意，禁酒局过去两年侦破最大走私案的审判中，伊丽莎白·史密斯·弗里德曼夫人提供的杰出服务……弗里德曼夫人作为专家证人，出庭为某些截收密码电报的含义作证……没有他们的解读，我认为我们不可能赢得这个非常重要的案子。"

犯罪分子使用如此纷繁复杂的密写系统，可谓前无古人后无来者，而对他们发动如此不遗余力的斗争也是空前绝后。弗里德曼夫人作为法律卫士战斗在这个战场，起初单枪匹马，战斗后期作为一支小队伍的领导人。她圆满完成了任务，她破译的信息帮助摧毁了美国最大的走私团伙之一。就在她因为出色工作心满意足之际，伍德科克的信绝对是锦上添花。她一定还没忘记，他是以美利坚合众国的名义起诉的。

1934 年，弗里德曼夫人的一些早期破译帮助美国摆脱了一场令人尴尬的外交纠纷，而且帮助建立了一项国际法标准。那是 1929 年，驻休斯敦期间，她破译的截收电报里有 23 封与当地检察官当时调查的任何案件都没有联系。1928 年 10 月 2 日到 1929 年 3 月 15 日间，这些电报往来于电报挂号 CARMELH 与纽约地址 HARFORAN、MOCANA 之间，前者属于著名白酒进出口公司，伯利兹的梅尔哈多公司，后两个都没有登记。这些电报通过新奥尔良的热带无线电公司线路发送时被美国当局拦截。一封典型电报如下：

HBA69 6 Wireless—NS Belize BH 29 427P

MOCANA

NEW YORK

YOJVY RYKIP PAHNY KOWAG JAJHA FYNIG IKUMV

弗里德曼夫人很容易地看出它们用《本特利完全短语代码本》加密，底码组由电码本内向前推五位的电码组代替。因此，电报明文写道："抵达。做必要修理。将于 2 月 2 日离开。电告指示。"所有电报都没有任何签名。

回华盛顿的路上，她中途在新奥尔良落脚，把她的破译交给当地海关监督人埃德森·沙姆哈特（Edson J. Shamhart）。沙姆哈特几乎欢呼着从椅子上跳起来。他一直在努力帮助国务院解决纵帆船“孤独”号（*I'm Alone*）疑案。这艘漂亮的双桅纵帆船于 1924 年在新斯科舍建造用于白酒贸易，为此它穿梭往来，利润丰厚。1928 年，“孤独”号被卖给一个新船主，但任务没变。1929 年 3 月 20 日，海岸警卫队缉私艇“沃尔科特”号（*Wolcott*）怀疑它走私白酒，命令它停船，被它拒绝。指挥“沃尔科特”号的军士长当时给出的船位是离岸 10.8 海里，完全在 12 海里领海基线内；“孤独”号船长给出的船位是离岸 15 海里。一场追逐开始了。“沃尔科特”号先发一炮警告，然后把炮口转向帆船本身，打坏它的帆，船长受轻伤。但浅滩迫使“沃尔科特”号退出追逐，直到 3 月 23 日，它和另一艘缉私艇“德克斯特”号（*Dexter*）再次追上“孤独”号。这一次，在一个离岸 220 海里、远在美国管辖范围以外的位置，“德克斯特”号雨点般的炮弹击沉了悬挂加拿大国旗的“孤独”号。

白酒出口在加拿大完全合法，美加关系本来就因白酒问题而紧张，“孤独”号沉没事件又给它雪上加霜。一个加拿大议员甚至宣称，如果这次攻击是执行正式指示所为，它就是一次战争行动。加拿大为船货损失索赔 38.6 万美元，索赔依据的前提是该船为加拿大人所有。美国官员认为，该船已经在领海水域受到盘查，随之发生了连续紧追，国际海事法惯例认可击沉行为。另外，他们强烈怀疑该帆船属于美国人，如果是那样，击沉加拿大国旗的冒犯行动可以通过一次正式道歉和一笔象征性现金补偿，在两个友好国家间解决。

遗憾的是，他们在追查船主方面收效甚微，直到弗里德曼夫人带着她破译的、往来于纽约的电报走进沙姆哈特办公室，因为抵达日期、开航命令及电报中列出的酒类数量，与“孤独”号开航日期和舱中单独列明的苏格兰威士忌、黑麦威士忌和啤酒的数量完全吻合。侦查发现，MOCANA 和 HARFORAN 两个电报挂号属于被逮捕定罪的丹·霍根，一个拥有“孤独”号一半所有权的纽约私酒贩。1934—1935 年冬，一个加拿大最高法院和一个美国最高法院法官组成“孤独”号案件仲裁庭。他们同意，紧追原则适用于国际法，第一次解决了这个悬而未决的问题。紧追原则允许在本国开始追赶超速驾驶者的警察，在另一国逮捕他。它们为冒犯国旗给予加拿大 50666 美元补偿（美国亦正式道歉），但裁定不支持加拿大要求的对“孤独”号船主的赔偿。他们做出裁定时依据的证据中，就有伊丽莎白·史密斯·弗里德曼的23份译文。

轰动20年代的蒂波特山石油丑闻，揭露了一些美国高官巨富腐败的肮脏交易。这份名单从内务部长艾伯特·福尔（Albert B. Fall）开始，他把富饶的怀俄明州蒂波特山海军储备油田出租给哈里·辛克莱尔开发，把埃尔克山储备油田出租给泛美石油公司的爱德华·多希尼开发。他以国家安全为名秘密进行了这桩交易。

1924年初，交易曝光，参议院公共土地委员会（Senate Public Lands Committee）开始了调查。不久，《华盛顿邮报》编辑主任爱德华·麦克莱恩向委员会承认，他曾借给福尔10万美元，但他既没有已付支票，也没有存根或任何形式的收据。麦克莱恩否认知道辛克莱尔或任何有关石油保留地的事务。但这时委员会找到一批密码电报，它们的大部分收发人是麦克莱恩，一封收报人是多希尼。委员会把电报转交陆军破译。1924年3月4日，通信兵部队密码部门主任威廉·弗里德曼就这些电报向委员会宣誓作证。他的工作并不难，因为他获得这些电报用到的全部三部电码本。多希尼电报使用泛美石油公司自用电码本，公司向委员会提交了解密电报，委员会把它交给弗里德曼，但弗里德曼只是检查了它。麦克莱恩的电报要么直接采用《本特利完全短语代码本》，要么出人意料地用一个司法部调查局（Bureau of Investigation，联邦调查局前身）代码。如1924年1月9日的一封电报就是用它发送，电报的奇特用语激发了许多报纸读者的想象力：

ZEV HOCUSING IMAGERY COMMENSAL ABAD OPAQUE HOSIER LECTIONARY STOP CLOT PRATTLER LAMB JAGUAR ROVED TIMEPIECE NUDITY STOP HOCUSING LECTIONARY CHINCHILLA PETERNET BEDAGGLED RIP RALE OVERSHADE QUAKE STOP....

司法部代码兼具一部本和两部本特性。与出现在齐默尔曼电报中的德国13040外交代码一样，它属于混合代码。因此在加密部分，明文按字母表顺序从*a*到*z*，文字代码组首字母则从R到W，从N到Q，从A到M。分隔出现在明文*e*和*i*的中间。这样，*eight*就是WIPPEN，*end*就是NAUTCH，*interrogation*

是 QUAKE（相当合适[1]），*is* 是 ACERBATE。据此，1 月 9 日电报就读成：泽夫利认为调查方向对你有利；他对讯问人沃尔什没什么深刻印象；他认为你无须担心接下来的审讯……

弗里德曼用“从司法部（威廉·）伯恩斯（William J. Burns，调查局局长）处获得的一本代码”解读麦克莱恩电报。（*burns* 在那部代码里的文字代码组是 SNIVELING［哭泣］——这一点给了爱用双关语的人多好的表现机会啊！）麦克莱恩如何得到这部官方代码？麦克莱恩解释说，沃伦·哈丁（Warren G. Harding）当选总统后不久，他自己成了司法部特别代理人，得到一张小卡片、一枚徽章和那本司法部代码。1 月 9 日电报的发报人，麦克莱恩的私人秘书威廉·达克斯特恩是前司法部特工，他似乎只是保留了那部代码。伯恩斯后来作证，向委员会解释，他到司法部时，发现老代码分发太广，于是让人编制了一部新代码，每个部门只发了两本。他指示主管特工：“特工出差办大案，需要一部绝对保密的代码与我或当地部门通信时，就用这部新的机密代码。如果外派特工到一个小镇时，不介意撰写一封可能会被报务员传开的电报，就用旧代码。麦克莱恩先生有一本旧代码。每个提出要求的特工都可以有一本，但新代码不行。”

弗里德曼解密的麦克莱恩电报表明，麦克莱恩对一项曾自称毫不知情的事务有强烈兴趣。这些明文内容倾向于表明，麦克莱恩借给福尔的 10 万美元实际上与石油保留地有关，并非只是一些友好的孤立交易。这笔钱实际来自多希尼，真相很快被查出。福尔后被判收受 10 万美元贿赂，入狱一年零一天。多希尼和辛克莱尔企图贿赂公职人员的指控没有成立，但他们获得的保留地租约被取消。

密码学并没有提供这些事件间的本质联系，它的贡献似乎是次要的。弗里德曼的证词使用了代码和密码，颇显神秘，增加了调查程序的吸引力，重新燃起了公众对此次报道的兴趣；并且长远来看，公众兴趣是塑造政府诚信的唯一力量。

犯罪分子和所有其他人一样，只在迫不得已时才会想起代码和密码；而只有在国际走私中，非法活动需要远距离秘密调度时，他们才真正需要它们。

---

[1]　译注：interrogation 意为审讯，QUAKE 意为颤抖。

1934 年，瑞典警察把一些走私分子发出的密码电报交给密码学家伊夫·于尔登。其中一封典型密电写道：16 48 59 74 29 53 99 32 86 28 60 0 St-a 55 67 29 07 28 67 55 44 46 63 80 90 02 99 06 03 15 05 74 59 69 00。他很快断定这是个相当简单的多名码替代，明文为：*Överlämna 28600 St-a allt klart henom*（*genom* 之误）*spärren*，[1]00 表示句号。根据 8 月 19 日完成的破译，警察埋伏守候低矮快速的“命运”号（*Kismet*）。9 月 26 日，当警察逮捕它的船员并缴获 5000 升非法烈酒时，他们发现事情并非那么“简单”。

国际走私的黄金时代——禁酒令时期，使犯罪密码学迎来了辉煌时刻。如今，复杂的犯罪代码和密码系统非常罕见，它们只存在于毒品运输中，现今依然活跃的国际走私勾当。如走私海洛因的约翰·沃亚齐斯（John D. Voyatzis）和埃利阿斯·埃利奥普洛斯（Elias Eliopoulos）用《通用贸易电码本》加密电报，再把中间数字移到前面，最后用该电码本对应的五字母文字电码组代替得到的数字。因此，明文 *sold* 就加密成 58853，再变成 85853，最后转换成 XIQWD。简单系统与优秀系统并存。1955 年，使用英国海外航空公司飞机作为运输工具的贩毒分子给巴林的同伙发报，ORDERING 19 COULD MANAGE MORE IF AVAILABLE，意为“19 日抵巴林，可携带比上次更多的鸦片”。

今天，大部分犯罪密码学出自赌注登记经纪人，他们用密码掩盖或消除非法活动的证据。他们的系统高度专门化，只用于赌注登记。通常，这些系统把加密数字与赌注和赔付记录的缩写结合起来；系统范围小到不足以加密普通明文。破译要求掌握对各种非法赌博形式的丰富知识不亚于赌注登记经纪人，因为其“明文”仅仅是一系列数字！

一种极流行的赌博是彩票，又叫数字博彩。投注人把钱（可以低至 10 美分）押在一个三位数字上。如果那个数字出现，他可以赢得 666 倍的赌注金额。概率当然对庄家极为有利。这种基本赌法之外又有许多变种和组合。他可以投注那三位数的任一组合，在六种组合之一出现时赢得相应较少金额。（该三位数通常由一个联合会从附近赛马场连续三次赛马总投注额的最后几个数字中选定。）

[1] 译注：大意为，提供 28600 St-a（应为一种酒）通过封锁线没问题。

或许，破译彩票密码的世界级专家是亚伯拉罕・切斯（Abraham P. Chess）。在转到纽约市政府另一个部门前，他是纽约市警察局法律部门的律师，作为副业，他还经常为该局破解彩票密码。18 岁时，他读到爱伦・坡的《金甲虫》，对密码学产生了兴趣，但进入犯罪密码分析领域纯属偶然。

1940 年，一个纽约侦探花了大半天时间对一个赌注收取人进行监视，后者收完赌注并将信息记录下来。逮捕他时，这个侦探惊奇地发现，构成这些记录的不是通常的赌注记录，而是几页乐谱，清楚地画着五线，标着音符，还有高音谱号、连音符、保持符和渐强符号等。如无证据证明该收取人实际上在收集赌注，而不是从事一些虽然奇怪但完全合法的活动，逮捕将不能成立。这个侦探确信乐谱构成某种密码，但纽约市警察局实验室没有密码分析员。这时另一个侦探记起，法律部门有个年轻律师对密码学感兴趣，于是这些“乐谱”被交给 30 岁的亚伯拉罕・切斯。

他在一架钢琴上试弹，发现它实际上无法演奏，根本不是乐谱。他很快观察到这里只用到 10 个不同音符，而且节奏极不规则。7 小时后，他发现每个音符代表一个数字，这个数字由音符在五线谱上的位置决定。在音乐中通常代表 E 的底线表示 *1*，通常为 F 的最下方线间空白表示 *2*，通常为 G 的倒数第二线表示 *3*，依此类推，直到通常表示 G 的音阶最上方空白表示 *0*。由节线隔开的每个音节代表着一个独立的投注人，音节末尾两个点的重复标记意味着一次复合投注。合起来，这本音乐总谱记录了 1 万个赌注。切斯在法庭上的证词使赌注收取人认罪。要是没有他提供的赌注收取证据，这是不可能的。

自这次以后，切斯一直破译到 1951 年。他破解了 56 个这样的系统，每周破译的密码数不止一个。这些系统的多样性令人惊讶。赌徒用希腊字母或希伯来字母甚至古腓尼基语字母代表数字；他们发明符号或用一种把数字与一个没有重复字母的十字母单词对应的系统。如果这个密钥词是 CUMBERLAND，一个投注数字 137 的 25 美分赌注将记成 CMLUE：一般数字在先，赌注在后，中间通常没有空格。有一种系统，一开始看上去像速记符号，如其中一些符号与另一些符号形状一样，只有色调深浅的不同，就像皮特曼 [1] 速记一

[1]　译注：艾萨克・皮德曼爵士（Sir Isaac Pitman，1813—1897），英国速记法发明人。

样。切斯很快发现，一条从左上垂下的浅色斜线是 *1*，同样的斜线写重了就是 *2*，其他数字用类似方法加密。在另一个赌注收取人的笔记本中，包含类似 SINKKATYUNDEYO 这样奇怪的长单词。切斯苦思冥想了近三个小时，最后突然想起嫌疑人来自法属西非。“密码”无非就是按嫌疑人方言写出来的法语数字发音，只有数字 0 直接由字母 O 代替。SINKKATYUNDEYO 表示 *cinq quatre un deux zéro*（54120），即投注数字 541，赌注 20 美分。切斯编制了彩票赌博的频率表，纽约市警察局至今还将它用于破译。切斯最终离开警察局，但他开启的工作对执法具有重大价值，以至于今天该局还专门雇有一群人，帮助破译缴获的所有赌徒密码。总督查调查部（Chief Inspector's Investigations Unit）、警察学院、警察实验室和警察局长保密部（Police Commissioner's Confidential Unit）都有密码分析员。

那些没有亚伯拉罕·切斯的警察局——几乎所有警察局，通常求助于联邦调查局破译加密的赌注登记记录。联邦调查局的密码分析与翻译科负责这项工作，但出于某种原因，它努力隐瞒自身的存在，甚至不对外界透露自己的地址。实际上，该科在一栋不起眼的米色水泥大楼内办公，大楼没有任何标志，除了门牌号：华盛顿特区，东南区，宾夕法尼亚大道 215 号。一块遮篷表明它之前是弗兰克·斯莫尔汽车代理行，但展示橱窗已经被砌上；甚至隔壁的酒类零售店店主也只知它里面进行着一些秘密活动。虽然大楼几乎与国会大厦对立，但因为它所处的位置，没人能透过它的窗户看到里面。大楼底层有一间教室，教室里有一块绿色的黑板，黑板上有时写着位对称习题；一楼以上是办公室。入口位于后面，需通过一个院子。

虽然联邦调查局对于帮助执法机构破译赌注登记密码的地点遮遮掩掩，但在讲述它的成功故事时一点也不谦虚。

与赌注登记有关的密码系统通常可归入一两个大类。最常见的系统涉及数字加密，即把大部分赌注数据转化成数字，再加密这些数字。赛道由随意选定的数字或字母替代，赛马由起跑位置或比赛号码识别，赌注金额和类型由数字标明，这些数字的含义因它们在登记项目中的位置及其特征而异。加密通常使用字母、符号或二者结合来替代密码数字。第二大类“赌徒”密码系统与语音或相关缩写类型有关，包括使用外语或消失的语言文字。

联邦调查局实验室破译这些“赌徒”密码采用的密码分析技术依赖各类赌注登记项目的字母和数字频率特征，依赖对可能赌注数据的试错测试，从这个意义上说，它属于传统方法。过去十来年中(1950—1961)，联邦调查局专家检查、破译了数千条加密的赌注登记项目，发展出突破这类材料的敏锐技巧。这种技巧是纯密码分析与赌博程序及运作广博知识的结合。

此言不虚。且不谈密码分析，仅是理解明文，就需要上一次在丘吉尔唐斯、皮姆利科和萨拉托加[1]的付费进修课程，也许还要到拉斯维加斯进行一周的研究生学习。赌注登记高度简化，几个密码符号即可表示十几个单词拼出的内容。赌注登记经纪人还靠记忆记住大量细节，特别是几乎从不登记的投注人名字。尽管如此，联邦调查局密码分析员几乎总是能掌握这些系统。在某个案子中，希伯来文字被用于加密数字，意第绪语发音被用于记录赛马名字，数字的安排方式与括号之类符号的结合被用于记录投注类型。对该赌注登记人的审判在宾夕法尼亚兰开斯特进行，在联邦调查局密码分析员出庭作证后，这个登记人改变了无罪供述，承认有罪。他被处以罚款，投入大牢。

一次，波士顿警察搜查一个投注站，缴获了赛马表格、赛马杂志、报纸体育版，还有一本袖珍笔记本，里面写着类似手写希腊字母的符号。就此盘问嫌疑人时，他告诉警察他是学习古典学的学生，承认他在尝试设计一个打败庄家的系统，但否认他是赌注登记人。但私下里，他对朋友吹嘘说，警察永远破不开他的密码，在此之前，他还会继续赌马登记。波士顿警察把笔记本送到联邦调查局，后者很快找到对应，如 $\alpha = 1$，$\phi = 2$，$\sigma = 9$，$\beta = 11$，$\delta = 12$，H 和 O = 50，) = *parlay*（赌本和赢金合在一起的连续赌注），等等。它的登记项目高度简化，甚至在明文含义得出后，还需要做相当多解释。凭借一个联邦调查局特工的证词，波士顿检察官得以证明被告持有“以某个兽类（赛

[1]　译注：丘吉尔唐斯、皮姆利科和萨拉托加都有赛马场。

马）的速度或耐力竞赛结果为赌注的赌博登记资料”，并宣布他有罪。

另一桩波士顿案件，完全依赖对三本笔记本中发现的200页加密信息的破译。一家服装店被怀疑是赌注登记的掩护，这三本笔记本就是搜查时从店里找到的。联邦调查局很快破译了密码，发现它的基本加密方法就是用密钥把字母转换成数字：

1	2	3	4	5	6	7	8	9	0
B	E	G	I	N	T	O	D	A	Y/Z

其他加密符号包括，BRD表示“1美元双赌”[1]，ERD表示“2美元双赌”，NYD表示“50美分双赌”，BLT表示“1美元综合赌注”[2]，NLT代表“5美元综合赌注”，打个勾表示赔付，等等。因此，密码“√ IG BZBZ GB”表示10美元投注第3场4号马胜，10美元投注名次；庄家为2美元名次投注支付6.2美元，10美元的赔付是31美元。审判历经三小时，其间一个联邦调查局密码分析员为破译作证，服装店经营人被判赌博登记罪行。

一些密码只是偶尔一见，不及赌注登记和彩票系统普遍，它们被用于谋划越狱、通知抢劫盗窃、记录非法活动等等。这些密码几乎总是简单至极，通常是一个使用符号的单表替代。1959年，纽约市警察局破获一个制作和销售色情影片的团伙，发现一些加密记录，列出300个女演员的姓名、住址和表演内容。警察轻松破开这个主要由缩写和符号替代构成的简单密码，逮捕了一大帮人。犯人则用无处不在的、以棋盘密为基础的敲击密码在牢房间传递信息。一次敲击后面跟着两次表示*b*，两次后跟着一次表示*f*，这种系统在世界各地监狱使用。不是明确犯罪但仍然不合法的是，纽约市职业机构用于标明雇主种族或肤色偏向的“密码”。一家机构用NO NFU'S（后一个缩写本意是“Not for us[3]”）表示“不要黑人”。另一家用RECOMMENDED BY REDBOOK（由红皮书推荐）表示“不需要黑人”，用MUST PLAY SAXOPHONE（须会演奏萨克斯）表

[1] 译注：$1 on daily double，投注1美元，一日内赌两场赛马中优胜者的赌法。
[2] 译注：across the board，综合赌注，对同一匹马在比赛中胜出、排名或出场都下相同赌注。
[3] 译注：大意为，不适合我们。

示“犹太人不必申请”。纽约州公平雇佣法律禁止这类指定。1962 年，不止一家职业机构签署同意书，承诺不再使用它们。1960 年，美国指控五家大型联合公司（包括通用电气和西屋电气公司）违反反垄断法。这些公司主管用数字代替公司名称，做成一个简单密码，掩盖他们保证利润的价格协议和串通投标行为。据此，1 代表通用电气，2 表示西屋电气，3 代表阿利斯 – 查默斯制造公司，等等。不过这是个一览无余的系统，这些公司主管被判 30 天监禁。

纸牌老千以某种密码形式标记他们的纸牌，通过各种肢体或声音信号互相串通。例如，夹烟或挠痒的特定方式可以暗示不同的花色或纸牌。在一种常见的手势信号中，赌徒几乎不经意地快速把手按在胸口，拇指伸开，表示“我要赢这局，有人想跟我搭档吗？”；右手手掌朝下放在桌上意为“是”；一只拳头放在胸口或桌上表示“不，我单干，我先发现的这些家伙，请走开”。在维多利亚时期的一家英国惠斯特俱乐部，牌手会用一句闲谈告诉搭档先出哪个花色，他说的第一个字母就是该花色第一个字母。因此，“HAVE YOU SEEN OLD JONES IN THE PAST FORTHIGHT?”就表示先出红心。[1] 这样的系统出自赌徒的机灵。人们可以通过纸牌在桌上的位置，辨别 A、K、Q 或 J；还可通过膝盖在桌子底下触碰传递信息。在 1965 年 5 月的布宜诺斯艾利斯世界桥牌锦标赛上，鲍里斯·夏皮罗和特伦斯·里斯组成的英国队就受到指控，说他们使用这种方法作弊。但这些信号很微妙：怎样吐出雪茄烟雾，如何搔耳朵，怎么呼吸，或其他一般动作，要证明指控真伪极其困难。

行话，因其容易理解和无法捉摸的特性，似乎被广泛用于与公众有较多联系的非法活动，如卖淫。1961 年，奥地利格拉茨的警察注意到，古董商亚历山大·科茨贝克的顾客比附近牛奶店的多。警察调查发现，他打电话向顾客报告 BAROQUE ANGEL（巴洛克天使）已到，或者 ROCOCO STATUE（洛可可雕像）可以取货了。原来这些“天使”和“雕像”是活玩偶，即 18 到 24 岁之间的应召女郎。警察破译了密码，捣毁了这个卖淫团伙。

这类口头行话与黑话相近，后者是盗贼使用的语言。黑话只是从儿童、水

---

[1]　译注：那句话大意为，最近半个月见过老琼斯没？第一个字母是 H 是 heart（红心）的首字母。

手到印刷商等各个社会群体所使用众多专门词汇中的一种。因为这类专门“语言”是排他性的、共同经历的、讨论共同技术活动的需要，以及单词游戏的乐趣等社会因素催生的，它们出现在世界各地。爱尔兰白铁匠用一种叫“小炉匠行话”[1]的语言。伦敦东区人说押韵俚语（STORM AND STRIFE 表示 *wife*）。伦敦大学医学生偶尔用“医学希腊语”（Medical Greek）转换成对英语单词，如 *smoke a pipe* 说成 POKE A SMIPE。兰戈人和托达人[2]等土著民族有自己的秘密语言。中国人使用它们。小孩发明了大量秘密语言，每一种自然语言似乎都有至少一种特定的儿童密码。英语中有人们熟悉的“儿童黑话”：讲话人去掉词首辅音，把这个音附在词尾，再加上 AY 音节。这样 *third* 就变成 IRDTHAY。对元音开头的字母，说话人直接在词尾加上 WAY——*and* 就成为 ANDWAY。“Tut 拉丁语”（Tut Latin，或图坦哈门法老的语言［King Tut language］）在音节间插入一个 TUT。

黑话与这些语言的不同之处，也许在于它更成熟，内容更丰富；另外，黑话不仅像其他语言一样，包括了许多必要的术语，以此作为讲话者属于某个圈子的标志，它还包含某种更为阴暗的秘密特征。虽然有些术语可以国际通用，但黑话不是国际盗贼语言。各国黑话都不同，因为它本质上是民族语言的变形。说黑话的人要想保密时，他可以改变一个单词的含义或形式。隐喻在前一做法中发挥着重要作用。“律师”可以说成 MOUTHPIECE（话筒）；“钱”是 BREAD（面包）或 DOUGH（面团）（这个隐喻也出现在法语里）；“电椅”是 HOT SEAT（针毡）；“禁闭”是 COOLER（冷却器）。形式替换包括简写（ALKY 表示 *alcohol*［酒精］，CON MAN 表示 *confidence man*［骗子］）以及与儿童黑话类似的系统。这些黑话在英语中并不常见，但在法语中相对较为普遍。一种法语系统是“largonji”，这个词来自它用自己的系统变换单词 *jargon*（黑话）的方式：第一个辅音移到词后，加上 I，把一个 L 放在单词前。法语黑话设计了许多巧妙的系统，其中大部分昙花一现；有几种用一个特定发音结尾代替单词的正常结尾。印度白沙瓦[3]的小偷在单词中插入一个带 *z* 的音节，于是 *piu*（父

[1] 译注：Shelta，爱尔兰和威尔士白铁匠和吉卜赛人的一种古老秘语，以改变后的爱尔兰语或盖尔语词汇为基础，至今尚在英国、爱尔兰等地的补锅匠、游民间使用。

[2] 译注：兰戈人（Langos），乌干达一民族；托达人（Todas），印度游牧民族。

[3] 译注：Peshawar，巴基斯坦城市，这里当指印巴分治前的情况。

亲）就成为 PIZEO，*usko bula*（呼叫他）成了 UZUSKUZO BUZULEZA。

在西方，黑话大概始于 12 世纪初的法国，出现在挤满贼窝的街区，出现在今巴黎莫贝广场一带的死胡同，那里是著名的奇迹广场[1]，居住着等级森严、自成一派的匪帮。它在英格兰诞生是 16 世纪，在美国于 18 世纪出现。几百年来，黑话一直是一种秘密语言，原因既有说黑话者与外界隔绝的因素，也有它的内在密码因素。15 世纪诗人、小偷弗朗索瓦·维永（François Villon）用黑话写的一些诗，至今依然有些部分不可理解。19 世纪初，随着旧街区的拆除、市政警察的设立和社会障碍的打破，旧有的犯罪集团被摧毁，黑话失去了它的大部分秘密特征。犯罪分子融入普罗大众，他们的语言进入普通语言，大部分术语消失，一些色彩丰富的成为俚语。虽然今天的犯罪分子依然使用黑话，但它的秘密特征已经逐渐消失：警察几乎完全理解它；学者撰写关于它的文章——它现在主要由技术和专业术语组成。犯罪，和所有其他活动一样，成了一种商业行为。

商业界也用秘密语言。为了向居心叵测者隐瞒财务信息，早期教会用希腊字母替代数字，加密一些财务往来。半军事、半宗教的中世纪圣殿骑士团加密信用凭证，圣殿骑士不带现金，带着凭证奔波在欧洲 9000 个骑士团辖区间。和他们的教堂一样，圣殿骑士团密码表也以马耳他十字为基础。19 世纪，在埃及的奥斯曼土耳其人用一种简写形式 qirmeh，记录他们的税收和财务往来。

商业自由使保密几乎成为必然。企业家不仅须向竞争对手保密，通常还要对顾客保密。因此，白沙瓦的布匹商在单词中插入作为虚码的 MIRI，创造他们自己的秘密语言，就像儿童黑话在词尾插入 -AY 一样。克什米尔的金匠大幅改变单词形式。“1”、“2”、“3” 和 “卖不卖？” 在他们泽加里方言中的正常形式是 *akara*、*sanni*、*trewai* 和 *choande*，这些金匠把它们转换成 BIN、HANDISH、YANDIR 和 PHETZU WAHNO。印度其他行业也有自己的方言，可能还得到印度等级制度的强化。越南河内的屠夫把单词第一个辅音移到末尾，用一个 CH 音代替它，在词尾加一个 -IM。纽约富尔顿水产市场的鱼贩子用临时想出的密码隐瞒他

[1]　译注：Court of Miracles，法语原文 Cour des miracles，指巴黎贫民区。

们的价格。专业魔术师在“读心术表演”中用密码与助手交流，助手在观众中穿行，不停地发出嗒嗒嗒的声音，告诉魔术师观众手里拿的什么物品，或一张美钞的序号，或他们的名字。在各行各业的书面秘密语言中，最古老、使用最广泛、最出名的也许是流浪汉使用的语言，他们在住户门柱或墙上用粉笔画下各种记号，告诉其他流浪者：主人是个软心肠，或里面有一条恶狗，或有人接近时会叫警察，或让人用工作来换取施舍。但社会安保的覆盖正在使这种特别密码逐渐消失。

通常，零售商会把批发价加密写在标价牌上，这样他们就会知道自己能承受多大折扣，同时又不让顾客知道原价。他们一般会像赌注登记经纪人那样，根据一个密钥词用字母来代替数字。这些系统用得最多的大概是古董商和其他价格灵活商品的经销商。不过 19 世纪 90 年代，演出承办人，当时明尼阿波利斯一家剧场的经理乔治·布罗德赫斯特以单词 REPUBLICAN 为密钥加密当晚进款，再用电报发给这家连锁剧场的巴尔的摩总部。这样的系统曾被破译过，有时带来价值可观的商业成果。在一个案例中，纽约百货巨头梅西百货需要遵守制造商规定的最低价格，除非它能够证明其他人没有这样做。它破译了纽约大型折扣商店马斯特公司的标价牌密码，将信息用于商务策略，提高了自己的竞争地位。

从这些简单形式开始，商业保密进化到极其复杂的程度。瑞典火柴大王伊瓦尔·克雷于格（Ivar Kreuger）用密码学掩盖他建立的庞大金融帝国的窟窿。他随身携带一个刻在一小块象牙牌上、有 26 个乱序密码表的方表，供自己使用。他在办公室使用密码机，因为经常使用，所以他在门上贴了一个“正在加密”的标志，拒绝他人进入该办公室。有传言说，庞大的摩根公司银行部曾试图破译他的电报。也许出于这个原因，克雷于格雇请伊夫·于尔登向他的两个雇员传授编码学。当克雷于格自杀身亡，他千疮百孔的商业大厦轰然倒塌时，指导课程也戛然而止。

在某些方面，商业间谍活动几乎和政府间谍活动一样复杂，他们使用密探、远程相机、隐藏的麦克风，用贿赂手段获取公司废纸篓里的材料，但他们很少进行密码分析。除梅西百货和传言的摩根公司例子外，唯一已知是某家公司的例子，该公司从一个电报局雇员那里获取一家竞争公司的电报。这些电报用一部公开销售的商业电码本加密，该公司轻松读出电报，再提交自己的报价，比竞争对手低半分钱，就这样抢了不少生意。对手公司听说后，开始对它的电码本信息加密。这显然超出那家截收公司的能力，因为它再也没能接二连三地赢得交易。

但为了从源头防止这类事件发生，许多公司开始对它们的电报进行加密或直接采用自己的私用电码本，而后一种做法更常见。这些电报通常不加密，实现保密的手段是印刷量小、分配严格和对电码本的精心管理。虽然挡不住政府密码分析的攻击，但它们足以保护公司电报不受电报职员的无意浏览或竞争对手的密码分析。像石油和采矿这样的高度竞争行业，一条潜在的高产油田信息往往价值数亿美元，这些行业内的公司是私用电码本的最大用户。

20 世纪 20 年代，随着一战后国际贸易的爆发增长，一些人看到了藏在保密需求中的机会。他们认为飞速发展的资本主义经济会带来这样的需求。发明家首次将推销活动更多指向商业而不是军队或外交官。可以理解，致富欲望激励了达姆、赫本和转轮发明人谢尔比乌斯等人的发明创造；美国电话电报公司推广弗纳姆机器，指望它赚钱。他们的发明，即使没有使自己富裕，却也丰富了密码学。但其他许多人的成果，不管是对密码学还是他们自己的口袋，都没有做出贡献。这当中最出名的是亚历山大·冯·克里亚（Alexander von Kryha），一个英俊的乌克兰血统工程师。他全力推销的密码机由一个封装得很漂亮的简单密码圆盘构成，还有控制圆盘转动格数的齿轮和一个推动它的发条装置。加密员从外圈字母表中找出明文字母，用它内圈的字母作为密文；他再压下一个按钮，让圆盘转动一段不规则距离后停下，得到另一套密码替代。冯·克里亚请德国数学教授格奥尔格·哈梅尔（Georg Hamel）计算活动密码表字母可能生成的字母表排列数量，把这个天文数字乘以可能的齿轮组合数量，再乘以所有其他变量，以此“证明”只有神仙才能破译这个密码。遗憾的是，这套机构说到底是一个有单一密码表和几百个字母周期的简单多表替代，不必上千年，几小时就可以破开。但他公司的失败也许不是因为产品的技术弱点，而是像达姆和谢尔比乌斯的公司在商业世界遇到的情况一样，因为没人对这种产品感兴趣。

在商界，保密产品的推销就像一条穿越密码学史的曲折丝线。今天，不少公司制造密码机，提供给商界。罗马的意大利光学机械公司制作一种转轮机器。斯图加特的洛伦兹标准电子公司制造 Mi-544，这是一种笨重、结实的一次性密钥纸带机。哈格林销售自己的密码机。瑞士苏黎世雷根斯多夫的格瑞达公司生产两种机器。KFF-58 是一种机电装置，用链齿轮作为密钥机器；TC-534 是固态数字装置，它生成伪随机密钥，用在一个类似弗纳姆的装置中。其他公司有时会根据需要生产密码机，但销售活动从未真正获得成功，因为商务市场实在太小了。矿业和石油公司可能会买上几台，但没有其他人购买。英国女王伊丽莎白二世加冕礼期间，美国全国广播公司（NBC）和哥伦比亚广播公司争相要让它们的影片首先在电视上播出，NBC 加密了它的越大西洋电报，防止它的计划被哥伦比亚广播公司探知。但即使在这事关数百万美元得失的事件中，全国广播公司可能也没有用到密码机。商务密码机市场实在是微不足道。

甚至在金融交易中，银行也似乎更愿意依赖代码和普通预防措施。参考一下 26 岁戴维·赫蒙尼（David Hermoni）的经历，这个系统运行还不错。赫蒙尼是荷兰银行联盟海法分支三个知道银行私用代码的雇员之一。1958 年 9 月 1 日，他于休假返回途中在一家苏黎世银行开设了两个账户。账号只有数字，没有他的名字。随后他用那部私用代码给三家纽约银行（欧文信托公司、制造商信托公司和第一花旗银行）发报，指示它们转 229988 美元到他的两个账户。打电话请病假后，他飞到苏黎世，向瑞士银行表明他是其中一个账户的所有人，取出 15 万美元，再到瑞士信贷银行，从另一个账户取出 5 万美元。但当他回到瑞士银行再取 2.5 万美元时，他被逮捕；三家纽约银行之一发到海法的一封确认电报暴露了他的勾当。因为该类事情即使使用密码系统也可能发生，所以银行认为没必要在它们身上投资。另一方面，国际货币基金组织成立后不久，便雇用弗里德曼夫人，打造一个基于一次性密钥纸带的复杂密码系统；基金组织安装了一个大保险柜存放所有密钥纸带。但国际货币基金组织的情况不同于处理私人交易的银行，它的活动能产生国际影响，相关政府可能会尝试探出它的计划，以便采取对自己有利的经济行动。

商业保密在一个领域取得不大不小的成功：电话通信。电话的便利和广泛使用、对线路窃听和交换机偷听的普遍恐惧（如果还不是真正全民皆恐惧的话）促使一些商人购买保密器。不算上大型通信公司建设用于保护无线电话通信的设施，美国至少有三家公司制造保密器。位于加州帕洛阿尔托的德尔康公司能生产好几种保密器，从简单的、类似电话的便携装置到复杂的无线电保密器附件，前者是一台手持设备，可以接驳普通电话机，加密去话，解密来话。这些保密器都属于倒频器，公司将其效果描述成一种“听不清楚的隐语，可以大致看成一门听不懂外语的声音，类似一台唱片机倒放的效果”。德尔康为不同客户提供不同的话密设置：应该是不同的倒相点。石油和采矿公司再次排在这些客户前列。探矿队携带一台保密器，这样他们可以从野外发回报告，而不必担心搭线窃听泄露他们的信息。壳牌石油公司就用保密器与钻探队和租约买家通话。搜寻鱼群的直升机通过德尔康无线电保密器报告大鱼群位置，不让竞争对手知道好渔场所在。渔船本身则加密他们与罐头食品厂讨价还价的信息，防止竞争对手报低价抢生意。1961 年，得克萨斯的约翰和克林特・默奇森（Clint Murchison）兄弟与艾伦・科比（Allan P. Kirby）争夺公司代表权期间，兄弟俩用便携保密器通话。他们争夺的代表权与控制 60 亿美元的阿里阿尼公司有关，价值高达数百万美元。警察在监视时使用无线电保密器，这样掌握警察电台信息的罪犯就不会知道他们正受到监视。警用保密器价格约在 150 美元（便携手持保密器）到 450 美元（无线电保密器）之间。

西电公司是利顿系统公司的纽约分支，负责制造两种仅有微小技术细节差别的倒频器。两者都接受从 250 到 2750 赫兹的声音频段，在约 1500 赫兹中点附近倒相。以色列航空使用西电系统为它飞越大西洋的飞机提供无线电话保密。最复杂且最昂贵的商业保密器来自旧金山的林奇通信系统公司。它的 E-7 型是一台约 145 千克的分频器，能提供 233 种组合；据说有几台被卖到一些拉丁美洲国家和一些通信公司。林奇公司还制造一种约 32 千克的倒频器 B-69，它保存的声音质量和清晰度似乎比其他倒频器好得多。

图画是人类最原始的视觉交流形式，它应用保密方法的时间要比文字长得多。图像要等到复制方法发明后，才能为保密目的而被扭曲或打乱。密码文学中记录了少数罕见的例子，如间谍把防御工事图伪装成一幅蝴蝶图片或风景画的一部分，秘密传出去。但这属于隐写技术。

图像保密（Cryptoeidography，来自希腊语“eidos”[形式]）包括两种保密方法。一种基于光学，它直接记录图像并将它扭曲；另一种方法基于电子学，它不扭曲图像，而是扭曲代表图像的电流。姑且不论前一方法是否近于代码，后一方法肯定类似密码，并且因其明显与保密电话类同，被称为“保密传真”（cifax，来自“cipher”［密码］+“facsimile”［传真］的缩写）。

表面看，似乎光学保密系统的历史应该更悠久。虽然可用于扭曲的镜头至少在安东尼·万·列文虎克[1]时期就已经出现，但记录扭曲图像的方法长期以来一直欠缺。当路易·达盖尔[2]设计这样的方法时，人们很快明白，随你通过什么纠正镜头，都不能把一幅虚焦照片清晰还原成最初拍摄对象的样子。因为这意味着一幅加密图片永远无法解密，所以没人发明出基于这种方法的系统。（微缩摄影也用于通信，但这是一种隐写方法。）

也许第一个应用古典光学原理的图像保密系统是立体图像系统。立体照片实际上由相距不远的两台相机同时拍摄的两幅图画组成；当两幅图放在一个专用框架内一起观看时，两眼组合分别看到的图像，形成一个三维影像。两张胶片的区别只是被摄物体图像的微小位移：位移范围在零点几毫米到三毫米之间。“因为显著的立体差异是横向位移差异，很容易通过人工模拟它们。”立体行业公会总裁赫伯特·麦凯（Herbert C. Mckay）写道。一段明文点缀在掩护文字里，掩护文字由大量无意义内容组成，可以但不必看得懂。加密员把掩护文字敲在一张纸上；换纸重敲一次，明文字母略去不敲；在打字机上把这张纸错开一点点，填入有含义的明文字母。他把两张纸通过不同途径发给收件人，收件人把它们插进立体镜里，明文即如浮雕般跃然纸上。“因为等同错位不会影响立体浮雕，”麦凯解释说，“因此，采用随机错位的做法是可行的，随机错位不会改变立体外观，但能防止一切通过测量间距阅读信息的企图。”虽然这个系统有一些实际缺点：两封信都须到达收件人；截收人只需一副立体镜就可破译，但它仍然有内在的理论吸引力。后来一种基于古典光学原理的系统，用大量微镜头把明文图像分成细小部分，再旋转这些部分，打乱互相之间的排列。直到 1960 年，博士伦光学公司才首次设计出这种系统，原因大概是这种系统要想有效运作，得等到塑料技术发展出一种把所需大量透镜铸成一片镜头的方法。

[1] 译注：Anton van Leeuwenhoek（1632—1723），发明显微镜的荷兰博物学家。

[2] 译注：Louis Daguerre（1789—1851），法国物理学家，画家，达盖尔银版摄影法的发明者。

随着后来“纤维光学”的发展，一种更复杂的光学图像保密形式出现了。人们早就知道，光线可以在一条细小弯曲的导管内表面不断反射，穿过弯曲路径。导管可以是水、玻璃或其他物质。但直到 20 世纪 50 年代，通过这样一条路径来传送图像还没有实现。当时不满 30 岁的罗彻斯特大学的纳林德·辛格·卡帕尼（Narinder Singh Kapany）把成千上万根约四百分之一厘米粗细的玻璃纤维扎成一束。每根细如发丝的“光管”从一幅照亮的图像上拾取一个光点，忠实地传递到纤维束另一端。这些纤维在两端占据同样的相对位置，以数十万微小明暗光点的形式使图像再现。卡帕尼认识到，如果纤维束两端不一样，例如，位于输入面边缘的纤维占据了输出面中心，输出图像就会被打乱。解密时，只需把图像从同一束或一模一样的一束纤维传回去。他测试了这个想法，获得成功。一幅由数字和线条构成的图像，从一束约 25 万纤维组成的纤维束出来，变成一堆面目全非的黑白点。它的解密图像呈颗粒形（所有这类图像都是如此），部分数字和线条上有一些“洞”，但完全可以辨认。

但这种形式的纤维光学加密器面临几个实际操作难题。制造加密器时，纤维要在纤维束中间打乱，再从那里切断，切开的两半就作为一对加密—解密器。但复制一个特定的扰乱方式极其困难，而且纤维材料在切断过程中的损失降低了解密精度。为消除这些困难，博士伦光学公司的罗伯特·梅尔策（Robert J. Meltzer）弃用单股纤维，改用大量约四分之一厘米粗细的小纤维束分割明文图像。它们在输入面拾取图像光线，通过一捆扰乱的纤维束使光线发生偏离，在输出面以打乱形式输出。

加密器似乎正面临着一个大的商业机会。如果某人发现一张写着持有人签名的银行存折或身份证，此人即可伪造签名进行取款或其他投机活动。据说这种做法给个人信贷公司造成很大的财务损失。但如果签名加了密，发现签名的人几乎没有能力还原它。三家公司向工业界提供签名加密系统：艾奥瓦州锡达拉皮兹的莱弗比尔公司是克雷格系统公司的子公司，提供一种“身份保护”（Autho-Visor）系统；美国无线电公司提供“签名卫士”（Signa-Guard）系统；再加上博士伦光学公司。这些加密器通常把签名转换成中断的波浪线，就像高倍放大的指纹。尽管前景似乎一片光明，但这些售价数千美元的系统却销量平平。

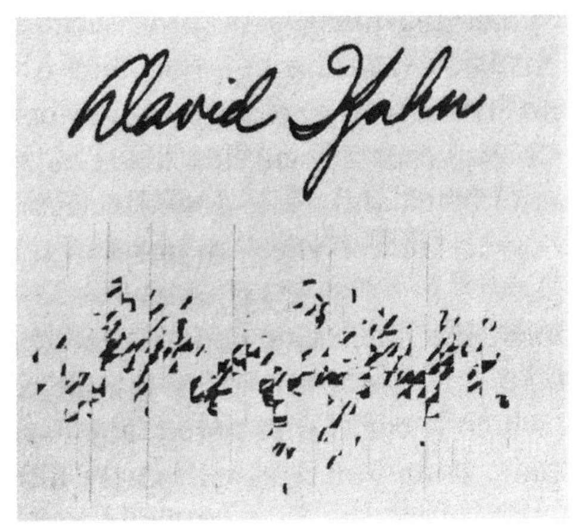

用纤维光学加密的作者签名

保密传真系统也从未获得商业成功。其最初级形式可能是加密传真电报的保密器，可远距离复制笔迹。吉尔伯特·弗纳姆在传真电报上使用一个齿轮装置，使手动钢笔进行圆周转动，生成潦草笔迹。解密器跟随这个潦草笔迹，装置减法转动，提取出原始笔迹。弗纳姆还发明了一种机器，把一幅图片分解成白色、浅灰、深灰和黑色色调，将它们与打孔纸带上的孔对接，再根据弗纳姆原理用密钥纸带加密。

随着有线和无线传真照片的发明，保密传真技术获得了长足进步。传真照片被放在一个旋转鼓上，一只光电管扫描照片整个表面，把灰度等级转换成波动电流，用于远距离传送。电眼看到照片上的点越亮，发出的电流就越强。接收装置上，安在一只类似鼓上的光敏纸在一个光源下旋转，光源发光强度与电流成正比；整张纸逐渐全部曝光。正常情况下，两个鼓以同样的恒定速度转动；如果它们不同步，得到的就是扭曲图像。发明该系统的法国工程师爱德华·贝林（Edouard Belin）抓住这个弱点，把它变成图像保密上的优点。他根据一个预先设计的密钥，以不规则间隔旋转鼓。只要收发双方根据同样方式操作，解密出的图像就是正常的。而截收人只能得到一堆模糊的暗斑、条纹和白点。

贝林系统是最著名的加密静止图像系统，但也有不少其他系统纷纷问世，因为改变传真照片电流的方法和改变电话电流的方法数量等同。工程师可以反转它，把它分成频段（此处代表亮度等级而不是声音频率），再将它们互相替代。他们可以把它通过一个时分保密器，或把它隐藏在噪声里，在接收端提取。但这些方法很少用过：没人需要它们。

随后电视问世，还有美国 50 年代的电视订阅大战。电视订阅又叫“付费电视”“收费电视”，或简单叫成“fee-vee”。付上一小笔钱，付费电视观众可以看到首发电影、百老汇戏剧、体育赛事、歌剧、芭蕾和一般电视上看不到的其他有趣节目，而且不受广告打扰。对于联邦通信委员会应否颁发任何类型的付费电视执照，行业内颇有争议，此外收费电视支持者之间也为最好的订阅方式争论不休。一些支持加密订阅节目，这样只有电视机附装解密器的订阅人才能看到清楚的画面。订阅人须支付解密器初装费、月租费以及他们观看每个节目的额外费用。还有一些电视订阅公司提议通过线路把节目送到订阅人家中。在催促联邦通信委员会批准有线电视时，费城杰罗德电子公司展示了对一个付费电视偷看者来说，破译各种电视保密器并且把解密信息或设备卖给公众是一件多么容易的事。杰罗德副总裁、研究主任小唐纳德·柯克（Donald Kirk, Jr.）起草的两篇报告，也许是密码学上第一份对电视密码分析的研究。

电视保密依靠电视信号的某些特定性质实现。如同不知字母和单词为何物就理解不了代码和密码一样，不懂电视工作原理就不可能理解电视保密。电视摄像机镜头把图像聚焦于一个光敏表面，光影转换成电流波动，作为无线电波传送。光点越亮，波幅越大。电视接收机把电流波动转换成对准显像管荧光屏电子束的相应波动。来波波幅越大，电视接收机射出的电子束越强，相应地，出现在显像管上的那个点越亮。摄像机每秒扫描光敏表面 30 次，相近的连续画面呈现出活动画面。自然，电视接收机电子束必须与摄像机严格同步扫描。为保证这一点，电视发射机适时发出一个脉冲，告诉接收机：“现在重新从画面左边出发，按预先确定的速度开始向右扫描。”美国电视画面分成 525 条水平线，水平位置脉冲要发送给每一条线，折合每秒约 1500 次。为进一步保证同步，发射机还发出一个垂直位置脉冲，告诉接收机，“现在重新从画面顶端开始”。

该系统为保密电视提供了几种不同加密方式。首先是加密基础视频信号，即决定电视画面各部分亮度的信号。这个信号类似携带声音频率的信号，保密电视可以像话密器扭曲频率信号一样扭曲它。最简单的扭曲做法是倒频，黑色变成白色，反之亦然，灰色调围绕一个中点逆转。比如说，一台视频分频器把电视亮度从暗到亮分成 5 组，然后用第 4 组代替第 1 组，用组 3 代替组 2，等等。如果这些分配保持不变，柯克评论说，结果将形成某种电视保密的单表替代。但他也谈到，提供完全保密的一次性密钥系统在理论上是成立的。发射器扫过一条图像线时，识别出的光点大约为 300 个。电视亮度大约有 25 级，滤波器把每个光点归为其中一级，这时一次性密钥将控制一个级别对另一个级别的替代。在单表替代和一次性密钥两个极端间有多种可能性，柯克写道。“假设一张每分钟 $33\frac{1}{3}$ 转的传统型号密纹唱片的频率响应达到 5000 赫兹，播放时长为 30 分钟，那么，从这张唱片上得到 1000 万条加密信息不成问题。现在，如果这张唱片要持续播放一个月，这一个月内将有 250 小时电视节目（大约 100 万秒的电视节目），你可以发现，储存在一张密纹唱片上的信息，能以每秒 10 次的频率变换加密信号……当然，你不大可能在一张密纹唱片上记录这么多信息，也不大可能指望它与 250 小时的电视节目（与发射台用于加密信号的密纹唱片）保持同步。”

电视信号也可以携带噪声，但由于同步问题，所携噪声应该是一种非常简单的类型。黑白条可使画面变成条纹形。这里的问题是，若将视频波谱末端用于加密，可用于画面的波谱数量就会减少，结果就是，图像对比度小、被淡化。发射器能够以可变速率而非标准统一速度连续扫描水平线。“这会给所有电视接收机的设计带来大问题，”柯克写道，“因为大量精力已经花在尽量减少接收机扫描电路的成本上，这样做的结果就是扫描电路的固定设计。让这个扫描电路加快或减慢一个适当的量将需要较大改动，从而给一般电视接收机带来额外成本。”

电视一般通过以规则间隔发送水平和垂直位置脉冲的方法，决定图像在屏幕上的水平和垂直位置。如果一台发射机用电子手段控制这些脉冲，屏幕上的图像就会移位。多次操控会使图像支离破碎，原来并列部分的图像会相互分离；鼻子可能出现在一只眼睛右边，而耳朵跑到嘴巴下面。其他类型的操控会使画面“晃动”，就像跳齿的电影胶片。这些做法，柯克写道，将“只需对接收机的定位电路做一些花费不大的改动”。

不同付费电视公司推出的密钥形式各不相同，它们把这些密钥卖给订阅人，让他们能够解密电视节目。暗迹管电子电视公司每月寄出一张印着电路的

IBM 卡片，订阅人把它插入解码器，解消当月加密密钥，逆转基本的视频加密程序。暗迹管公司使用的基本程序有两种：移动水平线到三个不同位置中的一个和倒转视频信号。卡片还解开一个采用移频的音频保密器。顶点无线电公司的解码器有五个密钥旋钮，每个旋钮有七个位置。要解密一个特定节目，客户需要把他的解码器旋钮设在 1.6 万个可能位置中的一个。并且为防止一个人购买序号提供给他的邻居，顶点公司的解码器接线各不相同，因此对同一个节目，不同解码器需要不同数字。顶点公司加密视频的方式与暗迹管基本一样。第三种系统，国际遥测仪公司系统采用一个安在投币装置内的解码卡。每月在解码器收到硬币的同时，这张卡上的孔将会更换，接通线路，形成节目解码电路。最近，布隆德尔－唐实验室和环球收费电视系统推出了另外一些方法。

柯克演示了收费电视盗用者如何偷取三种系统的密钥。三种情况下，盗用者都得合法订阅系统，得到解码信息，再用它破译系统，以低于订阅费的价格把结果兜售给非订阅用户。对暗迹管系统，他可以卖一张卡片，这张卡片可以插入解码器，接触到所有电路；附于其上的开关可以开启或关闭电路。然后，他只需把他知道的当前密钥转换成开关设置，再卖出这些设置。对于顶点系统，所有解码器都需能够解密同样信号，即使它们的旋钮设置不同；盗用者可以迅速在两台解码器的两个旋钮设置间建立联系，得到两台解码器的等值设置。出售给一个特定订阅人时，盗用者只需比较此人的几个密钥与同期他自己的密钥。遥测仪的系统要求侵入解码器，复制解码卡。

但他一开始又如何突破系统呢？柯克认为：“对加密电视系统的成功运行而言，长期保密（实际上是无限期保密）是必须的。”然而，“即使你用了非常复杂的加密设置，并且密码装置只交给那些支付足够金额的人，这也只能算短期保密。解码器就在起居室，还有成千上万接受培训的技术人员（不像军事人员那样发誓保密），长期阻止盗用者获取一台解码器和包含电路信息的说明书不大可能。实际上，电视加密者出钱培训的这些技术人员很有可能成为第一批盗用者。”因为所有这类系统使用范围都很广，所以它得相对简单，而且一旦安装到数百万台电视机上，更换也非易事。另外，极高的电视信号传输速率提供了大量可供破译使用的信息流。每幅电视画面约 500 行，每行 300 点，这样每幅画面就有约 15 万个光点；柯克把 25 级亮度比作字母表 26 个字母，并且提到每秒播放 30 幅画面。“这相当于每秒发送 450 万个字母，或者按我们更熟悉的说法，每秒约 90 万单词，等于每秒用字母传送 5 到 10 本书的信息。”最后，电视信号冗余度非常高。画面不会在每三十分之一秒钟内显著改变；通常，它基本保持原样。唯一低冗余的电视图像是呈现在屏幕上的各种黑白色调的砂粒图像：每幅画面的图像都不同。

柯克不屑一顾地把倒频说成“不是……加密程序，因为只需一只简单的倒相器和一只双投开关”就可以对它重新倒频。他忽视了找出倒相点的问题，但那不过是个小问题。通过检测视频波电压找到“可以消除从而让画面回归正常”的特征，如波幅激增可以除去画面上的条纹。柯克没有讨论相当于分频的视频加密方式，大概是因为没有付费电视公司推出这样的系统；他也没有讨论一次性密钥系统，因为同步问题，只有从发射机向接收机传入密钥脉冲的有线连接，才能在家用电视上实现这种加密。要破译水平线移位，只需比较水平扫描信号频率与视频信号频率；这些相位差将是一个与位移相应的固定数字。“这样，”柯克写道，“盗用者制造一个解码装置的可能性很大……该装置……简单地利用了一个事实：发送端加密程序将在信号中插入一个止动相移（stop phase shift），它能够被接收端的检相器探测到。”

图像的错位或抖动能造成一个最常见的问题。柯克的技术类似话密破译技术，把扰乱的声音记录在一张声谱图上，再像七巧板一样搭配线条，直到出现连续流。

> 暂时假设电视信号接收后没有显示成画面，只是把画面中的线记录在一条磁带上。这意味着你在磁带上有了一系列线条，它们包含从黑色到全部灰色到白色的各种色度。这些线条将以它们应该构成画面的次序接收到。唯一不寻常的是，这些线的边缘不相配。如果这些线两端匹配的话，画面就不匹配。
>
> 如果把这些交给一个人，要求他理清线条，制作出画面，他无疑可以在很短的时间内做到。他只需在邻近线条上寻找样子差不多的黑白色点，然后在必要的地方把一条线先向右推一点，另一条线向左挪一点，再拼起来。他会很快得到一个完整的画面……

> 现在，如果他做出一个可以控制画面水平位置的电路，电路数据来自一台计算机，计算机计算画面元素如何排列能保持邻近线的内容最接近，其结果就是一个能用电子方式解码电视信号的电路。

柯克的论述在技术上有力驳斥了收费电视的保密性。收费电视支持者实际上承认这一点，但他们回以更普遍的经济理由，在以营利为目的的公司情况下，这是个决定性因素。

首先，他们否定了柯克的假设，“长期保密……必不可少”。“付费电视系统不必拥有媲美军事系统的密码安全性。”遥测仪公司副总裁威廉·鲁宾斯坦（William C. Rubinstein）写道，“毕竟，这只关系到一次体育赛事或一部电影。”他认为付费电视自身保密器相对低的安全性够用了。

> 世上到处都有运行良好的商业系统，但它们的安全性不会好过最初级的保密电视系统……口香糖和花生躺在每个街角的玻璃碗里，随便哪个男孩拿块砖都可以偷走它们……
>
> 显然，犯罪分子可以成立一个组织，制造解码器，定期伪造解密卡。这类犯罪活动的威胁严重吗？在我看来，贩私酒逃避繁重的联邦税收，或者从事各种技术要求更低的犯罪活动似乎容易得多……
>
> 那么使用相关技术，在车库里设计一台设备等的天才呢？我们认为，能够或者愿意这样做的人比例很低。这位天才可能压根不想看电视节目，可能在车库里埋头敲敲打打，无暇其他。

最后，付费电视支持者说，经验支持这些观点。“在康涅狄格州哈特福德，一个密码付费电视系统已经成功运行了四年，雷电华通用广播公司正在推广这个系统。保密条款效力正降到最低，因为付费电视已明显不再有保密方面的问题……我注意到杰罗德组织虽有四年时间可用于在哈特福德私制解码器发财致富，但它在这个行当什么也没做。相反，它通过管好自己的事情赚了大钱。”

尽管如此，联邦通信委员会还没有批准无线收费电视或杰罗德的有线版本。真正原因在于一项经济理由，它的基础比驳斥保密器不保密的那条经济理由还要广泛。那就是，美国公众更喜欢免费电视。

虽然秘密的诡异魅力令人迷醉，但商界选择与密码长期合作基于经济利益考虑。这一合作创造了明码传奇，一个现已消逝的传奇。

明码的根源可以追溯到最原始远程快速通信手段要求的预设信号。非洲鼓、狼烟、烽火台等信号工具，只有在接收人知道信号类型的含义时才起作用。从语言就是密码的角度看，这些预设信号构成一种密码；但它们的目标完全是保密的对立面：它促进而不是妨碍通信。虽然罗马帝国全境有超过 3000 座烽火台，但直到 1794 年，克劳德 · 沙普（Claude Chappe）在巴黎到里尔间架起"空中电报"(aerial telegraph)，商界才用上了远程快速通信。"空中电报"本质上由一个臂板信号（semaphore）系统和支持信号装置的山顶信号塔组成。信号从一个塔传到另一个，能见度良好时，能在两分钟内传遍从巴黎到里尔约 225 千米的 16 个信号站；20 分钟内传遍从巴黎到地中海沿岸土伦的 116 个信号站。比邮差快得多的沙普系统迅速传播，法国最终建立起一个有 534 座信号站、为 29 个城镇服务的网络，不仅如此，它还传到其他欧洲国家。

为加速信息传送，沙普的表弟莱昂 · 德洛奈（Leon Delaunay）编出一套代码，用一到四位数字代表 1 万个词汇。使用一段时间后，沙普设计了一套更有效的代码，196 个臂板位置中的 92 个被单独用作代码位置。三套词汇表，每套 92 页，每页 92 个词汇，提供了一个超过 2.5 万元素的代码表。当其他国家架起类似线路时，类似代码也迅速发展，到 1825 年已经遍地开花。1830 年，沙普分配 184 个臂板位置给代码使用，把代码元素扩充到近 3.4 万个。1839 年，一套用于沙普网络的俄语代码出现在圣彼得堡。这个网络设在圣彼得堡与喀琅施塔得和华沙之间，帮助将广袤的俄罗斯帝国连接起来。1845 年，一本大部头的《利物浦和霍利黑德间臂板通信线路信号词汇》[1] 在伦敦出版。

约同一时期，英格兰正在改进海上通信。美国独立战争期间，理查德 · 肯彭费尔特（Richard Kempenfeldt）海军少将印发了第一本系统的海军信号书，

[1] 译注：*Telegraphic Vocabulary for the Line of Semaphoric Telegraphs between Liverpool and Holyhead*。霍利黑德是威尔士霍利岛的一个港口。

Bâtimens, 4e page.

Corvettes De Charge

avoir	(l')
arriège	(l')
bonite	(la)
elephant	(l')
licorne	(la)
lybio	(le)
meuse	(la)
mozelle	(la)
oise	(l')
rhone	(le)
Salamandre	(la)
Seine	(la)
Tarn	(le)
..Dordogne	
active	(l')
bayonnaise	(la)
bretonne	(la)
cauchoise	(la)
Chameau	(le)
Charente	(la)
Chevrette	(la)
Coquille	(la)

Cutters, Lougres, avisos, &c

actif	(l')
Chasseur	(le)
Constance	(la)
Delphine	(la)
furet	(le)
Joubert	(le)
lévrier	(le)
mars	(le)
moucheron	(le)
moustic	(le)
postillon	(le)
pourvoyeur	(le)
ramier	(le)
rapace	(le)
rodeur	(le)
turbot	(le)
achéron	(l')
agile	(l')
arquebuse	(l')
averne	(l')
bombe	(la)

克劳德·沙普的“空中电报”词汇表一页局部，显示了分配用于船名的三条臂臂板的两个位置信号

经过一番争取，最后为皇家海军采用。1817 年，弗雷德里克·马里亚特[1]船长出版了第一本国际信号代码，这本有 9000 个条目的信号书用彩旗代表单词号码。1857 年，英国贸易委员会出版了一本有 7 万多个信号的代码草案，被众多航海国家采用。18 面彩旗代表除 x 和 z 外的所有辅音，构成书中的代码词汇，这些词汇包含了水手使用的单词和短语。

1843 年，第一条公共电报线路在英格兰敷设；1844 年，莫尔斯在美国建立第一条公共电报线路。电报比沙普臂板传送更快，可以在夜间、雨中和雾中使用，很快取代了旧系统，迅速传遍欧美。莫尔斯本人是艺术家，缺乏商业头脑，他与前缅因州议员弗朗西斯·史密斯结成伙伴，指望利用他的商业眼光。

[1]　译注：Frederick Marryat（1792—1848），英国小说家，海军军官，通称马里亚特船长。

1845 年，39 岁的史密斯出版了第一本为电报编制的代码，《秘密通信词汇表：适用于莫尔斯电磁电报》（*The Secret Corresponding Vocabulary: Adapted for use to Morse's Electro-Magnetic Telegraph*）。史密斯是个不择手段的律师，他的代码想法可能来自莫尔斯本人编制但半途而废的一部代码。1835 年类型的莫尔斯电报传送 10 个符号，与 10 个数字对应，为了用它们传送单词，莫尔斯花了相当长时间给单词编号，编出一个与他的设备一起使用的专用词汇表。1837 年，莫尔斯第一次向公众演示他的电报时，用的就是它。但后来发明的现代莫尔斯电码可以直接用点划传送单词，不再需要额外的编码步骤，莫尔斯抛弃了他的词汇表。

史密斯的《秘密通信词汇表》和大约同一时期亨利·罗杰斯（Henry Rogers）编写的《电报词典及海员信号本，适用于旗语和其他臂板信号系统；编排用于莫尔斯电磁电报秘密通信》[1] 都强调保密。虽然商人看重通信保密，但他们更需要速度、准确和经济。这些动机很快成为继史密斯和罗杰斯之后公共电码本的最高准则，如 1847 年约翰·威尔斯（John Wills）的《电报同业代码本》（*Telegraphic Congressional Reporter*）和美国公司早在 1848 年就开始编制的私用电码本。这些电码本词汇日益增加，短语越来越丰富。因为发送数字组比单词更贵，更容易出错，如在莫尔斯电码中，丢一个点可导致一个数字的改变，这又意味着一个完全不同的单词，因此电码本转而采用普通单词作文字电码组。因此 CAT（猫）可能表示 *sell*（卖），DOG（狗）表示 *buy*（买）。到 1854 年，纽约和新奥尔良间的电报有八分之一用代码发送。

1866 年敷设的大西洋电缆极大地推动了被称作“商业电码本”的非保密代码编制。越洋电报价格昂贵，因此能减少电报长度的电码本节约了大量费用。八年内，首部长盛不衰的公共电码本《ABC 电码本》第一版问世。电码本编制人威廉·克劳森–图厄（William Clausen-Thue）时年 40 岁，是航运公司经理，后当选英国皇家地理协会会员。《ABC 电码本》发行了多个版本，它用一个文字电码组代表几个单词组成的商业用语，它的成功大概要归功于巨大的词

[1]　译注：原文为 *The Telegraph Dictionary and Seaman's Signal Book, Adapted to Signals by Flags or Other Semaphores; and Arranged for Secret Correspondence, Through Morse's Electro-magnetic Telegraph*。

汇量。电报公司把文字电码组视作明文单词收费，但限制明文和文字代码组最多不超过七个音节。

电码本可以为电报和越洋电报用户节约大量费用，以至于发过电报的人几乎人手一本。1874 年，希伯来孤儿院印刷行印发《阿本海姆及其通信人专用电报电码》（*M. Abenheim's Telegraph-Code for Exclusive Use With His Correspondents*）。德特威勒 & 斯特里特是一家烟花公司，拥有一份 20 页的《电报表》，表内列有一些恰当的文字电码组（*mammoth torpedoes, 3 case* [大型鱼雷爆竹，三箱] = FESTIVAL [节日]）。印度财政和农业部有一部 325 页的《气象与灾荒电报单词代码》（*Weather and Famine Telegraphic Word-Code*），这是一个两部本代码（ENVELOPPE [信封] = *Great swarms of locusts have appeared and ravaged the crops* [蝗虫成灾，毁掉庄稼]）。捕鲭鱼行业有一本 5 页的自用电码本（ABDIC = *extra quality, very fat and white* [特等，又肥又白]），香肠行业也有一本。还有游客和媒体用电码本。大公司自然都有自己的电码本，伊利铁路公司电码本有 214 页，斯威夫特公司的有 554 页（还不算设备部门的 364 页独立电码本），雷曼兄弟公司的多达两卷。富国银行集团谨慎地没有印出明文 *robbed*（遭抢劫）的文字电码组，显然它更愿意用手工填上它，以提供一些保密性。

约翰·查尔斯·哈特菲尔德（John Charles Hartfield）是这一时期重要的电码本编制人。1877 年，他出版了 1.5 万词典词的《商人电码本》，到 1890 年他的儿子约翰·哈特菲尔德加入这项事业前，他已经出版了另外 11 本电码本。1878 到 1899 年间，亨利·哈韦（Henry Harvey）出版了 21 本电码本或电码词表。本杰明·富兰克林·利伯（Benjamin Franklin Lieber）编了 8 本电码本，其中一本得到广泛使用，并译成法文和德文。法国西特勒的四位数电码本销量巨大。巴泽里埃斯和德维亚里也出版过电码本。意大利有巴拉韦利。这些欧洲电码本大部分是容易加密的数字式的，似乎兼具经济与保密特点，不同于美国公共电码本，后者强调的词典词比数字电码组更节省费用。

但随意选择的词典词长短不一，元音和辅音的位置安排也没有规律，互相之间非常接近，它们的使用带来了问题。和明文错误不同，词典词容易出现不能通过上下文纠正的语音、拼写和传送错误。例如在镜式电流计用于电缆电报时期，一个操作员观察电流计动作，对另一个操作员报出信号，后者把它们写下来，大声报出密文时，像 ACCEPT 和 EXCEPT，或 SERIAL 和 CEREAL 这样的单词就容易混淆。手写密文中，JEERING 可能与 PEERING，MORNING 可能与 MOANING 混淆。出错最多的是电报传送本身。一家电报公司记录清楚显示，一半错误来自传送中丢掉的一个点，还有四分之一是不易察觉的伪信号空格。这些错误常常能把一个单词变成另一个。例如，丢掉一个表示 E 的单点，将把法语动词 CITERONS（[我们] 将指出）变成表示“柠檬”的 CITRONS。若 AMENDING 中 M 的两划没有听成一个字母，而是听成表示两个 T 的分开两划，它就成了 ATTENDING。若一个词里出现两个空格错误，结果可能与原文相去甚远，如 BANEFUL（—··· ·— —· · ··—· ··— ·—··）可能变成 DUTIFUL（—·· ··— — ·· ··—· ··— ·—··）。

这些错误有时会把一个文字电码组变成另一个电码组，但解码出来仍有意义；或者，因为电报通常只是部分加密，收报人会把它看成一个明文单词。如果收报人根据这个错误信息做出行动，有时就会招致财务损失。电报发送人这时会起诉电报公司，要求赔偿损失，理由是，损失是错误传送造成的。有一个典型官司就打到了美国最高法院。

1887 年 6 月，费城羊毛商人弗兰克·普丽姆罗丝派威廉·托兰为代理人到堪萨斯州和科罗拉多州，指示他采购 5 万磅（约 22.7 吨）羊毛，然后等待进一步指示。托兰依指示行事，购买过程中用他们的电码本与普丽姆罗丝往来多封电报。6 月 16 日，普丽姆罗丝用电码本给托兰发送下述电报：*Yours of the 15th received; am exceedingly busy; I have bought all kinds, 500,000 pounds; perhaps we have sold half of it; wire when you do anything; send samples immediately, promptly of purchases*。[1] 他亲自拟出电报：DESPOT AM EXCEEDINGLY BUSY BAY ALL KINDS QUO PERHAPS BRACKEN HALF OF IT MINCE MOMENT PROMPTLY OF PURCHASES，交给西联电报公司，后者正确地把它发到堪萨斯州布鲁克维尔的中继站，但在布鲁克维尔和堪萨斯州埃利斯间增加了一个点。这增加的一个点

[1] 译注：大意为，15 日电报收悉。我很忙。已购各种羊毛 50 万磅。也许我们已售出一半。电告你的一切行动，采购后即寄来样品。

把 BAY 中的 A（·—）变成一个 U（··—）。电报到达在瓦基尼的托兰时没有读成 BAY 表示的 *I have bought*（我已购买），他把 BUY（购买）理解成另一个明文单词。相应地，他采购了 30 万磅（约 136 吨）羊毛。因为那个点，普丽姆罗丝与卖方结算后，损失了超过 2 万美元。他起诉西联电报公司，要求这笔赔偿，理由是他们在与他的合同中，疏于履行正确传送义务。但最高法院在一份 33 页的判决中裁定，按空白电报背面所印条款规定，普丽姆罗丝不能获得超过电报费的赔偿，因为他没有要求本可使西联承担责任的电报回执。那封电报只花了 1.15 美元！

甚至早在这次标志性判决前，电码本编制人已经开始认识到滥用词典词作为文字电码组的危险。他们雇用经验丰富的报务员清除电报中过于近似的单词。他们删除用于某个行业的电码本内对该行业可能有意义的单词。最重要的是，他们只使用拼写差别不少于两个字母的单词。据此，如果电码本中用了 MORNING，与它只差一个字母的 MOANING 就不再使用，但与 MORNING 差两个字母的 LOANING 可以。这个原则被称为“相差两字母”原则。最后，尽管电报中允许使用八种语言，一些美国电码本编制人也剔掉了一些外语单词，认为它们的拼写和拍发对美国人来说太难。所有这些束缚极大限制了可用词数量，于是一些编码者在英语单词后加英文后缀，自造单词，虽然这些后缀没有意义。例如，一部电码本在单词 NIGH 后加了 49 种后缀，得到一些奇怪的生造词，如 NIGHANT、NIGHBAKE、NIGHCAST，等等。编制人对此振振有词，搬出很实际的理由，说译电员和报务员都觉得它们比许多合法外语单词，如 AARDMIJTEN[1]，更容易处理。这倒确实是真的。

这些是最初的一种人造文字电码组，还有一些通过在词典词上添附各有特定含义的代码音节，变词造词。如在一部代码中，音节 FI 表示 *you* 或 *yours*，TI 表示 *it*，MI 表示 *me*、*I* 或 *mine*，ZI 代表 *they*、*them*、*theirs*，等等。电码组 ACCESA 表示 *what do—advise—to do?* 附加 FI 和 ZI 音节后就变成电码组 ACCESAFIZI，意为 *what do you advise them to do?*[2] 有些电码本提供一些音节，

[1]　译注：荷兰语，一种螨。

[2]　译注：前后两句大意是，（你）让（他们）做什么？

用户可以用它们组合成完全生造的多含义电码组。通常，每个音节表示一个特定概念的各种形式，如上述 FI、TI、MI……系列代词[1]。但这种音节系统不符合“相差两字母”原则，传输错误风险太高，于是电码本编制人转向“词根－词尾”系统。这种系统不用两到三个字母的音节，而是提供表示不同概念的四到五字母组。电码员用其中两个组合成一个生造电码组。如在某个“词根—词尾”系统中，词根 APARL 表示 *We order 1500 at 28 shillings*，词尾 ANFRO 表示 *140 jute sacks Duluth Imperial, net c.i.f. London*，[2] 表示完整订单的电码组是 APARLANFRO。词尾 ANERE 则把目的港改为利物浦。

另一个自造文字电码组来源是电码缩写，它可能也是数量最大的来源。通常，缩写把数字电码组转换成类似生造词的文字组。因为字母数量多于数字，一个七位数组可以缩成五字母组（26^5［11881376］大于 10^7［10000000］），但大部分缩写人仅仅把六位数缩成五字母，因为他们想维持元辅音按一定顺序交替出现，保持字母组可发音。缩写本基本上是一个字母—数字对照本。如对某个缩写本数字组 484704，译电员先找到 04 是缩写本第一页的 E，再利用该页表格，用 IL 代替 48，IK 代替 47，把数字组转成 ILIKE。转回数字时，译电员先确定前两个音节的元—辅音类型，因为它是元—辅、元—辅（UCUC）类型，他翻到第一页，取出对应数字。如果组合是 UCCU，电码组就得从第二页取出；CUUC，第三页；CUCU，第四页。缩写有几个优势。单词电报费通常比数字便宜，还不易出错。缩写又进一步压缩了电报，如 12 个五位数组可减至 10 个五字母组。而且，通常每个五数字组算作一个电报单词，而一个十字母组才构成一个收费单位，这可以降低一半电报费。最后一项优势因其准确性而牺牲了经济性。为保证正确接收，译电员把一个电码组五位数相加，结果作为“校验数”加入电码组。如果电码组是 18250，校验数就是 6，这时译电员就在缩写本中查 182506。如果电码组在传送中出了问题，校验数与总数对不上，接收人将得到出错警告，他可以要求重发。

[1] 译注：前面这几个代词分别表示“你（们），你（们）的”、“我，我的”、“他们，他们的”等含义，还有主格和宾格、词性等区别。

[2] 译注：前后两句连起来大意是，我方以伦敦到岸净价每袋 28 先令价格订购 140 磅装“Duluth Imperial（美国面粉制造商）”面粉 1500 麻袋。

电码本编制人不断努力寻找为用户节约电报费的方法，毕竟这是他们存在的价值。相应地，他们的许多革新都是为了竭力规避国际电报联盟的收费规则。欧洲大部分国家都属于该联盟。1875 年，电报联盟圣彼得堡大会把欧洲以外电报的单词最大长度从 7 个音节（此规定导致 CHINESISKSLUTNINGSDON 这类单词的滥用，它有 21 个字母，但只有 6 个音节）减至 10 个字母。四年后，伦敦大会颁布两项引发无数争议的新规则，争议反过来最终导致现代商业电码本的出现。规则第 8 条一部分写道："在欧洲以外地区，电码电报只能包含属于下述语言的单词：德语、英语、西班牙语、法语、意大利语、荷兰语、葡萄牙语或拉丁语。每封电报都可包含从上述所有语言中选用的单词。"第 9 条写道："以下被看成密码语言电报：(a) 包含用数字或秘密字母写成的文字；(b) 包含系列或若干组数字或字母，其含义不为最初发报局所知；或不符合明文语言或电码语言条件的单词或名字，或若干组字母。"该条款把所有采用生造或自创词汇的系统归入高收费的密语类别，使用电码本的公众立即开始违反它。

虽然欧洲各国国营通信垄断企业柜台职员与这些规避行为斗争，私营电报公司却睁一只眼闭一只眼，因为如果他们那样做，用户会直接把业务交给一个更通融的公司。给这个倾向火上浇油的是，美国（不属于国际电报联盟）国内电报公司将任何能发音的电码组或词典词算作一个单词。美国电码本已经用上这些人造词，美国用户认为，不许他们像在国内一样在美国以外使用它们根本毫无道理。而且电报人员自己通常也感觉，元辅音规则交替构成的人造词比英语或德语中时有出现的一大堆辅音更容易处理。

为结束数量不断增长的滥用，1890 年电报联盟巴黎大会提供了一部官方电码语言词汇表。欧洲内部所有电码语言都须从这个词汇表选出，但不强制用于欧—美电报。这个做法意义不大，因为几乎所有滥用都出现在越大西洋电报中。虽然如此，电报联盟秘书处国际电报局编制了这部有 256740 个单词的词汇本，每个单词 5 到 10 个字母，用 8 种授权语言写成，并于 1894 年出版了一个 1.5 万发行量的版本。它受到强烈抵制，主要因为它最终将使大量现存电码本变得非法，带来巨大经济损失。于是，1896 年布达佩斯大会授权国际电报局批准或否定现有电码本单词。218 部电码本被提交，包含 5750000 个电码词。电报局实际完成了这项浩大工程，于 1900 和 1901 年出版了四大卷本，1174864 个单词，外加一个小附录，认可单词总数达到 1190000 个。然而，所有这些巨大劳动都成为无用功。1903 年伦敦大会放弃了整个官方词汇表概念，屈服于商界压力和常识，授权使用人造单词。它们将由 8 种标准语言之一的“可发音音节构成”，长度不超过 10 个字母。联盟设想的是由 5 到 10 个字母组成的单词，通过交替使用元辅音，它们将类似真正的单词。这引起了巨大轰动。

1904 年 2 月，新规则生效前 4 个月，英格兰出现了《怀特洛电码：4 亿可发音单词》（*Whitelaw's Telegraph Cyphers: 400 Millions of Pronounceable Words*）。该册子包括 2 万个文字电码组，每组 5 个字母（如 FREAN、LUFFA、FORAB、LOZOJ），没有列出对应短语。4 亿单词在哪儿呢？因为电码词最大允许长度是 10 个字母，又因怀特洛的每个五字母单词都可发音，每个单词都可与另外任何一个组合成一个十字母单词，总计 2 万 ×2 万，即 4 亿。利用这个联盟没有预见到的漏洞，两个电码词合成一个即可减少一半电报费，怀特洛的花招立即被众多私营公司采用。45 岁的欧内斯特·伦利·本特利（Ernest Lungley Bentley）曾任一家航运代理公司合伙人的私人秘书，为该公司修订过自用电码本，1905 年他成立一家电码本公司，并于次年出版了小巧紧凑、编排合理、价格公道的《本特利完全短语代码本》，这是第一本现代五字母电码本。电码本销售良好，卖出约 10 万本。它也许是迄今最著名、使用最广泛的商业电码本。本特利中等个头，心宽体胖，有一副好嗓子，唱男中音，一直在他做礼拜的教堂唱诗班演唱，包括参加圣保罗大教堂的荣誉晚课唱诗班。他生前看到这份成功，于 1939 年去世。五字母电码本节约了电报费用，导致电报业务猛增并且催生了大量新电码本的出版。不到 5 年，新的五字母电码本完全取代了词典词类型电码本。

最终，几乎每个没有严格地域限制的行业都有了自己的电码本。即使只列出其中一部分，也足以表明现代商业令人难以置信的多样性。拥有电码本的行业包罗万象：汽车经销商、银行家、经纪人、罐头食品、服装、煤、咖啡、代销商、棉花、棉籽、布料、供电、面粉、水果、毛皮、谷物、杂货、干草、保险、钢铁、皮革、酒类、家畜、木材、肉类包装、采矿、石油、造纸、留声机、土豆、农产品、铁路、大米、橡胶制品、玻璃门和窗帘、种子、船舶买卖代理、航运、制糖、裁缝、纺织品、剧院、票券经纪人、烟草、运输、旅行、蔬菜、废料、羊毛，等等。另外，私人公司在各行各业出版了他们自己的电码本：黄油和奶酪、鞋靴、绳索、牙医用品、药物、电梯、火灾保险、亚麻籽、马具、兽皮、酒花、铅、石灰、机械、女帽、花生、印刷油墨、冶炼和提炼、肥皂、香料、蒸汽和煤气配件、蒸汽机、汽艇、担保和保证、制革、茶叶、货车、纱线。

翻阅这些电码本就是在感受商业脉动。《废料商标准电码本》（*Waste Merchant's Standard Code*）用 IQUA 提供 *cast iron scrap, excessively rusty*（过度锈蚀的废铸铁）货物。用《蒂尔顿收入税电码本》（*Tilton's Income Tax Code*），纳税人断然宣布 MIRASOL 表示 *I* (*we*) *will not pay*（我［们］拒交），税务顾问当即反驳 NASA（*The penalty is...*［惩罚是……］）。一位航空公司机长用《阿维科航空电码本》（*Avico Aviation Code*）遗憾地电告 VAOIK（*Forced landing account engine trouble*［发动机故障迫降］）；律师用《法律电报电码》（*Legal Telegraphic Code*）坚持要求 IYGWG（*habeas Corpus*［人身保护权］），它甚至装订得像一本律法书。一个美国移民代理人尴尬地用移民归化局《电报电码》（*Telegraphic Code*）电告长官 GAXEW（*...Escaped after being placed on shipboard for deportation*［……押上遣返船后逃脱］）。一个传教士在 724 页的《传教团电码本》（*The Missions Code*）里找出 HAUCD，伤心地向所属教会报告 (*Mission*) *property* (*at*—) *has been destroyed*（［……地教会］财产被毁），再加上一个充满希望的 SWAMK（*Join us in prayer for funds*［请与我们一起为资金祈祷］）。有时，电码本不仅揭示一个组织或行业的生活，还揭示它的灵魂。1923 年的《影院电码本》（*Cinema-code*）在标题“影片”项下有：*is a charming love story*（动人的爱情故事）= EPWCY，*is a classic production*（经典之作）= EPWMI，*is a country life drama*（乡村生活剧）= EPWOK，*is a detective story*（侦探故事）= EPWSO，*...is a marvelous, vivid drama*（不可思议的生动故事）= EPXOX，*is a spectacular production*（鸿篇巨制）= EPXUD。但即使是童话世界好莱坞，有时也要接受残酷的现实，编制人理查德·波伊伦（Richard Poillon）感觉有必要在电码中写进 EPXIR（*is a great disappointment*［大败作］）。

20 世纪 20 年代，曾被一战束缚了手脚的国际商业飞速发展，商业电码本迎来黄金时代。战后五六年制作的电码本超过了前 20 年总和。许多卓越的商业电码本来自这一时期：《ABC 电码本》第六版、《Acme 电码本》、《法夸尔

Boe 电码本》、《隆巴德电码本》、《彼得森的鲁道夫·莫斯电码本》、《联合电报电码本》、《西联电码本》。它们是数百页乃至上千页的大部头，重量不亚于一部足本韦伯斯特词典，售价在 25 美元左右。这一时期，许多电码本均由世界上少数几个编制人出品，他们几乎都是美国人，代表了这个深奥领域的第二代工作者：约翰·哈特菲尔德之子约翰·查尔斯·哈特菲尔德[1]、本辛格、欧内斯特·彼得森、托马斯·威尔沃斯、赛勒斯·蒂鲍尔斯、科斯莫·法夸尔和威廉·米切尔。至少有两人发了财，即彼得森和蒂鲍尔斯。

M. N. O. P. R. S. T. U. Y. Z. 325
0 1 2 3 4 5 6 7 8 9

19140	UVVIM	slackness.	relâchement.	flojedad, descuido.
19141	UVVON	**Slag(s).**	**Scorie(s).**	**Escoria(s).**
19142	UVWEO	**Slander(s).**	**Diffame(r),** diffamation.	**Calumnia(r),** calumnia(s).
19143	UVWUP	slandered.	diffamé.	calumniado.
19144	UVWYR	slandering.	diffamant.	calumniando.
19145	UVYBS	slanderous.	diffamatoire.	calumnioso.
19146	UVYCT	**Slate(s).**	**Ardoise(s).**	**Pizarra(s).**
19147	UVYDU	**Sleeper(s).**	**Traverse(s)** (chemins de fer).	**Traviesa(s),** durmiente(s) (f.c.).
19148	UVYFY	**Sleeve-valve.**	**Soupape à manchon.**	**Válvula de manguito.**
19149	UVYMZ	**Slide(s).**	**Glisse(r),** glissière(s).	**Resbala(r),** corredera(s).
19150	UVYUM	slide-valve.	tiroir de distribution.	válvula de distribución, de corredera.
19151	UVYVN	sliding.	glissant, à coulisse.	resbalando, resbalamiento, deslizamiento.
19152	UVYWO	sliding scale.	échelle mobile.	escala móvil.
19153	UVYZP	**Slight.**	**Léger,** peu important.	**Ligero,** leve.
19154	UVZUR	slightest.	le (la) moindre.	lo más ligero, leve.
19155	UVZYS	not the slightest.	pas le (la) moindre.	no lo más ligero, mínimo.

一本三语商业电码本：《马可尼国际电码本》

纽约是世界商业电码本活动中心，因为商业电码本主要用于欧美越洋电报。英语是大部分电码本的语言，不仅因为它一直是商业语言，还因为大部分电报都发到美国。为克服语言障碍，一些电码本，如本特利和利伯的电码本，被译成其他语言；还有些是双语电码本。马可尼无线电报公司在该领域做出一项巨大努力：它的电码本包括九种语言：英语、荷兰语、法语、德语、意大利语、日语、葡萄牙语、俄语和西班牙语。编写人詹姆斯·麦克贝思（James C. H. Macbeth）是个 30 岁出头、沉静、蓝眼睛的苏格兰人，在马来亚做买卖时对电码本发生了兴趣。四部庞大的马可尼电码本中，每部包含三种语言，其中之一总是英语。电码本按英文词序排列，八种其他语言都有检索特定词句的目录。它可以用作某种自动翻译器，如一个美国人把 *a* 或 *an* 写成电码 ABABA，

[1] 译注：此处说法与前文相反，前文说约翰·(W.) 哈特菲尔德是查尔斯·哈特菲尔德之子。

收到该电码组的法国人就会把它译成 *un* 或 *une*。这样做之所以可行，是因为电码本以语言实体为单位。这个想法正是创立一种世界语壮举的开端，1663 年阿塔纳修斯·基歇尔实际编制了一部类似马可尼的代码本，由来自五种语言的各 1048 个单词组成，其代码形式作为一种世界语。

在所有国际电码提议中，唯一得到实施的似乎是《国际信号代码》（*International Code of Signals*）。这部 1857 年的英国贸易委员会代码在 1889 年一次华盛顿会议上通过，于 1897 年分配给各海洋国家。借助一本以本国语言编写的代码书，一国船只可以读懂另一国船只悬挂的旗号。1927 年华盛顿国际无线电报大会同意编制两部代码本：一部视觉的，一部无线电的。1928 年 10 月，编辑委员会在伦敦组建，1930 年 12 月完成编制工作。几个国家出版了英语、法语、德语、意大利语、日语、西班牙语和挪威语版本的代码。视觉代码使用彩旗（U 是红白四等分，G 有垂直黄蓝条）表示代码组字母。单字母代码组表示紧急信号：G = *I require a pilot*（我需要领航员）；U = *Your are standing into danger*（你前方有危险）。同样的旗号在其他语言中含义一样。双字母旗用于海难和操纵（AP = *I am aground* [我轮搁浅]），三字母旗表示单词、短语和句子，四字母旗用于地理描述和船舶呼号。无线电报代码使用五字母组。两种代码世界通用。

《国际信号代码》的成功在于它满足了一项需要：说不同语言船员都能理解的信号，这在海上活动中必不可少。另一方面，它也没有受到竞争的挑战。而在大量不同商业电码本中，任何一本都可满足节省电报费的需要，为什么有的成功，有的失败呢？原因似乎有两个，一个来自内部，一个来自外部。

外部因素是编制人的销售能力，这一点常常超越其他因素。《Acme 电码本》获得商业成功，因为它的编制人威廉·米切尔是个令人信服的销售员，而雅德利和门德尔松的《通用贸易电码本》本身是一部不错的电码本，卖得不好是因为它的编制人忙于其他事务，从未推广过它。内在因素，即一部电码本的质量，主要与它的压缩能力有关：一个单一的五字母电码组能表示多少明语单词。后期电码本的平均压缩率约在 5 : 1 到 10 : 1 之间，这意味着它们把电报减到明文长度的五分之一到十分之一。该比例当然取决于词汇表。那么，一个词汇表是如何形成的呢？

“通过阅读电报（完成）。”米切尔说。他不仅编制了公开发行的《Acme 电码本》，还编制了许多自用电码本。电码本编制人要阅读成千上万封商务电报，获取最常用短语，写在纸条上。这些不仅给他的电码本提供了特定条目，而且能提示其他条目。30 年代，约翰·哈特菲尔德描述了这种提示方式：

> 过去几年，我积累了大量材料，有不同电码本，还有不同人提出的零碎建议等等。我抄下它们，在纸上做笔记，把短语写在纸上。在我写短语时，其他短语自己蹦出来，我把这些插进去。我把它们按字母顺序重写，这个过程中，其他短语自己又蹦出来，我把它们插入。然后我浏览已有的不同数据，继续添加，不断扩大各种项目。有人向我提出我的 1905 年电码本项目不足，应该改进。我扩大了这些项目。

电码本就是这样不断发展的。

大型电码本通常比小型本压缩率更高，因为它们可以收入许多长短语，甚至有的长达二三十个单词。但比规模更重要的，是电码本选词与商业应用的契合度。30 万条目的赛勒斯·蒂鲍尔斯《西联电码本》也许是有史以来编制的最大电码本，但其经济性反不及 10 万电码组的《Acme 电码本》，因为其词汇不及后者适用。公司会投资数百上千美元购买几十本电码本，分发给世界各地的分支机构，在此之前，他们要在电报中使用比较，看哪一种更省费用。许多公司编制了自用电码本，极其详尽地列出他们的产品。虽然一家大公司可能要为此付出多达 5 万美元（包括印刷），但节约的电报费用很快就能收回投资成本；他们有时还能得到很重要的保密红利。

直到 20 年代中期，一部电码本的代码词还不会显著影响它的质量，因为所有词汇都包含两字母差异。这时米切尔在他的《Acme 电码本》采用了一种新的防范措施：如果一个代码词能够通过互换一个已有代码词的两个相邻字母来生成，这个代码词就不能使用。据此，如果电码本中有了 LABED，就得排除 ALBED、LBAED、LAEBD 和 LABDE。因为这样的位置调换通常来自认知错误而不是电报失误，不管在代码还是明文中都不罕见，因此米切尔的做法迅速传开。

编码人用构词表生成所需的大量电码词。对五字母电码本，这些构词表由一个单字母方表和两个与之相邻的字母对方表组成，一个在上，一个在侧。选择和排列字母对时，一张表中某一列或行的所有字母对之间都相差两个字母。为保持代码词库不存在相邻字母间互换关系，方表各边格数都须为奇数。因为通常字母表有 26 个字母，保持奇数的方法，要不就去掉一个字母；要不就加上一个额外符号，再去掉电码库中所有带符号的单词。后一种方法保存了 26 个字母，自然生成更多代码词。一个以 A、B、C、D、E、F 六个字母为基础，加上 † 作为额外符号的微型代码构词表可以演示这一程序：

AA	AB	AC	AD	AE	AF	A†
BB	BC	BD	BE	BF	B†	BA
CC	CD	CE	CF	C†	CA	CB
DD	DE	DF	D†	DA	DB	DC
EE	EF	E†	EA	EB	EC	ED
FF	F†	FA	FB	FC	FD	FE
††	†A	†B	†C	†D	†E	†F

A	B	C	D	E	F	†	AA	BB	CC	DD	EE	FF	††
B	C	D	E	F	†	A	BA	CB	DC	ED	FE	†F	A†
C	D	E	F	†	A	B	CA	DB	EC	FD	†E	AF	B†
D	E	F	†	A	B	C	DA	EB	FC	†D	AE	BF	C†
E	F	†	A	B	C	D	EA	FB	†C	AD	BE	CF	D†
F	†	A	B	C	D	E	FA	†B	AC	BD	CE	DF	E†
†	A	B	C	D	E	F	†A	AB	BC	CD	DE	EF	F†

编代码词时，编制人从同一列和同一行各取两个元素，加上行列交叉处的单字母，形成这样的代码词系列：AAAAA、AAABB、AAACC……AAA††、AABBA、AABCB……AA†F†、ABBAA、ABBBB……ABB††、ABCBA……A†FF†、BBBBA、BBBCB、BBBDC……所有这些单词至少都有两字母差异且排除了相邻字母互换。使用 26 字母的字母表，只显示两字母差别的五字母代码词数量为 26^4，即 456976 个。交换字母限制把 27 字符字母表的代码词减至 440051 个，25 字符字母表减至 390625 个。这只是理论最大值，并且虽然一些密码学家（值得一提的有弗里德曼、门德尔松和肖夫勒等）曾用数学方法研究了构建代码词库的最佳方法，“大部分编制人，”肖夫勒写道，“是纯粹的经验主义者”，并且“许多粗陋做法”让他们失去了有用的代码词。然而，剥夺电码本编制人代码词数量最多的是国际电报联盟规则，它规定单词必须可读。规则把可用词

数量从约 40 万大幅消减至 10 万左右。

因此，在电码编制欣欣向荣的 20 年代早期，可读规则日益不得人心。它在电码本内容喷发时限制了它们的规模，引发了电报柜台前的无数争论，在电报公司和政府电报管理部门间制造争端。于是，国际电报联盟 1925 年巴黎大会把整个代码词问题委托给一个有 15 名代表的专门委员会。1926 年，委员会在风光明媚的意大利小镇科尔蒂纳丹佩佐开了一个月会，审阅它所分发调查表的答案，阅读电报公司、用户和电码本编制人提交的意见，讨论了这个问题，决定（只有英国代表团异议）向下届大会提议"电码词必须由不超过 5 个字母组成，由发送人无条件自由选择"。但 1928 年布鲁塞尔大会没有采纳这项提议，转而给可读性设置条件，要求所有十字母代码至少要有 3 个元音。这项规则遭到强烈反对，1932 年在马德里，新改名的国际电信联盟最终放弃了所有规定代码词特征的努力，实际上认可了科尔蒂纳丹佩佐提议。随着电传打字机在电缆线路中的采用，要求可读性的大部分理由都不复存在。电码词的发音可能影响到听取莫尔斯音响器信号的莫尔斯电码报务员，但不会影响盲打打字员。真正有影响的是代码词长度从 10 个字母变成 5 个，电传打字电报员可以一眼看清并记住一个词。但对有 10 个字母的人造词，即使可读，他也不能以较高的正确率做到这一点。因此，这项新规则加速了电报发送，减少了错误。

同时，允许使用的电码词数量也大大增加。这一点对大部分公共电码本没多大意义，因为 5 万到 10 万元素的电码本已经到了实用的最大极限，超过这个规模，没有哪个译电员愿意花时间寻找最准确、最经济的短语。但私用电码很好地利用了大量新代码词。欧内斯特·彼得森修订一家收款机公司的 10 万词电码本时，发现老电码本从 KAJAN 和 KUTAZ 的 1000 个词表达运输指示含义，如 KUBOR 表示 *We are shipping to you, in care of your agent at Shanghai*（我们正给贵方发货，由贵方上海代理转交）；对机器的说明则用下一个电码组表示。利用新增的大量代码词，彼得森把 1 万 [1] 条运输指示与该公司 200 种收款机型号结合起来，给每一条分配了一个代码组。仅此一项就用去 20 万代码词，是老本总字数的两倍，但它节约了一个电报词。在彼得森对其他部分做出类似修改后，该电

[1] 译注：原文如此，从上下文看，似应为 1000。

码本可以用两个电码组表达原来需要四个电码组表达的普通合同，大大降低了公司电报费用。同理，他把一家银行电码本词数从 10 万扩大到 40 万。

大萧条时期，这样的节约意义重大，商业电码本得到广泛应用，尽管电码本编制人和其他生意人一样深受经济萧条打击。二战给了电码本生意一记沉重打击，数不清的国家审查机构对电码本皱起眉头，限制了可使用的电码本数量。战后，不断上涨的人工成本又给它致命一击。让一个职员译一封电报的花费通常超过所节约的电报费，同时国际通信的极大便利也制约了电码本的使用。发电报曾经是一项神秘活动：用电报体填在电报纸上，让信差送到一个神奇的地方——电报局，轻触按键，远在乘船需要一周的欧洲，某个东西就会“卡嗒”作响。电码本和译电是这份神秘的一部分。但是，当商业公司安装了能直通电报终端甚至公司欧洲分支的电传打字机时，事情简单到只要坐在键盘前敲出电报，无须考虑整个译电的烦琐程序。航空信件头天从伦敦发出，次日即可到达纽约，它和越洋电话抢走了电报的生意，减少了对电码本的需求。

与此同时，随着世界的发展与进步，电码本用途也越来越小，因为一部电码本不可能永葆青春。一部电码本反映的是一个特定时刻的世界，而世界的发展会使其落伍，新产品、新的生产生活方式、新的政治经济现实会使它的词汇逐渐过时。二三十年代编制的电码本没有任何与穿越大西洋的空中旅行有关词句，但今天的电报却充满了这样的内容。矛盾的是，一部电码本在编制时越优秀，与当时的商业需要结合得越紧密，它失效的速度就越快。当然，许多短语依然有用，但缺乏迫切需要的词语，电码本作为一个整体几乎毫无用处。如果一半电报内容要用明文发送，又何必费神给它编码呢？

因此二战以后，电码本的使用剧减。诞生时，商业电码本提出保密作为其主要存在理由；弥留之际，它又回归到当初的动机——许多公司只在需要一点保密性时才想到电码本。今天，只有商品交易所大量使用电码本（为经济，非为保密）。老电码本依然在印刷销售，但印量已大不如前。50 年代编制的电码本只有几种，大概都是私用电码本，并且几乎可以确定，自 1960 年以后没有一部电码本问世。今天，美国没有一个单独的实践代码编译器，很可能全世界都没有。

即使注入现代商业的灵丹妙药电子计算机，也不能阻止它的衰落。IBM 的罗伯特·贝梅（Robert W. Bemer）提议把一个商业词汇表储存在计算机上，按频率给它的单词和短语分配“数字电码组”，如短的数字组代表常见词语，长组用于使用较少的词语。计算机将自动给电报编码。贝梅称之为“数字速记”（digital shorthand），并且发现它将把一封电报缩短到正常长度的三分之一，相当于将一条通信线路的传输能力提高两倍。尽管这种方法技术上可行，经济上却从未顺利实施过，而电码本业务依然没能起死回生。

一个行业的兴衰在人类历史上并不鲜见。作为一门生意，明码本的制作就如盔甲或马车鞭制作一样一去不返。在它完成推动文明进步的使命之后，对文明还有没有遗留的影响呢？除了写满“船只正在装煤”的过时内容和“圣彼得堡”之类旧名的数百种大部头，写满代码构词的经验教训外，它有没有留下任何其他有价值的东西？有那么一件，因其普遍性，可以从一切人类经历中获得，那就是艺术。商业电码编制激发了与密码有关的最佳幽默作品，这是对人类艺术宝库的一点小贡献，但不管怎么说，它给我们带来持久的快乐。其作者，杰克·利特菲尔德（Jack Littlefield）给 1934 年 7 月 28 日期《纽约客》[1] 杂志的读者提供了一些“电码本忧思录”，其中提到的电码是《Acme 电码本》。

> 每次收到一封电码电报，我都感到无比欣喜和激动。熟悉的封套躺在桌上，上面写道“急电”。我撕开封套，发现里面只有一个神秘的单词：BIINC。电报来自我们的委内瑞拉分部。脑海中立即浮现出秘密文件、美女和险恶的拉丁美洲阴谋。然后我找出电码本，找到 BIINC：*What appliances have you for lifting heavy machinery*?（你有什么可抬起重型机械的装置？）这类事情真是令人沮丧。
>
> 这也不是电码本的错。那部方便实用的电码本里写满了有趣的信息，似乎我的通信对象从未想到要发送这些内容。多年来我一直在寻找这样的电报：NARVO（别弄丢此电），OBNYX（快逃），ARPUK（这家伙是个投机分子，别惹他）或 BUKSI（如有可能，避免被捕），但它们似乎从未现身。然而，如果电码本靠得住的话，它们承载的就是

[1] 原注：获准重印，版权 ©1934，1962 纽约客杂志公司（New Yorker Magazine, Inc.）。

我们电报线上每天发送的信息。

当然，电码本中也不全是这些惊心动魄的冒险。我们的电报用户似乎兴趣广泛。就在此刻，一个远在异国他乡的困惑顾客正在询问 URPXO（这台搅拌机拟作何用？）；在下一个城镇，一位船长也许正在怯怯地报告 ELJAZ（须检查船底后才能继续航行）；在某个地方，一个刚为人父者正用 AROJD（请宣布双胞胎出世）形式表达他的狂喜。

但这部电码本的基调却是忧伤的，字里行间充满了失望，如 ZULAR（不幸成真）和 CULKE（糟糕至极），但当我们考虑到为电码本用户准备的一系列不寻常灾难，这样的表述似乎顺理成章。每种可能意外都已预见到并且保存在一组伤感的条目中，从相对微不足道描述辅锅炉爆炸的 AIBUK，到真正大祸临头的 PYTUO（撞上冰山）。即使通常可靠的邮件和快运业务也未能幸免这场无边灾难。我们的信，它预计说，将“无法阅读，字迹已被水浸坏”（SKAAE）；我们的货物到达时将不可避免地“又湿又黏”（HEHST）。所有这些都令人伤心欲绝。

电码本也不宜被推荐作为航海旅行中打发时光的书。这绝非虚言，它对海难的描述极度伤悲。对此它不仅津津乐道，而且带着令人不快的、对细节的绝对关注。如 LYADI（抵达，曾遭遇一场飓风，甲板一片狼藉，烟囱被冲走，货物移位）这样的条目描述详细到给海上旅行者带来的每一点小烦恼。再翻几页，他看到更不祥的 UZSHY（尸体摆在停尸间），不由得一阵头皮发麻，感觉他很明白尸体的身份。

接下来的话题还有船长，那个我们习惯于看成坚强、沉默的大人物——警觉、威严，总是坚守职责。电码本对他的描绘另有一番景象，而且不是一般地令人不安。等我们读完诸如“船长落水失踪”、“船长不见了”、“船长喝醉了”、“船长拒绝离船”和“船长疯了”这类信息后，再碰到“逮捕船长”时，那是相当令人欣慰。这样的措施似乎已经刻不容缓。

但就算船长躲开了这些陷阱，而且船只本身也逃过了风暴的肆虐，电码本依然为这次不愉快的航程准备了其他危难。任何时刻，船都可能“被海盗俘虏”（ENIMP）或“被土著掳掠”（YBDIG）。船长收到“逮捕所有乘客”（ZEIBI）电报指示的可能性一直都在。更令潜在旅行家不安的是对世界卫生的浅显了解，如 IDDOG（船在港，所有人得坏血病倒下）和 OAVUG（此地爆发口蹄疫疫情）。唯一一线微光来自 EWIXI（报告的霍乱病例很少），即使这样，其中也有伤感的喻义。

无可否认，电码本上有用的信息俯拾可见。例如，如果你想要“装在尿脬里的猪油”，这个词是 CHOOG；法兰绒衬衫是 GOLPO；鱼肝油被称作 GAHGU——一个非常合适的词，船员吃的硬饼干 FOOLP 也不错。九号铁头高尔夫球棒自然是 GAZEB，脚炉却是 FREIZ。不管你想要什么商品，都能在电码本里找到，它包含了一个有上千种生活必需品的清单，从砒霜到鸵鸟毛，从炸药到遮阳伞，应有尽有。然而，即使是这些商品也受到弥漫在整个电码本里悲伤情绪的感染，其结果就是这样一些颓废的名单，如 ZOKIX（病树）和 GNUEK（轻微发霉的橡胶）。

但是，电码本达到悲观主义的逻辑极限却在它的交叉参考中。不是杞人忧天者很难把这些归类联系起来，如“脚踝：见‘事故’”或“有关股市的主要话题：见‘倒闭’”。不过在另一些情况下，其效果仅仅是过度的修饰，如在“婚姻：见‘酒店住宿’”或“鼻子：见‘安装’、‘机械’和‘备件’[1]”中。

不管从文学还是实用角度，电码本都有它的价值，但它显然是为那些满世界跑的人准备的。这些好心好意的建议，如 DEOBI（此处激战正酣）、PUMZI（你能把黄鼠狼和鸡关在一起吗？）和 EZUCZ（停靠象角港等待指示），对我只有一点理论上的吸引力。与优美的 YBTUA 相比，所有那些电报都只是急功近利，这个词与运输“朝圣者——以现行价格/人”到麦加[2]有关！并且不管我多么遗憾不能发出一封类似 WUMND（有充足理由相信能找到石油）的电报，至少我确信自己决不会凤凰涅槃似的从自己的骨灰里爬起来，发出那个最荒诞的电码词 AHXNO：遭遇致命车祸。

[1] 译注：鼻子的英文是 nose，这个词在机械中有多重含义，可以表示突出部、管口、喷嘴等。

[2] 译注：Mecca，沙特阿拉伯西部城市，伊斯兰教徒心目中的圣地。

第 23 章　已成过去时的密码

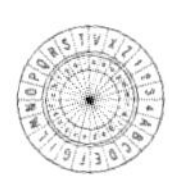

没有哪个密码分析家手持战神[1]武器横空出世，一些最多产分析家汲取的智慧来源于历史女神克利俄[2]。许多无名英雄(为启迪全人类做出贡献的密码分析家）工作在 19 世纪。利奥波德·冯·兰克[3]的客观历史学派要求研究原始文件，在他们的巨大影响下，一大批历史学家开始挖掘档案堆里的政府文件和外交通信，19 世纪初的民族主义和民主主义第一次为他们打开了档案馆大门。

研究者发现许多文件整体或部分加了密，而且部分加密的地方似乎总是一封信的关键部分。16 世纪中期，一个威尼斯大使写信回国，汇报他与法国亨利二世关于英格兰事务的谈话，“陛下突然转向我，忧心忡忡，耸耸肩，对我说出下面一番话……”——下面的内容用密码写成！历史学家认识到，最有可能被加密的部分是最重要的部分。一些不熟悉密码分析的人显然把加密内容看成上帝的旨意，看成一个无法逾越的障碍，他们将不得不接受它，把它当成文件中的一处空白。“关于大陆会议权术之争，如果我们能够解密理查德·亨利·李与通信对象的信件……无疑，笼罩在那个关键时期大陆会议阴谋上空的

---

[1]　译注：Mars，马尔斯，罗马神话中的战神。

[2]　译注：Clio，希腊、罗马神话中司历史的女神。

[3]　译注：Leopold von Ranke（1795—1886），德国历史学家，提倡历史研究的“客观性理想”，首创学术研讨班制度，对现代历史学发展产生了世界性影响。

大部分阴云将被驱散。”1889年，弗朗西斯·沃顿[1]在《美国独立战争的外交通信》（*The Revolutionary Diplomatic Correspondence of the United States*）中悲叹道。

也有些学者把密信看成挑战，其中最早持这种观点的就包括一个德国移民，他对英格兰历史编纂做出了重要贡献。

1813年2月26日，古斯塔夫·阿道夫·贝延罗特（Gustave Adolph Bergenroth）出生于马格拉波瓦[2]，他的传记作者称此地是“东普鲁士最荒远、最沉闷角落的一个无名小镇”。他进入柯尼斯堡大学，在同学中很风光，曾在一次决斗中右手腕严重受伤。他在科隆和柏林做过助理执法官，自由主义观点驱使他抽时间到过一次意大利。他后来放弃工作，1850年作为开拓者来到加州。他的首篇英文文章《第一个治安维持会》（*The First Vigilance Committee*）生动有趣，广受好评，因此他决定致力于写作。进行过一些文学创作后，他开始写作一部英格兰都铎王朝[3]历史。发现已有材料不足后，年近50岁的他启程来到西班牙西北部的西曼卡斯总档案馆，查阅储存在那里的西班牙称霸世界时期的大量文件。不久后，他寄回国内的信件受到青睐，英格兰上诉法院案卷保存法官（Master of the Rolls）付他薪俸，雇他查阅、列出及总结与英格兰历史有关的西曼卡斯政府文件，并创作一卷西班牙系列的《政府文件总录》（*Calendars of State Papers*），于是他将都铎王朝历史抛到了九霄云外。

1860年9月，他到达西曼卡斯，住进一个公营酒店性质的卢娜旅馆，他将在那里完成大部密码分析工作。一个拜访过他的英格兰人描绘了那里的情景：“西曼卡斯只有一堆灰沙掩埋的破烂小屋，没一栋像样的房子。贝延罗特住的那所是一个农场管家的房子，房子有两层，房间都刷着灰泥，地上铺着砖块。房间都没有壁炉，从11月到2月，这里的冬天异常严酷，而且房间墙上到处都是洞，只有献身历史的最强烈愿望才能让一个人甘于这样的艰难困苦。”而且，贝延罗特还得克服一些最奇特的密码分析障碍。他房间下面的集市上挤满了大呼小叫的赶驴人，还经常有人吹奏低音管，“除了翻来覆去演奏一曲《茶花女》小调和一首西班牙歌曲外，别的啥也没有，刺耳的音调差点把我逼疯”。

[1] 译注：Francis Wharton（1820—1889），美国法律作家，教育家。

[2] 译注：Marggrabowa，今波兰奥莱茨科。

[3] 译注：Tudor，英国王朝，始于1485年亨利七世登基，终于1603年伊丽莎白一世驾崩。

他的女房东喜欢拨弄吉他，“除了赶牛车的，没人能忍受她的音乐，哪怕一个晚上”。厨娘“把我和他们全家的衣服挂在我的阳台上晾干，然后肆无忌惮地在我的书桌上熨烫起来”。

总档案馆还有更多麻烦在等着他。它是座老城堡，城墙上有雉堞和观察孔，周围有护城河和吊桥。46 个房间里存放着超过 10 万捆档案，每捆有 10 到 100 份文件，总数达到几百万。贝延罗特需要从这堆积如山的资料里选出相关文件。甚至接触到这些文件都很难。当西班牙档案管理部门最终同意他进入时，他还要付出长期不懈的努力，才能读出这些难以辨认的文艺复兴时期的半安色尔字体[4]手写稿。实际上，档案员自己就常被它难住。他嫉妒贝延罗特的成功，故意妨碍这位历史学家的工作，拒绝把他拥有的密钥交给贝延罗特，贝延罗特只得自己还原它们和那些已经丢失的密钥。

他的密码分析故事可以用他的几篇作品来讲述。

> 我对工作做好了充分准备，才来到西班牙。我仔细研究了克里斯托弗尔·罗德里格斯（Christoval Rodriguez）的《古文字学》（*Paléographie*）；还花了大量时间破译在伦敦和巴黎的图书馆找到的旧西班牙文件……
>
> （在西曼卡斯。）我认为首先要做的是，彻底研究那个时期的西班牙文拼写，尤其是有可能写下任何这些信件的每个政客的拼写方法。这些还不够，我还得研究他们的思维方式，及各个政客喜欢的措辞。长长的奇怪名单写满一大摞纸，长年累月地躺在我的书桌上，靠墙堆在我的房间里。
>
> 我找到的每一个密钥都来之不易。抄写时，我一直注意寻找弱点，相信没人可以长时间完全掩盖他的想法，他偶尔也会在一个细致的观察者面前露出马脚。只要我觉得某处存在这种情况，我都会努力猜测符号的含义。虽然可能上百次都徒劳无功，但最后我成功了……

[4]　译注：semiuncial。安色尔字体（uncial）是一种大写字母字体，出现在 4—8 世纪的欧洲手稿中，近代大写字母即源于此。

在抄写一份给（德埃斯特拉达）公爵的指示时，我发现两个密码符号后面有类似句号的小点。因为这类密码从不用标点，这些点只可能是缩写符号。但即使缩写（一个熟练的写作者从不用它们）也会带来很多问题，因此它们只能用于最常见的情况，如 V. A. 表示 Vuestra Alteza，或 n.f. 表示 nuestra fija 或 nuestro fijo。出于足够把握（此处情况下），我倾向于“nuestra fija”，并且进一步推断前面的符号肯定对应“princesa de Gales”。缺口打开了，到次日凌晨 3 点前，我弄懂了 83 个代表字母的符号，还有 33 个表示单词的单音节。虽然密钥远远谈不上完整，但再也没有克服不了的困难……埃斯特拉达公爵的（这个密码）是最难的，也是所有密码中最重要的，因为大量没破译的书信是用它写的，其数量比任何其他密码加密的信件都多……

也许有人要问，我的破译靠得住吗？我满怀信心地做出肯定回答。我这么肯定的理由不止一个。破译这些信件后，我发现，在某些情况下，它们只是明文稿的加密本。因此，我有机会比较我的破译与原件，发现它们在所有基本要点上都是一致的。从马德里回国后，我拿到的德普埃夫拉（De Puebla）密钥和另外两个密钥片段提供了额外证明。我见到这些密钥之前还原出的密钥与它们完全一致……但一般和决定性的证据在于那些书信里隐藏在密码背后的含义。

10 个月后，贝延罗特超越了许多专业密码分析员的成就，还原了 19 部准代码：平均约两周一部，其中一些有 2000 到 3000 个元素。他还要自己抄写，管理一个抄写员，寻找文件，与官僚机构斗争，以及频繁写信回国，而还原工作是在所有这些活动之外完成的。他不喜欢密码分析：“除了必要，我不会尝试这样的工作，我认为这是任何人能够承受的最艰难工作之一。”1861 年 7 月 23 日，到达西曼卡斯 10 个月后，他报告道：“除两封我打算在巴塞罗那或伦敦破译的短信（其中一封是约翰·斯蒂莱写给亨利七世[1]的）外，密码信件全部

[1] 译注：Henry VII（1457—1509），都铎王朝首位国王，在博斯沃斯战场击败理查三世，最后建立了无人挑战的都铎王朝。

抄写、破译完毕。现在我太累了，找到未知密码密钥要求注意力高度集中，我实在力不从心。”他确实破译了斯蒂莱的信，但没译出另一封，那是斐迪南国王和伊莎贝拉王后的一封短信，落款为塞戈维亚[1]，1503 年 8 月 20 日。该信所用密钥只用于这封信。这是英格兰亨利七世统治期间（1485—1509），在西班牙使用的密钥中，他唯一没破译的那个。

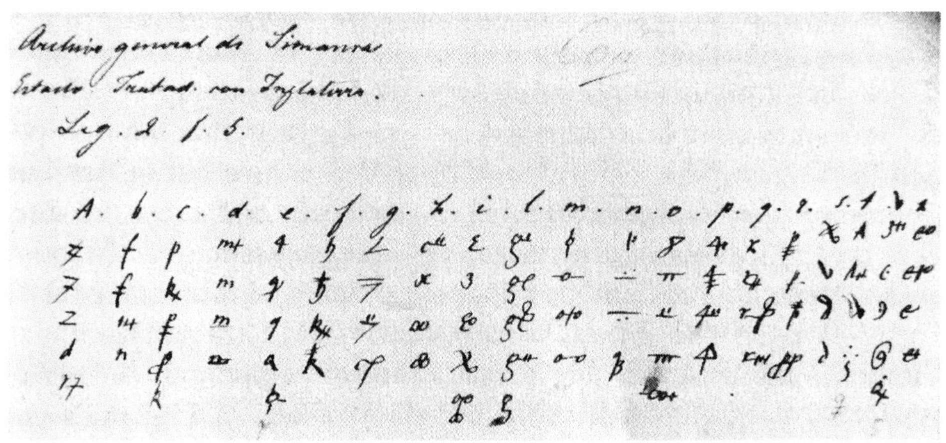

古斯塔夫·贝延罗特还原的一个西班牙密码

一封花了一周时间破译的长信，很好地代表了他发掘的财富。这是 1498 年 7 月 25 日，伦敦唐佩德罗·德阿亚拉（Don Pedro de Ayala）写给斐迪南和伊莎贝拉的一封信，信上报告英格兰配备了一支探险队，准备远航新大陆的一些岛屿。德阿亚拉认为哥伦布已经发现了它们，它们属于西班牙。他这里提到的显然是约翰·卡伯特（John Cabot）的第二次航行，英格兰就是根据卡伯特的发现而宣称其拥有北美洲。虽然贝延罗特还原的一部分准代码后来在档案里找到，但仍然有许多从未面世；而他的密码分析让这些文件大白于天下。1869 年，贝延罗特死于他在西曼卡斯得的一种热病，但他的劳动成果依然在《与英西谈判有关的信件、报告和政府文件总览》密密麻麻的字里行间闪光。历史学家怀着感激一次次参阅它的成百上千份文件摘要。

[1]　译注：Segovia，西班牙中北部城市，位于马德里东北。

贝延罗特在西曼卡斯的密码工作得到保罗·弗里德曼（Paul Friedmann）的协助，后者似乎是位短期档案管理员。他为法国国家图书馆编制了16世纪法国各个政治通信人物使用的密码汇编。1868年，他对乔瓦尼·米希尔（Giovanni Michiel）的密信产生了兴趣，后者是威尼斯驻英格兰玛丽女王[1]（伊丽莎白一世的姐姐）宫廷的大使。威尼斯各档案馆没人读懂这些信，当它们的照片被送到英格兰试破时，它们难住了所有人。在威尼斯，保罗·弗里德曼研究了米希尔的信件，“很快确信，密码并非特别难；它的使用也不总是小心谨慎的；稍花点力气，可以发现它的含义。”它用了大约200个符号，他花了几个月破开它，发现 d^{11} 是 *bo*，d^{12} 是 *g*，t^{25} 是 *Sua Maesta*，等等。

“米希尔的信很有价值，”保罗·弗里德曼写道，“它会纠正许多错误，增补许多叙事空白……”例如，历史学家一般认为，未来的伊丽莎白女王从伍德斯托克转到汉普顿宫[2]事件发生在1554年6月；当时，玛丽生育一个孩子的所有希望破灭，她再也不需要控制这个假想的新教继承人，于是解除了伊丽莎白的监禁。米希尔的信清楚地表明，实情恰恰相反。伊丽莎白的转移不是发生在6月，而是4月，玛丽待产之际；转移也不是释放，而是对安保的加强，当时对西班牙腓力和玛丽的天主教后代继承英格兰王位的想法，民众一片反对之声，转移措施就是那时采取的。当然，孩子没有生出来，伊丽莎白后来在人民的欢呼声中登上王位。就这样，密码分析帮助纠正了人们对一位英格兰伟大君主生平一段紧张插曲的认识。

保罗·弗里德曼很不满地抱怨说，意大利档案管理员路易吉·帕西尼试图攫取米希尔破译的功劳，而实际上，他只对破译做了一些补充。这是事实，但帕西尼也完成了一些令人瞩目的密码分析。1855年，20岁的帕西尼开始了在威尼斯国家档案馆的工作。10年后，他对威尼斯密码产生兴趣，开始收集与之有关的密钥和文件。

---

[1] 译注：England’s Queen Mary，玛丽一世（1516—1558），亨利八世之女，1553—1558年间在位；通称“都铎王朝的玛丽”或“血腥玛丽”；为扭转国家向新教的转变，发起一系列宗教迫害活动，因此得其绰号。

[2] 译注：Hampton Court，伦敦泰晤士河北岸里士满区的宫殿，乔治二世前备受青睐的皇室居住地，庭园内建有著名的“迷宫”。

他扩大了米基耶的准代码，为此赢得英格兰上诉法院案卷保存法官的赞扬。法国学者阿尔芒·巴谢（Armand Baschet）听说后，鼓励帕西尼攻破亨利二世统治的最后 4 年、弗朗西斯二世统治的 3 年和查理九世统治的前 5 年，这 12 年间派驻法国宫廷威尼斯大使的密信，所有这些信的译文和密钥都找不到。年轻时的帕西尼聪明可爱，他成功破译了约 5000 行信。巴谢起初因为最有价值的信息隐藏在密码中，所以考虑不出版那几年的书信，现在他可以宣称："因为他（帕西尼）的杰出才能，12 年间 6 位威尼斯大使的书信重新获得了极大关注。这些信真实记录了诸多伟大事件，如法国国王与（神圣罗马）皇帝、西班牙人的最后斗争，及最初的宗教战争等。"在巴谢研究著名印刷商阿尔杜斯·马努蒂乌斯[1]的书信时，帕西尼也提供了密码方面的协助。后来他继续收集威尼斯密码历史材料，直到 1885 年去世。

另一个意大利档案管理员，修道院院长多梅尼科·彼得罗·加布里埃利（Domenico Pietro Gabbrielli）在密码分析方面的勤奋令人钦佩。1854 年，他 30 岁，被任命为佛罗伦萨国家档案馆外交分部实习管理员。10 年后，他开始了一场历时 9 年的历史密码分析马拉松，成为有史以来可能是最专业的准代码破译家。他在前 7 年里破译了 400 部准代码，平均每周不止一部。这份似乎令人难以置信的娴熟，归因于他从 15 世纪初简单密码到 18 世纪初完整准代码的逐步推进，这让他通晓了佛罗伦萨编码学的癖好、趋势和措辞；归因于众多准代码之间可能的相似性；归因于随手可得的丰富材料；也归因于他自己的能力。破译以外，他借助已有的信件明密版本还原的准代码达到破译数量的两倍。

加布里埃利破译或还原了 1414 到 1742 年间的 1755 部准代码，写满 16 卷本，它们或者分政府排列（如第 3 卷，1536 到 1574 年的佛罗伦萨统治者科西莫·美第奇通信的 130 个密钥），或者按地理排列（如第 16 卷，1542 到 1735 年来自法国信件的 142 个密钥）。1873 年 11 月 26 日，在他编制西班牙密码第 17 卷的中途，溘然长逝。一部包含尝试、摘录和各种密钥的未完成、未装订的文件无声地证明了他的坚持。

---

[1]　译注：Aldus Manutius（1450—1515），意大利学者、印刷商和出版商，拉丁语名泰奥巴尔多·马努奇（Teobaldo Manucci），亦称阿尔多·马努齐奥（Aldo Manuzio）；他首次精美印刷了许多希腊和拉丁古典名著。

在美国，埃蒙德·伯内特（Edmund C. Burnett）在编辑庞大的《大陆会议代表书信》（*Letters of Members of the Continental Congress*）汇编时，破译了大量沃顿没有破译的信件。最近在德国，伯纳德·比绍夫（Bernard Bischoff）破译了大量中世纪手稿使用的密码，而且常常是通过仅有的一两个句子做到的。秘鲁外交官吉利尔莫·洛曼·比列纳（Guillermo Lohmann Villena）详细研究了西班牙新大陆殖民地时期使用的密码系统，研究过程中破译了大量密码。

在多产的艺术家之外，还有许多只有单一作品的密码分析家，他们在研究过程中碰到并且破译了一两个密码。20 世纪 30 年代后期，密歇根大学威廉·克莱门茨图书馆的霍华德·佩卡姆（Howard Peckham）破译了与本尼迪克特·阿诺德叛国案有关字典密码通信的一部分。“我之所以能够破译 31 号（信），是因为这里有明密两种形式的 30 号，还有（卡尔·）范多伦（在他的《美国独立战争秘史》[*Secret History of the American Revolution*] 中）提到但未印刷的华盛顿声明的加密形式，它可以通过参考一份明文副本破译。在没有那本词典的情况下，有了这两样，我就有了开展工作所需的大量词汇。”耶鲁大学科学史教授德里克·普赖斯（Derek J. Price）研究了杰弗雷·乔叟一部天文学手稿中的单表替代密码并破译了它，揭开了一个英语文学巨匠留下的一条密码信息。

现代史早期留下的大量西班牙语书信，使它们的破译本身成为一个科学分支。1950 年，比利时人德沃（J. P. Devos）出版了一部大型西班牙准代码汇编，他发现，要复原其中一本准代码，就得破译一封加密信件。约在同一时期，米格尔·戈麦斯·德尔坎皮略（Miguel Gómez del Campillo）破译了尚托奈领主托马斯·佩勒诺（Tomás Perrenot）寄给腓力二世和阿尔巴公爵的信。一个商人悬赏 200 金比索，奖励第一个破译科尔特斯一封加密信的人，这封信是现存最古老的新世界编码学实例。1926 年，年轻的墨西哥历史学家唐弗朗西斯科·蒙特尔德·加西亚–伊卡兹巴尔塔赢得奖金。1934 年去世的德国人罗伯特·富克斯（Robert Fuchs）在离世前不久破译了查理五世的一封 15 页长信，这是 1546 年查理五世在回罗马途中给一个主教的指示。20 世纪初，亨利·比奥代（Henry Biaudet）到日内瓦研究唐胡安·德·苏尼加–雷克森斯（Don Juan de Zúñiga y Requesens）的通信时，忘带他抄录的这位文艺复兴时期外交官的密钥，他“能够毫不费力地当场还原它”。

1952 年，拉乌尔·布吕农（Raoul Brunon）与兄弟让（Jean）出版了奢华的《亨利二世时期在意大利的法国人》（*Les Français en Italie sous Henri II*），拉乌尔为这本书破译了几个 16 世纪准代码，书中复制了许多实际密码字母。1947 年，丽贝卡・罗塞尔・普拉纳斯（Rebeca Rosell Planas）博士还原了古巴何塞・马蒂在反西班牙起义前通信中使用的密钥，读出他书信里一些之前从未破译的部分。一个世纪前，迪特里希・冯・隆美尔（Dietrich C. von Rommel）出版了法国亨利四世与智者莫里斯通信用的准代码密钥。巴贝奇和惠斯通对 17 世纪初皇室书信的破译也与上述分析学家所获成果类似。另外，获得诸如此类少许密码分析成功的肯定还有几十位。

掀开蒙在一条信息上可能有几百年的神秘面纱，这种想法对所有人都是极大的诱惑。专业密码分析员每天破译有现实意义的密信，但连他们也未能免俗。埃蒂安・巴泽里埃斯就常常经不住这种诱惑，他破译了弗朗西斯一世、弗朗西斯二世、亨利四世、米拉波、拿破仑的准代码。他最伟大的历史研究导致他自认为解开了一个最撩人的谜团，即铁面人（Man in the Iron Mask）的身份。

1891 年，法国总参谋部指挥官让德龙（Gendron）在研究路易十四将领尼古拉・德卡蒂纳（Nicolas de Catinat）元帅的战役时，卡在五封路易本人和两封陆军大臣卢瓦写给卡蒂纳的信上。让德龙向巴泽里埃斯求援，后者检查信件后，大胆宣称可以破译它们。让德龙大为惊讶，因为他曾把信交给其他密码分析员，什么结果也没得到。巴泽里埃斯之所以这么有信心，是因为他注意到，密码数字从 1 开始，最大到 500 多，并且有很多重复。这一点让他相信，密码数字最有可能代表明文音节，而自电报消灭准代码以来，这是一种罕见的方法，并且这也许就是其他密码学家失败的原因。

巴泽里埃斯首先统计了信中 12125 个数字组的频率，发现最常见的组是 22，出现了 187 次；124 其次，出现 185 次；42 出现了 184 次；311，145 次；125，127 次；等等。因为没有音节频率表可用，巴泽里埃斯只得猜测。他假设音节频率顺序是 *le*、*la*、*les*、*de*、*des*、*du*、*au*、*il*、*et*、*vous*、*que*……再推测短语 *les ennemis*（敌军）是军事通信中常常出现的词汇，把它分成音节，对应五组一起出现多次且仅有微小差异的数字。他猜想这些差异代表多名码，找到它们是破译准代码的第一步。因此他假设：

	124	22	146	46	469
	124	22	125	46	574
	124	22	125	46	120
	124	22	125	46	584
	124	22	125	46	345
都代表：	*les*	*en*	*ne*	*mi*	*s*

他把这些对应值全部代入密信，大约得出每 11 组中 1 组的含义。他在某处读到：

52	124	22	88	374	46	284
	les	*en*			*mi*	

明显这是 *les ennemis* 第二个音节被分成字母的情形；284 是另一个复数结尾的替代，52 表示 *que*（那）。就这样，巴泽里埃斯一步步破译了这部可能是博纳文图尔·罗西尼奥尔本人编制的两部本准代码。他发现它由 587 个表示字母、音节、单词和虚码的替代组成，虚码同时作为标点符号。一个符号还有擦除前面符号的有趣功能。

译出 1691 年 7 月 8 日信后，巴泽里埃斯读到，卡蒂纳的一个指挥官、布隆德领主维维安·拉贝违反卡蒂纳的命令，撤除了对意大利北部小镇库内奥的包围，国王对此非常生气。这次行动导致了法军失败，结束了它在皮德蒙特的行动，极大地挫伤了太阳王的傲气。这封信命令卡蒂纳逮捕布隆德："送到皮涅罗尔城堡，陛下要求，晚上把他紧锁在牢房里，白天可以在城堡里带着一个 330 309 自由走动。"这两个数字没有出现在这些信件的其他任何地方，并且巴泽里埃斯知道，巴士底狱那个戴面具的神秘囚犯来自皮涅罗尔且被当成重要人物。他得出结论，330 代表那个不常见单词 *masque*（面具），309 表示结束或句号。他向世界公布了他的发现：布隆德就是铁面人。

这个结论遭到依据心理学、语言学和密码学等各方面理由发起的攻击。一个反对理由是，铁面人得到的尊重导致后来有人猜测他是路易私生子，而布隆德只是个相对低级的战士，不致获得那么大的尊重。而且对卢瓦而言，密码分析的文字应该表示“带着一个戴面具的人”，他该说成“en masque”（戴面具的）而不是“avec un masque”（戴着一个面具）。*masque* 一词也不在军事词汇表中，并且实际上，对连续几个法国统治者使用的、大得多的一些准代码的彻底检查也显示，没有一部包含这个词。

但妨碍对这一理论广泛接受的最大障碍是，1708 年，皮涅罗尔和巴士底狱那个神秘的面具囚徒去世五年后，布隆德还活着。

另一方面，比巴泽里埃斯欢呼雀跃的 *masque* 更有效的破译，能够彻底改变人们长期秉持的、对一些历史事件的看法。一次这样的破译出人意料地支持了一直存在但没有证据支持的说法，即亚伯拉罕·林肯被刺是他自己的陆军部长，野心勃勃、专横霸道的埃德温·斯坦顿（Edwin Stanton）幕后操纵的。他阴谋夺取政府控制权，把严酷的和平条件强加给南方，行刺就是该阴谋的一部分。

南北战争迷、纽约化学家雷·内夫（Ray A. Neff）花 50 美分买了一本《科尔伯恩陆海军杂志》1864 年下半年合订本。1962 年某天，他注意到一些像是密码信息的内容，用铅笔写在几页纸内侧页边处。如第 183 页开头写道：J O 5 O F X 2 S P N F 6 U I F S F 8 X B M L F E……内夫请来自封的密码专家、新泽西州柯林斯伍德的伦纳德·福舍（Leonard Fousché）帮忙。福舍肯定没花多长时间就发现这个密码简单至极，每个明文字母由字母表后一位字母替代，数字指示单词间隔。第 183 页密信译出来是一首寓言长诗：*In new Rome there walked three men, a Judas, a Brutus, and a spy. Each planned that he should be the kink (king) when Abraham should die*……[1] 内夫还发现了一系列长得多的信息，这些信通过在合订本印刷文字字母下方用加点的方法拼出，从右到左、从下到上读取。第 106 页开始写道：*It was on the tenth of April, Sisty-five when I first knew that the plan was in action*（很明显那一页没有 *x*，

[1]　译注：大意为，三个人走在新罗马，一个犹大，一个布鲁图，一个间谍。每个人都计划着亚伯拉罕死后，他将成为国王……布鲁图当指马库斯·朱厄尼斯·布鲁图（Marcus Junius Brutus，前 85—前 42），罗马元老院议员，公元前 44 年和卡修斯一起率领谋反者阴谋杀害了尤利乌斯·恺撒，公元前 42 年在腓立比战役中被恺撒的支持者安东尼和屋大维击败后自杀。亚伯拉罕，犹太教、基督教和伊斯兰教先知，这里应该是指代亚伯拉罕·林肯。

因此加密人在 *sisty* [*sixty*] 中用了一个 *s*)。[1] 第 107 页继续写道：*Ecert had made all the contacts, the deed to be done of the forteenth*（林肯遇刺日）*. I did not know the identity of the assassin but I knew most all else when I approached E. S. about it*。[2] 第 120 页报告“至少有 11 名国会成员牵涉到阴谋中”。一大段空白之后，第 245 页出现了不祥的“担心我会送命。LCB”。

谁是 LCB？内夫在某页纸外侧页边显出密探头子拉斐特·贝克（Lafayette C. Baker）的隐写墨水签名。内夫认为加点信息中的“E.S.”和单表替代信息中的“犹大”指斯坦顿。犹大隐喻暗指斯坦顿对林肯的虚伪，例如他在国会偷偷反对林肯总统的许多政策。布鲁图指实际上的刺客约翰·威尔克斯·布斯（John Wilkes Booth），一个著名的莎士比亚剧演员。至于那个走在新罗马的间谍，密信总结道：“恐怕有人会问，那个间谍呢，我可以肯定地告诉你，他就是我，拉斐特·贝克。2-5-68。”内夫进一步确定“Ecert”实为陆军电报总监托马斯·埃克特，贝克故意拼错他的名字，因为第 107 页快到顶才出现字母 *k*，贝克不想在他的加点信息里留下这么大的间隔。林肯希望高大魁梧的埃克特在福特剧院[3] 做他的保镖，这个少校回绝说他有事要做；实际上他当晚没有工作，接到刺杀消息时正在家中。

很有可能，臭名昭著的冒牌专家、恶棍和撒谎者贝克留下这份信息，就是为抹黑斯坦顿和埃克特。但内夫举出的间接证据，指向这个特工头子是在一次不成功的灭口企图中被砒霜毒死的。而且，贝克还指出一份通知，“已知阴谋者的名字写在本系列第一卷，未加评论注释”。这条密信也许会迫使人们重新评估这个美国历史上的痛苦时刻，要是有人能找到那本 1864 年《科尔伯恩陆海军杂志》前半部的话。

最悠久、最著名、最令人心痒难煞、受到最猛烈攻击、最顽强、最昂贵的历史密信依然无人撼动。它是一本无名无题，被称为“世上最神秘手稿”的书。1962 年，纽约珍本书商汉斯·克劳斯（Hans P. Kraus）吸引了世界的目

[1] 译注：大意为，1865 年 4 月 10 日，我首次得知计划正在进行。

[2] 译注：大意为，Ecert 已经全部联系好，行动将在 14 日（林肯遇刺日）进行。我不知道刺客身份，但我问过 E.S. 后知道了大部分其他情况。

[3] 译注：Ford’s Theater，林肯遇刺地。

光，他为那本无人能读的书开价 16 万美元。

书本身毫不出奇。一部约 15 厘米 ×23 厘米的大八开本，204 页；另有 28 页散失。树叶似的羊皮纸封面已经掉落。数十个女性裸体、星图和约 400 幅奇花异草把书装饰得五彩缤纷，有蓝、深红、浅黄、棕，还有鲜艳欲滴的绿。镶嵌在这些装饰中的是文字本身。手稿看上去有点像中世纪常见的一部本草书，列出有药用性能的植物，通常还给出从中提取药物的方法。

粗一看，构成谜团中心的文字似乎毫无问题，看上去不像密码，倒像普通的中世纪后期书法。符号保存了当时字母的一般形式，却似是而非，就像名字挂在嘴边的老朋友。字迹流畅，像一个抄写员在抄写一段清楚的文字；这些符号似乎不是一个个印出来的。极粗略地检查其中一页，我们一次次认出同样的字母，还能看到重复的组乃至词尾有时稍有区别的重复单词。

这一切让人感觉，这些字就算不是一门用晦涩字迹蒙蔽现代眼睛的已知语言，也该是一种容易理解的文字。但研究最古奥语言的学者已经宣称他们不理解它，古文字学者宣称他们不认识这些字。密码分析员统计的约 29 个符号（一些与其他混在一起，很难确定）似乎像普通单表替代的频率。看到所有那些重复时，他们不由得嗤之以鼻：这比报纸上的测试密信还简单。但当他们把文字解析成教会拉丁语，或中世纪英语，或奥克语 [1]，或一些其他合适语言的所有努力彻底失败时，他们灰溜溜地转身离去。

这倒不是说，没人声称自己破译了它。实际上，一份公开宣布的破译把手稿暂时转变成科学史上可能是最重要的文件。不幸的是，和其他破译一样，它也已被证明不成立。

自手稿有记录的历史开创以来，神秘就笼罩着它。1666 年 8 月 19 日，德高望重的布拉格大学校长乔安妮斯·马库斯·马尔奇（Joannes Marcus Marci）把这本书寄给他以前的老师，当时最著名的耶稣会学者阿塔那修斯·基歇尔。三年前，基歇尔出版了一本关于密码学和一门世界语的书，还吹嘘解开了象形文字之谜。马尔奇在随书附上的信中提醒，书的前主人曾寄给基歇尔一部分文字，看能否破

---

[1]　译注：langue d'oc，中世纪法国南部方言，特点为用 oc 表示“是”，是现代普罗旺斯语的基础。

译。那位拥有者在破译上“倾注了持续不懈的艰辛努力……至死都没有放弃希望。但他的努力都是白费，因为这些斯芬克斯除了它们的主人基歇尔外不听命于任何人。现在，虽然姗姗来迟，但请接受这份我对你的情谊，用你一如既往的成功，打破它的障碍，如果还有什么障碍的话。”障碍确实存在，但从不放过任何自我吹嘘机会的基歇尔却没有越过它，因为他在这上面的沉默再明白不过。

马尔奇写到神圣罗马皇帝鲁道夫二世曾用 600 达克特买下这部手稿。鲁道夫不像个统治者，倒更像学者，他为第谷 · 布拉赫[1]和约翰尼斯 · 开普勒修建天文台，创办植物园，还建了一个炼金实验室，请来无数科学家。后来在手稿页边发现鲁道夫宠爱的波希米亚科学家约翰内斯 · 德泰佩内兹（Johannes de Tepenecz）的亲笔签名，证明手稿曾现身鲁道夫在布拉格的王宫。

马尔奇还表示，他相信手稿作者是罗杰 · 培根。英格兰方济各会修士培根生活于约 1214—1294 年间，他幻想出显微镜、望远镜、汽艇、不需要马拉的车和飞行机器，比它们真正问世早了几个世纪。传说他有强大的法力，他在炼金术方面的广泛著述也许强化了这个名声。他之所以吸引了现代科学的关注，在于他很早就强调对自然现象进行观察，这一点完全不同于当时的先验经院哲学。请勿把他与写出著名《培根随笔》（*Essays*）的弗朗西斯 · 培根爵士混为一谈，后者是英格兰政治家，生活在 1561 到 1626 年，他的哲学思想极大影响了现代科学，虽然这个坚持归纳和实验的思想确与他的中世纪本家有着奇特的传承关系。罗杰 · 培根应该出于掩盖秘密目的，用密码写成这部手稿，因为在中世纪，这些秘密的公开会使他受到严厉的巫术指控。

然而，一部罗杰 · 培根的手稿如何会到了鲁道夫的布拉格王宫呢？ 1584 到 1588 年间，这位皇帝最欢迎的来访者中有一位约翰 · 迪[2]博士。他是个牧师、数学家及占星家，有时被说成《暴风雨》中普洛斯彼洛[3]的原型。约翰 · 迪和鲁道夫一样对魔法感兴趣，着迷罗杰 · 培根，收藏了不少他的作品手稿。他认识年轻的弗朗西斯 · 培根，甚至可能向他介绍过罗杰 · 培根的作品，这也许有助于

[1] 译注：Tycho Brahe（1546—1601），丹麦天文学家、占星学家。

[2] 译注：John Dee（1527—1608），英格兰炼金术士、数学家和地理学家，伊丽莎白一世的占星家，后半生致力于炼金术，被称为男巫师。

[3] 译注：《暴风雨》（*The Tempest*）是一部莎士比亚戏剧，普洛斯彼洛为剧中主人公。

伏尼契手稿一页

解释两个培根思想的相似性。约翰·迪可能意识到罗杰·培根本人在《论秘术作品和魔法的无效》（*Epistle on the Secret Works of Art and the Nullity of Magic*）中对密码学的简短论述。他当然懂点密码学，而且相当感兴趣，因为 1562 年，他为伊丽莎白一世的重臣威廉·塞西尔[1] 爵士买了一部特里特米乌斯的《隐写术》手稿，当时这本书尚未出版，并且"有人出到 1000 克朗也没能买到"。约翰·迪用 10 天"连续不断的工作和监督"给自己复制了一本。

[1]　译注：William Cecil（1520—1598），英国政治家，1558—1572 和 1572—1598 年间分别出任伊丽莎白一世的国务大臣和财政大臣，深受女王信任。

也许约翰·迪通过某种途径得到这部神秘手稿（可能来自诺森伯兰公爵[1]，亨利八世解散修道院时，公爵劫掠了大量僧院建筑，而且约翰·迪与公爵的家族有联系），得知或推测它是培根写的，试图破译它。失败后，作为伊丽莎白派到鲁道夫王室的秘密政治代理人，他可能以女王的名义把它作为礼物送给鲁道夫。英格兰医生、作家托马斯·布朗（Thomas Browne）爵士（他碰巧是第一个在英语中使用“cryptography”［密码学］一词的人）讲述约翰·迪的儿子，“阿瑟·迪（Arthur Dee）博士（说起他父亲在布拉格的生活时）谈到……除了一堆看不懂的文字外什么也没有的书，他父亲在上面花了大量时间，但我没听说他弄懂了它。”这段话说的大概就是这部手稿。

当然这些纯属猜测。能够确定的是，基歇尔把手稿存放在耶稣会罗马学院，1912 年美国古书商威尔弗雷德·伏尼契（Wilfred Voynich）用数目不详的一笔钱，从意大利弗拉斯卡蒂蒙德拉戈内的耶稣会学校买下了它。

急于阅读手稿的伏尼契大方地把影印件提供给所有似乎能破译它的人。许多人尝试过破译。植物学家觉得他们能认出这些植物，把它们的名字作为可能词破译；问题是，大部分植物都是想象的。天文学家认出一些天体，如毕宿五和毕星团，但不能强攻突破。语文学家尝试了解读失传语言的方法，没用。密码分析家研究它与普通密码的共性，发现它能经受住他们屡试不爽的分析手法。伏尼契收到许多对这个问题感兴趣专家的来信：巴黎法国国家图书馆的古文书学家奥蒙（H. Omont），曾就一部有关炼金术的 15 世纪密码手稿写过一篇很有见地的文章；利特尔（A. G. Little）教授，培根研究权威；一个哈佛解剖学教授；里弗班克实验室的乔治·费边；伦敦英国皇家天文学会副会长；甚至梵蒂冈秘密档案馆馆长、加斯凯主教艾当大师，也愿意帮忙提供可能会对理解问题有帮助的档案馆文件。几乎可以肯定，他们中不少人尝试过破译这个密码。还有一些人也尝试过，他们中有 1917 年的约翰·曼利，时任雅德利军事情报局密码科二把手，他曾破开难倒所有同事的洛塔尔·维茨克密码，但和其他人一样，他也败给了伏尼契手稿。雅德利同样没有成功。

[1] 译注：Duke of Northumberland，此处指第一任诺森伯兰公爵约翰·达德利（John Dadley，1504—1553）。

1919 年，一些伏尼契手稿复件辗转到达威廉·罗曼·纽博尔德（William Romaine Newbold）手中。纽博尔德是宾夕法尼亚大学研究生院前院长、哲学教授。当年他 54 岁，才华出众，在宾夕法尼亚大学 1887 级成绩排名第一；兴趣广泛，许多兴趣与魔法有共通之处——招魂术、诺斯替派[1]、安条克大圣杯[2]。一些人认为安条克大圣杯就是“最后的晚餐”中那只传说称作“Holy Grail”的圣杯。纽博尔德懂多门语言，后来又精通密码分析：1922 年，当时的助理海军部长小西奥多·罗斯福感谢他花费“时间和精力破译华盛顿海军部未能破译的间谍通信”。

纽博尔德从手稿文字的微小符号中看到缩微速记符号，把它们转写成罗马字母，开始破译。他得到有 17 个不同字母的二级文字，双写每部分除首尾字母外所有其他字母：二级文字 *oritur* 就变成三级文字 *or-ri-it-tu-ur*。包括单词 *conmuta* 中任一字母加上 *q* 的所有组都将经过一次特别替代。再“翻译”得到的四级文字：纽博尔德用一个单字母代替字母对，据说根据的是一个密钥，但他从未解释清楚。纽博尔德把这个简化的五级文字中一些字母根据语音上的类似看成互相替代。因此他根据需要，举个例子，互换 *d* 和 *t*，*b*、*f* 和 *p*，*o* 和 *u*，等等。最后，纽博尔德再重排这个六级文字，得到所谓的拉丁明文。

1921 年 4 月，当着一群杰出学者的面，纽博尔德宣布他根据这个方法得到的初步破译结果。这些结果把罗杰·培根说成有史以来最伟大的科学发现者。按纽博尔德的说法，培根把仙女座大星云认作一个螺旋星系，识别出生物细胞和细胞核，接近看到精子和卵子的结合。因此，他不仅猜想而且实际制造了显微镜和望远镜，并且用它们做出 20 世纪才有的发现。有一幅蓝图看上去有点像五彩转轮，纽博尔德认为它代表仙女座星云，他在说明文字的密码分析部分写道：“在一面凹镜中，我看到一颗蜗牛形状的星……位于飞马座中心点、仙女座外围和仙后座头部之间。”纽博尔德宣称他的破译不可能是主观臆测，因为“（破译）当时，我不知道在如此描述的区域内会发现任何星云”。

---

[1] 译注：Gnostics。诺斯替教（Gnosticism）是公元 2 世纪基督教会的一场重要异教运动，部分起源出现于基督教之前；诺斯替教义主张世界是由一个较小的神，即造物主创造和统治的，他是遥远和至高无上的，耶稣基督是他的信使，以奥秘的知识来拯救人类的灵魂。

[2] 译注：Great Chalice of Antioch。根据基督教传统，圣杯是“最后的晚餐”耶稣使用的葡萄酒杯。安条克大圣杯发现于一战前，被宣称它就是真正的圣杯，后被否定。

纽博尔德的破译在学术界引发轰动。许多科学家，他们自认没有资格对密码分析的有效性发表意见，欣然接受了这个结果。一位著名生理学家甚至明确指出，一些图片也许代表放大 75 倍画出的纤毛柱状上皮细胞。公众狂热了，周日号外迎来了一场盛宴。一个可怜的女人赶了几百千米路程，恳请纽博尔德用培根的配方驱走纠缠她的恶魔。对破译本身，评论褒贬不一。回到芝加哥大学的曼利未置可否，“现在看起来，纽博尔德教授的理论和系统比他一年前向我解释时更合理。”他在《哈珀杂志》上写道。但《科学美国人》月刊作者马尔科姆·伯德（J. Malcolm Bird）的评论毫不留情，谈到字母对连环相套的三级文字，如 *or-ri-it-tu-ur*，他说：“纽博尔德教授还没有在他的任何公开讲述中令人信服地解释，最初加密时如何……得到上例那样连环相套的字母对。”换句话说，虽然系统能用于解密，它似乎不能用于加密。人们也发明过许多单向密码：可以把信息转换成密码，但不能转回来。纽博尔德系统似乎是现存仅有的反向例子。为此，再加上其他一些理由，伯德不接受这个破译。

破译引发的轰动逐渐平息。纽博尔德继续回到他的破译；其他学者评估他的结论。1926 年，纽博尔德去世。他的朋友、同事罗兰·格拉布·肯特（Roland Grubb Kent）忠实编辑了他的工作记录、破译和他为图书规划的章节。1928 年，这些材料以《罗杰·培根密码》（*The Cipher of Roger Bacon*）为名出版。法国著名哲学家埃蒂安·吉尔松（Étienne Gilson），法兰西学院未来 40 个“不朽人物”之一，虽然对分析方法迷惑不解，但接受了结果；研究培根的法国专家拉乌尔·卡尔东（Raoul Carton）热烈支持他的方法和结果。美国和英国的中世纪史学家则更为冷静。

1931 年，详细研究过纽博尔德方法的曼利总结说，它“不合理之处太严重，以至于结果无法接受”。警告说这些结果“将严重歪曲人类思想史”，他在一篇 47 页的文章中推翻了它们。他指出，纽博尔德提出的密码可以做多种不同“破译”。加密人永远无法确定他的信息会得到正确解读；解密人永远不会知道他读到的是不是作者要传达的信息。无法捉摸的主要原因就在拼字步骤——最终生成拉丁明文的过程。拼字把一段文字字母排成另一段，是某种不用密钥的移位。拼字方式通常远不止一种：*live*、*veil*、*evil*、*vile*、*Levi* 都可以用“密文”EILV 拼出，每一个都同样有效。随着所用字母数量增加，可能的拼词以几何级数增长。

那首天使赞歌的前 31 个字母，“Ave Maria, gratia plena, Dominus tecum”[1] 的拼字方法有成千上万种，它们的拼写、发音和句法都完全正确。一个拼写狂人拼出 1500 句五音步诗和 1500 句六音步诗；另一位拼出 3100 句散文和一首离合诗；还有一位用 27 个回文词编出一篇《圣母生平》(*Life of the Virgin*)：所有这些都来自那段赞歌。纽博尔德通常以 55 或 110 个字母为字组重拼培根的信息。那么，他又如何确保他的拼字文是正确的那个？答案是，他心里一点底都没有。

曼利还显示，所谓的速记符号只是浓墨在羊皮纸粗糙表面散开的细线条，纽博尔德把它们想象成独立的符号。纽博尔德自己也承认，“我经常发现，比如说，不可能以完全一样的方式把同一段文字读两遍”。曼利指出来自同样文字的不同破译。最后，他对译文进行了批判，理由是它们“包含的臆想和说辞不可能出自培根或任何其他 13 世纪学者之口”。

纽博尔德说他根本不了解密码分析得到的知识，如螺旋星云的位置，这一点又该做何解释？答案是，他肯定已经知道它，即便是在潜意识中。纽博尔德是一个知识极为广博的学者，他漫不经心地学习了加泰罗尼亚语，为弄清破译中的一个小问题，阅读了上千页用这种语言写的材料。他一定是在大量研究的过程中接触到那一细节，把它丢在脑海深处，它就蛰伏在那里，直到破译把它引出来。没人质疑过他的诚实，曼利说，纽博尔德是“他自己的热情和他博学智慧的潜意识”的受害者。

纽博尔德理论的轰然倒塌，虽使其他学者在出版“破译”时更加谨慎，但没有阻止他们继续攻击手稿。然而 1943 年，纽约州罗彻斯特的一个律师——詹姆斯·马丁·菲利（James Martin Feely）冒冒失失地公开了一份在拉丁文和英文中都没什么意义的破译，引为笑谈：“The feminated, having been feminated, press on the forebound; those pressing on are moistened; they are vein-laden; they will be broken up; they are lessened.”

两年后，德高望重的癌症研究专家莱昂内尔·斯特朗（Leonell C. Strong）博士得出结论，伏尼契手稿是一本植物志的作者，一个名叫安东尼·阿斯卡姆（Anthony Ascham）的 16 世纪初英格兰学者的作品。斯特朗通过“一个多重字

---

[1]　译注：《圣母颂》(*Ave Maria*) 开头一段，大意为，万福玛利亚，你充满圣宠，主与你同在。

母表的等差级数二次互换系统”（似乎指某种形式的多表替代），从手稿中译出几篇用所谓中世纪英语写成的文字，内有一个避孕药配方。避孕药有效果，任何想证明它的人都可一试，因为斯特朗公布了配方；但他觉得公布他的密码分析方法不太合适，因此他的破译还是没有得到证明，也未被接受。他公布的文字受到来自语言学方面的猛烈攻击，他的配方也与纽博尔德的螺旋星云破译一样，被解释成潜意识知识。

还有许多尝试没有发表，因为这些未来破译员如实承认了失败。许多人在家里研究纽博尔德那本书上的证明，没有成功。1944 年，从当时在华盛顿为战争工作的语言、文件、数学、植物学和天文学专家中，威廉・弗里德曼选出一个组，研究这个问题。不幸的是，到他们利用业余时间把文字转换成制表机可以处理的符号时，战争结束了，这个组也解散了。

他们的初步结果更加深了手稿的神秘感，因为他们发现，手稿中单词和词群的重复比普通语言更常见。仅此一点就把手稿与所有其他密信区别开来，因为所有已知密码系统都寻求抑制重复而不是强化它们。

是什么造成这种差别？弗里德曼认为手稿构成一篇人造语言文章，这种语言把所有事物分类，给每类分配一个基本符号，通过附于第一个符号的额外符号表示子类。第一个人造语言，苏格兰人乔治・达尔加诺（George Dalgarno）创造的语言即属此类。他把知识分成 17 大类，每类用一个辅音：如 *K* 表示政治事务，*N* 表示自然对象。再把这些细分成子类，每类配一个元音。这样 *Ke* 就是“司法事务”，*Ku* 表示“战争”。更细的分类由元辅音交替表示。人们发明了许多这种类型的人造语言，第一本英文密码图书的作者约翰・威尔金斯主教就发明了一种。显然，用这种语言写出的文字会一次次重复它的“词根”，后缀则各不相同，这种现象在伏尼契手稿中非常普遍。弗里德曼计划在一台美国无线电公司 301 型计算机上测试这个假说（英国密码学家约翰・蒂尔特曼准将赞同这个假说），但这项工作进展不大。

对手稿文字冗长累赘的另一个解释是，这反映了可能出现在一本博物志或任何医学手册中医药配方的多处重复。西奥多・彼得森（Theodore C. Petersen）神父持这个观点，他是华盛顿特区圣保罗学院博士、古文献专家，研究伏尼契手稿 40 年。他认为，符号形状、转折和其他附属部分的微小差别可能代表一种中世纪速写的音节。但他从未收集到他需要的统计证据来证实或反驳这个假说。

人类解开过比这深奥得多的谜团，为什么还没有人解开它？原因如曼利所说："攻击是在错误假设基础上进行的。实际上，我们不知道手稿写于何时何地，或构成加密基础的是什么语言。到我们用上正确假设时，密码也许将变得简单易破……"

那么，它会不会是个大骗局，就像加迪夫巨人或皮尔丹人或贝林格教授的化石[1]一样？似乎没有与此相关的人（包括那些被它刁难的人）这么想。作品结构严谨、规模宏大、主题鲜明，没有超过一组五个单词的重复，而真正的假文件，如有时在埃及卖给游客的假象形文字纸莎草古文献，会出现长得多的重复短语。而且文中单词会反复但以不同的组合出现，就像普通作品一样。即使真是个骗局，它似乎也没必要搞得这么长。最为关键的，手稿写作之时的中世纪准科学寻找哲人石和长生不老药，本身很容易上当受骗，更不会冒出骗人的想法。

1930 年，伏尼契去世，他的妻子艾捷尔[2]把手稿存放在纽约担保信托公司的保险箱里，一放就是 30 年，直到 1960 年她以 96 岁高龄逝世。[3]她的遗产继承人把手稿卖给克劳斯。他为它定价 16 万美元，因为他相信手稿包含的信息可以为人类历史记录提供新见解。"到有人读懂它时，"他说，"这本书将值到 100 万美元。"其他人不这么看。他们质疑培根的作者身份，认为手稿更像一部 16 世纪而不是 13 世纪的作品。他们觉得它毫无新意，最终可能只是某种凭空想象的植物书。一个美国基金会也有这样的想法，它拒绝了弗里德曼申请资金用于破译手稿的要求。

这一切还没人知道。在克劳斯黑暗的地下室里，这本书，这枚可能引爆科学史的定时炸弹，这部有史以来最神秘的手稿，静静地躺在它的封套里，等待那个能读懂它的人[4]。

---

[1]　译注：加迪夫巨人（Cardiff giant），皮尔丹人（Piltdown man），贝林格教授的化石（fossils of Professor Beringer），这些都是著名的大骗局。

[2]　译注：艾捷尔·丽莲·伏尼契（Ethel Lilian Voynich，1864—1960），爱尔兰女作家、音乐家。详见下文原注。

[3]　原注：伏尼契夫人值得一书。她的小说《牛虻》（*The Gadfly*）译本在苏联卖出超过 250 万册，苏联评论家尊她为有史以来最伟大的英语小说家之一。1897 年，这部爱国主义浪漫小说在英格兰出版时走红。大部分俄国学生读过它，它还成为博士论文的主题，被改编成电影和歌剧。俄国人高度评价这本书，他们一共只给少数几个美国人付过版税，伏尼契夫人为其中之一。

[4]　译注：1969 年，克劳斯将手稿捐给耶鲁大学贝尼克珍本与手稿图书馆。

第 24 章　密码学病态

密码分析癖是一种密码学疾病。密码分析癖患者过度分析文件，得出毫无根据的分析结果，其中一个例子就是威廉·纽博尔德对伏尼契手稿的“分析结果”。过度分析的对象不一定是密文，换句话说，不一定是密报，也可能是隐写文（steganogram），它把真正的秘密信息隐藏在看似普通的掩护文字下。隐写术为一些人开辟了一片广阔领域，他们可能认为，所有文字的伪装表面下都隐藏着某种秘密信息，于是他们在文件中搜寻，耗费自己的精力。据此，表面文字的文学成就只能证明隐写术的水平；表面文字的文学价值越大，隐写术就越高明。根据这个理论，有史以来最伟大的隐写文是莎士比亚戏剧，实际上，那些最无可救药的分析癖攻击的就是它；他们试图从中得出结论，证明真正的作者是弗朗西斯·培根。

他们倒不是毫无密码学依据。编码系统虽遭到纽博尔德之流滥用，但依然传递了有效信息；与此类似，隐写术在无害伪装下保存了真实信息。其中就有关于作者的隐写文。1532 年印刷的《爱的证明》（*The Testament of Love*）是唯一已知版本，作者被认为是乔叟。1897 年，著名文献学家沃尔特·斯基特在编辑这本书时注意到，各章节首字母被设计成一个藏头文。经过一些校对，他们拼出了“Margarete of Vitrw, have mersi on thin [e] —Usk”，正如某些学者暗示过的，这表明它的真正作者不是乔叟，而是托马斯·厄斯克。已知还有其他一些例子，也许其中最早的是楔形文字，这是唯一一次，一个楔形文献作者写明了自己的名字。最有名的作者隐文与著名的《寻爱绮梦》（*Hypnerotomachia Poliphili*）有关。1499 年，这本书由阿尔杜斯 · 马努蒂乌斯在威尼斯出版，没有列出作者。它被看成有史以来出版的最美图书之一，许多现在使用的字体深受它的影响。书名由五个希腊词根组成，译成“梦中的爱情纷争”（The Strife of Love in a Dream）。但早在 1512 年，读者就发现，38 个章节的首字母拼出“Poliam frater Franciscus Columna peramavit”（弗兰西斯科 · 科隆纳修士深爱波利亚）。科隆纳是一个多明我会修士，这本书出版时他仍在世，保密的原因非常明显，但波利亚身份至今不明。

因此很有可能，弗朗西斯 · 培根用隐写遮遮掩掩地揭示了他是莎士比亚作品的真正作者。问题在于，他这样做了吗?

第一个如此宣称的是一个有头有脸的美国政治人物，一个聪明绝顶、拥有出色演讲能力和个人魅力的人。28 岁时，圆脸膛的伊格内修斯 · 唐纳利（Ignatius Donnelly）成为明尼苏达州副州长；四年后，从 1863 年开始，他三度出任国会议员。一场国会政治纷争阻绝了他的第四次提名。他退出共和党，开始显露激进改良主义倾向。他成为农民协进会会员和美钞党员，数次当选州参议员。1878 年，在一次国会议员竞选中遭选民拒绝后，他信奉起两项伪科学理论：亚特兰蒂斯的存在，史前时期地球与一颗彗星灾难性的碰撞。与此同时，他在自己孩子的一本书里偶然读到培根对隐写系统的描述，而且似乎是听到将莎士比亚戏剧作者归于培根的新理论，1878—1879 年冬，他决定：“我将重读莎士比亚戏剧，不像以前那样为了获得愉悦，而是专心寻找剧中或有或无的密码暗示……我在阅读中要寻找的将是‘Francis’、‘Bacon’、‘Nicholas’（尼古拉斯，培根之父）这些单词，以及可以得到‘Shakespeare’的诸如‘Shake’和‘Speare’，或‘Shakes’和‘peer’一类的组合。”

他的正职工作是靠写作养家糊口，在此期间，这次寻找成了他的业余消遣。1882 年，《亚特兰蒂斯：史前世界》（*Atlantis: The Antedeluvian World*）出版。这本书无所不包，但不够科学严谨，唐纳利第一次给了柏拉图消失大陆传说一个合乎逻辑的描述，他把它看成真实的伊甸园。作为亚特兰蒂斯存在的证据，他列举了许多相似的现象：大洪水传说；金字塔建造；保存尸体的知识；

古埃及与美洲阿兹特克和玛雅文明共同拥有的 365 天日历，等等。这本书大获成功，8 年之内，它在美国再版了 23 次，英国 27 次（并且 20 世纪 60 年代，一个平装书出版社再次为它再版）。它给唐纳利带来第一份稳定、体面的收入，使他成为专业和知识分子圈外受到谈论可能最多的文学人物。次年他推出《世界毁灭：火与砂的时代》（*Ragnarök: The Age of Fire and Gravel*）。这本书是引发争议的伊曼纽尔·韦利科夫斯基（Immanuel Velikovsky）1950 年《大碰撞》（*Worlds in Collision*）一书的先驱，后者认为地球婴儿期时曾与一颗巨大彗星碰撞。唐纳利认为，索多玛、蛾摩拉[1]传说和约书亚[2]命令太阳静止的故事，以及其他文明民族记忆中的类似事件，都是这场灾难的证明。《世界毁灭》（书名取自一个古斯堪的纳维亚语词汇，意为"上天的毁灭"）一书同样热销。

即使忙于写作那本书时，唐纳利还在 1882 年 9 月 23 日的日记中写道："我一直在研究……我认为是我做出的一项伟大发现，即莎士比亚戏剧中的一个密码……宣称弗朗西斯·培根是这些戏剧的作者……我确定有一个密码，我认为我有了它的密钥；所有这一切不可能是巧合。"一年后，破译这个密码成为他的狂热爱好："我日思夜想；它的复杂难解令人生畏。"到 1884 年 5 月，他厌倦了计算，于是卸下重负，转而编写那本将成为其代表作的《大密码》（*The Great Cryptogram*）。

那年 9 月，他再次参选国会议员时，一个熟人放出消息，唐纳利在莎士比亚戏剧中发现了一个密码。消息引发关注，但没有为他赢得选举。尽管如此，他依然在密码研究之外继续他的政治活动。1887 年，他作为农民联盟候选人赢得州立法机构选举；同一年，约瑟夫·普利策[3]的《纽约世界报》派出一个数学教授，到明尼苏达州尼宁格镇唐纳利家检查这个包含大量数学计算的密码系统。8 月 28 日，该报头版显著位置刊登了教授的赞扬评价。那年冬天，为完成

---

[1] 译注：索多玛（Sodom）、蛾摩拉（Gomorrah），古巴勒斯坦两座城镇，可能位于死海南部。根据《创世记》第 19 章第 24 节中记载，因为城中居民的邪恶，天降大火，将两城一起焚毁。

[2] 译注：Joshua，生活于约公元前 13 世纪，摩西之后的以色列领袖，率领人民来到上帝应许之地迦南。

[3] 译注：Joseph Pulitzer（1847—1911），美国报刊编辑、出版人。美国大众报刊的标志性人物，普利策奖和哥伦比亚大学新闻学院的创办人。《纽约世界报》是他 1883 年买下的一家报纸。

这本书，唐纳利从上午 10 点工作到夜里 11 点，称它的写作是“一项可怕的工作”，并且带着“莫大的欣慰”完成了最后一页。

他发现了什么呢？正如期待的那样，他发现了一段描述，揭示 *Skaks't spur never writ a word of them*[1] 和 *It is even thought here that your cousin of St. Albans writes them*[2]。“它们”无疑指莎士比亚戏剧。一些译文用第三人称，唐纳利从未解释过其中原因。那他是如何发现这一切的呢？

他从曲解培根密码开始。以此为基础，他通过单词在页码或一幕戏中的序号，寻求建立数字间的相互关系，确定隐藏信息的单词在戏剧公开信息中的位置。举个最简单形式的例子，这个系统会发现，第 17、18、19、20 页的第 17、18、19、20 个单词拼出“I, Bacon, wrote this”[3]。唐纳利先在这些戏剧的一个现代版本中寻找——似乎除了其他才能之外，培根还能预见到身后 200 年使用的准确页码！一无所获之后，他醒悟过来，转向培根去世三年后 1623 年出版的著名“首版对开本”（First Folio）复制本。

他终于开始有了发现。它们并不简单，也不像上面举的假想例子那样直接。经由一些他从未讲清的推理过程，唐纳利选定 505、506、513、516、523 作为“基数”（root-number）；从基数里减去“校正数”（modifier），或有时候“乘数”（multiplier）；从差额中减去一页内的斜体字数量（舞台指示中的斜体字有时算，有时不算）；修改这些结果，加上或减去有连字符和加括号的单词数——虽然他承认“我们有时把括号里的单词以及有连字符的单词算上……有时不算”。最终得出的数字指向明文单词在该页位置——所选页码本身也各不相同，而且有时选第一栏，有时选第二栏，有时从一幕而不是一页开始数，偶尔还从页底开始数。虽然唐纳利详尽列出他的计算细节，但他忘记说明为什么选此种而不是彼种方式：

[1]　译注：大意为，莎士比亚从没写过它们。

[2]　译注：大意为，甚至有人认为你的表兄圣奥尔本斯（培根是圣奥尔本斯子爵［Viscount of St. Albans］）写了它们。

[3]　译注：大意为，我，培根，写下本剧。

计算	单词数	页和栏	明文
513－167＝349－22*b* & *h*＝327－30＝297－254＝43－15*b* & *h*＝28	28	75:2	Shak'st
516－167＝349－22*b* & *h*＝327－248＝79。193－79＝114＋1＝115＋*b* & *h*＝（121）	（121）	75:1	spur
516－167＝349－22*b* & *h*＝327－254＝73－15*b* & *h*＝58。498－58＝440＋1＝441	441	76:1	never

“*b* & *h*”表示他在计算括号内和有连字符的单词。唐纳利没有解释“spur”和“never”的计算中，句号后的中途改变；也没有解释“(121)”为什么突然倒过来数。“首版对开本”按“喜剧”、“历史剧”和“悲剧”分别编页码，唐纳利的数字是指斯汤顿[1]复制版“历史剧”的页码。

唐纳利的《大密码》一书由“破译的”段落和与之相伴的推导过程组成，书中随处可见对破译方法的辩护和对隐藏故事的条分缕析。出版商芝加哥皮尔公司用一台特殊印刷机，在看不到其余部分的情况下排出关键部分；但当皮尔在英国兜售出版前预订时，意外遭遇到人们对反莎士比亚思想的抵制，他对前景有了不祥的预感。他把第一版印量定在 1.2 万册，但即使作者名声在外，图书还是惨遭失败。评论界炮轰它，读者感到密码的论述令人费解，图书整体不够流畅；最糟糕的是，密码本身遭到强烈抨击。

书中某处，在解密出 Cecil[2]（作为 *seas-ill*）、Marlowe[3]（*More-low*）和 Shakespeare（*Shak'st-spur*）后，唐纳利问道：“世上还有没有另外连续三页的四个栏里能找到六个有如此特定含义的单词？如有，能不能通过同样的‘基数’，而且通过同样‘基数’的同样修正，像上例那样把它们结合起来？如果

[1] 译注：霍华德·斯汤顿（Howard Staunton，1810—1874），英国国际象棋大师，他编辑的部分莎士比亚作品出版于 1857—1860 年间。

[2] 译注：此处可能指第一任索尔兹伯里伯爵罗伯特·塞西尔（Robert Cecil, 1st Earl of Salisbury，1563？—1612），弗朗西斯·培根的表弟。

[3] 译注：克里斯托弗·马洛（Christopher Marlowe，1564—1593），英国戏剧家和诗人；作为戏剧家，他给无韵诗体带来了新的力量和生命；他的作品对莎士比亚早期的历史剧产生了影响；代表作品为《浮士德》（*Doctor Faustus*）。

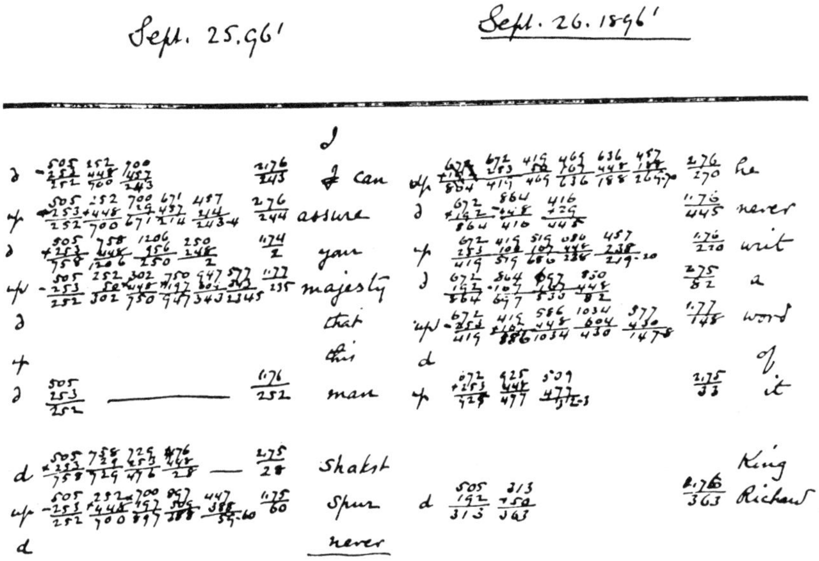

伊格内修斯·唐纳利的部分计算过程

你真能在一篇未设密码的文字中做到这一点，那绝对是个奇迹。”

另一个明尼苏达人约瑟夫·吉尔平·派尔（Joseph Gilpin Pyle）立即证明这不是奇迹。他模仿《大密码》的标题和方法，在自己的《小密码》（*The Little Cryptogram*）中用类似方法从《哈姆雷特》里提取出这样一段文字：“*Don nill he (Donnelly), the author, politician, and mountebanke, will work out the secret of this play. The Sage is a daysie*”[1]。在某些方面，他的计算比他的对手简单得多：*Don* 就是 523 减 273，273 页第 2 栏的第 250 个单词。尼科尔森牧师写下一篇力作，支持派尔。一个无情的巧合是，尼科尔森正是培根老家圣奥尔本斯的在职牧师。在一次雄辩有力的驳斥中，尼科尔森在唐纳利最初试译的那几页，用唐纳利自己的“基数”516 得出与唐纳利完全相反的“破译”：*Master Will I am Shak'st spurre writ the play and was engaged at the Curtain*[2]。一个计算如下：516 − 167 = 349 − 22*b* & *h* = 327 − 163 = 164 − 50 = 114 − 1*h* =

[1]　译注：大意为，唐纳利，作家、政客、江湖骗子，将发现本剧的秘密。（尼宁格的）智者（唐纳利的绰号）是 daysie。

[2]　译注：大意为，威廉·莎士比亚大师写下该剧，参加了演出。

113，指向 76 页第 2 栏第 113 个单词，“*Will*”。尼科尔森从唐纳利的另外四个“基数”中四次得出同样的文字，牢牢确定了他的证明。除唐纳利视而不见外，所有人都看出派尔和尼科尔森只是有意识地复制了唐纳利的无意识做法：选择隐藏信息的单词，再找出支持它们的数字和计算方法。

不屈不挠的唐纳利到欧洲宣扬他的破译。他在牛津学生会与一个莎士比亚学者辩论，在观众投票中，他以 27 比 167 惨败。批评越来越激烈，五个月后，他回国时，皮尔告诉他书卖不动。唐纳利不信，给编辑写信，不让有争议话题沉寂下去，同时请平克顿侦探事务所（Pinkerton Agency）调查皮尔的记录。最终，这个出版商起诉唐纳利，追讨预付但未到账的 4000 美元版税。为了结案件，唐纳利用圣保罗的出版场地换来该书印版。“我将……把它们放在我的花园里，盖个小屋保存它们。”他在 1892 年 12 月 22 日的日记里伤感地写道，“这个小屋将是我巨大失败的纪念碑。每次看到它，我都会想起曾经破灭的希望和野心。”

他的情绪坏到极点，因为他作为人民党候选人刚刚输掉州长选举。当年夏天，他为该党起草了一份掷地有声的宣言，这份宣言成为这个第三政党的纲领和后来许多现代改革方案的蓝本。然而他很快东山再起，继续为受压迫者奋斗。很有意思的是，他在解密中把培根描绘成他想象中的自己：一个受到贪婪腐败官迷迫害的勇敢诚实政治斗士。唐纳利从未失去对发现培根的信心，一直继续他的破译活动。1899 年，他个人出版了《莎士比亚戏剧和墓碑密码》（*The Cipher in the Plays and on the Tombstone*），却连个涟漪都没激起。他的政治命运也于次年步其后尘，麦金利[1]的胜利扼杀了提名他为副总统候选人的人民党。1901 年 1 月 1 日，20 世纪的第一天，唐纳利去世。

唐纳利的“系统”在密码学上可谓空前绝后。这样说是有充分理由的，因为这个系统根本不是系统；引向结果的数字选择简直莫名其妙。也可以说，在一个隐语密码系统中，隐藏的信息控制着掩护文字，后者的功能只是隐藏明文。因此，唐纳利虽然只研究了《亨利四世》两幕戏中的几页，却推测卓越的莎翁戏剧语言只是密码发挥内在作用的结果。难道福斯塔夫[2]，非凡的福斯塔夫兴高采烈的存在

[1] 译注：威廉·麦金利（William McKinley，1843—1901），美国共和党政治家，第 25 届美国总统（1897—1901），被无政府主义者暗杀。

[2] 译注：Falstaff，莎士比亚戏剧里一个肥胖、机智、乐观、爱吹牛的武士。

只是为了保证培根能得到用于隐语的正确词汇？这个想法实在站不住脚。

就像对班戈[1]的屠杀一样，唐纳利对逻辑的谋杀惊起的一大串幽灵似乎直抵世界末日。在培根派中，这些幽灵就是那些不是真正密码的“密码”。同样，破译它们的技术也不是真正的密码分析，结果也不是破译或解码。它们是谵妄，是病态密码学的幻觉。称这整个领域为“谜语学”[2]的提议就来自一个培根派人士，这是个很好的词，因为它将防止把密码学术语用于非密码学，防止把一个不是密码的东西叫成“密码”。在此基础上，一个培根派“密码系统”将是一个“伪密码系统”（enigmaplan），描述它蒙蔽人的动词就是“伪密码分析”（enigmalyze），它的结果将是一份“伪破译”（enigmaduction），即一个优雅、纯粹、结构合理、完美契合表现对象的术语。

弗里德曼夫妇在《莎士比亚密码研究》（出版商起的一个抑抑扬格三音步的好标题，不过他们不喜欢它，因为它暗示莎翁戏剧中存在这些密码）中理性详尽地审查了这些伪密码系统的重要方面。这本书的完整版赢得 1955 年福尔杰莎士比亚图书馆文学奖，奖金 1000 美元。弗里德曼夫妇指出，他们与英语语言教授等人不同，“与莎士比亚戏剧作者身份的任何特定主张都没有专业或感情上的利害关系”；反莎士比亚的“以密码学为基础的观点可以用科学方法检查，证实或证伪”。他们说明，他们将接受任何满足两个条件的密码为有效：明文有意义；明文独一无二，无歧义——换句话说，它不是几种可能结果之一。以此为前提，他们着手研究有没有人发现了有效的密码证据，证明莎翁戏剧不是莎士比亚写的。

他们没找到这样的证据，但经历了一段引人入胜的旅程。他们穿过一片超现实主义地带，在那里，逻辑和历史事件亦真亦幻，就像萨尔瓦多·达利[3]流动的怀

[1]　译注：Banquo，莎士比亚悲剧《麦克白》中人物，被麦克白下令杀死后以鬼魂显灵，使麦克白暴露自己的罪行。

[2]　译注：enigmatology，本意为“谜语研究”，这里显然不是这个含义，本书后文译作“伪密码学”。

[3]　译注：Salvador Dali（1904—1989），西班牙超现实主义画家，以近乎摄影的真实性，用加泰罗尼亚干旱景色为背景描绘梦幻似的形象。下文流动的怀表是其代表作《记忆的永恒》（*The Persistence of Memory*）中的画面。

表；在那里，文学超人的作品比最多产的平庸作家的还多，思想比最有思想的哲学家的还深刻——为了讲述这些，他们彻夜不眠地加密信息；在那里，伪密码学家（enigmatologist）疯狂地把摇摇欲坠的建筑钉在臆造的流沙上。虽然有时遭土著谩骂，但弗里德曼夫妇一直泰然自若。他们是明智、谦恭、有趣的向导。

他们把底特律医生奥维尔·沃德·欧文（Orville Ward Owen）的发现介绍给读者。他的基本工具是一个"密码轮"，由1000页伊丽莎白时代的作品构成，粘在约300米长的帆布上，帆布绕在两根巨大卷轴上。在"密码轮"帮助下，他从这些作品中"破译"出一篇自传，弗朗西斯·培根在自传中透露，他是伊丽莎白一世和莱斯特伯爵罗伯特·达德利[1]的亲生儿子，不仅写下了莎翁作品，还写了克里斯托弗·马洛、爱蒙德·斯宾塞[2]、罗伯特·伯顿[3]（《忧郁的解剖》[*Anatomy of Melancholy*]）、乔治·皮尔[4]和罗伯特·格林[5]等人的著作。实际上，培根此举的主要目的就是掩盖欧文揭示出的故事[6]。欧文的伪密码系统依赖四个密钥词，FORTUNE、HONOR、NATURE和REPUTATION。弗里德曼夫妇总结它的规则是："先找到一个密钥词（或它的一个不同派生词）；再找距它出现处不远的一段合适文字；如果你找到一段契合你想要的故事，成了——又一个成功的破译。"欧文从培根去世22年后出版的一个版本中得出一段伪破译，只能证明这位大法官的不朽天才。欧文得知培根把戏剧手稿原件装在一套铁盒内，埋在英格兰切普斯托城堡地下。他去城堡发掘，数度更换挖掘地点，因为伪密码系统发出的指示各不相同，但什么手稿也没发现。

一些培根派声称在莎翁戏剧中发现了培根的"密码签名"。费城富豪沃尔特·康拉德·阿伦斯伯格（Walter Conrad Arensberg）证明了数百年来，成百上

[1] 译注：Robert Dudley（约1532—1588），英国贵族，军队指挥官，伊丽莎白一世宠臣。

[2] 译注：Edmund Spenser（约1552—1599），英国诗人，著名作品有颂扬伊丽莎白一世女王，用斯宾塞诗体九行诗节所作的长篇寓言诗《仙后》（*Faerie Queene*）。

[3] 译注：Robert Burton（1577—1640），英国教士、学者。

[4] 译注：George Peele（1556—1596），英国翻译家、诗人、剧作家，据说与莎士比亚合作创作了悲剧《泰特斯·安德洛尼克斯》（*Titus Andronicus*），但这种说法没有被广泛接受。

[5] 译注：Robert Greene（1558—1592），英国剧作家。

[6] 译注：即前述所谓他是伊丽莎白一世私生子的事情。这也是培根派认为培根是莎士比亚戏剧作者又刻意隐瞒的主要理由。

千万读者对培根的作者身份视而不见，他在波洛尼厄斯给雷欧提斯的著名建议中发现了这样一个签名（《哈姆雷特》第一幕第三场，第 70—73 页）：

Costly thy habit as thy purse can buy;
But not exprest in fancie; rich, not gawdie;
For the apparell oft proclaimes the man.
And they in France of the best ranck and station,…[1]

“看看这些行中，”阿伦斯伯格写道，“下面的藏头字母：

Co

B

F

An

解读为：F. Bacon。”

弗里德曼夫妇通过不厌其烦地统计首版对开本的 2 万行首字母，来反驳这类胡诌。他们计算出，按顺序组合成字母 *b*、*a*、*c*、*o*、*n* 的概率在 10 万行左右的首版对开本中只有 0.0244 次。显然，阿伦斯伯格没有发现任何这样的直接藏头文。作为替代，他不得不把他的范围扩大到第二个字母，如“Baco”和“F. Baco”这类变体，以及那些打乱次序的变体形式。这个做法立即使纯概率的可能性出现在首版对开本范围内，这就是阿伦斯伯格的“发现”。如果一个骰子在 6000 次投掷中出现了 1000 次两点，这能够比上述“证明”更有力地证明可能发生的事情实际发生了吗？

讨论威廉·斯通·布斯（William Stone Booth）的“穿线密码”（顺便提一下，它与给它命名的穿线密码没有关系）时，弗里德曼夫妇屡次指出伪密码学家如何在他们自己的规则妨碍所需要的伪破译时，曲解、忽视或打破这

[1]　译注：尽你的财力购制贵重的衣服，可是不要炫新立异，必须富丽而不浮艳，因为服装往往可以表现人格；法国的名流要人……（——引自《哈姆莱特》，译者：朱生豪）

些规则。夫妇二人将怀疑的目光投向莎翁作品最长单词的众多回文词。这个词出现在小丑的评论中（《爱的徒劳》[*Love's Labour's Lost*]，第五幕第一场），"I marvell thy M [aster]. hath not eaten thee for a word, for thou art not so long by the head as honorificabilitudinitatibus: Thou art easier swallowed then a flapdragon"[1]。埃德温·邓宁－劳伦斯（Edwin Durning-Lawrence）爵士把它"破译"成拉丁文 *Hi ludi F Ba-co-nis na-ti tui-ti or-bi*（这些戏剧是培根之子，为世界而存）。弗里德曼夫妇引用该词众多其他同样有效的回文，证明这个儿子不合法。这些回文之一通过其存在本身暗示，死于莎士比亚出生前 200 年的但丁鬼魂很可能是莎翁戏剧的真正作者：*Ubi Italicus ibi Danti honor fit*（有意大利人之处，荣耀归于但丁）。

弗里德曼夫妇通过证明一些伪密码系统结构过于松散，以至于可以得出多重"破译"，推翻了这些伪密码系统，由此带来密码学上一段最光明的时期。诗歌《致读者》首版对开本有一幅著名的德罗肖特[2]所作莎士比亚画像，爱德华·约翰逊（Edward D. Johnson）在画像下看到一段有 22 个字母的对称图解，重新排列后，他拼出一句有 25 个字母的呼喊，*Fr Bacon author author author*[3]。这段三重复肯定增强了他的信心，因为他发出挑战："要是看到这个签名后……读者还认为它们纯属偶然，作者将请他做个小试验。请他从古往今来任何一本图书中找出连续 20 行散文或诗句，把字母填入一张表中，试试能否用文中连续等间隔出现的字母组成任何单词。"

弗里德曼夫妇觉得，"很难回绝如此谦恭的要求。我们决定用约翰逊自身例子之一中的文字；《致读者》一诗泄露了这样的信息，'别骗人，弗朗西斯·培根：'我'写出这些戏剧！——莎士比亚。'……我们的信息长度接近约翰逊的两倍；它是完整的句子；那张表中的每个字母，它都用了一次而且只用一次。然而，这个'方法'的缺点在此显露无遗，因为我们选择的字母不必按正确'顺序''出现'（我们可以以任何我们希望的方式排列它们），因此可供

[1] 译注：大意为，我奇怪你家主人咋没把你当成个单词吃掉，因为你连头带脚，还没有 honorificabilitudinitatibus（不胜光荣）这一个单词长；把你一口吞下去简直易如反掌。

[2] 译注：Martin Droeshout（1601—1650），英国雕刻家，因雕刻首版对开本封面的莎士比亚肖像闻名。

[3] 译注：大意为，弗朗西斯·培根，作者、作者、作者！

选择的‘信息’可以有好几种：其中，一种（给出该形式下一个完全不同的含义）写道：‘别骗人！我，弗朗西斯·培根，写出这些莎士比亚戏剧。’仅此足以表明，作为密码，约翰逊的方法一钱不值。”

的确如此。正如弗里德曼夫妇充分论证的，几乎所有培根派的伪密码系统都难以摆脱多重答案的缺陷，它直接否定了一切所谓秘密交流的方法。因为这样的方法，虽然意在保密，但其首先且最重要的是一种交流方式。如果加密人根本无法确定他写下的信息就是解密人将得出的信息，它的价值何在？经济学家华莱士·坎宁安（Wallace McC. Cunningham）宣称，沃尔特·雷利[1]为证明培根的作者身份，在《尤利乌斯·恺撒》（*Julius Caesar*）中插入一段这样开头的信息，“*Dear Reader: The Asse Will Shakespeare brought William Hatton down to his grave*”[2]，坎宁安给出雷利使用的相当模糊规则，弗里德曼夫妇尝试按此规则提取这条信息，却得出“亲爱的读者：西奥多·罗斯福是本剧真正作者……弗里德曼可以用他荒谬的密码证明这是真的”。综上，雷利所作所为的意义何在？

培根派很少为诸如此类的现实考虑烦恼，他们通常也不屑回应这样的批评。偶尔回应时，他们的辩解通常类似于阿伦斯伯格的一番话。弗里德曼夫妇刚刚用他的伪密码系统，从他自己的一本书里“破译”出“作者是威廉·弗里德曼”，以此证明他的系统完全无效。他泰然自若地答道：“你所做的并没有证明我在《暴风雨》中发现的‘作者是弗朗西斯·培根’这句话不存在。”然而《暴风雨》里并没有这句话，阿伦斯伯格把它强加给这部拥有成千上万个单词的戏剧。这就像仰望星空，把几颗相邻的星星连成一些神话英雄或动物形象。和阿伦斯伯格的句子一样，猎户座和飞马座只存在于观察者的头脑中。支持这一说法的证据是，其他人，如弗里德曼夫妇，可以把它们组织成其他形式。

与伪密码学最相类似的是心理学家的罗夏测试（Rorschach test），测试对象说出他从一块墨迹中看到的事物。当然，墨迹本身毫无意义，因此受试人报告的任何内容都只能来自他的内心。罗夏测试据此向心理学家揭示出受试者的

[1]　译注：此处当指沃尔特·亚历山大·雷利爵士（Sir Walter Alexander Raleigh，1861—1922），英国学者、诗人、作家，传记《莎士比亚》的作者。

[2]　译注：字面大意为，致读者：莎士比亚把 William Hatton 带入他的坟墓……具体含义不详。

大量心理活动。对伪密码学家而言，莎士比亚戏剧可作为某种文学上的罗夏测试，而出现在众多伪破译结果中的势利、乱伦、私通幻想本身也许就能说明问题。这也部分解释了培根派在他们的理论中牵涉过多个人情绪。无论是墨迹还是星星或字母，激发的都是心理图像，可以确定，认为这些图像存在于外部现实的想法脱离了那个特定领域的现实。

培根派用于首版对开本的所有隐写系统中，有且只有一个是有效的。它的吸引力别具一格，因为它是弗朗西斯·培根本人“青年时期，在巴黎时”发明的。那是1576—1579 年他在英国大使手下工作期间，也就是他 15 到 18 岁间的某个时段。

1605 年，培根在《学术的进展》中提到这个系统。讨论“密码”时，他写下一段成为密码学经典的话，“它们在三个方面优于其他密码：读写简便；不可能破译；某些情况下不会招致怀疑。它的最高形式就是 OMNIA PER OMNIA（用任意文字表示任意含义），这一点无疑做得到。它的掩护文字与被掩护文字的比例最高时为 5∶1，没有其他任何限制。”直到 1623 年，《学术的进展》拉丁文扩大版《论知识的价值和发展》（*De [Dignitate et] Augmentis Scientarum*）出版时，他才扩大了这个简略的概括。这本书影响深远，它的学科分类法影响了人类知识观近两个世纪之久。培根认为“密码”是语法的一个分支，把它归入写作一类；反过来，密码又构成“传统学说”的“载体”，这些传统学说“吸收了所有与词语和对话有关的艺术”。从这里，为总揽全部人类知识，他攀上逻辑、精神力量、人性、对人的认识和哲学打造的认识论阶梯。62 岁时，培根觉得自己的系统是“一个在我们看来不应该失传的东西”，并在知识宏图中给了它一席之地。

他先用 A、B 两种符号的不同排列，五个符号为一组，代替字母表的 24 个字母（培根不加区分地使用 *i* 和 *j*，*u* 和 *v*）：

a	AAAAA	e	AABAA	i	ABAAA	n	ABBAA	r	BAAAA	w	BABAA
b	AAAAB	f	AABAB	k	ABAAB	o	ABBAB	s	BAAAB	x	BABAB
c	AAABA	g	AABBA	l	ABABA	p	ABBBA	t	BAABA	y	BABBA
d	AAABB	h	AABBB	m	ABABB	q	ABBBB	v	BAABB	z	BABBB

据此，*but* 就是 AAAAB BAABB BAABA。他需要五位，因为有两种符号，每次取五个生成 2^5，即 32 种排列，而一次取四个得到 2^4，即 16 种排列，不够表示全部字母。现代术语称之为“五字码”（quinquiliteral）二进制密码表，现代循环方式会用 0 和 1 代替 A 和 B，这样，*d* 就是 00011，但培根称之为“双字码”（bi-literal），这个名字就这样叫下来。他继续写道：“这些密码符号的存在和作用都不可小觑，因为这个方式开辟了一条道路，通过它，人们可以在任何距离，借助眼睛能看到、耳朵能听到的对象表达想法，只要这些对象能够表示仅有的两种区别，如通过钟声、号声、光和火炬、枪声或任何性质类似的装置。”举起一个火把可以表示 A，放下则表示 B。电传打字机使用培根的二进制原理，在给定时间内发送五个传号或空号，来表示一个字母（虽然替代方式不同于培根）。

把一条信息转换成双字码形式，只是培根“不招人怀疑”书写方案的第一步。现在，“能够表示两种区别”的对象中就有印刷字体。这些字体也不是仅有两种，而是有几十种不同类型，它们通常以设计者名字命名，如卡斯隆字体、巴斯克维尔字体、博多尼字体、加拉蒙字体等，每一种都有自己的正体和斜体。但用现代打字机字体的正体和斜体形式，把它们当成不同字体，可以最清楚地演示培根的系统。隐藏信息中的 A 成为掩护信息中的正体字母，B 成为斜体字母。据此，如下所示把 D 和 O 打成正体，把 N 打成斜体，O 再次打成正体，T 斜体……掩护文字“Do not go till I come”（等我来再走）就可以表示写成 AABAB ABABA BABBA 的隐藏信息 *fly*（快逃）：

AA	BAB	AB	ABAB	A	BBA-
Do	*n*o*t*	g*o*	t*i*l*l*	I	*co*me

掩护文字与隐藏信息的含义完全相反；当然，前者完全独立于后者，这就是培根提到“omnia per omnia”，即“用任意文字表示任意含义”时表达的意思。

由于正体和斜体字型的明显区别，这个例子不算巧妙。但培根最初的建议不是用同一字体两种对比强烈的形式，而是用两种仅有细微差别的字体，一种代表 A，另一种代表 B。如果这两种字体尽可能接近，如卡斯隆和巴斯克维尔字体，一般读者也许压根都不会怀疑到两种字体的存在。当然，解密人得观察，比如说，两种字体小写 *r* 的粗细、弯曲和尺寸等的细微差别，才能区分出 A *r* 和 B *r*。

F V G E
a abab.b aa b b.aa b ba.aa baa.
Manere te volo donec venero

弗朗西斯·培根自己的双字码密码例子，明文 *Fuge*（开溜）藏在掩护文字 manere te volo donec venero（等我来）里。注意 Manere 中 a 形式与 b 形式 *e* 的区别

然而这整个过程是有效的。如果加密人说服一个友好的、耐心的印刷工按适当标记的排印材料设置字体，解密人将一字不差地提取出他插入的信息，没有歧义，没有不准确，没有多重解密。因此，通称的“培根双字码密码”(Bacon biliteral cipher) 绝不是伪密码，而是一种真正的隐写系统，并且是一种非常聪明、非常有用的隐写系统。技术上，用它加密的信息将归入“符号密信”类别，因为它的替代实际上不是掩护文字的字母，而是这些字母的形式或形状。

顺理成章，培根派会借助他们崇拜者培根的系统证明其观点。但第一个据此观察印刷字体的伪破译没用在首版对开本上，而是用在一个“大小字母的拙劣混合”上。据不靠谱的传说记载，这些混合字母就刻在位于斯特拉特福德莎士比亚原来的墓碑上。碑文似乎是按培根双字码密码的要求雕刻的：

Good Frend for Iesus SAKE forbeare
To diGG TE Dust Encol-Ased HE.RE.
Blese be TE Man ${}^{T}_{Y}$ spares TEs Stones
And curst be He ${}^{T}_{Y}$ moves my Bones.[1]

[1] 译注：大意为，看在耶稣的份上，朋友，切勿挖掘这黄土下的灵柩；让我安息者将得到上帝的祝福，迁我尸骨者定遭亡灵诅咒。

1887 年，休・布莱克（Hugh Black）把小写字母当成 A，大写字母当成 B，diGG 的两个 G 看成小写，TY 作为一个大写字母，得到 *saehrbayeeprftaxarawar*。“在一般人看来，”弗里德曼评论说，“得出这条信息足以证明这里没有用密码。然而普通人和培根派的区别，可以说，就是坚持和创造性程度的不同。”布莱克把他的文字组成一个特别排列，画一条线把它一分为二，一部分重新排序成 *Shaxpeare*，另一部分排成 *Fra Ba wrt ear ay*，满怀信心地把后者含义解读成“弗朗西斯・培根写下莎士比亚戏剧”。

一个名叫埃德加・戈登・克拉克（Edgar Gordon Clark）的人又修改和扩大了布莱克的工作，从墓碑中“破译”出 *Fra Ba wryt ear. AA! Shaxpere* 和 *Fra Ba wrt ear. HzQ AyA! Shaxpere*。在他看来，这些表示“弗朗西斯・培根在此写作。哎哎！莎士比亚”和“弗朗西斯・培根在此写作。他的暗示。哎哎！莎士比亚”。伊格内修斯・唐纳利也在众多墓碑伪密码学家之列，他在他的培根研究早期完全不了解双字码密码，把它转变成他的数字密码，但他后来学到足以曲解它的不少知识。利用系统发明人培根疏于提及的一个“双重回代特性”（double-back-action quality），重复一些组，忽略另一些组，再重新排列，他连蒙带骗地得到培根作者身份的最佳证据。另外，还有一些同样“有效”的其他墓碑伪破译。

1899 年，与唐纳利成果问世同一年，第一个与一条培根密码信息有关的报告以印刷图书形式出版，这条信息是按培根自己提出的方法隐藏的。这就是《在弗朗西斯・培根爵士作品中发现，伊丽莎白・威尔斯・盖洛普夫人破译的培根双字码密码》[1]。盖洛普夫人当年 51 岁，是密歇根一个中学的校长，一个诚实、温和、虔诚的女性，曾在索邦和马尔堡大学求学。她对培根产生了兴趣，欧文医生的“单词密码”吸引了她，她和他一起研究它。她显然接受了他的结果，因为她自己的结果与之类似；但舍弃了他的方法，因为她开始自己寻找一条以双字码密码为基础的信息。

想起首版对开本排版字体的差异，她用一只放大镜研究这些字体，看这些

[1]　译注：原文为 *The Bi-literal Cypher of Sir Francis Bacon Discovered in his Works and Deciphered by Mrs. Elizabeth Wells Gallup*。

区别是否表示培根用了双字码密码。因为斜体字母的区别最醒目，她首先尝试破译首版对开本中几乎全部印成斜体的《特洛伊罗斯与克瑞西达》(*Troilus and Cressida*) 序曲。她一点一点不厌其烦地从那一页和其他页得出耸人听闻的培根生平只言片语，这个故事与欧文伪密码分析得到的传记相当接近，并且她很快发现这个故事还以双字码形式在马洛、约翰逊、斯宾塞、伯顿、皮尔和格林等人的书中延续，所有这些人，和欧文作品中的一样，都是培根的伪装。她的故事从一处跳到另一处；在一本书里中断的句子在另一本书上重新开始；同样的内容重复了一次又一次，似乎培根是在确保人们至少发现一条信息。

盖洛普在首版对开本的"分类"，即目录中发现了这个故事的要点：

> 伊丽莎白女王是我生母，我是王位合法继承人。找到包含在我书中的密码故事；它讲出了重大秘密，其中每一个，如果公开透露出来，都会要了我的命。弗朗西斯·培根。

盖洛普夫人发现，培根的父亲是莱斯特伯爵罗伯特·达德利，她发掘出一个令人毛骨悚然的故事，讲述伊丽莎白"不愿在怀胎七个月时宣告她已经结婚、怀孕"，如何生下那个她不想要的，后委托给尼古拉斯·培根抚养的孩子："……甚至在我不受欢迎地来到世上时，生我的这个女人丧失了一切女人的天性，在分娩的阵痛和危险中只有一个可怕的目的。'杀掉、杀掉，'这个疯狂的女人喊着，'杀掉。'"

与几乎所有证明培根是莎翁戏剧作者新"证据"的报告一样，该书的出版引发极大关注。1900 年，该书第二版面世，第三版 1902 年发行。盖洛普夫人温和地回应对她的炮轰。在这场喧嚣中，最理性的说法是，培根作者身份的争议已经转到一个新领域。1907 年，她远赴英格兰寻找培根手稿，她的解读告诉她，这些手稿在培根生活过的伦敦卡农伯里塔，或在他位于戈勒姆伯里的乡间住宅内。但前者已经重建，后者已成废墟，与同一时期也在发掘的欧文医生一样，她也一无所获。

几年后，她回到美国，受雇于乔治·费边，在伊利诺斯州杰尼瓦的里弗班克实验室工作，在一个团队和用于放大首版对开本字母的摄影设备协助下，

“破译”那里的手稿。富有的费边希望预期中的培根学说确立后被尊为文学先驱；他资助了欧文的发掘，一个共同的朋友把他介绍给盖洛普夫人。他积极活动，把她的作品“推销”给学术界，自费邀请著名学者到里弗班克，在他的别墅提供住宿娱乐；在他们到达的第一天，他为他们准备了一场精心组织的、关于双字码密码的幻灯片演讲；他竭力邀请他们参观职员的工作，与盖洛普夫人交流，并且反复强调保持开放思想的必要性。盖洛普夫人在里弗班克待到去世前几年。她死于 1934 年，享年 87 岁，在所有这些年里，她从未做出另一份“破译”。

然而里弗班克实验室职员被告知，她在研究培根的《新亚特兰蒂斯》(*New Atlantis*)。她的助手中有威廉·弗里德曼，后者作为里弗班克遗传部负责人，实际上是在帮助放大照片。然而放大照片非但没有廓清，反而模糊了字母 A、B 形式间的微小区别，因为许多区别其实是铅字损坏、纸张瑕疵、印刷不良或墨水在印出的字母周围扩散的结果。

虽然如此，工作还在继续。未来的弗里德曼夫人伊丽莎白·史密斯在一次计数的基础上，比较分析其他作品中的 A、B 排列。当她一如既往地只能得到一两个单词时，她把文稿带给盖洛普夫人，后者似乎轻而易举地得出大量解释。当史密斯小姐说“你肯定改变了其中一些排列”时，盖洛普夫人会指出该组漏掉了一个 *i* 上点的位置，或其他类似细节。一开始，史密斯小姐欣赏盖洛普夫人从自己只能看到一堆废话的内容里提取信息的敏锐能力。但渐渐地，她的欣赏变成“不安的疑问，接着是痛苦的怀疑，最后是彻底的不相信。我可以明确地说，不管是我，还是里弗班克任何其他辛勤的研究人员，都从未成功地提取一个暗藏信息的长句子；我们中也没人独立复制出盖洛普夫人已经破译和发表的一个完整句子”。

这个说法对盖洛普的结果极为不利。如果存在双字码密码，所有破译人应该都能得出同样信息。她也承认，她的结果至少有一部分是主观的，“有时候，我认为灵感”是“绝对必要的”。批评者将矛头对准一些单词，在培根时代，它们还不具有她在文中使用的含义；对准一些除她以外没人使用的不规范缩写，如 *adoptio*’和 *ciphe*’等。她的“破译”总体上似乎没有意义：“搜寻密钥，直到发现一切。把时间变成一个不离不弃的忠实伙伴、朋友、向导、光明和道路。因为在此寻找突破口的人，必须按上述方式武装起来。”难道这就是秘密信息？就是主要文字？那些闪耀着雄辩口才和深邃思想火花的戏剧，只能屈居其次？培根会花上那么多时间加密这些废话，再花上那么多金钱让一个印刷工不辞辛劳地按要求排版？英格兰最深刻的思想家和最精辟的作家（按培根派理论，他还创作了莎士比亚的诗歌）会把这些不着边际的唠叨当作他最大的秘密？没有一个思想开放的人会做此想。

技术上的批评消除了上述观点成立的最后一丝可能性，推翻了盖洛普的“破译”。联邦调查局文件管理专家弗雷德·米勒（Fred M. Miller）博士受到弗里德曼夫妇影响，对这个问题产生了兴趣，他指出，盖洛普夫人在她的字母分配中出了名地反复无常。例如，她的一些 A 形式的 *t* 更像 B 形式 *t*，反而不像其他 A 形式的 *t*。弗里德曼夫妇研究时发现她频繁增减掩盖文字的字母。最后，他们发现她没有前后一贯地用同样方式“破译”同样字体。印刷工从一个版式中挑出页头（page headings）字体，把它用于其他折标（signatures）；同样的字体应该得出同样破译。在文献学帮助下，弗里德曼夫妇识别出“lifted headings”，发现（首版对开本前 21 页中）盖洛普夫人对它们的“破译”多半各不相同。

这次压倒性的分析直接把她的“破译”扫进伪破译的垃圾箱，但没有否定首版对开本存在双字码密码的可能性；盖洛普夫人也许只是误读了它。但弗里德曼夫妇汇集了专家证据，表明不存在这样的密码。

印刷专家证实，当时的印刷工图排版对齐的便利，改变了作者的拼写，这种做法会打断双字码的连续性。因为糟糕的油墨，同一个铅字印出来的字母看上去像出自不同铅字。印刷前打湿的纸常常干燥不匀，同样的字母会缩至不同尺寸。闭口字母如 *a*、*e*、*o* 频繁被墨填满，模糊了区别。查尔顿·欣曼（Charlton Hinman）博士为他的大规模印刷研究项目《莎士比亚首版对开本的印刷与校对》（*The Printing and Proofreading of the First Folio of Shakespeare*），逐字母对比了数十本首版对开本，追踪了书中数百个独特铅字。他发现，作为当时通行印刷做法的结果，任何一本对开本都包含“大量异文”，因此不可能有双字码信息绝对忠实地传递下来。他的研究“当然没有揭示任何内容（按非常节制的说法）可以支持该书包含双字码密码的观点”。所有这些论点都反对双字码密码在首版对开本中使用的任何可能性。

确实没用到双字码密码的决定性证据来自两个专家。一个是美国著名印刷商弗雷德里克・古迪（Frederick W. Goudy）。1920 年，费边委托他研究首版对开本存在双字码密码的可能性，后来费边隐瞒了他的报告。古迪本人就是字体设计师，他测量、绘制、分析、比较了首版对开本字母，得出结论，它使用了多种字体而不是双字码密码要求的仅仅两种。（顺便提一下，这个发现符合当时通行的英文印刷实践，当时印刷业地位已经大大降低。）联邦调查局米勒博士独立表达了同样意见："没有发现支持两种字体分类的特征，如"A- 字体"和"B- 字体"。

也许对培根派的正确认识是，他们不是仅有的伪密码学家。19 世纪意大利民族主义者加布里埃莱・罗塞蒂是英国诗人但丁・加布里埃莱・罗塞蒂和克里斯蒂娜・罗塞蒂[1]的父亲，他在但丁《神曲》中发现一种秘密语言。一个反抗政治和教会暴行的早期秘密社团用它表达社团目标，向成员通知社团事务。戴维・马戈柳思（David S. Margoliouth）教授一战时曾在英国军情一处 b 科工作，本不至于这么无知，然而他重排了《伊利亚特》和《奥德赛》的尾署页，发现两段给缪斯的咒语，看上去既没有什么意义，也没有给史诗增加任何内容。反培根派的伊布・梅尔基奥尔受到其执迷不悟对手的影响，从莎士比亚墓碑上"破译"出一段据称用伊丽莎白时期英文写成的信息，声称它表示"Elsinore laid wedge first Hamlet edition"[2]；他的伪破译有一个不可靠的名声：是第一个被克劳德・香农的唯一性点公式打倒的伪破译。持培根说的皮埃尔・昂里翁（Pierre Henrion）把他的伪密码扩大用于乔纳森・斯威夫特，通过重排《格列佛游记》中的无意义名字，替换一些字母，再重新排列，他"证明"LEMUEL GULLIVER（格列佛）就是 *Jonathan Svvift*（斯威夫特），LILLIPUT（小人国）表

[1]　译注：但丁・加布里埃莱・罗塞蒂（Dante Gabriele Rossetti，1828—1882），英国诗人、画家、翻译家。注意勿与《神曲》作者但丁混淆。克里斯蒂娜・罗塞蒂（Christina Rossetti，1830—1894），诗人。加布里埃莱・罗塞蒂（Gabriele Rossetti，1783—1854），移民到英国的意大利诗人、学者。

[2]　译注：大意为，《哈姆雷特》第一个版本出现在埃尔西诺。

示 *Novvhere*（不存在之地）。英国炮兵上校海姆（H. W. L. Hime）“破译”了一段证明罗杰·培根发明火药的文字；遗憾的是，虽然这段文字中的关键字母阴差阳错地出现在印刷版本中，它们在手稿原件中并不存在。

其他伪破译分别来自《圣经》、乔叟、亚里士多德等。才智稍差者“破译”低级作品。住在纽约杰克逊高地的反犹分子汉斯·奥梅尼希（Hans Omenitsch），发现 1936 年 4 月 18 日的连环漫画《迪克·崔西》[1] 里隐藏着明文 *Nero mob in fog rob Leroy apt rat in it are a goy*[2]。他在连环漫画《少年哈罗德》[3] 和纽约各种日报的普通新闻中获得同样成功。他对一个国会议员解释说：“这个国家的真正主人在报纸上日常操纵一个犯罪密码系统，他们不仅控制媒体和当权政客，而且作为掩盖其真实活动的幌子，他们还控制和指挥所谓的（国际）红色运动。”他的伪密码令人费解，伪破译也是这样。那位议员说：“没人知道他说些什么。”

正如培根派不是仅有的伪密码学家一样，伪密码学家也不是仅有的伪历史和伪科学理论的阐释者。科学和历史也有它们的不健康状态。各种怪人群体坚持着他们的古怪信仰：平面地球、空心地球、探矿杖、胡夫金字塔[4] 尺寸包含的预言、亚特兰蒂斯的存在（唐纳利同时相信这个理论和培根理论绝非偶然）、飞碟，以及各种医学迷信，如通过虹膜外观诊断疾病的虹膜诊断法。伪密码学家仅仅构成这个狂热少数派的文学分支。他们和其他伪科学家（pseudo scientists）把可能性说成现实性，打着理性的幌子凭空臆造，超出必要限度举一反三，而且拒绝验证他们的假说。

因为这些相同的态度，从胡夫金字塔得出普遍真理的技术与培根伪密码惊人相似。如某个金字塔理论认为，塔的内部尺寸几乎包含了人类所有的历史和科学知识。高度、边长、大走廊长度等尺寸的各种乘积指出，世界历史过去和

---

[1] 译注：*Dick Tracy*，30 年代连环漫画，主角是侦探迪克·崔西。

[2] 译注：这段话语焉不详，大致是“在雾中聚众抢劫雷洛伊的尼禄是异教徒”。

[3] 译注：*Harold Teen*，美国长盛不衰的连环漫画（1919—1959），哈罗德是故事主角。

[4] 译注：Great Pyramid of Cheops。基奥普斯（Cheops），生活于公元前 26 世纪初，埃及第四王朝法老，埃及名胡夫（Khufu）。

未来事件的日期：创世记（Creation，公元前 4004 年）、大洪水、基督诞生、基督复临前的大灾难，等等，一个不落。其他组合则得出科学真相——地球到太阳的距离、地球平均密度、地表平均温度，等等。如此复杂的结构内有大量长度数据，又没有严格的适用规则，因此摆弄这些数字，得出与重要日期或科学事实一致的数字显然是可能的。这与操纵、随意组合首版对开本字母，得出培根作者身份证据的做法如出一辙。

培根假说和金字塔理论都自称正统科学理论，但在批评和不利事实面前，这些理论支持者的行为撕掉了他们的伪装。他们不重新考虑，不要求新的检验，不提交证实。相反，他们诽谤批评者，回避、隐瞒、搪塞。他们从不承认他们可能是错的。当盖洛普夫人走投无路，为自圆其说不得不把一个 A 形式读成 B 形式时，她给出一个以前研究中从未用过的虚假解释：这个错误形式是为了迷惑人故意插进去的，因为“密码的作用是隐藏，不是发现”。当弗里德曼夫妇打得伪密码全面溃败时，培根派突然抛出从未有人提及的理论：“按严格的密码学现代标准，一个伊丽莎白时代的密码可能被认为是无效的，但在当时，它很可能提供了一个相当安全的方法，供它的制作者记录历史事实，或表达须冒严重风险才能表达的个人意见。一篇伊丽莎白时期的密文可以是暗示而不是明确的，这些暗示可以通过它们的频繁出现，最终被我们理解。”除了培根派自己的宣称外，没有半点证据支持这一点，并且可以说，对应每一个培根“暗示”，一个人只要愿意，都可以得出一个相应的莎士比亚暗示。但这种做法无异对牛弹琴，因为培根派不寻求知识——他们有信念；他们不是学者，而是鼓吹者。

这种以伪密码学家和其他伪科学家为近乎完美典型的情况绝非罕见，哲学家也常常研究它。牛津大学艾尔（A. J. Ayer）说得尤其透彻：“如果一个人随时准备现编必要的特设假设，他总能在面对明显不利证据时维持他的信念。虽然一个珍视的假说摇摇欲坠的形势也能一直搪塞下去，这个假说最终被抛弃的可能性肯定还在。否则它就不是一个真正的假说。因为一个论点，如果我们不管遇到什么经历都决心维持它的效力，那它根本就不是一个假说，而是一个定义。”

培根派就这样维持着他们的观点。他们坚持他们的理论为真，但如果它可以是真的，它也可以是假的，这一点他们不会承认。那要什么证据才能让他们放弃主张呢？找到一部《哈姆雷特》的亲笔手稿？按以往经验，他们会说莎士比亚应培根的命令抄写了它。发现一篇培根笔记，说他痛恨莎士比亚戏剧，不会跟这些胡言乱语扯上任何关系？显然那是培根摆脱同代人的一个聪明把戏。培根派不会输，但同时他们也没法宣布胜利。

或问："谁写了莎士比亚戏剧有关系吗？毕竟，有意义的是这些戏剧本身，不是谁写了他们。"有关系，因为真理非小事。培根派谬误的影响远远超出培根—莎翁问题的范围。"如果一个人可以主张莎翁争议中的证据不具有它所指的含义，"一个学者写道，"主张它是为支持一个保持了几世纪未被识破的大骗局而伪造的，那他可以同样明确地主张其他证据不值采信，并且按亨利·福特[1]的说法，宣称'历史就是一派胡言'。"

想在理性基础上说服培根派相信这一点，就好比拿着拿破仑的葬礼和墓穴照片及其死亡证明文件，向一个精神病院病人证明他不是拿破仑。两者都不会有什么结果。因为他和培根派都不会理性对待他们的观点，他们感性地坚持它们。伪密码学的问题本质上不是逻辑问题，而是心理问题。这倒不是说培根派是精神病，恰恰相反，在与培根学说无关的领域，他们的表现中规中矩，甚至可圈可点。但作为培根学说支持者，他们生活在一个虚幻世界。伪破译（enigmaductions）是一厢情愿、下意识推测、凭空臆造的经典例子。这些密码分析腺亢进的结果，这些混乱想象力的无序疯长，就像正常密码编制和密码破译肢体上的恶性肿瘤，它们构成了密码学的病态。

第三部分
类密码学
Paracryptology

第 25 章　祖先的话

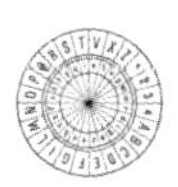

1953 年秋，保守的《希腊研究杂志》[1] 当年刊出版。杂志文章毛举缕析了希腊哲学和文化的各个细枝末节，可以说搭起人类知识大厦的一块块学问之砖。它们的文字朴实无华，标题谨慎克制。

这一期包含一篇外表与其余别无二致的文章。它的正文布满希腊动词词尾和语法形式，它的标题和其他文章一样做了细致限定：《迈锡尼文献中的希腊方言证据》[2]。然而它唤起了许多读者的想象：疾风劲吹的特洛伊平原、聚集在特洛伊城墙和高耸城楼下古希腊英雄闪亮的头盔和马鬃羽饰，还有克里特的公牛舞者壁画、险恶的迷宫、人身牛头怪、忒修斯 [3] 和双斧宫 [4]。

这篇文章报告了一种失传文字的破译。这种刻在黏土板上的文字来自阿喀琉斯和阿伽门农、海伦和墨涅拉俄斯生活的时代，被称为"线形文字 B"(Linear B)。这是一系列破译中最新的一个，这些破译使无声的石头开口，使

[1]　译注：年刊，研究对象是古代、中世纪和现代希腊文化。

[2]　译注：*Evidence for Greek Dialect in the Mycenaean Archives*。迈锡尼文明是希腊青铜时代晚期的文明，因伯罗奔尼撒半岛的迈锡尼城而得名。

[3]　译注：Theseus，希腊神话英雄。

[4]　译注：House of the Double Ax，克里特岛之王弥诺斯的王宫，因宫中到处都有象征王室的双刃斧而得名。

法老、尼尼微[1]和古代文明的辉煌重现人间，使沉默了数千年的祖先声音穿越时空巨壑，在今人耳边细语。这些破译中的一部分必定跻身人类思想最伟大的成就。原因是，谁知如何解读死去几千年之人的未知文字？谁知如何说出那些只在风中低吟的古人话语？

这个问题的解决用上了密码分析的一些技术。与密码分析相比，这个语言学问题既难又易。易，因为其中没有故意隐瞒的企图；难，因为有时解读者必须重建一门完整的语言。一般来说，语言学问题包含两个因素：文字和语言。两者都可为已知或未知，因此会出现四种情况。

“情况 0”，文字和语言都已知。一个英国人能读懂普通字母表写成的英语，是没问题的。“情况 I”，语言已知，文字未知。这是最简单的问题，相当于一个替代密码。如果文字用字母写成，破译相当于一个单表替代的破译；如果是音节，如片假名，那是一个小代码；如果是语标，如中文，那是一部代码。“情况 II”，文字已知，语言未知。一个不懂意大利语的美国人也许可以用近似意大利语的发音朗读一篇报纸文章——不过他不会知道自己在说什么。“情况 II”的破译人和一个想自学意大利语的美国人面临着同样的问题，他没有语法书和词典，帮到他的只有可能与文字一起出现的图画，或一个英语译本，或相关语言的知识，如法语、西班牙语和拉丁语。如果没有任何这些外部因素，破译也许是不可能的。“情况 III”，文字和语言都未知。如果这种情况存在于文化隔绝中，两者都无法获知，则破译永远无法实现。但也发生过这样的情况，虽然一项研究之初两者都未知，但外部信息（通常是从另一个文化得知一个专有名词）确定了文字系统的音值，进而在一份译文或同语系语言帮助下实现语言的重建。问题至此分解成一连串的“情况 I”和“情况 II”。

“情况 I”的译文有时看起来像初级密码破译的教科书说明。

1946 年夏，著名东方学者、巴黎大学高等研究实践学院院长爱德华·多尔

[1]　译注：Nineveh，坐落于底格里斯河东岸的一座古城，位于今摩苏尔市对面，是古代亚述国最古老的城市及其首都，公元前 612 年被巴比伦人和米堤亚人的联军摧毁。

姆（Édouard Dhorme）开始研究在叙利亚比布鲁斯[1]发掘的一些铭文。《圣经》名字即来自比布鲁斯城。铭文的书写类似象形文字，但按象形文字读出来没有意义。从铭文的发现地点和大致年代，多尔姆确信这些约 100 个符号图形的基础语言是腓尼基语。符号的数量提示它可能是一个音节表，每个符号代表一个章节，如 /ta/。但通常的腓尼基语书写继承了闪米特语只写辅音基本部分的特性——“mister”、“master”、“muster”、“mystery”和“mastery”在闪米特语传统中都写成 *mstr*。因为没人知道这些单词如何发音，多尔姆不能指望还原他音节表的元音。但因为写下铭文的腓尼基人知道这些元音，并且应该用了不同的符号代表不同音节，如 *ta*、*ti* 和 *tu*，多尔姆不得不寄望于找到几个他可以确定只代表 *t* 的符号。

这些困难没有吓倒这位 65 岁的学者。一战期间，他曾因密码分析工作晋身荣誉勋位团；1929 年，他是另一种文字的三个独立破译人之一。他从假设某块刻写板左下角的七个垂直标记代表一个即位日期开始，勇敢地发起了对比布鲁斯伪象形文字的攻击。

> 我毫不犹豫地给出该数字前四个符号的对应值 *b'šnt*（在某［几］年）。这个假设很有用，它让我在确定符号的（音）值时可以忽略符号的外观。我的全部工作就是把这四个字母放在所有找到相应符号的地方，空处填上腓尼基语提示的交叉校正。在刻写板 C（Tablet C）第一行，我发现一个组 *n-š*，因为此处用了一块铜刻写板，我还原出单词 *nḥš*（铜，青铜）。据此 *ḥ* 与小鸟符号对应上，为我在第 6 和第 10 行带来一个组的词尾，*--bḥ*，我在这里认出一个单词 *mzbḥ*（祭坛）。由此得到的 *m* 作为第二个字母填到第 14 行，给了我 *b'tm-*，这只能是“塔慕次月[2]”的名字。这样我有了第二个 z，我把它记成 z_1。月之前肯定该提到日。因为第 14 行没有一个数字，我在 *š-š* 组认出一个数

[1]　译注：Byblos，古地中海港市，位于现黎巴嫩贝鲁特以北的朱拜勒，公元前第二个千年成为繁华的腓尼基城。

[2]　译注：Tammuz，（犹太历法）塔慕次月，犹太教历 4 月，犹太国历 10 月，公历 6—7 月之间。

字的名字，起初考虑是 *šlš*（三）。尝试所有遇到辅音 *l* 的地方没有效果后，我最终认识到这个数字不是 *šlš*（三），而是原形的 *šdš*（六）。*d* 就这样加到已识别符号中。跟在 *šdš* 后面的组只能是单词“days”（天），与第 15 行“years”（年）同样的复数形式，我读出这个组 *ymm*（*yâmîm*），这样我就得到一个 *y* 和另外两个 *m*。就这样，在刻写板 C 和 D 中填入正确译文，忽视符号的形式，总是根据上下文的提示还原含义，我又得到新的值。做这类密码工作时，只见铅笔和橡皮此起彼落，假设值一个接一个由别的值代替，直到最终把确定值填入正确位置，所有这样做过的人都会理解，要多少夜以继日的不懈工作，我才能成功拟出我的音节表，找到躲在这个未破译的文字里，并且根据专家说法，没有对照文本就无法破译的腓尼基语。

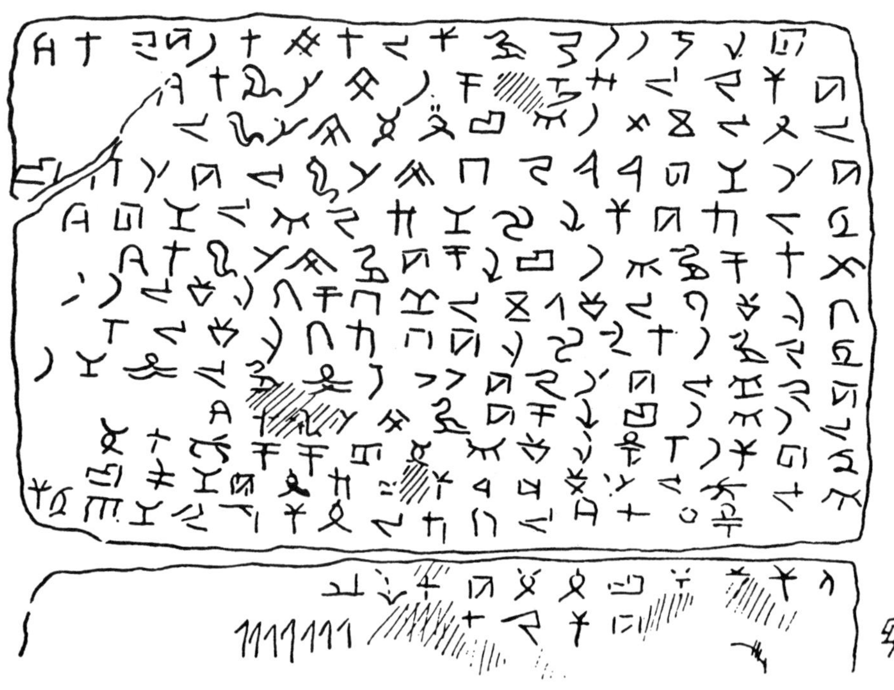

爱德华·多尔姆用这块来自比布鲁斯的刻写板开始他的伪象形文字破译

因为罗马字母表以希腊文为中介，源于腓尼基语，并且归根到底源自埃及象形文字，多尔姆认为他的破译“在象形文字和腓尼基字母表之间”建立了新联系。一些学者质疑这种解读，但很少有人怀疑，正如他所说，他的破译“使此前未被理解的文献进入了文字史”。

其他“情况 I”破译同样高速前进。1928 年，在叙利亚沿海附近农田耕作的土著犁出一块厚石板，揭开了一座坟墓；次年，考古学家发现，坟墓附近名为拉斯沙姆拉（Ras Shamra）、约 18 米高的土堆就是古代城市乌加里特[1]遗迹。在一个有三根柱子的室内，发掘者发现约 50 片泥版，刻着一种未知楔形文字。这个初步发现（其他泥版后来出土）当即由其中一位考古学家夏尔·维罗洛（Charles Virolleaud）博士公布。

他指出，被发现的二十六七种不同符号中的一些类似阿卡得语[2]楔形文字，但音值不同；他的读者知道这种阿卡得语变种（用于巴比伦和亚述语言）有数百种符号，本质上属音节语言。这些乌加里特单词被一个短的垂直标记分开。一些单词只有一个字母，大部分有两三个字母长，一些四个，少见更长的。这一点向维罗洛表明，这是一种辅音文字。他不必额外指出，这些刻写版来自一个闪米特语族长期占统治地位的地区。

他解释说，那段最短的文字，四把青铜斧柄上有六个符号的铭文也许表示主人的名字。第五把斧柄有同样的六个符号，前面有一个四字母单词，他说它也许表示“斧”或“短斧”或“尖镐”[3]。他看到，那些可能名字前一个由三个竖楔形构成的符号也出现在其中一块刻写板的第一行，他在论文中指出它可能代表闪语字母 *l*，意为“to”。

1930 年 4 月 22 日，哈雷大学汉斯·鲍尔（Hans Bauer）博士读到维罗洛的文章。鲍尔那年 52 岁，身材魁梧，是个聪明的文献学家，不仅懂西方和近东语言，还了解远东语言。他立即开始尝试破译它们。和多尔姆一样，他也有一些一战密

[1]　译注：Ugarit，叙利亚北部青铜器时代古代港口及贸易城，建于新石器时代，公元前 12 世纪左右遭入侵的海上民族毁灭；语言属闪语。

[2]　译注：Akkadian，阿卡得人语言，已消亡，为楔形文字，有亚述语和巴比伦语两种方言，从约公元前 3500 年开始广泛使用；是最古老的有记载的闪米特语族语种。

[3]　译注：对应英文 ax、hatchet、pick。

码分析经验。实际上，他的技术和密码分析的通用破译一样，主要依赖统计，其次才在实际还原文章时依靠猜字——考古学史上坚持这种优先次序的少数几个破译之一。它从研究西方闪米特语中那些可作为首、尾字母或单字母词的字母开始。除了其他发现外，研究表明，*m*、*k* 和 *w* 可以出现在所有三个位置。他把编制的一个清单与为拉斯沙姆拉泥版符号制作的一个类似清单联系起来。

以此为基础，他确定两个符号可代表 *w* 或 *m*，另两个可代表 *n* 或 *t*。随后他借用维罗洛的可能字母 *l* 寻找可能词 *mlk*（king[1]）。他找到它，并且通过填入其他可能字母扩大破译。五天之内，他还原了 20 个字母。当他用维罗洛认为可能表示“斧”的斧柄上四字母单词测试这些字母时，他得到 *grzn*，一个意为“斧”的闪语单词。4 月 28 日，他把他的发现报告给几位法国考古学家。6 月 4 日，他在《福斯日报》[2] 发表了一篇初步报告，报告给出了 *t*、*r*、*n* 和一个喉音 *alef* 的值，还有破译的诸神名字，巴力、阿斯塔蒂、亚舍拉和厄勒[3]。

同一时期，在耶路撒冷的多尔姆也在独立研究这些文字。他也从维罗纳提出的 *l* 入手。“这个辅音为我提供了重复出现在 14 号（泥版）所有行的单词 *b'l*（Ba‘al）。”他在 1930 年 8 月 15 日写道，“可惜从辅音 *b* 开始扩大破译时，我读到 *bn*（儿子），这里实际应该读成 *bt*（*bath*［女儿］或 *bayt*［屋子］），反之亦然。像 *n* 和 *t* 这样频繁出现的两个字母偏离让我随后的努力劳而无功，迫使我只能靠奥尔布赖特（[W. F.] Albright）教授 6 月中为我弄到的一篇文章，重回正轨……哈雷大学教授汉斯·鲍尔先生在文中宣布他发现了拉斯沙姆拉文字的关键……我手头没有鲍尔的字母表，但上述文章内含的基本要素让我相信，也许除了一两个符号外，他的字母表相当于我根据那篇文章信息和我自己研究编制的字母表。”

与此同时，维罗洛独立破译了这些刻写板。他先找一个 *l* 居中的三字母单词，把它作为可能词 *mlk*。他找到它，再找到 *Ba‘al*，再找到一个详细项目单，得到数字的拼写形式，这份清单几乎给全了字母表。他正要发表他的破译之

---

[1]　原注：这个单词在闪米特语族语言的破译中发挥了中心作用，犹太人的圣餐前祷告中常见这个词。它出现在短语“elohenu melech ho’olam”（我们的上帝，万物之主）中。

[2]　译注：*Vossische Zeitung*，其在德国地位相当于英国《泰晤士报》，1934 年被纳粹解散。

[3]　译注：巴力，丰饶之神，古代腓尼基人和迦南人信奉的主神，是亚舍拉和厄勒之子；阿斯塔蒂，腓尼基神话中司生育和性爱的女神。

际，鲍尔抢先一步。维罗洛和多尔姆一样不认可鲍尔的某些值。鲍尔一直与多尔姆通信，比较了自己和那位法国人的研究后，他很快发现，书写员丢掉的一个单词分隔符把他引入歧途。他最初发现的 *k* 和 *m*，以及 *p*、*q*、*s* 和 *š* 都错了。在 10 月 3 日写给多尔姆的一封信中，他“以完全忠实的科学态度”坦承了这一点。但他的其他认知相当正确，足以为他们提供破译文字所需线索。就这样，三人部分独立、部分合作，解读出被称为“20 世纪以来发现的最重要古代文献资料”的字母表。

原因在于，人们在乌加里特文献和《圣经》中发现几十上百处对应内容。一块乌加里特刻写板宣称：“哎，你的敌人，噢，巴力；啊，你的敌人，你将打倒他们；这样，你将击溃你的对手。”《圣经》之《诗篇》（Psalm）92 显示：“看，你的敌人，噢，上帝，瞧，你的敌人终将毁灭；所有邪恶之徒将被驱散。”另一块刻写板提到的“甘露沃土”与《创世记》（Genesis）27 : 28 的“甘露沃土”几乎一字不差。[1] 第三块写道，“你的王国永恒，你的权力（及）于万世”，与《诗篇》145 没有区别：“你的国是永远的国，你执掌的权柄存到万代”。还有韩德尔 [2] 在《弥赛亚》里谱成曲的、约伯 [3] 感人的忠诚表述，“但在我而言，我知道我的救赎主活着”（19 : 25），也可能重复了一块乌加里特刻写板：“我知道独一无二的巴力还在。”

这些对应可以帮助理解许多模糊或独有的《圣经》词汇，帮助解释一些奇怪的做法。人们从未搞清楚《出埃及记》（Exodus）23:19“不可用山羊羔母的奶煮山羊羔”禁令的原因，以及禁止混合肉类和乳制品的犹太洁食规定的根据。一块乌加里特刻写板部分写道，“在奶中煮羊羔，一只羊羔在凝乳中”，暗示希伯来人反对迦南人的这个做法，因此把自己与他们区别开来。鲍尔在最初破译中发现的一个乌加里特神的名字厄勒，正是《创世记》给予希伯来上帝耶

---

[1]　译注：前一个“甘露沃土”拼成：The dew of heaven, the fat of the earth，后一个是：The dew of heaven, the fatness of the earth。

[2]　译注：乔治・弗雷德里克・韩德尔（George Frederick Handel，1685—1759），作曲家、风琴演奏家，生于德国，1712 年后在英格兰定居。清唱剧《弥赛亚》（*Messiah*）是他的代表作。

[3]　译注：（《圣经》）约伯（Job），一个诚实正直的富人，历经无端苦难，虽有哀诉，仍坚信上帝。

和华的名字（通常以众数形式，Elohim[1]）。实际上，一个可能的神 *Yw* 出现在乌加里特刻写板中，作为神子的巴力本人则死而复生。很有可能，三人破译的乌加里特文献将澄清许多犹太—基督教《圣经》内容。

"情况 II"破译（文字已知，语言未知）实际不是破译，只是语言复原。许多语言得到复原，特别是在 19 世纪语言学飞速发展期间。

歌特语[2]是日耳曼语系（英语为其中一员）已知最早的形式，约消失于公元 10 世纪初，现仅存于一些拉丁字母手稿中，如那部宏大的《银色圣经抄本》（Codex Argentius）——四卷《福音书》（Gospels）的译文。一群德国学者确定了它的语法、词义和发音方式，在此过程中对现代语言发展有了新认识。古波斯语是有 2000 年历史的《琐罗亚斯德教圣书》（Zend-Avesta）语言，经过安基提尔·杜佩隆[3]、拉斯穆斯·拉斯克[4]、俄热纳·布尔奴夫[5]、尼尔斯·卢兹维·韦斯特高[6]和威廉斯·杰克逊[7]等人前赴后继的努力，这种语言被复原。被称作古斯拉夫语的斯拉夫语原始形式只散见于教会手稿，它是了解俄语、保加利亚语、波兰语、捷克语、塞尔维亚语和斯洛伐克语等现代语言之间联系的必要纽带。约瑟夫·多布罗夫斯基[8]、弗朗兹·冯·米克洛希奇[9]和奥古斯特·莱斯金[10]煞费苦心地从这些零碎片段中构建出一幅这门失传语言的图画。

---

[1] 译注：Elohim 是 El（厄勒）的众数（意为"华美的众数"[plural of majesty]）词，两词可以互用。

[2] 译注：Gothic，属于印欧语系中的东日耳曼语，是公元 4 至 6 世纪所有日耳曼语中最早有书面证据的。

[3] 译注：Anquetil du Perron（1731—1805），法国学者，语言学家。

[4] 译注：Rasmus Rask（1787—1832），丹麦学者、文献学家。

[5] 译注：Eugene Bournouf，一般拼作 Eugène Burnouf（1801—1852），法国语言学家、印度学家，法国亚洲学会创始人。

[6] 译注：Niels Ludvig Westergaard（1815—1878），丹麦东方学者。

[7] 译注：A. V. Williams Jackson（1862—1937），研究印欧语系的美国学者。

[8] 译注：Joseph Dobrovský（1753—1829），波希米亚文献学家、历史学家，捷克民族复兴重要人物之一。

[9] 译注：Franz von Miklošić（1813—1891），斯洛文尼亚文献学家。

[10] 译注：August Leskien（1840—1916），德国语言学家。

也许最有趣的“情况 II”破译与吐火罗语[1]有关。19 世纪 90 年代，学术团体派出的探险队在中国最西端城镇废墟中发现成捆成捆手稿。干燥气候和覆沙把它们几乎完好保存下来。其中一组被证明是用婆罗米文字[2]写成，这种文字在古印度使用，后来的印度语支文字全部传承自它，但没人懂这种语言。弗雷德里希 · 穆勒[3]细致分析手稿后发现，它们原来是用印欧语系两种新发现的语言写成的。他把它们命名为吐火罗语 A 和 B。出人意料的是，它们虽属该语系两个最东部成员，却更接近西方语支。这一点提供了关于中亚史前人类迁徙的新知识。

在这类破译中，文献家利用了译文（通常为双语铭文形式）、释义（手稿中解释一些晦涩或外语词含义的页边注释）和其他文献中有关外来术语含义的评论。文献学家还有足够的语言内部演化知识，能识别几种语言变化的正常形式。“man”和“men”即为此类常规变形，被称为“元音变音”（umlaut）。它在后续音的影响下把一个元音变成另一个。原始日耳曼语中，man 的复数是“manni”；说话人准备好发舌位靠前的复数形式 /ee/ 音，把 /a/ 音舌位前提，发成 /eh/ 音，这种做法在最后一个音节消失后依然保留下来。其他类型的变化，如语音同化、异化、复元音化和发音干扰，使文献学家能像回放电影一样回溯追踪语音，到达该语言发展的某个早期阶段。这些原理也有助确定源自共同祖先的语言间的区别，从而可以在类比基础上，将一种已知语言的词汇和句法用于帮助确定未知语言的词汇和句法。

在“情况 III”破译中，这些方法与“情况 I”的方法混合使用。一个无与伦比的，最富传奇色彩的例子是埃及象形文字的破译。

象形文字大概是人类创造的最优美书写系统。约公元前 3200 年，就在上

[1]　译注：Tokharian，吐火罗人（第一个千年时生活在塔里木盆地的中亚人的一支）使用的语言，分 A 种语和 B 种语，均已消亡，是已知古代印欧语系中最东部的语言，只存在于少数文献和碑文中，与凯尔特语和意大利语有令人费解的相似。

[2]　译注：Brahmī script，Brahmī 原意是“来自大梵天的”，是婆罗门为了给这种文字围上一圈圣光捏造出来的。婆罗米字母是印度古代最重要、使用最广泛的字母。

[3]　译注：F. W. K. Müller（1863—1930），研究东方文化和语言的德国学者。

下埃及[1]统一之前，象形文字横空出世。一开始，它们以初级形式出现在小印章和装饰板[2]上，后来迅速发展。到埃及第四王朝时，艺术家在巨大金字塔的墓室墙上，围绕淡红色人像绘出一列列象形文字。这些人有奇怪的眼睛、扭曲的身体，他们没完没了地行军、打猎、航行——他们是逝去法老的伙伴。拥有阿蒙霍特普[3]、图特摩斯[4]和拉美西斯[5]这些名字的法老，在卡纳克和卢克索的巨大神庙上用象形文字刻出碑文。这些字体由绘制优美的鸟、蛇、方形、羽毛、牧羊人的弯拐杖、螺旋、凳子、手、旗帜和数百种其他形象组成。

外国人眼中的埃及充满了神秘。没人知道尼罗河的源头，也没人知道它为什么每年把肥沃的泥土礼物撒在这片土地上。希腊人对这个古老文明迷惑不解，它无疑是独立发展起来的，它与他们对蛮夷的印象格格不入，它大大挫伤了他们的优越感。东西方世界观（一个神秘，一个理性）之间的鸿沟妨碍了彻底理解，希腊人觉得，在他们与埃及人的对话中，一定漏掉了什么。他们认为这层识不破的面纱后潜藏着神秘的知识。他们开始把埃及看成某种不可言喻东方智慧的源泉。毕达哥拉斯把象形文字称作埃及“象征性的神秘学说”，他们对它的欣赏扭曲了对它的理解。

希腊人从未学会这种复杂的书写系统。他们学到几个象形文字的含义，但从未掌握发音和形象间的关系。相反，他们把这层关系误读成一种比喻关系。因此，一个作者知道埃及人用一只鹅的图像代表埃及语单词“儿子”，但他以为，他们这样用是因为据说鹅比其他动物更爱自己的后代。对象形文字的这个错误观点与柏拉图的形式理论完全吻合，该理论用具体物体表达抽象理念概

---

[1] 译注：上埃及（Upper Egypt），埃及南部地区（请注意与我们平常所说的地图“上北下南”相反），主要是农业区。包括开罗南郊以南直到苏丹边境的尼罗河谷地。下埃及（Lower Egypt），埃及的政治、经济、文化中心区。习惯上指开罗及其以北的尼罗河三角洲地区。

[2] 译注：古埃及工艺品，初为化妆用，后失去这一用途，改作装饰、纪念等用。

[3] 译注：Amenhotep，埃及第18王朝4个法老（前16—前14世纪）的名字。一世（第二位法老）、二世（第七个法老）、三世（第九个法老）、四世（阿肯那吞［Akhenaten］）。

[4] 译注：Thutmose，埃及第18王朝4个法老（前16—前14世纪）的名字。一世（第三位法老）、二世（第四个）、三世（第六个）、四世（第八个）。

[5] 译注：Ramses，埃及第19、20王朝11个法老的名字，尤指拉美西斯二世（后文有介绍）和三世。

念。柏拉图与基督教精神的共通把这个印象牢牢根植在人们的思维中，长期以来妨碍了正确理解。埃及出生的新柏拉图主义哲学家普罗提诺[1]系统阐述了象形文字概念：智慧过人的埃及人赋予这些超越了普通文字的图画象征性特征，这些特征直观地向内行揭示了事物本质。普罗提诺的这个概念被广为接受，它部分来自埃及人本身，他们认为文字拥有魔力。他的观点给象形文字蒙上了一层诱人的神秘主义、隐秘知识和永恒真理的氛围，至今萦绕不散。

在古埃及，象形文字把神圣的法老及其祭司大臣的庄严宣告传达给上帝和子民；“hieroglyph”（象形文字）一词本身意为“神圣的雕刻”。但从公元前 525 年开始的波斯征服，一直到亚历山大率领希腊人对埃及的控制，切断了这种文字的政治根基，这种文字成为祭司的专业秘密。人民开始用统治者的希腊字母书写他们的语言。象形文字词汇逐渐减少，铭文日益程式化。随着基督教的出现和非基督教的消亡，象形文字传统在埃及各地逐渐消失。它坚持得最久的地方在尼罗河第一瀑布附近的菲莱岛，一个狂热的努比亚教士在坍塌的神庙守卫伊希斯[2]，追怀昔日荣光。在这里，最后的象形文字碑刻记录于公元 394 年。作为传承人知道这种古老文字的最后一人，肯定在这之后不久去世。于是众神离开了埃及。伊希斯和奥西里斯[3]、太阳神[4]和透特陷入默默无闻达 1000 多年。

但人们对它们的记忆经久不息。金字塔屹立不倒，斯芬克斯默默沉思。有关埃及人无所不知的想法幽灵般萦绕着欧洲，推动了文艺复兴的潮流，也激发了人们对从未被遗忘的象形文字的好奇。莱昂・巴蒂斯塔・阿尔贝蒂尝试从书面描述中还原它们，主张用它们作为不朽的碑文。1499 年，阿尔杜斯・马努蒂乌斯在威尼斯出版《寻爱绮梦》，精美的木刻中随处可见象形文字标志。这个做法大多源于 1419 年发现的一部手稿：《象形文字集》（*Hieroglyphics*）为一个只知名为赫拉波罗（Horapollo）的 4 世纪作者所作，是与象形文字有关唯一存世的古

---

[1]　译注：新柏拉图学派（neoplatonism）是公元 3—6 世纪流行于古罗马的唯心主义哲学流派。开创者是埃及亚历山大的阿蒙尼阿・萨卡（Ammonius Saccas，约 175—约 242）。著名代表是普罗提诺（Plotinus，约 205—270）。

[2]　译注：Isis，（埃及神话）古埃及司生育和繁殖的女神。

[3]　译注：Osiris，（埃及神话）原为生育之神，伊希斯的丈夫。

[4]　译注：Ra，（埃及神话）埃及至高无上的神，被奉为生命缔造者。

代手稿。这本书立即被奉为有关此话题的绝对权威，为几个世纪的研究确立了方向。它起初以手稿形式传播，1505 年阿尔杜斯·马努蒂乌斯出版了该书。赫拉波罗知道一部分符号的含义，也许埃及人告诉过他。但他从符号中推导出的含义完全错误，因此他读不懂铭文。他的看法基本上秉承 3 世纪作者普罗提诺的看法，因此他认为一只鸟的象形文字代表那种特定的鸟，或代表一些与速度或飞行有关的概念。他认为秃鹫用于表示“母亲”，（居然是）因为不存在雄秃鹫！

赫拉波罗之后，理解象形文字含义的多个尝试深受他的寓意解读之害。一个这样的解读成为该课题的首个“现代”权威。它的作者是著名学者皮耶里乌斯·瓦莱里亚努斯（Pierius Valerianus），俗名焦万·彼得罗·德拉福塞（Giovan Pietro della Fosse），做过未来教皇利奥十世的私人教师，后成为教皇私人秘书。他对象形文字问题着了迷，在生命不同阶段写下 58 个篇章，1556 年作为他的《象形文字集》（*Hieroglyphica*）出版。这是一部相当连贯优美的作品，每篇论述一个或几个象形字符的象征意义，所用释义来自赫拉波罗和论述该课题的其他古典作品。大象象征纯洁，因为它满月时在河中洗澡。狮子单独表示“高贵的思想”；与一只野猪套在一起表示“强健的精神和身体”；咆哮表示“野兽的残暴”；与一只公鸡在一起表示“恭敬”，因其对公鸡的敬畏。这部作品重印至少 11 次，翻译 3 次。

对这个问题的持续兴趣那些年一直没有断过，这一点，从来自各地、各不同时期图书中的评论可以看出。虽然众多学者尝试从象形文字中提取它们应该包含的深刻智慧，但直到 17 世纪，才有人认真尝试一次全新解读。当时第一本广泛收集真实象形文字碑刻的图书，赫尔瓦特·冯·霍恩贝格（J. F. Herwath von Hohenburg）的《象形文字词库》（*Thesaurus Hieroglyphicorum*）已经出版。

对埃及文字含义发动最大攻势的是耶稣会会士阿塔纳修斯·基歇尔，他在晚年未能读出据称出自罗杰·培根的神秘手稿。基歇尔是当时最著名、最多产的学者，写过一本密码学和一本世界语图书，还做过几年数学教授。如果莱布尼茨可算最后一个通才，基歇尔也许排得上第二。他一生致力于将知识总体结合为一个无所不包的宇宙学，在这个宇宙学中，推动宇宙运动的是上帝的真理。基督教完美呈现了这一真理，但在相传为赫尔墨斯·特利斯墨吉斯忒斯所著的埃及哲学和魔法专著中，基歇尔找到了它的前基督教最高形式。基歇尔相信赫尔墨斯·特利斯墨吉斯忒斯是生活在远古时代的真正埃及祭司，然而那些著述实际上由早期基督徒写成，因此虽然其中包含非基督和诺斯替教派成分，它们在神学上与基督教义是一致的。基歇尔确信赫尔墨斯大体了解这些象形文字文章的内容：终极现实的不传之秘，普罗提诺说埃及人已经掌握了这个奥秘。他希望通过解读这些文字证实这一点，从而证明他的宇宙学真理。这就是他不遗余力地破译象形文字的动机。

1636 年，他的《科普特语或埃及语导论》（*Prodromus coptus sive ægypticus*）问世。科普特语是埃及语言，已被阿拉伯语取代，但用希腊字母书写的科普特语依然在科普特教（即埃及基督教）礼拜仪式上使用。该书首次提出了科普特语“旧曾为法老语言”的观点。换句话说，科普特语是用象形文字书写的同一埃及语言的最后形式。基歇尔在这一点上绝对正确，他关于破译象形文字需要科普特语知识的进一步说明也很对。1644 年，他的《埃及语复原》（*Lingua ægyptiaca restituta*）建立了科普特语研究的基础。但随后，在解读象形文字的浩大工程中，他忽视了自己的建议。1652—1655 年的《埃及语解读》（*Œdipus ægyptiacus*）用旧的表意方式把每个象形文字符号识别成一个哲学概念，使之能够反映基歇尔的宇宙论。基歇尔把一组仅代表法老阿普里埃司[1]名字的象形文字读成“人们举行神圣仪式，锁住妖魔，得到神圣奥西里斯的恩赐，进而得到尼罗河的恩赐”。他的另一部象形文字作品《斯芬克斯的秘密》（*Sphinx mystagogica*），把简单的短语“奥西里斯说”解读成“特里芬（Tryphon）失败后，阿努比斯[2]守护着万物的生命、自然的水分”。基歇尔也幸运猜中几个符号，如三条波浪线既代表“水”，也表示 /m/ 音，因为表示“水”的科普特语词是“mu”。但这点微末真相淹没在通篇一派胡言的海洋中。这一点很快被其他学者认清，尤其在随后的理性时代[3]，这一点越发清晰。

---

[1]　译注：Apries，埃及第 26 王朝法老（前 589—前 570）霍夫拉（Hophra）的名字。

[2]　译注：Anubis，古埃及神学体系中的灵魂守护神，以胡狼头、人身的形象出现在法老墓地的壁画中。

[3]　译注：Age of Reason，又叫启蒙时代，17 和 18 世纪欧洲地区发生的一场知识和文化运动，该运动相信理性发展知识可以解决人类存在的基本问题。人类历史从此展开在思潮、知识及媒体上的“启蒙”，开启现代化和现代性的发展历程。

基歇尔壮志未酬，他的失败压制了随后的一切主要破译尝试达一个半世纪。然而部分出于不断出土铭文的推波助澜，人们对埃及象形文的兴趣依然浓厚。1790 年设计的美国国徽描绘了一座顶着一只眼睛的埃及金字塔，据称这是表示“天理”的象形文字符号，每张一美元纸币背面都可见到这个图案。莫扎特把《魔笛》（*The Magic Flute*）背景设在伊希斯和奥西里斯神庙内外，让一个大祭司和一个埃及王子住在神庙里。这部歌剧创作于 1791 年，此时西方在解读象形文字方面已经停滞了上千年。实际上，1797 年，格奥尔格·策格（Georg Zoëga）在他浩大的 700 页埃及学题材概述中，宣布这个问题不可解。两年后，尼罗河三角洲一个当地名叫拉希德的小镇附近，一个叫达特普尔的埃及工人正在为法国占领者修建要塞。他看到一块纹理细腻的不规则黑色玄武岩厚石板，根据不同描述，有的说躺在地下，有的说建在一堵他正在拆除的旧墙内。板上刻着三块文字：象形文、一些被认为是古叙利亚语的文字、希腊文。负责这队工人的法国工兵军官是敏锐的皮埃尔－弗朗索瓦·布沙尔（Pierre-François Bouchard），他认为它们可能是同一内容的三个版本，而希腊文也许可作为解开象形文字之谜的钥匙。他知道拿破仑远征埃及时带来大批考古学家，他把石碑转给上司，报告说它是在一个被欧洲人称作罗塞塔的地方发现的。

人们立即认识到石碑的重要意义。在开罗，人们复制它的副本。1801 年春，法国人在埃及向英国人投降时，《投降条约》第 16 款把罗塞塔石碑交给英国人。它最终到达不列颠博物馆，现在静静地躺在埃及雕刻馆内。这可能是史上最著名的单一考古发现。石碑高约 114.3 厘米，宽约 71.1 厘米，厚约 27.9 厘米，上面两角和右下角断脱。希腊文字有 54 行；象形文只剩下与希腊文最后 28 行对应的 14 行，除其中两行外，所有行都少了一部分结尾。中间部分原来是古埃及通俗文字（世俗体，平民文字），一种用于商业的简化文字。通俗文字从僧侣书写体发展而来，本身是一种改造用于在纸莎草纸上书写的简化象形文。埃及历史某些时期，所有三种文字同时并存，虽然形式有天壤之别，但采用基本相同的文字表音原则。

希腊文本被译成几个版本。碑文日期是托勒密五世埃庇劳涅斯（Ptolemy V Epiphanes）统治第九年，公元前 196 年，希腊月 Xandikos（4 月）第四天。参与集会的埃及祭司记下这位法老给予他们和埃及的恩赐：赐给神庙的金钱和谷物、税收减免、对歇坎镇的占领，等等。作为回报，他们把埃庇劳涅斯的生日设为一个永久节日，以示敬意；在埃及每个神庙竖起他的金像；把这份法令的埃及和希腊文本用三种文字刻在石板上，放在神庙里他的雕像旁。最后一点证实了这三块文字是同一内容三个版本的可能性，学者得以很有把握地比较它们。

但仅仅罗塞塔石碑的存在并不能自动实现破译。巴黎阿拉伯语教授西尔韦斯特·德萨西（Sylvestre de Sacy）是当时最出色的东方学专家，他很明智地尝试确定希腊文本专有名词在埃及通俗文字中的位置，从这里着手是因为他认为埃及通俗文字是字母语言。象形文字令人望而却步，因为许多人依然把它看成秘密象征符号，还因为它遭到严重损坏。他找到表示"托勒密"和"亚历山大"的近似组，但他得到的 15 个字母值在文中其他地方得不到类似科普特语的单词。他坦率承认了自己的失败，把他的材料交给瑞典外交官、学者约翰·戴维·阿克布拉德（Johan David Åkerblad）。阿克布拉德是天才语言学家，正在学习科普特语，两个月后，他设法解决困扰德萨西的许多问题。应用同样的一般方法，他建立了一个埃及通俗文字字母表，表上有 29 个字母，其中半数正确，推测出或多或少类似科普特语的单词，由此证明古埃及语言确实与科普特语有关。但他坚持认为埃及通俗文字完全是字母语言，这一点妨碍了他的进展。

他没有触及象形文字。少数研究象形文的学者和基歇尔一样把它们按寓意文字处理，结果一样毫无价值。实际上，有一项研究结果比之前任何研究都更为极端。另一位瑞典外交官帕林（N. G. Palin）伯爵认为，大卫的《诗篇》是埃及文本的希伯来语译文。他建议说，如果把希伯来文译成中文，这些中文将成为破译象形文字的关键。

1814 年，罗塞塔石碑引起英国医生托马斯·杨[1]的注意。托马斯·杨当年 41 岁，他的爱好是科学，他依据自己发现的干涉原理，复兴了光的波动理论；发展了神经纤维对红、绿、紫光做出反应，眼睛通过纤维看到颜色的理论；描述了散光这种视觉缺陷；对潮汐理论做出贡献；确定了一项弹性系数（杨氏模

[1]　译注：Thomas Young（1773—1829），英国物理学家、医师和埃及学家，主要研究物理学中的光波理论，是译解古埃及罗塞塔碑文的主译者。

量）；研究了外摆曲线、蜘蛛、月球环境、毛细作用和胸病。他了解现代语言，包括阿拉伯语、埃塞俄比亚语和土耳其语，以及一些古代语言，如希伯来语、波斯语和科普特语。在这些知识帮助下，他在埃及通俗文字碑文上取得一些进展，然后转向象形文字。

他首先假设，包围在“椭圆形装饰”（cartouche）内的象形文表示君主的名字，椭圆形装饰是某一端有一条直线的椭圆形。他比较了通俗文字、僧侣文字和象形文字碑文，认为通俗文字源自僧侣文字，僧侣文字又来自象形文字。通俗文字符号似乎是表音字母；更古老的文字会不会只是这些字母的更复杂版本？如果是这样，一个像埃及这样被征服国家的书记员很有可能用它们拼出外国人名，否则这些名字用本国文字拼不出来。通过观察椭圆形装饰内的文字能否得出他从希腊版本得到的名字“托勒密”，他可以测试这个假设。

5 个椭圆形装饰只包含两组象形文字。长的一组有 16 个符号，短组的 8 个符号是长组的前 8 个符号。托马斯·杨在希腊文本中看到，长式的托勒密包含称号。他集中攻击更简单的短版本。他把希腊语“Ptolemaios”（托勒密）的字母分成 6 个随意选择的音节（*p*、*t*、*ole*、*ma*、*i*、*os*），把一个双符号（两根并列的羽毛）当作一个单字母，把另一个符号（绳圈）看成某种不发音字母，以此将“Ptolemaios”的 10 个字母与短组的 8 个符号对应上。由此，他得到那 6 个音的埃及语对应。他把这些对应代入来自卡纳克一座神庙天花板的类似椭圆形装饰，同时填入已知音值，猜测新音值，认出法老托勒密一世苏托（Ptolemy I Soter）的名字。他用同样方法认出贝丽奈西[1]女王的名字。

他止步于此。虽然他设法从自己识别的 13 个符号中正确读出 6 个，部分正确地读出 3 个，他宣称，他未能发现这些字母符号用于埃及单词或名字的任何例子。因此，尝试用它们解读纯象形文字没有意义。实际上，他的正确识别已经得到诸如“Ptah”[2]之类的名字，它们出现在他自己的词汇表中。但他显然没认出它们。他在一种以前被认为纯语标和象征性的文字中认识到字母成分的存在，实现这个关键突破后，他退出了这个领域。

[1] 译注：Berenice，公元前 3 世纪埃及女王，托勒密三世之妻。

[2] 译注：（埃及神话）卜塔，古代孟斐斯城的主神，宇宙的创造者。

继续推进攻击的是一个面色蜡黄、天赋过人的青年，一个奇才，他一生的志趣就是揭示象形文字的秘密。让－弗朗索瓦・商博良（Jean-François Champollion），1790 年 12 月 23 日生于法国洛特，五年后，他实现了自己的第一次“破译”——自学阅读。命运的种子在他 10 岁时播下，当时格勒诺布尔数学家让－巴蒂斯特・傅立叶[1]给这个男孩看了他收藏的埃及古物，这个止在那里求学的孩子宣称他长大了就会读出它们上面的文字。从那时起，他的生命就是为其成就进行的一场长期准备。17 岁时，他向格勒诺布尔中学教职员宣读了一篇关于“法老统治下的埃及”的论文；他们对论文赞赏有加，当场选举这个小伙子进入教职。在巴黎继续学习中，他学了梵语[2]、阿拉伯语、波斯语、希伯来语，特别学习了科普特语。他决定做好充分准备后，才去攻击这个难题。

他彻底比较了三种文字，尽管他一开始认为更新的科普特文字更古老。他坚持传统象形文字的象征性观点。但他得以证实阿克布拉德根据科普特语得出的一个巧妙发现，角蝰代表 /f/，在某些单词结尾表示“he”。商博良把这个发现扩大用于表示其他人称代词的一些其他词尾字母。但 1819 年左右，他受到私人问题和政治麻烦困扰，甚至开始怀疑他最好的成果。他转向一些无由头的空想，如认为伏在托勒密椭圆形装饰中间的狮子表示他的名字，作为希腊语中写作“polemos”的战争象征，托勒密的名字（意为“战力强大”）即来自这个单词。

作为自我训练，他一丝不苟地比较了所有已知埃及文字符号。这个做法纠正了他对三种文字的年代排序，使他得以从象形文字到僧侣文字到通俗文字对一个符号追根溯源。1821 年 12 月，他的统计表明，罗塞塔石碑的象形文字包含 1419 个符号，而希腊文字仅由 486 个单词构成。这推翻了每个符号代表整个单词的旧理论；于是他决定最终尝试至少一部分象形符号代表声音的理论。他已经按语言学依据将“Ptolemy”（托勒密）拼成 *Ptolemis*，现在，他把这个名字从埃及通俗文字版本（从罗塞塔石碑中得知，并且被认为是字母语言）转写成僧侣文字，再转写成象形文字。他得到一个与罗塞塔石碑象形文几乎相同的拼写。这证明了象形文是表音文字，埋葬了表意理论。表意理论认为每个象形文符号

---

[1]　译注：Jean-Baptiste Fourier（1768—1830），法国数学家。

[2]　译注：Sanskrit，印度的古印欧语言，印度教的经文和印度的古典史诗均用梵语写成，印度北部的许多语言亦来自梵语。

完全是一个概念的象征性表述。

一个月后，一个朋友寄来一块花岗岩方尖碑的双语碑文新拓本。1815年，这块碑在菲莱岛出土。其中希腊文本显示，它是祭司向罗塞塔石碑歌颂对象托勒密子女发出的恳求，这很有意思，他们的名字是托勒密和克利奥帕特拉[1]。通过罗塞塔石碑同一个名字的椭圆形装饰，商博良认出这个托勒密的椭圆装饰。他发现，它的几个象形符号重现在克利奥帕特拉的椭圆装饰中，与两个名字共有发音对应的符号出现在对应位置。据此，*Ptolemis* 的第一个符号（一个方格）是 *Cleopatra* 的第五个符号，被证明是 /p/。*Ptolemis* 的第三个符号（一个套索）是 *Cleopatra* 的第四个符号，证实是 /o/。一个狮子是 *Ptolemis* 的第四个、*Cleopatra* 的第二个符号，它被证明是 /l/。唯一的不规则是两个单词用不同符号代表 /t/；他把这看成同音符（homophony）的例子。和托马斯·杨一样，他把 *Ptolemis* 中的双羽毛看成单一字母，即 /i/。

这是1822年1月。经过几个月的紧张工作，这个31岁的破译者近于完整地破译了从亚历山大到安东尼·庇护[2]的埃及统治者的象形文名字。他用密码分析方法（代入已知值，猜测名字，在其他地方测试假设值）得出其他表音象形文的音值。这个破译虽然绝对正确，但如果这些字母符号只用于外国名字，在拼写埃及母语中不起作用，那它就只有辅助意义。难道他走到这一步，却只能面临托马斯·杨所面临的同样问题？

1822年9月14日，他收到一些来自尼罗河上阿布辛贝神庙的碑文。它们无疑早于古希腊—罗马时期。一处碑文包含一个椭圆形装饰，内有四个符号：一个里面有一点的圈，代表太阳；一个他不知道含义的三叉符号；两个重复出现的像牧羊人拐杖的符号，他从 *Ptolemis* 得知它表示 /s/。科普特语知识告诉他，太阳被称为“ra”或“rē”，三叉符号出现在罗塞塔石碑象形文字的一部分，似乎代表一个希腊词组，该词组与“birthday”（生日）一起构成“be born”（出生）或“engender”（父亲得子），其科普特语形式为“mīse”，因此

[1] 译注：Cleopatra（公元前69—前30），埃及女王（前47—前30），托勒密王朝最后一位统治者。

[2] 译注：Antoninus Pius（公元86—161），罗马皇帝（138—161），统治期内社会总体上安定和谐。

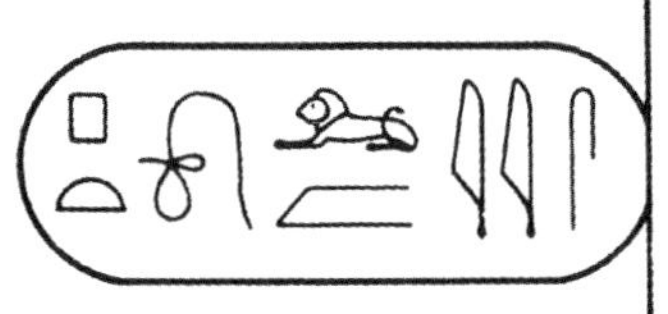

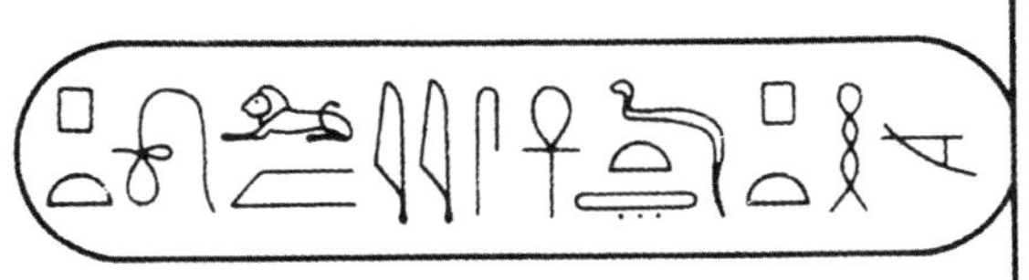

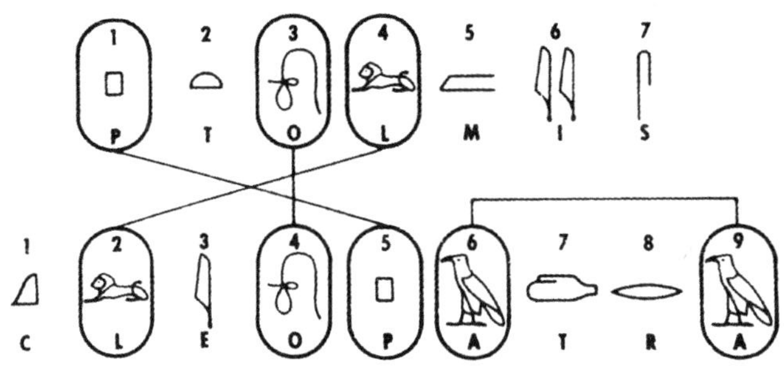

商博良的君主名字象形文音值对照

那四个符号可能表示“Ra-mise-s-s”。他突然想到，他读到的正是象形文字形式的著名法老名字“Ramses”（拉美西斯），其含义类似“太阳之子”。就在这时，他看到另一个椭圆形装饰，它包含一个被称为透特神之鸟的朱鹭、那个三叉符号和另一个牧羊人拐杖 /s/。他在一瞬间认识到，“这”就是“Thutmose”（图特摩斯），另一个著名法老的名字，它的含义显然是“透特之子”。

咒语被打破。千年难题迎刃而解。商博良激动万分，冲到附近他兄弟的办公室，把纸朝桌上一扔，喊出那句著名的“Je tiens l’affaire!”（我解开了它！），然后昏倒在地。

这个关于文字系统的新知识使他得以打开这门语言的缺口，而科普特语知识让他得以一步步接近埃及语。在这些知识帮助下，商博良交叉用语言和文字互相纠正、完善。不到三年，他对这两者都有了相当准确的理解，能够翻译一处阿梅诺菲斯三世[1]的早期埃及语碑文。他发现，象形文字系统虽有许多改进，本质上还是以画代音系统。在这种系统里，单词由一个物体代替，该物体名字的发音类似那个单词的发音。如在英语中，动词“be”可以由一幅蜜蜂的图画代替，小孩的哭（号啕）由一幅鲸的图画代替[2]。埃及人画一只燕子（埃及语中的/wr/，埃及语元音未知，因为它们在历史上大部分时期都没有写下来）表示发音为/wr/的单词“伟大”；一只甲虫（/hpr/）表示/hpr/，意为“成为”，等等。鹅表示“儿子”，因为表示鹅和儿子的埃及语单词发音类似，“秃鹫”和“母亲”这对单词发音也相近。

这种系统明显极易搞混，元音缺乏强化了这个混乱；为尽可能消除误解，埃及人给单词添上名为“限定词”的不发音解释性符号。据此，一个坐着的人总是跟在人名或称号后；一张带尾巴的兽皮跟在提到兽类的名字后；一个壶用在提到液体的地方；一对腿表示活动；一个里面有开口交叉符号的圈（表示有交叉街道、有城墙的城市）表示城镇；一个纸莎草卷表示与宗教信仰有关的事务。

商博良把这些与埃及人也在使用的语标符号区别开来。语标符号里，一只眼睛的图画表示“眼睛”；一把弓表示“弓”；一幅格式化的面包图画表示“面包”；一个角表示“角”。埃及人通过把他们的图像扩展到相关概念，进一步用语标符号代表动词和副词。手里拿棍棒的人表示“打”；腿脚表示“走”；拄拐的人代表“老年”；典型的上埃及花卉百合表示“南方”。这些象形文和语标文共用的符号有数百个。它们部分导致了过去关于象形文字的寓意观点，给了这个观点仅有的一点有效成分。

因此，一个朗读象形文字的人需要知道，某个具体符号是代表构成单词一部分的一个音，或是一个发音形式与图画没有任何关系（如同埃及语“百合”的音与“南方”没有任何关系一样）的概念，还是一个完全不发音的限定词。象形文字的复杂性还不止这些。不满足于限定词，埃及人常常给单词

[1] 译注：Amenophis III，即阿蒙霍特普三世（Amenhotep III，前15—前14世纪），图特摩斯四世之子，以首都底比斯为中心，建造了包括门农大石像和卢克索神庙在内的庞大建筑。

[2] 译注：（英语）蜜蜂（bee）与动词是（be）发音相同；号啕（wail）与鲸（whale）读音相同。

加上额外表音符号，确保绝对准确地传达意义。虽然燕子充分表达了 /wr/，埃及人还是喜欢在燕子后画一张表示 /r/ 的嘴。虽然一只耳朵有效地表达了“听”，他们还会紧跟耳朵添上一只鹰，表示 /sdm/（听）的最后一个音 /m/。似乎他们常会乐此不疲地堆砌这些累赘符号——但对破译人来说，每一个都作为某种虚码。

埃及文字的最后一个难题是同音符（homophone），即不同符号表示同一个发音。在商博良的原始破译中，一个半圆表示 *Ptolemis* 中的 /t/，一只手表示 *Cleopatra* 中的 /t/。商博良发现了大量同音符：实际上，它们的数量之多，妨碍了他的破译获得全面承认。最后，德国科学家里夏德·累普济乌斯[1]表明，许多表音符号代表两字母或三字母辅音组。出现在“Ramses”和“Thutmose”中的三叉符号，不仅仅像商博良认为的那样表示 /m/，还代表 /ms/，多了一个商博良在那些单词中发现的赘音 /s/。1866 年，累普济乌斯对冗长的双语《卡诺帕斯法典》（Decree of Canopus）的破译澄清了商博良未能解决的许多细节问题。

1832 年，实现破译之后不到 10 年，商博良英年早逝，年仅 41 岁。但他得偿所愿，解开斯芬克斯无声守卫了数千年的不解之谜。就像照耀门农[2]巨像的朝阳，商博良的耀眼才华照亮了漫漫长夜，敲响了无声的雕像和石碑。他唤醒了以前只能从遗迹中了解的整个伟大文明。尼罗河船队；奴隶和贵族；满载桂皮、猿猴和象牙而归的一次对蓬特的远征；奇特的宗教信仰、乱伦的王族和一次注定失败、争取一神教的勇敢战斗；年轻勇士拉美西斯二世[3]法老在卢克索和底比斯神庙墙上记下他在遥远的卡迭石打退敌军时的所思所想，他曾差点被这支敌军击溃，所有这些一起演绎了一出辉煌的历史剧：一幅追溯到未知远古的人间悲喜剧，年久失修的神庙、岩石上凿出的

---

[1]　译注：全名为卡尔·里夏德·累普济乌斯（Karl Richard Lepsius，1810—1884），埃及研究学者，现代考古学奠基人。

[2]　译注：Memnon，（希腊神话）门农，埃塞俄比亚国王，在特洛伊城帮助其伯父普里阿摩斯时被杀。

[3]　译注：Ramses II，约卒于公元前 1225 年，执政时期为约公元前 1292—约前 1225 年，通称“拉美西斯大王”，是第 19 王朝的第 3 代君王，修建了巨大的墓碑和塑像，其中包括建在阿布辛拜尔的两座岩石庙宇。

坟墓和金字塔成了它的背景。商博良让人类看到的历史也许超过了任何其他人。这是个令人羡慕的成就。

讲述自身故事的，不仅仅有故去的埃及人。破译人还变出古巴比伦王国的历史记录。相比象形文字破译，可以说，破译楔形文字的成就更为惊人，因为它是在没有双语对照的协助下完成的。对这种复杂图形和它的未知语言（尼尼微和巴比伦的语言），破译人在读出一个用于一门已知语言的简单楔形符号后，破译才取得进展。

27 岁的格奥尔格·弗雷德里希·格罗特芬德（Goerg Friedrich Grotefend）是格丁根的一个学校教师，他发起了首攻。他写过一本关于世界语的书，喜欢破译密码和字谜。他从较近的波斯碑文希腊版本中得知频繁重现的惯用语“king of kings”（众王之王）和“son of the king X”（某国王之子），把它们与楔形铭文中常见的一系列重复符号对应。他聪明地比较了两处碑文的惯用语，推导出一串父亲、儿子和孙子的继承关系，其中儿子和孙子是国王而父亲不是。历史证据确定了该王朝的大概年代，波斯国王的名字也通过希腊历史学家为人熟知。格罗特芬德发现只有西斯塔普、大流士和薛西斯符合这个模式。他从《琐罗亚斯德教圣书》中得到这些名字的现代波斯语形式，把这些音值代入楔形文字，在一个有 42 个符号的字母表中，得到 13 个正确值和 4 个错误值。这是最初的突破，但后面还原古波斯语的工作大部分由丹麦文献学家拉斯默斯·拉斯克完成。

英国人亨利·罗林森（Henry C. Rawlinson）像壁虎一样攀附在贝希斯登的陡峭悬崖表面，抄写刻在悬崖上的三语文字，它们看上去像一块巨大的古代公告牌。他也独立破译了古波斯语楔形文字。他还发现了一系列他认作国王名字的符号，识别出它们，突破这段文献。他还原的字母表比格罗特芬德更全，为更重要的下一步提供了破译音节楔形文字的钥匙。阿卡得语，即巴比伦和亚述的语言，就用这种楔形文字写成。

从符号数量方面看，在贝希斯登发现的三种碑文和其他双语碑文中，音节楔形文字是最复杂的一种。罗林森等学者找出包含国王名字的重复格式，比较了它们的发音和含义（古波斯语的破译中没有这些知识），发现阿卡得语文字是部分音节、部分语标的。例如，它用一个单一符号表示“国王”，却用几个符号拼出该国王名字。用于这些名字的符号数量等于它们的辅音数量。瑞典伊西多尔·勒文施滕（Isidor Löwenstern）据此得出结论，阿卡得语属闪米特语，至少在后期文字中，该语系仅仅把辅音写成字母，用点和线代表元音。但他发现数量反常、代表某个单一辅音的符号。爱尔兰教士爱德华·辛克斯（Edward Hincks）表明，这些符号其实代表以该辅音为基础的音节，如 /ra/、/ri/、/ru/、/ar/、/er/、/ir/、/ur/。他同时认识到，一个单符号可以作为一个单词符、一个音节符，或一个非常类似象形文限定词的限定词。

与此同时，罗林森继续把新发现的语音值代入楔形文献。有时候，拟代入的值突兀得刺眼，一个单符号似乎不该出现在一个上下文使然的单词里。这种情况多次发生后，他想到这些表面错误的某种内在规律性。最终，他得出结论，和英语中的 *c* 可以发 /s/ 或 /k/ 音一样，一个单符号可以有几个不同音值。因此在阿卡得语中，罗林森发现，通常表示 /ud/ 的符号也可以代表 /tam/、/par/、/lah/ 和 /his/。到 1851 年为止，他确定了 246 个多音符，最终证明几乎完全正确。它们为亚述巴尼拔 [1] 图书馆 2 万块泥版中的发现所证实，学习这门复杂语言的学生曾将其中约 100 片泥版上的各种符号、音节多音符和语标符号联系起来。至此人们才理解，为什么意为“O Nabu, pretect my boundary mark” [2] 的 *Nabu-kudurrī-uṣur*（Nebuchadnezzar［尼布甲尼撒］）的名字，要写成 AN-AG-ŠA-DU-ŠIŠ。原来 AN-AG 是神 Na-bi-um 的语标符号，ŠA-DU 代表单词 *kudurru*（boundary mark），ŠIŠ 表示 *naṣāru*（to pretect），它的祈使形式是 *uṣur*。

考虑到这层复杂性，难怪许多学者要嘲笑这些结果，指其纯属想象。1857 年，英国皇家亚洲学会为解决破译可靠性问题，把一份新发现的楔形文字碑文寄给四位专家，罗林森、辛克斯、威廉·亨利·福克斯·塔尔博特（William Henry Fox Talbert）和朱尔斯·奥波特（Jules Oppert），要求他们独立研究它。四个封着译文的信封在一次正式会议上开启。在所有基本要点上，他们的解读互相一致。

在很大程度上，当时世界依然相信《圣经》的启示是独一无二的，然而 15

[1]　译注：Ashurbanipal（约前 668—前 627），亚述国王，赛纳克里布之孙，是文学艺术的赞助者，在尼尼微城建立收藏馆，收藏 2 万多块泥土刻字板。

[2]　译注：大意为，噢，纳布，保卫我的边界。纳布是亚述和巴比伦神话中的智慧和文字之神，马杜克（见下）之子。即下文的 Nabium（纳比乌姆）。

年之内，人们瞠目结舌地读到《吉尔伽美什史诗》[1]。该书描绘了一个类似《圣经》的古代大洪水故事，细致到放出一只鸟察看洪水是否退去的细节。到世纪之交，一块被打破的、刻着 3600 行楔形文字的闪长岩石碑被发现是汉谟拉比的法典——写着罪行和惩罚，甚至还有明显被后来摩西律法（Mosaic Law）抄袭的词句。楔形文字的破译表明，西方多少世纪来认定的天赐真理只是来自异教文明的人类大脑；并且通过削弱道德法则的神性权威，它帮助铺平了当今道德和哲学发展的道路。它揭示了大量与亚述和巴比伦金字形神塔土地有关的内容：它们的飞行神牛、大胡子国王、皇家猎狮活动、天文学，它们的神祇如马杜克[2]和伊师塔，以至于现代人对它们的了解远远超过了古希腊最有学问的旅行者，尽管他们在时间上距它们比我们近 2000 年。

学者还阐明了其他许多消失的语言，实际上，每一种消失并且被复原的语言都可归入这一类。其中不少与几被遗忘民族的方言有关，它们无足轻重，因此对历史的影响不大，比不上两大文明的象形文字和楔形文字的破译。出人意料的是，基本破译常常是一个学者单干的成果，虽然通常在极注重细节的文献学领域，他的研究几乎无一例外地得到其他人的扩充和检查。

在这些其他解读中，最重要的也许是 1916 年，贝德日赫·赫罗兹尼（Bedřich Hrozný）对赫梯语[3]楔形文字的解读。这位活泼、慷慨的捷克学者当年 37 岁，他用阿卡得语楔形文字的音值，偶尔使用其语标符号，解读赫梯楔形文字，但这种语言似乎无法理解。最终，他发现一个句子包含表示“bread”（面包）的语标符号，把句子其余部分转写成：*Nu-BREAD-an ezzateni, wadar-ma ekuteni*。它似乎在重复一句熟悉的话，他突然发现它指的是吃面包和喝水，*wadar* 类似日耳曼语系的 *watar* 和英语的 *water*（水），*ezzateni* 是德语 *essen* 和英语 *eat*（吃）的同源词。原来这种语言属于印欧语系，虽然几乎所有文献学

[1] 译注：主人公吉尔伽美什是传说中苏美尔城邦乌鲁克的国王，据说在公元前第三个千年前半期的某一时期中曾经为王，诗中描述他为求长生不老所建种种业绩，但终究未能如愿。

[2] 译注：Marduk，（巴比伦神话）巴比伦的主神，征服了代表远古混乱的妖怪蒂马特之后成为天地众神之王。

[3] 译注：赫梯语（Hittite）经证明是最古老的印欧语系语言，用象形文字和楔形文字书写，20 世纪初获解密。

家假设过它的各种可能性，但就是没有印欧语言。这为它打下了破译的正确基础，不到 20 年，语言学家已经有了令人满意的答案。《圣经》和其他古代民族的历史提到过这个民族，破译帮助澄清了关于他们历史的一些令人困惑的细节。（赫梯人也用他们自己的象形文字书写，几个为破译添加了一些细节或提出一种假说的学者依然在不辞辛劳地解读它。）

大部分其他破译来自文明发源地地中海。麦罗埃语（Meroitic）是麦罗埃“埃塞俄比亚”王国的语言，约公元前 100 到公元 300 年间，这个王国在埃及南部繁荣昌盛。20 世纪 20 年代，弗朗西斯·卢埃林·格里菲思（Francis Llewellyn Griffith）破译了麦罗埃语，发现它是埃及语的一支。流传于小亚细亚西南部利西亚语（Lycian）的破译得到墓志铭的大力帮助，这些墓志铭严格的程式化用语得到附近希腊语墓志铭的确认。克罗伊斯国王[1]的语言吕底亚语（Lydian），是在阿拉姆语和希腊语双语文献帮助下解读的。流传于小亚细亚南部沿海锡德城的锡德语[2]，一开始因为对照的双语希腊文太短无法解读。1949 年，一段较长的双语文字出土，赫尔穆特·博塞特（Helmuth T. Bossert）因此取得可观进展。1843 年，在拉丁语 – 古迦太基语对照文字和柏柏尔[3]部落语言文献学知识帮助下，德索西（F. C. de Saulcy）解读了柏柏尔语。柏柏尔语又叫努米底亚语[4]，是迦太基时期流传于西北非洲的语言，用一种看上去像特别创造的文字书写；柏柏尔部落语言则是努米底亚语的现代后裔。20 世纪 20 年代中期，曼纽尔·戈麦斯·莫雷诺（Manuel Gómez Moreno）教授破译了西班牙出土的伊比利亚语[5]。这些文字出现在约 150 处铭刻上，最长的一处有 342 个字母；某些部分的破译依然有争议。学者们还破译了南阿拉伯半岛的文字，如优

---

[1] 译注：King Croesus，公元前 6 世纪，吕底亚末代国王（约前 560—前 546），以巨额财富闻名，征服了小亚细亚沿岸的希腊城市，后被居鲁士大帝推翻。

[2] 译注：Sidetic，印欧语系已经消失的安纳托利亚语支的一个语种。

[3] 译注：Berber，北非土著民族，包括游牧部族图阿雷格人。

[4] 译注：Libyan，最早的柏柏尔语；Numidian，努米底亚语。

[5] 译注：Iberian，伊比利亚语属罗曼语，已失传，流行于古典时期晚期的伊比利亚半岛；为拉丁语与现代西班牙语、加泰罗尼亚语和葡萄牙语的中间阶段。

美的塞巴语[1]字母；它们提供了最早的阿拉伯方言的知识。北阿拉伯萨法语[2]文字主要来自公元一二世纪刻在大马士革东南萨法附近火山岩上的石刻，大部分由德国的利特曼（E. Littmann）解读。

1840 年，牛津大学梵语教授詹姆斯·普林塞普（James Prinsep）去世，年仅 41 岁。他破译了不止一种而是两种重要的古代文字，被誉为“英国给予印度的最有才华、最有用的人之一”。在钵罗钵语[3]—希腊语对照的波斯大夏王国[4]硬币出土后，他首先解开了钵罗钵语文字。大夏是亚历山大大帝之后一个繁荣昌盛的王国。硬币上的希腊语专名指向钵罗钵语字母的音值，原来钵罗钵语是用闪米特语字母书写的波斯语。这之后他把注意力转向佛教国王阿育王[5]的碑文。公元前 3 世纪，阿育王统治着空前庞大的印度帝国。碑文用当时未知的婆罗米字母书写，所用语言为通俗语言“俗语”[6]（区别于文学语言梵语）。1837 年，在印度中部博帕尔附近一座庙里发现的一些物品上，普林塞普看到不少简短的刻字，确定它们表示某人捐给庙宇的“gift”（供品）。普林塞普把表示“gift”的“俗语”词的已知发音，和“俗语”专名的已知发音，与那些字母一一对应，解出已知最古老的印度文字。他的破译填补了早期印度史的大量空白，增进了人们对印度语言文字发展的了解，对了解其他印欧语系语言也有重要作用。它为穆勒还原用婆罗米文字书写的吐火罗语铺平了道路。

穆勒还在粟特语[7]的破译中发挥了重要作用。这是公元第一个千年期间，

---

[1] 译注：Sabaean，约公元前 1000 年到公元 6 世纪流传在也门的一种古南阿拉伯语言。塞巴（Saba），阿拉伯南部一古国，今也门。

[2] 译注：Safaitic，古代北阿拉伯语的一种方言。

[3] 译注：Pahlavi，一种阿拉姆语文字，公元前 2 世纪到公元 7 世纪，伊斯兰教创立时用于波斯，也用于记录古波斯琐罗亚斯德教经典《阿维斯陀》。

[4] 译注：大夏（Bactria），即巴克特里亚王国，亚洲西部阿姆河与兴都库什山之间一古国。

[5] 译注：Asoka（？—前 232），约前 269—前 232 年为印度皇帝，改信佛教，并立佛教为国教。

[6] 译注：Prakrit，又译帕拉克里语，印度中部及北部的白话方言，与梵语相对。古时与梵文并存或起源于梵文。

[7] 译注：Sogdian，粟特族使用的语言。伊朗语的一种古代东部语支，随着粟特人活动范围扩大，粟特语一度成为中亚、北亚的一种通用语言。

中亚的通用语。虽然现在是一片人迹稀少的荒漠，那时的中亚大熔炉还是一片富饶的土地，拥有撒马尔罕等风景明媚的城市，满载运往欧洲的香料和翡翠的商队由此穿过。和钵罗钵语一样，粟特语也是中古波斯语[1]的一种东方方言，字母也是阿拉姆语的后代。

来自东方最偏僻角落的其他失传文字，也在语言学家的分析面前纷纷败退。布莱格登（C. O. Blagden）摧毁了公元 11 世纪左右在缅甸使用的孟族语[2]，他的基本武器是孟族语、骠族语[3]、巴利语[4]和缅甸语四种语言的对照文字。20 世纪 20 年代，克代斯（G. Coedès）破译了一些用高棉语（一种 5 世纪的柬埔寨语言）书写的铭文。一群学者在梵语对照文字帮助下，合作解读了一种用所谓中亚笈多斜体文字写成的印度语言。

另一种中亚文字的破译有时被看成轻松破译的典型。1889 年，考察队员在鄂尔浑河附近，哈拉和林以北约 64 千米处发现了两块大型石碑[5]。其中一块的一小段汉字声称立碑纪念一位突厥王子，立碑年代相当于公元 732 年[6]。该碑另一段长碑文用一种有棱有角的文字刻成，类似日耳曼如尼文。两种碑文都于 1892 年公布。次年，丹麦学者威廉・汤姆森（Vilhelm Thomsen）尝试把汉字写的王子名字（K'we-te-kin [阙特勤]）与表示它的类如尼文符号对应起来，失败后，他发现王子名字的突厥语形式是 *Kül-tigin*，即把那些符号与它对应。他又在一组符号中发现突厥语单词 *tängri*（上天），这组符号出现在可汗的"上天"名称[7]可能出现的地方。这两个单词合起来包含了解读一个频繁出现单词——*türk*（突厥，阙特勤民族的名字）所需的全部符号。人们发现，在没有受到穆斯林征服的影响之前，这种语言是已知最古老最纯粹的突厥方言；这种

[1]　译注：Middle Persian，公元前约 300 年至公元 800 年期间的波斯语。

[2]　译注：Mon，孟族语属高棉语（柬埔寨语），孟族人是缅甸仰光东部的一个少数民族。

[3]　译注：Pyu，属汉藏语系，公元第一个千年在缅甸中部使用的地方语言。

[4]　译注：Pali，一种印度语支的语言，与梵文关系密切，用于书写南方佛教的经文；公元前 5 世纪至公元前 2 世纪形成于印度北部。

[5]　译注：即"阙特勤碑"和"毗伽可汗碑"。

[6]　译注：唐开元二年。

[7]　译注：可汗本意指神灵、上天。

文字现在叫古突厥文[1]，其他发现显示它是一种后来被突厥人抛弃的民族文字。就这样，1893 年 11 月 25 日，在汉语对照文字帮助下，汤姆森破译了这种文字，他的破译如此全面准确，以至于从那以后，几乎没有任何增加或纠正。

不是每种文字都被攻破，许多依然是天书。伊特鲁里亚语用拉丁字母书写，与早期西方文明同时代，是高不可攀的语言之一。这是一个部分解决的"情况 II"问题。学者们已经相当准确地认出少量单词，但它的 8000 份文献过于程式化（许多是葬礼铭文），而且太短（许多仅有片段），语言还原难以取得大的进展。仅存的少数对照文字（拉丁文）是墓志铭。甚至对以文字形式写在骰子上的数字都有许多争议，这一点生动说明了这个问题的复杂性。

4000 多年前，印度河谷文明[2]在印度西北边陲繁荣昌盛，至今它的象形文字还是个谜。二战期间，垂暮之年的赫罗兹尼对全世界所有未破译文字发起攻击，宣布破译了大约 250 个印度河谷文字符号，但其他学者对此不予承认。一些研究者看出这种文字与复活节岛"显灵板"[3]上的文字有相似之处。许多符号看上去确实惊人相似，但两地巨大的时空距离使得两者间有任何联系的可能性极小。复活节岛土著称显灵板上的文字为"朗戈朗戈"，他们流传的说法认为，吟游诗人就用这些看上去像人或植物的小图像作为一个故事中一整行的提示。1870 年，显灵板被发现时，提供资料的土著没人能实际解释这 500 个符号，但托马斯·巴特尔（Thomas S. Barthel）最近宣称破译了显灵板文字。

许多未来破译者在费斯托斯圆盘（Phaistos Disk）上一展身手。这是一种直径约 15 厘米的圆形刻写板，1902 年在克里特岛费斯托斯发现。它的 241 个符号用戳子印在细腻的黏土上；文字从正反两面中心展开成 5 条螺旋线。45 个高度形象化的人、动物、工具和身体部分的描绘构成字汇[4]。据此所做的统计认

---

[1] 译注：Kök-Turki runes，直译为古突厥如尼文。英文维基百科称之为古突厥文字。

[2] 译注：亦称"印度河流域文明"，公元前 2600—前 1760 年沿印度河谷繁荣发展的早期文明，其财富得自与印度次大陆其他地方进行的海陆贸易。

[3] 译注：占卜用的板，写在板上的文字叫"朗戈朗戈"（Rongorongo [本书写作：rongo-rongo]），是一种深褐色的浑圆木板，有的像木桨，上面刻满了一行行图案和文字符号，被认为是复活节岛的古老文字。

[4] 译注：signary，古代语言的字汇，如象形文字符号表等。

为，原始字汇有 50 到 60 个象形文字。这些圆盘的年代当在公元前 1700 年左右。公布的破译很多，但没有一个得到公认。

一个让多少人彻夜不眠的“情况 III”问题是玛雅象形文字的破译。即使近来遭到无往不利的现代武器数字计算机猛攻，它依然没有屈服。苏联科学院新西伯利亚数学研究所三位青年数学家，叶夫列伊诺夫（E. V. Yevreinov）、科萨列夫（Y. G. Kosarev）和乌斯季诺夫（V. A. Ustinov），首次应用计算机处理破译问题。他们假设，最常见的玛雅字符代表玛雅语言最常见发音的书面形式。人们从三个来源了解玛雅语言和发音的知识，首先是玛雅祭司用西班牙征服者字母写下的玛雅文字，其次是同一时期编制的两本玛雅—西班牙语词典，再次是尤卡坦地区还在使用的玛雅语退化形式。三位数学家把这些文字的 6 万个单词编码，输入作为计算机存储器的打孔卡和磁鼓。他们发现文中有 70 个字母对占了词头的一半，与之类似，73 个象形符也占了半数词首。以此为基础，他们断定两组一致，并且在 40 小时快如闪电的电子“破译”中，通过比较词尾和中间组的其他关系，最终宣称他们破译了玛雅文字。他们的破译例文有：“年轻的玉米神用白色黏土烧制陶器”，“这个女人背负战神”。但人们对他们的一般方法和结果细节两方面的批评，夷平了这座精巧的建筑。

史上最巧妙、最理性、最可信且最出人意料的破译出现在 1952 年。和所有爱琴海的故事一样，这个故事始于特洛伊。

19 世纪 70 年代，当时《伊利亚特》和《奥德赛》被普遍看成纯虚构故事，一个拒绝接受这个观点的德国富商证明了他的执着信仰：它们包含事实的种子。海因里希·施里曼在土耳其希萨立克离大海约 4.8 千米的 26 米高土丘发现了历史古城特洛伊遗址。他挖掘出厚厚的城墙，这就是阿喀琉斯拖着赫克托耳[1]尸体绕行的城墙，就是靠了木马诡计才得以突破的城墙。他在自认为属于普里阿摩斯[2]的财宝中发现金杯。这个地址是对的，但他估计的时间差了一千

[1]　译注：Hector，（希腊神话）特洛伊战士，普里阿摩斯和赫卡柏之子，安德洛马刻的丈夫，被阿喀琉斯杀死，尸体被拖在战车后绕特洛伊城墙三圈。

[2]　译注：Priam，（希腊神话）特洛伊被希腊人毁灭时的国王，帕里斯和赫克托耳之父、赫卡柏之夫，被阿喀琉斯之子尼奥普托列墨斯杀死。

年。他认为这座屡次重建城市的第二层就是荷马的特洛伊；20 世纪 30 年代，辛辛那提大学卡尔·布利根（Carl W. Blegen）博士领导的一支美国考察队证明，晚得多的特洛伊第七层才是荷马笔下不朽的伊利昂[1]。

荷马同样吟诵过“遍地黄金的迈锡尼”，施里曼又一次相信了这首诗，立即在希腊半岛的迈锡尼挖出一个皇室墓葬圈，埋在墓里的国王戴着金王冠和金面具。他认为这些就是“众王之王”、迈锡尼的统治者、特洛伊战争中所有希腊人的统帅阿伽门农和他的特洛伊俘虏卡珊德拉[2]的坟墓。阿伽门农回国后不久，这两人一起被他的妻子克吕泰涅斯特拉和她的情人埃吉斯托斯谋杀。和特洛伊的情况一样，施里曼估计的迈锡尼日期也早了几百年，但他的直觉惊人准确。

英国考古学家阿瑟·埃文斯（Arthur Evans）对这一时期的文字产生兴趣，认为它们肯定是这一时期有修养的富裕居民使用的。他在希腊发现一些宝石，上面的雕刻似乎有点像文字，他追踪到克里特，开始在克诺索斯[3]发掘。他如愿发现了文字，但另外的重大发现把他原本不甚强烈的最初目标赶到九霄云外。

因为埃文斯发掘出一个发达古代文明的惊人遗址。他发现了传说中的弥诺斯国王[4]的巨大王宫。王宫布局复杂凌乱，也许正因如此，才有了弥诺斯建迷宫囚禁弥诺陶洛斯[5]的神话。弥诺陶洛斯是弥诺斯的皇后和公牛生下的怪物后代。埃文斯看到青年抓住公牛双角，被它摔到背上的壁画：与弥诺陶洛斯故事元素一脉相承的公牛舞者，透过传说的黑暗镜头，成为真实事件的种族记忆。宫内随处可见象征王室的双刃斧，数量之多，以至于埃文斯把王宫称作双斧

[1] 译注：Ilium，即特洛伊。

[2] 译注：Cassandra，（希腊神话）特洛伊国王普里阿摩斯之女，被阿波罗赋予预言能力。但在她欺骗阿波罗之后，阿波罗让她的预言虽然准确，但不为人所信，把预言变成诅咒。特洛伊城破时成为阿伽门农的俘虏。

[3] 译注：Knossos，克里特文明的主要城市，其遗迹位于克里特岛北岸，该城从新石器时代起到约前 1200 年有人居住。埃文斯对该城的发掘揭开了一座豪华宫殿的遗迹，他称之为弥诺斯王宫。

[4] 译注：King Minos，（希腊神话）传说中的克里特岛之王，宙斯和欧罗巴之子；其妻帕西淮生下半人半牛怪弥诺陶洛斯；弥诺斯后来向雅典强索童男童女献给怪物吞食。

[5] 译注：Minotaur，（希腊神话）半人半牛怪物，为帕西淮和她爱的公牛所生；被禁闭在克里特代达罗斯造的迷宫里，食人肉为生，后被忒修斯杀死。

宫。他依照传说中缔造者的名字，把这个文明称作“弥诺斯文明”[1]。

1900 年 3 月起，埃文斯开始发掘。当月 31 日，他发掘出第一块黏土刻写板，刻着他最初希望找到的文字；4 月 6 日，他发现整批收藏的刻字泥版。一些埋在烧焦的木头里，大概是当初储存它们的木箱残骸。暗灰色的泥版可分两种形状，狭长的“棕榈叶”类型和约 12.7 厘米 ×25.4 厘米的“书页”类型。克里特岛人没有烤制这些泥版，仅仅把它们弄干；有一次，埃文斯的一处屋顶漏水将一箱泥版变成一团泥浆。黏土上还有书写员拍平泥版时留下的指印。大部分泥版已经破碎，但碎片通常可以拼起来。

埃文斯发现了四种文字。最古老的出现在宝石上，类似初学者刻出的三维雕刻，有的刻在 2.5 厘米厚的图章上。这明显是象形文，虽然它与埃及象形文没有任何关系，埃文斯称之为“象形文字 A”。他发现了刻在黏土上 A 的格式化形式，称之为“象形文字 B”。他又查找到 B 的进一步简化的两种连写形式，比象形文字线条更细，写在泥版上。埃文斯称其中一种为“线形文字 A”，另一种线形文字 B 是四种里最晚的一种。线形文字 A 在克里特岛到处都有发现，而线形文字 B 只发现于克诺索斯。它们也不是同时存在的；线形文字 B 取代了 A。四种文字间并非泾渭分明。一些形式逐步从象形文字 A 简化到 B，再到线形文字 A，再到 B。但线形文字 B 中有一些 A 没有的符号，并且一些线形文字 B 的形式比表面上对应的 A 形式更复杂。线形文字从左到右读写。

线形文字 B 的单个符号稀奇古怪，形似各种各样的物体：一个尖端拱门围着一条竖线；一把梯子；一根茎纵贯一颗心；带一根倒刺的弯曲三叉戟；一头回首张望的三条腿恐龙；多一条贯穿横条的字母 A；反写的字母 S；杯口系着一把弓的半满高啤酒杯；几十个看上去不像世上任何东西的符号。埃文斯统计到 70 个通用符号（总计约 90 个），根据这一点和通常作为词间隔的竖线间所含符号的平均数量，埃文斯推测，“这些符号可能表示音节”。

线形文字 B 泥版似乎主要是账目、清单、商业文件等。除符号外，泥版上还有马、战车、车轮、男人、女人、剑、谷物等的象形图，图旁边还有道道，

[1]　译注：Minoan，又译“米诺斯文明”，也称（古希腊）克里特文明，公元前 2800—前 1100 年前后以克里特岛为中心发展起来的文化。

显然是指出所述项目的数量，用的是十进制。有几块泥版底行还有个总计项目。一些泥版侧边还有索引，这样记账人就不必为找一块需要的泥版把整批版都抽出来。

埃文斯按象形图的寓意给它们分组，如橄榄栽培、藏红花栽培、谷物、牛羊、战车，等等。他把符号本身依据表音、表意、数字或农业方面的联想分成四组。他列出看上去像阳性和阴性的名字，统计了阳性组的符号出现次数，提出阴性组名字的常规变化构成了“词形变化的极好证据”。他识别出一些词，声称这些是用于王室和宗教词汇的限定词。他评论说有个符号很像闪米特语字母，但是很明智地，他没有毫无根据地指出它们代表同样的发音。

他没有读懂这种文字。破译的基础（文字背后的语言）依然未知。但历史因素强烈指向某个确定的方向。

埃文斯相信，他发现的弥诺斯文明从开始到衰落都统治着希腊本土。作为证据，他引用了始于克诺索斯，又在施里曼发现的同时代迈锡尼文明身上延续的一些早期特征，主要是类似的建筑和所谓宫廷风格的陶器。以这个“克诺索斯中心”（Knossocentric）为前提，必然就有了线形文字 B 的语言与闪米特语或伊特鲁里亚语或赫梯语或任何首先统治克里特岛的语言（兴许还不是印欧语系语言）有联系的结论。线形文字 B 的语言是迈锡尼人可能用过的希腊语吗？这一点乍看似乎不大可能，因为如果是这样，这种文字的破译就该是一种相对容易的“情况 I”破译，而埃文斯的理论就会站不住脚。但该语言非希腊语的明显证据似乎证明了弥诺斯文明的统治地位。

线形文字 B 与几个世纪后在地中海岛屿塞浦路斯使用的文字惊人相似。符号的总体图形大体一致，一些符号完全对应。学者能读懂公元前 700 到前 100 年间使用的古塞浦路斯语文字，因为 19 世纪 70 年代，英国亚述学家乔治·史密斯（George Smith）破解了它。它的符号数量（55）让他确信这些符号代表音节。在一篇腓尼基语和古塞浦路斯语对照的碑文中，史密斯找到两个古塞浦路斯语单词，与两处出现的腓尼基语“king”（国王）对应。两个古塞浦路斯语单词的倒数第二个符号不同。从它们在文章中的位置，史密斯确定差异来自词形变化：一个形式是主格“国王”，另一个是所有格“国王的”。他再找一种邻近语言，其“国王”一词倒数第二个音节的主格和所有格形式不同。他找到希

腊语主格 *basileús*，和所有格 *basiléōs*。有了这个发现和专有名词的帮助，“我因此得到 18 个基本可以确定的古塞浦路斯语符号。以此为助，我尝试破译碑文其余部分。不幸的是，包含其余专有名词的古塞浦路斯语碑文部分残缺不全……”以 *basileús* 和该语言与希腊语的其他相似之处为依据，他认为“该语言与希腊语虽非同种，但有渊源”。至此史密斯放弃了这个课题，一来因为他无法再进一步，一来因为他即将开启考察旅程。那次考察发现了记载“大洪水”和《吉尔伽美什史诗》的巴比伦泥版。

他的工作由塞缪尔·伯奇（Samuel Birch）、约翰内斯·布兰迪斯（Johannes Brandis）和莫里兹·施密特（Moriz Schmidt）等人继续。最终，人们弄清该语言是希腊语，但书写所用文字与熟悉的希腊语字母系统完全不同，以至于看上去面目全非。这种文字的符号只能代表纯元音或辅—元音形式的音节；单个辅音、元—辅音组和辅—元—辅音组被排除在外。除其他特性外，这种文字不区别 /ta, da, tha/ 音，只用一个符号代表所有这三个音。它忽略辅音前的鼻音：“panta”（全部）写成 *pa-ta*。它在词尾辅音后加一个不发音的辅助元音：“theoīs”（对众神）就成为 *te-o-i-se*。以两个辅音开始的音节必须写成两个音节。所有这些使塞浦路斯希腊人的书面语言显得粗俗笨拙。这种语言类似“黄金时代”[1] 本土希腊人使用的语言，并且属同一时代。希腊语“anthropos”（人）在古塞浦路斯语中写作 *a-to-ro-po-se*。

埃文斯指出这种文字与克里特岛文字的相似之处，甚至可能还尝试过用古塞浦路斯语音值破译线形文字 A 和 B。如果这样做，他将和后来做此尝试的其他人一样遭到失败。一个简单事实似乎注定了这一失败。最常见的希腊语词尾辅音是 *s*，古塞浦路斯语把它写成 *se*。如今，*se* 的古塞浦路斯语符号与某个线形文字 B 符号一样。但在线形文字 B 中，这个符号很少出现在词尾。这个现象与希腊语是线形文字 B 的基础假设相抵触。那些失败，以及这个语言学证据，强化了埃文斯的考古学证据，支持了他关于克里特支配希腊的“克诺索斯中心”论点。埃文斯本人的威望很快把这个论点提升到正统理论的地位。

[1]　译注：希腊神话的社会形态分类，有时也认为与历史时期有联系。根据赫西奥德（Hesiod）的五分法可分：黄金时代、白银时代、青铜时代、英雄时代和黑铁时代。

但有几个持非正统观点的人勇敢地挑战它。这样做确实需要勇气：一位名叫艾伦·韦斯（Alan J. B. Wace）的人为自己的轻率付出沉重代价，1923 年他无奈地从雅典英国学院[1]退休，而且数年被排除在弥诺斯文明领域的研究之外。非正统观点者与埃文斯的区别仅在于公元前 1450 年到青铜时代结束的前 1125 年这一段时期。这一时期包括希腊英雄时代和特洛伊战争（约前 1240 年），因而是一个极其重要的时期；线形文字 B 就是这一时期的作品。两派都同意，前 1450 年以前的青铜时代早期，克里特文明在爱琴海一枝独秀。雅典对弥诺斯的臣服，它每年向弥诺陶洛斯贡献七对青年男女，弥诺陶洛斯最终被雅典英雄忒修斯杀死，这个传说可能作为某种文学作品发端于这一时期。线形文字 A 就在这个时期使用，该时期结束于弥诺斯王宫原址毁于地震大火。

韦斯等人认为，埃文斯忽视了所述年代的重要证据。考古证据如宫殿尺寸等越来越清楚地表明，这些年代及其之前一段时期，希腊本土的势力和影响不断壮大，克里特岛却在衰落。韦斯认为，这表明本土文明支配克里特文明的可能性大于相反情况。

1939 年的一项发现极大地推动了这个理论。结束特洛伊的工作后，卡尔·布利根在希腊皮洛斯发掘出内斯特[2]的王宫。睿智、唠叨的内斯特是特洛伊战争中最老的希腊首领，与伊阿宋一起航海寻找金羊毛的阿尔戈英雄[3]之一。布利根挖开的第一个坑正穿过档案室，他在那里发现了 600 块刻着线形文字 B 的泥版碎片。如果线形文字 B 代表了弥诺斯文明的语言，为什么它只在克诺索斯出土，在故乡克里特岛难觅踪迹，却在远离家乡的希腊本土被一个希腊国王拿来记账呢？韦斯形成一个理论：皮洛斯是线形文字 B 的故乡，出征的希腊人把它带到克诺索斯。可惜该理论实际上要求线形文字 B 是希腊语，而可能性的天平似乎显著偏向另一边。埃文斯低沉地喊出这个论点的胜利宣言："……不管是迈锡尼还是底比斯，都没有说希腊语的王朝宫殿……这个文明，和这个语言一样，依然是深入骨髓的弥诺斯文明。"

---

[1] 译注：British School in Athens，是外国设在希腊的 19 个考古机构之一。

[2] 译注：Nestor，（希腊神话）伯罗奔尼撒半岛皮洛斯的国王，年老时率臣民参加特洛伊战争，他的智慧家喻户晓。

[3] 译注：希腊神话，伊阿宋率领阿尔戈众英雄寻找金羊毛的故事。

尽管埃文斯信心十足，但只有这种语言的破译才能明确证实或否定他的说法，而这看上去还遥不可及。1909 年，埃文斯在他的对开本《弥诺斯文字 I》（*Scripta Minoa I*）中公布了当时已知的象形文字铭文和几块来自克诺索斯的线形文字 A 泥版，但他发掘出的约 1600 块线形文字 B 泥版只公布了 14 块。1935 年，在他的巨著《弥诺斯王宫》（*The Palace of Minos*）最后一卷和第四卷第二部分，他在 160 页令人遐想的线形文字 B 讨论中展示了另外 120 块泥版。但在《弥诺斯文字》系列随后的卷本中，他却从未践行他公布这些泥版主要部分的计划；到他 1941 年以 90 岁高龄去世时，泥版主体依然不为学者所知。考古学惯例赋予发现人首先公布其发现的特权，反过来也要求他履行及时公布的义务。埃文斯因此背上恶名，剥夺了两代学者研究线形文字 B 的机会。唯一公开的其他线形文字 B 文本是芬兰教授约翰内斯·松德瓦尔（Johannes Sundwall）公布的 38 块克诺索斯泥版，即使那点对考古学礼节的小小违反也招来埃文斯的不悦。二战迫使布利根把他挖到的宝贝藏在雅典银行金库，他出版它的打算落空。

虽然材料不足，众多自以为是的破译人攻击了这个难题。如 1931 年，戈登（F. G. Gordon）“经巴斯克到弥诺斯”[1]，到达一片幻想土地，把克诺索斯的账目读成伤感的诗歌。弗洛伦斯·梅利安·斯塔韦尔（Florence Melian Stawell）小姐胆敢对抗埃文斯，把弥诺斯文字看成希腊语。她依据泥版所刻物体的希腊名字，给每个象形符号或线形文字 A 符号任意分配一个音节或字母值，自说自话地解出大量“在荷马之前消失的”词汇。解读线形文字 B 的困难迫使她把每个符号读成一个完整单词，得出荒谬结果：竖线隔开的单词被她看成完整的句子。

1940 年，《美国考古学杂志》的一篇文章论证了她方法的错误，文章作者叫迈克尔·文特里斯（Michael G. F. Ventris）。且不管他是何方神圣，反正他显然不是专业考古学家，因为在大部分作者列出所属大学的位置，他只写了“伦敦”。但他的文章不错，因此得以出版。文特里斯首先扫荡对立观点的阵地，“弥诺斯语可能是希腊语的理论，无疑建立在对历史合理性视而不见的基础上。奇怪的是，希腊语解读居然得以出版”，接着提出自己的论据，支持它与伊特鲁里亚语类同的观点。他的立论基础是，伊特鲁里亚语和古塞浦路斯语字音表

[1]　译注：源自《经巴斯克到弥诺斯》一书。幽默说法，书名作为句子一部分。

都没有有声闭塞音 /b/、/g/、/d/，并且古塞浦路斯语显然源自弥诺斯语。他在古塞浦路斯语字音表的帮助下译出一些线形文字 B 名词，得到一些徒然添乱的“名词词根”。文特里斯在文章最后勇敢地总结：“它（破译）可以实现。”

与此同时，贝德日赫·赫罗兹尼自以为是地解决了印度河谷象形文字，开始向线形文字 B 开刀。他的娴熟使每一个止步于其艰者成了傻瓜。例如，他给一个线形文字 B 符号规定音值 /ha/，依据就是他认为它与一个表示 *hà* 的赫梯语符号、代表 *he* 的埃及语符号、表示 *ḥ* 的塞巴语符号、表示 *kh* 的卡里亚语（Carian）和伊特鲁里亚语符号，以及一个代表 x 的古弗里吉亚语（Phrygian）符号之间有相似之处。他还把另一个符号与其印度河谷破译中推导出的一个值联系起来。各种现存和派生语言的单词大杂烩组成了他的破译。批评者从方法论、语文学和证据学三个方面反驳它。“如果破译人像赫罗兹尼那样精通多门语言，”一个批评者温和地评论，“他就会有无数符合他要求的发音和含义的可能组合，而且很少会有铭文看上去毫无意义。”最重要的是，赫罗兹尼的解读似乎与泥版谈论的问题风马牛不相及。

大约同一时期，索菲亚大学的弗拉基米尔·格奥尔基耶夫（Vladimir Georgiev）推出一份 81 页的破译。他写道，他研究了爱琴海地名和希腊语词汇，发现线形文字 B 是一种未知印欧语系语言。他称之为“皮拉斯基语”（Pelasgian）或“原克里特语”（Eteocretan）。但他的解读似乎依据不足，没有说服力。

一些稍谦虚些的文章时有问世。德国学者恩斯特·西蒂希（Ernst Sittig）曾于 1919 到 1924 年在德国外交部密码部门工作，1950 年他假设一些非希腊语铭文的基础语言与弥诺斯语有联系，这些铭文用古塞浦路斯语字音表写成。他以近似的形状和频率为基础，把这些符号与线形文字 B 对应，宣布认出 14 个符号。以此为起点，他开始研究复原弥诺斯的语言。

这些片段研究中，布鲁克林学院古典学助教艾丽斯·科伯（Alice B. Kober）博士的系列文章最有价值。1944 年，她出版了对刻有扁斧表意文字的泥版所做的全方位文本分析。1945 年，她指出，10 个“战车”泥版上的单词词尾符号各不相同。她得出的结论与埃文斯 10 年前的意见一致：“线形文字 B 文件的语言极有可能是曲折语言”。

曲折语言用单词形式（通常为词尾形式）的变化指出时态、性别、数量、人称、格等方面的区别。英语中现仅存少量这样的变化（即曲折）：名词后的 *-s* 表示复数；动词后的 *-ed* 指出过去时。曲折变化在古语中更常见，与拉丁语法打过交道的人对此都有体会。因此，英语把一个简单的 *earth* 用于全部的格，拉丁语则按它是主格、所有格、与格还是其他形式的单数名词，把词形从 *terra* 变换成 *terrae*、*terrae*、*terram*，[1] 等等。单词的不变部分 *terr* 是词根。

"如果一种语言有曲折变化，"科伯小姐写道，"特定符号必定会在单词的特定位置反复出现。"她找到这样的重复，但她也承认"所用曲折类型及其意义依然未知"。

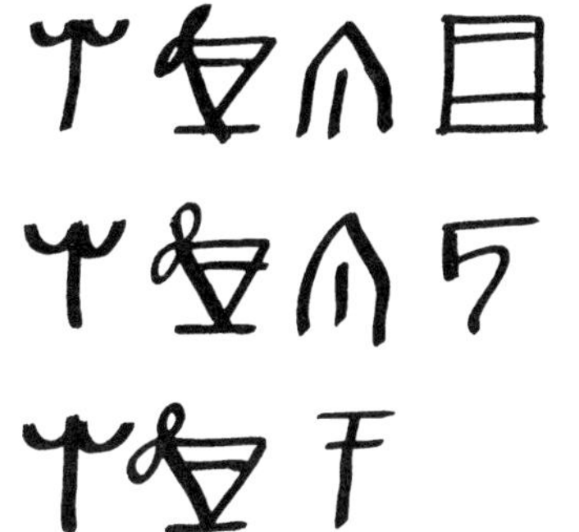
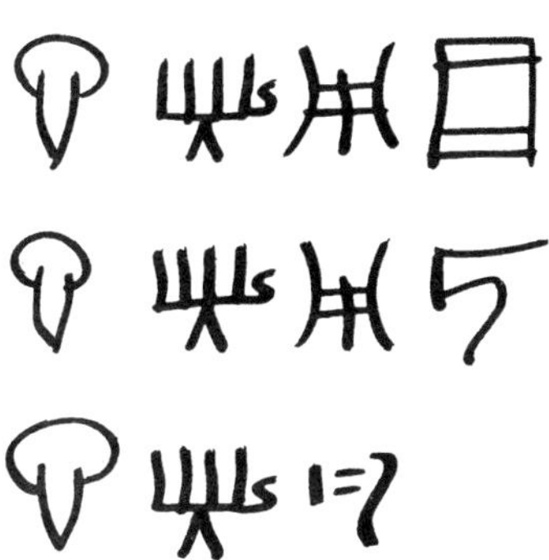

艾丽斯·科伯最初分析中使用的线形文字 B 名词

次年，她识别出构成曲折变化的符号。一块泥版以表示"妇女"的表意符开头，她先假设该泥版上的单词全部是名词（大概是名字），都有同样的格，再假定"如果一个或一组特定符号正常或相当频繁地在某种文字中作为词尾出现……这个词尾通常表示……那个特定的格"。拉丁语中，所有格单数的 *-ae* 会反复出现在 *terrae*、*fossae*、*barbae* 等词中。她发现了这样一个作为词尾频繁出现的符号。它看上去像一架梯子，为印刷方便，被叫成"7"。她把它标记为"格 I"（Case I）词尾。当然，她还不能辨别这个格是主格、宾格还是其他什么格。下一步，她在其他泥版中寻找有各种共同结尾的相同单词。她可以通

[1]　译注：terra（拉丁语，地球），主格；terrae，所有格；terrae，与格（与所有格词形一样）；terram，宾格。

过固定词根识别那些“相同”单词。她找到另一个有点像“5”的词尾，记作“40”，标记为“格 II”词尾。

这样研究完全部共有词尾后，她发现了几个名词，它们的词形变换成三种格。她在分析中实际选出一对表现出一些令人费解特征的名词，集中研究它们，希望查清这些特征，帮助破译线形文字 B。据此选出的两个名词可以用一种特殊方法描述：用 J K 表示一个名词词根的符号，L M 表示另一个名词词根的符号。她把它们填入两个词形变化表，表上列出一个单词的所有形式：

格I	J	K	2	7	L	M	36	7
格II	J	K	2	40	L	M	36	40
格III	J	K	59		L	M	20	

这时科伯小姐大胆提出一项可能解释这些变化的猜想。假设，她说，线形文字 B 字音符号只能表示纯元音或辅—元音结构的音节。她以线形文字 B 与古塞浦路斯语字音表的相似性，作为这个假设的基础。古塞浦路斯语字音表只能用上述特定方法表音，如类似 *a* 和 *da* 的音节是合法的，类似 *ad* 和 *dap* 的音节及单独辅音被排除在外。

进一步假设，她说，J K 和 L M 这两个词根都以辅音结尾。这个假设合情合理；大多数语言的词根似乎大都以辅音结尾，如拉丁语 *homo*（人）的词根 *hom*。词根末尾辅音后紧跟着曲折变化的第一个音，在一个类似古塞浦路斯语的音节表中，那个辅音后面必然跟着一个元音。据此，该音节表将用一个单一符号把词根末尾的辅音和曲折变化开头的元音连在一起，如果拉丁文用那个音节表书写，*homo* 中的 *m* 和 *o* 将变成 *mo*。这样一个符号将横跨或连接词根与曲折变化间的自然分隔。它一脚站在词根上，另一脚踩在曲折变化上，前脚是辅音，后脚是元音。它可以被称作“桥梁符号”(bridge sign)。

在词形变化表中，作为区分此格与彼格之变化的一部分，格词尾的第一个元音通常各不相同。据此，拉丁语词形 *dominus*（上帝）、*domini*、*domino* 中，曲折变化的第一个元音依次是 *u*、*i* 和 *o*。于是，在一个类古塞浦路斯语音节表中，含有这些不同元音的桥梁符号本身也会有差异，因为 *nu*、*ni* 和 *no* 肯定会有不同的符号。科伯小姐从 J K 名词的符号 2 和 59 及 L M 名词的符号 36 和 20 的差异中观察到这个现象。因此，她把它们看成桥梁符号。但（只考察 J K）符号 2 和 59 各有一脚踩在不变的词根最后辅音上。所以说，这两个符号都以同一个辅音开头。作为概括，科伯小姐用一个阿卡得语名词 *sadanu* 说明这个原则，这个词的词根是 *sad-*，格结尾分别是 *-anu*、*-ani* 和 *-u*：

格I	J	K	2	7
		sa	da	nu
格II	J	K	2	40
		sa	da	ni
格III	J	K	59	
		sa	du	

科伯小姐没有提出这些就是线形文字 B 符号的实际含义。她只想演示符号 2 和 59 是如何共享不变的词根辅音的。同理，L M 名词的符号 36 和 20 也以一个共同辅音开头。两个名词中的辅音可能是什么，她一概不知。（她没法得出有关符号 7 和 40 的任何结论，虽然它们在阿卡得语中碰巧有同样的辅音，在线形文字 B 中却可能没有。格 II 可能会是一个类似 *sadalo* 的单词。）

就这样，这位布鲁克林学者确定，某些符号拥有相同的辅音，从而将一只楔子的尖端打入迄今尚未突破的线形文字 B 表面。接下来的研究中，科伯小姐把这道裂缝扩成一条大口子。

她交叉比较了 J K 和 L M 名词。她回忆了她的最初研究和结论：J K 和 L M 词尾有相同的符号，因此两词有相同的格结尾。她集中攻击格 I。因两词都有同样的格词尾，两词都给它们各自的桥梁符号（J K 中的 2，L M 中的 36）贡献了相同的元音。但如果两个元音相同，为什么桥梁符号会不同呢？原因是，她自问自答，J K 与 L M 是不同单词，单词不同，词根就不同，不同的词根给桥梁符号提供了不同的结尾辅音，桥梁符号因此而不同。但元音没变，在两个桥梁符号中都维持原样。科伯小姐由此确定了两个有相同元音的符号。

这种情况可以用一个生造的单词 *petanu* 来描述，这个词与 *sadanu* 有相同的词形变化，因此有同样的词尾 *-anu*、*-ani* 和 *-u*。

格I	J	K	2	7	L	M	36	7
		sa	da	nu		pe	ta	nu
格II	J	K	2	40	L	M	36	40
		sa	da	ni		pe	ta	ni
格III	J	K	59		L	M	20	
		sa	du			pe	tu	

尽管符号 2 和 36 因为词根辅音不同而不同，它们依然有相同的格结尾元音。59 和 20 同样有一个相同的元音。

科伯小姐就这样发现了一些有相同元音和一些有相同辅音的线形文字 B 符号。有些符号同时有这两个特征，这种情况发生时，她就把它们列入一个二维图表，拥有相同元音的符号放在同一行，辅音相同的符号同列。

	C_1	C_2
V_1	2	36
V_2	59	20

她的方法极为巧妙、缜密、有力。它杜绝了对符号含义天马行空的胡乱猜测，因为一切语音假设都得用所在图表列的辅音和行的元音证实自己。换句话说，如果 *du* 看上去可代替 59，*d* 作为辅音在所有出现 2 的地方，*u* 作为元音在 20 出现的地方都得说得通。同时，它还会提示新值。如果 *du* 是 59，那么在所有出现 2 的地方插入 *d?*，如在 *??-d?-nu* 中，会提示 2 是 *da*，给出一个新元音值。这时 36 肯定会是 *?a*，反过来又会提示 *ta* 得出 *??-ta-nu*。

科伯小姐刻意避免走出给符号规定语音值的关键一步，因为她觉得凭当时稀少的材料，这样做依据不足。但她从泥版中榨出少量其他细节，如证明几个清单下方，一个含两个符号单词的两种形式表示“total”（总计）的阳性和阴性形式。最重要的是，到1948年，她把她的辅音和元音对应从四个扩展到十个。她把这些对应填在一个高度有两个元音，宽度达五个辅音的“暂定语音表”里。两年后，她死于癌症，终年43岁。

她死于1950年5月。去世前几个月，她收到迈克尔·文特里斯一份关于线形文字B问题的调查表。1940年，文特里斯曾在《美国考古学杂志》提出伊特鲁里亚语理论。后来他参加了二战，在一架皇家空军轰炸机上做领航员，战后在伦敦建筑联盟学院学习，1948年以优异成绩毕业。他的研究因此中断了10年。文特里斯是建筑师，不是专门学者，当年还不满30岁，写出1940年那篇文章时仅18岁。他对编辑小心隐瞒了年龄，正因如此，他的文章能被人接受愈加令人赞叹。

迈克尔·文特里斯生于1922年7月12日，父亲是英国驻印度陆军军官，母亲在充满艺术氛围的环境中把他带大。他母亲很美，他本人生得异常英俊。他先在瑞士求学，后赢得英国斯托学校奖学金。他的语言学天赋引人注目：6岁自学波兰语（他母亲有一半波兰血统），青年时用了几周时间学习瑞典语，在瑞典得到一份临时工作。他在瑞士时学了法语和德语，在斯托学校学了希腊语。他有超常的视觉和听觉记忆力。作为建筑师，他做过一阵为教育部设计学校的工作，1956年赢得《建筑师杂志》授予的首个研究员职位。他的妻子也是建筑师，为他们和两个孩子设计了一所现代住宅。总的来说，他富有魅力、谦虚、严肃但偶尔也会顽皮一下，友善，能用简单的方式解释事物，而且聪明。

14岁时，文特里斯听到阿瑟·埃文斯爵士本人关于神奇克里特岛及其神秘文字的讲座，对线形文字B问题产生了兴趣。这个易受影响的年龄是许多人生理想的形成期，他接受了未破解文字的挑战，开始阅读文献，后又与专家通信。1950年，7块新发现泥版的公布鼓舞他从确定“最新进展”开始，重启他的分析。1950年那份调查表除寄给科伯小姐外，他还寄给他知道正在研究线形文字B的另外11位学者。12人中有10人回答了问题，当时年过70岁的赫罗兹尼没有回，科伯小姐也没有，她认为（也不是没有道理）讨论未证实的理论是浪费时间。文特里斯传阅了回复。这些回复总结了埃文斯发现第一块泥版50年后有关线形文字B的知识，后来被称为“半世纪报告”（Mid-Century Report）。当时的主流观点是，它的基础语言可能与赫梯语有联系；少数人，包括文特里斯，认为它与伊特鲁里亚语联系更紧密。

1939 年，卡尔·布利根在皮洛斯发现了 556 块线形文字 B 泥版；1951 年，这些泥版公布，可供用于研究的文献量一下子增加了三倍，而埃文斯泥版依然没有公开。布利根的学生小埃米特·贝内特（Emmett L. Bennett, Jr.）二战期间做过密码分析员，写过论述《皮洛斯的弥诺斯线形文字》（*The Minoan Linear Script from Pylos*）的博士论文，布利根发现的出版工作即由他主持。他也和科伯小姐一样谨慎推进；要是他以符号替代或类似方法对问题发动大规模攻势，进展会更快，但他的方法更可靠。在 1950 年的一篇文章中，他阐明了线形文字 A 和 B 的数字和度量系统。但他最大的贡献在于，通过识别不同形式而建立的符号表。对一种未知文字而言，这个第一步可能会相当困难：有时，识别已知文字的陌生笔迹就非易事。但它是所有后续步骤的基础，因此不可或缺，而贝内特之前没人真正做到。贝内特还根据符号形式为它们分类排序，再由其他人编上号，便利它们在印刷品上引用。

那时，文特里斯已经在给 24 位感兴趣的学者分发“研究笔记”。这些他自费复制、邮寄的笔记平均每份有 8 页，报告了他的理论、对比结果和无拘无束的猜想。在某种意义上，他正在做公开研究，同行可以看到、可以批评他的每一个步骤，并且他的建议可能在一个同行中引发一连串思考，从而让对方实现最终破译，但对更看重名声和荣誉而不是金钱回报的学者，这常常是个大风险。他 1951 年 1 月寄出的第一份研究笔记，回顾了曲折语言和科伯小姐语音表的证据。文特里斯采纳了该表，虽然他把元音放在表上方，辅音置于表侧，称它为“网格”（grid）。他把钉子钉在一块板上，把标着线形文字 B 符号的标签挂在钉子上。

第二份研究笔记提出，一个形似纽扣的符号表示后接词“and”（和）。这是个连词，和拉丁语词缀“-que”一样附在单词后面，与 SPQR（古罗马元老院与人民）的完整形式“Senetus Populusque Romanus”中的“-que”一样。随后的几份研究笔记，测试了线形文字 B 与一种假想的爱琴海地区语言或伊特鲁里亚语相似的可能性，文特里斯依然把后者看成可能答案。这一时期，他正重复科伯小姐的技术，比较单词，确定有同样元音和辅音的符号，逐步填入他的网格。测试假设时，他把标签从一个钉子挪到另一个，观察挂在某个列的符号看上去是否与列中已有符号拥有相同的元音。

8 号研究笔记计算了各符号分别作为词首、词尾、词中的频率。三个符号：一个像双刃斧，一个像宝座，一个像多了一横条的 A，出现在词首的频率极高，这表明它们可能是纯元音。统计显示，用音节书写的语言中，纯元音出现在词首的频率最高。和其他人私底下的想法一样，文特里斯认为双刃斧表示 *a*，宝座表示 *i*。纯元音的确定独立于网格，它们互不影响。

下一篇研究笔记给出证据证明某些符号代表类似发音。文特里斯观察到某些单词表现出细微的拼写差别，并且因为这些单词出现在相同句子中，他总结这些区别不表示曲折变化，而是代表发音的细微差别。一个书写员会写“father”，另一个（来自相当于布鲁克林口音的克诺索斯地区）也许会写出“fadder”，因为没有词典规范拼写，书写员只是记下他们听到的词语。文特里斯在同样的上下文中碰到这类差异，推测 /th/ 和 /dd/ 代表相似的音。这样他就可以根据变化的是辅音还是元音，根据其他来源的信息，把它们归入网格同一列或同一行。这些拼写变化大大扩展了他的网格。

10 号研究笔记重新讨论了后接词“and”。11 号研究笔记表明，两个交替使用的短语表示阳性和阴性的“servant”。12 号研究笔记按文特里斯的看法对符号组分类，把它们分成人名，机构名或地名，适用于男人和女人的行业和职务名，及一般词汇。13、14 号研究笔记表明男人的名字至少有六种不同词形变化。线形文字 B 没有固定符号表示以 -*s* 结尾的主格，这一点不支持希腊语或任何相关印欧语系语言的假设。15 和 17 号研究笔记扩展了网格，提出几个尝试性的语音分配。到 1951 年 9 月 28 日，文特里斯在雅典画出一张漂亮的网格，在它的 85 个格子里填入 50 个符号。

1951—1952 年冬，文特里斯小有进展，澄清了几个小问题。1952 年 2 月，埃文斯的老同事、已届高龄的约翰 · 迈尔斯（John Myres）爵士编辑的《弥诺斯文字 II》（*Scripta Minoa II*）出版，埃文斯半个世纪前发现的泥版终于公开。3 月 20 日的 19 号研究笔记，用相当大的篇幅讨论了一个特定符号的曲折变化与伊特鲁里亚语可能的相似之处。

这时文特里斯开始研究一个令人困惑的拼写差异，《弥诺斯文字 II》出版后，这个差异变得愈发明显。为了按照这个特征改进网格一角的对称性，他又

回到值 *jo*，他曾在 9 号研究笔记中轻率地舍弃了该值与一个符号的对应。该对应使许多男人的名字（所有格）以 *-jo* 或 *-jojo*（*j* 和 *y* 同为半辅音）结尾。文特里斯在希腊语、伊特鲁里亚语和吕西亚语派生名字中找到这种做法的先例。网格自动导致那一列每个符号共同拥有一个元音 *-o*。文特里斯认为那个宝座符号是 *i*，并且（虽然网格没有要求他这样做）把同样的元音分配给他放到那一列的符号。表示古塞浦路斯语 *ti* 的符号与宝座所在列的一个符号几乎一样，这一点支持了该假设。他继续用 *a* 表示双刃斧和那一列的符号，并在此帮助下得到他的第三个辅音假设（*n*），因为古塞浦路斯语 *na* 和 *-a* 列的一个符号类似。

带着这些假设，他再次转向科伯小姐在原始分析中使用的那几个单词。他认为其中某几个可能是地名。它们的长形式增加了表示 *jo* 和 *ja* 的符号，形成阳性和阴性形容词，就像“France”扩展成“français”和“française”。在这些单词的短形式中，所有元音都已知。如第一个单词，网格显示所有三个元音都一样；*jo* 假设确定它们为 *o*。辅音未知，但再一次，网格显示第一和第二个名字的最后一个辅音相同。而且，尽管第一个单词的第二个辅音和第二个单词的第三个辅音与不同的元音搭配，但它们是一样的。用网格中弥诺斯符号所在列的数字代替未知辅音，部分破译如下：

6*o*-8*o*-13*o*　　*a*-7*i*-8*i*-13*o*

在克诺索斯发现的泥版中，克诺索斯港口城镇阿穆尼索斯（Amnisos）的名字可能会出现在地名里。为了符合这种文字的辅—元音特征，这个名字拼写时须在 *m* 和 *n* 间插入一个额外元音。文特里斯后来写道，“不必多少想象力就能认识到”，这两个词的第二个可能是 *A-mi-ni-so*。如果是这样，网格的强制特性要求第一个名字是 6*o-no-so*，再次以一个插入元音为基础，它可能是 *Ko-no-so*，即 *Knossos* 本身。看上去不错。也许书写员丢掉了最后的 *-s*。这可能解释了那个令人困惑的问题，为什么那个与古塞浦路斯语 *se* 非常相似的符号，没有像它在希腊语中那样经常出现在词尾。虽然两例插入的元音不同，但它们都遵循预期规则：它们都与后一个音节的元音一致。

现在，网格通过一个链式反应确定了另外数十个符号的部分发音和几个符号的全部音值，就像它当初指出 *Ko-no-so* 中 *no* 的辅音一样。例如，像高啤酒杯的符号位于 *k* 行和 *i* 列交叉处，它肯定是 *ki*。这就是网格法的妙处。它从自身强行推出自己的破译。

科伯小姐曾确定那个有两个符号的单词表示“total”。文特里斯观察它，发现第一个符号与 *ti* 同行且在 *o* 列；它肯定是 *to*。第二个符号的阳性形式是 *so*，阴性形式位于同一行但在 *a* 列：*sa*。据此这两个单词是 *to-so* 和 *to-sa*。它们像极了希腊语古代形式 *tossos* 和 *tossa*，“许多（不可数）”；或 *tossoi* 和 *tossai*，“许多（可数）”。这是希腊语吗？每个人，包括文特里斯，都认为线形文字 B 应该类似某种爱琴海地区语言，这种语言反映了克里特岛人的文化优势，而他们的种族渊源公认不是希腊人。一个孤词在一种不同语言中的出现不会支持这个观点，它并不意味着线形文字 B 是希腊语，就像“habeas corpus”（人身保护权）出现在美国最高法院裁决中，并不意味着裁决是用拉丁文写成的。

外来词通常表明本语言的某种需要。另一方面，日常事物的常用词汇通常来自本语系。因此，当一个单词的第一个音节解密成古希腊语“kouros”（男孩）和“korē”（女孩）的开头 *ko* 时，文特里斯肯定有点意外，因为该词根据表意符号被识别成阳性和阴性形式的“男孩”和“女孩”。不过这不是决定性的：“uncle”（叔叔）和“sky”（天空）这类表示普通概念的英语单词也是侵略者带来的，不是来自古英语。

这时文特里斯想起，文献学家曾将“koros”和“kore”的早期希腊语形式重现为“korwos”和“korwa”。他设想这些早期形式在线形文字 B 中可能写成 *ko-wo* 和 *ko-wa*，同时记起早先怀疑的有横条 A 符号表示纯元音 *e*。这样 *-e-wo* 就成为一个常见曲折变化的一部分，他又记起另一个还原结果：*-ewos*，许多早期希腊语单词的所有格以 *-eus* 结尾，如“Odysseus”（奥德修斯）、“Peleus”（珀琉斯）、“Idomeneus”（伊多梅纽斯）等名字。他做出进一步假设，也许只是想看看它们会导致什么结果。从一个画着战车表意符的表格中，这些假设得出像残缺不全古希腊语的整段短语；翻译出来就是“配备着缰绳”。

现在，希腊语的词汇、句法和含意迎着他扑面而来。在网格严格控制下，所有假设都能互相联系印证。线形文字 B，违背了所有正统的青铜时代考古学教条，居然是用希腊语写的？

文特里斯还不敢确定。1952 年 6 月 1 日的 20 号研究笔记列出了这些结果，他写道："如果继续下去，我怀疑这条破译道路迟早会走入死胡同，要不自己消失在荒谬中。"他慎重地指出，那个纽扣符号与学者们还原的表示后接词"and"的古希腊语单词 *te* 不符。他把 20 号研究笔记说成"一次无谓的跑题"，把古希腊语的出现看成"希腊妄想"。

但 20 号研究笔记还在路上，文特里斯却惊讶地发现这个妄想是真的。他追随着破译之路，发现希腊语答案挡也挡不住。他的逻辑战胜了成见。他还原出四个熟悉的希腊语单词古代形式（表示"牧羊人"、"制陶工"、"金匠"和"铜匠"），译出八条短语。他在 BBC 的一次广播里说："一旦做出这个假设（这些泥版用希腊语写成），曾经困扰我的大部分语言和拼写怪象似乎找到一个合乎逻辑的解释。"以前他也曾应邀在 BBC 谈过这种文字的一般问题。1952 年 6 月，文特里斯认为他已经破解了线形文字 B。20 号研究笔记成为最后一份。

对那次广播深感兴趣的听众中，有一位年轻的剑桥大学希腊语专业文献学家约翰·查德威克（John Chadwick）。文特里斯的理论，当时只是一连串无一

a　a$_2$	e	i	o	u
ai				
ja	je		jo	
wa	we	wi	wo	
da	de	di	do	da
ka	ke	ki	ko	ku
ma	me	mi	mo	
na	ne	ni	no	nu　nu$_2$?
pa　pa$_2$?	pe	pi	po	pu
	qe	qi	qo　qo$_2$?	
ra　ra$_2$	re	ri	ro　ro$_2$	ru
sa	se	si	so	
ta　ta$_2$?	te　pte	ti	to	tu
	z?e		z?o　z?o$_2$	

迈克尔·文特里斯的线形文字 B 符号网格

成功的所谓“破译”中最新的一个。但查德威克却来了兴趣，他本人曾以文字属希腊语为假设，却未能解读这些泥版。他从约翰·迈尔斯爵士处获得文特里斯的研究笔记，回家自己测试文特里斯的破译。四天之内，他信服了。他译出 23 个合情合理的希腊语单词，其中一些连文特里斯都没有读出来。7 月 9 日，查德威克给这位建筑师写信，祝贺他完成破译。两人成了密友，合写了一篇破译报告，精心选择了避免夸大其词的题目：《迈锡尼文献中的希腊方言证据》。

文章对破译的解释绝对令人迷惑。它没有厘清全部细节，一些符号依然未知，一些翻译也出现麻烦。但它的结论无可辩驳。首先，译出的单词有意义。它是希腊语，虽然与那门优雅的古典语言相比，它显得简短古朴，但还是希腊语。它的粗糙可以归因于一个事实：泥版语言比柏拉图的语言早了一千年。“相当于，”他们评论道，“贝奥武甫[1]到莎士比亚这么长的时间差异。”另外，许多古语形式与预期形式相符。其次，译出的文字反映了泥版表面上谈论的内容。在网格得出表示“sword”（刀、剑）一词的地方，一把剑的表意符就在旁边。两位年轻作者把他们的文章投给《希腊研究杂志》时，编辑们认识到它的重要性，虽然杂志依然被二战期间积压的稿件挤得满满当当，他们还是在 1953 年期为它留出了位置。

等待文章出版期间，文特里斯得到许多知晓其研究的专家的赞扬。例如，一直在用自己的破译方法进行研究的西蒂希教授，现在弃之不用。1953 年 5 月 22 日，他致信文特里斯：“据我所知，您的证明在密码方面是最有意思的，并且令人陶醉。”当然，也不是人人都来赶这趟时髦。但就在那个月，文特里斯收到布利根一封一锤定音的信：

> 自希腊回国后，我花了很多时间摆弄皮洛斯泥版，准备妥当，好给它们拍照。我在其中一些泥版上尝试了你试验用的音节表。
>
> 附上第 641 页复件供您参考，你可能会发现它有点意思。它明显在说罐子，它们有的有三只脚，有的有四个把手，有的三个，有

[1]　译注：Beowulf，贝奥武甫是英国无名氏所作一部古老史诗《贝奥武甫》里的传奇英雄。该史诗被认为创作于公元 8 世纪早期。

的没有。根据你的系统，第一个单词似乎是 *ti-ri-po-de*，并且它作为 *ti-ri-po*（单数？）重现了两次。四个把手的罐子前是 *qe-to-ro-we*，三把手罐子前是 *ti-ri-o-we* 或 *ti-ri-jo-we*，没把手罐子前是 *a-no-we*。所有这些似乎完美得令人难以置信。巧合排除了吧？

为线形文字 B 破译一锤定音的“三足锅”泥版

情况是这样的。*ti-ri-* 与 *tri-*[1]；*a-* 与表示“空”或“没有”的前缀；*-po-de* 与意为“脚”的希腊语词根 *-pod-*；以及 *-o-we* 与表示“耳”或“把手”的希腊语 *-oues*，所有这些之间的明显联系谁也否认不了。线形文字 B 的语言是如假包换的希腊语。三足锅泥版结果一出，胜任这一领域的绝大部分学者，包括许多自己破译失败的，如格奥尔基耶夫、松德瓦尔、贝内特等，立即表示基本同意。

但也有人不同意。出版《迈锡尼文献中的希腊方言证据》的同期杂志刊登了爱丁堡大学希腊语教授比提（A. J. Beattie）的一篇反驳文章。比提不理解网格，但误解不是因为他的迟钝，而是因为文特里斯—查德威克论述的模糊。“我们假设他（文特里斯）用上能够获得的‘全部’文献，”比提写道，“并且统计了词首、词中和词尾的每一个符号，得到每个符号的三个数字和一个总数，还有关于符号同时出现或互不相容的五花八门信息。这时我们就能假设这些数字自然落入各个组，让它们代表的符号能以一定的方式纵横排列，直到最后发现它们与 *i*、*pi*、*ti*、*ki* 等，*pa*、*pe*、*pi* 等一系列形式对应吗？这显然就是文特里斯先生想让我们相信的。”比提更有力的语言学批评也因同样的理解缺失误入歧途：“文特里斯先生的解读给予我们的，实际上不是希腊语言，而是一种他自己创造的语言。这是一种奇怪的语言，之所以看上去像希腊语，是因为他为它精心选择了一堆希腊语后缀……通过设计出粗糙简单的拼写规则，他

[1] 译注：“tri-”作为前缀，意为“三”，如 tricycle，三轮车；triangle，三角形。

确保了每个单词后缀前的音节偶尔可以读成希腊语词根。”但比提也承认，三足锅泥版得出一些希腊语，并且最后退而攻击数据本身而不是结果：“不管怎么说，我们应该怀疑这个清单是否成立，它里面没有任何一个把手或两个把手的罐子，只知道有三个或四个，或一个把手也没有的罐子。”

与对赫罗兹尼和格奥尔基耶夫线形文字 B“破译”的攻击不同，这一次，批评者的反对没有说服力。破译很快得到承认，古典学界开始使用它的结果。它的最重要结果，当然是该语言属于希腊语这个事实本身。希腊语被用于克诺索斯的前弥诺斯政权中心，因为希腊人统治了那里。这一点证实了韦斯的反正统观点，即公元前 1400 到前 1125 年这段有争议的时期，本土希腊统治着克里特，从而修改了青铜时代晚期的爱琴海历史。

泥版又说些什么呢？

文稿样本写着这类内容：“牧羊人 Koldos 从村子里租到：48 升小麦”；“在皮洛斯：Ti-nwa-sian 织工（A-pu-ne-we 桨手的儿子）的五个儿子、两个男孩”；“Koradollos 四个（或更多）负责谷种的奴隶”；“一对箍青铜的车轮，不适于使用”。三足锅泥版写道（表意符用斜体大写[1]）：“两只三足锅：克里特人 Aigeus 带来：**两只三足锅**。一只三足锅：一脚不结实：**一只三足锅**。一只三足锅：克里特人带来；腿周烧焦……**一只三足锅**。酒罐：**三只罐**。一只有四个把手的大杯：**一只杯**。两只三把手大杯：**两只杯**。一只四把手小杯：**一只杯**。一只三把手小杯：**一只杯**。一只无把手小杯：**一只杯**。”一块献祭泥版的音节文字为：“*pa-si-te-o-i me-ri AMPHORA* 1/*da-pu-ri-to-jo po-ti-ni-ja me-ri AMPHORA* 1”，它是在报告：“给众神，一土罐蜜：一土罐。给迷宫女主人，一土罐蜜：一土罐。”

没有一块泥版包含任何文学作品，也没有任何外交指示、私人信件、宗教文字、历史著作。实际上，除了这些巨细无漏的、琐碎商业交易的官僚记录外，啥也没有。德尼斯·佩奇（Denys Page）描述了它们给他的总体印象：

> 这些宫廷档案是一个无所不包、无处不在官僚机构的记录，几百年来，这个机构管理着一个组织严密的社会……似乎每个人做的每件事都

[1]　译注：中文加粗显示。我们从这段文字可看到线形文字 B 的译文与表意符内容完全对应。

要接受官员的查问，在官员命令下进行。我们只有皮洛斯一个年份文档的一部分，它们记录了数百个地点的数千个交易……但更令人惊讶、更意味深长的是它无所不知，它对细节永不餍足的渴望。绵羊可以数到惊人的2.5万只，但还不满足，还得记录“某只”动物是Komawens贡献的，另一只是*E-te-wa-no*贡献的。精力充沛的官员记录*Pe-se-ro*家来了一个女人和两个孩子；一座克里特村庄雇了两个看孩子的人，一个男孩，一个女孩；九处地方喂养的、无足轻重的几头猪；某地有一对箍铜的车轮，标着“无用”……你会设想，如果不在皇宫填个表格，就没有一粒种子播下去，没有一克铜铸出来，没有一块布织出来，没有一只山羊或猪被喂大；这就是一年之内一部分文件给人的印象。

但这就是一切吗？这些微不足道的琐事就是一个辉煌成就的唯一结果？这里不会有《吉尔伽美什史诗》，没有《汉谟拉比法典》，没有法老似的征服国王、洗劫城市的吹嘘，只有与青铜时代对应的、一些残缺的郡县职员记录，一些农业合作社的交易，一些给教区教堂的小气捐献吗？只有这些。但是，虽然没发现诗歌，泥版中包含的信息间接帮助解释了一些伟大的西方诗歌，如《伊利亚特》和《奥德赛》。

泥版做到这一点，因为它们比荷马时代早了400年，与他歌颂的事件同代。线形文字B代表了特洛伊战争中传奇英雄所用语言的书面形式。迈锡尼和皮洛斯发现的泥版，几乎就是在这些城邦的国王阿伽门农和内斯特出征特洛伊那一刻写下的。不久后，大批大批野蛮贫困的北方多利安人[1]挥舞着他们的铁制武器，横扫希腊英雄的青铜文明。他们窒息了知识的光芒和对艺术的热爱，整整四个世纪，希腊在黑铁时代早期的蒙昧黑暗中摸索。公元前8世纪，希腊人开始走出这片黑暗，开始使用腓尼基字母表，即现代拉丁字母表的前身。同一时期，一个盲人天才把过去口头流传神和人的故事铸成一部大一统巨著，为他的名字“荷马”赢得不朽。反过来，荷马史诗中的名字、语言和英雄壮举帮

[1] 译注：Dorian，希腊人的一种，说希腊多利安方言，约公元前1100年从北方进入希腊，定居在伯罗奔尼撒半岛，后拓殖到西西里和南部意大利。

助确立了几个世纪后繁荣昌盛的古希腊文明典范，并因此铸就了西方文明。

通过保存古希腊英雄世界的大量外围细节，线形文字 B 有助于说明，《伊利亚特》有多少是历史，有多少是把生活废料转变成艺术黄金的诗意想象。基本上，泥版确认了考古学（始于施里曼）已经证明的内容，但它们也提供了额外细节。例如，泥版记录了两个与《伊利亚特》相同的高级称号："wanax"和"basileus"。泥版中的"wanax"表示王宫里至高无上的国王，而"basileus"指众多地区统治者中的一个。《伊利亚特》常把显然是"wanaktes"[1]的人称作"basileus"，表明这个词已经一般化了。但潜意识里，荷马知道，虽然可以完全正确地把一个神称作"wanax"，低级的"basileus"称号决不能用于神。"'wanax'称号在《伊利亚特》中的存在，是迈锡尼时期以来希腊历史连续性的清晰证据。"德尼斯·佩奇写道。《伊利亚特》历史性的另一个证据是，泥版上和史诗里都出现了众多以 *-eus* 结尾的名字，但后来的希腊没有。多利安人名字不是这样，并且由于迈锡尼人名仅仅因为故事的存在而留存，它们证明了一个事实：历史城市第七层特洛伊城毁灭后的一代人之内，特洛伊围攻就已经成为口头诗歌的主题。

文特里斯破译线形文字 B 之前，已知最早的希腊（也是欧洲）文字实例在一个约公元前 750 年的花瓶上，内容为，"表演最优美的舞者得到此瓶"。文特里斯将这门语言的历史前推了 700 来年。他揭开一门语言的最早形式，32 个世纪后，这门语言依然存在，并且是印欧语系西方语支已知最早的形式。他的发现填补了语言和语义变化的一些空白。

类似的是，线形文字 B 帮助描绘青铜时代希腊的生活场景，为人们了解希腊历史提供了额外信息。韦伯斯特（T. B. L. Webster）宣称："以此为背景观察希腊人，我们可以比以往更清楚地看到希腊人跳出这个背景，成为现代文明缔造者的成就。"

但在最广泛的意义上，这些结果的意义有限。它们为文学欣赏提供了一些次要细节；它们稍稍加深了人们对一个辉煌文明成就的理解；它们纠正了遥远年代一小段时间内两个邻近地区间关系的颠倒图画，但没有大幅改变对这些地区内部

[1]　译注：wanax，（古希腊迈锡尼或克里特岛）国王或统治者，wanaktes 是 wanax 的复数形式。

状态的观点。确实，作为智力成就，破译可以媲美新的科学发现，但它对人类的影响永远比不上科学发现。即使在它自己的历史意义范畴内，线形文字 B 的破译也比不上象形文字或楔形文字。后两者以丰富的细节把整个文明描绘在巨大的五彩画布上，线形文字 B 则只是稍稍润饰了一幅展开的画卷。威廉·麦克尼尔（William H. McNeill）在他最近的一卷本世界通史[1]中，只给了其结果一个脚注。

这次破译的伟大之处不在它的内容，而是它的方法。它闪耀着清澈的理性光辉。在它的破译过程中，人的思考也许比在其他任何地方都更纯粹理性，更少依赖外部信息，更多依赖数据的逻辑运用获得新结论。这次破译的基础几乎完全只利用了可观察到的文字符号间的相互关系。破译者仅仅依据少量的文献学假设，把这些关系置于显微镜下，分离出元辅音类型，再把它们编织成有意义的整体。破译本身就能自圆其说。分析中发现的每一个元素都能在综合中对号入座。破译从这份简练中收获了它的优雅和巨大的满足感。并且当破译人在语音突破中无可避免地背离了对文字的假设时，他借鉴了最少的外部世界信息。他不需要罗塞塔石碑的对照文字，不需要波斯国王尘封的历史记录——只要一个无法避开的事实，这就是泥版发现的地点。

这次破译的模式价值超过了它产生的信息，模式赋予这次研究强大的生命力，即超越了其破译人的生命。因为文特里斯和艾丽斯·科伯一样英年早逝：34 岁那年，一天深夜，他开车回家时，在英国哈特菲尔德附近撞上一辆卡车。虽然人都会死，但很多人即使度过完整的一生也做不出一番超越生命的不朽事业。迈克尔·文特里斯和艾丽斯·科伯虽然早逝，却赢得了那场胜利。他们创立了破译的典范。

[1] 译注：中译本《西方的兴起——人类共同体史》，威廉·麦克尼尔著，孙岳等译，中信出版社，2017 年。

第 26 章　天外来信

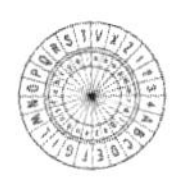

在人类面对的现代空间和通信领域的所有问题中，最能引发人们兴趣的可能就是两者的结合：如何破译来自外部世界的信息。探测到太阳系外另一颗行星发来的信息，那将会是人类历史上最伟大的事件。地外生物像人类一样栖息在无尽时空一隅，“他们”在彼，“我们”在此；生命不是地球独有，人类终须撤回他在宇宙中是独一无二的论断。这些发现将深刻地影响人类思想。同时，太空信息将打开远超想象的技术发展视野，也许会帮助人类解决战争、疾病和饥饿问题。这将要求信息的交换，而不是仅仅听到来自外太空的信息。

然而矛盾的是，文明的巨大差异一方面为知识转移带来丰硕成果，另一方面也可能会阻碍转移。外太空生物的意识方式也许不同于我们，人类能理解他们的信息吗？这些生物的经历也许看上去与我们截然不同，甚至他们对感觉刺激的反应都可能与人类不同，他们的思维方式与人类的区别可能有人与蚂蚁的区别那么大，人类能提取他们发出的信息吗？但无疑人类会尝试，就像尤利西斯[1]的追寻一样：

追随知识，如星星般散落的知识，

[1]　译注：阿尔弗雷德·丁尼生的诗《尤利西斯》主人公，年老的尤利西斯（Ulysses）回到故土，与妻儿团聚，但依然渴望探险。下面一段引自该诗。

超越了人类思考的极限。

但他们能做到吗?

这个问题不仅事关学术。1960年4月8日，西弗吉尼亚州格林班克一片碧草如茵的河边洼地，约26米射电望远镜下方是布满电子设备的控制室。拂晓前，年轻的射电天文学家弗兰克·德雷克（Frank D. Drake）博士和一队技术人员来到这里，将望远镜的抛物面天线对准鲸鱼座 τ 星。这是离太阳系不远的一颗恒星，位于鲸鱼星座，此刻该星座正从群山连绵的东方地平线边缘缓缓升起。他们调整好齿轮装置，让望远镜跟踪对准掠过苍穹的恒星。德雷克打开扬声器，它将把射电望远镜（基本上是一个巨大的定向无线电天线）拾取的射电信号传到控制室。他启动了记录装置，它的记录笔将在一条移动的纸上记下收到的信号。约早上6点，他来到一连串开关中的最后一个，它控制着那个自动调整接收机在监听频率间跳转的装置。带着某种使命感，他打开了它。

就这样，人类开始了对外太空信息的第一次大规模搜寻，也许它将引向人类历史上最重大的发现。

两年后，来自康涅狄格州的众议员埃米利奥·达达里奥（Emilio Q. Daddario）坐在灯光昏暗的众议院秘密会议室。和大部分同事一样，他通常只关注更现实的问题，但今天，他问出一个似乎不属于这个庄严的议会大厦，而是属于科幻小说、麦片盒、连环画或少年幻想的问题。"我想知道，"他问著名英国天文学家伯纳德·洛弗尔（Bernard Lovell）博士，"行星，包括可能有某种形式生命的行星，通盘考虑，收到来自其他行星信息的可能性有多大？如果可以，我们应该开展什么计划，它将包括哪些内容？"如果是10年前，这样的问题会让达达里奥成为笑料，甚至可能让他失去家乡的选票。但1962年3月21日，不仅没有人嘲笑，而且这个问题得到了认真的答复："先生，我认为，人们现在不得不接受一个观点，仅仅几年前，这个观点似乎还很勉强。"随后这位议员和那位科学家讨论起那个观点。

就在几个月前，美国国家科学院在格林班克主办了一次会议，11位科学家在会上深入探讨了地外生命及其探测的问题。到1965年，一些科学家对听到外太空信息的可能性变得相当神经过敏，以至于三位苏联天文学家宣布，他们在 100 天监听周期内听到 CTA-102 类星体发出的无线电波，表明那里有一种超级文明，但事件最终却在几乎一边倒的怀疑声中，以撤回消息告终。

长期以来，人类一直想知道宇宙中是否有其他生物存在。卢克莱修[1]认为“这片天地是唯一创造物的可能性极小”。中国哲学家墨子持同样想法，普鲁塔克则想知道月球上能不能住人。但多少世纪来，以地球为中心的托勒密天文学把这些想法都归入毫无意义的猜测。哥白尼的革命性学说突破了托勒密的桎梏，牛顿万有引力定律的发现把地球与最遥远的星体联系起来，推动人们重新思考：自然界在整个宇宙中也许以同样的方式运行，太空现象也许遵循与地球一样的规律。

不久后，许多科学家和哲学家表达了可能有一个平行世界的观点。发现土星环的克里斯蒂安·惠更斯仰望星空，发出疑问：“我们的太阳拥有那么多随从，有自己的月亮伺候的行星，凭什么其他恒星和太阳都不能拥有这些？”第一本英文密码书作者约翰·威尔金斯主教出版了《月球世界的发现，或倾向于证明该星球上可能有另一个可居住世界的讨论》[2]。诗人在这片思想沃土上展开想象的翅膀。弥尔顿[3]在《失乐园》中追问月亮上是否有云和雨，有没有水果和以水果为食的生物。他声称，整个宇宙的存在是否只是为了将零碎的星光撒向地球，这一点还有待商榷，但诗歌结尾，他却敦促亚当和夏娃“不要梦想外面的世界，不要梦想那里有什么人 / 什么生活状态、条件或地位”，要快乐地生活在伊甸园。亚历山大·蒲柏[4]认为，“都有哪些行星围绕其他恒星”的知识也许能帮助人们更好地了解自己。许多早期科幻小说作家讨论了外星生命的问题。

但多少世纪来，这样的猜测只得到了想象力的支持，人类以自己为宇宙中

[1]　译注：提图斯·卢克莱修·卡勒斯（Titus Lucretius Carus，约前 94—约前 55），罗马哲学家，诗人。

[2]　译注：英文为 *The Discovery of a World in the Moone, or a Discourse tending to prove that 'tis probable there may be another Habitable World in the Planet*。

[3]　译注：约翰·弥尔顿（John Milton，1608—1674），英国诗人；史诗《失乐园》（*Paradise Lost*）是他的主要代表作之一。

[4]　译注：Alexander Pope（1688—1744），英国诗人，奥古斯都时代文学的主要人物，以其刻薄机智和韵律技巧，尤其是对英雄偶句诗体的运用而闻名。代表作品有《夺发记》《论人》。

心的哲学和宗教甚至大肆反对它。科学没有提出任何支持其他太阳系可能存在的证据，人们对这个太阳系所知越多，其他行星似乎越不宜作为生命摇篮。水星太热，木星和土星和其他带外行星又太冷。另一方面，金星和火星脱颖而出，成为可能的候选者。1877 年，意大利天文学家乔瓦尼·夏帕雷利（Giovanni Schiaparelli）“发现”了所谓的火星运河。它们拥有准确的规则线条，对此的最好解释似乎是智慧生物的杰作。其他同样知名的天文学家确认了这些运河，并且他们在火星春季观察到，某些地区有类似植物生长的颜色加深现象，他们据此强化了这个红色星球可以支持生命的暗示。这些想法激发了公众的想象力，周末增刊作者则用这些零碎片段编出一幅火星生物学和社会学图谱。

每隔 15 到 17 年，火星运行到近地轨道时，对这个问题的兴趣都会周期性地达到一个高峰。人们热烈讨论火星人是否正在尝试与地球联络，并且确实做过几次探测信号的努力。但他们什么也没听到，而且不久后，随着科学研究的发展，火星上存在任何智慧生命的可能性变得极为渺茫。火星上太冷，水也太少。连续天文观察发现，这些“运河”只是火星表面的一些暗淡线条。至于金星，覆盖着厚厚云层的表面似乎妨碍了获取任何那里存在生命的视觉证据。

约在同一时期，科学研究似乎已经确定，生命即使在宇宙其他地方存在，也是极其罕见的。太阳系的诞生显然需要一次机缘巧遇。在遥不可测的太空深处，假设太阳是放在纽约的一个苹果，最近的恒星就是莫斯科的另一个，两颗恒星互相接近，擦身而过，各自吸引对方拖曳的长长气体流，凝聚成行星。只要你试过把一个高尔夫球打入几百码外的静止球洞，你就会知道把那两个“苹果”推动起来再互相撞击的难度，更别提在无法预测的路线上偶然掠过对方的概率。这类事件非常罕见，以至于整个宇宙历史上，只有极其稀少的行星系统得以诞生。因此，宇宙中存在其他生命的可能性小到可以忽略。

也有理论提出，太阳系形成于一团飘浮在宇宙中的巨大旋转气体，它在引力作用下凝结成太阳及其卫星。这个理论遇到的问题是，太阳的引力显然会阻止行星的形成。以上难点依然困扰着宇宙学家，碰撞理论（collision theory）也开始遇到日益严重的矛盾，如地球铁核的存在，据称地球在宇宙事件中诞生自太阳，而太阳内很少有铁元素。因此，凝结理论（condensation theory）日益为天体物理学家接受。而且，外部证据也偏向它，如人们观察到，宇宙其他地方似乎正在凝结形成恒星。

凝结理论的巨大意义在于，它指出气体收缩旋转生成恒星，作为这个过程的副产品，行星系统的诞生几乎是常规，相当大比例的恒星应该拥有它们，证据也表明了这一点。有行星系统的恒星比无行星系统的恒星自转慢得多，因为行星分摊了系统的大量自旋（角动量）。对大量恒星的观测表明，它们的自转速度迥异——一些围绕其轴以几小时为周期自转，另一些，如太阳，自转一圈要花上 25 天。并且，所有超过某一温度和质量的恒星都在飞速自转，所有低于该温度、质量的都自转缓慢。天文学家知道每种类型各有多少恒星，因此他们知道，仅地球所处的银河系就有数百万颗缓慢自转的恒星。几乎可以肯定它们拥有行星。科学观点的摆锤，开始从宇宙中生命稀少的理论，摆向生命是一个普遍现象的理论。

关于行星存在于其他地方，虽然人类没观测到，但二战以来人们逐渐积累了更多直接证据。如果质量够大，一颗围绕恒星旋转的行星会对母恒星（parent star）产生足够的牵引力，导致恒星在天球上呈现扭摆的运动轨迹。人们已经在两颗恒星（天鹅座 61 和巴纳德星）上观测到这种扭摆（wiggle）。计算指出，天鹅座 61 的卫星质量约为木星的 8 倍，每 4.8 年围绕母体转一圈。巴纳德星的卫星以 24 年轨道周期旋转，质量是木星的 1.5 倍。

情况似乎开始表明，行星系统在宇宙中并不罕见，而是十分常见。当然，只有满足特定条件的行星才适合生命居住。主要是要有一颗允许生命出现的寿命较长、足够稳定的母恒星，一颗大到能吸引住氧气层的行星，一个位于“宜居带”内的轨道——宜居带的基本定义是一个能保持液态水的区域。然而，仅银河系的恒星数量就已经十分庞大，即使从可能拥有行星的众多恒星中逐个排除因种种原因不适于支持生命的恒星后，可能孕育生命的星系依然有几十万个之多。

就在天文学家得出这些结论之际，生物学家正在试验证明，生命从这些行星诞生的概率很高。他们的工作实际始于 1828 年，弗里德里希 · 维勒用无机成分合成生物机体内发现的一种有机化合物：尿素。达尔文无疑迈出了最大一步，提出了进化理论，表明了生命形式从最简单到最复杂形式的连续进化过程。但问题依然存在，这一切如何开始的？达尔文本人认为，少数含有氢、氧、碳、氮和磷等关键元素的游离分子，在原始地球的温暖海洋中受到电流放电刺激，可能产生一种“适于经历更复杂变化”的化合物。直到 20 世纪 50 年代末 60 年代初，人们才开始认真对这个假说进行测试。在那个也许是最著名的试验中，斯坦利·米勒（Stanley L. Miller）博士使水蒸气、甲烷、氨和氢混合物经历 6 万伏放电刺激。根据对木星和土星大气层的波谱分析，那些气体被认为是地球早期大气层的主要成分。他让混合物在一个烧瓶和管子组成的密闭系统内循环一个星期。第一天结束时，混合物变成粉色，一个星期结束时转为深红。经过分析，混合物里的简单化合物已经转化成甘氨酸、丙氨酸、乳酸、乙酸（醋）、尿素和甲酸。所有这些都是生命必需的有机化合物，尤其是甘氨酸和丙氨酸，作为氨基酸，它们构成的蛋白质可能是最重要的生物材料。

与此同时，还有些科学家正在破解核酸的所谓“生命密码”。核酸可分为 DNA（脱氧核糖核酸）和 RNA（核糖核酸），这些巨大分子由少数简单的化合物组成，包括一些类似米勒合成氨基酸的物质，只是以一种复杂的形式重复数十万次。它们的结构类似一架扭曲的梯子，两侧形成一个双螺旋；分子沿梯级向下分裂，形成两个独立的半分子，其中每一个又将游离在环境中的化合物吸附到自己身上，从而再造一架这样的梯子，复制了原始分子。这些核酸化合物结合的模式（生物物种间各不相同）携带着遗传指令。因此，DNA 和 RNA 构成了生命的基本特征：它的延续能力，它的持续性。它们本身介于有生命和无生命之间。这些生物学实验倾向于证明，生命可以从原始地球上的普通非生命化合物中自发产生。如果它可以在地球这个典型行星上发生，它也可以在其他行星上发生。

就这样，天文学和生物学从不同方向汇聚到一点：生命在宇宙其他地方存在的可能性。人类现在刚刚接近那一结论，但巨大的时间尺度把人类在地球上的存在缩减到一眨眼的瞬间。于是，其他地方的生命不太可能正好发展到宇宙意识的同一阶段。概率本身即可指出，半数其他行星上的生命可能还处在单细胞阶段，或相当于尼安德特人[1]的阶段，但另一半文明可能已经远远超越了地球人依然原始的成就。

[1] 译注：Neanderthal man，约 120000—35000 年前冰川时期广泛分布于欧洲的已灭绝人种。

1959 年，所有这些研究道路汇集到十字路口，这意味着生命可能在别处存在。这时，几个人几乎同时想到一个问题：这些超级文明会不会正在尝试联系我们？弗兰克·德雷克开始了“奥兹玛计划”（Porject Ozma）的思索。两位康奈尔大学物理学家一直在关注外太空生命的一般性问题，最后他们花了几天时间研究不同太阳系间的通信是否可行。他们的计算表明可行，他们把研究报告寄给著名英国科学周刊《自然》。1961 年 9 月 19 日，《自然》发表了他们的文章，使这个科幻问题的讨论变得“令人敬重”，成为公开话题，并且在科学家间引发一场持续至今的激烈讨论。

那两位物理学家是菲利普·莫里森（Philip Morrison）和朱塞佩·科科尼（Giuseppe Cocconi），他们撰写的那篇文章为《搜寻星际通信》（*Searching for Interstellar Communications*）。他们简短总结了历史悠久的文明可能在其他太阳系出现的可能性，然后写道：

> 因此可以断定，一些类似太阳的恒星附近存在科技水平和能力远超我们现有水平的文明。
>
> 对这样一个社会的人来说，我们的太阳肯定像一个适合新社会进化的可能地点。很有可能，他们一直在期待太阳附近的科学发展。我们可以假设，很早以前，他们建立了一条终将为我们所知的通信渠道，他们耐心地等待来自太阳的答复信号，它将告诉他们，一个新社会已经进入智慧大家庭。那会是什么样的渠道呢？

通信能以两种方式进行：当面的，即面对面直接交流；非当面的，通过文字、无线电、电报、电话、灯光或其他类似远程通信手段。当面交流比非当面交流容易得多，因为它有许多其他可用手段。

也许，太空人到达另一个行星，遇到的第一个问题就是弄清楚，那些迎接他的三头怪物正想发出什么信号，是“欢迎，地球人”，还是“滚，一个头的家伙！”？如果这个问题得到友好解决，双方就可以继续建立更广泛的交流。作为基本步骤，这个太空人显然需要确定，他的五个感官中，哪些可用于与一种可能只有其中部分感官的生物“谈话”。

嗅觉似乎没用。罗伊·贝迪切克（Roy Bedichek）在《嗅觉》中说明了原因：

> 此处值得停下来考虑一个问题：仅通过气味手段形成一种语言，意即重要信息的交换。首先是造出无数独特气味在化学上的困难，也许只有香水商能理解这个要求有多苛刻。然而解决了这个问题，还很难算开了个好头。每个生物都得备一台广播装置，能够当场制造气味分子，携带这个生物当时希望交流的特定信息。这个似乎不可能完成的工作完成后，依然还有个技术问题，即如何设计高灵敏度接收装置来接收广播，再解密传递给当权机关指示和执行正确行动。

另一个化学感官味觉同样有这些缺陷，甚至更多：味觉器官只对自身接触并且溶于水的物质有反应。

但触觉已经作为一种相对有用的表达手段为人类所用，最明显的例子也许是海伦·凯勒（Hellen Keller）。她 19 个月大时失明失聪，通过比较老师声带振动和手触摸物体的学习，最终学会了理解、说话和写作。虽然这个系统依赖人类咽喉特殊的可接触性，但它在面对严重障碍时的惊人成功表明，其基本方法可以改进后用于与火星人（此处指任何外星居民）交谈。也许太空人可以把一个物体交给火星人，让他用他的天线先触摸它，再触摸它上面的盲文单词。或者，在火星人触摸该物体时，太空人可以用“振动通信”（vibratese）把表示该物体的信号发给他。振动通信是一种试验性的触觉通信系统，通过给身体不同部位传递不同强度和长度的振动来进行交流。但触觉相对不够精细，还需要与通信者的身体接触，这些对触觉本身构成了限制。由于这些严重局限性，触觉或许只能成为人与火星人通信中的配角，就像在地球上一样。

至此，在人类的交流中，视觉和听觉就成为最可行的感觉。用这两种感觉时，通信也许会像许多学校用于教授阅读的方法一样，从一次简单的“展示和讲述”（show-and-tell）过程开始。太空人可以拿起一块石头说，“石头”；可以跑一小段路，再说“跑”，等等。最终交流也许会建立起来。但如果火星人，或邻近星球上可能具有的任何生命形式，是一种低于人类的生物，与人类双向交流意义上的通信也许不可能实现。这些低等生命将缺乏与人类通信的智力，但人类可以观察它们自身间的交流。这种交流通常相当于一种本能行为，传递的信息极为有限，蜜蜂的“语言”即属此类。德国动物学家卡尔·冯·弗里希[1]博士发现，一只蜜蜂带着花蜜回到蜂箱时，会激情地表演一种“舞蹈”。另一只蜜蜂就会突然飞出蜂箱，其他蜜蜂紧随其后。几分钟之内，这些蜜蜂就会出现在有花蜜的地方，那里距蜂箱通常有一段距离，而且从蜂箱位置看不到。经过不断实验，冯·弗里希发现，蜜蜂跳舞时的旋转速度指出了食物源距蜂箱的距离。食物近在约 91 米外时，蜜蜂在 15 秒内转 9 到 10 次，200 码转 7 次，如果在约 1 千米外，只转 2 次。它的舞蹈再给出食物对蜂箱的方位，以此确定食物的位置。当它以一个角度跳舞时，比如说，蜂箱墙垂线左边 50 度，食物源就在蜂箱与太阳连线左边 50 度方位。冯·弗里希发现，蜜蜂通信系统非常精确，能把蜜蜂直接引向藏在山脊后的食物。然而，这项研究虽然能够帮助人类了解可能在其他星球发现的生物，但在帮助人类与它们交流方面没多大意义。

不管怎么说，直接接触交流只占了外太空来信问题的一小部分。智慧生命几乎不可能存在于金星和火星，冰冷黑暗星际空间的广袤程度不可思议，因此许多科学家认为，人类永远不会尝试乘宇宙飞船穿越它。相对论限制一切交通工具不能超过光速，在一个宽达 6 万光年的星系中，即使以光速（还没有任何人类运输工具有丝毫迹象能够接近这一速度），穿越哪怕是星系的一部分，到达更稠密的邻近星系也需要漫长的年代。

虽然如此，一些科学家认为，寻求与同类建立联系的某个高级文明可能会在星际飞行中发送某种形式的有形物体。莱斯利·伊迪（Leslie C. Edie）认为他们可能会把大量信息塞进一个免维护的包裹里，让它像漂流瓶一样在空间引力流里自由漂泊。也许这些信息微刻在超薄金属片上，甚至可能组成传递信息的分子结构，无疑这是最小巧的信息。伊迪建议再次研究陨石，查看是否有人已经如此处理过其中的含碳材料。

1962 年，著名射电天文学家罗纳德·布雷斯韦尔（Ronald N. Bracewell）展望了一种类似技术。布雷斯韦尔提出，这个旅行包可能由一部携带磁录信息

[1]　译注：Karl von Frisch（1886—1982），奥地利动物学家，但他大部分时间都在德国学习研究。曾获 1973 年诺贝尔生理学—医学奖。

的电台组成，或者可能由一个尺寸和记忆能力相当于人类大脑的微电脑指挥。此种高级文明会把它投到目标恒星的行星间静静摆动，扫描所有无线电频率。当它听到一个信号时，它会在同样频率上模仿那个信号发回去。如果那颗发出信号的行星此时再次重复这条信息，表明它已经做好接收信息的准备，这个探测器将自动把它的信息全部发出去。据信它将会携带百科全书般的知识储存。“这样的探测器可能就在这里，在我们的太阳系，试图宣布它的存在。”布雷斯韦尔写道。作为证据，他提供了 1927、1928 和 1934 年，几位细心科学家听到的几个令人费解的无线电“回声”。布雷斯韦尔认为，这些“回声”实际上是探测器对地球重复它听到的信号，警告地球它的存在。他的观点遭到批评。批评的依据多种多样，其中一条是，虽然一个文明向周围空间发出这样的探测器可能不需要太多花费，但保护它们免遭数百万年的空间腐蚀似乎极其困难。不管怎么说，这种理论未被广泛接受。

也许，这个发送对象可能由宇宙中最轻的“物体”（电子）组成。电子枪可以射出带电粒子束，穿过太空。它们可以被闪烁探测器接收到，只要有电子击中探测器，探测器就会发出闪光。这种系统可以高效率携带大量信息，但它的射程似乎限制在 16 万千米左右，远低于星际通信要求的数以万亿千米。同样的一般概念也被提出适用于另一种亚原子粒子——中微子。它是理想的远程通信载体，因为它没有质量，不携带电荷，因此不会受空间磁场吸引而偏离方向。不过有个小问题，地球上的科学家根本测不到它们的存在[1]，中微子一路穿过地球，所过之处，一点痕迹都不会留下。观察一个调制过的中微子波束似乎绝对超出了地球人的能力，但其他文明也许已经解决了这个问题。

最快捷经济的星际通信手段似乎不是通过物体，而是通过电磁波。这些是无线电波、热、光、紫外线、X 射线和 γ 射线。当然，所有这些都以光速运行。把一个无线电信号发射到太空，肯定比发射一个探测器要容易。“星际通信要想不偏离方向，以合适的飞行时间穿越星系等离子区，据我们所知，这样

[1] 译注：2013 年 11 月 23 日，科学家首次捕捉到中微子。日本科学家梶原隆章和加拿大科学家阿瑟·麦克唐纳（Arthur B. McDonald）因发现中微子振荡（从而证实了中微子有质量）获得 2015 年诺贝尔物理学奖。

的通信只有电磁波能做到。”科科尼和莫里森写道。

那么问题来了，具体哪种波？现实考虑很快限制了可能性的范围。X 射线信号无法聚焦。γ 射线由放射物质发出；也许有一天，令人头疼的核反应堆废料会找到星际通信中的用途。可惜它们到不了 16 万千米以外，因此和电子一样达不到足够距离。

莫里森提出过一个很有想象力的做法：某个文明把一块不透明屏幕投入空间，挡在其母恒星和目标恒星间的一条线上，这块屏幕可以由许多单个物质碎片组成。该文明可能通过磁力移动屏幕进入或离开那条线，由此让整个母恒星看起来像眨眼。眨眼的模式，当然构成了信号。对一个高级文明来说，如此浩大的工程也许不会太难。德雷克对此提出一项微妙改进，它使用一大块云团，构成云团的材料不吸收全部，而是吸收特定波长的光线。这些缺失的波长会在该恒星光谱中留下一条黑线，指示出一个人为因素的存在，从而表明那里有一个文明。虽然德雷克提出这个做法，更多的是作为一个指示器而不是通信装置，但改变这块云团，或在那颗恒星逸出的气体驱散云团时复原它，从而传递信息，这样做也许是可能的。另一个可能的光波系统，利用了恒星大气元素对炽热星体发出特定波长光线的自然吸收，这种吸收同样在原本彩虹般明亮恒星光线的光谱中留下一条黑线。查尔斯 · 汤斯（Charles Townes）博士因发明微波激射器及其光学表兄弟激光器获得诺贝尔奖，他与同事罗伯特 · 施瓦茨（Robert N. Schwartz）共同提出，能够精细调谐的激光可以像钥匙插入匙孔一样，先聚焦在那条黑色吸收线狭缝上，再开启或关闭，发出信息。遥远星球的天文学家看到自然界不存在的光谱内精细细条，会认识到它是人为的。

以上这些方法虽然技术上难度极高，倒也不是不可行，不过所有方法中，最实用的似乎还是无线电。今天的人类对无线电的优势已经有了非常深刻的了解。无线电发明后不久，人类几乎本能地认识到它是星际通信的天然选择。该领域先驱是举止古怪的尼古拉·特斯拉[1]，他在这个方面做出了实质贡献。1899 年，他在科罗拉多州的无线电实验室观察到周期性的“电活动”，“清楚表示出

[1]　译注：Nikola Tesla（1856—1943），美国电气工程师和发明家，开发了第一台无线交流感应电动机和数种振荡器、特斯拉线圈以及船用无线电导航系统。

数字和次序，不符合任何我知道的原因”。“这种感觉在我心中不断滋长，”他写道，“我第一次听到了一个星球发给另一个的问候。”据报道，21 年后，无线电发明人古列尔莫·马可尼（Guglielmo Marconi）说，他的公司在大西洋两岸听到一些无法解释的无线电信号，它们可能来自另一个星球。现在它们被认为是闪电引起的“啸声干扰”现象，在其他人注意到之前若干年，被马可尼听到了。

随着 1924 年火星与地球的日益接近，围绕火星—地球通信的问题爆发了一场热烈讨论。菲茨休·格林（Fitzhugh Green）中校在《大众科学月刊》发问，“《我们能破译来自火星的信息吗？》（*Could We Decode Messages From Mars?*）”，接着提到，“今年夏天，人们提出 21 种与火星通信的方法”，其中没有一个特别靠谱的。前阿默斯特学院天文系主任戴维·托德（David Todd）希望在火星经过期间关闭所有地球无线电台，聆听来自火星的信号。美国陆军和海军实际上命令他们的电台避免不必要报务，守听不寻常信号。通信兵部队主任参谋宣布，它的密码部门主任威廉·弗里德曼正在待命，准备随时破译收到的信息。在陆军通信兵部队主要基地阿尔弗雷德韦尔兵营（今蒙茅斯堡），三座电台确实在监听。其他电台也可能在搜寻各无线电波段。这些虽然是无计划的、临时的、肤浅的，但它是第一次已知的人类聆听来自其他世界信息的努力。8 月 24 日夜，人们听到录制的莫尔斯长划，继之以一个宣读单词的声音。没人研究过它，因为它似乎只是某个人类电台的测试。另外，早期电视先驱、华盛顿人詹金斯听到一些神秘信号，时间从 1924 年 8 月 22 日下午 1 点到 23 日下午 5 点。他把它们记录在移动照相条幅上。他接受了通信兵部队的含蓄邀请，把条幅带到弗里德曼办公室。弗里德曼回忆：“我觉得他有点类似空想家，没动他的记录。也许我错了！”

从那以后，随着射电天文学的发展和无线电技术的进步，人类已能排除很大一部分无线电波段，认为它们不可能作为来自外太空信息的频道。因众多技术原因（空间衰减、所需功率、接收设施等），“比如说，1 兆周到 1 万兆周的宽广波段依然是合理选择”，科科尼和莫里森写道。但在这个依然巨大的范围内，人们到底该监听哪个频率呢？这个问题和驾车行驶在国内某地驾驶员遇到的一样，他不知道当地电台，但他想收到某个特定大联盟球赛的广播。他得在整个调台范围内调节他的收音机，听听每个台，直至找到他想听的那个。对星际广播来说，不仅这个调台器范围极广，而且信号弱得多，比熟悉的播音员嗓音难辨认得多。

幸运的是，“就在人们最喜欢的无线电范围内，”科科尼和莫里森指出，“有一个宇宙中所有观测者肯定都知道的独特、客观的频率标准。”这就是 1951 年才发现的所谓“中性氢 21 厘米谱线”。因为物理原因，氢电子自旋轴围绕其核以 1420405752 次每秒的频率摆动（进动），在太空中，个体氢原子偶尔相撞，因此收获一点额外能量，它们再把这些能量以电磁波形式抛出去，这个电磁波频率与自旋轴进动频率相等。这就是 1420405752 周每秒的无线电波，大致相当于 1420 兆周。因为所有电磁波以同样速度传播，这个频率对应 21 厘米波长。大量氢云飘浮在银河系，所有单个原子发射合起来，在太空调台器那个频率上形成一个稳定的无线电噪声大合唱，即“电台”。可以说，它制造出一个导航灯塔，即电磁辐射无线电波谱范围内的一个标准地标。“因此我们认为，搜寻 1420 兆周 / 秒附近范围最有希望。”这两位物理学家写道。但不是直接在那条氢辐射谱线上，因为如果任何傻瓜在那个频率上发送信号，氢辐射噪声会把信号淹没；而是它附近的频率，或者也许是该频率的两倍或一半。恒星和星云会在电磁波谱的其他部分产生光和热，同理，它们也会产生宇宙无线电噪声或静电噪声，监听频率应该相对不受这些噪声的影响。

缩小潜在频道范围的过程中，我们要面临的下一个问题是：广播有可能来自哪里？简单地把一个接收机调到 1420 兆周，然后坐下来收听来自四面八方的信号，这样做可不行。弥漫空间的宇宙噪声会淹没信号。反之，就像便携收音机的天线对准发射台时音量最大一样，为了更好地拾取信号，每个搜寻者都得把他们的天线对准一个可能的发送者。“哪里”的问题实际上是考虑，哪些恒星可能拥有孕育生命的行星。这点意味着，它们得是像太阳一样旋转缓慢的长寿恒星。较近的恒星自然会得到优先考虑。距太阳系 16 光年以内有 45 颗恒星，其中许多要排除掉，因为它们不符合条件。最近的恒星，人马座 α 星实际是个三合星（triple star），即互相围绕旋转的三颗恒星，似乎最不可能存在一个有宜居生命带的轨道。排下来，太阳系附近只有十几颗恒星符合要求。但其中一些正处于制造大量宇宙噪声的恒星之中，这意味着探测来自它们的任何信号都格外困难。排除这些之后，最有可能的竞争者只剩下两个附近的恒星：位于鲸鱼星座的鲸鱼座 τ 星和波江星座的波江座 ε 星。两颗星都比太阳小很多，光度只有太阳的三分之一，但和太阳一样，两星都是旋转缓慢的长寿星。一群理论家，包括德雷克、科科尼、莫里森，以及第一个阐述宜居带概念的黄授书，分别独立得出以上结论。

因此 1960 年 4 月 8 日清晨，德雷克的约 26 米射电望远镜第一个对准的就是鲸鱼座 τ 星。因为从连续不断的宇宙静电噪声背景中分离出可读信号可能会很困难，德雷克设计出几种巧妙技术，可以更清楚地突出显示信号。它们有点类似电子反干扰的电子战技术——也许值得一提的是，德雷克作为电子军官在重巡洋舰“奥尔巴尼”号（*Albany*）服过三年兵役；它们还可能借鉴了为探测极其微弱的（$1/10^{20}$ 瓦）金星雷达回波开发的技术。

德雷克的技术之一是，射电望远镜轮流对准该恒星和恒星附近一片天空。从后者进入望远镜的只有一般宇宙噪声，没有任何来自恒星的辐射，从前者进入的则是噪声加辐射。德雷克的设备比较两者，只记下来自恒星，强度在一般噪声水平之上的辐射。这就是信号。另一项技术依赖一个现象：多一个土豆对一车土豆没多大影响，但对一个称取 500 克土豆的食品商，情况完全两样。电子设备衡量接收到的两种不同辐射：一个宽波段的噪声和它范围内的一个窄波段。射电望远镜轮流收听该宽波段范围内的各个窄波段。如果一个信号出现在宽波段，但不在正在收听的窄波段，那么，与所有噪声相比，它的强度可忽略不计，因此这种辐射依然是平衡的。但如果在窄波段拾取到信号，信号的分量就全部集中在那个波段，两种辐射就失去平衡。二者差异就构成人工信号。

德雷克根据奥兹（Oz）女王的名字，把他的搜寻称作“奥兹玛计划”。“奥兹”是一片想象的土地：“一个难以到达的遥远地方，住着各种奇异的生物”。他的设备自动调整，覆盖以中性氢频率为中心的 400 千周频率范围。1960 年 4 月 8 日清晨是一个历史性时刻，人类开始了对其他恒星系生命的第一次大规模搜寻。德雷克那天最后打开的那个开关，将自动调整接收器在观测一分钟后从一个 100 周波段转到下一个。

那天，射电望远镜的巨大圆盘缓缓转动，追随鲸鱼座 τ 星划过天际。星光被耀眼的阳光掩盖，扬声器里只传来滋滋的宇宙噪声，纸上只记下代表噪声的摆动图形。随着鲸鱼座 τ 星开始在西山落下，那天在控制室进进出出的德雷克决定转向另一个候选者：波江座 ε 星。这样做之后不久，记录笔（德雷克写道）“一下子跳出刻度范围”，被一些非常强的信号打出去。音量调小后，记录笔平滑地画出一系列整齐划一的脉冲，每秒八个。它们只能是某种智慧生命人为产生的。控制室里（德雷克说道）“一阵不大不小的喧嚣”。对设备的检查显示没有故障。他们想转动望远镜，检查来自天空其他方向的信号是否依然强烈，是则表明它非来自波江座 ε 星，但在转动之前，信号突然中断。

德雷克很难相信第一次尝试就捕获到星际信号，这样的机会太过渺茫。他没有声张，两周后，他再次听到同样的脉冲。他把天线转离波江座 ε 星，测试它们的来源。正如他怀疑的，脉冲还在，证明它们来自地球其他地方，也许是某个雷达干扰活动的结果。

1960 年，整个 7 月，“奥兹玛计划”连续进行了总计约 150 小时监听，没有获得任何星际通信证据。计划随后暂停，主要因为望远镜需要用于其他项目，但也有部分出于没有成果导致的兴趣消退。德雷克曾希望用海军当时在建的约 183 米射电望远镜重启监听，但那个海军项目被取消，“奥兹玛计划”也被搁置。

“奥兹玛计划”公众讨论期间，反对的声音偶有听闻。也许，在另一个文明的高级生物眼中，人类只是一群令人垂涎的肉牛。为什么还要找死？对此的解答多种多样。一个是两地间的巨大距离，光为吃块牛排跑这么大老远的可能性不大。另一个是旅行时间：等他们到达时，地球多半已经能够保护自己。还有一个是，先进到能与地球通信的文明多半已经自己解决了吃饭问题。所有这些可以汇总成一个观点：唯一值得跑这么远路的是信息。在火星开采钻石或铁矿不会有价值，地球上制造的合成材料便宜得多。氢辐射谱线发现者、诺贝尔奖得主爱德华·珀塞尔（Edward Purcell）确信“没人能实质威胁到任何其他人”，星际对话“在最深刻的意义上是完全无害的”。

或问，要是大家都在听，没人发送又如何？例如，众议院科学航天委员会（Committee on Science and Astronautics）听证期间，哈里森·布朗（Harrison S.

Brown）博士告诉达达里奥议员："我得说，'奥兹玛计划'的成功几乎完全取决于，身处其他领域的议员如何行事。他们拨付了建造必要的超强发射系统所需的大量资金吗？这里我也许有点悲观。提议斥巨资建设一座发射台，发出另一颗星球上居民几百万年后可能听到、可能听不到的信号，对这样的提议，我试着设想诸位先生会做何反应，我相信对这类提案的关注也许不那么热烈。"布朗在政治上也许是对的，但技术上错了。作为星球日常活动一部分，如无线电通信、高能军事通信、卫星中继信号，尤其是远程雷达等游离信号泄露到宇宙中，高级文明似乎有可能通过这些信号探测到新生文明。不过说到地球，想到肥皂剧和音乐节目主持人，有好事者评论说，没把人请来，倒把他们吓跑了。

关于星际对话，最怪异的事实之一是对话不可避免的漫长迟滞。因为以光速传播的无线电波到达一颗 20 光年外的行星需 20 年，对话只能以悠闲的节奏进行。显然，人类不会发出一条信息，然后什么也不做，干等 40 年后来一条回复。双方会交换连续不断的信息流，回复在某种意义上将成为询问人留给子孙的遗产。沃尔特·沙利文（Walter Sullivan）在《我们不孤独》中指出，与人类肉体通过后代达到永生一样，知识也许在某种形式上构成了整个宇宙的智力永生。"伯特兰·罗素[1]曾指出，'世世代代的辛劳，所有的奉献，所有的灵感，所有人类天才的耀眼光芒，全都注定要在太阳系的大毁灭中消逝。'但在某种意义上，生命似乎是永恒的。也许真正的智慧是一把火炬，虽然我们还没有收到，但它可以由一个处于生命晚期的文明传给我们，在我们自己的世界行将毁灭时传下去。"

但我们如何实际交流？用什么语言发送信息？这里不可能用简单的"展示和讲述"步骤。

许多科学家设想，地外文明将用一个特别的呼叫信号与我们打招呼。"我们预计，呼叫信号将是脉冲调制信号，基于带宽和周期，速度以秒计不会太快，也不会太慢。"科科尼和莫里森写道，"要想无可争议地被识别成人工信

[1] 译注：Bertrand Russell（1872—1970），英国哲学家、数学家、社会改革家，1950 年获诺贝尔文学奖。下段引文出自他的散文《自由人的信仰》（*A Free Man's Worship*）。

号，信号应该包含，比如说，一个小质数脉冲系列，或简单的算术和。”尼古拉·特斯拉做出同样设想，他想象地球上的天文学家会用下面一番话宣布首次宇宙联络：“同胞们！我们收到一条来自遥远未知世界的信息。内容如下：一……二……三……”

至于来信的语言，地球人毫无头绪。也许外星人的首要原则就是让他们的信息尽可能清楚。信息会被编码，但会编成一种以清晰易懂而不是隐晦为目的的编码，即某种逆编码学，按爱德华·珀塞尔的说法，就是一种反编码学（anticryptography）。解读它要不要密码学家技能的帮助？对一种未知语言的明文，他的字母频率和克尔克霍夫叠加等专业知识自然没有用武之地。但很有可能，他看出陌生文字形式的才能会发挥重要作用。也许，密码学家将会与逻辑学家、数学家、语言学家、生物学家、天文学家、无线电工程师一起参加翻译会议。如果是这样，它将标志着一个已经走过 4000 多年漫长历程职业的辉煌巅峰；对密码学而言，它将是登峰造极之作。

虽然还不可能预计外星人的语言会是什么样子，俄国语言学家、列宁格勒科学中心[1]的尼古拉·安德烈耶夫（N. D. Andreyev）最近提出一种方法，他相信它将使人类能够破译任何语言。使用他称为“统计组合”（statistical-combinatory）的分析方法，他测量一段文字中六个不同参数，如一句话内单词间的“距离”，得出单词间的语义关系。在人类语言上测试这种方法，他确定了动词符号的含义。“数据不稳定，”他写道，“得出几个单词的准确含义；其他单词分组成界限清晰且拥有确定共同含义的同类语义集合（但没有集合内单一成员的具体概念）；只揭示出一些单词的语义大类，无法做出任何界限明确的分组。”他在这个问题上的研究才刚刚开始，但似乎前景广阔。

人类将如何答复？这里的意见主要是逻辑学家、数学家和天文学家给出的。他们的提议大致可以分成两类。一类主要把答复语言建立在数理逻辑基础上；另一类基本依靠图画。

显然没人会把一条用世界语写成的消息传送给另一个世界的生物。这种人

[1]　译注：俄罗斯科学院 1724 年成立于圣彼得堡，1934 年苏联科学院搬到莫斯科，1983 年成立俄罗斯科学院列宁格勒科学中心。

造语言对地球语言的依赖过于直接；它属于被称作“后验语”（aposteriori）的人造语言类型，因为它以现有语言为基础。但从逻辑—数学角度提出的星际语言背景则是另一种人造语言，被称为“先验语”（a priori），它对所有人类体验进行逻辑分类，根据这些分类形成语言。最早期的人造语言属于这种类型；弗里德曼认为神秘的伏尼契手稿就用这种语言写成。17 世纪初，曾是国际语言的拉丁语在学术和政府机构中被废弃之际，这种语言的众多不同系统纷纷涌现。在 1629 年的一封信中，笛卡尔[1] 力主创立一种哲学语言，它可以像字母组词一样把简单概念结合成复杂概念。莱布尼茨同样梦想着这样一种语言，希望它能避免完全由于语言混乱造成的许多哲学问题。这样的语言甚至被设计出来，其中第一个由乔治·达尔加诺设计。威尔金斯主教继之以另一个，它用符号和附加波浪线表示概念及其关系。一些人造语言近乎怪诞，它们有的用数字建立一个存在体系，如在“蒂默语”[2] 中，“I love you”就成为 1-80-17；有的用音符，如唆来唆语（Solresol）中，“哆咪唆”表示“上帝”，“唆咪哆”表示“撒旦”，它的发明人让 – 弗朗索瓦·叙德尔（Jean-François Sudre）指出，它可以唱出来，或者如果用七种颜色代表音符，也可以画出来。

近 19 世纪末，意大利数学家朱塞佩·皮亚诺（Giuseppe Peano）寻求尽可能减少数学和逻辑方程中使用的语言数量。他试图规范的不是数学思维对象——数学书里的方程，因为早有人这样做过，而是数学思维本身——围绕方程的解释文字。为此他创造了符号，代表原本需要用语言表示的“和”、“或”、“非”、“表示”、“每”和其他逻辑术语。他希望，就像数学便利定量领域的科学思维一样，符号将推动非数学领域的科学思维。（皮亚诺还发明了用于日常对话的简化拉丁语，1903 年，他在都灵的一次演讲中描述了这种拉丁语。他从近乎标准的拉丁语开始，一步步解释他在谈话中引入的简化形式，最后以几乎毫无语法的“Latino sine flexione”[3] 结束。）皮亚诺的数学语言思想被阿尔弗雷德·诺斯·怀特海（Alfred North Whitehead）和伯特兰·罗素采用，二人革命性的《数学原理》揭示了基本的数学原理，表明了它与逻辑原理的一致性。今天，根据他们研究

---

[1] 译注：勒内·笛卡尔（René Descartes，1596—1650），法国哲学家、数学家、物理学家。

[2] 译注：Timerio，柏林建筑师蒂默（Tiemer）提出的一种人造语言。

[3] 译注：无曲折拉丁语，也叫拉丁国际语、皮亚诺国际语。皮亚诺发明的简化拉丁语。

结果发展出的数理逻辑，用大量句法术语表示概念间关系。

数学语言句法可作为基于逻辑的星际语言骨架，血肉则由数学语言的词汇构成，这就是荷兰乌得勒支大学数学教授汉斯·弗罗伊登塔尔（Hans Freudenthal）博士的工作。弗罗伊登塔尔设计它的目的，与其说是作为星际通信的严肃提议，倒不如说是作为逻辑语言的一种练习，尽管他认为它可以实现星际通信功能。他根据“lingua cosmica”（宇宙语言）把他的语言称作“宇宙语”(Lincos)。它的声音由各种波长和频率的无线电信号组成；字间隔和标点由不同时长的停顿构成。弗罗伊登塔尔没有为某个具体单词规定实际的具体无线电信号，因为这其实无关紧要，可以交给技术人员去做。书面上，他常常用意思相同的拉丁语缩写词代表他的单词。据此，“Inq”表示意为“问”的任何信号，这个缩写显然来自拉丁语“inquirere”。

在宇宙语可用于通信媒介前，需要先把它传授给外太空生物。弗罗伊登塔尔提议的做法是，一遍又一遍发送浅显易懂关于宇宙语的说明，直到接收人领会它们的含义。

首先，他发送一系列信息，教授术语“加”和“等于”。他的第一条信息可能是“哔－哔－哔－哔－嘟－哔－哔－啾－哔－哔－哔－哔－哔－哔”。接下来，他可能发送“哔－哔－嘟－哔－啾－哔－哔－哔”。发送足够这类信息，直到外太空生物理解了“嘟”是“加”、“啾”是“等于”的概念后，他可能会发送一条有新信号的信息，如“哔－哔－哔－叮－哔－啾－哔－哔”。外太空人很快会认识到“叮”意为“减”。依此类推，弗罗伊登塔尔将创建完整的数学词汇表。

接着他会介绍时间概念，例如他发送一个时长七秒的划，再发一个意为“秒”的宇宙语，再发送七个脉冲。通过用不同时长的划重复这种类型，听者最终会注意到划的持续时间与后面的数字成比例，从而确定地球时间单位的长度。

人类行为将通过某种类型的宇宙语“广播剧”表现。一个新信号后会接一段不完整的宇宙语，如“6 加 4 等于……”。第二个新信号后会接表示“10”的宇宙语。这两个新信号会继续互相讨教数学问题，即宇宙语初学者唯一可以讨论的话题。在这些谈话中，他们会用到（从而教会）宇宙语词汇，“说”“好”“坏”“谁”“允许”，等等。弗罗伊登塔尔指望，外太空听众还会猜测到这些信号实际上是智慧生物（sapient beings）的宇宙语名词。最后，弗罗伊登塔尔会让两个生物在不同时间（从而在不同空间）接收到同一事件。这些新的概念、位置将引向距离、运动和质量的定义，从而引向整个力学领域。普适常数，如光速或氢原子辐射波长，将建立地球长度单位（已知地球时间单位）。有了这一重要步骤，我们才可以描述地球、太阳系、人类，等等。弗罗伊登塔尔计划从这里开始，进一步深入地理学、解剖学和生理学，进而在一个更深刻的程度上渗入人类行为。

这是个精心准备的很可靠计划，弗罗伊登塔尔在《宇宙语：一种宇宙对话语言的设计》（*Lincos: Designe of a Language for Cosmic Intercourse*）一书中完整列出他提议的数百条信息。但人们也提出一些很有意思的批评。一个数学家想问问弗罗伊登塔尔，为何如此确信外太空生物会像他那样思想？也许它们的数学是另一个样子。无意义“哔”的数量变化是教授“加”的初步概念时演示用的，也许他们会尝试在这个数量变化中寻找某个模式，不理会一成不变的“加”信号。对这些问题，弗罗伊登塔尔答复说：“我假设接收者在智力上与人类似。否则我根本不知道如何与他们交流。”他继续解释说，他首先依赖双方都掌握人类所知的数学，这是人类能想象到的唯一种类。至于信号数量变化，“单词‘加’和‘减’与正常变化的信号大相径庭，你不可能弄错。我绝对确信，一点不理解英语单词‘加’‘减’的任何一个普通农民会理解你说的话。”

皇家学会会士、畅销书《语言的微光》（*The Loom of Language*）的主编兰斯洛特·霍格本（Lancelot Hogben）本人就是一种星际通信语言的发明人，他同意弗罗伊登塔尔有关建立时间信号及在此之前的做法。但他认为（并且当然，许多人相信），在那之后的步骤应该是建立一个以共同经验为基础的普遍事实框架，这个共同经验应该是太空现象。“我们能指望，达致理解的最后一个话题，将会是一般人类行为和特定自我概念。”他写道。霍格本还认为，将信息转化成宇宙语逻辑形式没有任何益处。宇宙语言唯一的必要性在于，“术语和结构符合严格语义规范要求”，他说。但他似乎忘了一点，宇宙语的目的正是维持那一规范性。

霍格本自己的提议名为“太空术语”（Astraglossa），与宇宙语基本原则有不少共通之处，但它不像宇宙语那样给人一种逻辑结构严密的印象，因此看上

3 01 3. * *Ha* Inq *Hb* · ? *x* . 100*x* = 1010:
Hb Inq *Ha* . 1010/100:
Ha Inq *Hb* Mal:
Hb Inq *Ha* . 1/10:
Ha Inq *Hb* Mal:
Hb Inq *Ha* . 101/10:
Ha Inq *Hb* Ben *

* *Ha* Inq *Hb* · ? *x* . *x* = 10 + 10:
Hb Inq *Ha* . 10 + 10:
Ha Inq *Hb* Mal:
Hb Inq *Ha* 100:
Ha Inq *Hb* Ben *

* *Ha* Inq *Hb* · ? *x* . x^{10} = 11001:
Hb Inq *Ha* . 101 × 101 = 11001:
Ha Inq *Hb* Mal:
Hb Inq *Ha* · 101 × 101 = 11001 . ∈ Ver:
Ha Inq *Hb* · Ver Tan Mal: ¬ · x^{10} = 11001 . → . *x* = 101:
Hb Inq *Ha* . 101 ∨ − 101:
Ha Inq *Hb* Ben *

* *Ha* Inq *Hb* · ? ˅*x* . x^{10} = 11001:
Hb Inq *Ha* 101:
Ha Inq *Hb* Ben *

* *Ha* Inq *Hb* · ? ˅*x* . x^{10} = 11001 ·
Hb Inq *Ha* : ˅*x* . x^{10} = 11001 · ∈ · ^*x* . x^{10} = 11001 ·
Ha Inq *Hb* Mal *

发明人用数理逻辑符号书写的一页“宇宙语”，显示“人类 a”（*Ha*）和“人类 b”（*Hb*）的对话

去交流能力不及后者。20 世纪 50 年代初，关于天外世界的思想成熟以前，他应英国星际协会之邀设计了这种语言。他把它设想成与火星的闪光通信形式，但解释说，它可以使用无线电波，推广用于任何行星。

和弗罗伊登塔尔一样，霍格本从教授“加”和“减”的基础信号开始。他提议与天文学一起教授时间。通过选择火星上一个参考点和一桩从该点可见的

太空事件，地球会在火星点看到该事件前 n 刻发送 n 划，前 $n-1$ 刻发送 $n-1$ 划。例如，在火星人的眼睛看到地球遮蔽月球 9 分钟前发送 9 划，8 分钟前发送 8 划，依此类推。通过把数字分成三角数因子（1 + 2 代替 3；1 + 2 + 3 代替 6；1 + 2 + 3 + 4 代替 10）发送，可避免接收者简单地把信号看成天文学课程。霍格本建议不用简单的整数信号，他提议用效率更高的以 2 或 12 为基数的计数法，以后者为佳，因为它更紧凑。火星人（如果他们能收到通信，他们就可以探测到电磁能）可能也发现了人类可见部分的电磁波谱谱图吸收线。“这开启了将数字和时间概念，与以几种初级形式存在的物质概念联系起来的可能性。”霍格本猜测。

建立否定概念时，霍格本会设置一个新信号，在序列中插入一个错词，与之前正确信息并列。通过重复这一课程，火星人会推断出这个新信号表示否定。为解释疑问，他会在一个数字序列中插入一个表示“第 x 个”词是“什么”的双重信号，以此代替通常置于一条信息前表示肯定的断言式预告信号。下一步，霍格本会建立“同意和拒绝”概念。最终，“问—答法”与探测来自不同发射台信号的能力结合，将使“我们”和“他们”的区分成为可能。接下来，霍格本将可以进入更高水平的通信。

提议用于宇宙交谈的第一个系统兼具数学法和图画法的一些特征，但它的根基牢牢建立在数学基础上。1896 年，火星运行到近地点后，弗朗西斯 · 高尔顿（Francis Galton）爵士设计了这个系统。高尔顿是优生学开创人，是使用指纹识别罪犯的早期倡议者。那还是无线电应用之前，高尔顿想象火星人正在与地球通信，他们闪动一个巨型日光反射器组，所有反射器同时工作，把阳光反射到地球。火星人使用三种信号——$1\frac{1}{4}$秒的点、$2\frac{1}{2}$ 秒的划和 5 秒的线。他们用这三种信号建立了一个以 8 为基数的记数系统，高尔顿猜测，这或者是因为他们只使用三种不同信号（$8 = 2^3$），或者因为它们是高度发达的蚂蚁，用 6 条腿和 2 只触角可以数到 8。经过加、减和其他数学计算步骤的指导，火星人传送的数字给出 5 颗主要行星中每一颗与太阳的平均距离、半径、自转周期。以上度量中，地球的数值被设为 100。

下一步，火星人不厌其烦地发出为 π 定义的信号，并在此帮助下画出一个 24 边形。他们给每条边命名，并且通过逐个传送边的名字，用这个多边形绘图。第一幅图是半个土星，另一半没必要画出，因为土星是对称的。这幅图需要 105 条“线”。下一个北美大陆图需要 88 条线，其中 16 条线不全，因为海岸线是凹进去的。随后的南美图只要 52 条线。一夜又一夜，这些闪光不断到达地球，逐步发展到家庭和社会图画。高尔顿暗示，只有当两颗行星在各自轨道上渐行渐远后，通信才会停止。

高尔顿的讨论不无幽默。他是一个新通信领域当之无愧的开创者。然而，他和霍格本的计划都有一般性不足的严重缺陷：假设的通信对象都离地球很近，因而可观察到一些外部现象，如霍格本的太空术语中为天体的食蚀或遮蔽现象；在高尔顿可称作“火星语”（Martiansprache）的讨论中是行星地理。因为这一点，他们轻松走出这些以数学为基础的语言最艰难的一步，即从实体到概念、从物质到思想的飞跃。在逻辑性远比其他任何一种语言都严密的宇宙语中，这个转变是最弱的一环。

另一方面，具体是图画法的强项。敏锐的太空专家、作家阿瑟·克拉克（Arthur C. Clarke）首先提到这个想法，显然是在电视启发下获得的。和逻辑数学法一样，图画法也植根于人类太空活动前时代。

当然，文字本身始于一系列图画。在中国，说不同方言的人可以读懂由固定形式图画组成的文字，知道它们表示同一事物。这个原理相当于药瓶上的骷髅和一对交叉的骨头，对美国人、法国人和德国人，它都表示危险或有毒。许多其他符号用于说不同语言者之间的交流：路标、分子式、音符、阿拉伯数字。

人类最初尝试用图形向另一颗行星（火星）生物发出表明地球上有人的信号。德国数学家卡尔·弗里德里希·高斯（Karl Friedrich Gauss）的名字出现在今天的英语动词“degauss”（意为消除船磁）里。他提议在西伯利亚种上几道宽阔的树林，形成一个巨大的直角三角形，里面再种上小麦让它更显眼。这个几何形状无疑是人工产物。人们还可以在三角形每边种出演示勾股定理的正方形，让这一点更明白无误。此后不久，维也纳天文学家约瑟夫·约翰·冯·利特罗（Josef Johann von Littrow）提议在撒哈拉沙漠挖渠，形成边长约 32 千米的几何图形，入夜后在水里倒上煤油点燃。法国的夏尔·克罗（Charles Cros）想出，用类似巨型日光反射器的大镜子把阳光反射到火星的主意。

这些装置也只能传递出地球上存在智慧生物的信号。而且，它们依赖视觉接触，这在空间通信中是不可能的。要表达任何真实有用的信息，人类必须用无线电向另一个世界发送大量图画或详细图形。为此人们提出了两种做法，它们都指望接收者把一长串以一维脉冲形式到达的信息排列成二维阵列。一种方法依赖空间关系向接收人提示这种重新排列，另一种依赖时间关系。

1961 年，格林班克星际生命大会后不久，弗兰克·德雷克向与会者，后来又向其他科学家，发出一条基于这种空间形式的信息。它包含 551 个二进制数——0 和 1，可作为脉冲和空白发送，或作为两种脉冲发送。这个问题的解决类似一个栅栏密码的破译。551 是两个素数 19 和 29 的积，表明要把这些数字排列在这个尺寸的矩形内。顶行 29 个数字显不出任何形式，但当这些数学排出 19 行符号时，这些单位（可把它们看成 0 构成空白里的点或标记）的几个群组出现了。德雷克的信息高度浓缩，它们描绘出一个很像人的两足生物，显然这是信息发送者；碳和氧原子的示意图，暗示这种生物的化学基础和人一样，就是这些元素；这种生物所处太阳系的太阳和五颗行星，后者与表示 1 到 5 的二进制数字及一系列大概代表这些行星（写着 70 亿的 4 号明显是地球，写着 3000 和 11 的另两个大概是宇航员征服或探险过的行星[1]）人口的长二进制数对应；最后是这种生物的高度，数字为 31，也许表示发送这些信息所用波长的 31 倍。当然，这条信息的大量内容是在人类经验的基础上解读的，而且如此短小的一段信息会不会发出去都是个问题。但德雷克评论说：

> 该信息内容被设计成包含我们最想知道的，有关另一个文明的数据，至少许多思考过该问题的科学家是这么认为的。
>
> 准备信息时，我们努力把它的难度设在某一水平上，这样一群各学科的优秀科学家可以在不到一天时间内解读这条信息。任何更容易的信息都意味着，我们没有利用传送设施发出尽可能多的内容，而任何更难的信息则可能导致通信失败。到目前为止，在请科学家试猜这个谜语时，他们理解了信息中与各自学科有关的部分，但普遍没有理

[1] 译注：这一段含义不明。人类还没有到过任何一个地外行星。

解其他部分。这也符合该信息背后的哲学思想。

二维的应用，使得用几个点传送大量信息成为可能。因为这样做就可以把信息符号按相互关联的方式排列，当我们用上逻辑，或应用我们关于另一行星系统或可能发生事件的已有知识时，排列本身也携带了信息。因此，这 551 个点约相当于 25 个英语单词，但信息的内容似乎远远超过那些。这是因为，通过一个单一符号的位置，不必用点准确拼出已经发生的可能性，大部分信息内容告诉我们，在几个复杂可能性中，哪一个是对方行星系统中实际发生的。

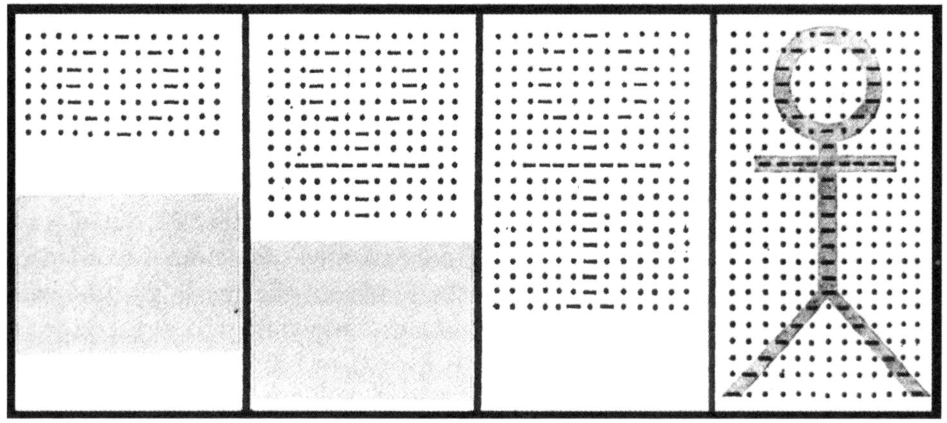

使用图画的星际通信：嵌在画框内的点之间的划堆出一个人形

虽然德雷克的信息过于简短，但它的原理绝对管用。它甚至可以扩展到生成一个三维模型。使用三个素数的积作为脉冲数目可能会暗示这一点，就像两个素数得到的数字表明了二维排列一样。到目前为止，它似乎还没有接受过测试。

基于时间的图像传送方法的大力倡导人是菲利普·莫里森。为区分图画的每一条线，他会发送两个同步脉冲。这些脉冲都是独一无二的，每对脉冲之间都间隔一段时间，所有脉冲对的间隔时间都相同。它们将构成画框。莫里森在每条线首尾脉冲间发出携带信息的信号。外星人需要把这些线上下排列，形成图画。他们能得到同步脉冲画框的指引，也许还得到相邻线间的近似和细微差异的帮助。

莫里森会发出一个圆（某种测试图案），作为他的第一个图像。信息将由众多单位组成，所有单位时长相等，首尾都用相同的脉冲区分。第一段由这两个同步脉冲组成，一个单一的独特信息脉冲在两个脉冲正中发出。第二段有两个信息脉冲，一个稍早于，另一个稍迟于该段中点。第三段同样有两个信息脉冲，同样以中点为轴时间对称，但离中点更远。接下来的线将继续扩大两个脉冲间的间隔，直至达到最大点，然后开始收缩，直到最后一段再次回到时间间隔中点的一个单一信息脉冲。当这些一个个从上到下排列时——有了！一个圆。

“当然，”莫里森想象外星人用这个方法发信息给地球，“他们也许不是直线扫描。也许他们以对数螺线扫描。它对这种方法没有影响。只要他们给我们一个简单的几何图形和一些关于它的代数提示，用不了多久，我们就能搞清他们扫描光栅的特性。”当然，和德雷克的方法一样，这个方法也可以改造用于发送更复杂的图像，不过它也许不太适合发送三维结构。

这个时间扫描原理无疑就是电视扫描原理。但即使教会外星人使用我们地球上的电视，它也不会被用于星际通信，因为电视远距离传送需要的功率太大，并且它传递信息的效率也不高。但它的两个特性：活动画面和黑白色调（不是非黑即白的德雷克图形可比的），也许最终能帮助传递额外信息。对活动画面，简单的动画原理足矣。我们会发出一系列画像，每幅与前幅稍有不同。快速连续观看时，它们就像在活动——至少对类似人类的眼睛是这样。至于灰度，德雷克将把图像各点的亮度转换成与亮度对应的数值。白点可以编码成10，中灰为5，深灰为2，黑色为1。他将发出这些数值，用它们代替他基本方案里的二进制数。在将这样一个系统用于商业目的（因为它比电视使用的带宽更少）的测试中，贝尔电话实验室工程师卡布雷（R. L. Carbrey）发现，仅三级灰度的漂亮女孩照片完全可以辨认。通过应用一种特殊的传送编码，他用每点7个脉冲获得128级亮度（$2^7=128$）。但在星际游戏早期阶段，这也许有点太复杂了。

图画法的最大优点在于它与现实的紧密结合。一图可抵千言。但如果图画不加说明，没有概念将客体互相联系并与更高层次的概括领域联系，它们只能给外星生物提供地球生活的怪诞模仿，并且实际上把更重要的地球生活事件拒之门外。抽象和具体，二者缺一不可，因此星际通信中，逻辑数学法和图画法都不可或缺。最有可能，发到外太空的信息将把某种形式的宇宙语指南和德雷克的图画结合起来。莫里森在他的圆圈电视图像中设想了这样一个结合，他先于图像发送一个简短数学课程，继之以一个收敛于 π 的数值级数。只有在教授了电视光栅，发出大量解释电视原理的测试图形后，人类才会把或静或动的人类世界图像显现在地外电视的屏幕上。

人类的下一个步骤，多半是用图像创造一本第二层次的词典——文字语言。他会发送一个三角形图像和表示该图像的任意无线电信号；一个碳原子图像及其无线电信号；一个人的图像及其信号。这些无线电信号由什么构成？也许会用上莫尔斯电码，发“嗒嗒－嘀嗒－嗒嘀”（＝人）比发一幅人像要快。但英语和所有自然语言的巨大冗余，意味着这种方法效率低下。商业电码本原理经济得多：使用一组数字或一个无线电频率组合作为“人”、“碳”或“三角形”的无线电信号；冗余则降到最小，只有探测和纠正错误必需的校验码。数字也不必限制为仅以 10 为基数，就像用到的无线电频率不限于仅 10 个一样。

通过改变无线电信号长度，为常用概念分配更少元素，经济性还可以提高。例如，“氢线辐射”概念的使用频率显然要比“蓝色”一词高，因此它会得到一个更短的信号。当然，这就是莫尔斯在设计电码时用到的经济原则。通信工程师了解给不同频率信息分配不同长度数字组的最优编码法则，将其用于构建最高效的语言。首先，工程师要猜测这种语言单词的可能频率；然后可以在经验基础上构建一个正确版本。此时，这种文字星际语言的词汇和概念的确定将完全取决于它们的频率。这代表了一种新的人工语言。它以效率为基础，既不同于先验语言的“理性”分类，也不同于自然语言对后验语言的模仿。

有时也许有必要把单词发成图像，就像在一幅发到星际电视的图像对象上添加的说明标签一样。当然，现存地球字母表的字母和数字的设计是个浪费，人们大概会发明特别符号。自然，某一单词的符号组合应该精确对应该词无线电信号的电波频率组合，从而为人类和外太空生物免去大量拼写麻烦。

当然，在与非人类的通信中，上述这一切都是在按人类方式思考和行动。一些科学家正在研究宽吻海豚（又名鼠海豚），尝试了解有关物种间通信问题的知识。这种哺乳动物可能拥有接近或相当于人类的智慧，而且因为它的海洋环境，它与人类的区别也许大过人类在太空中可能遭遇的任何物种。与人类相比，它的大脑稍大，神经纤维密度似乎和人类一样（比人脑大得多的象和鲸的大脑就不是这样)，脑皮层褶皱似乎更丰富，这一点常被看成智力的粗略指标。此外，它还拥有一种与其他海豚交谈的、复杂高效的声音语言。这种语言大部分由尖锐的高音啸叫声组成，但它曾模仿在实验室听到的人类声音。海豚帮助过遇难的同类甚至人类。它们尝试一次就能学会推动一个开关，得到令它们愉快的电刺激，而猴子通常需要300次以上的尝试。

正在自己的通信研究所（Communications Research Institute）研究人—海豚交流的约翰·利里（John C. Lilly）博士坚称：

> 如果哪一天，我们能与这个星球的一个非人类物种交流，海豚可能是我们目前最好的赌注。说个笑话，我幻想着，在某只海豚学会说我们的语言前，我们最好抓紧完成对其大脑的研究——否则“他”将为它们的大脑要求与人类一样的权利，并且按我们的伦理和法律规则生活！
>
> 在我们的外太空人项目大获成功前，花上点时间、人才和资金研究海豚也许是明智的；它们不仅是生活在低重力条件下的高智力物种，而且从这个群体身上，我们可以学到与真正的外星智慧生命形式交流的基本技术。

然而迄今为止，利里还没获得多少重大进展，也许这一点本身就意味深长。

在外太空生物及其信息方面，人类的情形也许类似柏拉图的洞穴寓言。一群人困在一个地下洞穴，一堆火把他们的影子投在墙上，他们认为那就是他们的实体。一大批语言学家认为，人在智力上为他们的语言所困。从本杰明·李·沃夫（Benjamin Lee Whorf）开始，他们指出，每种语言剖析现实的方式是把某种世界观强加给它的使用者。例如，沃夫认为，西方文明看重历史、时钟、日历、事件发生顺序的准确性、计时工资和商业记录，原因在于印欧语系语言从空间上分析时间和世界的方方面面。因此，即使是非空间的存在，西方人也把它们想象成“某种类似带或卷的东西，分成相等的空格，暗示每格都可填入一个条目”。霍皮语（Hopi）不那么强调时间顺序，沃夫说，因为它以不同的方式构建生活。它的许多动词变化，以动作是说话者亲眼看到还是道听途说的区分为基础。从这个角度，人的想法超越不了他们语言成见所允许的范围。这就像戴着红色眼镜，却想看到彩虹的全部色彩。就是说，星际通信中可能充满了障碍和误解，人类却对此茫然不觉。

而且，人类甚至都读不懂玛雅象形文字或伏尼契手稿，而从一种普通语言译成另一种的简单步骤依然困扰着人类对和平的追求。如果定居在同一星球上的同一物种间已然如此，与一个住在人类看不到的星球上，与人类毫无共同之处的物种交流何其困难！

最可确定的似乎是，双方都该知道整数这一基本计算系统。但也许外星人的思考从连续、曲线、傅里叶分析（Fourier analyses）方面入手；也许他们的思考从无穷大之后的第一个数字阿列夫零（aleph-null）开始，再逐步减小到整数，如是，那么整数就是他们讨论的最后一样东西。也许，宇宙学家弗雷德·霍伊尔（Fred Hoyle）指出，人类观察的精细结构常量（fine-structure constant）之类的无量纲数（dimensionless number）可能“与（宇宙的）特定振荡和有限区域有联系，而我们恰好居住在这个区域”。也许外星人放大组成其脑波的微小电波，从一个大脑直接传到另一个。也许他们通过某种音乐对话，把它提炼成人类做梦也想不到的亲密感情交流。

人类不了解的何其多！谁知道外星生物什么样，谁知道他们如何思考，如何感觉？通过图画交流的天真想法预设他们能看到。然而有关他们，什么也无法预先确定，最狂野的想象也许只是真相的苍白影像。事实永远比虚构更离奇。当然，他们会努力发出尽可能清晰的信息，但在他们看来清楚明白的信息，对人类也许不是这样。那么，人类又何敢期望他可以解读来自外太空的任何信息？

没什么能保证他可以。如果通信双方差异太大，也许他不能。有可能，正如“尤利西斯”探测器[1]发现的，“那个蛮荒世界”的地平线“随着我的移动，一直不断地向后退去”，试图解读这类信息的人类可能永远得不到答案。但千里之行，始于足下。他别无选择，只能从他的精神牢笼内开始：“我就是我。”

[1]　译注：1990 年，欧洲航天局发射“尤利西斯”探测器调查太阳极区。

他必须寻找，才能发现；他必须开始，才有结果；他必须努力，才能成功。

人类的希望在于他的智慧。通过它，他解开了恒星和原子的奥秘。他追踪了因果关系的细微连线，从成人手的颤抖直追回到早已遗忘的儿童期创伤。他掌握了错综复杂的超穷数理论，从不会开口的石头上解开了未知民族的历史。他脱离了地球引力束缚，畅游在宇宙之滨。人类智力的这些成就孕育了希望，人类将破译来自星空的任何信息。也许有一天，地球将得到灿烂文明渊博知识的滋养；反过来，人类将回赠以莎士比亚的不朽创作和耶稣基督的高贵哲学。

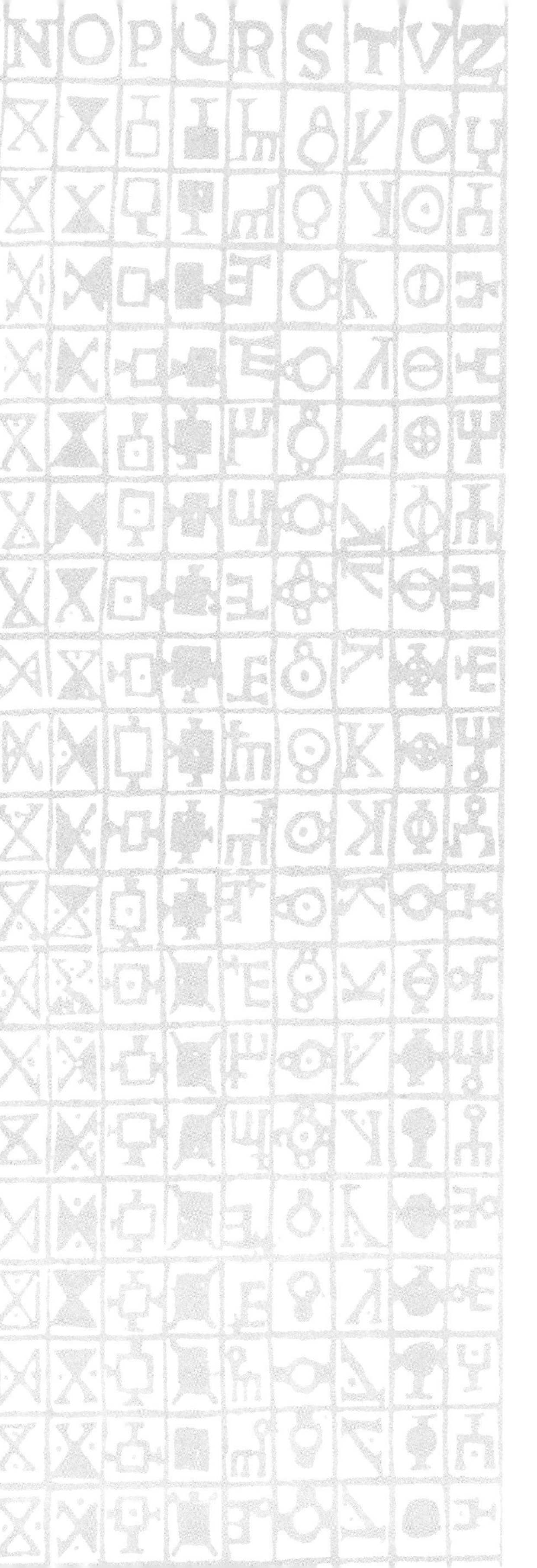

第四部分

新密码学

The New Cryptology

第 27 章　密码学进入公共领域

上一个千年最后四分之一世纪，密码学大争斗进入公开领域。在技术、经济、政治和历史影响下，一个数世纪来秘而不宣的政府垄断领域突然进入公共视野。这个新发展引发了负责为国家编制和破译密码的政府机构，与在这些新领域从事公开密码活动的人之间的冲突，那些机构需要秘密来保证他们的成功。个人和企业不仅寻求提升个人和公司的自由，还追求个人和职场利益；而政府机构不仅为国家安全，也为饭碗和官僚权力而战。以前稳步发展，但现在呈指数性增长的通信扩张大大提高了这场战争的重要性。

通信扩张意味着，到 20 世纪下半叶，通信安全和通信情报适用的领域远超以往，而且面临着前所未有的意外暴露风险。实际上，不少事件把电子情报推到万众瞩目的中心。

因为几次令人难堪的飞机事件，如弗朗西斯 · 加里 · 鲍尔斯驾驶的 U-2 侦察机被击落事件，美国在它的冷战情报收集工具中部署了船只。情报收集船被看成一个平台，与飞机相比，它可以携带更多情报人员和更大、更灵敏的设备，在一个地区工作更久，更准确地航行在危险水域外。因此 1963 年，美国海军开始将这些情报船，即用二战留下的运输船改装而成，投入使用。其中大者名为 AGTR，意为“通用技术研究辅助艇”，小者名为 AGER，即“通用环境研究辅助艇”。

海军对这样一艘船的官方描述也许代表了它们全体：它支持“美国海军电子研究项目，包括电磁传播研究和高级通信系统”。这个说法严格来说不够准确，因为它模糊了情报船的任务。情报收集船的通信技术人员截收、记录、分析雷达和无线电传输信号，记录方位。这项活动可能收集到雷达的位置和运行特征，军队作战序列信息，及重要的外国军事和民间活动信息。情报被送到马里兰州米德堡的国家安全局进一步精选，发送给高级军事和行政当局。这些情报当然有用，因为美国情报机关不断投入更多 AGTR 和 AGER。但事实证明，船只比飞机安全的理论也不总是正确。

1967 年春，阿拉伯国家和以色列间的敌意不断发酵加剧。因为苏联支持阿拉伯国家，而美国支持以色列，局势充满了国际变数，战争重新爆发的可能性不断增加。现在，密码学家深知，随着战争启动及随之而来的对误发电报和密码系统不当使用的纠正，无线电情报将大量涌现。为了在战争万一爆发时收集这些情报，同时为了收集可能派驻阿拉伯国家的苏联军队信息，美国把一艘装备齐全的 AGTR 派到地中海东部收集通信情报。

这就是美国海军 AGTR-5“解放者”号，它原来是一艘 22 年船龄的 7600 吨货轮，1964 年 12 月 30 日服役。船上特别行动队（SOD）三座营房内住着几十名通信技师。1967 年 6 月 4 日，以色列和阿拉伯军队间爆发冲突，史称“六日战争”（Six-Day War）。该船约在这一时期到达塞得港外的工作位置。“解放者”号的主要目标之一是当时驻埃及的图波列夫“图 -95”轰炸机，华盛顿的决策者想了解这些飞机是受埃及人还是他们的苏联“顾问”控制。在快速机动作战中，以军打退埃及军队，把约旦军队赶出耶路撒冷老城。四天后，以军到达苏伊士运河和西奈半岛南端，控制了整个半岛，以军飞机多次侦察悬挂一面巨大美国国旗的“解放者”号。下午 2 点，以色列喷气式战机俯冲而至，用机枪和火箭向“解放者”号开火。不到半小时，三艘以色列鱼雷艇的机枪和鱼雷加入攻击。一枚鱼雷滑过距“解放者”号船尾约 23 米处。偷听者在特别行动队营房继续工作。海军陆战队上士布赖斯·洛克伍德（Bryce F. Lockwood）跑到小詹姆斯·恩尼斯（James M. Ennes, Jr.）海军上尉跟前，兴奋地大喊，“我们逮到‘熊’（图 -95）了，是俄国人控制的！”不久后，一枚鱼雷击中“解放者”号，炸死 25 人，炸损船只。75 分钟后，以军撤离，“解放者”号艰难驶入马耳他。

美国提出抗议，以色列当即道歉，称之为一次“不幸事故”。对于攻击这艘友国船只的可能原因，人们提出至少两种观点。“解放者”号事件次日，以军对叙利亚发动一次突袭，把叙军赶出戈兰高地。以军不知道“解放者”号在听些什么，可能想防止这艘间谍船偷听到他们的进攻计划。或许以色列担心截收情报会表明，是它先对阿拉伯国家发动了战争。但没人提出令人满意的动机。

虽然这次事件表明，间谍船几乎和间谍飞机一样脆弱，但它没有阻止国家安全局派出间谍船。美国海军“旗帜”号（*Banner*），代号 AGER-1，就是其中一艘。它结束了对西伯利亚海严寒水域上空无线电波的截收，收获颇丰。美国尝到甜头，派出 AGER-2 到朝鲜附近巡航。和“解放者”号一样，这艘小船是一条改装货轮，但只有 900 吨，仅及“解放者”号八分之一大，情报人员只有“解放者”号三分之一。它就是“普韦布洛”号。行动命令要求它主要从事：“(1) 确定朝鲜港口附近海军活动的性质和规模……；(2) 抽样调查朝鲜东岸电子环境，以截收和确定海岸雷达为重点；(3) 截收和监视在对马海峡活动的苏联海军舰艇，查清苏联自 1966 年 2 月以来在那一地区存在的目的。”从 1968 年 1 月 10 日到 27 日，“普韦布洛”号将在离朝鲜海岸 15 到 20 海里处执行这一任务；随后它将在对马海峡附近工作，直到 2 月 4 日最后离开那里，到达它在日本佐世保的基地。

在船长劳埃德·布赫（Lloyd M. Bucher）海军中校指挥下，“普韦布洛”号在暴雨中穿过惊涛骇浪，到达工作位置。虽然它的位置约在北纬 39 度，相当于堪萨斯城或华盛顿，但冰很快覆盖了甲板和上层建筑，人们不得不出动将其铲掉。与此同时，技师逐步获得沿海雷达数量、型号和位置信息，布赫和情报单位负责人史蒂芬·哈里斯（Stephen R. Harris）海军上尉则在准备报告。这是 1968 年 1 月 23 日，这时布赫正在午餐，一艘朝鲜 SO-1 猎潜艇快速出港，开始绕“普韦布洛”号兜圈子。不久，三艘鱼雷艇加入追逐，在约 46 米外围住“普韦布洛”号，机枪对准了“普韦布洛”号驾驶台。SO-1 发出信号，“停船，不然我就开枪了。”布赫回复信号，“我在国际海域。”SO-1 得到另两艘朝鲜舰艇支援，用它的 57 毫米炮发出一长串连射。炮弹击中雷达天线杆和其他船舶部件，碎片打伤包括布赫在内的几名船员。他命令销毁机密材料，但一时难以做到。一些有厚重金属盖的设备被八磅大锤砸开。虽然一些文件被烧掉，一些撕碎扔到海里，但文件实在太多，来不及全部销毁。朝鲜舰艇驶近，但布赫得到不采取挑衅举动的指示，他自己的机枪没有开火。突然，八到十名带自动武器的朝鲜士兵从鸭尾艄爬上“普韦布洛”号。它成为1807年以来第一艘不战而降的美国军舰。1807年，美国护卫舰“切萨皮克”号（*Chesapeake*）在弗吉尼亚州海角外向英国四级战列舰“豹”号（*Leopard*）投降。“普韦布洛”号被带到元山港；船员成为俘虏。

海军一面声称每条船的密码系统都独一无二，“普韦布洛”号被俘不会泄露海军通信机密，一面作为一般预防措施，更换了部分密码系统的一些组成部分。具体哪些材料落入朝鲜手中从未透露过，但其中很可能包含一些情报设备、技术手册和情报结果。可以推测，这些材料给共产党国家提供了有关如何对付美国技术的信息，增加了美国情报收集的难度。

“普韦布洛”号船员被关押了近一年。1968年12月，美国违心签署一份承认在朝鲜水域从事间谍活动的声明，82名幸存船员随后获释。

在此期间，第三个事件进一步暴露出间谍船的脆弱。1968年2月，在古巴沿海工作的美国间谍船“约瑟夫·穆勒”号（*Joseph P. Muller*）主机熄火，开始漂向那座敌方岛屿。海军舰艇试图把它拖到安全水域，但拖绳一条接一条绷断。最后，就在它即将越界进入古巴领水前，一条拖绳崩住未断，“穆勒”号被拖走。这次事件成为最后一根稻草。美国结束了间谍船的使用。然而美国没有失去全部情报来源，因为卫星部分代替了间谍船。

20世纪70年代初，“普韦布洛”号事件后不久，二战最大的密码破译行动——“超级情报”（Ultra）的公开震惊了世界。

这个号称史上最长连续成功获取情报的行动源远流长。虽然成功是二战中的事，但其源起却在一战期间。1914年8月，德国巡洋舰“马格德堡”号在芬兰湾出口浅区搁浅。舰长担心被俄国人俘获，将四本德国海军代码《帝国海军信号书》（*Signalbuch der Kaiserlichen Marine*）中的三本烧毁或扔到海里。但在一片混乱中，他忘记了舰长室的一本，它落入俄国人手中。俄国人大概自己制作了一个副本，把原件交给盟友英国人。有了这本厚重的蓝色封装大部头，这个头号海军大国得以解读德国海军电报，挫败了德国出击和控制北海的屡次尝试。部分因为这份情报，英国在一战期间控制了海洋。对这个岛国来说，如果它不想输掉这场战争，这是必要之举。

1923 年，协约国的胜利已成往事，皇家海军政治领袖温斯顿·丘吉尔得到代码本原件，他以独一无二的夸张风格透露了俘虏“马格德堡”号的故事。德国人突然明白了己方海军行动屡遭挫败的原因。他们觉得需要一个新的密码系统，这个系统没有代码本那样的致命缺陷：任一副本被缴获将泄露整个版本。实际上，德国海军曾在 1918 年拒绝了一个满足该条件的系统，即名为“恩尼格玛”的密码机。这种基于旋转接线密码轮（转轮）的机器有数不清的密钥，即使敌人有一台机器，他也无力及时穷尽这些密钥，获得有用信息。发明人、工程师阿图尔·舍比乌斯博士计算，如果 1000 名密码分析员，人手一台缴获的“恩尼格玛”，每分钟测试 4 个密钥，每天 24 小时工作，这支队伍要花 18 亿年才能试完所有密钥。正确加密可以让其他破译方法，如叠加法，无从下手。在政府拒绝采购他的机器后，谢尔比乌斯把它推向商业市场，它因此为外国密码机构所知。

这时德国海军看出，“恩尼格玛”能满足它的要求。而且，它还是当时世界上最实用的密码系统。经过对商业机器的部分组件做一番修改，德国海军订购了大量三转轮“恩尼格玛”。从约 1926 年 2 月起，“恩尼格玛”成为德国海军主流密码系统。它确实性能优异，因此 1928 年 7 月 15 日，陆军也采用了它。这样，“恩尼格玛”成为德国两个军种的主要高层密码系统（他们保留了手工系统用于低级通信），后来又为其他机构如铁路等采用（虽然外交部从未使用它）。

20 世纪 20 年代，一战后的波兰重建激怒了德国。自 18 世纪 90 年代起一直属于德国的土地现在成了波兰西部省份，德国想把它们要回来。它大张旗鼓地宣传这个要求，不断施压要求“矫正”边界。忧心忡忡的波兰想方设法收集这个好战邻居的情报。

1920 年，新生的俄国共产主义政府西扩，想把全部欧洲并入红色版图。为此，波兰在陆军总参谋部建立了一个密码分析部门密码局（Biuro Szyfrów）。密码局不负所望，它获得的情报帮助波兰在华沙阵营前阻挡了俄国人的脚步。俄国威胁消退后，密码局立即把德国加入目标。它似乎破译了德国陆军手工二次移位密码，但到 1928 年，当字母频率完全不同的电报出现时，它傻眼了。

通过分析或刺探，密码局得知新系统是“恩尼格玛”密码机。这时，那位波兰密码局长证明了他超越 20 世纪 20 年代所有别国密码分析首脑的远见卓识。弗朗齐歇克·波科尔尼（Franciszek Pokorny）认识到，一战后激增用于通信的是机器密码，这些密码机不是运行于语言实体，如当时流行代码使用的单词，而是运行于单独的字母，例如它会把 *the* 中的 *t* 与 *h* 分开，因此破译它们需要的不是传统学者和语言学家，而是数学家。他们也许不必读出一个明文单词就能还原一个密码系统，这有点类似威廉·弗里德曼设计重合指数时的工作方式。波科尔尼通过波兹南的大学密码班招募青年数学家，约 20 人参加了这项课程。大部分学生很快掉队，但三个年轻人脱颖而出：马里安·雷耶夫斯基（Marian Rejewski）、亨里克·佐加尔斯基（Henryk Zygalski）和杰尔兹·罗佐基（Jerzy Różycki）。在他们完成学习后，其中年龄最大的雷耶夫斯基则是完成在格丁根的一年研究生学习后，三人接受了华沙密码局的工作。他们破译了一个德国海军密码，度过了见习期，随后开始猛攻“恩尼格玛”。

约在这一时期，一个对生活不满却又贪财的德国陆军密码局雇员，44 岁的汉斯－提罗·施密特（Hans-Thilo Schmidt），向法国人兜售“恩尼格玛”操作手册。法国人买下手册，但因为手册没有提供必要的密钥信息，密码分析员没取得任何进展。法国曾在 1921 年与波兰签过一项主要针对德国的军事互助条约，他们把手册副本转给波兰人。手册向几位年轻数学家提供了有关德国陆军“恩尼格玛”加密程序的有用信息：对每一封电报，加密员随意选择三个转轮的起始位置，这个位置由字母指出。为帮助纠错，他重复这三个字母：PDQPDQ。他用当天全军通用密钥加密六个字母。六个加密字母，如 MKFXRC，被称作指标，放在每封电报报头发给收报人。收报人用当天全军通用密钥解出指标字母，确定三个初始字母，设置他的“恩尼格玛”以便阅读来报。

三个初始字母的重复增强了可靠性，却削弱了保密性。重复使得加密前指标的第一和第四、第二和第五、第三和第六个字母相同，作为重复的结果，三个波兰分析员发现，如某日电报的所有指标都以 M 作为首字母，X 作为第四个字母。同样的情况也发生在第二和第五、第三和第六个字母上。现在，另一个加密员可能不用 PDQ，而是选择 PLM 作为他的密钥设置。加密后的指标可能是 MRAXTT，也许会发生某一日两个指标是 MARXTT 和 XYULKO 的情况。三人中的佼佼者雷耶夫斯基把 MX 和 XL 串成 MXL，构成一个链条中的第一环。其他指标提供了其余环节。最终，这个链条将闭合，但如果雷耶夫斯有约 60 个指标，他有时候可以连上全部 26 个字母，尽管它们总是在几个链条中，从未并入一个。当他给字母分配了数字时，这些链（或环）使雷耶夫斯基得以列出六个长方程，解开这些方程将揭示最右一个，即快速转轮的接线。但他还解不开这些有太多未知数的方程。

在此期间，法国人继续收到施密特的信息。一次接头时，他交给法国人 1932 年 8 月和 9 月的"恩尼格玛"密钥。这些把雷耶夫斯基方程的一些未知数变成已知。与这些数据缠斗一番后，他灵感闪现。也许，从键盘到转轮输入盘的接线不是从 *Q*（键盘第一个字母）到 *A*（输入盘第一个触点），而是从 *Q* 到 *Q*，其他字母也是这样。他调整了方程。"第一次测试得到了肯定结果，"他写道，"好像魔法一般，我的铅笔下开始涌出指示转轮 *N*（最右转轮）接线的数字。"

这位 27 岁的密码分析员揭开了"恩尼格玛"秘密核心的一部分。通过类似工作，他还原了另两个转轮和反射转轮的接线。1932 年圣诞节前后，他交出第一份破译。这是密码分析的惊人成就，即密码分析史上的辉煌时刻之一，但雷耶夫斯基认识到现代密码分析通常不可或缺的因素：只有在偷窃或其他方式泄露的材料帮助下，分析才有可能成功。"……应把为我们提供的情报材料看成密码机破译中的决定性因素。"他写道。

雷耶夫斯基的伟大成就，标志的不是他工作的完成，而是开始。因为波兰虽然实际上有了德国国防军"恩尼格玛"的复制品，它的密码分析员面临的情况正对应德国采用这种机器的主要原因：即使敌人有一台"恩尼格玛"，他也没法解读用它加密的电报，因为无数密钥的存在，他没法在有效时间内发现正确密钥。这样，波兰人就面临着找到每日密钥的问题。

他们利用了指标的重复，设计了一种通过匹配字母对确定转轮位置的技术；有时通过猜测电报以 *AnX*（德语的 *to* 加上作为字间隔的 *X*）开头，或直接手工尝试所有 17576 种可能的初始位置确定转轮起始位。如果有足够的合适类型电报，三个波兰青年可以还原每日密钥，读通那个网络当天加密的所有电报。他们的工作常常会花上一整天，但这比德国人认为需要的极长时期短多了。这是密码学最伟大的成就之一。

但波兰人还不能躺在荣誉上睡大觉。随着德国重新武装，报量也在增长。通信官加快了更换密钥的步伐。最初每三个月一变的转轮位置开始每月一变，到后来每天变化。波兰回敬以他们称作“炸弹”(bombes)，即计算机雏形的机械装置。但到 1938 年后期，德国人在已有三个转轮基础上，又在机器里塞进两个，此时需要的工作量超出了波兰人的能力。到那时，德国对波兰的威胁已经箭在弦上。希特勒在慕尼黑信誓旦旦，说苏台德地区以外再没有领土要求，转身却占领了整个捷克斯洛伐克。英法随后承诺，如果希特勒进攻波兰，他们将援助波兰。有了这个保证，波兰决定向盟友提供“恩尼格玛”破译结果，换取有助自己继续破译的物质援助。1939 年 7 月 24 日（星期一），在华沙附近开始的一次会议上，波兰人向一脸惊讶的同盟国密码分析员透露了他们还原的“恩尼格玛”，他们的电动机械破译助手“炸弹”，以及解读系统需要的其他技术信息。

英法分析员一开始将信将疑，随后大喜过望。他们用外交封条把材料发回国内，开始工作。

五周后，德国坦克和俯冲轰炸机涌向波兰。它们的威力压倒了密码破译员提供的一切情报，附带给出一个有关情报的基本教训：随你情报有多准，没有足够实力，一切都是白搭。1940 年，同样的事情和同样的教训在法国重演。

英国现在孤军奋战。但它有一项别国所没有的优势。战争威胁来临时，名为“政府密码学校”(Government Code and Cypher School）的英国密码破译机构招收了大批语言学家和数学家。后者里有一个真正的天才，阿兰·图灵(Alan Turing)。导师们认识到他的才华，他史无前例地在 22 岁时成为剑桥大学国王学院研究员。图灵身材高大健壮，有一对深邃的蓝眼睛，穿着没熨过的衣服，进出门时侧身而行，口吃，要不就长时间不出声。四年前，他证明了一个基本的数学命题：不可能判定某些问题是否可解。为证明它，他想象出一台机器，它可以沿一个被分成格的无穷长纸带向左或向右移动，并且可以读取及改变，或读取及不改变每一格里的空白或标记——0 或 1。他证明了这个机器能计算任何可计算问题。接着他证明，即使是这样一台无所不能的机器，也无法判定未知问题是否可解。这台后来称作“通用图灵机”(universal Turing machine)的机器被认为是通用计算机的概念化，图灵也因此成为计算机的智力之父。

这个天才把他的智慧转向破译“恩尼格玛”电报的问题。他改进了波兰人的“炸弹”，为它带来质的飞跃。他设计了一个装置，它会用一封密电的假设明文（就像波兰人尝试 *AnX* 一样，只是更长）尝试所有可能的转轮组合，直到机器找到一种组合，该组合会从假设明文中得出已知密文。这个组合构成了那个密码网络当天的密钥，英国人即可解读该网络当天所有电报。假设明文（对照文）来自电报员闲聊、报务信息、手工破译系统发出的电报、明文截收电报、缴获的文件、对战俘的审讯、根据事件做出的猜测，等等。

这个系统的密码分析潜力远远超过了波兰系统。英国密码学校请英国制表机公司制造了一台执行分析操作的机器。它约有 1.2 米宽，一人高，有六堆双列横向矩形，每个矩形正面有三排模拟转轮的接线密码轮。英国在伦敦西北约 80 千米的铁路枢纽布莱切利镇的布莱切利园建造了一些木屋，将其作为密码分析员在首都外的总部。1940 年 3 月 18 日，第一台“炸弹”安装在其中一所木屋内。它立即开始工作，寻找“恩尼格玛”密钥。

英国人首先集中攻击德国空军电报。德国空军通信员不像陆海军通信老手那样训练有素。他们的编码工作纪律松弛，他们采用一些明令禁止的做法，如用一个女朋友的名字作为密钥设置，或用前一封电报结束时留下的设置开始第二封电报。因为这些草率做法，加上对可能明文的更多知识，从 1940 年 5 月 22 日起，布莱切利园开始正常阅读他们称作“红色”（RED）的德国空军通用密钥。不列颠空战期间，虽然帮助英国赢得那场关键胜利的大部分信息来自雷达和截收的明语信息，但“红色”为英国提供了一些德国空军计划的内情。英国对“红色”的解读一直持续到二战结束。因为德国空军随地面部队行动，空军联络官（*Flivos*，或 *Fliegerverbindungsoffiziere*）知道地面部队动向，通过截收来往于联络官的报告和指示，“红色”还提供了很有价值的地面行动情报。

但地面胜利的先决条件是海上战场的胜利。虽然还说不上不可或缺，但赢得密码战对海战胜利发挥了巨大推动作用。海上密码的破译比陆上和空中更难，因为德国海军采用完全不同的“恩尼格玛”密钥系统。例如，它没有重复密钥指标或使用女友名字的弱点，因为它采用了一本随机指标簿，簿上的指标本身加了密。这些完全排除了对海军系统的纯密码分析攻击。显而易见，只有通过缴获或对方泄密，获得指标清单和加密表，破译才有可能实现。

看到这一点的情报官是想象力丰富的伊恩 · 弗莱明（Ian Fleming），他就是后来的詹姆斯·邦德（007）系列图书作者。但他夺取文件的主意：在北海坠毁一架俘获的德国轰炸机，再夺取赶来营救“飞行员”的舰艇，因为合适的形势没有出现而流产。然而，缴获文件的想法却在布莱切利园另一个年轻工作人员的脑海里扎下根。哈里·辛斯利（F. Harry Hinsley）是个长头发，穿灯芯绒裤的剑桥本科生。在研究截收的德国海军电报过程中，辛斯利得知他们把一些改装渔船派到冰岛东北海域收集并报告气象数据。德国统帅部需要这些数据为它的空袭轰炸和空袭闪电战预报天气。他还知道，这些船用“恩尼格玛”加密电报并且单独航行。辛斯利提议派一支特遣分队去抢他们的密钥表，这样布莱切利园就可以在密钥表保持有效的一两个月里解读“恩尼格玛”电报。

英国海军部接受了提议。由一艘巡洋舰和四艘驱逐舰组成的小分队被派到德国海军 AE39 网格，这是冰岛东北约 300 海里的一块边长 54 海里的区域。1941 年 5 月 7 日，下午 5 点刚过，特遣分队突袭了“明兴”号（*München*）。“明兴”号船员把“恩尼格玛”扔到海里，但英国登船缴获组拿到 6 月密钥。这些密钥到达布莱切利园，一同到达的还有来自德国“U-110”号潜艇的一些辅助文件。一艘英国驱逐舰在北大西洋的一次行动后俘虏了这艘潜艇。密钥给密码分析带来惊人成果。5 月末之前，布莱切利园用密码分析攻击“恩尼格玛”电报时，即使能够读通的电报，也要用到 38 小时到 11 天。到 6 月密钥启用时，第一封用这些密钥加密的电报于 6 月 1 日中午 12 点 18 分收到，从截收站转到布莱切利园，在那里破译、翻译，仅仅 4 小时 40 分钟后就电传到海军部。当月其他时候，从截收到电传平均需要 6 小时。

6 月密钥过期后，辛斯利预见到破译缓慢的问题又会再次出现。他得出结论，这事还得再做一次，并以此说服了海军部。1941 年 6 月 28 日，星期六，另一支由一艘巡洋舰和三艘驱逐舰组成的特遣分队俘虏了一艘整洁漂亮的三年船龄拖网渔船“劳恩堡”号（*Lauenburg*），以及 7 月“恩尼格玛”密钥。6 月密钥失效后，破译时间增加到约 40 小时；7 月 2 日，密钥到达布莱切利园，破译时间又降到 3 小时以下。

但还不能说，这些更及时的情报立竿见影地影响了大西洋海战。破译缓慢的 5 和 8 月，被击沉船只数量和破译快速的 6 和 7 月一样多。太多其他因素的影响盖过了情报，但情报的重要性在一点点累积。随着对德国海军术语、报告、命令形式、格式措辞等等内容的了解，布莱切利园得到更多假设明文，不断增加的“炸弹”数量可以嚼碎这些假设明文，吐出德国潜艇每天的密钥。布莱切利园凭借这些密钥读到德国潜艇电报，告诉海军部德国潜艇在哪里游弋，又被派向哪里。这时海军部就可以指示船队绕开潜艇狼群。

HX155 船队就展现出这一技术。1941 年 10 月 16 日，该船队 54 条船驶出新斯科舍省哈利法克斯，货物中有谷物、糖、燃油、航空汽油、钢材、铜、烟草等。但如果按开航前一周确定的最初航线，船队将驶近几处德国潜艇集结区，而潜艇出没该区域则是航线确定后才知道的。结果，海军部命令船队向西绕航，后随着有关潜艇位置的更多信息到达，命令它向西再多绕一些。在船队向北行驶足够远，避开潜艇群后，海军部命令 HX155 转头向东。凭着这些指导，船队绕过德国潜艇，按海军部后来的说法，“所有船都安全到达”。部分归功于布莱切利园的幕后人员，英国与轴心国继续战斗迫切需要的物资到达这个海岛王国。

随着德国对“恩尼格玛”的改进，不是因为他们认为它已经失密，而是因为担心通信量增加可能造成泄露，英国人与它的斗争一直持续到战争结束。1942 年大部分时间里，部分由于密码机增加的第四个转轮，部分由于曾提供有用假设明文的气象密码更换，破译情报长期中断。当一次缴获恢复了假设明文时，情报重新续上。从那时起，英国相对正常地读取海军“恩尼格玛”。破译情报不仅可供船队进行防御性规避，还可帮助小型护航航母舰载机进攻德国潜艇。这些严重干扰了潜艇部署，大大抵消了潜艇攻击。就这样，布莱切利园协助取得了大西洋海战胜利。当然，胜利不属于它一家。造船人员造出比潜艇击沉数量还多的船只；飞机为船队提供掩护，迫使潜艇下沉，无法发动攻击；军舰水兵为船队护航；另外还有庞大的商船队：所有这些都是赢得这场海上战争的重要因素。但密码破译大大缩短了战争过程，挽救了生命。还有什么贡献能比这更伟大？

战后近 30 年，破译“恩尼格玛”密码机的故事及其对二战的影响，一直是严格保守的秘密。只有少量有关这个秘密的微光逸到外面，而且它们根本没有揭示这项工作的巨大规模和对战争的影响。几十年来，成千上万与破译工作有关的人守口如瓶——堪称整体保密的楷模。英国政府坚持保守这个秘密，因为它把战争结束后收集的成千上万台“恩尼格玛”机给了它的前殖民地，这些获得独立的殖民地正需要通信保密系统。（它们的官员也不是傻瓜：也许他们猜到，既然前宗主国把这些机器给他们，他们就能解读这些密码。但比起英国来，他们更担心邻国，比如印度对巴基斯坦，并且他们几乎可以肯定这些邻居破译不了“恩尼格玛”。）

到 70 年代初，最后的“恩尼格玛”磨损殆尽，保守故事秘密的需要不复存在。另一方面，向世界展示英国在通信和计算机原型方面的惊人成就成为可能。这些机器中有一台破译非“恩尼格玛”密码机的电子破译装置，名为“巨人”（Colossus），它算得上信息时代的先驱。战时参与分发破译结果的皇家空军上校温特博特姆（F. W. Winterbotham）一直缠着女王政府，请示允许公布全部“恩尼格玛”故事。最后他如愿以偿。1974 年，《超级机密》（*Ultra Secret*）在英国问世，一开始在报纸上节选连载；1975 年登陆美国，《纽约时报书评》一篇以“本书揭示了原子弹之后最大的二战秘密”开头的评论帮它登上畅销书榜。自那以后，在喷涌而出的英美档案文件支持下，数十本图书扩充了这个故事。它们共同唤起公众对密码破译存在的认识。更重要的是，公众以前谈到情报时只想到间谍和相机，这些故事告诉他们，密码破译（codebreaking）才是最重要的情报来源。

虽然不是由公众不断提高的密码意识推动，而是受到计算机应用和通信增长的刺激，但恰在公众密码意识增长之际，美国政府推出一个可供公众使用的密码系统。它可以保护诸如银行电报或数据库中健康信息之类内容，同时还能提供用户间的广泛内部交流。它用一个所有人都可获得的密码系统做到这一点，但该系统允许用户建立用户间私人密钥，保守他们的秘密。1973 和 1974 年，美国国家标准与技术研究院前身国家标准局在《联邦公报》上征集备选密码系统，收到多项提议。其中一种以 IBM 霍斯特·法伊斯特尔（Horst Feistel）设计的一个系统为基础。1932 年，法伊斯特尔从德国移民来美，二战期间和战后研究过敌友识别系统（IFF），由此对身份验证和加密文本问题产生兴趣。1967 年加入 IBM 后，他开始探索如何用最普通的单表替代构建一个良好系统。他习惯了与计算机技术打交道和用二进制数字形式工作。计算机存储让他得以把移位并入系统，这是使用字母的装置做不到的。二进制操作便于他把基数从 2 改为 8（尽管总是表达成二进制形式），从而设计一个大大缩减的系统，使潜在密码分析员难以逆推该密码系统。计算机技术帮助他设计了这个绝对无法手工操作的密码，因为它太复杂了。法伊斯特尔想把它叫作“数据封条”（Dataseal），但 IBM 直接把“示范密码”（demonstration cipher）一词简化成“恶魔”（Demon）。后来这个名字改成“撒旦”（Lucifer），除保持了法伊斯特尔所称“恶魔”的“邪恶气氛”外，这个名字中恰好有“密码”（cipher）一词。[1]

这个系统算不上简练。它运行于 64 个明文字节段，对这些字节段进行错综复杂的移位、分割、替代、组合，其中一些步骤重复达 16 次。因为各独立运算操作简单，系统可以运行得足够快，跟得上计算机通信的要求。

在把它提交作为拟议中的数据加密标准（Data Encryption Standard）备选系统前，IBM 与国家安全局商讨如何强化它。商谈的结果是改进了一个名为“S”（即“替代”[substitution]）的密钥成分，将法伊斯特尔设计的密钥长度减到 56 字节（加上 8 个额外的校验字节）。这就是 IBM 提交给国家标准局的“撒旦”修改版。

它从所有候选密码系统中脱颖而出，成为国家标准局认可的、满足计算机安全和通信需要最低要求的唯一系统。该局把它发表在 1975 年 8 月 1 日的《联邦公报》上，作为提议中的一项联邦信息处理标准——“数据加密标准”，简称 DES。

一场风暴平地升起。非政府密码分析员在学术机构工作，或者为诸如银行、国际石油企业集团、通信设备制造商和通信公司之类的企业服务，这个不断壮大的分析员团体怀疑其中有诈。国家安全局的参与让他们相信，要么数据加密标准留了“后门”（trap door），国家安全局可以轻易破解它，要么国家安全局通过缩短密钥长度故意削弱了系统，使它的强度恰好足以防止商业公司破译竞争对手的信息，但又可让政府解读用它加密的信息。相关文章出现在技术、贸易和普通报刊上；专门小组在专业会议上辩论它；国家标准局召集会议讨论这个问题，指望改变与会者的观点，向它靠拢。最终，大部分人似乎依然坚持他们在争议之初所持的立场。1977 年 1 月 15 日，国家标准局按它最初的 56 字节密钥的提议发布了标准，出版了 18 页的《联邦信息处理标准出版物 46 号》（Federal Information

[1]　译注：“Lucifer”中的“cifer”即“cipher”（密码，f 与 ph 读音相同）。

Processing Standards Publication 46)。出版物声称，只要有权官员确定某些不属国家机密的数据需要“密码保护”，联邦部门和机构将把 DES 用于它们。也许更重要的是，出版物说明，DES 在“商业和私人组织”的使用将受到“鼓励”。

一个市场就此确立，摩托罗拉等制造商开始生产嵌入计算机的 DES 芯片。向全世界销售密码机的竞争公司警告说，DES 由美国政府批准，意味着这个政府可以解读 DES 加密的信息。但 DES 制造商认为，美国政府实际上认证了这个系统的可靠性，并且，如果哪个公司担心国家安全局可以解读 DES，它可以为确保秘密，对其信息进行二次加密或三次加密。商界或者接受了这一点，或者不介意政府的刺探，因为越来越多的人开始用 DES 加密信息。它成为世界各地工商界事实上的标准。虽然偶有传言说某某破译了 DES；虽然有人成功突破系统一部分或破到第 15 层；虽然自 DES 颁布以来，计算机的能力大幅提升，但从未有过经证实的任何人破解它的例子。美国国家安全局能做到吗？该机构以外没有人知道，但某个标准机构官员曾说过，从国家安全角度看，DES 是国家安全局犯过的最大错误。

庞大的新生密码学群体中，至少有一部分因 DES 争议卷入与政府的冲突。这场冲突又扩展到其他领域，冲突中自然少不了一些企图控制那个群体的拙劣做法。几个应邀在康奈尔大学一次会议上发言的人收到一封信，后来确定信来自一个国家安全局雇员。信上警告说，讨论密码学将违反联邦《国际军火交易条例》(International Traffic in Arms Regulations)。该条例禁止未经政府批准的密码设备或密码信息出口，而对包括非美国公民在内的听众讲话相当于出口。这些发言者担心违反美国法律，选择了闭口。约在同一时期，美国政府将保密禁令强加给几个密码系统的专利申请，引发抗议。这时，一个瘦高个的得克萨斯人，国家安全局新局长博比·英曼（Bobby R. Inman）海军中将带国家安全局走出神秘，走进非国家安全领域。他居然对媒体发声！他参观了《科学》杂志社，解释了国家安全局的立场。作为这个态度转变的一项结果，美国教育委员会建立了一个下设委员会，调查可能危及国家安全等密码材料的出版问题。该委员会主要由研究密码学的数学教授组成，它提出了一个自愿送审制度。该制度要求密码学作品的作者把他们的材料提交国家安全局。国家安全局没有任何强制力，但会敦促作者删除或模糊处理敏感内容。投入实施以来，这个制度一直运行良好。

与此同时，媒体对情报界权力滥用的披露引发美国参众两院的调查。国家安全局也在调查对象之列。调查表明，国家安全局在没有法庭正当许可的情况下监听了美国人的国内谈话。国家安全局受到严厉谴责，被禁止窃听此类通信；国会设立了一个特别法庭，由它授权与国家安全有关的电话窃听。

一种新形式密码的发明，进一步且极大地激发了公众对密码的兴趣。该密码推动的研究工作超过了密码学史上任何一种其他密码。这就是公钥密码（public-key cryptography）。第一次，一种秘密通信形式将不同密钥用于加密和解密。斯坦福大学电机工程系马丁·赫尔曼（Martin Hellman）博士和研究生惠特菲尔德·迪菲（Whitfield Diffie）首先提出公钥概念。这是一个巨大突破，因为在漫长密码学史上，从来没人想到，除了反向的加密密钥以外，还有其他解密密钥。这种不对称性在密码史上首次提供了验证一条电子发送信息的可能性。两人发表了一篇题为“密码学新方向”（*New Directions in Cryptography*）的开创性文章，讨论了这种可能性。但他们在文章中仅仅部分实现了他们的想法。

文章提出的理论受到麻省理工学院三位数学家的关注。罗纳德·里夫斯特（Ronald Rivest）、莱恩·阿德勒曼（Len Adleman）和阿迪·沙米尔（Adi Shamir）被这种可能性吸引，开始努力实现它。经过一番失败的尝试，他们设计出以一个数学现象为基础的系统。这个数学现象就是，确定一个数是否为素数很容易，但如果不是，确定其因数很难。根据这个系统，任何人都可发送秘密信息给一个特定的人，但只有那个人可以读出它。它的工作原理大概是：希望收到密信的人选择两个大素数 p 和 q，这两个数必须保密；选择另一个大数 e，这个数是公开的。他把两个素数相乘得到 n，它也是公开的。e 和 n 不能有公因数，它们构成公钥，像电话簿上的号码一样公开出版。接下来他找到 p-1 和 q-1 的最大公分母，乘以 p-1 和 q-1 的积，加上 1，用 e 除以上述和，余数记作 d。这个数他秘不示人。发信人先把信转成数字形式（如 $a = 10$，$b = 11$，等），算出该数的 e 次方，结果除以 n，去掉商，取余数为密信。收件人收到信，算出它的 d 次方，除以 n，取余数为数字明文。这个系统的密度取决于 n 分解为因数 p 和 q 的难度。

这个系统提供了很有吸引力的可能性。如果某人用她的解密密钥加密一条信息，她没法否认这条信息来自她，因为别人不知道她的密钥。通过这个标记，收信人知道信来自她：信息就这样得到验证。她可以用收件人的公钥加密信息，增加密度。现在，除了合法收信人外，没人可以读出信息，收信人可以用他的秘密密钥解密信息，再用发信人的公钥加密结果，得到明文。

马丁·加德纳（Martin Gardner）在他的《科学美国人》“数学游戏”专栏提到这个系统，解释它如何能做到既验证信息（向收信人确保它们来自信中所说的发信人），又使发信人无法否认这些信来自他。那篇文章发表后，5000 份索取三位数学家文章的要求涌进麻省理工。这个系统引发如此大兴趣，是因为它声称能做到的事情似乎是异想天开：这样的事情违背了直觉。但该系统确实说到做到了，而且它以相当简洁的数学方式做到这一点，吸引数百名研究者进入这个领域。该系统后来被称为 RSA，取自三个发明者名字首字母。

数十种公钥密码应用，如数字现金，相继问世。但与 DES 之类系统相比，这种系统运行慢得多，因为它要求大量计算。因此，它主要用于在密码网络内的通信者之间加密密钥，因为通信人数量众多，在需要进行秘密通信前交换密钥殊非易事。

不同于“恩尼格玛”机和之前手工密码系统使用 26 个字母的字母表，现在，公钥密码、DES、使用移位寄存器的密码系统、基于椭圆曲线和其他数学方法的密钥系统，所有这些都在二进制数字元素 0 和 1 的基础上运行。原因在于，二进制数字是计算机和通信的字母表，因此也是互联网的字母表。

互联网的开放性意味着，未经授权的人很容易接近计算机和计算机网络入口，如果这些入口没有正确保护，他们就能轻易闯入，侵入这些计算机。侵入后，他们可以阅读个人和商业文件，满足病态的好奇心；更有甚者，不怀好意的人还会改变或销毁文件。当电影电视观众看到年轻黑客在电脑键盘上运指如飞时，他们看到的是这些角色企图通过尝试可能密码进入一个系统。一旦进入，他们会用一种计算机语言，如 C 语言或信息汇编语言，编写指令，打开或更改文档。

密码技术在此可以发挥作用，因为如果运用得当，它是唯一可以阻止获取储存或传送中文件的技术。密码可以加密，这样即使有人读到储存密码的文档，他们也读不出密码。文档可以加密，这样它们的内容依然保密。当前，随着通信在电邮、互联网和因特网其他部分、商业内网和移动电话中以爆炸性速度扩张，人们需要保护数量不断增长的文件，这解释了为什么现在有逾千家公司提供用于数据、语音和传真的密码系统，为什么制造商现在将密码系统嵌入他们销售的软件包。密码系统的快速增长，解释了执法机构对这类系统落入毒贩、恐怖分子、绑匪和其他罪犯手中的合理担忧。这些机构提出了一些密码系统，它们的密钥将由一些可靠的组织控制，根据法庭命令提交给执法机构；该机构可用这些密钥阅读加密信息。但这个名为“密钥托管”（key escrow）的计划面临着实际困难和理论上的反对，至今尚未实施。

这些机构和国家安全局的担忧绝非空穴来风，因为今天的密码系统可以做到滴水不漏。这意味着重建系统及其所用密钥，解读它保护的信息在计算上行不通。在许多系统中，即使密码分析员自己选择明文，试图从密文追溯到系统，这个计算不可行的规律依然适用。人们会问，难道计算机不能突破这些系统吗？答案是确实如此。虽然计算机帮助制作了系统，但这些系统错综复杂，足以打败任何重建尝试。一条密码学经验法则认为，编码者每次加倍一个系统中的组合数量，密码分析员尝试的次数就得是原来的平方：一个从 5 加到 10，另一个从 5 到 25。这意味着，虽然系统偶尔会出现错误，导致密码分析员得以用分析方法实现破译，但系统足够好且使用正确时，它们是破不开的。编码者赢得这场对密码分析员的战争。今天，解读正确加密信息的唯一方式是偷窃或泄密，并非密码学手段。这在德国海军“恩尼格玛”机身上已经开始出现。

这是否意味着密写的故事已经结束？长远来看，是的。当然，密码员总是会犯错误，表面优秀的密码系统会出现察觉不到的弱点，人们会发明和使用笨拙的密码系统，因此密码分析依然会有它的一席之地，但像“恩尼格玛”那样的大规模破译正在成为历史。

1931 年，赫伯特·雅德利出版了魅力常驻的《美国黑室》，谈到弗纳姆一次性密钥纸带系统，即最早的实际上和理论上不可破的系统，他在书末写道，“各国政府、所有无线电公司迟早都将采用这样的系统。到他们这样做时，编码学（指密码学）作为一个职业将消失”。

他的预言正成为现实。

作者说明

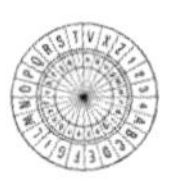

当今，最佳的英文密码学术语定义存在于 *Webster's Third New International Dictionary of the English Language Unabridged*（Springfield, Massachusetts: G. & C. Merriam Co., 1961）中，定义出自在威斯康星州任教的德国语言学教授马丁·朱斯（Martin Joos）。马丁获语言学博士学位，二战时期是一名密码学家，还是一位经验丰富的词汇学家，他的定义均基于术语的实际使用。若想对该字典的密码术语表进行讨论，请参照我写的书 *Plaintext in the New Unabridged: An Examination of the Definitions on Cryptology In Webster's Third New International Dictionary*（New York: Crypto Press, 1963）。

在技术层面上，我大致与字典中定义步调一致。我在些许地方对定义做了调整，使它们更具体，并不时地在需要的地方发明一个新词或给旧词一种新解。其中新词就包括"cryptoeidography"，意为对图像的加密；还有"semagram"，意为除字母和数字外任何载体传输的密信，它们的顺序就像一副扑克牌。旧词新解的主要词汇有"steganography"（由希腊词汇"steganos"和"graphein"构成，前者为"秘密的"之意，后者为"书写"之意），它是"cryptography"的前身，而"cryptography"最终来自"covered"（秘密的）与希腊词汇"graphein"的组合；"steganography"后来不被使用。我听从了乔治·E. 麦克拉肯（George E. McCracken）的建议，重新启用了该词汇，因为这对我的研究方法有重要作用，它揭示了密信的起始之端。

自然，所有密码学类书籍都会给其术语下准确或模糊的定义。其中最好的一本来自弗里德曼，他的文章《密码学》收纳在《大英百科全书》中，其内容简洁易懂；专业词汇最全面的书籍来自美国陆军保密局；最近一本来自戴维·舒尔曼（David Shulman）的《密码学词汇》（*Glossary of Cryptography*）；很多官方密码术语定义由美国政府提供，还有国防部参谋长联席会议提供的《美国军事联合使用术语词典》（*Dictionary of United States Military Terms for Joint Usage*），以及陆军部提供的《美国陆军术语词典》（*Dictionary of United States Army Terms*）。（这些官方定义将人身安全和人员安全列为信号安全的一部分。然而，即便两者对信号安全的重要性毋庸置疑，也不应只隶属于信号安全。它们贯穿于军事领域的方方面面，因此不应将信号安全等同于它们。它们三者的关系应该是平行的，而不是对彼此定义，官方定义没能做出区分。然而，有趣的是，它们没能实现信号情报窃取与背叛的相辅相成。）至于其他密码术语定义的出处，请参考 *Plaintext in the New Unabridged* 的附录 II。

图片致谢

I am grateful to the following institutions for their kindness in granting permission for the reproduction as illustrations in this book of the following items, which belong to them:

Trustees of the British Museum, London. Medal by Matteo de' Pasti of Leo Battista Alberti; Add. Mss. 32288, f. 102; 32292, f. 4; 32303, f. 30; 32307, folio unknown; 32499, f. 344; 37205, ff. 80, 249.

France, Ministère de l'Éducation Nationale, Bibliothèque Nationale. Gravure de Blaise de Vigenère sculpté par Thomas de Leu.

Great Britain, Public Record Office. Crown copyright acknowledged for S.P. 106/1, f. 58; S.P. 53/18, no. 55; P.R.O. 31/11/11.

London, The National Gallery. Painting by Rembrandt van Rijn of "Belshazzar's Feast," Accession No. 6350. Reproduced by courtesy of the Trustees, The National Gallery, London.

Magdalene College, Cambridge. Page of Diary of Samuel Pepys.

Metropolitan Museum of Art, New York. 17.3.756.1423, Jacob de Gheyn: Portrait of Philip van Marnix, The Metropolitan Museum of Art, Dick Fund, 1917.

The Master and Fellows of Peterhouse, Cambridge. Ms. 75.1, f. 30v.

University of Cincinnati, Cincinnati, Ohio. Ta 641.

William L. Clements Library, University of Michigan, Ann Arbor, Michigan. Benedict Arnold code letter to Major John André of 15 July 1780.

NOTES TO ILLUSTRATIONS

The full citations will be found in the notes to the text for each chapter.

Chapter 1

One o'clock message: NA, RG 319.
Japanese code page: DSDF, 894.727/3-8.
HARUNA *message*: (*PHA*, 38:250): Department of the Navy.
Yoshikawa final message: (*PHA*, 38:233): Department of the Navy.
14th part: NA, RG 319.
Japanese note: DSDF, 711.94/2594–7/8.

Chapter 2

Hieroglyphs: E. Drioton, "Essai sur la cryptographie privée de la fin de la XVIIIe dynastie," 24, showing equivalents established by Drioton from stele V 93 of Leyden.
Cuneiform: *Tablettes d'Uruk*, Textes cunéiformes, VI, No. 51r.
Siamese cryptography: Frankfurter, 4.
Rök stone: George Stephens, *The Old-Northern Runic Monuments of Scandinavia and England* (Edinburgh: Williams & Norgate, 1884), III, 46.
Ogham cryptography: Royal Irish Academy, "Book of Ballymote," 313.
Chaucer: "The Equatorie of the Planetis," Cambridge University, Peterhouse, Ms. 75.1, f. 30v.
Davidian alphabet: Ahmed bin Abubekr Bin Washih, *Ancient Alphabets and Hieroglyphic Characters Explained*, trans. Joseph Hammer (London, 1806), 39.

Chapter 3

Simeone de Crema: Mantua, Archivio di Stato, Busta E.I. 2a, No. 32.
Medici nomenclator: Florence, Archivio di Stato, Cifrari della Repubblica e medicei, No. 457.
Cortés letter: Spain, Archivio General de Indias, Papeles de Justicia de India, Autos entre partes vistos en el Consejo de Indias, Audencia de Mexico, Estante 51, Cajón 6, Legajo 6.23.
Marnix solution: Great Britain, Public Record Office, State Papers 106/1, f. 58.
Forged postscript: Great Britain, Public Record Office, State Papers 53/18, no. 55.

Chapter 4

Alberti cipher disk: Meister, *Päpstlichen*, 28.
Trithemius title page: 1518 edition. Caption description by Dodgson, 405–406, corrected by Chacornac, 73–74.
Ave Maria: 1518 edition of *Polygraphiae*.
Digraphic system: Porta, 90.
Porta cipher disk: Porta, 73.

Chapter 5

Wallis solution: Add. Ms. 32499, f. 344.
Decyphering Branch solution: Add. Ms. 32307.
Church cipher message: The Library of Congress, Papers of George Washington, XVIII, 119.
Benedict Arnold message: University of Michigan, William L. Clements Library, Sir Henry Clinton Papers.
Lovell's Cornwallis solution: NA, Papers of the Continental Congress, Item 51, I, f. 722.
Jefferson's 1785 nomenclator: The Library of Congress, Jefferson Papers, 5th series, XI, f. 35.
Solution of letter to John Quincy Adams: Add. Ms. 32303, f. 20.

Chapter 6

M-94: U.S. Army, *Signal Communications* (field manual).
Wheatstone cipher device: Kerckhoffs, 62.
Wheatstone description of Playfair cipher: Add. Ms. 37205, f. 80.
Babbage uses mathematics: Add. Ms. 37205, f. 249.

Chapter 7

Confederate cipher telegram: NA, RG 109, War Department Collection of Confederate Records, Telegrams, 4161.
Confederate agents' message: Plum, 41 (slightly different copy in Bates, 73).
Electoral telegram: Photolithic Copies of Dispatches, To Accompany the Presidential Election Investigation, in Edward L. Parris Papers, Rutherford B. Hayes Library, Fremont, Ohio.
Nast cartoon: Harper's Weekly (November 2, 1878), 869.

Chapter 8

De Viaris cipher device: Léauté, 279.
Bazeries cylinder: Bazeries, 252.
Long to Dewey: NA, RG 45, Naval Records Collection of the Office of Naval Records Library, Area 10 File, 1798–1910, February 26, 1898; translation in "Ciphers Sent," October 27, 1888, to May 31, 1898, at 524.
Baravelli code: Dizionario per corrispondenze in cifra (1895), 75.
Panizzardi telegram: France, Archives Nationales, BB^{19}75, dossier 1.

Chapter 9

Zimmermann telegram: DSDF 862.20212/82A.
de Grey's transcription: DSDF 862.20212/81½.
Kirby cartoon: The [New York] *World* (March 3, 1917), 8:4–8.

Chapter 11

Hudson Code and Emergency Code List: Collection of Secret Codes of U.S. Army, University of Pennsylvania Library, Rare Book Room.
G.2 A.6 solutions: Childs Cipher Papers, I, §11.

Chapter 12

Hindu book cipher: Tunney, opposite p. 90.

Chapter 13

Hagelin machine: Eyraud, 195.

Chapter 14

"*Brown Sheet*": Wi VI/149, Records of Headquarters, O.K.W., Bundesarchiv, Koblenz.
R.S.H.A. encipherment table: T–175:477:7334402.
Luftwaffe code: T-321, Roll 75, frame unknown.
Syko card: Morgan, 59.

Chapter 15

Cartoons: Great Britain, Admiralty, *Merchant Ships Signal Book*, III, 27, 28.
"*Dear Cordell*" *note*: DSDF 740.0011 Pacific War/856.
Pers-Z solution: Microcopy T-120, Frame F1/568.
Churchill message: Franklin D. Roosevelt Library, Hyde Park, New York.

Chapter 16

San Antonio River drawing: Colonel Shaw. The drawing, produced by the San Antonio postal censorship station, uses short blades of grass along riverbank for dots and long blades for dashes to spell out, in Morse code, *Compliments of CPSA MA to our chief Col Harold R. Shaw on his visit to San Antonio May 11th 1945.*
Invasion open code: Germany, Militärgeschichtliches Forschungsamt, Kriegestagebuch des Armeeoberkommandos 15/Ic vom 5.6.1944.
Scrambler diagrams: Brown-Boveri Review (December, 1941), 399, 402.
Churchill transcript: T–175:122:2647449.

Chapter 17

Tokumu Han organization and Japanese Navy intelligence: United States Strategic Bombing Survey (Pacific), Japanese Military and Naval Intelligence Division, *Japanese Intelligence* (April, 1946), 30.

Japanese Navy code: supplied by Ikuhiko Hata from Japan, Defense Ministry Archives.
Evans' decipherment: Supplied by Evans.

Chapter 18

Russian monalphabetic key: Add. Ms. 32292, f. 4.
Solution of nomenclator: Add. Ms. 32288, f. 102.
Russian military message: T-314, Roll 212, frame unknown.
Erickson cipher worksheets: Sweden, Nedre Justitie Revisionen, Case 13–1941 of Radhusrattan, photographed by Dr. Käärik.
One-time pad: Japanese police.
"Trigonometric" cipher: Supplied by Isaac Don Levine.

Chapter 21

Balzac's fake cryptogram: in first edition, 207–210; "new" 1840 edition, Charpentier, 265; 1847 edition, Charpentier, 299; English 1901 edition, Dana Estes & Co., 266.
Dancing Men: The Strand Magazine, XXVI (December, 1903), 604.
Pepys: Magdalene College Library, Cambridge.

Chapter 22

Bootlegging code chart: NA, RG 26.
Fiber optic scramble: provided by R. J. Meltzner, Bausch & Lomb, Inc., Rochester, New York.

Chapter 23

Bergenroth: Great Britain, Public Record Office, P.R.O. 31/11/11.
Voynich manuscript: kindly supplied by Hans Kraus.

Chapter 24

Donnelly calculations: Minnesota Historical Society.
Bacon's biliteral: Of the Advancement of Learning, trans. Gilbert Wats (Oxford: Leon Lichfield for the University, 1640), 268.

Chapter 25

Pseudo-hieroglyphic tablet: *Syria* (1929), 6.
Grid: Ventris and Chadwick, "Evidence," 86.
Tripod tablet: Archeology (Spring, 1954), 18.

Chapter 26

Lincos: Freudenthal, 93.
Dot-and-dash picture: Warren Weilbacher, *Newsday* (April 20, 1962).

Photographic Inserts

Rembrandt painting: London, The National Gallery, Accession No. 6350.

Alberti medal: copyright, British Museum; George Francis Hill, *A Corpus of Italian Medals of the Renaissance Before Cellini* (London: British Museum, 1930), No. 161, says the medal, by Matteo de' Pasti, dates from 1446–1450 while Alberti was in his middle forties in Rimini.

Porta: frontispiece from his *Magiae Naturalis libri XX* (Naples, 1589).

Cardano: frontispiece from his *De Rerum Varietate* (1557).

Vigenère: engraving by Thomas de Leu, Bibliothèque Nationale, Paris.

Trithemius: sculpture in Neumünster church in Wurzburg by Tilman Riemenschneider, one of Germany's greatest Renaissance sculptors.

Viète: Galérie Française, ou Collection des Portraits . . . (Didot, 1821), I, plate 24.

Marnix: engraving by Jacob de Gheyn, 1599; The Metropolitan Museum of Art, New York, Dick Fund, 1917.

Rossignol: anonymous engraving from Charles Perrault, *Les Hommes Illustres Qui Ont Paru en France Pendant ce Siècle* (Paris, 1696), opposite p. 57.

Willes: portrait by Thomas Hudson in Wells Palace, Wells, England.

Wallis: engraving by W. Faithorne, New York Public Library, Prints Division.

Gerry: engraving by J. B. Longacre from a drawing by Vanderlyn, New York Public Library, Manuscript Division, Emmet 2134.

M-94: author's collection.

Jefferson: United States Bureau of Engraving and Printing.

Wheatstone, Playfair, Babbage: all *The Illustrated London News* (November 6, 1875), 461; (December 6, 1873), 528; (November 4, 1871), 424, respectively.

Cipher disk: NA, RG 92.

Holden: Harper's Weekly, XXXVIII (1894), 1144.

Kerckhoffs: Eugen Drezen, *Historio de la Mondo Lingvo* (Leipzig, 1931), 102.

Bazeries: photo supplied by Mme. Jean Yon, his daughter.

de Grey: wearing uniform of Royal Naval Volunteer Reserve, 1914 or 1915; photo supplied by his son.

Hay: wearing uniform of Gordon Highlanders, 1915; photo supplied by his widow.

Hitchings: during World War I; photo supplied by his widow.

Hitt: NA, photo 111-SC-23349.

Sacco: photo supplied by Sacco.

Painvin: photo supplied by Painvin.

Friedman: U.S. Army Photograph, P-2229 (this photograph is dated October, 1933, but Friedman's clothes are identical with two photographs dated 1928; I therefore think that one or the other is in error and have struck the average for my date of 1930).

Childs and Yardley: NA, photo 111-SC-51371.

Yardley: Wide World Photos.

Powell: publicity still from "Rendezvous," supplied by Metro-Goldwyn-Mayer.

Sinkov, Rowlett, Kullback: U.S. Army Photographs P-3599, P-4303, P-3946, respectively.

Friedmans: Cambridge University Press.
Vernam: picture taken for graduation with Class of 1914 of Worcester Polytechnic Institute, supplied by his daughter.
Mauborgne: NA, photo 111-SC-101413.
Hebern: photo (mid-1920s) supplied by his widow.
Hebern cipher machine: photo supplied by Mrs. Ellie Hebern.
Hagelin: Wide World Photos.
Paschke: photo supplied by Paschke.
Kunze and Gylden: author's photographs.
Kramer-Safford, Rochefort: both Wide World Photos.
Dyer: photo supplied by Dyer.
Shaw: photo supplied by Shaw.
Koenig: Bell Telephone Laboratories photo, July, 1964.
Japanese cruiser: NA, 80-G-414422.
Spectrograms of speech: Bell Telephone Laboratories photos.
Traffic analysts: U.S. Army Photograph SC 223683.
U-505: NA, photo 80-G-49172.

Combat cryptography: U.S. Army Photograph SC 370625, showing message center of the 3rd Division, U.S. Infantry, Hyopchong, Korea, October 1, 1951.
NSA headquarters: U.S. Army Photograph SC 574898.
Kroger one-time pads: both Wide World Photos.
Abel pad: Federal Bureau of Investigation.
Electronic countermeasures: Sperry Gyroscope Company, Lake Success, New York.
Johnson and Rowlett: United Press International photo.
hot line: U.S. Army photograph sc 605685.
Hagelin hand machine: author's collection.
O.M.I. machine: Ottico Meccanica Italiana, Rome.
Holmes: drawing from the first publication of Arthur Conan Doyle, "The Adventure of the Dancing Men," *The Strand Magazine*, XXVI (December, 1903), at 604.
Shannon: Bell Telephone Laboratories.
Radio scrambler: photo of Model 106 from Delcon, Inc., Palo Alto, California.
Bentley: photo at about age 60, supplied by his son.
scrambled television: Zenith Radio Corporation, Chicago, Illinois.
Bacon: engraving by W. Hollar, New York Public Library, Prints Division.
Ignatius Donnelly: Minnesota Historical Society.
Voynich manuscript: Hans Kraus.
Radio telescope: National Science Foundation.

英汉对照表

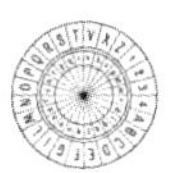

A Chain of Errors in Scottish History 《苏格兰历史的一系列错误》
A Few Words on Secret Writing 《密写浅谈》
A Mathematical Theory of Communication 《通信的数学理论》
A Treatise on the Art of Decyphering 《密码破译术》
A. V. Williams Jackson 威廉斯·杰克逊
Aaron Burr 阿龙·伯尔
Abbot Georgel 阿博特·若热尔
Abhorchdienst 截收部门
Abigail Adams 阿比盖尔·亚当斯
Abraham P. Chess 亚伯拉罕·切斯
Abraham Sinkov 亚伯拉罕·辛科夫
Abram Wakeman 艾布拉姆·韦克曼
Abwehr 阿勃维尔，纳粹德国谍报局
Accademia Secretorum Naturae 自然秘密学会
accidental repetitions 伪重复
Adfert Barracks 阿德福特兵营
Adi Shamir 阿迪·沙米尔
Adolf Paschke 阿道夫·帕施克
Adolphe Olivari 阿道夫·奥利瓦里
Advanced Military Cryptography 《高级军事密码学》
Adventure of the Dancing Men 《跳舞小人》
aerial telegraph 空中电报
Afrika Korps 非洲军团
Agnes Meyer 阿格尼丝·迈耶
A-Go Operation 阿号作战
Agostino Amadi 阿戈斯蒂诺·阿马迪
Air Command and Staff School 空军指挥和参谋学校
Air Defense Command 防空司令部
Air War College 空军军事学院
Air-Ground Communications Network 空一地通信网
Aktiebolaget Cryptograph 密码打字机公司
Aktiebolaget Cryptoteknik 密码技术公司
Alan Turing 阿兰·图灵
Albert B. Chandler 艾伯特·钱德勒
Albert L. David 艾伯特·戴维
Albert M. Morrison 艾伯特·莫里森
Albert S. Johnston 艾伯特·约翰斯顿
Alberto Lais 阿尔贝托·莱斯
Aldous Huxley 奥尔德斯·赫胥黎
Aldus Manutius 阿尔杜斯·马努蒂乌斯
Aleksandr Kuprin 亚历山大·库普林
Alessandro Farnese 亚历山德罗·法尔内塞
Alexander Foote 亚历山大·富特
Alexander Hamilton 亚历山大·汉密尔顿
Alexander Woollcott 亚历山大·伍尔科特
Alexandre Millerand 亚历山大·米勒兰
Alexei T. Vassilyev 阿列克谢·瓦西尔耶夫
Alfred Dreyfus 阿尔弗雷德·德雷富斯
Alfred Ewing 阿尔弗雷德·尤英
Alfred North Whitehead 阿尔弗雷德·诺斯·怀特海

Alfred V. Smith　阿尔弗雷德·史密斯
Alger Hiss　阿尔杰·希斯
Ali Pasha　阿里·帕夏
Alice B. Kober　艾丽斯·科伯
Allan A. Murray　艾伦·穆里
Allan Pinkerton　艾伦·平克顿
Allen W. Dulles　艾伦·杜勒斯
Alphonso Borghers　阿方索·博尔盖斯
Alva Bryan Lasswell　阿尔瓦·拉斯韦尔
Alvin C. Voris　阿尔文·沃里斯
Alwin D. Kramer　艾尔文·克雷默
American Black Chamber　美国黑室
American Civil War　美国南北战争
American Expeditionary Forces　美国远征军
American Institute of Electrical Engineers　美国电气工程师协会
American Journal of Archaeology　《美国考古学杂志》
American Revolution　美国独立战争
American Telephone & Telegraph Company　美国电话电报公司
Amicale des Réservistes du Chiffre　预备役部队密码协会
Amos W. W. Woodcock　阿莫斯·伍德科克
Amtorg Trading Corporation　（苏联）苏美贸易公司
An Introduction to Methods for the Solution of Ciphers　《密码破译方法导论》
anagramming　填字
Analytical Engine　分析机
Anatomy of Melancholy　《忧郁的解剖》
Andreas Figl　安德烈亚斯·菲格尔
Andrew Cunningham　安德鲁·坎宁安
Anthony Babington　安东尼·巴宾顿
Anthony Corbiere　安东尼·科比埃尔
Antonio Elio　安东尼奥·埃利奥
Antonio Perez　安东尼奥·佩雷斯
Archivio di Stato of Florence　佛罗伦萨国家档案馆
Archivio di Stato of Venice　威尼斯国家档案馆
Arithmetica Infinitorum　《无穷算术》
Armed Forces Security Agency (AFSA)　（美国）武装部队保密局
Army Air Corps　陆军航空兵部队
Army Airways Communications System　陆航通信系统
Army Group North　北方集团军群
Army Group South　南方集团军群
Army of the Danube　多瑙河集团军
Army of the Potomac　波多马克集团军
Army Security Agency (ASA)　陆军保密局
Army Security Reserve　陆军保密预备队
Army Signal Communications Security Agency　陆军信号通信保密局
Army War College　陆军军事学院
Arne Beurling　阿尔内·博伊林
Arthur B. McDonald　阿瑟·麦克唐纳
Arthur C. Clarke　阿瑟·克拉克
Arthur Evans　阿瑟·埃文斯
Arthur Reginald Evans　阿瑟·雷金纳德·埃文斯
Arvid Gerhard Damm　阿维德·耶哈德·达姆
Asiatic Fleet　亚洲舰队
atbash　逆序互代
Atomic Energy Commision　原子能委员会
Attorney General　司法部长
August Leskien　奥古斯特·莱斯金
Auguste Michel　奥古斯特·米歇尔
Aulus Gellius　奥卢斯·格利乌斯
Austro-Hungarian Army's Dechiffrierdienst　奥匈帝国陆军破译机构
autokey　自动密钥
Avico Aviation Code　《阿维科航空电码本》
Bacon biliteral cipher　培根双字码密码
Baconian cipher　培根密码
Bainbridge Island　班布里奇岛
Baker Street Irregulars　贝克街杂牌军
Ballale Defense Unit　巴拉莱岛守备队
band-shift　移频
band-splitting　分频
Barbara W. Tuchman　芭芭拉·塔奇曼
Battle for Leyte Gulf　莱特湾海战
Battle of Alamein　阿莱曼战役
Battle of Britain　不列颠空战
Battle of Cape Matapan　马塔潘角海战
Battle of Dnieper　第聂伯河战役
Battle of Dogger Bank　多格浅滩海战
Battle of Dunkirk　敦刻尔克大撤退
Battle of Gorizia　戈里齐亚战役
Battle of Hastings　黑斯廷斯战役
Battle of Jutland　日德兰海战
Battle of Lepanto　勒班陀海战
Battle of Piave　皮亚韦河战役
Battle of Radomyshl　拉多梅什尔战役

Battle of Saratoga　萨拉托加战役
Battle of Shiloh　夏洛战役
Battle of Tannenberg　坦嫩贝格战役
Battle of the Atlantic　大西洋海战
Battle of the Bulge　突出部战役
Battle of the Java Sea　爪哇海海战
Battle of the Marne　马恩河战役
Baudot code　博多码
Befehlstafel　指挥表
Bell System Technical Journal　《贝尔系统技术杂志》
Benedict Arnold　本尼迪克特・阿诺德
Benjamin Church　本杰明・丘奇
Benjamin Thompson　本杰明・汤普森
Beobachtung-Dienst (B-Dienst)　侦听部
Bernard Bischoff　伯纳德・比绍夫
Bernard Lovell　伯纳德・洛弗尔
Bernie Bookbinder　伯尼・布克班德
Bertil E. G. Eriksson　伯蒂尔・埃里克森
Bertrand Russell　伯特兰・罗素
Bibliothèque Nationale　（法国）国家图书馆
bifid cipher　二分密码
Bill of Rights　《权力法案》
binary digit　二进制数字
Binnie Barnes　宾尼・巴恩斯
bipartite substitution　二分替代
Blackett Strait　布莱克特海峡
Blaise de Vigenère　布莱兹・德维热纳尔
Bletchley Park（BP）　布莱切利园
Bobby R. Inman　博比・英曼
Bomb Damage Assessment Reporting Circuits　轰炸损失评估报告线路
Book of Ballymote　《巴利莫特书》
Boris Bykov　鲍里斯・贝科夫
Boris Caesar Wilhelm Hagelin　鲍里斯・哈格林
Boris Shapiro　鲍里斯・夏皮罗
Bradford Hardie　布拉福德・哈迪
Bram Stoker　布拉姆・斯托克
British Board of Trade　英国贸易委员会
British Expeditionary Force　英国远征军
British Overseas Airway Corporation　英国海外航空公司
British Security Coordination　英国保密协调处
Broadcasting for Allied Merchant Ships（BAMS）　同盟国商船广播
Bruce Olmstead　布鲁斯・奥姆斯特德
Bryce F. Lockwood　布赖斯・洛克伍德
Bupo　瑞士联邦警察
Bureau du Chiffre　外交部密码局
Bureau of Indexes and Archives　索引和档案局
Bureau of Internal Revenue　国内税务局
Bureau of Investigation　司法部调查局
Bureau of Narcotics　缉毒局
Calloway's Code　《卡罗威密码》
Cambridge Ancient History　《剑桥古代史》
Cambridge Medieval History　《剑桥中世纪史》
Camillo Giusti　卡米洛・朱斯蒂
Camp Alfred Vail　阿尔弗雷德韦尔兵营
Carbonari　烧炭党
Carl Hammer　卡尔・哈默
Carl von Horn　卡尔・冯・霍恩
carnet de chiffre　密码本
Carnia code　卡尔尼亚代码
Carter W. Clarke　卡特・克拉克
Catherine Quentin　凯瑟琳・康坦
Central Telegraph Office　中央电信局
Cesar Romero　西泽・罗梅罗
Cesare Lombroso　切萨雷・龙勃罗梭
Chaocipher　混乱密码
Charles A. Tinker　查尔斯・廷克
Charles Babbage　查尔斯・巴贝奇
Charles Evans Hughes　查尔斯・埃文斯・休斯
Charles J. Mendelsohn　查尔斯・门德尔松
Charles Wheatstone　查尔斯・惠斯通
checkerboard　棋盘密码
Cheka　契卡
Chester W. Nimitz　切斯特・尼米兹
Chicago Daily News　《芝加哥每日新闻报》
Chief Inspector's Investigations Unit　总督查调查部
Chief Justice　首席大法官
Chief of Naval Operations　海军作战部长
Chief Signal Officer　主任通信官
Chifferbyråernas insatser i världskriget till lands　《密码机构在世界大战中的活动》
Chiffrierbüro　密码编制部门
Chiffrierwesen　密码分析部门
Chinese Telegraphic Code SP-D　《SP-D 中文电码本》
Christopher Columbus　克里斯托弗・哥伦布
Christopher Morley　克里斯托弗・莫利
Christoval Rodriguez　克里斯托弗尔・罗德里格斯
Cicco Simonetta　奇科・西蒙内塔

cifrario rosso　红色密码
cifrario tascabile　袖珍密码
Cinema-code　《影院电码本》
cipher alphabet　密码字母表
cipher secretary　密码书记
Clarence B. Hancock　克拉伦斯・汉考克
Claude Chappe　克劳德・沙普
Claude Elwood Shannon　克劳德・艾尔伍德・香农
Clavis Polygraphiae　多种密写术语
Clayton L. Bissell　克莱顿・比斯尔
cleartext　明报
Clint Murchison　克林特・默奇森
Clyde Kluckhohn　克莱德・克拉克洪
Coast Guard　海岸警卫队
Code and Cipher Compilation Section　代码和密码编制科
Code and Signal Section　密码与通信科
Code Compilation Section　密码编制科
Code Compiling Company　编码公司
Code Section　密码科
codegroups　代码组
codenumbers　密数，数字代码组
codetext　密文
codewords　密词，文字代码组
Combat Intelligence Division　作战情报处
Combat Intelligence Unit　作战情报小队
Command and General Staff School　指挥和参谋学校
Command Teletype Network　指挥电传网络
Commander's Net　指挥官网络
commercial code　商业电码本
Commission on Espionage　间谍活动委员会
Committee of Foreign Affairs　外事委员会
Committee of Secret Correspondence　秘密通信委员会
Committee on Science and Astronautics　（众议院）科学航天委员会
Communication Theory of Secrecy Systems　《保密系统的通信理论》
Communications Research Division　通信研究处
Communications Research Institute　通信研究所
Communications Security Division　通信安全处
Continental Air Command　大陆空军司令部
Contributions of the Cryptographic Bureaus in the World War　《密码机构在世界大战中的贡献》
Coordinator of the Pacific Coast Details　太平洋海岸分队协调员
Cordell Hull　科德尔・赫尔
Cornelius Agrippa　科尼利厄斯・阿格里帕
Cornelius Ryan　科尼利厄斯・赖恩
Cosa Nostra　科萨・诺斯特拉
Cosimo de' Medici　科西莫・美第奇
Cosmo Farquhar　科斯莫・法夸尔
Counsel for the High Cipher Service　密码业务高级顾问
countersign　暗号
Crawford H. Greenewalt　克劳福德・格林沃尔特
Crimean War　克里米亚战争
Crisis Center　应急中心
Cruiser Division 1　第一巡洋舰分队
Cryptanalytical and Translation Section　密码分析与翻译科
cryptanalyze　密码分析
Cryptoeidography　图像保密
cryptogram　密报
Cryptograph　密码器
cryptographic equations　编码方程
Cryptographie indéchiffrable　《不可破的密码》
cryptography　密码编制，编码（学）
Cryptography in an Algebraic Alphabet　代数字母表密码
Cryptography Staff　编码组
Cryptomenytices et Cryptographiae libri IX　《破译和编码书九卷》
Cryptomenytices Patefacta　《破译总览》
cylindrical cryptograph　圆柱密码
Cyrus F. Tibbals　赛勒斯・蒂鲍尔斯
Cyrus Gordon　赛勒斯・戈登
Daniel Rogers　丹尼尔・罗杰斯
Dante Gabriele Rossetti　但丁・加布里埃莱・罗塞蒂
Dataseal　数据封条
David A. Salmon　戴维・萨蒙
David G. Erskine　戴维・厄斯金
David Kahn　戴维・卡恩
David Porter　戴维・波特
Davies Gilbert　戴维斯・吉尔伯特
De Re Aedificatoria　《论建筑艺术》
De Rerum Varietate　《奇事大观》
De Subtilitate　《微妙的事物》
decipher　密码解密
Decius Wadsworth　德西厄斯・沃兹沃思

decode　代码解密
Decree of Canopus　《卡诺帕斯法典》
Decypherer　破译员
Decyphering Branch　破译科
Defense Communications Agency　国防通信局
Defense Communications System　国防通信系统
Defense Intelligence Agency (DIA)　（美国）国防情报局
Dennis Kelly　丹尼斯·凯利
Denys Page　德尼斯·佩奇
Department of Communications　通信处
Derek J. Price　德里克·普赖斯
De-Scrambler　解密器
Desmond McCarthy　德斯蒙德·麦卡锡
Devil's Island　魔鬼岛
Dewey Decimal classification system　杜威十进制分类系统
Die Geheimschriften und die Dechiffrir-kunst　《密码和破译技术》
Dietrich C. von Rommel　迪特里希·冯·隆美尔
Difference Engine　差分机
difference method　差值法
Directorate for Communications-Electronics　通信电子处
Distant Early Warning Line　远程预警线
Division of Communications and Records　通信和档案处
Division of Cryptography　编码处
Dominion Office　英联邦事务部
Dominique de Hottinga　多米尼克·德奥廷加
Don Pedro de Ayala　唐佩德罗·德阿亚拉
Doolittle Raid　杜立特空袭
Doppler shift　多普勒频移
Doug Canning　道格·坎宁
Douglas Savory　道格拉斯·萨沃里
Dreyfus Affair　德雷富斯事件
Duas Hacoes　杜阿斯·哈科斯
Duchy of Mantua　曼图亚公国
Durward G. Hall　德沃德·霍尔
Easter Island　复活节岛
Ecole Militaire Superieure　巴黎高等军事学校
Edgar Allen Poe　埃德加·爱伦·坡
Edgar Gordon Clark　埃德加·戈登·克拉克
Edmund C. Burnett　埃蒙德·伯内特
Edmund Spenser　爱蒙德·斯宾塞
Edward Bell　爱德华·贝尔
Edward D. Johnson　爱德华·约翰逊
Edward Elgar　爱德华·埃尔加
Edward Mclean　爱德华·麦克莱恩
Edwin T. Layton　埃德温·莱顿
Eleanora Duse　埃莉奥诺拉·杜丝
Electro-Crypto Model B1　B1 型电动密码机
electronic counter-countermeasures (ECCM)　电子反对抗
electronic countermeasures (ECM)　电子对抗
Elementary Military Cryptography　《初级军事密码学》
Eli Whitney　伊莱·惠特尼
Elias Eliopoulos　埃利阿斯·埃利奥普洛斯
Elisha Porter　伊莱沙·波特
Elizebeth Smith　伊丽莎白·史密斯
Elliott V. Bell　艾略特·贝尔
Ellis H. Minns　埃利斯·明斯
Elmendorf Air Force Base　爱尔门道夫空军基地
Elmer J. Holland　埃尔默·霍兰
Elwood Pierce　埃尔伍德·皮尔斯
Elyesa Bazna　艾利萨·巴兹纳
Emanuel Nobel　伊曼纽尔·诺贝尔
Emergency Code List　《紧急代码表》
Émile Vinay　埃米尔·维奈
Emilio Q. Daddario　埃米利奥·达达里奥
encipher　密码加密
Encyclopaedia Americana　《美国百科全书》
Encyclopaedia Britannica　《不列颠百科全书》
English Telegraph Company　英国电报公司
Enigma　恩尼格玛
Enrico Fermi　恩里科·费米
Epistle on the Secret Works of Art and the Nullity of Magic　《论秘术作品和魔法的无效》
Eric Svensson　埃里克·斯文森
Erik Brahe　埃里克·布拉厄
Erle Leichty　厄尔·莱希蒂
Ernest F. Peterson　欧内斯特·彼得森
Ernest Jones　欧内斯特·琼斯
Ernst Hoffmann　恩斯特·霍夫曼
Ernst Woermann　恩斯特·韦尔曼
Espionage Act of 1917　《1917 年反间谍法》
Essays　《培根随笔》
Étienne Gilson　埃蒂安·吉尔松
European Communication Security Agency　欧洲通信保密局

European Security Region　欧洲警戒区
Evidenzgruppe　总参侦察处
F. Harry Hinsley　哈里·辛斯利
F. W. K. Müller　弗雷德里希·穆勒
Far Eastern Section　远东科
Farnsley C. Woodward　法恩斯利·伍德沃德
Fay B. Prickett　费伊·普里克特
Federal Trade Commission Building　联邦贸易委员会大楼
Fernmeldeaufklärung Company　无线电情报连
field cipher　战地密码
First Air Fleet　第一航空舰队
First Sea Lord　海军军务大臣
Fitzhugh Green　菲茨休·格林
Five-Power Treaty　《五国海军条约》
Fleet Radio Unit, Pacific Fleet　太平洋舰队无线电小队
Fleming Church　弗莱明·丘奇
Fletcher Pratt　弗莱彻·普拉特
Forest A. Harness　福里斯特·哈内斯
Formulae for the Solution of Geometrical Transposition Ciphers　《几何移位密码破译公式》
Forschungsamt　研究室
Forschungsanstalt　（德意志邮政局）研究处
Fort Shafter　沙夫特堡
Fourier analyses　傅里叶分析
fractionating cipher systems　分组加密系统
Francis A. Raven　弗朗西斯·雷文
Francis Gary Powers　弗朗西斯·加里·鲍尔斯
Francis O. J. Smith　弗朗西斯·史密斯
Francis Willes　弗朗西斯·威尔斯
Franciszek Pokorny　弗朗齐歇克·波科尔尼
François Cartier　弗朗索瓦·卡蒂埃
Frank Adcock　弗兰克·埃柯克
Frank D. Drake　弗兰克·德雷克
Frank L. Polk　弗兰克·波尔克
Frank M. Meals　弗兰克·米尔斯
Franz von Hipper　弗朗茨·冯·希佩尔
Franz von Papen　弗朗茨·冯·巴本
Fred M. Miller　弗雷德·米勒
Frederick Ashfield　弗雷德里克·阿什菲尔德
Frederick F. Black　弗雷德里克·布莱克
French Society of Archaeology　法国考古学会
Friedrich W. Kasiski　弗里德里希·卡西斯基
Fritz Thiele　弗里茨·蒂勒
From Russia, With Love　《谍海恋情》
Front-Line Code　《前线代码》
Funkabwehr　无线电安全处
Gabriel Cramer　加布里埃尔·克拉默
Gabriele Rossetti　加布里埃莱·罗塞蒂
Galeazzo Ciano　加莱亚佐·齐亚诺
Gallic Wars　《高卢战争》
Gaspar Schott　加斯帕尔·肖特
Geheime Kabinets-Kanzlei　秘密办公室
General Communication Headquarters　通信总部
General Electric　通用电气
General Erwin Rommel　埃尔温·隆美尔将军
general system　通用系统
Geoffrey C. Jones　杰弗里·琼斯
Georg Hamel　格奥尔格·哈梅尔
George B. McClellan　乔治·麦克莱伦
George C. Marshall　乔治·马歇尔
George Orwell　乔治·奥威尔
George Smith　乔治·史密斯
Georges Jean Painvin　乔治·让·潘万
Gerald Lawrence　杰拉德·劳伦斯
Gewerkschaft Securitas　联合保密公司
Gilbert S. Vernam　吉尔伯特·弗纳姆
Giordano Bruno　焦尔达诺·布鲁诺
Giovanni Francesco Marin　乔瓦尼·弗朗切斯科·马林
Giovanni Soro　乔瓦尼·索罗
Girolamo Cardano　吉罗拉莫·卡尔达诺
Giuseppe Cocconi　朱塞佩·科科尼
Gleb I. Boki　格列布·博基
Golan Heights　戈兰高地
Gonzalo Perez　贡萨洛·佩雷斯
Goodfellow Air Force Base　古德费洛空军基地
Gottfried von Leibnitz　戈特弗里德·冯·莱布尼茨
Government Accounting Office (GAO)　政府审计局
Government Code and Cypher School　政府密码学校
Grant Heilman　格兰特·海尔曼
Gregory Breit　格雷戈里·布赖特
Gresham's Law　格雷欣定律
Griffiss Air Force Base　格里菲斯空军基地
Grosvenor Square　格罗夫纳广场
Guglielmo Marconi　古列尔莫·马可尼
Guillermo Lohmann Villena　吉利尔莫·洛曼·比列纳
Gustave Freyss　古斯塔夫·弗赖斯
Gustavus Selenus　古斯塔夫斯·西勒诺斯

H. Rider Haggard 赖德・哈格德
Hamilton Fish 汉密尔顿・菲什
Handbuch der Kryptographie 《密码学手册》
Hans P. Kraus 汉斯・克劳斯
Hans Thomsen 汉斯・汤姆森
Harald Busch 哈拉尔德・布施
Harold Greenwald 哈罗德・格林沃尔德
Harriet Simons 哈里特・西蒙斯
Harris M. Chadwell 哈里斯・查德韦尔
Harrison S. Brown 哈里森・布朗
Harry Hopkins 哈里・霍普金斯
Harry S Truman 哈里・杜鲁门
Haskell Allison 哈斯克尔・阿利森
Hatton W. Sumners 哈顿・萨姆纳斯
Heinrich Himmler 海因里希・希姆莱
Heinrich J. F. von Eckardt 海因里希・冯・埃卡特
Heinrich Schliemann 海因里希・施里曼
Heinz Jost 海因茨・约斯特
Hellen Keller 海伦・凯勒
Hellmuth Meyer 赫尔穆特・迈耶
Henrietta Maria 亨利埃塔・玛丽亚
Henry L. Stimson 亨利・史汀生
Henryk Zygalski 亨里克・佐加尔斯基
Herbert C. Mckay 赫伯特・麦凯
Herbert Hoover 赫伯特・胡佛
Herbert O. Yardley 赫伯特・雅德利
Hermann Göring 赫尔曼・戈林
High Seas Fleet 公海舰队
High-Frequency Single Side Band Tactical Air-Ground Radio System 高频单边带战术空—地无线电系统
Hildegard von Bingen 希德嘉・冯・宾根
Historiettes 《历史》
Holy Koran 《可兰经》
Horace Greeley 霍勒斯・格里利
Horatio Gates 雷肖・盖茨
Horst Heilmann 霍斯特・海尔曼
House Armed Services Committee 众议院军事委员会
House Un-American Activities Committee 众议院非美活动调查委员会
Howard Peckham 霍华德・佩卡姆
Howard T. Oakley 霍华德・奥克利
Hugh Black 休・布莱克
Hugh Cleland Hoy 休・克莱兰・霍伊
Hugo Scheuble 胡戈・朔伊布勒
Humes S. Whittlesey 休姆斯・惠特尔西
Husband E. Kimmel 赫斯本德・基梅尔
Hypnerotomachia Poliphili 《寻爱绮梦》
Iacomo Boncampagni 贾科莫・邦孔帕尼
Ian Fleming 伊恩・弗莱明
Ib Melchior 伊布・梅尔基奥尔
Ignatius Donnelly 伊格内修斯・唐纳利
Igor Gouzenko 伊戈尔・古琴科
Iliad 《伊利亚特》
Immanuel Velikovsky 伊曼纽尔・韦利科夫斯基
Immigration and Naturalization Service 移民归化局
Indian Army 印度军
Indian Civil Service 印度文官机构
Indus Valley civilization 印度河谷文明
Institute for Advanced Study 普林斯顿大学高等研究院
Institute of Defense Analyses (IDA) 国防分析研究所
Intelligence Academy 情报学院
Intelligence Board （美国）情报理事会
Intelligence Bulletins 情报公告
Inter-Allied Military Control Commissions 协约国军控委员会
International Code Machine Company 国际密码机公司
International Code of Signals 《国际信号代码》
International Radiotelegraph Conference of Washington 华盛顿国际无线电报大会
International Telegraph Bureau 国际电报局
International Telegraph Union 国际电报联盟
International Telephone and Telegraph 国际电话电报公司
International Traffic in Arms Regulations 《国际军火交易条例》
interrupted columnar transpostion 间断栅栏密码
interrupted-key 间断密钥
inversion 倒频
Iron Age 《钢铁时代》
Irwin Laughlin 欧文・劳克林
Isaac Don Levine 艾萨克・唐莱文
Italo-Turkish conflict 意土战争
Ivan Kalinin 伊万・加里宁
Ivar Kreuger 伊瓦尔・克雷于格
J. Bayard Schindel 贝亚德・欣德尔
J. Edgar Hoover 埃德加・胡佛
J. F. Herwath von Hohenburg 赫尔瓦特・冯・霍恩贝格
J. Rives Childs 里弗斯・蔡尔兹
Jack Littlefield 杰克・利特菲尔德

Jacob Lawrence　雅各布・劳伦斯
Jame Lovell　詹姆斯・洛弗尔
James Wilkinson　詹姆斯・威尔金森
Jamsheed Mobasheri　贾姆西德・穆巴谢里
Japanese Diplomatic Secrets　《日本外交秘密》
Japanese Navy　日本海军
Jaroslav Hasek　雅罗斯拉夫・哈谢克
Jasper Holmes　贾斯帕・霍姆斯
Jean-François Champollion　让－弗朗索瓦・商博良
Jenny Hauck　珍妮・豪克
Jeptha R. Macfarlane　杰普撒・麦克法兰
Jerzy Różycki　杰尔兹・罗佐基
Jimmy Doolittle　吉米・杜立特
Joachim von Ribbentrop　约阿西姆・冯・里宾特洛甫
Joannes Marcus Marci　乔安妮斯・马库斯・马尔奇
Johann Eck　约翰・埃克
Johannes Brandis　约翰内斯・布兰迪斯
Johannes Kepler　约翰尼斯・开普勒
John André　约翰・安德烈
John Calvin　约翰・加尔文
John F. Kennedy　约翰・肯尼迪
John M. Smith　约翰・史密斯
John Marshall　约翰・马歇尔
Joint Chiefs of Staff　参谋长联席会议
Joint Congressional Committee　国会联合委员会
Joint Intelligence Center　联合情报中心
Joint Intelligence Committee　联合情报委员会
Jonas Hawkins　乔纳斯・霍金斯
Jonathan Odell　乔纳森・奥德尔
Jones Illington　琼斯・伊林顿
Josef Goebbels　约瑟夫・戈培尔
Joseph John Rochefort　约瑟夫・约翰・罗彻福特
Joseph Schreieder　约瑟夫・施赖德
Journal des Sciences militaires　《军事科学杂志》
Journal of the American Institute of Electrical Engineers　《美国电气工程师协会杂志》
Juan de Moreo　胡安・德莫雷奥
Jules Verne　儒勒・凡尔纳
Julius Caesar　尤利乌斯・恺撒
Karl Ladek　卡尔・拉迪克
Kasiski examination　卡西斯基分析
Kelly Air Force Base　凯利空军基地
Kendall J. Fielder　肯德尔・菲尔德
Kenneth Harren　肯尼思・哈伦
key　密钥
keynumber　密钥数字
keyphrase　密钥短语
keyword　密钥词
Kirby Smith　科比・史密斯
Knights Templars　圣殿骑士团
Knossocentric　克诺索斯中心
Konstantin Marosan　康斯坦丁・马罗桑
Kriegschiffregruppe　军事密码组
Kripo　刑事警察
Ku Klux Klan　三K党
Kuibishev Military Engineering Academy　古比雪夫军事工程学院
Kurt Selchow　库尔特・泽尔肖
La cifra del. Sig. Giovan Batisfa Belaso　《焦万・巴蒂斯塔・贝拉索先生的密码》
La Cryptographie militaire　《军事密码学》
La interpretazione delle cifre　《密码破译》
La Plume Volante　改良速记法
Lafayette C. Baker　拉斐特・贝克
Lambros D. Callimahos　兰布罗斯・卡利马霍斯
Lancelot Hogben　兰斯洛特・霍格本
Landsturm　国民军
Lauchlin Currie　劳克林・柯里
Laurence F. Safford　劳伦斯・萨福德
Lauritz Melchior　劳里茨・梅尔基奥尔
Leavenworth Penitentiary　莱文沃思重犯监狱
Legal Telegraphic Code　《法律电报电码》
Leningrad Academy of Sciences　列宁格勒科学中心
Lenox R. Lohr　莱诺克斯・洛尔
Leon Delaunay　莱昂・德洛奈
Leonard T. Gerow　伦纳德・杰罗
Leonardo da Vinci　列昂纳多・达芬奇
Leonell C. Strong　莱昂内尔・斯特朗
Leonhard Euler　伦哈德・欧拉
Leopold Trepper　利奥波德・特雷佩尔
Les Chiffres Secrets Dévoilés　《密码内幕》
Leslie C. Edie　莱斯利・伊迪
Lester R. Schulz　莱斯特・舒尔茨
Lewis Carroll　刘易斯・卡罗尔
Liaison Conference　联席会议
Lloyd C. Douglas　劳埃德・道格拉斯
Lombard　《隆巴德电码本》
Lothar Witzke　洛塔尔・维茨克
Ludwig von Bohlen　路德维希・冯・波伦
Luftwaffe　纳粹空军

Luigi Cadorna　路易吉・卡尔多纳
Luigi Pasini　路易吉・帕西尼
Lyman F. Morehouse　莱曼・莫尔豪斯
Lynch Communication System, Incorporated　林奇通信系统公司
Lyndon B. Johnson　林登・约翰逊
Lyon Playfair　莱昂・普莱费尔
M. Abenheim's Telegraph-Code for Exclusive Use With His Correspondents　《阿本海姆及其通信人专用电报电码》
Machine PROcessing (MPRO)　机器处理科
Madison Avenue　麦迪逊大街
Malin Craig　马林・克雷格
Mallinckrodt Chemical Laboratory　马林克罗特化学实验室
Mann Act　《曼恩法案》
Manton Marble　曼顿・马布尔
Manual of Signals　《通信手册》
Manuel Gómez Moreno　曼纽尔・戈麦斯・莫雷诺
Marcel Givierge　马塞尔・吉维耶热
Marco Rafael　马可・拉法埃
Marconi's Wireless Telegraph Company　马可尼无线电报公司
Maria de Victorica　玛丽亚・德维多利卡
Marian Rejewski　马里安・雷耶夫斯基
Marie Varé　玛丽・瓦雷
Marion Tinling　玛丽昂・廷林
Mark Clark　马克・克拉克
Martha Fones　玛莎・芬斯
Martin Gardner　马丁・加德纳
Martin Hellman　马丁・赫尔曼
masking system　掩盖系统
Massachusetts Avenue　马萨诸塞大道
Massachusetts Congress　马萨诸塞州议会
Matthew Perry　马修・佩里
Maurice Paléologue　莫里斯・帕莱奥洛格
Maurits de Vries　毛里茨・德弗里斯
Max Clausen　马克斯・克劳森
Max Hoffmann　马克斯・霍夫曼
Maxim Litvinoff　马克西姆・李维诺夫
Mecano-Cryptographer Model A 1　A1 型自动密码机
Mediaeval Academy of America　美国中世纪研究院
Mémoires　《回忆录》
Mercury, or the Secret and Swift Messenger　《信使：秘密、迅速的送信人》
Methods for the Reconstruction of Primary Alphabets　《底表还原方法》
Methods for the Solution of Running-Key Ciphers　《连续密钥密码破译方法》
Mexican Army Cipher Disk　墨西哥陆军密码盘
Michael G. Leonard　迈克尔・伦纳德
Michael S. Rogers　迈克尔・罗杰斯
Midway Drive　中途岛大道
Miguel Perez Alzaman　米格尔・佩雷斯・阿尔萨曼
Military Air Transport Service　军事空运处
Military Communications-Electronics Board　军事通信电子委员会
Military Cryptanalysis　《军事密码分析》
Military Cryptography Commission　军事密码委员会
Military Intelligence Service (MIS)　军事情报处
Military School for Signal Communication　军事通信学校
Milo F. Draemel　米洛・德雷梅尔
mlecchita-vikalpā　秘密书信
monoalpbabetic　单表替代
Moriz Schmidt　莫里兹・施密特
Mrs. Dorothy Edgers　多罗茜・埃杰斯夫人
multiple anagramming　复合易位分析
multiple-target generator　多目标发生器
multiplex　复合系统
Munitions Building　军需大楼
Murray Muirhead　穆里・缪尔黑德
Museum of Science and Industry　（芝加哥）科学和工业博物馆
N. D. Andreyev　尼古拉・安德烈耶夫
N.S.A. Technical Journal　《国家安全局技术期刊》
Naikaku Chosashitsu　内阁调查室
Nathan Bailey　内森・贝利
Nathan Goldberg　内森・戈德堡
Nathanael Greene　纳撒内尔・格林
National Academy of Sciences　（美国）国家科学院
National Agency Check (NAC)　国家机构审查
National Bureau of Standards　国家标准局
National Communications System (NCS)　国家通信系统
National Defense Committee　（法国）国防委员会
National Institute of Standards and Technology　（美国）国家标准与技术研究院
National Prohibition Act　《国家禁酒法》
National Puzzlers League　国家谜语联盟

National Security Agency　国家安全局
National Security Council　国家安全委员会
National War College (NWC)　国家军事学院
Naval Communications System　海军通信系统
Naval Observatory　（美国）海军天文台
Naval Security Group (NSG)　海军保密组
Navy Code Box　海军密码盒
Navy Department　海军部
Navy Secret Code　《海军代码》
Near East Sector　近东部门
Neville Chamberlain　内维尔·张伯伦
New Spelling Dictionary　《新拼写词典》
New York Cipher Society　纽约密码协会
Newcomb Carlton　纽康·卡尔顿
Niagara Code　《尼亚加拉代码》
Nicodemus cipher　尼科迪默斯密码
Nicolas de Catinat　尼古拉·德卡蒂纳
Nigel de Grey　奈杰尔·德格雷
Nihilist　无政府主义者
Nihilist cipher　无政府主义者密码
Nikola Tesla　尼古拉·特斯拉
nomenclator　准代码
Norbert Wiener　诺伯特·维纳
Norman V. Carlson　诺曼·卡尔逊
North Pacific Force　北太平洋部队
Northern Force　（日本）北方舰队
null cipher　虚字密码
nulls　虚码
Oak Leaf Cluster　橡叶勋章
Oberkommando der Wehrmacht (OKW)　最高统帅部
Odessa　敖德萨
Office of Censorship (OC)　审查局
Office of Communications Security　通信保密处
Office of Emergency Planning　紧急计划局
Office of Naval Communications　海军通信办公室
Office of Naval Intelligence (ONI)　海军情报局
Office of Naval Research　海军研究室
Office of Personnel Services　人事处
Office of Price Administration　价格管理局
Office of Production　生产处
Office of Research and Development　研发处
Office of Scientific Research and Development　科学研究与开发局
Office of Strategic Services (OSS)　战略情报局
Office of Training Services　培训处
Official Secrets Act　《官方保密法》
Old Testament　《旧约全书》
Oliver Cromwell　奥立弗·克伦威尔
Olov Thornell　奥洛夫·托内尔
On the Defense of Fortified Places　《论城堡的防御》
one-time pad　一次性密钥本
one-time system　一次性密钥系统
OP-16-F2　海军情报局远东科
Operation CENTERBOARD　船中板行动
Operation Cicero　西塞罗行动
Operation FORTITUDE　坚忍行动
Operation North Pole　北极行动
Operation TORCH　火炬行动
Operational Telephone Circuits　作战电话线路
Operational Teletype Circuits　作战电传线路
Orville Ward Owen　奥维尔·沃德·欧文
Oskar Morgenstern　奥斯卡·摩根斯坦
Osobyi Radio Divizion (ORD)　特别无线电处
Otto von Bismark　奥托·冯·俾斯麦
Pablo Waberski　巴勃罗·瓦贝斯基
Pacific Air Force　太平洋空军司令部
Pan American Petroleum Company　泛美石油公司
Panama Canal　巴拿马海峡
Pan-American Clipper　泛美航空
Panic　《恐慌》
Paolo Baravelli　保罗·巴拉韦利
Parker Hitt　派克·希特
passport code　护照代码
Patton Anderson　巴顿·安德森
Paul Friedmann　保罗·弗里德曼
Paul Verlaine　保罗·魏尔伦
Pavel Rennenkampf　帕维尔·伦嫩坎普夫
Peer da Silva　皮尔·达席尔瓦
penetration aids　突防
Per Meurling　佩尔·默林
Persian Gulf　海湾战争
Peter Kroger　彼得·克罗格
PFIAB　总统外交情报顾问委员会
Phaistos Disk　费斯托斯圆盘
Philibert Babou　菲利贝尔·巴布
Philip Morrison　菲利普·莫里森
Philippine Scouts　菲律宾侦察军
Phillips cipher　菲利普密码
Pierius Valerianu　皮耶里乌斯·瓦莱里亚努斯
Pierre Beauregard　皮埃尔·博雷加德

Pietro Partenio 彼得罗・帕特尼奥
pig-pen 猪圈密码
Pinkerton Agency 平克顿侦探事务所
placode 密底码
Playfair's Cipher 普莱费尔密码
Pliny Earle Chase 普利尼・厄尔・蔡斯
Police Academy 警察学院
Police Commissioner's Confidential Unit 警察局长保密部
Police Laboratory 警察实验室
polyalphabetic 多表替代
polygram 大型字母群或"多码"
Polygraphia 《多种密写术》
Porject Ozma 奥兹玛计划
Postal Telegraph Cable Company 邮政电报电缆公司
Potomac River Naval Command 波托马克河海军司令部
Preliminary International Communications Conference 国际通信大会预备会议
Primary Alerting System (PAS) 基础预警系统
Private Office 内务处
protocryptography 原始密码
pulse code modulation (PCM) 脉冲编码调制
quadratic code 方形代码
Queen of the Flattops 《航母女王》
Radio Intelligence Division (RID) 无线电情报部
Radio Intelligence Publications (RIPs) 无线电情报出版物
Radio Section 无线电科
Radio Security Service 无线电保密局
Radio Telephone Net 无线电话网
Ragnarök: The Age of Fire and Gravel 《世界毁灭：火与砂的时代》
Ralph H. Van Deman 拉尔夫・范德曼
Ralph K. Potter 拉尔夫・波特
Ralzmond D. Parker 拉兹蒙德・派克
Raphael Semmes 拉斐尔・塞姆斯
Rasmus Rask 拉斯穆斯・拉斯克
redundancy 冗余
regular columnar transposition 规则栅栏密码
Reichssicherheitshauptamt (RSHA) 帝国保安总局
Reinhard Heydrich 莱因哈德・海德里希
Rendezvous 《约会》
Reparto crittografico 密码小队
Research and Development Division 研发处
Reserve Forces Operational Telephone Network 预备部队作战电话网络
Revue Militaire Française 《法国军事杂志》
Rex W. Minckler 雷克斯・明克勒
Richard Collinson 理查德・柯林森
Rickard Sandler 理卡德・桑德勒
Riverbank Laboratories 里弗班克实验室
Robert A. Livingston 罗伯特・利文斯顿
Robert Morris 罗伯特・莫里斯
Robert W. Chambers 罗伯特・钱伯斯
Roberts Commission 罗伯茨委员会
Robley D. Evans 罗布利・埃文斯
Roger Bacon 罗杰・培根
Roland Grubb Kent 罗兰・格拉布・肯特
Rollin Kirby 罗林・科比
Roman Krivosh 罗曼・克里沃什
Ronald Knox 罗纳德・诺克斯
Ronald Rivest 罗纳德・里夫斯特
Rorschach test 罗夏测试
Routing of North Korean Political Security Traffic as Indicated by Group A2 《A2 大队标示的朝鲜政治保密通信路线》
Roy E. Kelly 罗伊・凯利
Royal Air Force (RAF) 英国皇家空军
Royal Archives 皇家档案馆
Royal Asiatic Society 皇家亚洲学会
Royal Astronomical Society 英国皇家天文学会
Royal Australian Naval Volunteer Reserve 澳大利亚皇家海军志愿后备队
Royal Engineers 皇家工兵
Royal Field Artillery 英国皇家野战炮兵
Royal Institute of Technology 皇家理工学院
Royal Naval School 皇家海军学校
Royal Navy Volunteer Reserve 皇家海军志愿后备队
Royal Netherland Indies Army （荷兰）皇家东印度陆军
Rudolf Lippmann 鲁道夫・利普曼
Rudolf Mosse, Peterson's 《彼得森的鲁道夫・莫斯电码本》
Rudolf Schauffler 鲁道夫・肖夫勒
Rudolph J. Fabian 鲁道夫・费边
Rules for Explaining and Decyphering all Manner of Secret Writing 《解释和破译各种密写方法的规则》
Russell Clarke 拉塞尔・克拉克
Rutherford B. Hayes 卢瑟福・彼尔查德・海斯

Salvador Dali　萨尔瓦多・达利
Samuel Adams　塞缪尔・亚当斯
Samuel West　塞缪尔・韦斯特
Samuel Woodhull　塞缪尔・伍德赫尔
Schofield Barracks　斯科菲尔德兵营
Schola steganographia　《密写学》
Schuyler Colfax　斯凯勒・科尔法克斯
Scientific Advisory Board　科学顾问委员会
Scientific American　《科学美国人》
Scotland Yard　苏格兰场
Scott Moyers　斯科特・莫耶斯
Seaman L. Wetherell　西曼・韦瑟雷尔
Searching for Interstellar Communications　《搜寻星际通信》
Second Connecticut Dragoons　第二轻骑兵团
Secret and Urgent　《紧急机密》
Secret Office　特工处
Secret Works of Art and the Nullity of Magic　《论秘术作品和魔法的无效》
Secretary of the Navy　海军部长
Secretary of War　陆军部长
Security and Electonic Warfare Division　保密和电子作战部
Security Education Program　保密教育计划
semagram　符号密信
semaphore　臂板信号
Service du Chiffre　总司令部密码处
Servizio Informazione Segreto　海军情报处
Several Machine Ciphers and Methods for Their Solution　《几种机器密码及其破译方法》
Sherlock Holmes　夏洛克・福尔摩斯
Sherman Miles　谢尔曼・迈尔斯
Ship and Ordnance Department　船舶军械部
Siegfried Line　齐格菲防线
Signal Corps (SC)　陆军通信兵部队
Signal Intelligence School　通信情报学校
Signal Intelligence Service (SIS)　通信情报处
Signal Security Agency (SSA)　通信保密局
Signal Security Service　通信保密处
Signalbuch der Kaiserlichen Marine　《帝国海军信号书》
Silas S. Steele　西拉斯・斯蒂尔
Six-Day War　六日战争
Solomon Kullback　所罗门・库尔贝克
Solomon Lewis　所罗门・刘易斯
Sonderdienst Dahlem　达莱姆特种部门
South West Pacific Area (SWPA)　西南太平洋战区
Soviet Academy of Sciences　苏联科学院
Spanish Civil War　西班牙内战
Spanish-American War　美西战争
Special Operations Executive　特别行动执行组
Spencer B. Akin　斯潘塞・埃金
Spets-Otdel　特别处
Sphinx mystagogica　《斯芬克斯的秘密》
Stafford Cripps　斯塔福・克里普斯
Stan Brooks　斯坦・布鲁克斯
Standard Oil Company　标准石油公司
Stanley L. Miller　斯坦利・米勒
Star Chamber　皇室法庭
State Department　国务院
Statistical Methods in Cryptanalysis　《密码分析中的统计方法》
stator　定尺
Stavka　俄军统帅部
Steganographia　《隐写术》
steganography　隐写（术）
Stephen R. Harris　史蒂芬・哈里斯
Stewart Alsop　斯图尔特・奥尔索普
stop phase shift　止动相移
straddling checkerboard　夹叉式棋盘密码
Strategic Air Command (SAC)　战略空军司令部
Strategic Army Network　陆军战略通信网
Sumner Welles　萨姆纳・韦尔斯
superimposition　重叠法
Supreme War Council　最高军事委员会
Suzanne Oppenheimer　苏珊・奥本海默
symmetry of position　位置对称法
sympathetic chemicals　隐显化学品
syndrome of the labyrinth　迷宫综合征
Synoptic Tables for the Solution of Ciphers and A Bibliography of Cipher Literature　《密码破译一览表和密码学书目》
tableau　底表
tabula recta　方形表
tachygraphy　速记术
Tactical Air Command　战术空军司令部
Tallement des Réaux　塔勒芒・德雷奥
Task Force 34　第 34 特遣舰队
Technical Operations Division (TOD)　技术行动处
Telecommunications Operations Division　电信运行处

Telegraph and Telephone Age 《电报电话时代》
Telegraphic Chart 《电报表》
Telegraphic Code 《电报电码》
Telephone Net 电话网
Teletype Corporation 电传打字机公司
Teletype Net 电传网
temurah 互换法
Terence Reese 特伦斯·里斯
The American Trench Code 《美国战壕代码》
The Cipher in the Plays and on the Tombstone 《莎士比亚戏剧和墓碑密码》
The Cipher of Roger Bacon 《罗杰·培根密码》
The Civilization of the Renaissance in Italy 《意大利文艺复兴时期的文化》
The Education of a Poker Player 《扑克玩家教程》
The Equatorie of the Planetis 《行星定位仪》
The Four Suspects 《四个嫌疑犯》
The Good Soldier Schweik 《好兵帅克》
The Guns of August 《八月炮火》
The History of Henry Esmond 《亨利·埃斯蒙德的历史》
The House on 92nd Street 《间谍战》
The Index of Coincidence and Its Application in Cryptography 《重合指数及其密码学应用》
The Little Cryptogram 《小密码》
The Loom of Language 《语言的微光》
The Marconi International Code 《马可尼国际电码本》
The Merchants Code 《商人电码本》
The Missions Code 《传教团电码本》
The Muqaddimah 《历史绪论》
The Mystery of the Sea 《大海之谜》
The Persistence of Memory 《记忆的永恒》
The Printing and Proofreading of the First Folio of Shakespeare 《莎士比亚首版对开本的印刷与校对》
The Revolutionary Diplomatic Correspondence 《美国独立战争的外交通信》
The Secret Code 《密码》
The Secret Corresponding Vocabulary: Adapted for use to Morse's Electro-Magnetic Telegraph 《秘密通信词汇表：适用于莫尔斯电磁电报》
The Shakespearean Ciphers Examined 《莎士比亚密码研究》
The Text of the Canterbury Tales 《坎特伯雷故事原文》
The Theory of Games and Economic Behavior 《博弈论与经济行为》
Theodore C. Petersen 西奥多·彼得森
Theodore Roosevelt 西奥多·罗斯福
Thomas C. Hart 托马斯·哈特
Thomas Jefferson 托马斯·杰弗逊
Thomas T. Eckert 托马斯·埃克特
Thousand and One Nights 《一千零一夜》
Tilton's Income Tax Code 《蒂尔顿收入税电码本》
time-division scramble (TDS) 时分保密
Tokumu Han 特务班
Tokyo Communications Unit 东京通信部队
Tokyo Raid 东京空袭
Tomás Perrenot 托马斯·佩勒诺
tomographic cipher systems 分层加密系统
Traicté des Chiffres 《论密码》
Traité Élémentaire de Cryptographie 《密码学基础》
Tralee Bay 特拉利湾
transmission security 传输保密
Tratado de Criptografia 《密码专论》
Treaty of Capitulation 《投降条约》
Treaty of Versailles 《凡尔赛和约》
Trent's Last Case 《特伦特的最后一案》
trifid cipher 三分密码
Triphon Bencio de Assisi 特里芬·本乔·德阿西西
true repetitions 真重复
Tullius Tyro 图利乌斯·太罗
turning grille 旋转漏格板
Tycho Brahe 第谷·布拉赫
Tyler Kent 泰勒·肯特
tyronian notes 太罗速记符号
Ultra 超级情报
Ultra Secret 《超级机密》
Ulysses S. Grant 尤利塞斯·格兰特
Under Secretary 副国务卿
unicity distance 唯一性距离
unicity point 唯一性点
United States Air Force Security Service 美国空军保密局
United Telegraph 《联合电报电码本》
Universal Etymological English Dictionary 《通用英语词源词典》
Universal Pocket Code 《通用袖珍电码本》
Universal Trade Code 《通用贸易电码本》
universal Turing machine 通用图灵机
USAF Communications Complex 美国空军通信网
USAF Security Service 美国空军安全处
Valerius Probus 瓦勒里乌斯·普罗布斯

Vanity Fair 《名利场》
Vannevar Bush 万尼瓦尔・布什
Variant Beaufort 蒲福变种
Variant Vigenère 维热纳尔变种
Variations on an Original Theme 《谜语变奏曲》
Victor Paulier 维克托・波利耶
Vilhelm Thomsen 威廉・汤姆森
Vladimir Georgiev 弗拉基米尔・格奥尔基耶夫
Voice Security Branch 话密分部
W. Cameron Forbes 卡梅隆・福布斯
W. Lionel Fraser 莱昂内尔・弗雷泽
W. Neil Franklin 尼尔・富兰克林
W. Preston [Red] Corderman 普雷斯顿・考德曼
Wallace McC. Cunningham 华莱士・坎宁安
Wallis Warfield Simpson 沃利斯・沃菲尔德・辛普森
Walter Sullivan 沃尔特・沙利文
War College Division 军事学院处
War Department （美国）陆军部
War Department Telegraph Code 陆军部电报代码
Warren G. Harding 沃伦・哈丁
Waste Merchant's Standard Code 《废料商标准电码本》
wave-form modification 波形调制
Weather and Famine Telegraphic Word-Code 《气象与灾荒电报单词代码》
Weather Communications 美国空军气象通信
Wehrmacht 纳粹武装部队
Werner Kunze 维尔纳・孔策
Wesley A. Wright 韦斯利・赖特
Western Union 西联电报公司
Western Union Code 《西联电码本》
Western Union Traveler's Code Book 《西联旅行电码本》
wheel cypher 轮子密码
White House Communications Agency 白宫通信局
Whitelaw Reid 怀特洛・里德
Whitelaw's Telegraph Cyphers: 400 Millions of Pronounceable Words 《怀特洛电码：4 亿可发音单词》
Whitfield Diffie 惠特菲尔德・迪菲
Whittaker Chambers 惠特克・钱伯斯
Wilfred Voynich 威尔弗雷德・伏尼契
Wilhelm Canaris 威廉・卡纳里斯
Will Rogers 威尔・罗杰斯
Willard Breon 维亚尔・布雷翁
William F. Friedman 威廉・弗里德曼
William James 威廉・詹姆斯
William Montgomery 威廉・蒙哥马利
William Powell 威廉・鲍威尔
Winfield S. Hancock 温菲尔德・汉考克
Women's Army Corps (WAC) 陆军妇女队
Woodrow Wilson 伍德罗・威尔逊
Wright-Patterson Air Force Base 莱特—帕特森空军基地
Wu-ching tsung-yao 《武经总要》
Yves Gyldén 伊夫・于尔登
Zachary Nugent Brooke 扎卡里・纽金特・布鲁克

间谍 特工 密码 书籍 延伸阅读

《破译者：人类密码史》(全译本，上下册) [美] 戴维·卡恩 / 著

简介：全书讲述了自古埃及到互联网时代的数千年密码发展史，着重介绍了二战结束前美国、日本和欧洲的密码编制与破译工作，并兼及其他各种秘密通信技术，也涉及二战后的密码术发展概况。它是密码学史上无与伦比的通俗巨著，叙述宏大、情节动人，被誉为“密码学圣经”。中译本依据最新英文增订版翻译而成，首次完整呈现了原著全貌，既适合普通大众研读，也可供密码学和安全领域人士参阅。

《偷阅绅士信件的人：美国黑室创始人雅德利传》 [美] 戴维·卡恩 / 著

简介：本书是一部关于美国黑室创始人、密码破译之父赫伯特·雅德利（Herbert O. Yardley, 1889—1958）的传记，详细讲述了其人生成长和事业发展的过程，生动刻画了美国密码破译事业诞生的奋斗历程。我们既可从雅德利跌宕起伏的命运中获得启迪，还能近距离了解人类波澜壮阔的一段密码破译史。

《间谍图文史：世界情报战 5000 年》 [美] 欧内斯特·弗克曼 / 著

简介：本书讲述了从古埃及到“互联网 +”时代间谍活动的历史，跨越了 5000 余年。从中读者可以看到：古今谍海魅影秘密行动、世界情报机构历史沿革、谍战秘密技术更新换代、情报对人类战争的作用，等等。作者通过生动的叙述、精彩的图片和丰富的案例，力图多角度描绘世界最古老职业的全貌，展现它如何一次次改变世界历史的进程。本书详略得当，雅俗共赏，是一部全面了解人类谍战史的必备案头书。

《大西洋密码战：“捕获”恩尼格玛》 [美] 戴维·卡恩 / 著

简介：二战中，德国为同英、美争夺大西洋控制权，截断其海上交通运输线，进行了战争史上时间最长、最复杂的持久海战。本书解密了这场战争中，盟军如何面对种种挑战，甚至使出奇招，在海上追捕德国舰船，获取秘密文件，终于破解德军的“恩尼格玛”密码，并击败其潜艇部队的真实故事。

《诺曼底间谍战：改变二战历史的最大军事骗局》 [英] 本·麦金泰尔 / 著

简介：作为二战中最重要的转折点，诺曼底登陆战的伤亡比例却最低！而这一切都归功于战前的大规模欺骗计划。通过对大量机密档案的独家研究，作者揭开了这一切背后惊心动魄的内幕。本书获得《华盛顿邮报》、《纽约时报》、BBC 等大力推荐，高居亚马逊网站畅销书榜首。

《斯诺登档案：世界头号通缉犯的内幕故事》(修订版) [英] 卢克·哈丁 / 著

简介：本书全面介绍和解读了“斯诺登事件”，讲述了其背后媒体与政府的博弈较量、各国的攻防策略，披露了美英等国监控全球的手段和规模。作为该事件的全球首部权威著作，本书不仅曝光了西方国家的安全战略秘密，而且还披露了他们怎样监控中国的内幕。该书首次全面勾画出斯诺登的成长和心路历程，堪称这位反全民监控斗士的另类传记。